数学·统计学系列

U0184659

# 数学分析

Mathematical Analysis (Volume I)

（第1册）

徐森林

薛春华　编著

哈尔滨工业大学出版社

HARBIN INSTITUTE OF TECHNOLOGY PRESS

## 内 容 简 介

本套书共分三册来讲解数学分析的内容. 在深入挖掘传统精髓内容的同时,力争做到与后续课程内容的密切结合,使内容具有近代数学的气息. 另外,从讲述和训练两个层面来体现因材施教的数学理念.

本册是第 1 册,包括数列极限,函数极限与连续,一元函数的导数与微分中值定理,Taylor 公式,不定积分,Riemann 积分. 书中配备大量典型实例,习题分练习题、思考题与复习题三个层次,供广大读者使用.

本套书可作为理工科大学或师范大学数学专业的教材,特别是基地班或试点班的教材,也可作为大学教师与数学工作者的参考书.

**图书在版编目(CIP)数据**

数学分析. 第 1 册/徐森林,薛春华编著. —哈尔滨:
哈尔滨工业大学出版社,2021.3(2022.9 重印)
ISBN 978 - 7 - 5603 - 8050 - 6

Ⅰ.①数… Ⅱ.①徐… ②薛… Ⅲ.①数学分析 -
高等学校 - 教材 Ⅳ.①O17

中国版本图书馆 CIP 数据核字(2021)第 045532 号

策划编辑 刘培杰 张永芹
责任编辑 杜莹雪 陈雅君
封面设计 孙茵艾
出版发行 哈尔滨工业大学出版社
社　　址 哈尔滨市南岗区复华四道街 10 号　邮编 150006
传　　真 0451 - 86414749
网　　址 http://hitpress. hit. edu. cn
印　　刷 哈尔滨市颉升高印刷有限公司
开　　本 787 mm × 1 092 mm　1/16　印张 36　字数 676 千字
版　　次 2021 年 3 月第 1 版　2022 年 9 月第 2 次印刷
书　　号 ISBN 978 - 7 - 5603 - 8050 - 6
定　　价 48.00 元

# 前　言

　　数学分析是数学专业最重要的基础课,它对后继课程(实变函数、泛函分析、拓扑、微分几何)和近代数学的学习与研究具有非常深远的影响和至关重要的作用.一本优秀的数学分析教材必须包含传统微积分内容的精髓和分析能力与方法的传授,也必须包含近代的内容,其检验标准是若干年后能否涌现出一批高水准的应用数学人才和数学研究人才,特别是一些数学顶尖人物.作者从事数学分析教学几十年,继承导师、著名数学家吴文俊教授的一整套教学(特别是教授数学分析的)方法(中国科学技术大学称之为"吴龙"),并将其发扬光大,因材施教,在中国科学技术大学培养了一批国内外知名的数学家与数学工作者.目前,作者徐森林被特聘到华中师范大学数学与统计学学院,并在数学试点班用此教材讲授数学分析,效果显著.

　　本书的主要特色可以归纳为以下几点:

　　1. 传统精髓内容的完善化.

　　本书包含了实数的各种引入,七个实数连续性等价命题的论述;给出了单变量与多变量的 Riemann 可积的各等价命题的证明;讨论了微分中值定理,Taylor 公式余项的各种表达;介绍了积分第一、第二中值定理,隐函数存在性定理与反函数定理的两种不同的证法等内容.

2. 与后继课程的紧密结合,使内容近代化.

本书在介绍经典微积分理论的同时,将近代数学中许多重要的概念、理论恰到好处地引入分析教材中. 例如,在积分理论中,给出了 Lebesgue 定理:函数 $f$ Riemann 可积的充要条件是 $f$ 几乎处处连续且有界;详细讨论了 $\mathbb{R}^n$ 中的拓扑及相应的开集、闭集、聚点等概念,描述了 $\mathbb{R}^n$ 中集合的紧致性、连通性、可数性、Hausdorff 性等拓扑不变性,使读者站在拓扑的高度来理解零值定理、介值定理、最值定理与一致连续性定理. 引进外微分形式及外微分运算,将经典 Newton-Leibniz 公式、平面 Green 公式、空间 Stokes 公式与 Gauss 公式统一为 Stokes 公式,并对闭形式、恰当形式与场论的对偶关系给出了全新的表述. 这不仅使教材内容本身近代化,而且为学生在高年级学习拓扑、实变函数、泛函分析、微分几何等课程提供了一个实际模型并打下良好的基础,为经典数学与近代数学架设了一座桥梁.

3. 因材施教,着重培养学生的研究与创新能力.

同一定理(如零值定理、一致连续性定理、Lagrange 中值定理、Cauchy 中值定理、隐函数存在性定理与反函数定理等)经常采用多种证法;同一例题应用不同定理或不同方法解答,这是本书的又一特色. 它使学生广开思路、积极锻炼思维能力,使思维越来越敏捷与成熟. 书中举出大量例题是为了让读者得到一定的基本训练,同时从定理的证明和典型实例的分析中掌握数学分析的技巧与方法. 习题共分 3 个层次:练习题、思考题与复习题. 练习题是基本题,是为读者熟练掌握内容与方法所设置的. 为提高学生对数学的兴趣及解题的能力,设置了思考题. 为了让读者减少做题的障碍,增强对数学的自信心,其中有些题给出了提示. 实际上,每一节的标题就是最好的提示. 在每一章设置了大量复习题,这些题不给提示,因此大部分学生对它们会感到无从下手,这些题是为少数想当数学家的学生特别设置的,希望他们能深入思考,自由发挥,将复习题一一解答出来,为将来的研究培养自己的创新能力. 如有困难,我们还可撰写一本精练的学习指导书.

本套书共分三册. 第 1 册内容包括数列极限,函数极限与连续,一元函数的导数与微分中值定理,Taylor 公式,不定积分以及 Riemann 积分;第 2 册内容包括 $\mathbb{R}^n$ 中的拓扑,$n$ 元函数的极限与连续,$n$ 元函数的微分学,隐函数定理与反函数定理,$n$ 重积分,第一型曲线、曲面积分,第二型曲线、曲面积分,Stokes 定理,外微分形式与场论;第 3 册内容包括数项级数和各种收敛判别法,函数项级数的一致收敛性及其性质,含参变量反常积分的一致收敛性及其性质,Euler 积分($\Gamma$ 函数与 B 函数),幂级数与 Taylor 级数,Fourier 分析.

在撰写本书的时候,得到了华中师范大学数学与统计学学院领导和教师们的热情鼓励与大力支持,作者们谨在此对他们表示诚挚的感谢.博士生邓勤涛、胡自胜、薛琼,硕士生金亚东、鲍焱红等对本书的写作提出了许多宝贵的意见,使本书增色不少,在此也一并感谢.

特别还要感谢的是哈尔滨工业大学出版社的副社长刘培杰老师,编辑张永芹、杜莹雪、陈雅君,他们为我们提供了出版这本数学分析书的机会,了却了我多年的心愿.

**徐森林**

# 目  录

# 第1章　数列极限

数学分析主要的研究对象是实变量的一元或多元函数. 众所周知,正负十进位有限小数与无限循环小数(即正负分数)称为**有理数**;无限不循环小数称为**无理数**. 由反证法可知$\sqrt{2}$,0. 101 001 000 1$\cdots$均为无理数. 有理数与无理数统称为**实数**. 有理数的全体称为有理数集. 由代数学的知识知,它关于通常的加法、乘法具有结合律、交换律与分配律,并成为一个域,称为有理数域,记为$\mathbb{Q}$. 实数的全体称为实数集,它关于通常的加法、乘法具有结合律、交换律与分配律,并成为一个域,称为实数域,记为$\mathbb{R}$.

19 世纪建立的极限理论包括数列极限与函数极限. 极限理论是微分学、积分学的根本,是数学分析的基础,也是数学分析入门的关键. 本章先引进数列极限的概念,用大量具体的、典型的数列实例,使读者熟悉$\varepsilon - N$法及证明数列极限的各种方法. 然后,在第2章中研究函数极限的$\varepsilon - \delta$法及其重要的性质. 本章还证明了实数连续性的七个等价命题. 实数连续性与数学分析的每一概念都有十分密切的关系,而且还是不可缺少的理论基础. 它的证明方法也将贯穿整个数学分析的学习过程并延续到分析数学的其他分支中.

## 1.1　数列极限的概念

依次排列的一列实数$a_1,a_2,\cdots,a_n,\cdots$称为一个**实数列**或**数列**,$a_n$称为该数列的**第 $n$ 项**或**通项**. 记此数列为$\{a_n\}$,简记为$a_n$.

数列实际上可视作一个实值函数或特殊映射$f:\mathbb{N} = \{1,2,\cdots,n,\cdots\} \rightarrow \mathbb{R}$,$n \mapsto f(n) = a_n$.

考察下列数列$\{a_n\}$可以看出,当项数 $n$ 无限增大时,有些数列会有一个趋向(定数 $a$,或 $+\infty$,或 $-\infty$,或 $\infty$),有些则无这种趋向. 为区别这种现象,定义极限概念如下:如果当 $n$ 趋于 $+\infty$ 时,$\{a_n\}$趋于实数 $a(+\infty, -\infty, \infty)$,则称

$a(+\infty, -\infty, \infty)$ 为 $\{a_n\}$ 的极限,记作 $\lim\limits_{n\to+\infty} a_n = a(+\infty, -\infty, \infty)$. 否则,称 $\{a_n\}$ 无极限.

$$\left\{\frac{1}{n}\right\}:1, \frac{1}{2}, \cdots, \frac{1}{n}, \cdots, \lim_{n\to+\infty}\frac{1}{n} = 0$$

$$\left\{\frac{(-1)^{n-1}}{n}\right\}:1, -\frac{1}{2}, \cdots, \frac{(-1)^{n-1}}{n}, \cdots, \lim_{n\to+\infty}\frac{(-1)^{n-1}}{n} = 0$$

$$\left\{\frac{n}{n+1}\right\}:\frac{1}{2}, \frac{2}{3}, \cdots, \frac{n}{n+1}, \cdots, \lim_{n\to+\infty}\frac{n}{n+1} = 1$$

$$\left\{\frac{1}{2^n}\right\}:\frac{1}{2}, \frac{1}{2^2}, \cdots, \frac{1}{2^n}, \cdots, \lim_{n\to+\infty}\frac{1}{2^n} = 0$$

$$\{n\}:1,2,\cdots,n,\cdots, \lim_{n\to+\infty} n = +\infty$$

$$\{-n\}:-1, -2, \cdots, -n, \cdots, \lim_{n\to+\infty}(-n) = -\infty$$

$$\{(-1)^{n-1}n\}:1, -2, 3, -4, \cdots, (-1)^{n-1}n, \cdots, \lim_{n\to+\infty}(-1)^{n-1}n = \infty$$

$$\{(-1)^{n-1}\}:1, -1, 1, -1, \cdots, (-1)^{n-1}, \cdots, \text{无极限}$$

以上所举数列有无极限,极限是什么,一眼就能看出,但是大多数是无法看出的. 例如,数列 $\left\{\left(1 + \frac{1}{n}\right)^n\right\}$ 有无极限,极限是什么,不易确定. 因此,必须对数列的极限给出确切的定义.

**定义 1.1.1**($\varepsilon - N$ 法) 设 $\{a_n\}$ 为实数列,$a$ 为实数,如果对任意给定的正数 $\varepsilon(\forall \varepsilon > 0)$,总有自然数 $N = N(\varepsilon)(\exists N = N(\varepsilon) \in \mathbb{N}(\text{自然数集}))$,当 $n > N$ 时($\forall$ 表示"对任何",$\exists$ 表示"存在"),有

$$|a_n - a| < \varepsilon$$

即

$$a - \varepsilon < a_n < a + \varepsilon$$

则称 $a$ 为数列 $\{a_n\}$ 的**极限**,或称数列 $\{a_n\}$ 以 $a$ 为极限,或称数列 $\{a_n\}$ **收敛于** $a$,此时 $\{a_n\}$ 称为**收敛数列**,并记为 $\lim\limits_{n\to+\infty} a_n = a$,或 $a_n \to a(n\to+\infty)$. 否则称数列 $\{a_n\}$ **发散**.

根据实数理论(1.3 节),实数集与实数轴上的点能建立一一对应关系. 于是,上述定义可几何表述如下:$a_n(n > N)$ 都在区间 $(a - \varepsilon, a + \varepsilon)$ 内,而在 $(a - \varepsilon, a + \varepsilon)$ 外至多有 $a_1, a_2, \cdots, a_N$ 中的 $N$ 项(图 1.1.1).

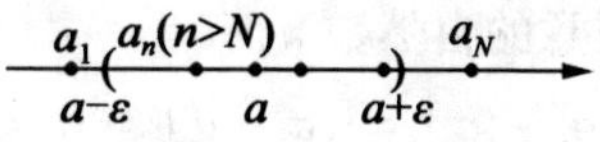

图 1.1.1

类似地,用 $A-N$ 法得到下列定义.

如果 $\forall A>0$, $\exists N=N(A)\in\mathbb{N}$, 当 $n>N$ 时,有 $a_n>A$,则称 $+\infty$ 为数列 $\{a_n\}$ 的极限,或称 $\{a_n\}$ 以 $+\infty$ 为极限,或 $\{a_n\}$ 发散于 $+\infty$,并记为 $\lim\limits_{n\to+\infty}a_n=+\infty$ 或 $a_n\to+\infty\ (n\to+\infty)$. 此时,在 $(A,+\infty)$ 外至多有 $a_1,a_2,\cdots,a_N$ 中的 $N$ 项(图 1.1.2).

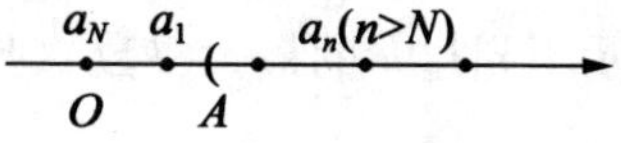

图 1.1.2

如果 $\forall A>0$, $\exists N=N(A)\in\mathbb{N}$, 当 $n>N$ 时,有 $a_n<-A$,则称 $-\infty$ 为数列 $\{a_n\}$ 的极限,或称 $\{a_n\}$ 以 $-\infty$ 为极限,或 $\{a_n\}$ 发散于 $-\infty$,并记为 $\lim\limits_{n\to+\infty}a_n=-\infty$ 或 $a_n\to-\infty\ (n\to+\infty)$. 此时,在 $(-\infty,-A)$ 外至多有 $a_1,a_2,\cdots,a_N$ 中的 $N$ 项(图 1.1.3).

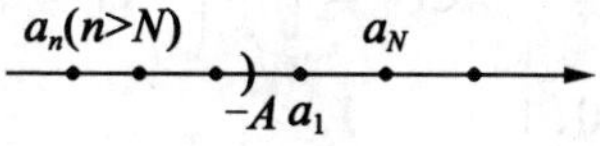

图 1.1.3

如果 $\forall A>0$, $\exists N=N(A)\in\mathbb{N}$, 当 $n>N$ 时,有 $|a_n|>A$,则称 $\infty$ 为数列 $\{a_n\}$ 的极限,或称 $\{a_n\}$ 以 $\infty$ 为极限,或 $\{a_n\}$ 发散于 $\infty$,并记为 $\lim\limits_{n\to+\infty}a_n=\infty$ 或 $a_n\to\infty\ (n\to+\infty)$. 此时,在 $(-\infty,-A)\cup(A,+\infty)$ 外,即 $[-A,A]$ 中至多有 $a_1,a_2,\cdots,a_N$ 中的 $N$ 项(图 1.1.4).

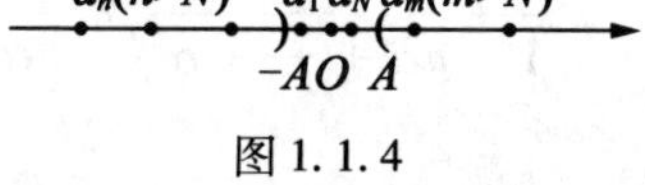

图 1.1.4

综合上述各种情况可知,一个数列 $\{a_n\}$ 或者收敛(即 $\lim\limits_{n\to+\infty}a_n=a\in\mathbb{R}$),或者发散(即 $\lim\limits_{n\to+\infty}a_n=+\infty,-\infty,\infty$,无极限).

显然,改变数列 $\{a_n\}$ 的有限多项,或去掉有限多项,或添加有限多项,不会改变数列 $\{a_n\}$ 的收敛性和发散性.

**例 1.1.1** 对常数列 $\{a_n\}$, $a_n=a$,有 $\lim\limits_{n\to+\infty}a_n=\lim\limits_{n\to+\infty}a=a$.

**证明**  $\forall \varepsilon > 0$,取任意的自然数 $n$,有

$$| a_n - a | = | a - a | = 0 < \varepsilon$$

所以

$$\lim_{n \to +\infty} a_n = \lim_{n \to +\infty} a = a$$

**例 1.1.2**  $\lim\limits_{n \to +\infty} \dfrac{1}{n^{\alpha}} = 0 (\alpha > 0)$.

**证明**  $\forall \varepsilon > 0$,取 $N \in \mathbb{N}$,s.t.(such that,使得)$N > \left( \dfrac{1}{\varepsilon} \right)^{\frac{1}{\alpha}}$ 或者 $N =$

$\left[ \left( \dfrac{1}{\varepsilon} \right)^{\frac{1}{\alpha}} \right] + 1$(其中 $[x]$ 表示不超过 $x$ 的最大整数),当 $n > N$ 时,有

$$\left| \frac{1}{n^{\alpha}} - 0 \right| = \frac{1}{n^{\alpha}} < \frac{1}{N^{\alpha}} < \varepsilon$$

所以

$$\lim_{n \to +\infty} \frac{1}{n^{\alpha}} = 0$$

当 $\alpha = 1$ 时,$\lim\limits_{n \to +\infty} \dfrac{1}{n} = 0$,取 $N = \left[ \dfrac{1}{\varepsilon} \right] + 1 \left( \text{或} N > \dfrac{1}{\varepsilon}, N \in \mathbb{N} \right)$.

**例 1.1.3**  $\lim\limits_{n \to +\infty} q^n = 0, | q | < 1$.

**证法 1**  当 $0 < | q | < 1$ 时,$\dfrac{1}{| q |} > 1$,可设 $\dfrac{1}{| q |} = 1 + \alpha (\alpha > 0)$. $\forall \varepsilon >$

$0$,取 $N \in \mathbb{N}$,s.t. $N > \dfrac{1}{\alpha \varepsilon}$,当 $n > N$ 时,有

$$| q^n - 0 | = | q^n | = \left( \frac{1}{1 + \alpha} \right)^n = \frac{1}{(1 + \alpha)^n}$$

$$= \frac{1}{1 + n\alpha + \cdots + \alpha^n} < \frac{1}{n\alpha} < \frac{1}{N\alpha} < \varepsilon$$

所以,$\lim\limits_{n \to +\infty} q^n = 0$.

当 $q = 0$ 时,由例 1.1.1 知,$\lim\limits_{n \to +\infty} q^n = \lim\limits_{n \to +\infty} 0 = 0$.

**证法 2**  当 $0 < | q | < 1$ 时,$\forall \varepsilon > 0$,取 $N \in \mathbb{N}$,s.t. $N > \log_{| q |} \varepsilon$,当 $n > N$ 时,有

$$| q^n - 0 | = | q^n | < | q |^N < \varepsilon$$

所以,$\lim\limits_{n \to +\infty} q^n = 0$.

**注 1.1.1**  在例 1.1.3 的证法 1 中,通过初等数学不等式的放大得到简单

的不等式 $\frac{1}{N\alpha} < \varepsilon$,并解得 $N > \frac{1}{\alpha\varepsilon}$.这一系列不等式称为主线,在 $\varepsilon$ - $N$ 方法中是很关键的,读者应学会这种方法.

在证法2的主线中,解不等式 $|q|^N < \varepsilon$ 得到 $N > \log_{|q|}\varepsilon$,用到了函数 $\log_{|q|}x$ 的单调减性质.

**例1.1.4** 证明

$$\lim_{n\to+\infty} q^n = \begin{cases} 0, |q| < 1 \\ +\infty, q > 1 \\ \infty, q < -1 \\ 1, q = 1 \\ \text{无极限}, q = -1 \end{cases}$$

**证法1** 当 $q > 1$ 时,令 $q = 1 + \alpha(\alpha > 0)$. $\forall A > 0$,可取 $N = N(A) \in \mathbb{N}$, s. t. $N > \frac{A}{\alpha}$,当 $n > N$ 时,有

$$q^n = (1 + \alpha)^n = 1 + n\alpha + \cdots + \alpha^n > n\alpha > N\alpha > A$$

所以, $\lim_{n\to+\infty} q^n = +\infty$.

当 $q < -1$ 时, $|q| = 1 + \alpha(\alpha > 0)$. $\forall A > 0$,取 $N = N(A) \in \mathbb{N}$, s. t. $N > \frac{A}{\alpha}$,当 $n > N$ 时,有

$$|q^n| = (1 + \alpha)^n = 1 + n\alpha + \cdots + \alpha^n > n\alpha > N\alpha > A$$

所以, $\lim_{n\to+\infty} q^n = \infty$.

**证法2** 当 $q > 1$ 时, $\forall A > 0$,取 $N = N(A) \in \mathbb{N}$, s. t. $N > \log_q A$,当 $n > N$ 时,有

$$q^n > q^N > A$$

所以, $\lim_{n\to+\infty} q^n = +\infty$.

当 $q < -1$ 时, $\forall A > 0$,取 $N = N(A) \in \mathbb{N}$, s. t. $N > \log_{|q|}A$,当 $n > N$ 时,有

$$|q^n| = |q|^n > |q|^N > A$$

因此, $\lim_{n\to+\infty} q^n = \infty$.

此外,当 $|q| < 1$ 时,由例1.1.3知, $\lim_{n\to+\infty} q^n = 0$;当 $q = 1$ 时,由例1.1.1知, $\lim_{n\to+\infty} q^n = \lim_{n\to+\infty} 1 = 1$;当 $q = -1$ 时,由下面的例1.1.12推得 $\lim_{n\to+\infty} q^n$ 不存在.

**例 1.1.5** 设 $a$ 为实常数, 则 $\lim\limits_{n\to+\infty}\dfrac{a^n}{n!}=0$.

**证明** 显然, $\exists N_0 \in \mathbb{N}$, s.t. $N_0 > |a|$, $\forall \varepsilon > 0$, 取 $N \in \mathbb{N}$, s.t. $N > \max\left\{N_0, \dfrac{|a|^{N_0+1}}{N_0!\varepsilon}\right\}$, 当 $n > N$ 时, 有

$$\left|\frac{a^n}{n!}-0\right| = \frac{|a|^n}{n!} = \frac{|a|^{N_0}}{N_0!}\frac{|a|}{N_0+1}\cdots\frac{|a|}{n}$$

$$\leqslant \frac{|a|^{N_0}}{N_0!}\frac{|a|}{n} \leqslant \frac{|a|^{N_0}}{N_0!}\frac{|a|}{N} < \varepsilon$$

所以, $\lim\limits_{n\to+\infty}\dfrac{a^n}{n!}=0$.

**例 1.1.6** $\lim\limits_{n\to+\infty}\sqrt[n]{a} = \lim\limits_{n\to+\infty}a^{\frac{1}{n}} = 1 (a > 0)$.

**证法 1** 当 $a = 1$ 时, 由例 1.1.1 可知, $\lim\limits_{n\to+\infty}\sqrt[n]{a} = \lim\limits_{n\to+\infty}1 = 1$.

当 $a > 1$ 时, $\forall \varepsilon > 0$, 取 $N = N(\varepsilon) \in \mathbb{N}$, s.t. $N > \dfrac{1}{\log_a(1+\varepsilon)}$, 当 $n > N$ 时, 有

$$1 - \varepsilon < 1 < \sqrt[n]{a} < \sqrt[N]{a} = a^{\frac{1}{N}} < 1 + \varepsilon$$

所以, $\lim\limits_{n\to+\infty}\sqrt[n]{a} = 1$.

当 $0 < a < 1$ 时, $0 < \varepsilon < 1$, 取 $N = N(\varepsilon) \in \mathbb{N}$, s.t. $N > \dfrac{1}{\log_a(1-\varepsilon)}$, 当 $n > N$ 时, 有

$$1 - \varepsilon < a^{\frac{1}{N}} = \sqrt[N]{a} < \sqrt[n]{a} < 1 < 1 + \varepsilon$$

所以, $\lim\limits_{n\to+\infty}\sqrt[n]{a} = 1$.

**证法 2** 当 $a \geqslant 1$ 时, 令 $\sqrt[n]{a} = 1 + \alpha_n$, $\alpha_n \geqslant 0$, 则

$$a = (1+\alpha_n)^n = 1 + n\alpha_n + \cdots + \alpha_n^n > n\alpha_n$$

$$\alpha_n < \frac{a}{n}$$

于是, $\forall \varepsilon > 0$, 取 $N = N(\varepsilon) \in \mathbb{N}$, s.t. $N > \dfrac{a}{\varepsilon}$, 当 $n > N$ 时, 有

$$|\sqrt[n]{a} - 1| = \alpha_n < \frac{a}{n} < \frac{a}{N} < \varepsilon$$

所以, $\lim\limits_{n\to+\infty}\sqrt[n]{a}=1$.

当 $0<a<1$ 时,由下节的定理 1.2.3 得

$$\lim_{n\to+\infty}\sqrt[n]{a}=\lim_{n\to+\infty}\frac{1}{\sqrt[n]{\dfrac{1}{a}}}=\frac{\lim\limits_{n\to+\infty}1}{\lim\limits_{n\to+\infty}\sqrt[n]{\dfrac{1}{a}}}=\frac{1}{1}=1$$

**例 1.1.7**　$\lim\limits_{n\to+\infty}\sqrt[n]{n}=1$.

**证法 1**　令 $\sqrt[n]{n}=1+\alpha_n,\alpha_n\geqslant0$,则当 $n>1$ 时,有

$$n=(1+\alpha_n)^n=1+n\alpha_n+\frac{n(n-1)}{2}\alpha_n^2+\cdots+\alpha_n^n>\frac{n(n-1)}{2}\alpha_n^2$$

$$\alpha_n^2<\frac{2}{n-1}$$

于是, $\forall\varepsilon>0$,取 $N=N(\varepsilon)\in\mathbb{N},\mathrm{s.t.}\,N>1+\dfrac{2}{\varepsilon^2}$,当 $n>N$ 时,有

$$|\sqrt[n]{n}-1|=\sqrt[n]{n}-1=\alpha_n<\sqrt{\frac{2}{n-1}}<\sqrt{\frac{2}{N-1}}<\varepsilon$$

所以, $\lim\limits_{n\to+\infty}\sqrt[n]{n}=1$.

**证法 2**　应用几何 - 算术平均不等式得

$$1\leqslant\sqrt[n]{n}=n^{\frac{1}{n}}=(1\cdot\cdots\cdot1\cdot\sqrt{n}\cdot\sqrt{n})^{\frac{1}{n}}$$

$$\leqslant\frac{(n-2)+2\sqrt{n}}{n}$$

$$=1+\frac{2(\sqrt{n}-1)}{n}<1+\frac{2}{\sqrt{n}}$$

于是, $\forall\varepsilon>0$,取 $N\in\mathbb{N},\mathrm{s.t.}\,N>\dfrac{4}{\varepsilon^2}$,当 $n>N$ 时,有

$$|\sqrt[n]{n}-1|<\frac{2}{\sqrt{n}}<\frac{2}{\sqrt{N}}<\varepsilon$$

所以, $\lim\limits_{n\to+\infty}\sqrt[n]{n}=1$.

**例 1.1.8**　设 $a_n=0.\underbrace{33\cdots3}_{n\uparrow}$,则 $\lim\limits_{n\to+\infty}a_n=0.\dot{3}=\dfrac{1}{3}$.

**证明**　$\forall\varepsilon>0$,取 $N\in\mathbb{N},\mathrm{s.t.}\,N>\lg\dfrac{1}{\varepsilon}$,当 $n>N$ 时,有

$$| a_n - 0.\dot{3} | = | 0.\underbrace{33\cdots3}_{n\uparrow} - 0.\underbrace{33\cdots33}_{n\uparrow}\cdots | < \frac{1}{10^n} < \frac{1}{10^N} < \varepsilon$$

所以

$$\lim_{n\to+\infty} 0.\underbrace{33\cdots3}_{n\uparrow} = 0.\dot{3} = \frac{1}{3}$$

**例 1.1.9**  $\displaystyle\lim_{n\to+\infty} \frac{1}{\sqrt[n]{n!}} = 0.$

**证法 1**  $\forall \varepsilon > 0$，由例 1.1.5 知，$\displaystyle\lim_{n\to+\infty} \frac{\left(\dfrac{1}{\varepsilon}\right)^n}{n!} = 0.$ 故 $\exists N \in \mathbb{N}$，当 $n > N$ 时，

有

$$\frac{\left(\dfrac{1}{\varepsilon}\right)^n}{n!} < 0 + 1 = 1$$

所以

$$-\varepsilon < 0 < \frac{1}{\sqrt[n]{n!}} < \varepsilon$$

$$\lim_{n\to+\infty} \frac{1}{\sqrt[n]{n!}} = 0$$

**证法 2**  应用几何 – 算术平均不等式有

$$0 < \frac{1}{\sqrt[n]{n!}} = \sqrt[n]{\frac{1}{1} \cdot \frac{1}{2} \cdot \cdots \cdot \frac{1}{n}} \leqslant \frac{\dfrac{1}{1} + \dfrac{1}{2} + \cdots + \dfrac{1}{n}}{n}$$

再由下面的例 1.1.15 知

$$\lim_{n\to+\infty} \frac{\dfrac{1}{1} + \dfrac{1}{2} + \cdots + \dfrac{1}{n}}{n} = \lim_{n\to+\infty} \frac{1}{n} = 0 = \lim_{n\to+\infty} 0$$

根据下节的夹逼定理 1.2.6 就得到

$$\lim_{n\to+\infty} \frac{1}{\sqrt[n]{n!}} = 0$$

**证法 3**  应用后面的例 1.4.11 中的不等式

$$\left(\frac{n+1}{e}\right)^n < n! < e\left(\frac{n+1}{e}\right)^{n+1}$$

$\forall \varepsilon > 0$, 取 $N \in \mathbb{N}$, s.t. $N > \dfrac{e}{\varepsilon}$, 当 $n > N$ 时, 有

$$\left| \frac{1}{\sqrt[n]{n!}} - 0 \right| = \frac{1}{\sqrt[n]{n!}} < \frac{e}{n+1} < \frac{e}{n} < \frac{e}{N} < \varepsilon$$

所以, $\lim\limits_{n \to +\infty} \dfrac{1}{\sqrt[n]{n!}} = 0$.

**例 1.1.10**　$\lim\limits_{n \to +\infty} \dfrac{3n^2}{n^2 - 3} = 3$.

**证明**　$\forall \varepsilon > 0$, 取 $N \in \mathbb{N}$, s.t. $N > \max\left\{3, \dfrac{9}{\varepsilon}\right\}$, 当 $n > N$ 时, 有

$$\left| \frac{3n^2}{n^2 - 3} - 3 \right| = \left| \frac{9}{n^2 - 3} \right| \xlongequal{n \geqslant 3} \frac{9}{n^2 - 3} \leqslant \frac{9}{n} < \frac{9}{N} < \varepsilon$$

所以, $\lim\limits_{n \to +\infty} \dfrac{3n^2}{n^2 - 3} = 3$.

**例 1.1.11**　$\lim\limits_{n \to +\infty} \dfrac{3\sqrt{n} + 1}{2\sqrt{n} - 1} = \dfrac{3}{2}$.

**证明**　$\forall \varepsilon > 0$, 取 $N \in \mathbb{N}$, s.t. $N > \dfrac{25}{\varepsilon^2}$, 当 $n > N$ 时, 有

$$\left| \frac{3\sqrt{n} + 1}{2\sqrt{n} - 1} - \frac{3}{2} \right| = \frac{5}{4\sqrt{n} - 2} \leqslant \frac{5}{4\sqrt{n} - 2\sqrt{n}} < \frac{5}{\sqrt{n}} < \frac{5}{\sqrt{N}} < \varepsilon$$

所以, $\lim\limits_{n \to +\infty} \dfrac{3\sqrt{n} + 1}{2\sqrt{n} - 1} = \dfrac{3}{2}$.

为了论述的统一和简单, 我们引进开邻域、$\varepsilon$ 开邻域的概念.

$a(a \in \mathbb{R})$ 的开邻域为 $(a - \varepsilon, a + \varepsilon) = \{x \mid \rho(x, a) = |x - a| < \varepsilon\} = U(a; \varepsilon)$, 也记为 $B(a; \varepsilon)$. 它表示直线上以 $a$ 为中心、$\varepsilon$ 为半径的开球或开区间, 其中 $\rho(x, a)$ 为直线上 $x$ 与 $a$ 两点间的通常距离; $+\infty$ 的开邻域为 $U(+\infty, A) = (A, +\infty)$; $-\infty$ 的开邻域为 $U(-\infty, A) = (-\infty, -A)$; $\infty$ 的开邻域为 $U(\infty, A) = (-\infty, -A) \cup (A, +\infty)$.

对 $a \in \mathbb{R}$ 的去心 $\varepsilon$ 开邻域为 $U^{\circ}(a; \varepsilon) = U(a; \varepsilon) \setminus \{a\}$ 或 $B(a; \varepsilon) \setminus \{a\}$; $a$ 的 $\varepsilon$ 右开邻域为 $U_+(a; \varepsilon) = [a, a + \varepsilon)$ 或 $B_+(a; \varepsilon)$; $a$ 的去心 $\varepsilon$ 右开邻域为 $U^{\circ}_+(a; \varepsilon) = (a, a + \varepsilon)$ 或 $B^{\circ}_+(a; \varepsilon)$; $a$ 的 $\varepsilon$ 左开邻域为 $U_-(a; \varepsilon) = (a - \varepsilon, a]$ 或 $B_-(a; \varepsilon)$; $a$ 的去心 $\varepsilon$ 左开邻域为 $U^{\circ}_-(a; \varepsilon) = (a - \varepsilon, a)$ 或 $B^{\circ}_-(a; \varepsilon)$.

**定理 1.1.1** 数列 $\{a_n\}$ 有极限 $a$ 的充分必要条件是它的偶数项数列(偶子列) $\{a_{2k}\}$ 和奇数项数列(奇子列) $\{a_{2k-1}\}$ 有相同的极限 $a$,即

$$\lim_{n \to +\infty} a_n = a \Leftrightarrow \lim_{k \to +\infty} a_{2k} = \lim_{k \to +\infty} a_{2k-1} = a$$

**证明** ( $\Rightarrow$ )对 $a$ 的任何开邻域 $U$,因 $\lim_{n \to +\infty} a_n = a$,故 $\exists N \in \mathbb{N}$,当 $n > N$ 时,有 $a_n \in U$. 取 $K = N$,当 $k > K$ 时,有

$$2k > 2K = 2N > N, 2k - 1 > 2K - 1 = 2N - 1 \geqslant N$$

故

$$a_{2k} \in U, a_{2k-1} \in U$$

从而

$$\lim_{k \to +\infty} a_{2k} = a, \lim_{k \to +\infty} a_{2k-1} = a$$

( $\Leftarrow$ )对 $a$ 的任何开邻域 $U$,因 $\lim_{k \to +\infty} a_{2k} = a$,故 $\exists K_1 \in \mathbb{N}$,当 $k > K_1$ 时,有 $a_{2k} \in U$. 又因 $\lim_{k \to +\infty} a_{2k-1} = a$,故 $\exists K_2 \in \mathbb{N}$,当 $k > K_2$ 时,有 $a_{2k-1} \in U$. 于是,当 $n > N = \max\{2K_1, 2K_2 - 1\}$ 时,必有 $a_n \in U$,所以

$$\lim_{n \to +\infty} a_n = a$$

**注 1.1.2** 定理 1.1.1 的证明采用了统一表达,用 $U$ 表示 $a$ 的开邻域. 这种论证方式读者应熟练掌握. 如果对 $a$ 为实数,$+\infty$,$-\infty$,$\infty$ 四种情形分别论述,则当 $a \in \mathbb{R}$ 时,$U = U(a; \varepsilon)$;当 $a = +\infty$ 时,$U = U(+\infty, A)$;当 $a = -\infty$ 时,$U = U(-\infty, A)$;当 $a = \infty$ 时,$U = U(\infty, A)$. 余下的与定理 1.1.1 的证明中所述相同. 因此,也可对一种情形证明后,其他三种情形类似处理.

**定理 1.1.2** $\lim_{n \to +\infty} a_n = a \Leftrightarrow$ 对 $\{a_n\}$ 的任何子列 $\{a_{n_k}\}$ (当 $n_1 < n_2 < \cdots < n_{k-1} < n_k < \cdots$ 时,称 $\{a_{n_k}\}$ 为 $\{a_n\}$ 的一个子列),有 $\lim_{k \to +\infty} a_{n_k} = a$.

**证明** ( $\Leftarrow$ )令 $n_k = k$,则 $\{a_n\} = \{a_k\} = \{a_{n_k}\}$ 为 $\{a_n\}$ 的一个子列,所以

$$\lim_{n \to +\infty} a_n = \lim_{k \to +\infty} a_k = \lim_{k \to +\infty} a_{n_k} = a$$

( $\Rightarrow$ )对 $a$ 的任何开邻域 $U$,因 $\lim_{n \to +\infty} a_n = a$,故 $\exists N \in \mathbb{N}$,当 $n > N$ 时,$a_n \in U$. 当 $n_k \geqslant k > K = N$ 时,有 $a_{n_k} \in U$,所以,$\lim_{k \to +\infty} a_{n_k} = a$.

**定理 1.1.3** 数列 $\{a_n\}$ 有极限(实数 $a$,或 $+\infty$,或 $-\infty$)的充要条件为 $\{a_n\}$ 的非平凡子列( $\{a_n\}$ 本身以及 $\{a_n\}$ 去掉有限项后得到的子列称为 $\{a_n\}$ 的平凡子列;不是平凡子列的子列称为 $\{a_n\}$ 的非平凡子列)都有极限(实数 $a$,或

+ ∞ ,或 – ∞ ).

**证明**　( ⇒ )即定理 1.1.2 中的必要性.

( ⇐ )由右边条件, $\{a_n\}$ 的非平凡子列 $\{a_{2k}\}$ , $\{a_{2k-1}\}$ , $\{a_{3k}\}$ 均有极限. 由于 $\{a_{6k}\}$ 既是 $\{a_{2k}\}$ 又是 $\{a_{3k}\}$ 的子列,故由上述必要性,可知

$$\lim_{k\to +\infty} a_{2k} = \lim_{k\to +\infty} a_{6k} = \lim_{k\to +\infty} a_{3k}$$

此外, $\{a_{6k-3}\}$ 既是 $\{a_{2k-1}\}$ 又是 $\{a_{3k}\}$ 的子列,同样可得

$$\lim_{k\to +\infty} a_{2k-1} = \lim_{k\to +\infty} a_{6k-3} = \lim_{k\to +\infty} a_{3k}$$

于是

$$\lim_{k\to +\infty} a_{2k-1} = \lim_{k\to +\infty} a_{2k}$$

即 $\{a_n\}$ 的奇子列 $\{a_{2k-1}\}$ 和偶子列 $\{a_{2k}\}$ 有相同的极限 $a$ . 由定理 1.1.1 即得 $\{a_n\}$ 有极限.

定理 1.1.3 的特例是如下定理.

**定理 1.1.4**　数列 $\{a_n\}$ 收敛 ⇔ $\{a_n\}$ 的任何非平凡子列都收敛.

**定理 1.1.5**　$\lim_{n\to +\infty} a_n = a \Leftrightarrow a$ 的任何开邻域 $U$ 的外边 $\mathbb{R}\backslash U$ 至多含数列的有限多项. 它等价于 $\lim_{n\to +\infty} a_n \neq a \Leftrightarrow$ 存在 $a$ 的某个开邻域 $U$ ,在 $U$ 的外边含 $\{a_n\}$ 的无限多项.

**证明**　( ⇒ )由极限的定义 1.1.1 ,在 $U$ 的外边 $\mathbb{R}\backslash U$ 中至多含 $a_1, a_2, \cdots, a_N$ 的若干项,当然是有限项.

( ⇐ )对于 $a$ 的任何一个开邻域 $U$ ,根据右边条件, $\{a_n\}$ 中至多只有有限多项位于 $U$ 的外边,设它们依次为 $a_{n_1}, a_{n_2}, \cdots, a_{n_k} (n_1 < n_2 < \cdots < n_k)$ . 令 $N = n_k$ ,则当 $n > N$ 时,必有 $a_n \in U$ ,所以 $\lim_{n\to +\infty} a_n = a$ .

**例 1.1.12**　数列 $\{a_n\}$ , $a_n = (-1)^{n-1}$ 无极限,当然不收敛.

**证法 1**　因为

$$\lim_{k\to +\infty} a_{2k-1} = \lim_{k\to +\infty} (-1)^{2k-2} = 1 \neq -1 = \lim_{k\to +\infty} (-1)^{2k-1} = \lim_{k\to +\infty} a_{2k}$$

所以由定理 1.1.1 或定理 1.1.2 知, $(-1)^{n-1}$ 无极限.

**证法 2**　$\forall a \neq \pm 1$ ,则 $\varepsilon_0 = \min\{|a-1|, |a+1|\} > 0$ ,且 $(-1)^{n-1}$ 全

在 $a$ 的开邻域 $U = (a - \varepsilon_0, a + \varepsilon_0)$ 外边.

当 $a = 1$ 时, $-1 = (-1)^{2k-1}$ 都在 1 的开邻域 $U = (1 - 2, 1 + 2) = (-1, 3)$ 的外边.

当 $a = -1$ 时, $1 = (-1)^{2k}$ 都在 $-1$ 的开邻域 $U = (-1 - 2, -1 + 2) = (-3, 1)$ 的外边.

当 $a = +\infty$ 时, $(-1)^{n-1}$ 全在 $+\infty$ 的开邻域 $U = (1, +\infty)$ 的外边.

当 $a = -\infty$ 时, $(-1)^{n-1}$ 全在 $-\infty$ 的开邻域 $U = (-\infty, -1)$ 的外边.

当 $a = \infty$ 时, $(-1)^{n-1}$ 全在 $\infty$ 的开邻域 $U = (-\infty, -1) \cup (1, +\infty)$ 的外边.

根据定理 1.1.5, 任何实数 $a$, $+\infty$, $-\infty$, $\infty$ 均不为 $a_n = (-1)^{n-1}$ 的极限.

**例 1. 1. 13**  数列 $\{\sin n\}$ 无极限.

**证明**  $\forall k \in \mathbb{N}$, 因为区间 $\left(2k\pi + \dfrac{\pi}{4}, 2k\pi + \dfrac{3\pi}{4}\right)$ 的长度为 $\dfrac{\pi}{2} > 1$, 所以必存在 $n_k \in \left(2k\pi + \dfrac{\pi}{4}, 2k\pi + \dfrac{3\pi}{4}\right) \cap \mathbb{N}$. 同理, 必存在 $n_k' \in \left((2k - 1)\pi, 2k\pi\right) \cap \mathbb{N}$. 显然, $n_1 < n_2 < n_3 < \cdots, n_1' < n_2' < n_3' < \cdots$, 且

$$1 \geqslant \sin n_k > \frac{\sqrt{2}}{2}, \quad -1 < \sin n_k' < 0, k \in \mathbb{N}$$

所以, 这两个子列 $\{\sin n_k\}$ 与 $\{\sin n_k'\}$ 不可能有同一个极限(图 1.1.5). 根据定理 1.1.2 知, 数列 $\{\sin n\}$ 无极限.

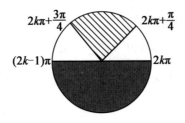

图 1.1.5

**定理 1. 1. 6**  设 $\lim\limits_{n \to +\infty} a_n = a > b$(或 $a < b$), 则 $\exists N_0 \in \mathbb{N}$, 当 $n > N_0$ 时, 有 $a_n > b$(或 $a_n < b$).

特别地,由保号性定理:设 $\lim\limits_{n\to+\infty} a_n = a > 0$(或 $a < 0$),则 $\exists N_0 \in \mathbb{N}$,当 $n > N_0$ 时,有 $a_n > 0$(或 $a_n < 0$).进一步,如果 $a \in \mathbb{R}$,则 $a_n > \dfrac{a}{2} > 0 \left(\text{或 } a_n < \dfrac{a}{2} < 0\right)$, $n > N_0$.

**证法 1**　对 $a, b \in \mathbb{R}$ 证明.

因为 $\lim\limits_{n\to+\infty} a_n = a > b$,对 $\varepsilon_0 = \dfrac{a-b}{2} > 0$,$\exists N_0 \in \mathbb{N}$,当 $n > N_0$ 时,有

$$a_n > a - \varepsilon_0 = a - \frac{a-b}{2} = \frac{a+b}{2} > b$$

其他情形类似证明.

**证法 2**　(统一论证)因为 $a > b$,所以存在 $a$ 的开(区间)邻域 $U$,而 $b \notin U$($b$ 在 $U$ 的左边).又因 $\lim\limits_{n\to+\infty} a_n = a$,故 $\exists N_0 \in \mathbb{N}$,当 $n > N_0$ 时,有 $a_n \in U$,此时, $a_n > b$.

**例 1.1.14**　设 $\lim\limits_{n\to+\infty} a_n = 0$(极限为 0 的变量称为无穷小量), $|b_n| \leqslant M$(此时,称 $b_n$ 为有界量),则 $\lim\limits_{n\to+\infty} a_n b_n = 0$,即无穷小量与有界量之积仍为无穷小量.

**证明**　$\forall \varepsilon > 0$,因 $\lim\limits_{n\to+\infty} a_n = 0$,故 $\exists N \in \mathbb{N}$,当 $n > N$ 时,有 $|a_n - 0| < \dfrac{\varepsilon}{M+1}$.于是

$$|a_n b_n - 0| = |a_n b_n| \leqslant M|a_n - 0| \leqslant M \cdot \frac{\varepsilon}{M+1} < \varepsilon$$

即 $\lim\limits_{n\to+\infty} a_n b_n = 0$.

为了进一步提高读者使用 $\varepsilon - N$ 法与 $A - N$ 法的证明能力,下面再举一些例子.

**例 1.1.15**　设 $\lim\limits_{n\to+\infty} a_n = a$(实数, $+\infty$, $-\infty$),则

$$\lim_{n\to+\infty} \frac{a_1 + \cdots + a_n}{n} = a$$

问:当 $a = \infty$ 时,结论如何?

**证明**　当 $a \in \mathbb{R}$ 时,$\forall \varepsilon > 0$,因 $\lim\limits_{n\to+\infty} a_n = a$,故 $\exists N_1 \in \mathbb{N}$,当 $n > N_1$ 时, $|a_n - a| < \dfrac{\varepsilon}{2}$.固定 $N_1$,当 $n > N \geqslant \max\left\{N_1, \dfrac{2|a_1 + \cdots + a_{N_1} - N_1 a|}{\varepsilon}\right\}$ 时 $(N \in \mathbb{N})$,有

$$\left| \frac{a_1 + \cdots + a_n}{n} - a \right| = \frac{\mid a_1 - a + a_2 - a + \cdots + a_n - a \mid}{n}$$

$$\leqslant \frac{\mid a_1 - a + \cdots + a_{N_1} - a \mid}{n} + \frac{\mid a_{N_1+1} - a \mid + \cdots + \mid a_n - a \mid}{n}$$

$$\leqslant \frac{\mid a_1 + \cdots + a_{N_1} - N_1 a \mid}{N} + \frac{n - N_1}{n} \cdot \frac{\varepsilon}{2}$$

$$< \frac{\varepsilon}{2} + \frac{\varepsilon}{2} = \varepsilon$$

所以

$$\lim_{n \to +\infty} \frac{a_1 + \cdots + a_n}{n} = a$$

当 $a = +\infty$ 时,$\forall A > 0$,由于 $\lim\limits_{n \to +\infty} a_n = +\infty$,因此 $\exists N_1 \in \mathbb{N}$,当 $n > N_1$ 时,

$a_n > 2A + 2$. 固定 $N_1$,因 $\lim\limits_{n \to +\infty} \frac{n - N_1}{n} = 1 > \frac{1}{2}$,$\lim\limits_{n \to +\infty} \frac{a_1 + \cdots + a_{N_1}}{n} = 0 > -1$,由

定理 1.1.6 知,$\exists N \in \mathbb{N}, N > N_1$,当 $n > N$ 时,有

$$\frac{n - N_1}{n} > \frac{1}{2}, \frac{a_1 + \cdots + a_{N_1}}{n} > -1$$

于是

$$\frac{a_1 + \cdots + a_n}{n} = \frac{a_1 + \cdots + a_{N_1}}{n} + \frac{a_{N_1+1} + \cdots + a_n}{n}$$

$$> -1 + \frac{n - N_1}{n}(2A + 2)$$

$$> -1 + \frac{2A + 2}{2} = A$$

这就证明了 $\lim\limits_{n \to +\infty} \frac{a_1 + \cdots + a_n}{n} = +\infty$.

当 $a = -\infty$ 时,$\forall A > 0$,由于 $\lim\limits_{n \to +\infty} a_n = -\infty$,因此 $\exists N_1 \in \mathbb{N}$,当 $n > N_1$ 时,

$a_n < -2A - 2$. 固定 $N_1$,因 $\lim\limits_{n \to +\infty} \frac{n - N_1}{n} = 1 > \frac{1}{2}$,$\lim\limits_{n \to +\infty} \frac{a_1 + \cdots + a_{N_1}}{n} = 0 < 1$,

由定理 1.1.6 知,$\exists N \in \mathbb{N}, N > N_1$,当 $n > N$ 时,有

$$\frac{n - N_1}{n} > \frac{1}{2}, \frac{a_1 + \cdots + a_{N_1}}{n} < 1$$

于是

$$\frac{a_1 + \cdots + a_n}{n} = \frac{a_1 + \cdots + a_{N_1}}{n} + \frac{a_{N_1+1} + \cdots + a_n}{n}$$

$$< 1 + \frac{n - N_1}{n}(-2A - 2)$$

$$< 1 + \frac{-2A - 2}{2} = -A$$

这就证明了 $\lim\limits_{n \to +\infty} \dfrac{a_1 + \cdots + a_n}{n} = -\infty$.

还可应用 $\lim\limits_{n \to +\infty} a_n = +\infty$ 的结论,当 $a = -\infty$ 时,有 $\lim\limits_{n \to +\infty}(-a_n) = +\infty$,所以

$$\lim\limits_{n \to +\infty} \frac{a_1 + \cdots + a_n}{n} = -\lim\limits_{n \to +\infty} \frac{(-a_1) + \cdots + (-a_n)}{n}$$

$$= -\lim\limits_{n \to +\infty}(-a_n) = -\infty$$

当 $a = \infty$ 时,结论不一定成立. 有反例:$a_n = (-1)^{n-1} n$,显然 $\lim\limits_{n \to +\infty} a_n = \infty$.
但

$$\lim\limits_{k \to +\infty} \frac{a_1 + a_2 + \cdots + a_{2k}}{2k}$$

$$= \lim\limits_{k \to +\infty} \frac{(1 - 2) + (3 - 4) + \cdots + (2k - 1 - 2k)}{2k}$$

$$= \lim\limits_{k \to +\infty} \frac{-k}{2k} = -\frac{1}{2} \neq \infty$$

**例 1.1.16** 数列 $\{a_n\}$ 无上界 $\Leftrightarrow \{a_n\}$ 必有子列 $\{a_{n_k}\} \to +\infty (k \to +\infty)$.

**证明** ($\Leftarrow$) 设 $\{a_n\}$ 有子列 $\{a_{n_k}\} \to +\infty (k \to +\infty)$,则 $\forall A > 0, \exists K = K(A) \in \mathbb{N}$,使得当 $k > K$ 时,$a_{n_k} > A$,所以 $A$ 不为数列 $\{a_n\}$ 的上界. 由 $A$ 的任意性知,数列 $\{a_n\}$ 无上界.

($\Rightarrow$) 设 $\{a_n\}$ 无上界,则 1 不是数列 $\{a_n\}$ 的上界,故 $\exists a_{n_1} > 1$. 又因 $\max\{2, a_1, \cdots, a_{n_1}\}$ 不是数列 $\{a_n\}$ 的上界,故 $\exists a_{n_2} > \max\{2, a_1, \cdots, a_{n_1}\}$,显然,$n_1 < n_2$. 依此类推就得到 $a_{n_k} > \max\{k, a_1, \cdots, a_{n_{k-1}}\}$,显然,$n_{k-1} < n_k$. 所以 $\{a_{n_k}\}$ 为 $\{a_n\}$ 的一个子列,且 $a_{n_k} > k$. 由极限定义知,$\lim\limits_{k \to +\infty} a_{n_k} = +\infty$.

最后,我们用 $\varepsilon - N$ 法与 $A - N$ 法来描述 $\lim\limits_{n \to +\infty} a_n \neq a$ (即 $a$ 不是 $a_n$ 的极限).
应注意的是这种描述恰与用 $\varepsilon - N$ 法与 $A - N$ 法描述 $\lim\limits_{n \to +\infty} a_n = a$ 相对立. 具体叙

述如下

$$\lim_{n\to+\infty} a_n = a \in \mathbb{R} : \forall \varepsilon > 0, \exists N \in \mathbb{N}, \forall n > N, \text{有} \mid a_n - a \mid < \varepsilon$$

$$\lim_{n\to+\infty} a_n \neq a \in \mathbb{R} : \exists \varepsilon_0 > 0, \forall N \in \mathbb{N}, \exists n_N > N, \text{有} \mid a_{n_N} - a \mid \geqslant \varepsilon_0$$

$$\lim_{n\to+\infty} a_n = +\infty : \forall A > 0, \exists N \in \mathbb{N}, \forall n > N, \text{有} a_n > A$$

$$\lim_{n\to+\infty} a_n \neq +\infty : \exists A_0 > 0, \forall N \in \mathbb{N}, \exists n_N > N, \text{有} a_{n_N} \leqslant A_0$$

对于 $\lim\limits_{n\to+\infty} a_n = -\infty$，$\lim\limits_{n\to+\infty} a_n \neq -\infty$，$\lim\limits_{n\to+\infty} a_n = \infty$ 和 $\lim\limits_{n\to+\infty} a_n \neq \infty$ 等情形请读者自己写出. 统一描述如下：

$$\lim_{n\to+\infty} a_n = a : \forall a \text{ 的开邻域 } U, \exists N \in \mathbb{N}, \forall n > N, \text{有} a_n \in U;$$

$$\lim_{n\to+\infty} a_n \neq a : \exists a \text{ 的开邻域 } U_0, \forall N \in \mathbb{N}, \exists n_N > N, \text{有} a_{n_N} \notin U.$$

# 练习题 1.1

**1.** 用数列极限定义证明：

(1) $\lim\limits_{n\to+\infty} 0.\underbrace{99\cdots9}_{n\uparrow} = 1$；

(2) $\lim\limits_{n\to+\infty} \dfrac{3n+4}{7n-3} = \dfrac{3}{7}$；

(3) $\lim\limits_{n\to+\infty} \dfrac{5n+6}{n^2 - n - 1\,000} = 0$；

(4) $\lim\limits_{n\to+\infty} \dfrac{8}{2^n + 5} = 0$；

(5) $\lim\limits_{n\to+\infty} \dfrac{\sin n!}{n^{\frac{1}{2}}} = 0$；

(6) $\lim\limits_{n\to+\infty} (\sqrt{n+2} - \sqrt{n-2}) = 0$；

(7) $\lim\limits_{n\to+\infty} (\sqrt[3]{n+2} - \sqrt[3]{n-2}) = 0$；

(8) $\lim\limits_{n\to+\infty} \dfrac{n^{\frac{3}{2}} \arctan n}{1 + n^2} = 0$；

(9) $\lim\limits_{n\to+\infty} a_n = 1$，其中 $a_n = \begin{cases} \dfrac{n-1}{n}, & n \text{ 为偶数}, \\ \dfrac{\sqrt{n^2+n}}{n}, & n \text{ 为奇数}; \end{cases}$

(10) $\lim\limits_{n\to+\infty} (n^3 - 4n - 5) = +\infty$.

**2.** 设 $\lim\limits_{n\to+\infty} a_n = a$. 证明：$\forall k \in \mathbb{N}$，有 $\lim\limits_{n\to+\infty} a_{n+k} = a$.

**3.** 设 $\lim\limits_{n\to+\infty} a_n = a$. 证明：$\lim\limits_{n\to+\infty} \mid a_n \mid = \mid a \mid$. 举例说明这个命题的逆命题不真.

**4.** 设 $x_n \leqslant a \leqslant y_n, n \in \mathbb{N}$，且 $\lim\limits_{n\to+\infty} (y_n - x_n) = 0$. 证明

$$\lim_{n \to +\infty} x_n = \lim_{n \to +\infty} y_n = a$$

**5.** 设 $\{a_n\}$ 为一个收敛数列. 证明: 数列 $\{a_n\}$ 中或者有最大的数, 或者有最小的数. 举出两者都有的例子, 再举出只有一个的例子.

**6.** 证明下列数列发散:

(1) $\{n^{(-1)^n}\}$;

(2) $\{\cos n\}$.

**7.** 证明: 数列 $\{a_n\}$ 收敛 $\Leftrightarrow$ 三个数列 $\{a_{3k-2}\}$, $\{a_{3k-1}\}$, $\{a_{3k}\}$ 都收敛且有相同的极限.

**8.** 设 $\lim\limits_{n \to +\infty} (a_n - a_{n-1}) = d$. 证明: $\lim\limits_{n \to +\infty} \dfrac{a_n}{n} = d$.

**9.** 设 $\lim\limits_{n \to +\infty} a_n = a$. 用 $\varepsilon - N$ 法, $A - N$ 法证明

$$\lim_{n \to +\infty} \frac{a_1 + 2a_2 + \cdots + na_n}{n^2} = \frac{a}{2} \quad (a \text{ 为实数}, +\infty, -\infty)$$

# 思考题 1.1

**1.** 设 $\lim\limits_{n \to +\infty} a_n = a$, $|q| < 1$. 用 $\varepsilon - N$ 法证明

$$\lim_{n \to +\infty} (a_n + a_{n-1}q + \cdots + a_1 q^{n-1}) = \frac{a}{1-q}$$

**2.** 设 $\lim\limits_{n \to +\infty} a_n = a$, $\lim\limits_{n \to +\infty} b_n = b$. 用 $\varepsilon - N$ 法证明

$$\lim_{n \to +\infty} \frac{a_0 b_n + a_1 b_{n-1} + \cdots + a_{n-1} b_1 + a_n b_0}{n} = ab$$

**3.** 设 $\lim\limits_{n \to +\infty} a_n = a$, $b_n \geqslant 0 (n \in \mathbb{N})$, $\lim\limits_{n \to +\infty} (b_1 + b_2 + \cdots + b_n) = S$. 证明

$$\lim_{n \to +\infty} (a_n b_1 + a_{n-1} b_2 + \cdots + a_1 b_n) = aS$$

**4.** (Toeplitz 定理) 设 $n, k \in \mathbb{N}$, $t_{nk} \geqslant 0$ 且 $\sum\limits_{k=1}^{n} t_{nk} = 1$, $\lim\limits_{n \to +\infty} t_{nk} = 0$. 如果 $\lim\limits_{n \to +\infty} a_n = a$, 证明

$$\lim_{n \to +\infty} \sum_{k=1}^{n} t_{nk} a_k = a$$

说明例 1.1.15 为 Toeplitz 定理的特殊情形.

5. 设 $a,b,c$ 为三个给定的实数,令 $a_0 = a, b_0 = b, c_0 = c$,并归纳定义

$$\begin{cases} a_n = \dfrac{b_{n-1} + c_{n-1}}{2} \\[2mm] b_n = \dfrac{c_{n-1} + a_{n-1}}{2}, n = 1,2,\cdots \\[2mm] c_n = \dfrac{a_{n-1} + b_{n-1}}{2} \end{cases}$$

证明

$$\lim_{n \to +\infty} a_n = \lim_{n \to +\infty} b_n = \lim_{n \to +\infty} c_n = \frac{a+b+c}{3}$$

6. 设 $a_1, a_2$ 为实数,令

$$a_n = pa_{n-1} + qa_{n-2}, n = 3,4,5,\cdots$$

其中 $p > 0, q > 0, p + q = 1$. 证明:数列 $\{a_n\}$ 收敛,且 $\lim\limits_{n \to +\infty} a_n = \dfrac{a_2 + a_1 q}{1 + q}$.

7. 设数列 $\{a_n\}, \{b_n\}, \{c_n\}$ 满足 $a_1 > 0, 4 \leqslant b_n \leqslant 5, 4 \leqslant c_n \leqslant 5$,且

$$a_n = \frac{\sqrt{b_n^2 + c_n^2}}{b_n + c_n} a_{n-1}$$

证明: $\lim\limits_{n \to +\infty} a_n = 0$.

# 1.2 数列极限的基本性质

在定义了数列极限之后,我们会用 $\varepsilon - N$ 法证明一些数列的极限,但从上节知道,这必须在已知数列有无极限的前提下才能应用,且某些证明还相当复杂,有些甚至还无法用 $\varepsilon - N$ 法证明. 所以,我们必须进一步了解数列极限有哪些性质,还有什么方法可以使用. 为此,本节将逐一给出数列极限的唯一性、收敛数列的有界性、极限的四则运算性质、不等式性质,以及重要的夹逼定理.

**定理 1.2.1**(极限的唯一性) 设数列 $\{a_n\}$ 有极限(实数,或 $+\infty$,或 $-\infty$),则极限是唯一的.

**证法 1** 设 $\lim\limits_{n \to +\infty} a_n = a$ 及 $\lim\limits_{n \to +\infty} a_n = b, a, b \in \mathbb{R}$.

(反证)反设 $a \neq b$. 令 $\varepsilon_0 = |a - b| > 0$,根据数列极限的定义 1.1.1,

$\exists N \in \mathbb{N}$,当 $n > N$ 时,有

$$|a_n - a| < \frac{\varepsilon_0}{2}, |a_n - b| < \frac{\varepsilon_0}{2}$$

所以

$$|a - b| \leqslant |a - a_n| + |a_n - b| < \frac{\varepsilon_0}{2} + \frac{\varepsilon_0}{2} = \varepsilon_0 = |a - b|$$

矛盾.

值得注意的是,这种证法不能应用到极限为 $+\infty$ 或 $-\infty$ 的情况,因此还必须给出能推广到 $+\infty$ 或 $-\infty$ 的证法,于是有下面的证法.

**证法2**　设 $\lim\limits_{n \to +\infty} a_n = a$ 及 $\lim\limits_{n \to +\infty} a_n = b, a, b \in \mathbb{R}$.

（反证）反设 $a \neq b$,不失一般性,设 $a < b$. 令 $\varepsilon_0 = \dfrac{b-a}{2} > 0$. 由极限定义 1.1.1 知,$\exists N_1 \in \mathbb{N}$,当 $n > N_1$ 时,$a - \varepsilon_0 < a_n < a + \varepsilon_0$;$\exists N_2 \in \mathbb{N}$,当 $n > N_2$ 时,$b - \varepsilon_0 < a_n < b + \varepsilon_0$. 所以,当 $n > N = \max\{N_1, N_2\}$ 时,有

$$\frac{a+b}{2} = b - \frac{b-a}{2} = b - \varepsilon_0 < a + \varepsilon_0 = a + \frac{b-a}{2} = \frac{a+b}{2}$$

矛盾.

其他情形类似证明.

**证法3**　（统一描述）设 $\lim\limits_{n \to +\infty} a_n = a$ 及 $\lim\limits_{n \to +\infty} a_n = b$.

（反证）反设 $a \neq b$,不妨设 $a < b$,则存在 $a$ 的开邻域 $U_a$ 与 $b$ 的开邻域 $U_b$,s.t. $U_a \cap U_b = \varnothing$. 由极限定义 1.1.1 知,$\exists N_1 \in \mathbb{N}$,当 $n > N_1$ 时,$a_n \in U_a$;$\exists N_2 \in \mathbb{N}$,当 $n > N_2$ 时,$a_n \in U_b$,所以,当 $n > \max\{N_1, N_2\}$ 时,$a_n \in U_a \cap U_b \neq \varnothing$,矛盾.

**定义1.2.1**　如果存在实数 $M > 0$,使得对任何自然数 $n$,有 $|a_n| \leqslant M$,则称数列 $\{a_n\}$ **有界**. 如果存在实数 $B$,使得 $a_n \leqslant B, \forall n \in \mathbb{N}$,则称数列 $\{a_n\}$ 有**上界** $B$. 如果存在实数 $A$,使得 $a_n \geqslant A, \forall n \in \mathbb{N}$,则称数列 $\{a_n\}$ 有**下界** $A$.

显然,$\{a_n\}$ 有界的充要条件是 $\{a_n\}$ 既有上界又有下界.

**定理1.2.2**　数列 $\{a_n\}$ 收敛,则 $\{a_n\}$ 必有界. 反之不真.

**证明**　设 $\lim\limits_{n \to +\infty} a_n = a \in \mathbb{R}$. 取 $\varepsilon_0 = 1$,$\exists N_0 \in \mathbb{N}$,当 $n > N_0$ 时,$|a_n - a| < \varepsilon_0 = 1$,所以

$$|a_n| = |(a_n - a) + a| \leqslant |a_n - a| + |a| < 1 + |a|$$

于是, $\forall n \in \mathbb{N}$, 有

$$| a_n | \leqslant \max\{| a_1 |, \cdots, | a_{N_0} |, | a | + 1\} = M$$

即数列 $\{a_n\}$ 有界.

反之, 则有反例 $a_n = (-1)^{n-1}$, 满足 $| a_n | \leqslant 1$, 有界. 但由例1.1.12已知, $a_n = (-1)^{n-1}$ 时数列发散.

**定理 1.2.3**(极限的四则运算)  设 $\{a_n\}$, $\{b_n\}$ 都收敛, 则 $\{a_n \pm b_n\}$, $\{a_n b_n\}$ 也收敛. 又若 $\lim_{n \to +\infty} b_n \neq 0$, 则 $\left\{\dfrac{a_n}{b_n}\right\}$ 也收敛, 且:

(1) $\lim_{n \to +\infty}(a_n \pm b_n) = \lim_{n \to +\infty} a_n \pm \lim_{n \to +\infty} b_n$;

(2) $\lim_{n \to +\infty} a_n b_n = \lim_{n \to +\infty} a_n \cdot \lim_{n \to +\infty} b_n$, 特别有 $\lim_{n \to +\infty} c a_n = c \lim_{n \to +\infty} a_n$;

(3) $\lim_{n \to +\infty} \dfrac{a_n}{b_n} = \dfrac{\lim\limits_{n \to +\infty} a_n}{\lim\limits_{n \to +\infty} b_n}$ ( $\lim_{n \to +\infty} b_n \neq 0$).

**证明**  (1) $\forall \varepsilon > 0$, 因 $\lim_{n \to +\infty} a_n = a \in \mathbb{R}$, $\lim_{n \to +\infty} b_n = b \in \mathbb{R}$, 所以, $\exists N_1 \in \mathbb{N}$, 当 $n > N_1$ 时, $| a_n - a | < \dfrac{\varepsilon}{2}$; $\exists N_2 \in \mathbb{N}$, 当 $n > N_2$ 时, $| b_n - b | < \dfrac{\varepsilon}{2}$. 于是, 当 $n > N = \max\{N_1, N_2\}$ 时, 有

$$
\begin{aligned}
| (a_n \pm b_n) - (a \pm b) | &= | (a_n - a) \pm (b_n - b) | \\
&\leqslant | a_n - a | + | b_n - b | \\
&< \frac{\varepsilon}{2} + \frac{\varepsilon}{2} = \varepsilon
\end{aligned}
$$

由此就有

$$\lim_{n \to +\infty}(a_n \pm b_n) = a \pm b = \lim_{n \to +\infty} a_n \pm \lim_{n \to +\infty} b_n$$

(2) 因为 $\lim_{n \to +\infty} b_n = b \in \mathbb{R}$, 由定理1.2.2可知, $| b_n | < M( \forall n \in \mathbb{N})$. 又因 $\lim_{n \to +\infty} a_n = a \in \mathbb{R}$, 故 $\forall \varepsilon > 0$, $\exists N \in \mathbb{N}$, 当 $n > N$ 时, 有

$$| a_n - a | < \frac{\varepsilon}{2M}, \quad | b_n - b | < \frac{\varepsilon}{2(| a | + 1)}$$

及

$$
\begin{aligned}
| a_n b_n - ab | &= | a_n b_n - ab_n + ab_n - ab | \\
&\leqslant | b_n | | a_n - a | + | a | | b_n - b | \\
&< M \frac{\varepsilon}{2M} + | a | \frac{\varepsilon}{2(| a | + 1)}
\end{aligned}
$$

$$< \frac{\varepsilon}{2} + \frac{\varepsilon}{2} = \varepsilon$$

这就证明了

$$\lim_{n \to +\infty} a_n b_n = ab = \lim_{n \to +\infty} a_n \cdot \lim_{n \to +\infty} b_n$$

（3）先证：如果 $\lim_{n \to +\infty} b_n = b \neq 0$，则 $\lim_{n \to +\infty} \frac{1}{b_n} = \frac{1}{b}$. 事实上，$\forall \varepsilon > 0, \exists N \in \mathbb{N}$，

当 $n > N$ 时，有

$$|b_n - b| < \min\left\{\frac{|b|}{2}, \frac{b^2}{2}\varepsilon\right\}$$

则当 $n > N$ 时，有

$$|b_n| = |(b_n - b) + b| \geqslant |b| - |b_n - b| > |b| - \frac{|b|}{2} = \frac{|b|}{2}$$

$$\left|\frac{1}{b_n} - \frac{1}{b}\right| = \frac{|b_n - b|}{|b_n||b|} < \frac{|b_n - b|}{\frac{|b|}{2}|b|} < \frac{2}{b^2} \cdot \frac{b^2}{2}\varepsilon = \varepsilon$$

这就证明了

$$\lim_{n \to +\infty} \frac{1}{b_n} = \frac{1}{b}$$

由此得到

$$\lim_{n \to +\infty} \frac{a_n}{b_n} = \lim_{n \to +\infty} a_n \cdot \frac{1}{b_n} = a \cdot \frac{1}{b} = \frac{a}{b} = \frac{\lim_{n \to +\infty} a_n}{\lim_{n \to +\infty} b_n}$$

**定理 1.2.4**　设 $\lim_{n \to +\infty} a_n = a$，$\lim_{n \to +\infty} b_n = b$，$a < b$，则存在自然数 $N_0$，当 $n > N_0$ 时，有 $a_n < b_n$.

**证法 1**　当 $a, b \in \mathbb{R}$ 时，令 $\varepsilon_0 = \frac{b-a}{2} > 0$，因 $\lim_{n \to +\infty} a_n = a$，$\lim_{n \to +\infty} b_n = b$，则存在自然数 $N_0$，当 $n > N_0$ 时，有

$$\frac{3a - b}{2} = a - \frac{b-a}{2} < a_n < a + \frac{b-a}{2} = \frac{a+b}{2}$$

$$\frac{a+b}{2} = b - \frac{b-a}{2} < b_n < b + \frac{b-a}{2} = \frac{3b-a}{2}$$

所以

$$a_n < \frac{a+b}{2} < b_n$$

其他情形类似证明.

**证法2** (统一描述)因为 $\lim\limits_{n\to+\infty} a_n = a < b = \lim\limits_{n\to+\infty} b_n$,所以存在 $a$ 的开邻域 $U_a$,$b$ 的开邻域 $U_b$,s.t. $U_a \cap U_b = \varnothing$,并且 $\exists N_0 \in \mathbb{N}$,当 $n > N_0$ 时,$a_n \in U_a$,$b_n \in U_b$,所以 $a_n < b_n$.

**定理 1.2.5** 设 $a_n \leqslant b_n (n = N_0, N_0 + 1, \cdots)$,$\lim\limits_{n\to+\infty} a_n = a$,$\lim\limits_{n\to+\infty} b_n = b$,则 $a \leqslant b$.

**证明** (反证)反设 $a > b$,根据定理 1.2.4 知,$\exists N \in \mathbb{N}$,$N > N_0$,当 $n > N$ 时,有 $a_n > b_n$,这与 $a_n \leqslant b_n (n \geqslant N > N_0)$ 矛盾.

**定理 1.2.6(夹逼定理)** 设数列 $\{a_n\}$,$\{b_n\}$,$\{c_n\}$ 满足 $a_n \leqslant b_n \leqslant c_n (n > N_0)$,$\lim\limits_{n\to+\infty} a_n = a = \lim\limits_{n\to+\infty} c_n$,$a$ 为实数,$+\infty$ 或 $-\infty$,则 $\lim\limits_{n\to+\infty} b_n = a$.

**证法1** 当 $a$ 为实数时,$\forall \varepsilon > 0$,因为 $\lim\limits_{n\to+\infty} a_n = a = \lim\limits_{n\to+\infty} c_n$,所以,$\exists N \in \mathbb{N}$,$N > N_0$,当 $n > N$ 时,有

$$a - \varepsilon < a_n < a + \varepsilon$$
$$a - \varepsilon < c_n < a + \varepsilon$$

再由已知可得

$$a - \varepsilon < a_n \leqslant b_n \leqslant c_n < a + \varepsilon$$

这就证明了

$$\lim\limits_{n\to+\infty} b_n = a$$

其他情形类似证明.

**证法2** (统一描述)对 $a$ 的任何开邻域(区间)$U$,因为 $\lim\limits_{n\to+\infty} a_n = a = \lim\limits_{n\to+\infty} c_n$,所以,$\exists N \in \mathbb{N}$,当 $n > N$ 时,有 $a_n \in U$,$c_n \in U$. 又由已知 $b_n \in [a_n, c_n] \subset U$,这就证明了 $\lim\limits_{n\to+\infty} b_n = a$.

**注 1.2.1** 夹逼定理对 $a = \infty$ 不成立.

反例:$a_n = -n$,$b_n = 0$ 或 $(-1)^{n-1}$,$c_n = n$,则 $\lim\limits_{n\to+\infty} a_n = \infty = \lim\limits_{n\to+\infty} c_n$,但 $\lim\limits_{n\to+\infty} b_n \neq \infty$.

**定理 1.2.7** (1)设 $a_n \geqslant b_n (n \geqslant N_0)$,$\lim\limits_{n\to+\infty} b_n = +\infty$,则 $\lim\limits_{n\to+\infty} a_n = +\infty$;

(2)设 $\lim\limits_{n\to+\infty} a_n = +\infty$,$\lim\limits_{n\to+\infty} b_n = +\infty$,则 $\lim\limits_{n\to+\infty} (a_n + b_n) = +\infty$;

(3)设 $\lim\limits_{n\to+\infty} a_n = a \in \mathbb{R}$,$\lim\limits_{n\to+\infty} b_n = \pm\infty$,则 $\lim\limits_{n\to+\infty} (a_n + b_n) = \pm\infty$;

(4)设 $\lim\limits_{n\to+\infty} a_n = a > 0$,$\lim\limits_{n\to+\infty} b_n = \pm\infty$,则 $\lim\limits_{n\to+\infty} a_n b_n = \pm\infty$;

(5) 设 $\lim\limits_{n \to +\infty} a_n = a < 0$, $\lim\limits_{n \to +\infty} b_n = \pm \infty$, 则 $\lim\limits_{n \to +\infty} a_n b_n = \mp \infty$;

(6) $\lim\limits_{n \to +\infty} a_n = +\infty \Leftrightarrow \lim\limits_{n \to +\infty} (-a_n) = -\infty$;

(7) $\lim\limits_{n \to +\infty} a_n = \infty \Leftrightarrow \lim\limits_{n \to +\infty} \dfrac{1}{a_n} = 0$.

**证明**　只证明(4)(7),其他读者自证.

(4) 因为 $\lim\limits_{n \to +\infty} a_n = a > 0$,由定理1.1.6可知,$\exists N \in \mathbb{N}$,当 $n > N$ 时,有 $a_n >$ $\dfrac{a}{2}$. 又因 $\lim\limits_{n \to +\infty} b_n = +\infty$,故 $\forall A > 0$, $\exists N_2 \in \mathbb{N}$,当 $n > N_2$ 时,$b_n > \dfrac{2A}{a}$. 于是,当 $n > N = \max\{N_1, N_2\}$ 时,有

$$a_n b_n > \frac{a}{2} \cdot \frac{2A}{a} = A$$

这就证明了

$$\lim\limits_{n \to +\infty} a_n b_n = +\infty$$

(7) ($\Rightarrow$) $\forall \varepsilon > 0$,取 $A = \dfrac{1}{\varepsilon} > 0$,因 $\lim\limits_{n \to +\infty} a_n = \infty$,故 $\exists N \in \mathbb{N}$,当 $n > N$ 时,

有 $|a_n| > A = \dfrac{1}{\varepsilon}$,即

$$\left| \frac{1}{a_n} - 0 \right| = \frac{1}{|a_n|} < \varepsilon$$

这就证明了

$$\lim\limits_{n \to +\infty} \frac{1}{a_n} = 0$$

($\Leftarrow$) $\forall A > 0$,取 $\varepsilon = \dfrac{1}{A} > 0$,因 $\lim\limits_{n \to +\infty} \dfrac{1}{a_n} = 0$,故 $\exists N \in \mathbb{N}$,当 $n > N$ 时,有

$$\frac{1}{|a_n|} = \left| \frac{1}{a_n} - 0 \right| < \varepsilon = \frac{1}{A}, \quad |a_n| > A$$

这就证明了

$$\lim\limits_{n \to +\infty} a_n = \infty$$

应用这些性质和定理,求下面数列的极限就会比较容易.

**例1.2.1**　求:(1) $\lim\limits_{n \to +\infty} \dfrac{3n^3 - n + 1}{4n^3 + n^2 - 1}$;(2) $\lim\limits_{n \to +\infty} \dfrac{2n^2 + n + 1}{2n - 1}$.

**解** （1）
$$\lim_{n\to+\infty}\frac{3n^3-n+1}{4n^3+n^2-1}=\lim_{n\to+\infty}\frac{3-\dfrac{1}{n^2}+\dfrac{1}{n^3}}{4+\dfrac{1}{n}-\dfrac{1}{n^3}}$$

$$\xrightarrow{\text{定理}1.2.3}\frac{3-0+0}{4+0-0}=\frac{3}{4}$$

也可以用 $\varepsilon-N$ 法证其极限为 $\dfrac{3}{4}$.

（2）
$$\lim_{n\to+\infty}\frac{2n^2+n+1}{2n-1}=\lim_{n\to+\infty}\frac{n^2\left(2+\dfrac{1}{n}+\dfrac{1}{n^2}\right)}{n\left(2-\dfrac{1}{n}\right)}$$

$$=\lim_{n\to+\infty}n\cdot\frac{2+\dfrac{1}{n}+\dfrac{1}{n^2}}{2-\dfrac{1}{n}}$$

$$\xrightarrow{\text{定理}1.2.7(4)}+\infty$$

更一般地,有以下例子.

**例1.2.2** 设 $a_0\neq0,b_0\neq0$,则

$$\lim_{n\to+\infty}\frac{a_0n^k+a_1n^{k-1}+\cdots+a_{k-1}n+a_k}{b_0n^l+b_1n^{l-1}+\cdots+b_{l-1}n+b_l}=\begin{cases}\dfrac{a_0}{b_0},k=l\\[2mm]0,k<l\\[2mm]+\infty,k>l,\dfrac{a_0}{b_0}>0\\[2mm]-\infty,k>l,\dfrac{a_0}{b_0}<0\end{cases}$$

**证明**

$$\lim_{n\to+\infty}\frac{a_0n^k+a_1n^{k-1}+\cdots+a_{k-1}n+a_k}{b_0n^l+b_1n^{l-1}+\cdots+b_{l-1}n+b_l}$$

$$=\lim_{n\to+\infty}n^{k-l}\frac{a_0+\dfrac{a_1}{n}+\cdots+\dfrac{a_{k-1}}{n^{k-1}}+\dfrac{a_k}{n^k}}{b_0+\dfrac{b_1}{n}+\cdots+\dfrac{b_{l-1}}{n^{l-1}}+\dfrac{b_l}{n^l}}$$

$$
= \begin{cases} 1 \cdot \dfrac{a_0 + 0 + \cdots + 0}{b_0 + 0 + \cdots + 0}, k = l \\[2mm] 0 \cdot \dfrac{a_0 + 0 + \cdots + 0}{b_0 + 0 + \cdots + 0}, k < l \\[2mm] + \infty, k > l, \dfrac{a_0}{b_0} > 0 \\[2mm] - \infty, k > l, \dfrac{a_0}{b_0} < 0 \end{cases}
$$

$$
= \begin{cases} \dfrac{a_0}{b_0}, k = l \\[2mm] 0, k < l \\[2mm] + \infty, k > l, \dfrac{a_0}{b_0} > 0 \\[2mm] - \infty, k > l, \dfrac{a_0}{b_0} < 0 \end{cases}
$$

**例 1.2.3** 求 $\displaystyle\sum_{n=0}^{\infty} q^n = \lim_{n \to +\infty}(1 + q + q^2 + \cdots + q^{n-1})$.

**解** 当 $q \neq \pm 1$ 时

$$
\begin{aligned}
\sum_{n=0}^{\infty} q^n &= \lim_{n \to +\infty}(1 + q + q^2 + \cdots + q^{n-1}) \\
&= \lim_{n \to +\infty} \frac{1 - q^n}{1 - q} \\
&= \begin{cases} \dfrac{1 - 0}{1 - q} = \dfrac{1}{1 - q}, \text{当} |q| < 1 \\[2mm] + \infty, \text{当} q > 1 \\[2mm] \infty, \text{当} q < -1 \end{cases}
\end{aligned}
$$

当 $q = 1$ 时

$$
\lim_{n \to +\infty}(1 + q + q^2 + \cdots + q^{n-1}) = \lim_{n \to +\infty} n = + \infty
$$

当 $q = -1$ 时,因为

$$
S_n = 1 + q + q^2 + \cdots + q^{n-1} = \begin{cases} 0, n \text{ 为偶数} \\ 1, n \text{ 为奇数} \end{cases}
$$

所以,$\displaystyle\lim_{n \to +\infty}(1 + q + q^2 + \cdots + q^{n-1})$ 不存在.

综上所述得到

$$\lim_{n \to +\infty} (1 + q + q^2 + \cdots + q^{n-1}) = \begin{cases} \dfrac{1}{1-q}, & |q| < 1 \\ +\infty, & q \geqslant 1 \\ \infty, & q < -1 \\ 不存在, & q = -1 \end{cases}$$

**例 1.2.4** 计算由曲线 $y = x^2, y = 0, x = 1$ 所围曲边三角形的面积 $S$.

**解** 为求出图 1.2.1 中曲边三角形的面积,我们采用"以直代曲"的方法.

将 $[0,1]$ 区间 $n$ 等分,分点依次为 $0 = x_0 < x_1 < \cdots < x_n = 1$,易知 $x_i = \dfrac{i}{n}$,

$x_i - x_{i-1} = \dfrac{1}{n}(i = 1, 2, \cdots, n)$. 由直线 $x = x_i(i = 0, 1, \cdots, n)$ 将曲边三角形分

成 $n$ 条,每一条用直线 $x = x_{i-1}, x = x_i, y = 0$ 和 $y = y_i = x_{i-1}^2 = \left(\dfrac{i-1}{n}\right)^2 (i =$

$1, \cdots, n)$ 围成的矩形来近似代替. 容易看出,$n$ 越大,小矩形面积之和就越逼近曲边三角形的面积,因此我们就用矩形面积之和当 $n \to +\infty$ 时的极限作为该曲边三角形的面积. 第 $i$ 条小矩形的面积为

$$\Delta S_i = y_i(x_i - x_{i-1}) = \left(\dfrac{i-1}{n}\right)^2 \dfrac{1}{n}, i = 1, 2, \cdots, n$$

于是曲边三角形的面积为

$$\begin{aligned}
S &= \lim_{n \to +\infty} (\Delta S_1 + \Delta S_2 + \cdots + \Delta S_n) \\
&= \lim_{n \to +\infty} \dfrac{1}{n} \left[ \left(\dfrac{1}{n}\right)^2 + \left(\dfrac{2}{n}\right)^2 + \cdots + \left(\dfrac{n-1}{n}\right)^2 \right] \\
&= \lim_{n \to +\infty} \dfrac{1^2 + 2^2 + \cdots + (n-1)^2}{n^3} \\
&= \lim_{n \to +\infty} \dfrac{(n-1)n(2n-1)}{6n^3} \\
&= \dfrac{1}{6} \lim_{n \to +\infty} \left(1 - \dfrac{1}{n}\right)\left(2 - \dfrac{1}{n}\right) = \dfrac{1}{3}
\end{aligned}$$

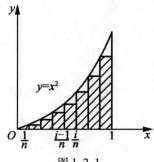

图 1. 2. 1

**例 1. 2. 5**　求下列极限：

（1）$\lim\limits_{n\to+\infty}(\sqrt{n+3}-\sqrt{n+1})$；

（2）$\lim\limits_{n\to+\infty}(\sqrt[3]{n+3}-\sqrt[3]{n+1})$；

（3）$\lim\limits_{n\to+\infty}\sqrt[n]{\lg n}$；

（4）$\lim\limits_{n\to+\infty}\sqrt[n]{a_1^n+a_2^n+\cdots+a_m^n}\ (a_i\geqslant 0,i=1,2,\cdots,m)$；

（5）$\lim\limits_{n\to+\infty}\big[(n+1)^k-n^k\big]\ (0<k<1)$；

（6）$\lim\limits_{n\to+\infty}\Big(\dfrac{1}{\sqrt{n^2+1}}+\cdots+\dfrac{1}{\sqrt{n^2+n}}\Big)$；

（7）$\lim\limits_{n\to+\infty}\dfrac{n^k}{a^n}\ (a>1)$.

**解**　（1）因为

$$0<\sqrt{n+3}-\sqrt{n+1}=\frac{2}{\sqrt{n+3}+\sqrt{n+1}}<\frac{1}{\sqrt{n}}\to 0\quad(n\to+\infty)$$

所以,由夹逼定理(或 $\varepsilon-N$ 法) 得

$$\lim\limits_{n\to+\infty}(\sqrt{n+3}-\sqrt{n+1})=0$$

（2）因为

$$0<\sqrt[3]{n+3}-\sqrt[3]{n+1}$$

$$=\frac{2}{(\sqrt[3]{n+3})^2+\sqrt[3]{n+3}\ \sqrt[3]{n+1}+(\sqrt[3]{n+1})^2}$$

$$<\frac{2}{3(\sqrt[3]{n})^2}=\frac{2}{3n^{\frac{2}{3}}}\to 0\quad(n\to+\infty)$$

所以,由夹逼定理(或 $\varepsilon - N$ 法) 得

$$\lim_{n \to +\infty} ( \sqrt[3]{n + 3} - \sqrt[3]{n + 1} ) = 0$$

(3) 因为

$$10^n = (1 + 9)^n > 9n > n \Leftrightarrow 10 > n^{\frac{1}{n}} \Leftrightarrow 1 > \lg n^{\frac{1}{n}} = \frac{\lg n}{n} \Leftrightarrow \lg n < n$$

所以

$$\sqrt[n]{\lg 2} \leqslant \sqrt[n]{\lg n} < \sqrt[n]{n}$$

再由 $\lim\limits_{n \to +\infty} \sqrt[n]{\lg 2} = 1 = \lim\limits_{n \to +\infty} \sqrt[n]{n}$ 及夹逼定理就得到

$$\lim_{n \to +\infty} \sqrt[n]{\lg n} = 1$$

注意:虽然数列 $\{\sqrt[n]{a}\}$ 与数列 $\{\sqrt[n]{n}\}$ 的极限相同,但二者之间留有很大的空隙,这使得应用夹逼定理有极大的施展余地.

(4) 由下列不等式

$$\max\{a_1, a_2, \cdots, a_m\}$$
$$= \sqrt[n]{(\max\{a_1, a_2, \cdots, a_m\})^n}$$
$$\leqslant \sqrt[n]{a_1^n + a_2^n + \cdots + a_m^n}$$
$$\leqslant \sqrt[n]{n \cdot (\max\{a_1, a_2, \cdots, a_m\})^n}$$
$$= \sqrt[n]{n} \max\{a_1, a_2, \cdots, a_m\} \to 1 \cdot \max\{a_1, a_2, \cdots, a_m\}$$
$$= \max\{a_1, a_2, \cdots, a_m\} \quad (n \to +\infty)$$

和夹逼定理得

$$\lim_{n \to +\infty} \sqrt[n]{a_1^n + a_2^n + \cdots + a_m^n} = \max\{a_1, a_2, \cdots, a_m\}$$

(5) 因为有不等式

$$0 < (n + 1)^k - n^k$$
$$= n^k \left[ \left( 1 + \frac{1}{n} \right)^k - 1 \right]$$
$$< n^k \left[ \left( 1 + \frac{1}{n} \right) - 1 \right]$$
$$= \frac{1}{n^{1-k}} \to 0 \quad (n \to +\infty)$$

所以,由夹逼定理(或 $\varepsilon - N$ 法) 得

$$\lim_{n \to +\infty} \left[ (n+1)^k - n^k \right] = 0$$

（6）由不等式

$$\frac{1}{1 + \frac{1}{n}} < \frac{1}{\sqrt{1 + \frac{1}{n}}} = \frac{n}{\sqrt{n^2 + n}} \leqslant \frac{1}{\sqrt{n^2 + 1}} + \cdots + \frac{1}{\sqrt{n^2 + n}} \leqslant \frac{n}{\sqrt{n^2 + 1}} < 1$$

$$\lim_{n \to +\infty} \frac{1}{1 + \frac{1}{n}} = 1 = \lim_{n \to +\infty} 1, \text{以及夹逼定理立即可得}$$

$$\lim_{n \to +\infty} \left( \frac{1}{\sqrt{n^2 + 1}} + \cdots + \frac{1}{\sqrt{n^2 + n}} \right) = 1$$

（7）因 $a > 1$，故 $\alpha = a - 1 > 0$. 从而

$$0 < \frac{n^k}{a^n} = \frac{n^k}{(1 + \alpha)^n} \leqslant \frac{n^{[|k|]+1}}{C_n^{[|k|]+2} \alpha^{[|k|]+2}} \to 0 \quad (n \to +\infty)$$

再根据夹逼定理就得

$$\lim_{n \to +\infty} \frac{n^k}{a^n} = 0$$

**例 1.2.6** （1）设 $a_n \geqslant 0 (n \in \mathbb{N})$，$\lim\limits_{n \to +\infty} a_n = 0$，则 $\lim\limits_{n \to +\infty} \sqrt[n]{a_1 a_2 \cdots a_n} = 0$；

（2）设 $a_n > 0 (n \in \mathbb{N})$，$\lim\limits_{n \to +\infty} a_n = a > 0$，则 $\lim\limits_{n \to +\infty} \sqrt[n]{a_1 a_2 \cdots a_n} = a$.

**证明** （1）由

$$0 \leqslant \sqrt[n]{a_1 a_2 \cdots a_n} \leqslant \frac{a_1 + a_2 + \cdots + a_n}{n} \to 0 \quad (n \to +\infty)$$

及夹逼定理，立即可得

$$\lim_{n \to +\infty} \sqrt[n]{a_1 a_2 \cdots a_n} = 0$$

（2）当 $a > 0, a_n > 0 (n \in \mathbb{N})$ 时，有

$$\frac{1}{\left( \dfrac{1}{a_1} + \dfrac{1}{a_2} + \cdots + \dfrac{1}{a_n} \right) \Big/ n} = \frac{n}{\dfrac{1}{a_1} + \dfrac{1}{a_2} + \cdots + \dfrac{1}{a_n}}$$

$$\leqslant \sqrt[n]{a_1 a_2 \cdots a_n} \leqslant \frac{a_1 + a_2 + \cdots + a_n}{n}$$

再由

$$\lim_{n \to +\infty} \frac{1}{\left( \dfrac{1}{a_1} + \dfrac{1}{a_2} + \cdots + \dfrac{1}{a_n} \right) \Big/ n} = \frac{1}{\dfrac{1}{a}} = a = \lim_{n \to +\infty} \frac{a_1 + a_2 + \cdots + a_n}{n}$$

和夹逼定理,可得

$$\lim_{n \to +\infty} \sqrt[n]{a_1 a_2 \cdots a_n} = a$$

**例 1.2.7**　设 $\lim\limits_{n \to +\infty} \sqrt[n]{|a_n|} = r > 1$,则 $\lim\limits_{n \to +\infty} a_n = \infty$.

**证法 1**　取 $\varepsilon_0 > 0$, s.t. $r - \varepsilon_0 = 1 + \alpha > 1$. 因为 $\lim\limits_{n \to +\infty} \sqrt[n]{|a_n|} = r > 1$,所以 $\exists N_1 \in \mathbb{N}$,当 $n > N_1$ 时,有

$$1 + \alpha = r - \varepsilon_0 < \sqrt[n]{|a_n|}$$

$$|a_n| > (1 + \alpha)^n > n\alpha$$

$\forall A > 0$,取 $N \in \mathbb{N}$, s.t. $N > \max\left\{N_1, \dfrac{A}{\alpha}\right\}$,当 $n > N$ 时,有

$$|a_n| > n\alpha > N\alpha \geqslant A$$

这就证明了

$$\lim_{n \to +\infty} a_n = \infty$$

**证法 2**　由上述知,当 $n > N_1$ 时,有

$$1 + \alpha = r - \varepsilon_0 < \sqrt[n]{|a_n|} < r + \varepsilon_0$$

$$= (r - \varepsilon_0) + 2\varepsilon_0 = 1 + \alpha + 2\varepsilon_0$$

$$(1 + \alpha)^n < |a_n| < (1 + \alpha + 2\varepsilon_0)^n$$

所以,由 $\lim\limits_{n \to +\infty} (1 + \alpha)^n = +\infty = \lim\limits_{n \to +\infty} (1 + \alpha + 2\varepsilon_0)^n$ 与夹逼定理可知

$$\lim_{n \to +\infty} |a_n| = +\infty \Leftrightarrow \lim_{n \to +\infty} a_n = \infty$$

**例 1.2.8**　设 $a_n \geqslant 0 (n \in \mathbb{N})$, $\lim\limits_{n \to +\infty} \dfrac{a_1 + 2a_2 + \cdots + na_n}{\sqrt{n}} = a$,则

$$\lim_{n \to +\infty} \sqrt{n} \cdot \sqrt[n]{a_1 a_2 \cdots a_n} = 0$$

**证法 1**　因为

$$0 \leqslant \sqrt{n} \sqrt[n]{a_1 a_2 \cdots a_n} = \sqrt{n} \frac{\sqrt[n]{a_1 \cdot 2a_2 \cdot \cdots \cdot na_n}}{\sqrt[n]{n!}}$$

$$\leqslant \frac{\sqrt{n}}{\sqrt[n]{n!}} \frac{a_1 + 2a_2 + \cdots + na_n}{n}$$

$$= \frac{1}{\sqrt[n]{n!}} \frac{a_1 + 2a_2 + \cdots + na_n}{\sqrt{n}} \to 0 \cdot a = 0 \quad (n \to +\infty)$$

所以,根据夹逼定理得到

$$\lim_{n \to +\infty} \sqrt{n} \cdot \sqrt[n]{a_1 a_2 \cdots a_n} = 0$$

**证法 2**　由 $k(n - k + 1) = (k - 1)(n - k) + n \geqslant n(1 \leqslant k \leqslant n)$ 推得

$$(n!)^2 = (n \cdot 1)[(n - 1) \cdot 2]\cdots(1 \cdot n) \geqslant \underbrace{n \cdots n}_{n \uparrow} = n^n$$

（或用数学归纳法证明）. 于是

$$0 \leqslant \sqrt{n} \cdot \sqrt[n]{a_1 a_2 \cdots a_n} = \sqrt[n]{a_1 a_2 \cdots a_n n^{\frac{n}{2}}} \leqslant \sqrt[n]{a_1 a_2 \cdots a_n n!}$$

$$= \sqrt[n]{a_1 \cdot 2a_2 \cdot \cdots \cdot na_n} \leqslant \frac{a_1 + 2a_2 + \cdots + na_n}{n}$$

$$= \frac{1}{\sqrt{n}} \frac{a_1 + 2a_2 + \cdots + na_n}{\sqrt{n}} \to 0 \cdot a = 0 \quad (n \to +\infty)$$

根据夹逼定理知

$$\lim_{n \to +\infty} \sqrt{n} \cdot \sqrt[n]{a_1 a_2 \cdots a_n} = 0$$

## 练习题 1.2

**1.** 应用数列极限的基本性质求下列极限：

(1) $\lim\limits_{n \to +\infty} \dfrac{4n^2 - n + 5}{3n^2 - 2n - 7}$；

(2) $\lim\limits_{n \to +\infty} \dfrac{3^n + (-2)^n}{3^{n+1} + (-2)^{n+1}}$；

(3) $\lim\limits_{n \to +\infty} \left(1 - \dfrac{1}{n}\right)^{\frac{1}{n}}$；

(4) $\lim\limits_{n \to +\infty} (2\sin^2 n + \cos^2 n)^{\frac{1}{n}}$；

(5) $\lim\limits_{n \to +\infty} (\arctan n)^{\frac{1}{n}}$；

(6) $\lim\limits_{n \to +\infty} \dfrac{1 + a + \cdots + a^{n-1}}{1 + b + \cdots + b^{n-1}}$，$|a| < 1$，$|b| < 1$；

(7) $\lim\limits_{n \to +\infty} \left(\dfrac{1}{1 \cdot 2} + \dfrac{1}{2 \cdot 3} + \cdots + \dfrac{1}{n(n+1)}\right)$；

(8) $\lim\limits_{n \to +\infty} \left(1 - \dfrac{1}{2^2}\right)\left(1 - \dfrac{1}{3^2}\right)\cdots\left(1 - \dfrac{1}{n^2}\right)$；

(9) $\lim\limits_{n \to +\infty} \left(\dfrac{1}{2} + \dfrac{3}{2^2} + \cdots + \dfrac{2n-1}{2^n}\right)$；

(10) $\lim\limits_{n \to +\infty} \left(1 - \dfrac{1}{1 + 2}\right)\left(1 - \dfrac{1}{1 + 2 + 3}\right)\cdots\left(1 - \dfrac{1}{1 + 2 + \cdots + n}\right)$；

(11) $\lim\limits_{n \to +\infty} \left[ \dfrac{1^2}{n^3} + \dfrac{2^2}{n^3} + \cdots + \dfrac{(2n-1)^2}{n^3} \right]$ ;

(12) $\lim\limits_{n \to +\infty} (1 + x)(1 + x^2)(1 + x^4)\cdots(1 + x^{2^{n-1}})$ ,其中 $| x | < 1$ ;

(13) $\lim\limits_{n \to +\infty} (\sqrt{n+2} - 2\sqrt{n+1} + \sqrt{n})$ .

**2.** 设 $a_n > 0, n \in \mathbb{N}, \lim\limits_{n \to +\infty} \dfrac{a_{n+1}}{a_n} = a$ . 应用例 1.2.6 证明: $\lim\limits_{n \to +\infty} \sqrt[n]{a_n} = a$ .

**3.** 设 $\lim\limits_{n \to +\infty} a_n = a$ ,应用夹逼定理证明: $\lim\limits_{n \to +\infty} \dfrac{[na_n]}{n} = a$ ,其中 $[x]$ 表示不超过 $x$ 的最大整数.

**4.** 设 $a_n \neq 0$ 且 $\lim\limits_{n \to +\infty} \left| \dfrac{a_{n+1}}{a_n} \right| = r > 1$ . 证明: $\lim\limits_{n \to +\infty} a_n = \infty$ .

**5.** (1) 应用数学归纳法或 $\dfrac{2k-1}{2k} < \dfrac{2k}{2k+1}$ 证明不等式

$$\frac{1}{2} \cdot \frac{3}{4} \cdot \cdots \cdot \frac{2n-1}{2n} < \frac{1}{\sqrt{2n+1}}$$

(2) 证明

$$\lim\limits_{n \to +\infty} \left( \frac{1}{2} \cdot \frac{3}{4} \cdot \cdots \cdot \frac{2n-1}{2n} \right) = 0$$

**6.** 设 $a_n > 0(n \in \mathbb{N})$ 且 $\lim\limits_{n \to +\infty} a_n = a > 0$ . 应用夹逼定理证明: $\lim\limits_{n \to +\infty} \sqrt[n]{a_n} = 1$ .

**7.** 证明: $\lim\limits_{n \to +\infty} \dfrac{\sum\limits_{k=1}^{n} k!}{n!} = 1 \left( 提示: 1 + \dfrac{1}{n} \leqslant \dfrac{\sum\limits_{k=1}^{n} k!}{n!} \leqslant 1 + \dfrac{2}{n} \right)$ .

**8.** 设 $\lim\limits_{n \to +\infty} a_n = a$ , $\lim\limits_{n \to +\infty} b_n = b$ . 记

$$S_n = \max\{a_n, b_n\}, T_n = \min\{a_n, b_n\}, n = 1, 2, \cdots$$

应用 $\varepsilon - N$ 法(分 $a < b, a > b, a = b$ 三种情形讨论)或 $\max\{a_n, b_n\} = \dfrac{1}{2}(a_n + b_n + | a_n - b_n |)$ 与 $\min\{a_n, b_n\} = \dfrac{1}{2}(a_n + b_n - | a_n - b_n |)$ ,证明:

(1) $\lim\limits_{n \to +\infty} S_n = \max\{a, b\}$ ;

(2) $\lim\limits_{n \to +\infty} T_n = \min\{a, b\}$ .

**9.** 应用例 1.1.7 与例 1.1.15 证明

$$\lim\limits_{n \to +\infty} \frac{1 + \sqrt{2} + \sqrt[3]{3} + \cdots + \sqrt[n]{n}}{n} = 1$$

**10**. 证明

$$\lim_{n \to +\infty} \left( \sin \frac{\ln 2}{2} + \sin \frac{\ln 3}{3} + \cdots + \sin \frac{\ln n}{n} \right)^{\frac{1}{n}} = 1$$

**11**. 证明

$$\lim_{n \to +\infty} \sum_{k=n^2}^{(n+1)^2} \frac{1}{\sqrt{k}} = 2$$

# 思考题 1.2

**1**. 用 $p(n)$ 表示能整除 $n$ 的素数的个数. 证明: $\lim\limits_{n \to +\infty} \dfrac{p(n)}{n} = 0$.

**2**. 设 $x_n = \sum\limits_{k=1}^{n} \left( \sqrt{1 + \dfrac{k}{n^2}} - 1 \right)$. 证明: $\lim\limits_{n \to +\infty} x_n = \dfrac{1}{4}$.

## 1.3 实数理论、实数连续性命题

前面已讲过,实数是数学分析研究对象的根本. 为了进一步讨论数列极限的重要性质,必须要引进实数连续性命题,而实数连续性命题有七个,它们是彼此等价的. 证明等价性的方法是极其重要的,以后经常要引用. 要想学好数学分析,一定要牢牢掌握这些内容和方法,以便今后灵活应用实数连续性的等价命题.

**定义 1.3.1** 如果数列 $\{a_n\}$ 满足:对任何自然数 $m, n, m < n$,有 $a_m \leqslant a_n$(或 $a_m \geqslant a_n$),则称数列 $\{a_n\}$ 为**单调增**(或**减**)**数列**,也称为**递增**(或**减**)**数列**.

如果数列 $\{a_n\}$ 满足:对任何自然数 $m, n, m < n$,有 $a_m < a_n$(或 $a_m > a_n$),则称数列 $\{a_n\}$ 为**严格增**(或**减**)**数列**,也称为**严格递增**(或**减**)**数列**.

单调增与单调减数列统称为**单调数列**;严格增与严格减数列统称为**严格单调数列**.

**定义 1.3.2** 设 $A$ 为实数集 $\mathbb{R}$ 的子集(即 $A \subset \mathbb{R}$). 如果存在实数 $M$,使对任

何 $x \in A$ ,有 $x \leqslant M$ (或 $x \geqslant M$ ),则称 $M$ 为数集 $A$ 的一个上(或下)界.

如果数集 $A$ 既有上界又有下界,则称 $A$ 为**有界集**.

显然, $A$ 有界的充分必要条件是存在实数 $M$ ,使得对任意 $x \in A$ ,有 $| x | \leqslant M$ .

由下面的实数连续性命题(一),有上(下)界的非空数集必有最小(大)上(下)界. 因此可以定义上(下)确界.

**定义 1.3.3** 如果非空数集 $A$ 有上(下)界,则称其最小(大)上(下)界为 $A$ 的上(下)**确界**,记为 $\sup A(\inf A)$ .

如果非空数集 $A$ 无上(下)界,则定义 $A$ 的上(下)确界为 $+ \infty ( - \infty )$ ,即 $\sup A = + \infty (\inf A = - \infty )$ .

对自然数集 $\mathbb{N}$ ,有理数集 $\mathbb{Q}$ ,实数集 $\mathbb{R}$ ,容易看出: $\inf \mathbb{N} = 1, \sup \mathbb{N} = + \infty$ , $\inf \mathbb{Q} = - \infty , \sup \mathbb{Q} = + \infty , \inf \mathbb{R} = - \infty , \sup \mathbb{R} = + \infty$ .

**例 1.3.1**
$$\inf [0,1) = 0, \sup [0,1) = 1$$
$$\inf (0,1) = 0, \sup (0,1) = 1$$
$$\inf \{\sin x \mid x \in \mathbb{R}\} = -1, \sup \{\sin x \mid x \in \mathbb{R}\} = 1$$
$$\inf \{\arctan x \mid x \in \mathbb{R}\} = -\frac{\pi}{2}, \sup \{\arctan x \mid x \in \mathbb{R}\} = \frac{\pi}{2}$$
$$\inf \left\{\frac{1}{n} \,\middle|\, n \in \mathbb{N}\right\} = 0, \sup \left\{\frac{1}{n} \,\middle|\, n \in \mathbb{N}\right\} = 1$$
$$\inf \{a_1, a_2, \cdots, a_m\} = \min \{a_1, a_2, \cdots, a_m\}$$
$$\sup \{a_1, a_2, \cdots, a_m\} = \max \{a_1, a_2, \cdots, a_m\}$$
$$\inf \{x \in \mathbb{Q} \mid x^2 < 2\} = -\sqrt{2} \notin \mathbb{Q}, \sup \{x \in \mathbb{Q} \mid x^2 < 2\} = \sqrt{2} \notin \mathbb{Q}$$

**定义 1.3.4** 设 $U \subset \mathbb{R}$ ,如果对任意的 $x \in U$ ,存在 $\delta(x) > 0$ ,使得集合
$$B(x; \delta(x)) = \{y \in \mathbb{R} \mid \rho(y,x) = | y - x | < \delta(x)\}$$
$$= (x - \delta(x), x + \delta(x)) \subset U$$
则称 $U$ 为 $\mathbb{R}$ 中的**开集**,含 $x \in U$ 的开集称为 $x$ 的**开邻域**. 显然,任何(有限或无限)开区间都为 $\mathbb{R}$ 中的开集.

如果 $F(F \subset \mathbb{R})$ 的补(余)集 $F^c = \mathbb{R} \backslash F$ 为 $\mathbb{R}$ 中的开集,则称 $F$ 为 $\mathbb{R}$ 中的**闭集**. 例如, $[a,b],( - \infty ,a],[a, + \infty )$ 都为闭集.

**定义 1.3.5** 设 $A \subset \mathbb{R}, x_0 \in \mathbb{R}$ (未必 $x_0 \in A$ ). 如果对 $x_0$ 的任何开邻域 $U$ ,均含有 $A$ 中异于 $x_0$ 的点,即 $U \cap (A \backslash \{x_0\}) \neq \varnothing$ ,则称 $x_0$ 为 $A$ 的一个**聚点**. $A$ 的

聚点的全体记为 $A'$. $\overline{A} = A \cup A'$ 称为 $A$ 的**闭包**.

易证,$x_0$ 为 $A$ 的聚点 $\Leftrightarrow x_0$ 的任何开邻域 $U$,均含 $A$ 中无限个点.

显然,$\mathbb{Q}' = \mathbb{R}$,$(\mathbb{R} \backslash \mathbb{Q})' = \mathbb{R}$.

**定义 1.3.6**　设 $\{a_n\}$ 为 $\mathbb{R}$ 中的一个数列,如果 $\forall \varepsilon > 0$,$\exists N \in \mathbb{N}$,当 $m,n > N$ 时,有

$$\rho(a_n, a_m) = |a_n - a_m| < \varepsilon$$

则称 $\{a_n\}$ 为 **Cauchy 数列**或**基本数列**. 它等价于 $\forall \varepsilon > 0$,$\exists N \in \mathbb{N}$,当 $n > N$ 时,$\forall p \in \mathbb{N}$,有

$$\rho(a_n, a_{n+p}) = |a_n - a_{n+p}| < \varepsilon$$

下面将给出七个彼此等价的实数连续性命题,它渗透到微分学与积分学,即数学分析的每个角落,是数学分析的极其重要的基础. 读者必须清楚它的理论知识与方法,更重要的是能熟练地应用它.

**实数连续性命题(一)**　有上(下)界的非空数集必有属于 $\mathbb{R}$ 的最小(大)上(下)界,即有有限的上(下)确界.

**实数连续性命题(二)**　单调增(减)有上(下)界的数列必收敛.

**实数连续性命题(三)**(闭区间套原理,Cantor)　设递降闭区间序列

$$[a_1, b_1] \supset [a_2, b_2] \supset \cdots \supset [a_n, b_n] \supset \cdots$$

其长度 $b_n - a_n \to 0 (n \to +\infty)$,则 $\exists_1 x_0 \in \bigcap_{n=1}^{\infty} [a_n, b_n]$,即 $x_0 \in [a_n, b_n]$,$\forall n \in \mathbb{N}$($\exists_1$ 表示存在唯一).

**实数连续性命题(四)**(有界闭区间的紧致性,**Heine-Borel 有限覆盖定理**)　$[a,b]$ 的任何开覆盖 $\mathscr{F}$($\mathscr{F}$ 中的元素均为开集,且 $\forall x \in [a,b]$,必有开集 $U \in \mathscr{F}$,使得 $x \in U$,或 $[a,b] \subset \bigcup_{U \in \mathscr{F}} U$)必有有限子覆盖(有 $\{U_1, U_2, \cdots, U_n\} \subset \mathscr{F}$ 覆盖 $[a,b]$,即 $[a,b] \subset \bigcup_{k=1}^{n} U_k$).

**实数连续性命题(五)**(列紧性,**Weierstrass 聚点定理**)　有界无限数集 $A$ 必有聚点 $x_0 \in \mathbb{R}$.

**实数连续性命题(六)**(有界闭区间 $[a,b]$ 的**序列紧性**,Bolzano-Weierstrass)　有界数列必有收敛子列.

**实数连续性命题(七)**($\mathbb{R}$ 的完备性,Cauchy)　Cauchy 数列(基本数列)必收敛(此时,$(\mathbb{R}, \rho)$ 称为**完备度量空间**).

**定理 1.3.1**(实数连续性等价命题) 七个实数连续性命题是彼此等价的.

**证明** (一)⇒(二) 设数列 $\{a_n\}$ 单调增且有上界,根据实数连续性命题(一),它有有限的上确界 $\alpha = \sup\limits_{n \in \mathbb{N}} a_n < +\infty$.

$\forall \varepsilon > 0$,根据 $\alpha$ 为上确界的定义,$\alpha - \varepsilon (\alpha - \varepsilon < \alpha)$ 不是数列 $\{a_n\}$ 的上界,因此存在 $n_\varepsilon \in \mathbb{N}$, s.t. $a_{n_\varepsilon} > \alpha - \varepsilon$. 又因 $\{a_n\}$ 单调增,故当 $n > n_\varepsilon$ 时,有

$$\alpha - \varepsilon < a_{n_\varepsilon} \leqslant a_n \leqslant \alpha < \alpha + \varepsilon$$

所以

$$\lim_{n \to +\infty} a_n = \alpha = \sup_{n \in \mathbb{N}} a_n$$

对单调减有下界的情形类似可证 $\lim\limits_{n \to +\infty} a_n = \inf\limits_{n \in \mathbb{N}} a_n$,或者应用上述结论于 $\{-a_n\}$.

(二)⇒(三) 由题设得到两个单调有界数列

$$b_1 \geqslant b_2 \geqslant \cdots \geqslant b_n \geqslant a_n \geqslant \cdots \geqslant a_1$$

$$a_1 \leqslant a_2 \leqslant \cdots \leqslant a_n \leqslant b_n \leqslant \cdots \leqslant b_1$$

根据实数连续性命题(二)知,数列 $\{a_n\}$ 与 $\{b_n\}$ 均收敛. 又由题设,有

$$\lim_{n \to +\infty} b_n - \lim_{n \to +\infty} a_n = \lim_{n \to +\infty} (b_n - a_n) = 0$$

$$\lim_{n \to +\infty} a_n = \lim_{n \to +\infty} b_n$$

即数列 $\{a_n\}$ 与 $\{b_n\}$ 收敛于同一个数,记为 $x_0$. 再由实数连续性命题(二),知

$$\sup_{n \in \mathbb{N}} a_n = \lim_{n \to +\infty} a_n = x_0 = \lim_{n \to +\infty} b_n = \inf_{n \in \mathbb{N}} b_n$$

所以

$$a_n \leqslant \sup_{m \in \mathbb{N}} a_m = x_0 = \inf_{m \in \mathbb{N}} b_m \leqslant b_n, \forall n \in \mathbb{N}$$

即

$$x_0 \in \bigcap_{n=1}^{\infty} [a_n, b_n]$$

如果还有 $x_1 \in \bigcap\limits_{n=1}^{\infty} [a_n, b_n]$,则

$$|x_1 - x_0| \leqslant b_n - a_n, \forall n \in \mathbb{N}$$

从而

$$0 \leqslant |x_1 - x_0| \leqslant \lim_{n \to +\infty} (b_n - a_n) = 0$$

$$x_1 - x_0 = 0, x_1 = x_0$$

这就证明了 $\exists_1 x_0 \in \bigcap\limits_{n=1}^{\infty} [a_n, b_n]$.

(三)⇒(四)　(反证)反设区间$[a,b]$不能被$\mathscr{F}$中有限个开集所覆盖,将$[a,b]$等分为两个闭区间$\left[a,\dfrac{a+b}{2}\right]$与$\left[\dfrac{a+b}{2},b\right]$,则此两个区间中必有一个不能被$\mathscr{F}$中有限个开集所覆盖,记此区间为$[a_1,b_1]$.再将$[a_1,b_1]$等分为二,二者中又必有一个不能被$\mathscr{F}$中有限个开集所覆盖,记此区间为$[a_2,b_2]$.如此下去,得一递降闭区间序列

$$[a_1,b_1]\supset[a_2,b_2]\supset\cdots\supset[a_n,b_n]\supset\cdots$$

其中每一个都不能被$\mathscr{F}$中有限个开集所覆盖,且长度

$$b_n-a_n=\frac{b-a}{2^n}\to 0\quad(n\to+\infty)$$

因此,由连续性命题(三)(闭区间套原理),$\exists_1 x_0\in\bigcap\limits_{n=1}^{\infty}[a_n,b_n]$.由于$\mathscr{F}$覆盖$[a,b]$,故必存在$U_0\in\mathscr{F}$,s.t.$x_0\in U_0$.但$U_0$为开集,显然,$\exists N\in\mathbb{N}$,当$n>N$时,有

$$x_0\in[a_n,b_n]\subset U_0$$

于是,区间$[a_n,b_n]$被$\mathscr{F}$中的一个(当然是有限个)开集所覆盖.这与上面构造$[a_n,b_n]$不被$\mathscr{F}$中有限个开集所覆盖相矛盾.

(四)⇒(五)　设$A$为有界无限集,即$A\subset[a,b]$.(反证)反设$A$无聚点,则$\forall x\in[a,b]$,$x$不为$A$的聚点,故必有开区间(当然它为开集)$I_x\ni x$,且$I_x$中最多只含$A$的一个点$x$.显然,开区间族

$$\mathscr{F}=\{I_x\mid x\in[a,b]\}$$

覆盖了$[a,b]$.根据连续性命题(四)(紧致性)知,$\exists\{I_{x_1},I_{x_2},\cdots,I_{x_m}\}\subset\mathscr{F}$,s.t.$[a,b]\subset\bigcup\limits_{k=1}^{m}I_{x_k}$.因此,$\bigcup\limits_{k=1}^{m}I_{x_k}$也覆盖住$A$.但是,每个$I_{x_k}$至多含$A$的一个点.由此推得$\bigcup\limits_{k=1}^{m}I_{x_k}$至多只含$A$的有限个点,而不能覆盖住整个无限集$A$,矛盾.

(五)⇒(六)　设数列$\{a_n\}$有界,即$a\leqslant a_n\leqslant b$,$\forall n\in\mathbb{N}$.如果$\{a_n\mid n\in\mathbb{N}\}$为有限集,则数列$\{a_n\}$必有无限项相同,这些项依下标从小到大排列得到$\{a_n\}$的一个收敛子列;如果$A=\{a_n\mid n\in\mathbb{N}\}$为无限集,根据连续性命题(五)知,这个无限集$A$必有一个聚点$x_0$.由聚点定义知,$(x_0-1,x_0+1)$中必有$A$中一点$a_{n_1}\neq x_0$.令

$$\delta_1=\min\left\{\frac{1}{2},\rho(a_i,x_0)>0\ \middle|\ i=1,2,\cdots,n_1\right\}>0$$

再由聚点定义知,$(x_0 - \delta_1, x_0 + \delta_1)$ 中必有 $A$ 中一点 $a_{n_2} \neq x_0$. 显然,$0 < \delta_1 <$ $\dfrac{1}{2}, n_1 < n_2$. 依此类推,令

$$\delta_k = \min\left\{\frac{1}{k+1}, \rho(a_i, x_0) > 0 \,\Big|\, i = 1, 2, \cdots, n_k\right\} > 0$$

由聚点定义知,$(x_0 - \delta_k, x_0 + \delta_k)$ 中必有 $A$ 中一点 $a_{n_{k+1}} \neq x_0$. 显然 $0 < \delta_k <$ $\dfrac{1}{k+1}, n_k < n_{k+1}$. 容易看出 $\{a_{n_k}\}$ 为收敛于 $x_0$ 的数列 $\{a_n\}$ 的子列.

(六)$\Rightarrow$(七)　设 $\{a_n\}$ 为 Cauchy 数列(基本数列),先证 $\{a_n\}$ 有界. 取 $\varepsilon = 1$,故 $\exists n_1 \in \mathbb{N}$,使得当 $m, n > n_1$ 时,有

$$|a_m - a_n| < \varepsilon = 1$$

于是,当 $n > n_1$ 时,有

$$|a_n| \leqslant |a_n - a_{n_1+1}| + |a_{n_1+1}| < 1 + |a_{n_1+1}|$$

由此得到

$$|a_n| \leqslant \max\{|a_1|, \cdots, |a_{n_1}|, 1 + |a_{n_1+1}|\} = M < +\infty$$

即数列 $\{a_n\}$ 是有界的.

根据实数连续性命题(六)(序列紧性)知,有界数列 $\{a_n\}$ 有收敛子列 $\{a_{n_k}\}$. 设 $a = \lim\limits_{k \to +\infty} a_{n_k}$,下面证 $\{a_n\}$ 也收敛于 $a$.

事实上,$\forall \varepsilon > 0, \exists K_\varepsilon \in \mathbb{N}$,当 $k > K_\varepsilon$ 时,有 $|a_{n_k} - a| < \dfrac{\varepsilon}{2}$. 又因 $\{a_n\}$ 为 Cauchy 数列(基本数列),所以又有 $n_\varepsilon \in \mathbb{N}$,当 $m, n > n_\varepsilon$ 时,有

$$|a_m - a_n| < \frac{\varepsilon}{2}$$

再取 $k \in \mathbb{N}, \text{s.t.} \ k > \max\{K_\varepsilon, n_\varepsilon\}$,则 $n_k \geqslant k > \max\{K_\varepsilon, n_\varepsilon\}$. 当 $n > n_\varepsilon$ 时,有

$$|a_n - a| \leqslant |a_n - a_{n_k}| + |a_{n_k} - a| < \frac{\varepsilon}{2} + \frac{\varepsilon}{2} = \varepsilon$$

从而,$\{a_n\}$ 收敛于 $a$.

(七)$\Rightarrow$(一)　设非空数集 $A$ 有上界 $M$(有下界的情形类似证明,或考虑数集 $-A = \{-x \mid x \in A\}$).

若 $M \in A$,则显然 $M = \sup A$.

若 $M \notin A$,在 $A$ 中任取一个数 $m$,则闭区间 $[m, M]$ 中有 $A$ 中的数. 将 $[m, M]$ 等分为二:$\left[m, \dfrac{m+M}{2}\right], \left[\dfrac{m+M}{2}, M\right]$. 如果 $\left[\dfrac{m+M}{2}, M\right]$ 中有 $A$ 中的数,取 $a_1 =$

$\dfrac{m+M}{2}$，$b_1 = M$；反之，取 $a_1 = m$，$b_1 = \dfrac{m+M}{2}$. 于是，$b_1$ 为 $A$ 的上界，$[a_1, b_1]$ 中有 $A$ 中的数. 将 $[a_1, b_1]$ 等分为二：$\left[a_1, \dfrac{a_1 + b_1}{2}\right]$，$\left[\dfrac{a_1 + b_1}{2}, b_1\right]$. 如果 $\left[\dfrac{a_1 + b_1}{2}, b_1\right]$ 中有 $A$ 中的数，取 $a_2 = \dfrac{a_1 + b_1}{2}$，$b_2 = b_1$；反之，取 $a_2 = a_1$，$b_2 = \dfrac{a_1 + b_1}{2}$. 于是，$b_2$ 为 $A$ 的上界，$[a_2, b_2]$ 中有 $A$ 中的数. 如此下去，得到两个数列 $\{a_n\}$ 与 $\{b_n\}$，它们满足：

(1)$b_n (n \in \mathbb{N})$ 都为 $A$ 的上界；

(2)$[a_n, b_n](n \in \mathbb{N})$ 都有 $A$ 中的数；

(3)$b_n - a_n = \dfrac{M-m}{2^n}(n \in \mathbb{N})$；

(4)$|a_n - a_{n+1}| \leqslant \dfrac{M-m}{2^{n+1}}$，$|b_n - b_{n+1}| \leqslant \dfrac{M-m}{2^{n+1}}(n \in \mathbb{N})$.

易见，$\{a_n\}$ 与 $\{b_n\}$ 都为 Cauchy 数列（基本数列）. 事实上，$\forall \varepsilon > 0$，取 $N \in \mathbb{N}$，s. t. $N > \log_2 \dfrac{M-m}{\varepsilon}$，当 $n > N$ 时，$\forall p \in \mathbb{N}$，有

$$|a_n - a_{n+p}|$$

$$\leqslant |a_n - a_{n+1}| + |a_{n+1} - a_{n+2}| + \cdots + |a_{n+p-1} - a_{n+p}|$$

$$\leqslant \frac{M-m}{2^{n+1}}\left(1 + \frac{1}{2} + \cdots + \frac{1}{2^{p-1}}\right)$$

$$= \frac{M-m}{2^{n+1}} \cdot \frac{1 - \dfrac{1}{2^p}}{1 - \dfrac{1}{2}} < \frac{M-m}{2^n} < \frac{M-m}{2^N} < \varepsilon$$

故 $\{a_n\}$ 为 Cauchy 数列. 类似可证 $\{b_n\}$ 也为 Cauchy 数列.

由实数连续性命题（七），已知 $\mathbb{R}$ 是完备的，因此 Cauchy 数列 $\{a_n\}$ 与 $\{b_n\}$ 均收敛. 于是，由(3) 知，$\{a_n\}$ 与 $\{b_n\}$ 收敛于同一个数 $a$. 又由(1) 可知，$a$ 为 $A$ 的上界，所以区间 $(a, b_n)(n \in \mathbb{N})$ 皆无 $A$ 中的数. 根据(2) 可知，$[a_n, a](n \in \mathbb{N})$ 都有 $A$ 中的数，而 $a_n \to a(n \to +\infty)$，故 $a$ 为 $A$ 的上确界（$\forall \varepsilon > 0$，$\exists a_n$，s. t. $a - \varepsilon < a_n \leqslant a$，从而 $a - \varepsilon$ 不为 $A$ 的上界）.

**定理 1.3.2**　设数列 $\{a_n\}$ 单调增（减）无上（下）界，则

$$\lim_{n \to +\infty} a_n = + \infty \, ( - \infty )$$

**证明**　设 $\{a_n\}$ 单调增无上界,$\forall A > 0$,它不是 $\{a_n\}$ 的上界,故 $\exists N \in \mathbb{N}$,s.t. $a_N > A$. 当 $n > N$ 时,由 $\{a_n\}$ 单调增可得

$$a_n \geqslant a_N > A$$

这就证明了

$$\lim_{n \to +\infty} a_n = + \infty$$

类似可证,当 $\{a_n\}$ 单调减无下界时 $\lim\limits_{n \to +\infty} a_n = - \infty$,或应用上述结果于 $\{-a_n\}$,并由定理 1.2.7(6) 推得.

**推论 1.3.1**　单调数列 $\{a_n\}$ 必有极限.

**证明**　由定理 1.3.1(二) 及定理 1.3.2 知,当 $\{a_n\}$ 为单调增时,有

$$\lim_{n \to +\infty} a_n = \sup_{n \in \mathbb{N}} a_n \begin{cases} \text{收敛于数} \sup\limits_{n \in \mathbb{N}} a_n,\text{当} \{a_n\} \text{有上界时} \\ \text{发散于} + \infty,\text{当} \{a_n\} \text{无上界时} \end{cases}$$

当 $\{a_n\}$ 为单调减时,有

$$\lim_{n \to +\infty} a_n = \inf_{n \in \mathbb{N}} a_n \begin{cases} \text{收敛于数} \inf\limits_{n \in \mathbb{N}} a_n,\text{当} \{a_n\} \text{有下界时} \\ \text{发散于} - \infty,\text{当} \{a_n\} \text{无下界时} \end{cases}$$

**推论 1.3.2**　单调数列收敛 $\Leftrightarrow$ 单调数列有一个收敛子列.

**证明**　($\Rightarrow$) 设单调数列 $\{a_n\}$ 收敛,显然 $\{a_n\}$ 为一个特殊的子列 $\{a_{n_k}\}$ ($n_k = k$). 因此,$\{a_n\}$ 本身为 $\{a_n\}$ 的一个收敛子列.

($\Leftarrow$) 不妨设数列 $\{a_n\}$ 是单调增的,它有一子列 $\{a_{n_k}\}$ 收敛,记 $\lim\limits_{k \to +\infty} a_{n_k} = a$. $\forall \varepsilon > 0, \exists K \in \mathbb{N}$,当 $k > K$ 时,有

$$a - \varepsilon < a_{n_k} \leqslant a < a + \varepsilon$$

令 $N = n_{K+1}$,则对任意的 $n > N$ 时,必有 $K' \in \mathbb{N}$,s.t. $n_{K'} > n$,则

$$a - \varepsilon < a_{n_{K+1}} \leqslant a_n \leqslant a_{n_{K'}} \leqslant a < a + \varepsilon$$

$$\lim_{n \to +\infty} a_n = a$$

这就证明了数列 $\{a_n\}$ 收敛于 $a$.

**定理 1.3.3**(数列的 Cauchy 收敛准则或收敛原理)　数列 $\{a_n\}$ 收敛 $\Leftrightarrow \{a_n\}$ 为 Cauchy 数列(基本数列).

**证明**　($\Rightarrow$) 设 $\{a_n\}$ 收敛,记 $\lim\limits_{n \to +\infty} a_n = a$,则 $\forall \varepsilon > 0, \exists N \in \mathbb{N}$,当 $n,m > N$ 时,有

$$|a_n - a| < \frac{\varepsilon}{2}, |a_m - a| < \frac{\varepsilon}{2}$$

因而

$$|a_n - a_m| \leq |a_n - a| + |a - a_m| < \frac{\varepsilon}{2} + \frac{\varepsilon}{2} = \varepsilon$$

这就证明了 $\{a_n\}$ 为 Cauchy 数列(基本数列).

($\Leftarrow$) 由定理 1.3.1(六)$\Rightarrow$(七).

为揭示有理数与实数之间的本质差别,我们引入至多可数集与不可数集的概念.

**定义 1.3.7**　与自然数集 $\mathbb{N}$ 一一对应的集合称为**可数集**. 有限集与可数集统称为**至多可数集**. 不是至多可数集的集合称为**不可数集**.

**引理 1.3.1**　(1) 至多可数集的子集仍为至多可数集;

(2) 有限个至多可数集的并仍为至多可数集;

(3) 可数个至多可数集的并仍为至多可数集;

(4) 设 $A_1, A_2, \cdots, A_n$ 都为至多可数集,则积集合

$$A_1 \times A_2 \times \cdots \times A_n = \{(a_1, a_2, \cdots, a_n) \mid a_i \in A_i, i = 1, 2, \cdots, n\}$$

为至多可数集.

**证明**　(1) 设 $X$ 为至多可数集,记 $X = \{x_1, \cdots, x_n, \cdots\}$,则它的子集可记为 $\{x_{n_k} \mid n_1 < n_2 < \cdots\}$,显然,它仍为至多可数集.

(2) 设有限个可数集为

$$A_1 = \{a_{11}, a_{12}, a_{13}, \cdots\}$$
$$A_2 = \{a_{21}, a_{22}, a_{23}, \cdots\}$$
$$A_3 = \{a_{31}, a_{32}, a_{33}, \cdots\}$$
$$\vdots$$
$$A_n = \{a_{n1}, a_{n2}, a_{n3}, \cdots\}$$

则

$$\bigcup_{i=1}^{n} A_i = \{a_{11}, a_{21}, \cdots, a_{n1}, a_{12}, a_{22}, \cdots, a_{n2}, \cdots\}$$

如有重复者只排第一个,由此可知 $\bigcup_{i=1}^{n} A_i$ 仍为至多可数集.

或者按斜线排列为

$$\bigcup_{i=1}^{n} A_i = \{a_{11}, a_{21}, a_{12}, a_{31}, a_{22}, a_{13}, \cdots\}$$

如有重复者只排第一个,由此可知 $\bigcup\limits_{i=1}^{n} A_i$ 仍为至多可数集.

(3)仿照(2)中第二种证法.

(4)设

$$A_1 = \{a_1^1, a_1^2, a_1^3, \cdots\}$$
$$A_2 = \{a_2^1, a_2^2, a_2^3, \cdots\}$$
$$A_3 = \{a_3^1, a_3^2, a_3^3, \cdots\}$$
$$\vdots$$
$$A_n = \{a_n^1, a_n^2, a_n^3, \cdots\}$$

则 $A_1 \times A_2 \times \cdots \times A_n$ 按 $(a_1^{i_1}, a_2^{i_2}, \cdots, a_n^{i_n})$ 中 $i_1 + i_2 + \cdots + i_n$ 从小到大排列,故积集合 $A_1 \times A_2 \times \cdots \times A_n$ 为至多可数集.

**引理 1.3.2** 有理数集 $\mathbb{Q}$ 为可数集.

**证明** 将 $\mathbb{Q}$ 按如下箭头方向

$$
\begin{array}{ccccc}
\dfrac{1}{1} & \dfrac{2}{1} & \dfrac{3}{1} & \dfrac{4}{1} & \cdots \\
\dfrac{1}{2} & \dfrac{2}{2} & \dfrac{3}{2} & \dfrac{4}{2} & \cdots \\
\dfrac{1}{3} & \dfrac{2}{3} & \dfrac{3}{3} & \dfrac{4}{3} & \cdots \\
\dfrac{1}{4} & \dfrac{2}{4} & \dfrac{3}{4} & \dfrac{4}{4} & \cdots \\
\vdots & \vdots & \vdots & \vdots
\end{array}
$$

排列为

$$\mathbb{Q} = \Big\{0, \frac{1}{1}, -\frac{1}{1}, \frac{1}{2}, -\frac{1}{2}, \frac{2}{1}, -\frac{2}{1}, \frac{1}{3}, -\frac{1}{3}, \frac{3}{1}, -\frac{3}{1},$$
$$\frac{1}{4}, -\frac{1}{4}, \frac{2}{3}, -\frac{2}{3}, \frac{3}{2}, -\frac{3}{2}, \frac{4}{1}, -\frac{4}{1}, \cdots\Big\}$$

$\Big($遇到重复元素如 $\frac{1}{1}, \frac{2}{2}, \frac{3}{3}, \cdots$,只保留第一个遇到的元素,如 $\frac{1}{1}.\Big)$ 因此,$\mathbb{Q}$ 为可数集.

问:实数集 $\mathbb{R}$ 是否为可数集?即是否可将 $\mathbb{R}$ 与 $\mathbb{N}$ 一一对应,或者是否可将 $\mathbb{R}$ 依次全部排列出来?答:否.

**定理 1.3.4** 实数集 $\mathbb{R}$ 为不可数集.

**证法 1**　（反证）反设 $\mathbb{R}$ 不是不可数集，则无限集 $\mathbb{R}$ 为可数集. 于是，$\mathbb{R}$ 的无限子集 $[0,1]$ 也为可数集，记 $[0,1]=\{x_1,x_2,\cdots,x_n,\cdots\}$. 将 $[0,1]$ 三等分，则至少有一等分不含 $x_1$. 记此等分为 $[a_1,b_1]$，又将 $[a_1,b_1]$ 三等分，则至少有一等分不含 $x_2$，记此等分为 $[a_2,b_2]$. 依此类推得到一个递降的闭区间套

$$[0,1]\supset[a_1,b_1]\supset[a_2,b_2]\supset\cdots\supset[a_n,b_n]\supset\cdots$$

s. t.

$$b_n-a_n=\frac{1}{3^n},x_n\notin[a_n,b_n]$$

根据实数连续性命题（三）（闭区间套原理）可知，$\exists_1 x_0\in\bigcap_{n=1}^{\infty}[a_n,b_n]$，显然 $x_0\in[0,1]$ 但 $x_0\neq x_n,\forall n\in\mathbb{N}$，所以 $x_0\notin\{x_n\mid n\in\mathbb{N}\}=[0,1]$，矛盾.

**证法 2**　（反证）反设 $\mathbb{R}$ 不是不可数集，则无限集 $\mathbb{R}$ 为可数集. 于是 $\mathbb{R}$ 的无限子集 $(0,1]$ 也为可数集，记 $(0,1]=\{x_1,x_2,\cdots,x_n,\cdots\}$，有

$$x_1=0.x_{11}x_{12}x_{13}x_{14}\cdots$$
$$x_2=0.x_{21}x_{22}x_{23}x_{24}\cdots$$
$$x_3=0.x_{31}x_{32}x_{33}x_{34}\cdots$$
$$\vdots$$

其中所有的 $x_{ij}$ 都是 $0,1,\cdots,9$ 十个数字中的一个，并且对每个 $i$，数列 $\{x_{ij}\mid j=1,2,\cdots\}$ 中有无限个不为 $0$（即 $x_i$ 若有两种表示，则用一种. 如 $0.5$ 采用 $0.4999\cdots=0.4\dot9$，而不用 $0.5=0.500\cdots$）.

作十进位小数

$$\alpha=0.\alpha_1\alpha_2\alpha_3\cdots$$

s. t. $\alpha_i\neq x_{ii},\alpha_i\neq0,\forall i\in\mathbb{N}$（如果 $x_{ii}=1$，令 $\alpha_i=2$；如果 $x_{ii}\neq1$，令 $\alpha_i=1$）. 于是 $\alpha\in(0,1]$，但 $\alpha\neq x_i,\forall i\in\mathbb{N}$（因为 $\alpha_i\neq x_{ii}$）. 从而 $\alpha$ 未被排列出来，矛盾.

**定义 1.3.8**　设 $A\subset\mathbb{R}$，如果 $\forall r\in\mathbb{R}$ 及 $r$ 的任何开邻域（含 $r$ 的开集）$U$，均有 $x\in A\cap U$，即 $\bar A=\mathbb{R}$，则称 $A$ 为 $\mathbb{R}$ 中的**稠密集**.

**定理 1.3.5**　有理数集 $\mathbb{Q}$ 与无理数集 $\mathbb{R}\setminus\mathbb{Q}$ 均为 $\mathbb{R}$ 中的稠密集.

此外，$\forall r\in\mathbb{R}$，必有有理数列 $\{r_n\}$ 收敛于 $r$，也必有无理数列 $\{s_n\}$ 收敛于 $r$.

**证法 1**　$\forall r\in\mathbb{R},\forall\varepsilon>0$，则必有 $n\in\mathbb{N}$，s. t.

$$\frac{1}{10^n}<\frac{\sqrt2}{10^n}<\varepsilon$$

从而必有$m \in \mathbb{Z}, s \in \mathbb{Z}\backslash\{0\}$, s.t.

$$\frac{m}{10^n} \in \mathbb{Q} \cap (r - \varepsilon, r + \varepsilon)$$

与

$$\frac{s\sqrt{2}}{10^n} \in (\mathbb{R} - \mathbb{Q}) \cap (r - \varepsilon, r + \varepsilon)$$

因此,$\mathbb{Q}$ 与 $\mathbb{R}\backslash\mathbb{Q}$ 均为 $\mathbb{R}$ 中的稠密集.

**证法2** $\forall r \in \mathbb{R}$,记 $r = \pm r_0. r_1 \cdots r_n \cdots$,则有理数列 $\pm r_0. r_1 \cdots r_n \to r$,无理数列 $\pm r_0. r_1 \cdots r_n + \frac{\sqrt{2}}{10^n} \to r + 0 = r$. 因此,$\forall \varepsilon > 0$,必有 $N \in \mathbb{N}$,当 $n > N$ 时,有

$$\pm r_0. r_1 \cdots r_n \in (r - \varepsilon, r + \varepsilon), \pm r_0. r_1 \cdots r_n + \frac{\sqrt{2}}{10^n} \in (r - \varepsilon, r + \varepsilon)$$

这就证明了 $\mathbb{Q}$ 与 $\mathbb{R}\backslash\mathbb{Q}$ 均为 $\mathbb{R}$ 中的稠密集.

**定义1.3.9** 设 $A \subset \mathbb{R}, a \in A$,如果存在开集 $U$,使得 $a \in U \subset A$,则称 $a$ 为 $A$ 的一个内点. $A$ 的内点的全体记为 $\mathring{A}$ 或 $A^\circ$ 或 $A^i$ 或 int $A$. 例如:闭圆的内点集为其开圆部分. $\mathring{\mathbb{Q}} = \varnothing, (\mathbb{R}\backslash\mathbb{Q})^\circ = \varnothing$.

**定理1.3.6(Baire)** 设 $A, A_m \subset \mathbb{R}, A = \bigcup\limits_{m \in \Gamma} A_m$($\Gamma$ 为至多可数集),闭集 $A_m$ 的内点集 $\mathring{A}_m = \varnothing$,则 $\mathring{A} = \varnothing$.

由此,$\mathbb{R}$ 中任何含内点的集合都不能表示成至多可数个无内点的闭集的并.

**证明** (反证)假设 $x_0 \in \mathring{A}$,则 $\exists \delta_0 > 0$,使闭球(闭区间)$\overline{B(x_0; \delta_0)} = [x_0 - \delta_0, x_0 + \delta_0] \subset A$. 因为 $\mathring{A}_1 = \varnothing$,$\exists x_1 \in B(x_0; \delta_0)\backslash A_1$,又 $A_1$ 为闭集,所以可取 $\delta_1 \in (0,1)$, s.t.

$$\overline{B(x_1; \delta_1)} \cap A_1 = \varnothing, \overline{B(x_1; \delta_1)} \subset B(x_0; \delta_0)$$

再从 $B(x_1; \delta_1)$ 出发,以类似的推理应用于 $A_2$,可得

$$\overline{B(x_2; \delta_2)} \cap A_2 = \varnothing, \overline{B(x_2; \delta_2)} \subset B(x_1; \delta_1), \delta_2 \in \left(0, \frac{1}{2}\right)$$

依此类推可得到闭球(闭区间)套

$$\overline{B(x_1; \delta_1)} \supset \overline{B(x_2; \delta_2)} \supset \cdots \supset \overline{B(x_m; \delta_m)} \supset \cdots, \delta_m \in \left(0, \frac{1}{m}\right)$$

根据闭球(闭区间)套原理 $\exists_1 \xi \in \bigcap\limits_{m=1}^{\infty} \overline{B(x_m;\delta_m)} \subset A$,显然,这与构造有 $\xi \notin \bigcup\limits_{m=1}^{\infty} A_m = A$ 相矛盾(如果 $\Gamma$ 为有限集,其元素个数为 $k$,则 $A_m = \varnothing, m > k$).

上面已证明了七个实数连续性命题是彼此等价的,但必须证明其中一个命题是正确的,从而其他六个命题也是正确的. 反复仔细琢磨,问题归纳为实数的如何引入.

下面,从有理数域 $\mathbb{Q}$ 出发,介绍三种引进实数的方法.

(1) 用十进位小数定义①.

有理数集 $\mathbb{Q} = \left\{ \dfrac{p}{q} \mid p \in \mathbb{Z}, q \in \mathbb{N} \right\} = \{$无限循环小数 $\pm \alpha_0. \alpha_1 \cdots \alpha_n \dot{\beta}_1 \cdots \dot{\beta}_m$,

包括有限小数 $\pm \alpha_0. \alpha_1 \cdots \alpha_n = \pm \alpha_0. \alpha_1 \cdots \alpha_n \dot{0} = \pm \alpha_0. \alpha_2 \cdots (\alpha_n - 1) \dot{9} \}$.

无限不循环小数称为无理数. 用反证法可证 $0.101\,001\,000\,1\cdots$, $\sqrt{2} = 1.414\,2\cdots$,以及下面出现的 $e = 2.718\,28\cdots$, $\pi = 3.141\,59\cdots$ 都为无理数.

实数集 $\mathbb{R}$ = 有理数集 $\mathbb{Q} \cup$ 无理数集 $(\mathbb{R} \setminus \mathbb{Q})$.

**推论 1.3.3**　无理数集 $\mathbb{R} \setminus \mathbb{Q}$ 为不可数集.

**证明**　(反证)假设 $\mathbb{R} \setminus \mathbb{Q}$ 为可数集,由引理 1.3.2 可知,$\mathbb{Q}$ 为可数集,根据引理 1.3.1(2),$\mathbb{R} = \mathbb{Q} \cup (\mathbb{R} \setminus \mathbb{Q})$ 为可数集,这与定理 1.3.4 的结论相矛盾.

推论 1.3.3 表明,无理数比有理数多得多.

观察下面的对应:

| 实数集 $\mathbb{R}$ | ←——→ | 实数轴 |
|---|---|---|
| $\alpha_0$ | | $[\alpha_0, \alpha_0 + 1]$ |
| $\alpha_0. \alpha_1$ | | $\left[ \alpha_0. \alpha_1, \alpha_0. \alpha_1 + \dfrac{1}{10} \right]$ |
| $\alpha_0. \alpha_1 \alpha_2$ | | $\left[ \alpha_0. \alpha_1 \alpha_2, \alpha_0. \alpha_1 \alpha_2 + \dfrac{1}{10^2} \right]$ |
| $\vdots$ | | $\vdots$ |
| $\alpha_0. \alpha_1 \cdots \alpha_n$ | | $\left[ \alpha_0. \alpha_1 \cdots \alpha_n, \alpha_0. \alpha_1 \cdots \alpha_n + \dfrac{1}{10^n} \right]$ |
| $\vdots$ | | $\vdots$ |

①　参阅参考文献[6],何琛,史济怀,徐森林,《数学分析》第一册第 4 页.

确定唯一的实数 $\alpha = \alpha_0 . \alpha_1 \cdots \alpha_n \cdots$ 　　套出实数轴上的一点

这就是实数集 $\mathbb{R}$ 与实数轴之间的一一对应.

采用十进位小数,按通常的方法定义了 $+$ , $\times$ ,然后派生出 $-$ , $\div$ , $\cdots$ . 这样就可证明实数连续性命题(一),再根据实数连续性等价命题1.3.1推得所有七个实数连续性命题都是正确的.

**定理 1.3.7**(实数连续性命题(一))　　有上(下)界的非空数集有最小(大)上(下)界,即有上(下)确界.

**证明**　设数集 $A$ 非空有上界. 不失一般性,可假定 $A$ 中至少有一个正数(否则用 $A + |a| + 1 = \{x + |a| + 1 | \ \forall x \in A\}$ 代替 $A$ ,其中 $a \in A$ 为一个固定数). 考虑 $A$ 中各数的整数部分,设最大的整数部分为 $\alpha_0$ . 因为 $A$ 有上界,这最大的整数部分显然是存在的. 又由 $A$ 中有正数,所以 $\alpha_0 \geq 0$ ,记

$$A_0 = \{x \in A \ | \ [x] = \alpha_0\}$$

其中 $[x]$ 表示 $x$ 的整数部分,即不超过 $x$ 的最大整数,则 $A_0 \neq \varnothing$ .

若 $x \in A$ ,而 $x \notin A_0$ ,则 $x < \alpha_0$ ;若 $x \in A_0$ ,则 $\alpha_0 \leq x < \alpha_0 + 1$ .

再考虑 $A_0$ 中各数的第一位小数,设最大的第一位小数为 $\alpha_1$ ,记

$$A_1 = \{x \in A_0 \ | \ x \text{ 的第一位小数为 } \alpha_1\}$$

则 $A_0 \neq \varnothing$ .

若 $x \in A_0$ ,而 $x \notin A_1$ ,则 $x < \alpha_0 . \alpha_1$ ;若 $x \in A_1$ ,则 $\alpha_0 . \alpha_1 \leq x < \alpha_0 . \alpha_1 + \dfrac{1}{10}$ .

再考虑 $A_1$ 中各数的第二位小数,设最大的第二位小数为 $\alpha_2$ ,记

$$A_2 = \{x \in A_1 \ | \ x \text{ 的第二位小数为 } \alpha_2\}$$

则 $A_2 \neq \varnothing$ .

如此下去,就得到一串递降非空数集

$$A \supset A_0 \supset A_1 \supset A_2 \supset \cdots$$

同时也得到一串有理数集

$$\alpha_0 , \alpha_0 . \alpha_1 , \alpha_0 . \alpha_1 \alpha_2 , \alpha_0 . \alpha_1 \alpha_2 \alpha_3 , \cdots$$

于是,它唯一确定了一个实数

$$\alpha = \alpha_0 . \alpha_1 \alpha_2 \alpha_3 \cdots = \lim_{n \to +\infty} \alpha_0 . \alpha_1 \cdots \alpha_n$$

先证 $\alpha$ 为 $A$ 的一个上界. 事实上,若 $x \in A$ ,而 $x \notin A_0$ ,则 $x < \alpha_0 \leq \alpha$ ;若 $x \in A_n$ ,而 $x \notin A_{n+1}$ 对某个 $n = 0,1,2,\cdots$ 成立,则 $x < \alpha_0 . \alpha_1 \cdots \alpha_n \alpha_{n+1} \leq \alpha$ .

若 $x \in A_n, \forall n = 0, 1, 2, \cdots$，则 $\alpha_0. \alpha_1 \cdots \alpha_n \leqslant x < \alpha_0. \alpha_1 \cdots \alpha_n + \dfrac{1}{10^n}, n = 0,$ $1, 2, \cdots.$ 令 $n \to + \infty$ 可得

$$\alpha = \lim_{n \to + \infty} \alpha_0. \alpha_1 \cdots \alpha_n \leqslant \lim_{n \to + \infty} \left( \alpha_0. \alpha_1 \cdots \alpha_n + \dfrac{1}{10^n} \right) = \alpha + 0 = \alpha$$

所以，$x = \alpha.$

综合上述，可得 $\alpha$ 为 $A$ 的上界.

再证 $\alpha = \sup A.$ 事实上，任取 $\beta < \alpha$，由 $\alpha = \alpha_0. \alpha_1 \alpha_2 \alpha_3 \cdots = \lim\limits_{n \to + \infty} \alpha_0. \alpha_1 \cdots \alpha_n$ 知，$\exists N \in \mathbb{N}, \mathrm{s.\,t.}$

$$\beta < \alpha_0. \alpha_1 \cdots \alpha_N \leqslant \alpha$$

因此，当 $x \in A_N (A_N \neq \varnothing)$ 时，有

$$x \geqslant \alpha_0. \alpha_1 \cdots \alpha_N > \beta$$

从而，$\beta$ 不为 $A$ 的上界，而 $\beta$ 是任取的，故 $\alpha$ 为 $A$ 的最小上界，即 $\alpha = \sup A.$

(2) 用有理数的 Cauchy 数列定义[①].

设 $\{a_n\}$ 为有理数列，如果 $\forall \varepsilon \in \mathbb{Q}, \varepsilon > 0, \exists N \in \mathbb{N}, \forall m, n \in \mathbb{N}$，当 $m, n > N$ 时，$|a_m - a_n| < \varepsilon$，则称 $\{a_n\}$ 为**有理 Cauchy 数列（基本数列）**. 令

$$E = \{ 有理 Cauchy 数列 \{a_n\} \}$$

显然，有理 Cauchy 数列 $\{a, a, \cdots \mid a \in \mathbb{Q}\} \in E$，所以 $E \neq \varnothing.$ $\forall \{a_n\}, \{b_n\} \in E$，定义 $\{a_n\} \sim \{b_n\} \Leftrightarrow \forall \varepsilon \in \mathbb{Q}, \varepsilon > 0, \exists N \in \mathbb{N}$，当 $n > N$ 时，$|a_n - b_n| < \varepsilon.$

易见，"$\sim$" 为 $E$ 上的一个等价关系，即：

① $\{a_n\} \sim \{a_n\}$；

② 若 $\{a_n\} \sim \{b_n\}$，则 $\{b_n\} \sim \{a_n\}$；

③ 若 $\{a_n\} \sim \{b_n\}, \{b_n\} \sim \{c_n\}$，则 $\{a_n\} \sim \{c_n\}.$

我们称 $\{a_n\}$ 的等价类 $\widetilde{\{a_n\}}$ 为一个实数，例如 $\widetilde{\{a, a, \cdots\}} (a \in \mathbb{Q})$ 为一个**有理数**（当然 $\widetilde{\left\{a + \dfrac{1}{n}\right\}}$ 也为该有理数），简记为 $a.$ 再如

$$a_1 = 1, a_2 = 1.4, a_3 = 1.41, a_4 = 1.414, a_5 = 1.4142, \cdots$$

定义了一个有理数列 $\{a_n\}$，它的等价类确定了一个实数 $\sqrt{2}$（它不是有理数，称它为一个无理数）.

———————

① 参阅参考文献 [7]，邹应，《数学分析》上册第 41 ~ 42 页.

由有理数列 $\left\{\left(1+\dfrac{1}{n}\right)^n\right\}$ 的等价类 $\left\{\widetilde{\left(1+\dfrac{1}{n}\right)^n}\right\}$ 确定了一个实数 e(下节将

证明它不是有理数,也称它为一个无理数,并且 e = 2. 718 281 8…).

我们称 $E$ 关于"~"的商集合

$$\mathbb{R} = E/\sim = \{\widetilde{\{a_n\}} \mid \{a_n\} \in E\}$$

为**实数集**.

设 $\{a_n\}$,$\{b_n\} \in E$,则 $\widetilde{\{a_n\}}$,$\widetilde{\{b_n\}} \in \mathbb{R}$,定义

$$\widetilde{\{a_n\}} + \widetilde{\{b_n\}} = \widetilde{\{a_n + b_n\}}$$

$$\widetilde{\{a_n\}} \times \widetilde{\{b_n\}} = \widetilde{\{a_n b_n\}}$$

易见,上述加法与乘法与等价类中代表的选取无关,因此它们的定义是合理的.

从上述定义出发可以证明下面的定理.

**定理 1. 3. 8**(实数连续性命题(七)) $\mathbb{R}$ 是完备的,即 $\mathbb{R}$ 中任何 Cauchy 数列必在 $\mathbb{R}$ 中收敛.

证明参阅参考文献[7]第 92 页.

(3) 用 R. Dedekind 分划[①](割) 定义.

如果有理数 $\mathbb{Q} = A \cup B, A \cap B = \varnothing, A \neq \varnothing, B \neq \varnothing$,且 $\forall a \in A, b \in B$,有 $a < b$,则称它为有理数集 $\mathbb{Q}$ 的一个分划(割),并记作 $A \mid B$. $A$ 称为此分划(割)的下组,$B$ 称为此分划(割)的上组.

易见,分划(割)有三种类型:

① 下组 $A$ 中无最大数,而上组 $B$ 中有最小数;

② 下组 $A$ 中有最大数,而上组 $B$ 中无最小数;

③ 下组 $A$ 中无最大数,而上组 $B$ 中也无最小数.

①② 两种分划(割)都定义了有理数,③ 的分划(割)定义了一个新的数 —— 无理数. 有理数与无理数统称为**实数**,并用 $\mathbb{R}$ 记实数的全体.

例如:由

$$A = \{x \in \mathbb{Q} \mid x^2 < 2\} \cup \{x \in \mathbb{Q} \mid x < 0\}$$

$$B = \{x \in \mathbb{Q} \mid x^2 > 2, x > 0\}$$

---

① 参阅参考文献[1],菲赫金哥尔茨,《微积分学教程》一卷一分册第 8 ~ 9 页.

确定的分划(割)$A \mid B$属于③,它定义了无理数$\sqrt{2}$.

再如:由$B = \{x \in \mathbb{Q} \mid x > \left(1 + \dfrac{1}{n}\right)^n, \forall n \in \mathbb{N}\}$,$A = \mathbb{Q} \backslash B$确定的分划(割)$A \mid B$属于③,它定义了无理数 e(参阅下一节关于 e 的知识).

用 R. Dedekind 分划(割)可定义$\mathbb{R}$中的 +,×,然后派生出 −,÷,并讨论其性质. 还可证明定理 1.3.7,证明参阅参考文献[1](《微积分学教程》一卷一分册第 17 页,菲赫金哥尔茨).

上面已经介绍了三种引入实数的方法,无论用何种方式引进实数,都应证明七个实数连续性等价命题之一成立,因此其他六个也成立,进而还应由此种方式论述实数的四条公理:

(1)$(\mathbb{R}, +, \times)$为一个域,称为**实数域**.

若$a,b,c \in \mathbb{R}$,有$a + b \in \mathbb{R}$,且:

①$a + b = b + a$(交换律);

②$(a + b) + c = a + (b + c)$(结合律);

③$a + 0 = 0 + a, \forall a \in \mathbb{R}, 0 \in \mathbb{R}$称为**零元**;

④$a + (-a) = 0 = (-a) + a, \forall a \in \mathbb{R}, -a \in \mathbb{R}$称为$a$的**负元**.

则$(\mathbb{R}, +)$成为交换群(Abel 群).

若$a,b,c \in \mathbb{R}$,满足:

①$ab = ba$(交换律);

②$(ab)c = a(bc)$(结合律);

③$a \times 1 = a = 1 \times a, \forall a \in \mathbb{R}, 1 \in \mathbb{R}$称为**单位元或幺元**;

④$a \times a^{-1} = 1 = a^{-1} \times a, \forall a \in \mathbb{R} \backslash \{0\}$,称$a^{-1} = \dfrac{1}{u}$为$a$的**逆元**;

⑤$a(b + c) = ab + ac$(左分配律);

⑥$(b + c)a = ba + ca$(右分配律).

则$(\mathbb{R}, \times)$成为交换半群.

从加法与乘法可派生出减法与除法

$$a - b \xlongequal{\text{def}} a + (-b), \quad \frac{a}{b} \xlongequal{\text{def}} a \times b^{-1} \quad (b \neq 0)$$

(2)$\mathbb{R}$为一个全序集.

设$X$为非空集合,"$\leq$"为一个关系. 如果满足:

①$x \leq x, \forall x \in X$(自反性);

②$x \leq y$ 且 $y \leq x \Rightarrow x = y$(反对称性);

③$x \leq y, y \leq z \Rightarrow x \leq z$(传递性).

则称"$\leq$"为 $X$ 上的一个**偏序关系**. 定义了偏序关系的集合 $X$ 称为一个**偏序集**,记为$(X, \leq)$. 如果该偏序关系还满足:$\forall x, y \in X, x \leq y$ 与 $y \leq x$ 中至少有一个成立,则称关系"$\leq$"为**序关系**,定义了序关系的集合 $X$ 称为**全序集**.

对全序集 $X, \forall x, y \in X$,定义

$$x < y \Leftrightarrow x \leq y,且 x \neq y$$

考虑实数集$\mathbb{R}, \forall x, y \in \mathbb{R}$,定义

$$x \leq y \Leftrightarrow y - x \geq 0$$

通常将"$\leq$"记作"$\leqslant$",则$(\mathbb{R}, \leqslant)$为全序集,且 $\forall x, y \in \mathbb{R}$,下列三个关系

$$x < y, y < x, x = y$$

中有且只有一个成立.

(3) $\mathbb{R}$ 满足 Archimedes 公理:$b \in \mathbb{R}, a > 0$,则 $\exists n \in \mathbb{N}$, s.t. $na > b$.

(4) $\mathbb{R}$ 有连续性:$\mathbb{R}$ 是完备的,即$\mathbb{R}$ 中一切 Cauchy 数列都收敛.

由等价性知,所有七个实数连续性命题都成立.

四条公理可综合为实数公理.

**实数公理**    实数空间$\mathbb{R}$ 是一个完备的 Archimedes 序域.

# 练习题 1.3

**1.** 在实数连续性等价命题中,证明:(三)$\Rightarrow$(一),(三)$\Rightarrow$(二),(三)$\Rightarrow$(五),(三)$\Rightarrow$(六),(四)$\Rightarrow$(二),(四)$\Rightarrow$(五),(四)$\Rightarrow$(六),(四)$\Rightarrow$(七),(六)$\Rightarrow$(二),(七)$\Rightarrow$(二).

**2.** 证明:(1) 有界数列$\{a_n\}$ 必有一个收敛子列;

(2) 无上(下)界的数列$\{a_n\}$ 必有一个子列,其极限为 $+\infty(-\infty)$;

(3) 有界发散数列$\{a_n\}$ 必有两个子列收敛于不同的数;

(4) 发散数列$\{a_n\}$ 必有两个子列有极限,且它们的极限不相同.

**3.** 指出下列数集的上确界、下确界,并指出它们是否为该集合的最大值与最小值:

(1) $\{-1,3,8,9,2\,000\}$;　　　　(2) $\{a_1,a_2,\cdots,a_n\}$;

(3) $\{x \in \mathbb{Q} \mid x^2 < 3\}$;　　　　(4) $\left\{x \mid \sin \dfrac{\pi}{x} = 0, x > 0\right\}$;

(5) $\left\{\sin \dfrac{\pi}{n} \mid n \in \mathbb{N}\right\}$;　　　　(6) $\left\{\left(1 + \dfrac{1}{n}\right)^n \mid n \in \mathbb{N}\right\}$;

(7) $\left\{x \mid x > \left(1 + \dfrac{1}{n}\right)^n, n \in \mathbb{N}\right\}$;　　(8) $\{x \mid |\ln x| < 1\}$.

4. 设函数 $f$ 在 $[a,b]$ 上有定义,$x_0 \in [a,b]$,如果 $\exists \delta_{x_0} > 0, M_{x_0} > 0, \mathrm{s.\,t.}$
$$|f(x)| \leqslant M_{x_0}, \forall x \in (x_0 - \delta_{x_0}, x_0 + \delta_{x_0}) \cap [a,b]$$
则称 $f$ 在 $x_0$ 近旁有界. 证明:如果 $f$ 在 $[a,b]$ 上每一点近旁有界,则 $f$ 在 $[a,b]$ 上有界,即 $\exists M > 0, \mathrm{s.\,t.}$
$$|f(x)| \leqslant M, \forall x \in [a,b]$$

5. (1) 验证:数集 $\left\{(-1)^n + \dfrac{1}{n}\right\}$ 有且只有两个聚点 1 与 $-1$;

(2) 证明:任何有限数集都无聚点;

(3) 在直线上,证明:$x_0$ 为 $A$ 的聚点 $\Leftrightarrow x_0$ 的开邻域 $U$,均含 $A$ 中无限个点.

6. 设 $\{[a_n,b_n] \mid n \in \mathbb{N}\}$ 为一个严格闭区间套,即满足
$$a_1 < a_2 < \cdots < a_n < b_n < \cdots < b_2 < b_1$$
且 $\lim\limits_{n \to +\infty}(b_n - a_n) = 0$. 证明:$\exists_1 \xi \in (a_n,b_n), \forall n \in \mathbb{N}$,即 $\xi \in \bigcap\limits_{n=1}^{\infty}(a_n,b_n)$.

7. 证明:(1) 单调增(减)数列 $\{x_n\}$,若它无上(下)界,则集合 $\{x_n \mid n \in \mathbb{N}\}$ 无聚点;

(2) 单调增(减)有上(下)界的数列 $\{x_n\}$,当集合 $\{x_n \mid n \in \mathbb{N}\}$ 为有限集时,它无聚点;当集合 $\{x_n \mid n \in \mathbb{N}\}$ 为无限集时,它有唯一的聚点 $\lim\limits_{n \to +\infty}x_n = \sup\{x_n \mid n \in \mathbb{N}\}$ ($\inf\{x_n \mid n \in \mathbb{N}\}$).

8. 证明:(1) 直线上两两不相交的开区间族有至多可数个;

(2) 直线上有理开区间(两个端点都为有理数)族有至多可数个;

(3) 直线上以有理点为中心、正有理数为半径的开区间族有至多可数个.

## 思考题 1.3

1. 证明:直线上任何区间 $I$(开的,闭的,半开半闭的) 都是连通的,即

$$I \neq (U \cap I) \cup (V \cap I)$$

其中 $U, V$ 为直线上的开集, 但 $(U \cap I) \cap (V \cap I) = \varnothing, U \cap I \neq \varnothing, V \cap I \neq \varnothing$ (提示: 应用确界定理).

**2.** 若函数 $f: \mathbb{R} \rightarrow \mathbb{R}$ 逐点严格增(即 $\forall x \in \mathbb{R}, \exists \delta > 0$, 当 $x_1, x_2 \in (x - \delta, x + \delta)$ 且 $x_1 < x < x_2$ 时, 必有 $f(x_1) < f(x) < f(x_2)$ ), 则 $f$ 在 $\mathbb{R}$ 上严格增(即 $\forall x_1$, $x_2 \in \mathbb{R}$, 当 $x_1 < x_2$ 时, 必有 $f(x_1) < f(x_2)$ )(提示: 应用实数连续性等价命题).

**3.** 应用反证法与闭区间套原理证明: 直线上任何开区间(有穷开区间或无穷开区间)不能表示成至多可数个两两不相交的闭区间的并.

如果将"闭区间"改为"闭集", 上述结论是否仍正确?

**4.** 设 $f: \mathbb{R} \rightarrow \mathbb{R}$ 为实函数, 如果 $\forall x_0 \in \mathbb{R}$ 都为 $f$ 的极大(小)值点, 即 $\exists \delta > 0$, 当 $x \in (x_0 - \delta, x_0 + \delta)$ 时, 有

$$f(x) \leqslant f(x_0) (f(x) \geqslant f(x_0))$$

则 $f$ 的函数值的全体 $\{f(x) \mid x \in \mathbb{R}\}$ 为至多可数集.

如果上述" $f$ 的极大(小)值点"改为" $f$ 的极大或极小值点", 其结论是否仍成立?

# 1.4 Cauchy 收敛准则(原理)、单调数列的极限、数 $e = \lim\limits_{n \to +\infty} \left(1 + \dfrac{1}{n}\right)^n$

实数连续性命题(二)指出单调增(减)有上(下)界的数列 $\{a_n\}$ 必收敛. 定理 1.3.2 表明单调增(减)无上(下)界的数列, 有 $\lim\limits_{n \to +\infty} a_n = +\infty(-\infty)$. 有时讨论一个数列的收敛性比求出它的极限还重要, 事实上, 目前还有不少收敛数列的极限还不能确切地求出. 本节将应用 Cauchy 收敛准则: (上节的定理 1.3.3)数列 $\{a_n\}$ 收敛 $\Leftrightarrow \{a_n\}$ 为 Cauchy 数列(基本数列)和单调数列必有极限(推论 1.3.1)来讨论数列的极限, 并引进无理数 $e = \lim\limits_{n \to +\infty} \left(1 + \dfrac{1}{n}\right)^n$. 我们先来讨论典型的具体实例.

**例 1.4.1** 证明: 数列 $S_n = 1 + \dfrac{1}{2^2} + \dfrac{1}{3^2} + \cdots + \dfrac{1}{n^2} = \sum\limits_{k=1}^{n} \dfrac{1}{k^2}$ 收敛.

**证明** 因 $S_{n+1} = S_n + \dfrac{1}{(n+1)^2} > S_n$, 故 $S_n$ 严格增. 又因为

$$S_n = 1 + \frac{1}{2^2} + \frac{1}{3^2} + \cdots + \frac{1}{n^2}$$

$$\leqslant 1 + \frac{1}{1 \cdot 2} + \frac{1}{2 \cdot 3} + \cdots + \frac{1}{(n-1)n}$$

$$= 1 + \left(1 - \frac{1}{2}\right) + \left(\frac{1}{2} - \frac{1}{3}\right) + \cdots + \left(\frac{1}{n-1} - \frac{1}{n}\right)$$

$$= 2 - \frac{1}{n} < 2$$

所以, $S_n$ 有上界 2, 根据实数连续性命题（二）知, 数列 $S_n$ 收敛.

更一般地, 有下面的例题.

**例 1.4.2**　数列 $S_n = 1 + \frac{1}{2^\alpha} + \frac{1}{3^\alpha} + \cdots + \frac{1}{n^\alpha} = \sum\limits_{k=1}^{n} \frac{1}{k^\alpha}$, 当 $\alpha \leqslant 1$ 时发散; 当 $\alpha > 1$ 时收敛.

**证明**　当 $\alpha \leqslant 1$ 时, 因 $S_{n+1} = S_n + \frac{1}{(n+1)^\alpha} > S_n$, $S_n$ 严格增. 又因为

$$S_{2^k} = \sum_{n=1}^{2^k} \frac{1}{n^\alpha} \geqslant \sum_{n=1}^{2^k} \frac{1}{n}$$

$$= 1 + \frac{1}{2} + \left(\frac{1}{3} + \frac{1}{4}\right) + \left(\frac{1}{5} + \cdots + \frac{1}{8}\right) + \cdots + \left(\frac{1}{2^{k-1}+1} + \cdots + \frac{1}{2^k}\right)$$

$$> 1 + \frac{1}{2} + \left(\frac{1}{4} + \frac{1}{4}\right) + \left(\frac{1}{8} + \frac{1}{8} + \frac{1}{8} + \frac{1}{8}\right) + \cdots + \frac{2^{k-1}}{2^k}$$

$$= 1 + \frac{k}{2}$$

所以, $S_n$ 无上界, 根据定理 1.3.2, 得

$$\lim_{n \to +\infty} S_n = \lim_{n \to +\infty} \left(1 + \frac{1}{2^\alpha} + \cdots + \frac{1}{n^\alpha}\right) = +\infty$$

即 $S_n$ 发散于 $+\infty$.

当 $\alpha > 1$ 时, 因 $S_{n+1} = S_n + \frac{1}{(n+1)^\alpha} > S_n$, $S_n$ 严格增. 又 $\forall n \in \mathbb{N}$, $\exists i \in \mathbb{N} \cup \{0\}$, s.t. $2^i \leqslant n < 2^{i+1}$, 所以

$$S_n = \sum_{k=1}^{n} \frac{1}{k^\alpha} \leqslant \sum_{k=1}^{2^{i+1}} \frac{1}{k^\alpha}$$

$$= 1 + \left(\frac{1}{2^\alpha} + \frac{1}{3^\alpha}\right) + \left(\frac{1}{4^\alpha} + \frac{1}{5^\alpha} + \frac{1}{6^\alpha} + \frac{1}{7^\alpha}\right) + \cdots +$$

$$\left[\frac{1}{(2^i)^\alpha} + \frac{1}{(2^i+1)^\alpha} + \cdots + \frac{1}{(2^i+2^i-1)^\alpha}\right]$$

$$< 1 + 2 \cdot \frac{1}{2^\alpha} + 4 \cdot \frac{1}{4^\alpha} + \cdots + 2^i \cdot \frac{1}{(2^i)^\alpha}$$

$$= 1 + \frac{1}{2^{\alpha-1}} + \cdots + \frac{1}{(2^{\alpha-1})^i}$$

$$= \frac{1 - \left(\frac{1}{2^{\alpha-1}}\right)^{i+1}}{1 - \frac{1}{2^{\alpha-1}}} < \frac{1}{1 - \frac{1}{2^{\alpha-1}}}$$

从而 $S_n$ 有上界 $\dfrac{1}{1-\frac{1}{2^{\alpha-1}}}$,根据实数连续性命题(二)知, $S_n = \sum\limits_{k=1}^n \frac{1}{k^\alpha}$ 收敛.

**注 1. 4. 1** 例 1.4.2 中,当 $\alpha > 1$ 时,证明了 $S_n = \sum\limits_{k=1}^n \frac{1}{k^\alpha}$ 收敛,但看不出其极限值是什么,以后,应用 Fourier 级数可以得到

$$\sum_{n=1}^\infty \frac{1}{n^2} = \lim_{n\to+\infty} \sum_{k=1}^n \frac{1}{k^2} = \frac{\pi^2}{6}$$

$$\sum_{n=1}^\infty \frac{1}{n^4} = \lim_{n\to+\infty} \sum_{k=1}^n \frac{1}{k^4} = \frac{\pi^4}{90}$$

但一般的 $\sum\limits_{n=1}^\infty \frac{1}{n^\alpha}(\alpha > 1)$ 不一定能明确求出其值!

**定义 1. 4. 1** 设 $\{a_n\}$ 为实数列, $S_n = \sum\limits_{k=1}^n a_k$ 为数项(无穷)级数 $\sum\limits_{n=1}^\infty a_n$ 的第 $n$ 个部分和(它也是数列 $\{a_n\}$ 的前 $n$ 项之和). 如果 $\lim\limits_{n\to+\infty} S_n = \lim\limits_{n\to+\infty} \sum\limits_{k=1}^n a_k$ 存在(实数, $+\infty$, $-\infty$, $\infty$),记为 $S$,且称 $S$ 为**无穷级数** $\sum\limits_{n=1}^\infty a_n$ 的和,即

$$S = \lim_{n\to+\infty} S_n = \lim_{n\to+\infty} \sum_{k=1}^n a_k = \sum_{k=1}^\infty a_k = \sum_{n=1}^\infty a_n$$

如果 $S \in \mathbb{R}$,则称无穷级数 $\sum\limits_{n=1}^\infty a_n$ **收敛**. 否则称其为**发散的**(发散于 $+\infty$, $-\infty$, $\infty$ 或 $\lim\limits_{n\to+\infty} S_n$ 不存在). 由数列的 Cauchy 收敛准则立即有级数的 Cauchy 收敛准则.

$$\sum_{n=1}^{\infty} a_n \text{ 收敛} \Leftrightarrow \text{数列 } S_n = \sum_{k=1}^{n} a_k \text{ 收敛} \Leftrightarrow \forall \varepsilon > 0, \exists N \in \mathbb{N}, \text{当 } n > N \text{ 时,有}$$

$$|a_{n+1} + \cdots + a_{n+p}| = |S_{n+p} - S_n| < \varepsilon, \forall p \in \mathbb{N}$$

**定理 1.4.1**　$\sum_{n=1}^{\infty} a_n$ 收敛的必要而不充分条件是 $\lim_{n \to +\infty} a_n = 0$.

**证法 1**　（$\Rightarrow$）设 $\sum_{n=1}^{\infty} a_n$ 收敛于 $S$,则

$$\lim_{n \to +\infty} a_n = \lim_{n \to +\infty} (S_n - S_{n-1}) = \lim_{n \to +\infty} S_n - \lim_{n \to +\infty} S_{n-1} = S - S = 0$$

（$\Leftarrow$）反例:$\{a_n\}, a_n = \dfrac{1}{n}$,已知 $\lim_{n \to +\infty} a_n = \lim_{n \to +\infty} \dfrac{1}{n} = 0$,但由例 1.4.2 知,

$\sum_{n=1}^{\infty} a_n = \sum_{n=1}^{\infty} \dfrac{1}{n}$ 不收敛,发散于 $+\infty$.

**证法 2**　（$\Rightarrow$）设 $\sum_{n=1}^{\infty} a_n$ 收敛于 $S$,根据级数的 Cauchy 收敛准则,并取 $p = 1$ 知,$\forall \varepsilon > 0, \exists N \in \mathbb{N}$,当 $n > N$ 时,有 $|a_{n+1}| < \varepsilon$,所以

$$\lim_{n \to +\infty} a_n = \lim_{n \to +\infty} a_{n+1} = 0$$

**例 1.4.3**　设 $|q| < 1$,应用实数连续性命题（二）证明:$\lim_{n \to +\infty} q^n = 0$.

**证明**　因为 $|q|^{n+1} = |q| \cdot |q|^n \leqslant |q|^n$ 单调减且有下界 0,根据实数连续性命题（二）知,$|q|^n$ 收敛,记 $\lim_{n \to +\infty} |q|^n = a$. 于是

$$a = \lim_{n \to +\infty} |q|^{n+1} = \lim_{n \to +\infty} |q| \cdot |q|^n$$
$$= |q| \cdot \lim_{n \to +\infty} |q|^n = |q| \cdot a$$
$$(1 - |q|)a = 0$$

再由 $1 - |q| > 0$,推得 $\lim_{n \to +\infty} |q|^n = a = 0$. 应用 $\varepsilon - N$ 法可知 $\lim_{n \to +\infty} q^n = 0$.

**例 1.4.4**　设 $a_1 = \sqrt{2}, a_2 = \sqrt{2 + \sqrt{2}}, a_3 = \sqrt{2 + \sqrt{2 + \sqrt{2}}}, \cdots, a_n = \sqrt{2 + a_{n-1}} (n \geqslant 2)$,求 $\lim_{n \to +\infty} a_n$.

**解**　先证 $\{a_n\}$ 严格增,且以 2 为上界.

（归纳法）当 $n = 1$ 时,$a_1 = \sqrt{2} < 2$,且 $a_1 = \sqrt{2} < \sqrt{2 + \sqrt{2}} = a_2$.

假设当 $n = k$ 时,$a_k < 2$,且 $a_k < a_{k+1}$.

当 $n = k + 1$ 时,由归纳假设得到

$$a_{k+1} = \sqrt{2 + a_k} < \sqrt{2 + 2} = 2$$

$$a_{k+1} = \sqrt{2 + a_k} < \sqrt{2 + a_{k+1}} = a_{k+2}$$

根据实数连续性命题(二)知,$\{a_n\}$ 收敛,记 $\lim\limits_{n \to +\infty} a_n = a$. 则由

$$a_n = \sqrt{2 + a_{n-1}}$$
$$a_n^2 = 2 + a_{n-1}$$
$$a^2 = \lim_{n \to +\infty} a_n^2 = \lim_{n \to +\infty} (2 + a_{n-1}) = 2 + a$$

解方程

$$(a + 1)(a - 2) = a^2 - a - 2 = 0$$

考虑到 $a_n > 0$,故 $a = \lim\limits_{n \to +\infty} a_n \geq 0$,因此有 $a - 2 = 0$,$\lim\limits_{n \to +\infty} a_n = a = 2$.

**例 1.4.5** 设 $a > 0, x_0 > 0, x_n = \dfrac{1}{2}\left(x_{n-1} + \dfrac{a}{x_{n-1}}\right)$,求 $\lim\limits_{n \to \infty} x_n$.

**解** 显然 $x_n > 0$,因为

$$x_n = \frac{1}{2}\left(x_{n-1} + \frac{a}{x_{n-1}}\right) \geq \sqrt{x_{n-1} \cdot \frac{a}{x_{n-1}}} = \sqrt{a}, n \geq 1$$

$$x_n = \frac{1}{2}\left(x_{n-1} + \frac{a}{x_{n-1}}\right) \leq \frac{1}{2}\left(x_{n-1} + \frac{x_{n-1}^2}{x_{n-1}}\right) = x_{n-1}, n \geq 2$$

所以,$\{x_n\}$ 单调减有下界 $\sqrt{a}$(或 0). 根据实数连续性命题(二)知,记 $\lim\limits_{n \to +\infty} x_n = x \geq \sqrt{a}$. 于是

$$x = \lim_{n \to +\infty} x_{n+1} = \lim_{n \to +\infty} \frac{1}{2}\left(x_n + \frac{a}{x_n}\right) = \frac{1}{2}\left(x + \frac{a}{x}\right)$$

$$x^2 = a, x = \sqrt{a}$$

**例 1.4.6** 设 $a_1 = 3, a_{n+1} = \dfrac{1}{1 + a_n}, n \in \mathbb{N}$. 求 $\lim\limits_{n \to +\infty} a_n$.

**解法 1** 由 $a_1 = 3, a_2 = \dfrac{1}{4}, a_3 = \dfrac{4}{5}, a_4 = \dfrac{5}{9}$,并应用数学归纳法易知,$\{a_{2k-1}\}$ 单调减和 $\{a_{2k}\}$ 单调增,且 $0 < a_n < 4$,根据实数连续性命题(二)知,$\{a_{2k-1}\}$ 与 $\{a_{2k}\}$ 均收敛,记

$$\lim_{k \to +\infty} a_{2k-1} = a, \lim_{k \to +\infty} a_{2k} = b$$

于是,对

$$a_{2k} = \frac{1}{1 + a_{2k-1}}, a_{2k+1} = \frac{1}{1 + a_{2k}}$$

两边取极限得到

$$\begin{cases} b = \lim_{k \to +\infty} a_{2k} = \dfrac{1}{1 + \lim\limits_{k \to +\infty} a_{2k-1}} = \dfrac{1}{1 + a} \\[4mm] a = \lim_{k \to +\infty} a_{2k+1} = \dfrac{1}{1 + \lim\limits_{k \to +\infty} a_{2k}} = \dfrac{1}{1 + b} \end{cases}$$

即

$$\begin{cases} b + ab = 1 \\ a + ab = 1 \end{cases}$$

两式相减得 $a - b = 0, a = b.$ 根据定理 1.1.1 知, $\{a_n\}$ 收敛于 $a = b.$ 进一步再由

$$a + a^2 = 1$$
$$a^2 + a - 1 = 0$$

得到 $a = \dfrac{-1 \pm \sqrt{5}}{2}.$ 因 $a_n > 0$, 故 $a = \lim_{n \to +\infty} a_n \geqslant 0$, 从而

$$\lim_{n \to +\infty} a_n = a = \frac{\sqrt{5} - 1}{2}$$

**解法 2**　如果 $\{a_n\}$ 收敛, 记 $\lim_{n \to +\infty} a_n = a$, 则

$$a = \lim_{n \to +\infty} a_{n+1} = \frac{1}{1 + \lim\limits_{n \to +\infty} a_n} = \frac{1}{1 + a}$$
$$a^2 + a - 1 = 0$$
$$a = \frac{\sqrt{5} - 1}{2} \quad (\text{因 } a_n > 0, \text{故 } a \geqslant 0)$$

在估量出 $\{a_n\}$ 的极限为 $a$ 后, 再用 $\varepsilon - N$ 法证明 $a$ 确实为 $\{a_n\}$ 的极限, 这也是求数列极限的常用方法. 以本题为例, $\forall \varepsilon > 0$, 取 $N \in \mathbb{N}$, s.t. $N > 1 + \dfrac{|a_1 - a|}{\varepsilon a}$, 当 $n > N$ 时, 有

$$|a_n - a| = \left| \frac{1}{1 + a_{n-1}} - \frac{1}{1 + a} \right| = \frac{|a_{n-1} - a|}{(1 + a_{n-1})(1 + a)}$$
$$\leqslant \frac{|a_{n-1} - a|}{1 + a} \leqslant \cdots \leqslant \left( \frac{1}{1 + a} \right)^{n-1} |a_1 - a|$$
$$= \frac{1}{(1 + a)^{n-1}} |a_1 - a| \leqslant \frac{1}{(n-1)a} |a_1 - a|$$

$$< \frac{1}{N-1} \frac{|a_1 - a|}{a} < \varepsilon$$

所以

$$\lim_{n \to +\infty} a_n = a = \frac{\sqrt{5}-1}{2}$$

作为实数连续性命题(二)的应用,下面讨论一个重要极限 $\lim_{n \to +\infty} \left(1 + \frac{1}{n}\right)^n$.

**定理 1.4.2** 设两个有理数列 $\{e_n\}$ 和 $\{e'_n\}$ 为

$$e_n = \left(1 + \frac{1}{n}\right)^n, e'_n = \left(1 + \frac{1}{n}\right)^{n+1}$$

证明:

(1) $\{e_n\}$ 与 $\{e'_n\}$ 均收敛,且 $\lim_{n \to +\infty} e_n = \lim_{n \to +\infty} e'_n$,记作 e;

(2) $\left(1 + \frac{1}{n}\right)^n < e < \left(1 + \frac{1}{n}\right)^{n+1}$;

(3) $\frac{1}{n+1} < \ln \frac{n+1}{n} < \frac{1}{n}, \frac{1}{2} + \frac{1}{3} + \cdots + \frac{1}{n+1} < \ln(n+1) < 1 + \frac{1}{2} + \frac{1}{3} + \cdots + \frac{1}{n}$;

(4) $x_n = 1 + \frac{1}{2} + \cdots + \frac{1}{n} - \ln n > 0$,则 $\lim_{n \to +\infty} x_n$ 存在,记 $C = \lim_{n \to +\infty} x_n \xrightarrow{\text{可证}}$ 0.577 21⋯(Euler 常数);

(5) $\lim_{n \to +\infty} \frac{1 + \frac{1}{2} + \cdots + \frac{1}{n}}{\ln n} = 1$;

(6) 设 $y_n = 1 + 1 + \frac{1}{2!} + \cdots + \frac{1}{n!}$,则 $e > y_n > e_n$,且 $\lim_{n \to +\infty} y_n = e$;

(7) $e = 1 + 1 + \frac{1}{2!} + \cdots + \frac{1}{n!} + \frac{\theta_n}{n \cdot n!}$,其中,$0 < \frac{n}{n+1} < \theta_n \leqslant \frac{n^2+2n}{n^2+2n+1} < 1$;

(8) e 为无理数.

**证明** (1) 由几何 - 算术平均不等式得

$$e_n = \left(1 + \frac{1}{n}\right)^n = 1 \cdot \left(1 + \frac{1}{n}\right)^n$$

$$< \left[\frac{1 + n\left(1 + \frac{1}{n}\right)}{n+1}\right]^{n+1}$$

$$= \left(1 + \frac{1}{n+1}\right)^{n+1} = e_{n+1}$$

即 $\{e_n\}$ 严格增. 或者

$$e_n = \left(1 + \frac{1}{n}\right)^n \xlongequal{\text{二项式定理}} \sum_{k=0}^{n} C_n^k \frac{1}{n^k}$$

$$= 1 + \sum_{k=1}^{n} \frac{n(n-1)\cdots(n-k+1)}{k!} \cdot \frac{1}{n^k}$$

$$= 1 + \sum_{k=1}^{n} \frac{1}{k!}\left(1 - \frac{1}{n}\right)\left(1 - \frac{2}{n}\right)\cdots\left(1 - \frac{k-1}{n}\right)$$

$$< 1 + \sum_{k=1}^{n} \frac{1}{k!}\left(1 - \frac{1}{n+1}\right)\left(1 - \frac{2}{n+1}\right)\cdots\left(1 - \frac{k-1}{n+1}\right) +$$

$$\frac{1}{(n+1)!}\left(1 - \frac{1}{n+1}\right)\cdots\left(1 - \frac{n}{n+1}\right)$$

$$= 1 + \sum_{k=1}^{n+1} \frac{(n+1)n(n-1)\cdots(n+1-k+1)}{k!} \cdot \frac{1}{(n+1)^k}$$

$$= \left(1 + \frac{1}{n+1}\right)^{n+1} = e_{n+1}$$

即 $\{e_n\}$ 严格增. 又

$$e_n = 1 + \sum_{k=1}^{n} \frac{1}{k!}\left(1 - \frac{1}{n}\right)\cdots\left(1 - \frac{k-1}{n}\right)$$

$$< 1 + \sum_{k=1}^{n} \frac{1}{k!} = 1 + 1 + \sum_{k=2}^{n} \frac{1}{k!}$$

$$< 1 + 1 + \sum_{k=2}^{n} \frac{1}{(k-1)k}$$

$$= 2 + \sum_{k=2}^{n} \left(\frac{1}{k-1} - \frac{1}{k}\right) = 3 - \frac{1}{n} < 3$$

即 $\{e_n\}$ 有上界 3.

根据实数连续性命题（二）知，$\{e_n\}$ 收敛. 记 $\lim\limits_{n \to +\infty} e_n = e$.

因为

$$\frac{1}{e'_n} = \frac{1}{\left(1 + \dfrac{1}{n}\right)^{n+1}} = \left(\frac{n}{n+1}\right)^{n+1} = \left(1 - \frac{1}{n+1}\right)^{n+1}$$

$$= 1 \cdot \left(1 - \frac{1}{n+1}\right)^{n+1} < \left[\frac{1 + (n+1)\left(1 - \frac{1}{n+1}\right)}{n+2}\right]^{n+2}$$

$$= \left(\frac{n+1}{n+2}\right)^{n+2} = \frac{1}{\left(1 + \frac{1}{n+1}\right)^{n+2}} = \frac{1}{e'_{n+1}}$$

等价于 $e'_n > e'_{n+1}$，即 $\{e'_n\}$ 严格减. 又 $\{e'_n\}$ 有下界1,根据实数连续性命题(二)知, $\{e'_n\}$ 收敛.

或者

$$\lim_{n \to +\infty} e'_n = \lim_{n \to +\infty} \left(1 + \frac{1}{n}\right)^{n+1}$$

$$= \lim_{n \to +\infty} \left(1 + \frac{1}{n}\right)^{n} \cdot \lim_{n \to +\infty} \left(1 + \frac{1}{n}\right)$$

$$= e \cdot 1 = e = \lim_{n \to +\infty} e_n$$

且 $1 < e \leqslant 3$.

(2) $\left(1 + \frac{1}{n}\right)^n < \left(1 + \frac{1}{n+1}\right)^{n+1} \leqslant e \leqslant \left(1 + \frac{1}{n+1}\right)^{n+2} < \left(1 + \frac{1}{n}\right)^{n+1}$.

(3) 由 $\left(1 + \frac{1}{n}\right)^n < e < \left(1 + \frac{1}{n}\right)^{n+1}$ 得

$$n\ln\left(1 + \frac{1}{n}\right) < 1 < (n+1)\ln\left(1 + \frac{1}{n}\right)$$

$$\frac{1}{n+1} < \ln\left(1 + \frac{1}{n}\right) < \frac{1}{n}$$

$$\frac{1}{n+1} < \ln(n+1) - \ln n < \frac{1}{n}$$

$$\frac{1}{2} + \frac{1}{3} + \cdots + \frac{1}{n+1} < \ln(n+1) < 1 + \frac{1}{2} + \cdots + \frac{1}{n}$$

(4) 由

$$x_n = 1 + \frac{1}{2} + \cdots + \frac{1}{n} - \ln n$$

$$> 1 + \frac{1}{2} + \cdots + \frac{1}{n} - \ln(n+1) > 0$$

可得, $\{x_n\}$ 有下界0. 又因为

$$x_{n+1} - x_n = \frac{1}{n+1} - \ln(n+1) + \ln n$$

$$= \frac{1}{n+1} - \ln\left(1 + \frac{1}{n}\right) < 0$$

即 $x_{n+1} < x_n$,$\{x_n\}$ 严格减,根据实数连续性命题(二) 知,$\{x_n\}$ 收敛,记

$$C = \lim_{n \to +\infty} x_n = \lim_{n \to +\infty}\left(\sum_{k=1}^{n} \frac{1}{k} - \ln n\right)$$

（5）由于$\{x_n\}$ 严格减,且 $\lim_{n \to +\infty} x_n = C$,故

$$\varepsilon_n = \left(1 + \frac{1}{2} + \cdots + \frac{1}{n} - \ln n\right) - C > 0$$

且

$$\lim_{n \to +\infty} \varepsilon_n = \lim_{n \to +\infty} (x_n - C) = \lim_{n \to +\infty} x_n - C = C - C = 0$$

从而

$$\lim_{n \to +\infty} \frac{1 + \frac{1}{2} + \cdots + \frac{1}{n}}{\ln n} = \lim_{n \to +\infty} \frac{\varepsilon_n + \ln n + C}{\ln n}$$

$$= \lim_{n \to +\infty}\left(\frac{\varepsilon}{\ln n} + 1 + \frac{C}{\ln n}\right) = 0 + 1 + 0 = 1$$

（6）因为 $y_{n+1} = y_n + \frac{1}{(n+1)!} > y_n$,所以 $\{y_n\}$ 严格增. 又

$$e_n = \left(1 + \frac{1}{n}\right)^n = 1 + \sum_{k=1}^{n} \frac{1}{k!}\left(1 - \frac{1}{n}\right)\left(1 - \frac{2}{n}\right)\cdots\left(1 - \frac{k-1}{n}\right)$$

$$< 1 + \sum_{k=1}^{n} \frac{1}{k!} = y_n$$

且

$$e > e_n > 1 + 1 + \frac{1}{2!}\left(1 - \frac{1}{n}\right) + \frac{1}{3!}\left(1 - \frac{1}{n}\right)\left(1 - \frac{2}{n}\right) + \cdots +$$

$$\frac{1}{k!}\left(1 - \frac{1}{n}\right)\cdots\left(1 - \frac{k-1}{n}\right), k < n$$

固定$k$,令 $n \to +\infty$,则得

$$e \geqslant 1 + 1 + \frac{1}{2!} + \frac{1}{3!} + \cdots + \frac{1}{k!} = y_k$$

$$e \geqslant y_k > y_{k-1}, k = 2, 3, \cdots$$

由此推出

$$e > y_n > e_n$$

再由 $\lim\limits_{n\to+\infty} e_n = e = \lim\limits_{n\to+\infty} e$ 及夹逼定理可知,$\lim\limits_{n\to+\infty} y_n = e.$

(7) 由 $y_n = 1 + \sum\limits_{k=1}^{n} \dfrac{1}{k!} < e$,易见

$$\frac{1}{n!n} \cdot \frac{n}{n+1} \cdot \frac{n+3}{n+2}$$

$$= \frac{1}{(n+1)!}\left(1 + \frac{1}{n+2}\right) \leqslant y_{n+m} - y_n$$

$$= \frac{1}{(n+1)!} + \frac{1}{(n+2)!} + \cdots + \frac{1}{(n+m)!}$$

$$= \frac{1}{(n+1)!}\left[1 + \frac{1}{n+2} + \frac{1}{(n+3)(n+2)} + \cdots + \right.$$

$$\left. \frac{1}{(n+m)\cdots(n+2)}\right]$$

$$< \frac{1}{(n+1)!}\left[1 + \frac{1}{n+2} + \frac{1}{(n+2)^2} + \cdots + \frac{1}{(n+2)^{m-1}}\right]$$

$$= \frac{1}{(n+1)!} \frac{1 - \left(\dfrac{1}{n+2}\right)^m}{1 - \dfrac{1}{n+2}}, m = 2,3,\cdots$$

固定 $n$,令 $m \to +\infty$,则得

$$\frac{1}{n!n} \cdot \frac{n}{n+1} \cdot \frac{n+3}{n+2} \leqslant e - y_n \leqslant \frac{1}{(n+1)!} \frac{n+2}{n+1}$$

$$= \frac{1}{n!n} \frac{n(n+2)}{(n+1)^2}$$

记 $e - y_n = \dfrac{\theta_n}{n!n}$,则

$$0 < \frac{n}{n+1} < \frac{n}{n+1} \frac{n+3}{n+2} \leqslant \theta_n < \frac{n^2+2n}{n^2+2n+1} < 1$$

$$e = y_n + \frac{\theta_n}{n!n} = 1 + 1 + \frac{1}{2!} + \cdots + \frac{1}{n!} + \frac{\theta_n}{n!n}$$

(8)(反证) 反设 e 不为无理数,则 e 为有理数,记 $e = \dfrac{m}{n}, m, n \in \mathbb{N}$. 由(7)

可得

$$\frac{m}{n} = e = 1 + 1 + \frac{1}{2!} + \cdots + \frac{1}{n!} + \frac{\theta_n}{n!n} \quad (0 < \theta_n < 1)$$

所以

$$n!m = n!n\left(1 + 1 + \frac{1}{2!} + \cdots + \frac{1}{n!}\right) + \theta_n$$

显然,左边为自然数,而右边不为自然数,矛盾,从而 e 为无理数. 经过更进一步的研究知 e = 2. 718 281 8⋯.

**例 1.4.7**　设 $n \in \mathbb{N}$. 证明

$$\frac{k}{n+k} < \ln\left(1 + \frac{k}{n}\right) < \frac{k}{n}, k = 1, \cdots, n$$

**证明**　由定理 1. 4. 2(3),可得

$$\frac{1}{n+1} < \ln\frac{n+1}{n} < \frac{1}{n}$$

推得

$$\frac{k}{n+k} < \frac{1}{n+k} + \frac{1}{n+k-1} + \cdots + \frac{1}{n+1}$$

$$< \ln\frac{n+k}{n+k-1} + \ln\frac{n+k-1}{n+k-2} + \cdots + \ln\frac{n+1}{n}$$

$$< \frac{1}{n+k-1} + \frac{1}{n+k-2} + \cdots + \frac{1}{n} < \frac{k}{n}$$

$$\frac{k}{n+k} < \ln\frac{n+k}{n} = \ln\left(1 + \frac{k}{n}\right) < \frac{k}{n}$$

**例 1.4.8**　求下列极限:

(1) $\lim\limits_{n \to +\infty}\left(1 - \frac{1}{n}\right)^n$;

(2) $\lim\limits_{n \to +\infty}\left(\frac{n+1}{n+2}\right)^{2n+4}$;

(3) $\lim\limits_{n \to +\infty}\left(1 + \frac{k}{n}\right)^n, k \in \mathbb{N}$.

**解**　(1) $\lim\limits_{n \to +\infty}\left(1 - \frac{1}{n}\right)^n = \lim\limits_{n \to +\infty}\left(\frac{n-1}{n}\right)^n$

$$= \lim\limits_{n \to +\infty}\frac{1}{\left(1 + \frac{1}{n-1}\right)^{n-1}\left(1 + \frac{1}{n-1}\right)}$$

$$= \frac{1}{e \cdot (1 + 0)} = e^{-1}$$

$(2)$
$$\lim_{n\to+\infty}\left(\frac{n+1}{n+2}\right)^{2n+4} = \lim_{n\to+\infty}\left[\left(1-\frac{1}{n+2}\right)^{n+2}\right]^2$$
$$= (e^{-1})^2 = e^{-2}$$

或者

$$\lim_{n\to+\infty}\left(\frac{n+1}{n+2}\right)^{2n+4} = \lim_{n\to+\infty}\frac{1}{\left[\left(1+\frac{1}{n+1}\right)^{n+1}\right]^2\left(1+\frac{1}{n+1}\right)^2}$$
$$= \frac{1}{e^2\cdot(1+0)^2} = e^{-2}$$

$(3)$ 由

$$\left(1+\frac{k}{n}\right)^n = 1\cdot\left(1+\frac{k}{n}\right)^n < \left[\frac{1+n\left(1+\frac{k}{n}\right)}{n+1}\right]^{n+1}$$
$$= \left(\frac{n+1+k}{n+1}\right)^{n+1} = \left(1+\frac{k}{n+1}\right)^{n+1}$$

推得 $\left(1+\dfrac{k}{n}\right)^n$ 严格增.

$\forall n\in\mathbb{N}, \exists n_1\in\mathbb{N}, \text{s. t. } n_1 k < n \leqslant (n_1+1)k.$ 显然,有

$$\left[\left(1+\frac{1}{n_1}\right)^{n_1}\right]^k = \left(1+\frac{k}{n_1 k}\right)^{n_1 k} < \left(1+\frac{k}{n}\right)^n$$
$$\leqslant \left[1+\frac{k}{(n_1+1)k}\right]^{(n_1+1)k} = \left[\left(1+\frac{1}{n_1+1}\right)^{n_1+1}\right]^k$$
$$\lim_{n\to+\infty}\left[\left(1+\frac{1}{n_1}\right)^{n_1}\right]^k = \lim_{n_1\to+\infty}\left[\left(1+\frac{1}{n_1}\right)^{n_1}\right]^k = e^k$$
$$= \lim_{n_1\to+\infty}\left[\left(1+\frac{1}{n_1+1}\right)^{n_1+1}\right]^k = \lim_{n\to+\infty}\left[\left(1+\frac{1}{n_1+1}\right)^{n_1+1}\right]^k$$

根据夹逼定理得

$$\lim_{n\to+\infty}\left(1+\frac{k}{n}\right)^n = e^k$$

**注 1.4.2** 如果应用函数的两个重要极限之一 $\lim\limits_{x\to+\infty}\left(1+\dfrac{1}{x}\right)^x = e$ 及归结

原则(定理 2.1.3),则有

$$\lim_{n\to+\infty}\left(1+\frac{k}{n}\right)^n = \lim_{n\to+\infty}\left[\left(1+\frac{k}{n}\right)^{\frac{n}{k}}\right]^k = e^k$$

**例 1.4.9**　求(1) $\lim\limits_{n\to+\infty}\left(\dfrac{1}{n+1}+\dfrac{1}{n+2}+\cdots+\dfrac{1}{n+n}\right)$;

(2) $\lim\limits_{n\to+\infty}\left[\left(1+\dfrac{1}{3}+\dfrac{1}{5}+\cdots+\dfrac{1}{2n-1}\right)-\left(\dfrac{1}{2}+\dfrac{1}{4}+\cdots+\dfrac{1}{2n}\right)\right]$.

**解**　(1)　$\lim\limits_{n\to+\infty}\left(\dfrac{1}{n+1}+\dfrac{1}{n+2}+\cdots+\dfrac{1}{n+n}\right)$

$=\lim\limits_{n\to+\infty}\left[\left(1+\dfrac{1}{2}+\cdots+\dfrac{1}{2n}\right)-\left(1+\dfrac{1}{2}+\cdots+\dfrac{1}{n}\right)\right]$

$=\lim\limits_{n\to+\infty}\left[(x_{2n}+\ln 2n)-(x_n+\ln n)\right]$

$=\lim\limits_{n\to+\infty}x_{2n}-\lim\limits_{n\to+\infty}x_n+\lim\limits_{n\to+\infty}\ln 2$

$=C-C+\ln 2=\ln 2$

(2)　$\lim\limits_{n\to+\infty}\left[\left(1+\dfrac{1}{3}+\dfrac{1}{5}+\cdots+\dfrac{1}{2n-1}\right)-\left(\dfrac{1}{2}+\dfrac{1}{4}+\cdots+\dfrac{1}{2n}\right)\right]$

$=\lim\limits_{n\to+\infty}\left[\left(1+\dfrac{1}{2}+\cdots+\dfrac{1}{2n}\right)-2\left(\dfrac{1}{2}+\dfrac{1}{4}+\cdots+\dfrac{1}{2n}\right)\right]$

$=\lim\limits_{n\to+\infty}\left[\left(1+\dfrac{1}{2}+\cdots+\dfrac{1}{2n}\right)-\left(1+\dfrac{1}{2}+\cdots+\dfrac{1}{n}\right)\right]$

$\xlongequal{\text{由}(1)}\ln 2$

**例 1.4.10**　证明: $a_n=\left(1+\dfrac{1}{2}\right)\left(1+\dfrac{1}{2^2}\right)\cdots\left(1+\dfrac{1}{2^n}\right)$ 收敛.

**证明**　因 $a_{n+1}=a_n\left(1+\dfrac{1}{2^{n+1}}\right)>a_n$,故 $\{a_n\}$ 严格增.

又因为

$a_n=\left(1+\dfrac{1}{2}\right)\left(1+\dfrac{1}{2^2}\right)\cdots\left(1+\dfrac{1}{2^n}\right)$

$\leqslant\left[\dfrac{\left(1+\dfrac{1}{2}\right)+\left(1+\dfrac{1}{2^2}\right)+\cdots+\left(1+\dfrac{1}{2^n}\right)}{n}\right]^n$

$=\left[1+\dfrac{\dfrac{1}{2}+\dfrac{1}{2^2}+\cdots+\dfrac{1}{2^n}}{n}\right]^n$

$=\left(1+\dfrac{1-\dfrac{1}{2^n}}{n}\right)^n<\left(1+\dfrac{1}{n}\right)^n<\mathrm{e}(\text{或}3)$

所以,根据实数连续性命题(二)知,$\{a_n\}$ 收敛.

**例 1.4.11** 证明:

$(1) \left(\dfrac{n+1}{e}\right)^n < n! < e\left(\dfrac{n+1}{e}\right)^{n+1}$;

$(2) \lim\limits_{n \to +\infty} \dfrac{n}{\sqrt[n]{n!}} = e.$

**证明** (1) 将不等式

$$\left(\frac{n+1}{n}\right)^n = \left(1+\frac{1}{n}\right)^n < e < \left(1+\frac{1}{n}\right)^{n+1} = \left(\frac{n+1}{n}\right)^{n+1}$$

从 1 开始排到 $n$,有

$$\frac{2}{1} < e < \frac{2^2}{1^2}$$

$$\frac{3^2}{2^2} < e < \frac{3^3}{2^3}$$

$$\vdots$$

$$\frac{(n+1)^n}{n^n} < e < \frac{(n+1)^{n+1}}{n^{n+1}}$$

将各式相乘就得到

$$\frac{(n+1)^n}{n!} < e^n < \frac{(n+1)^{n+1}}{n!}$$

$$\left(\frac{n+1}{e}\right)^n < n! < e\left(\frac{n+1}{e}\right)^{n+1}$$

(2) 由(1) 知

$$\frac{n+1}{e} < \sqrt[n]{n!} < \frac{n+1}{e}\sqrt[n]{n+1}$$

$$e\,\frac{n}{n+1} > \frac{n}{\sqrt[n]{n!}} > e\,\frac{n}{n+1}\,\frac{1}{\sqrt[n]{n+1}}$$

再由

$$\lim_{n \to +\infty} e\,\frac{n}{n+1} = e = \lim_{n \to +\infty} e\,\frac{n}{n+1} \cdot \frac{1}{\sqrt[n]{n+1}}$$

及夹逼定理,有

$$\lim_{n \to +\infty} \frac{n}{\sqrt[n]{n!}} = e$$

或者,令 $a_n = \dfrac{n^n}{n!} > 0$,则

$$\frac{a_{n+1}}{a_n} = \frac{(n+1)^{n+1}}{(n+1)!} \bigg/ \frac{n^n}{n!} = \left(1 + \frac{1}{n}\right)^n$$

于是,有

$$\lim_{n \to +\infty} \frac{n}{\sqrt[n]{n!}} = \lim_{n \to +\infty} \sqrt[n]{\frac{n^n}{n!}} = \lim_{n \to +\infty} \sqrt[n]{a_n}$$

$$= \lim_{n \to +\infty} \sqrt[n]{a_1 \frac{a_2}{a_1} \frac{a_3}{a_2} \cdots \frac{a_n}{a_{n-1}}}$$

$$= \lim_{n \to +\infty} \frac{a_n}{a_{n-1}} = \lim_{n \to +\infty} \frac{a_{n+1}}{a_n}$$

$$= \lim_{n \to +\infty} \left(1 + \frac{1}{n}\right)^n = e$$

**例 1.4.12**　证明: $S_n = \dfrac{\sin 1!}{2^1} + \dfrac{\sin 2!}{2^2} + \cdots + \dfrac{\sin n!}{2^n}$ 收敛.

**证明**　$\forall \varepsilon > 0$,取 $N \in \mathbb{N}$,s.t. $N > \dfrac{1}{\varepsilon}$,当 $n > N$ 时, $\forall p \in \mathbb{N}$,有

$$| S_{n+p} - S_n | = \left| \frac{\sin(n+1)!}{2^{n+1}} + \cdots + \frac{\sin(n+p)!}{2^{n+p}} \right|$$

$$\leqslant \left| \frac{\sin(n+1)!}{2^{n+1}} \right| + \cdots + \left| \frac{\sin(n+p)!}{2^{n+p}} \right|$$

$$\leqslant \frac{1}{2^{n+1}} + \cdots + \frac{1}{2^{n+p}} = \frac{1}{2^{n+1}} \cdot \frac{1 - \dfrac{1}{2^p}}{1 - \dfrac{1}{2}}$$

$$< \frac{1}{2^n} < \frac{1}{n} < \frac{1}{N} < \varepsilon$$

所以, $\{S_n\}$ 为 Cauchy(基本)数列. 根据实数连续性命题(七)知, $\{S_n\}$ 收敛.

更一般地,有下面的结论.

**例 1.4.13**　设级数 $\displaystyle\sum_{n=1}^{\infty} b_n$ 收敛, $| a_n | \leqslant b_n$, $\forall n \in \mathbb{N}$,则 $\displaystyle\sum_{n=1}^{\infty} a_n$ 也收敛.

**证明**　$\forall \varepsilon > 0$,因为 $\displaystyle\sum_{n=1}^{\infty} b_n$ 收敛,故由级数的 Cauchy 收敛准则知, $\exists N \in \mathbb{N}$,当 $n > N$ 时,有

$$b_{n+1} + \cdots + b_{n+p} = | b_{n+1} + \cdots + b_{n+p} | < \varepsilon, \forall p \in \mathbb{N}$$

于是,有

$$| a_{n+1} + \cdots + a_{n+p} | \leqslant | a_{n+1} | + \cdots + | a_{n+p} | \leqslant b_{n+1} + \cdots + b_{n+p}$$
$$= | b_{n+1} + \cdots + b_{n+p} | < \varepsilon$$

再根据级数的 Cauchy 收敛准则知, $\sum\limits_{n=1}^{\infty} a_n$ 收敛.

因为等比级数 $\sum\limits_{n=1}^{\infty} q^n (| q | < 1)$ 收敛,故从例 1.4.13 立即推得例 1.4.12 中 $\{S_n\}$ 收敛.

**例 1.4.14** 设 $\lim\limits_{n \to +\infty} \alpha_n = 0$,且 $\forall n, p \in \mathbb{N}$,有 $| a_{n+p} - a_n | \leqslant \alpha_n$,则 $\{a_n\}$ 收敛.

**证明** $\forall \varepsilon > 0$,因 $\lim\limits_{n \to +\infty} \alpha_n = 0$,故 $\exists N \in \mathbb{N}$,当 $n > N$ 时,$0 \leqslant \alpha_n < \varepsilon$. 于是, $\forall p \in \mathbb{N}$,有

$$| a_{n+p} - a_n | \leqslant \alpha_n < \varepsilon$$

根据数列的 Cauchy 收敛准则知,$\{a_n\}$ 收敛.

由此推得下面的结论.

**例 1.4.15** 设 $\lim\limits_{n \to +\infty} \alpha_n = 0$,且 $\forall n, p \in \mathbb{N}$,有 $| a_{n+1} + \cdots + a_{n+p} | \leqslant \alpha_n$,则 $\sum\limits_{n=1}^{\infty} a_n$ 收敛.

**证明** 令 $S_n = a_1 + \cdots + a_n$,则 $\forall n, p \in \mathbb{N}$,有

$$| S_{n+p} - S_n | = | a_{n+1} + \cdots + a_{n+p} | \leqslant \alpha_n$$

故 $\{S_n\}$ 收敛,即 $\sum\limits_{n=1}^{\infty} a_n$ 收敛.

**例 1.4.16** 应用级数的 Cauchy 收敛准则证明: $\sum\limits_{n=1}^{\infty} \dfrac{1}{n}$ 发散.

**证明** (反证)反设 $\sum\limits_{n=1}^{\infty} \dfrac{1}{n}$ 收敛,则对 $\varepsilon_0 = \dfrac{1}{2}$, $\exists N \in \mathbb{N}$,当 $n > N, \forall p \in \mathbb{N}$ 时,有

$$\left| \frac{1}{n+1} + \frac{1}{n+2} + \cdots + \frac{1}{n+p} \right| < \varepsilon_0 = \frac{1}{2}$$

特别当 $p = n$ 时,有

$$\frac{1}{2} = \frac{n}{2n} < \left| \frac{1}{n+1} + \frac{1}{n+2} + \cdots + \frac{1}{2n} \right| < \varepsilon_0 = \frac{1}{2}$$

矛盾.

**例 1.4.17**　应用数列的 Cauchy 收敛准则证明:数列 $\{a_n\}$, $a_n = (-1)^{n-1}$ 不收敛.

**证明**　(反证)反设 $a_n = (-1)^{n-1}$ 收敛,根据数列的 Cauchy 收敛准则知,对 $\varepsilon_0 = 1$, $\exists N \in \mathbb{N}$,当 $n > N$, $\forall p \in \mathbb{N}$ 时,有

$$1 - (-1)^p = |(-1)^{n+p-1} - (-1)^{n-1}|$$
$$= |a_{n+p} - a_n| < \varepsilon_0 = 1$$

特别当 $p = 2k - 1 (k \in \mathbb{N})$ 时,有

$$2 = 1 - (-1)^{2k-1} < \varepsilon_0 = 1$$

矛盾.

## 练习题 1.4

**1.** 证明下列数列收敛:

(1) $\left(1 - \frac{1}{2}\right)\left(1 - \frac{1}{2^2}\right) \cdots \left(1 - \frac{1}{2^n}\right)$, $n \in \mathbb{N}$;

(2) $\frac{10}{1} \cdot \frac{11}{3} \cdot \cdots \cdot \frac{n+9}{2n-1}$, $n \in \mathbb{N}$.

**2.** 设 $0 < a_n < 1$ 且 $a_{n+1}(1 - a_n) \geqslant \frac{1}{4}$, $n \in \mathbb{N}$. 证明:$\{a_n\}$ 收敛,且 $\lim\limits_{n \to +\infty} a_n = \frac{1}{2}$.

**3.** 给定两正数 $x_0 = a$ 与 $y_0 = b$,归纳定义

$$x_n = \sqrt{x_{n-1}y_{n-1}}, y_n = \frac{x_{n-1} + y_{n-1}}{2}$$

$n = 1, 2, \cdots$. 证明:数列 $\{x_n\}$ 与 $\{y_n\}$ 收敛,且 $\lim\limits_{n \to +\infty} x_n = \lim\limits_{n \to +\infty} y_n$,并称此极限为 $a$ 与 $b$ 的**算术 - 几何平均数**.

**4.** $\forall n \in \mathbb{N}$,用 $x_n$ 表示方程 $x + x^2 + \cdots + x^n = 1$ 在闭区间 $[0,1]$ 上的根. 求极限 $\lim\limits_{n \to +\infty} x_n$.

**5.** 设 $c > 0$, $x_1 = \sqrt{c}$, $x_2 = \sqrt{c + \sqrt{c}}$, $x_{n+1} = \sqrt{c + x_n}$. 证明:数列 $\{x_n\}$ 收敛,且

$$\lim_{n \to +\infty} x_n = \frac{1 + \sqrt{1 + 4c}}{2}.$$

**6.** 设 $x_1 = c > 0$, 令 $x_{n+1} = c + \dfrac{1}{x_n}, n \in \mathbb{N}$. 求极限 $\lim\limits_{n \to +\infty} x_n$.

**7.** 证明

$$\sqrt{1 + \sqrt{1 + \sqrt{1 + \cdots}}} = \frac{1 + \sqrt{5}}{2} = 1 + \cfrac{1}{1 + \cfrac{1}{1 + \cdots}}$$

**8.** 设 $c > 0, a_1 = \dfrac{c}{2}, a_{n+1} = \dfrac{c}{2} + \dfrac{a_n^2}{2}, n = 1, 2, \cdots$. 证明

$$\lim_{n \to +\infty} a_n = \begin{cases} 1 - \sqrt{1 - c}, & 0 < c \leqslant 1 \\ + \infty, & c > 1 \end{cases}$$

**9.** 设数列 $\{a_n\}$ 单调增, $\{b_n\}$ 单调减, 且 $\lim\limits_{n \to +\infty}(a_n - b_n) = 0$. 证明: $\{a_n\}$ 与 $\{b_n\}$ 都收敛, 且 $\lim\limits_{n \to +\infty} a_n = \lim\limits_{n \to +\infty} b_n$.

**10.** 设数列 $\{a_n\}$ 满足: 存在正数 $M, \forall n \in \mathbb{N}$, 有

$$A_n = |a_2 - a_1| + |a_3 - a_2| + \cdots + |a_n - a_{n-1}| \leqslant M$$

证明: 数列 $\{a_n\}$ 与 $\{A_n\}$ 都收敛.

**11.** 应用 Cauchy 收敛准则证明下列数列收敛:

$(1) x_n = \dfrac{\cos 1!}{1 \cdot 2} + \dfrac{\cos 2!}{2 \cdot 3} + \cdots + \dfrac{\cos n!}{n(n + 1)}$;

$(2) x_n = 1 + \dfrac{1}{2^2} + \dfrac{1}{3^2} + \cdots + \dfrac{1}{n^2}$;

$(3) x_n = \dfrac{\arctan 1}{1(1 + \cos 1!)} + \dfrac{\arctan 2}{2(2 + \cos 2!)} + \cdots + \dfrac{\arctan n}{n(n + \cos n!)}$.

**12.** 应用 $\lim\limits_{n \to +\infty}\left(1 + \dfrac{1}{n}\right)^n = e$ 与 $\lim\limits_{n \to +\infty}\left(1 - \dfrac{1}{n}\right)^n = e^{-1}$, 求下列极限:

$(1) \lim\limits_{n \to +\infty}\left(1 + \dfrac{1}{n - 3}\right)^n$;    $(2) \lim\limits_{n \to +\infty}\left(1 - \dfrac{1}{n - 2}\right)^n$;

$(3) \lim\limits_{n \to +\infty}\left(\dfrac{1 + n}{2 + n}\right)^n$;    $(4) \lim\limits_{n \to +\infty}\left(1 + \dfrac{1}{2n^2}\right)^{4n^2}$;

$(5) \lim\limits_{n \to +\infty}\left(1 + \dfrac{3}{n}\right)^n$.

**13.** $\forall n \in \mathbb{N}$, 证明:

$(1)0 < \mathrm{e} - \left(1 + \dfrac{1}{n}\right)^n < \dfrac{3}{n};$

$(2)\displaystyle\lim_{n\to+\infty}\left[\mathrm{e} - \left(1 + \dfrac{1}{n}\right)^n\right] = 0.$

**14.** 设 $\alpha < 1$,证明:

$(1)0 < n^\alpha\left[\mathrm{e} - \left(1 + \dfrac{1}{n}\right)^n\right] < \dfrac{\mathrm{e}}{n^{1-\alpha}};$

$(2)\displaystyle\lim_{n\to+\infty} n^\alpha\left[\mathrm{e} - \left(1 + \dfrac{1}{n}\right)^n\right] = 0.$

**15.** $(1)0 < a < b, \forall n \in \mathbb{N}.$ 证明

$$b^{n+1} - a^{n+1} < (n+1)b^n(b-a)$$
$$a^{n+1} > b^n[(n+1)a - nb]$$

$(2)$ 在 $(1)$ 中,令 $a = 1 + \dfrac{1}{n+1}, b = 1 + \dfrac{1}{n}$ 推出 $\left(1 + \dfrac{1}{n}\right)^n$ 为严格增的数列;

$(3)$ 在 $(1)$ 中,令 $a = 1, b = 1 + \dfrac{1}{2n}$ 推出,当 $n$ 为偶数时,有 $\left(1 + \dfrac{1}{n}\right)^n < 4;$

由此得到 $\forall n \in \mathbb{N}$,有 $\left(1 + \dfrac{1}{n}\right)^n < 4$,即 4 为该数列的上界,从而 $\left(1 + \dfrac{1}{n}\right)^n$ 收敛.

**16.** 应用不等式 $b^{n+1} - a^{n+1} > (n+1)a^n(b-a), 0 < a < b$, 证明:数列 $\left(1 + \dfrac{1}{n}\right)^{n+1}$ 是严格增减的,并由此推出 $\left(1 + \dfrac{1}{n}\right)^n$ 为有界数列.

**17.** 证明: $\left(1 + \dfrac{1}{n}\right)^{n+1} < \dfrac{3}{n} + \left(1 + \dfrac{1}{n}\right)^n, \forall n \in \mathbb{N}.$

**18.** 设 $\{a_n\}$ 为有界数列,记

$$\overline{a}_n = \sup\{a_n, a_{n+1}, \cdots\}, \underline{a}_n = \inf\{a_n, a_{n+1}, \cdots\}$$

证明:$(1) \forall n \in \mathbb{N}$,有 $\overline{a}_n \geq \underline{a}_n;$

$(2)\{\overline{a}_n\}$ 为单调减有界数列;$\{\underline{a}_n\}$ 为单调增有界数列,且 $\forall n, m \in \mathbb{N}$, 有 $\overline{a}_n \geq \underline{a}_m;$

$(3)$ 设 $\overline{a} = \displaystyle\lim_{n\to+\infty}\overline{a}_n, \underline{a} = \lim_{n\to+\infty}\underline{a}_n$,则 $\overline{a} \geq \underline{a};$

$(4)\{a_n\}$ 收敛 $\Leftrightarrow \overline{a} = \underline{a}.$

## 思考题 1.4

**1.** 设 $a_1 \geqslant 0, a_{n+1} = \dfrac{3(1 + a_n)}{3 + a_n}, n = 1, 2, \cdots$. 证明: $\{a_n\}$ 收敛, 且 $\lim\limits_{n \to +\infty} a_n = \sqrt{3}$.

**2.** 设 $a > 0, x_1 > 0, x_{n+1} = \dfrac{x_n(x_n^2 + 3a)}{3x_n^2 + a}, n = 1, 2, \cdots$. 证明: $\{x_n\}$ 收敛, 且 $\lim\limits_{n \to +\infty} x_n = \sqrt{a}$.

**3.** 设 $a > 0, x_1 = \sqrt[3]{a}, x_n = \sqrt[3]{ax_{n-1}}\ (n > 1)$. 证明: $\{x_n\}$ 收敛, 且 $\lim\limits_{n \to +\infty} x_n = \sqrt{a}$.

**4.** 设 $0 < a_1 < b_1 < c_1$. 令

$$a_{n+1} = \frac{3}{\dfrac{1}{a_n} + \dfrac{1}{b_n} + \dfrac{1}{c_n}}, \quad b_{n+1} = \sqrt[3]{a_n b_n c_n}, \quad c_{n+1} = \frac{a_n + b_n + c_n}{3}$$

证明: $\{a_n\}, \{b_n\}, \{c_n\}$ 收敛于同一实数.

**5.** 设 $a_n > 0, S_n = a_1 + \cdots + a_n, T_n = \dfrac{a_1}{S_1} + \cdots + \dfrac{a_n}{S_n}$, 且 $\lim\limits_{n \to +\infty} S_n = +\infty$. 证明: $\lim\limits_{n \to +\infty} T_n = +\infty$.

**6.** 设 $a_1 = 1, a_{n+1} = \dfrac{1}{1 + a_n}, n = 1, 2, \cdots$. 证明: $\lim\limits_{n \to +\infty} a_n = \dfrac{\sqrt{5} - 1}{2}$ (应用(1) 例 1.4.6 中方法; (2) $|a_{n+1+k} - a_{n+1}| \leqslant 2\left(\dfrac{4}{9}\right)^{n+1}$ 及 Cauchy 收敛准则).

**7.** 设 $a_n \geqslant 0, S_n = \sum\limits_{k=1}^{n} a_k$ 收敛于 $S$. 证明: $b_n = (1 + a_1)(1 + a_2)\cdots(1 + a_n)$ 收敛.

# 1.5　上极限与下极限

　　这一节介绍上极限与下极限的概念, 并应用其是否相等来刻画数列有没有极限.

　　**定义 1.5.1**　如果 $a \in \mathbb{R}_* = \mathbb{R} \cup \{+\infty, -\infty\}$ 的任何开邻域内都含数列

$\{x_n\}$ 的无限项,则称 $a$ 为数列 $\{x_n\}$ 的一个**聚点**.易知,数列 $\{x_n\}$ 的聚点实际上就是 $\{x_n\}$ 的某个子列的极限.

显然,数集 $\{x_n \mid n \in \mathbb{N}\}$ 的聚点 $a$ 必为数列 $\{x_n\}$ 的聚点.但反之不真,见例 1.5.1(1)(4).

**定义1.5.2**　数列 $\{x_n\}$ 的最大聚点 $a_大$ 与最小聚点 $a_小$(由定理1.5.1知,它们一定存在)分别称为数列 $\{x_n\}$ 的**上极限**与**下极限**,记作

$$a_大 = \varlimsup_{n \to +\infty} x_n, a_小 = \varliminf_{n \to +\infty} x_n$$

由定义,显然有

$$a_小 = \varliminf_{n \to +\infty} x_n \leqslant \varlimsup_{n \to +\infty} x_n = a_大$$

**例 1.5.1**　(1) 常数列 $\{a, a, a, \cdots\}$ 只有一个聚点 $a$,但其对应的数集 $\{a\}$ 无聚点.

(2) 数列 $\left\{\dfrac{1}{n}\right\}$ 只有一个聚点 0,其对应的数集 $\left\{\dfrac{1}{n} \mid n \in \mathbb{N}\right\}$ 的聚点也只有一个 0.

(3) 数列 $\left\{(-1)^n \dfrac{n}{n+1}\right\}$ 的聚点集为 $\{-1, 1\}$,其对应的数集 $\left\{(-1)^n \cdot \dfrac{n}{n+1} \mid n \in \mathbb{N}\right\}$ 的聚点集也为 $\{-1, 1\}$.

(4) 数列 $\left\{\sin \dfrac{n\pi}{4}\right\}$ 的聚点集为 $\left\{-1, -\dfrac{\sqrt{2}}{2}, 0, \dfrac{\sqrt{2}}{2}, 1\right\}$,其对应的数集 $\left\{\sin \dfrac{n\pi}{4} \mid n \in \mathbb{N}\right\} = \left\{-1, -\dfrac{\sqrt{2}}{2}, 0, \dfrac{\sqrt{2}}{2}, 1\right\}$ 无聚点.

易见

$$\varlimsup_{n \to +\infty} a = a = \varliminf_{n \to +\infty} a$$

$$\varlimsup_{n \to +\infty} \frac{1}{n} = 0 = \varliminf_{n \to +\infty} \frac{1}{n}$$

$$\varlimsup_{n \to +\infty} (-1)^n \frac{n}{n+1} = 1, \varliminf_{n \to +\infty} (-1)^n \frac{n}{n+1} = -1$$

$$\varlimsup_{n \to +\infty} \sin \frac{n\pi}{4} = 1, \varliminf_{n \to +\infty} \sin \frac{n\pi}{4} = -1$$

**例 1.5.2** (1) $\overline{\lim\limits_{n\to+\infty}}\,[(-1)^n+1]n=+\infty$, $\underline{\lim\limits_{n\to+\infty}}\,[(-1)^n+1]n=0$;

(2) $\overline{\lim\limits_{n\to+\infty}}\,n=+\infty=\underline{\lim\limits_{n\to+\infty}}\,n$;

(3) $\overline{\lim\limits_{n\to+\infty}}\,[(-1)^{n+1}-1]n=0$, $\underline{\lim\limits_{n\to+\infty}}\,[(-1)^{n+1}-1]n=-\infty$;

(4) $\overline{\lim\limits_{n\to+\infty}}\,(-n^2)=-\infty=\underline{\lim\limits_{n\to+\infty}}\,(-n^2)$;

(5) $\overline{\lim\limits_{n\to+\infty}}\,(-1)^{n-1}=1$, $\underline{\lim\limits_{n\to+\infty}}\,(-1)^{n-1}=-1$.

**定理 1.5.1** (1) 有界数列 $\{x_n\}$ 至少有一个聚点,存在最大聚点与最小聚点,且这两个聚点都为实数,它们分别为上极限 $\overline{\lim\limits_{n\to+\infty}}\,x_n$ 与下极限 $\underline{\lim\limits_{n\to+\infty}}\,x_n$.

(2) 如果数列 $\{x_n\}$ 无上界,则 $\overline{\lim\limits_{n\to+\infty}}\,x_n=+\infty$,此时 $+\infty$ 为数列 $\{x_n\}$ 的最大聚点.

如果数列 $\{x_n\}$ 有上界 $b$.

① 若 $\forall a<b$,$[a,b]$ 中含数列 $\{x_n\}$ 的有限项,则 $\lim\limits_{n\to+\infty}x_n=-\infty=\overline{\lim\limits_{n\to+\infty}}\,x_n$(此时,$\underline{\lim\limits_{n\to+\infty}}\,x_n=-\infty$).

② 若 $\exists a<b$,$[a,b]$ 中含数列 $\{x_n\}$ 的无限项,则数列 $\{x_n\}$ 以实数为最大聚点,它就是 $\overline{\lim\limits_{n\to+\infty}}\,x_n$.

(3) 如果数列 $\{x_n\}$ 无下界,则 $\underline{\lim\limits_{n\to+\infty}}\,x_n=-\infty$,此时 $-\infty$ 为数列 $\{x_n\}$ 的最小聚点.

如果数列 $\{x_n\}$ 有下界 $a$.

① 若 $\forall b>a$,$[a,b]$ 中只含数列 $\{x_n\}$ 的有限项,则 $\lim\limits_{n\to+\infty}x_n=+\infty=\underline{\lim\limits_{n\to+\infty}}\,x_n$(此时,$\overline{\lim\limits_{n\to+\infty}}\,x_n=+\infty$).

② 若 $\exists b>a$,$[a,b]$ 中含数列 $\{x_n\}$ 的无限项,则数列 $\{x_n\}$ 以实数为最小聚点,它就是 $\underline{\lim\limits_{n\to+\infty}}\,x_n$.

**证明** (1) 因数列 $\{x_n\}$ 有界,令 $\{x_n\mid n\in\mathbb{N}\}\subset[-M,M]=[a_1,b_1]$. 将 $[a_1,b_1]$ 两等分,则必有一等分含数列 $\{x_n\}$ 的无限多项,记此子区间为 $[a_2,b_2]$,则 $[a_1,b_1]\supset[a_2,b_2]$,且

$$b_2 - a_2 = \frac{1}{2}(b_1 - a_1) = M$$

再将 $[a_2, b_2]$ 两等分,则必有一等分含数列 $\{x_n\}$ 的无穷多项,记此子区间为 $[a_3, b_3]$,则 $[a_2, b_2] \supset [a_3, b_3]$,且

$$b_3 - a_3 = \frac{1}{2}(b_2 - a_2) = \frac{M}{2}$$

如此下去,得到一个递降闭区间套

$$[a_1, b_1] \supset [a_2, b_2] \supset \cdots \supset [a_k, b_k] \supset \cdots$$

$$b_k - a_k = \frac{M}{2^{k-1}} \to 0 \quad (k \to +\infty)$$

且每个闭区间 $[a_k, b_k]$ 都含数列 $\{x_n\}$ 的无限多项.

由实数连续性命题(三)(闭区间套原理)知, $\exists_1 x_0 \in \bigcap_{k=1}^{\infty} [a_k, b_k]$. 对 $x_0$ 的任何开邻域 $U, \exists \varepsilon > 0, \text{s.t.} B(x_0; \varepsilon) = (x_0 - \varepsilon, x_0 + \varepsilon) \subset U$,则 $\exists N \in \mathbb{N}$,当 $k > N$ 时, $[a_k, b_k] \subset (x_0 - \varepsilon, x_0 + \varepsilon) \subset U$,从而 $U$ 中含数列 $\{x_n\}$ 的无限多项,所以 $x_0$ 为数列 $\{x_n\}$ 的聚点.

至于最大聚点的存在性,只需在上述证明过程中,当每次将区间 $[a_{k-1}, b_{k-1}]$ 等分为两个子区间时,若右边一个含数列 $\{x_n\}$ 的无限项,则取它为 $[a_k, b_k]$;若右边一个含数列 $\{x_n\}$ 的有限项,则取左边的子区间为 $[a_k, b_k]$. 于是,所选 $[a_k, b_k]$ 都含数列 $\{x_n\}$ 的无限项,同时在 $[a_k, b_k]$ 的右边却至多含数列 $\{x_n\}$ 的有限项,其中

$$b_k - a_k = \frac{1}{2}(b_{k-1} - a_{k-1}) = \cdots = \frac{1}{2^{k-1}}(b_1 - a_1) \to 0 \quad (k \to +\infty)$$

再根据闭区间套原理知, $\exists_1 x_0 \in \bigcap_{k=1}^{\infty} [a_k, b_k]$. 下证 $x_0$ 为数列 $\{x_n\}$ 的最大聚点. (反证) 若不然,设另有数列 $\{x_n\}$ 的聚点 $x_0^* > x_0$. 令 $\delta = \frac{1}{3}(x_0^* - x_0) > 0$,则在 $B(x_0^*; \delta) = (x_0^* - \delta, x_0^* + \delta)$ 内含数列 $\{x_n\}$ 的无限多项. 但当 $k$ 充分大时, $B(x_0^*; \delta) = (x_0^* - \delta, x_0^* + \delta)$ 完全落在 $[a_k, b_k]$ 的右边. 这与上述 $[a_k, b_k]$ 右边至多含数列 $\{x_n\}$ 的有限项相矛盾.

类似可证最小聚点的存在性,或用 $\{-x_n\}$ 代替 $\{x_n\}$.

(2) 如果数列 $\{x_n\}$ 无上界,根据例 1.1.16 可知, $\{x_n\}$ 有子列 $\{x_{n_k}\}$,s.t. $\lim_{k \to +\infty} x_{n_k} = +\infty$. 因此, $+\infty$ 为数列 $\{x_n\}$ 的最大聚点,从而 $\overline{\lim_{n \to +\infty}} x_n = +\infty$.

如果数列 $\{x_n\}$ 有上界 $b$.

① 若 $\forall a < b$, $[a,b]$ 中只含数列 $\{x_n\}$ 的有限项,则根据极限为 $-\infty$ 的定义可知, $\lim\limits_{n \to +\infty} x_n = -\infty = \varlimsup\limits_{n \to +\infty} x_n$.

② 若 $\exists a < b$, $[a,b]$ 中含数列 $\{x_n\}$ 的无限项. 由(1)的结果,数列 $\{x_n\} \cap [a,b]$ 有最大聚点,显然它也是数列 $\{x_n\}$ 的最大聚点,即为 $\varlimsup\limits_{n \to +\infty} x_n$.

(3) 类似(2)证明,或用 $\{-x_n\}$ 代替 $\{x_n\}$.

**定理 1.5.2** $\lim\limits_{n \to +\infty} x_n = a \Leftrightarrow \varlimsup\limits_{n \to +\infty} x_n = \varliminf\limits_{n \to +\infty} x_n = a$.

**证明** ($\Rightarrow$) 设 $\lim\limits_{n \to +\infty} x_n = a$,则对 $a$ 的任一开邻域 $U$, $\exists N \in \mathbb{N}$,当 $n > N$ 时, $x_n \in U$,从而 $a$ 为数列 $\{x_n\}$ 的一个聚点.

$\forall b \neq a$,则存在 $a$ 的开邻域 $U_a$, $b$ 的开邻域 $U_b$, s.t. $U_a \cap U_b = \varnothing$. 由于 $\lim\limits_{n \to +\infty} x_n = a$,故 $\exists N \in \mathbb{N}$,当 $n > N$ 时, $x_n \in U_a$,所以, $x_n \notin U_b$,从而 $U_b$ 中至多含数列 $\{x_n\}$ 的有限项(如 $x_1, \cdots, x_N$). 因此, $b$ 不为数列 $\{x_n\}$ 的聚点.

综上可知, $a$ 为数列 $\{x_n\}$ 的唯一聚点. 所以

$$\varlimsup\limits_{n \to +\infty} x_n = a = \varliminf\limits_{n \to +\infty} x_n$$

或者,因 $\lim\limits_{n \to +\infty} x_n = a$,故 $\{x_n\}$ 的任何子列 $\{x_{n_k}\}$ 也必有 $\lim\limits_{k \to +\infty} x_{n_k} = a$. 因此,数列 $\{x_n\}$ 有唯一的聚点 $a$,从而

$$\varlimsup\limits_{n \to +\infty} x_n = a = \varliminf\limits_{n \to +\infty} x_n$$

($\Leftarrow$) 设 $\varlimsup\limits_{n \to +\infty} x_n = \varliminf\limits_{n \to +\infty} x_n = a$,则数列 $\{x_n\}$ 只有一个聚点 $a$. 因此,对 $a$ 的任何开邻域 $U$,在 $U$ 外只含数列 $\{x_n\}$ 的有限项 $x_{n_1}, \cdots, x_{n_k}$(否则数列 $\{x_n\}$ 在 $U$ 外还有异于 $a$ 的聚点,这与数列 $\{x_n\}$ 只有一个聚点相矛盾). 于是,当 $n > N = \max\{n_1, \cdots, n_k, 1\}$ 时,有 $x_n \in U$. 这就证明了 $\lim\limits_{n \to +\infty} x_n = a$.

**定理 1.5.3** 设 $\{x_n\}$ 为有界数列,则下列结论等价:

(1) $a_{\text{大}}$ 为数列 $\{x_n\}$ 的上极限.

(2) $\forall \varepsilon > 0$, $\exists N \in \mathbb{N}$,使得当 $n > N$ 时,有 $x_n < a_{\text{大}} + \varepsilon$,且存在子列 $\{x_{n_k}\}$, s.t. $x_{n_k} > a_{\text{大}} - \varepsilon$, $\forall k \in \mathbb{N}$.

(3) $\forall \alpha > a_{\text{大}}$,数列 $\{x_n\}$ 中大于 $\alpha$ 的项至多有有限个; $\forall \beta < a_{\text{大}}$,数列 $\{x_n\}$ 中大于 $\beta$ 的项有无限多个.

**证明**　(1)⇒(2).

因 $a_大$ 为数列 $\{x_n\}$ 的聚点,故 $\forall \varepsilon > 0$,在 $B(a_大;\varepsilon) = (a_大 - \varepsilon, a_大 + \varepsilon)$ 内含数列 $\{x_n\}$ 的无限多项 $\{x_{n_k} \mid n_1 < n_2 < \cdots\}$,则有 $x_{n_k} > a_大 - \varepsilon, \forall k \in \mathbb{N}$.

又因 $a_大$ 为数列 $\{x_n\}$ 的最大聚点,故在 $a_大 + \varepsilon$ 的右边至多只有数列 $\{x_n\}$ 的有限项(否则必有数列 $\{x_n\}$ 的聚点 $\geqslant a_大 + \varepsilon$,这与 $a_大$ 为数列 $\{x_n\}$ 的最大聚点相矛盾). 设此有限项的最大指标为 $N$,则当 $n > N$ 时,有 $x_n < a_大 + \varepsilon$.

(2)⇒(3).

$\forall \alpha > a_大$,令 $\varepsilon = \alpha - a_大$,由(2)知,$\exists N \in \mathbb{N}$,当 $n > N$ 时,有 $x_n < a_大 + \varepsilon = a_大 + (\alpha - a_大) = \alpha$. 故数列 $\{x_n\}$ 中大于 $\alpha$ 的项至多有有限个.

$\forall \beta < a_大$,令 $\varepsilon = a_大 - \beta$,由(2)知,存在 $\{x_n\}$ 的子列 $\{x_{n_k}\}$,s.t. $x_{n_k} > a_大 - \varepsilon = \beta, \forall k \in \mathbb{N}$,故数列 $\{x_n\}$ 中大于 $\beta$ 的项有无限多个.

(3)⇒(1).

设 $U$ 为 $a_大$ 的任一开邻域,则 $\exists \varepsilon > 0$,s.t. $B(a_大;\varepsilon) = (a_大 - \varepsilon, a_大 + \varepsilon) \subset U$. 由于 $\alpha = a_大 + \varepsilon > a_大$,根据(3)知,$\{x_n\}$ 中大于 $\alpha = a_大 + \varepsilon$ 的项至多有有限个. 而对 $\beta = a_大 - \varepsilon < a_大$,根据(3)知,$\{x_n\}$ 中大于 $\alpha = a_大 - \varepsilon$ 的有无限项. 因此,$(a_大 - \varepsilon, a_大 + \varepsilon)$ 中含 $\{x_n\}$ 的无限项,从而 $U$ 中含 $\{x_n\}$ 的无限项. 这就证明了 $a_大$ 为数列 $\{x_n\}$ 的一个聚点.

另一方面,$\forall \alpha > a_大$,记 $\varepsilon = \dfrac{1}{2}(\alpha - a_大)$. 由(3)可知,$\{x_n\}$ 中大于 $a_大 + \varepsilon (a_大 + \varepsilon > a_大)$ 的项至多有有限个,故 $\alpha$ 不为数列 $\{x_n\}$ 的聚点. 这就证明了 $a_大$ 为数列 $\{x_n\}$ 的最大聚点,即 $a_大$ 为数列 $\{x_n\}$ 的上极限.

**定理 1.5.4**　设 $\{x_n\}$ 为有界数列,则下列结论等价:

(1) $a_小$ 为数列 $\{x_n\}$ 的下极限.

(2) $\forall \varepsilon > 0$,$\exists N \in \mathbb{N}$,使得当 $n > N$ 时,有 $x_n > a_小 - \varepsilon$;且存在子列 $\{x_{n_k}\}$,s.t. $x_{n_k} < a_小 + \varepsilon, \forall k \in \mathbb{N}$.

(3) $\forall \beta < a_小$,数列 $\{x_n\}$ 中小于 $\beta$ 的项至多有有限个;$\forall \alpha > a_小$,数列 $\{x_n\}$ 中小于 $\alpha$ 的项有无限多个.

**证明**　类似定理 1.5.3 证明,或用 $\{-x_n\}$ 代替 $\{x_n\}$.

**定理 1.5.5(1)(上、下极限的保不等式性)**　设数列 $\{a_n\}$,$\{b_n\}$ 满足:$\exists N_0 \in \mathbb{N}$,当 $n > N_0$ 时,有 $a_n \leqslant b_n$,则

$$\varlimsup_{n \to +\infty} a_n \leqslant \varlimsup_{n \to +\infty} b_n, \varliminf_{n \to +\infty} a_n \leqslant \varliminf_{n \to +\infty} b_n$$

特别地,若 $\alpha,\beta$ 为常数,又 $\exists N_0 \in \mathbb{N}$,当 $n > N_0$ 时,有 $\alpha \leqslant a_n \leqslant \beta$,则

$$\alpha \leqslant \varliminf_{n \to +\infty} a_n \leqslant \varlimsup_{n \to +\infty} a_n \leqslant \beta$$

(2) 设 $\{a_n\},\{b_n\}$ 为有界数列,则

$$\varlimsup_{n \to +\infty}(a_n + b_n) \leqslant \varlimsup_{n \to +\infty} a_n + \varlimsup_{n \to +\infty} b_n$$

举例说明

$$\varlimsup_{n \to +\infty}(a_n + b_n) < \varlimsup_{n \to +\infty} a_n + \varlimsup_{n \to +\infty} b_n$$

**证明** (1) 如果 $a_\star = \varlimsup_{n \to +\infty} a_n = +\infty$,则数列 $\{a_n\}$ 无上界. 由 $a_n \leqslant b_n (n > N_0)$,故 $\{b_n\}$ 也无上界,从而

$$a_\star = \varlimsup_{n \to +\infty} a_n = +\infty = \varlimsup_{n \to +\infty} b_n = b_\star$$

如果 $a_\star = \varlimsup_{n \to +\infty} a_n = -\infty$,则显然 $\varlimsup_{n \to +\infty} a_n = -\infty \leqslant \varlimsup_{n \to +\infty} b_n$.

如果 $-\infty < a_\star = \varlimsup_{n \to +\infty} a_n < +\infty$,根据定理 1.5.3(2),存在 $\{a_n\}$ 的子列 $\{a_{n_k}\}$,s.t. $a_{n_k} > a_\star - \varepsilon$,$\forall k \in \mathbb{N}$,故由题设可知

$$b_{n_k} \geqslant a_{n_k} > a_\star - \varepsilon, n_k > N_0$$

于是,数列 $\{b_n\}$ 必有聚点大于 $a_\star - \varepsilon$,由此知 $\{b_n\}$ 的最大聚点(上极限)

$$b_\star = \varlimsup_{n \to +\infty} b_n \geqslant a_\star - \varepsilon$$

令 $\varepsilon \to 0^+$,则得 $\varlimsup_{n \to +\infty} b_n \geqslant a_\star = \varlimsup_{n \to +\infty} a_n$.

类似可证 $\varliminf_{n \to +\infty} a_n \leqslant \varliminf_{n \to +\infty} b_n$.

或者,因 $a_n \leqslant b_n$,故 $-a_n \geqslant -b_n$,由上述结论得到

$$-\varlimsup_{n \to +\infty} b_n = \varlimsup_{n \to +\infty}(-b_n) \leqslant \varlimsup_{n \to +\infty}(-a_n) = -\varliminf_{n \to +\infty} a_n$$

$$\varlimsup_{n \to +\infty} b_n \geqslant \varliminf_{n \to +\infty} a_n$$

当 $\alpha \leqslant a_n \leqslant \beta$ 时,有

$$\alpha = \varliminf_{n \to +\infty} \alpha \leqslant \varliminf_{n \to +\infty} a_n \leqslant \varlimsup_{n \to +\infty} a_n \leqslant \varlimsup_{n \to +\infty} \beta = \beta$$

(2) 设 $\varlimsup_{n \to +\infty} a_n = a_\star$,$\varlimsup_{n \to +\infty} b_n = b_\star$. 由定理 1.5.3 知,$\forall \varepsilon > 0$,$\exists N \in \mathbb{N}$,当 $n > N$ 时,有

$$a_n < a_\star + \frac{\varepsilon}{2}, b_n < b_\star + \frac{\varepsilon}{2}$$

两式相加得

$$a_n + b_n < a_大 + b_大 + \varepsilon$$

再由上极限的保不等式性,得

$$\varlimsup_{n\to+\infty}(a_n + b_n) \le a_大 + b_大 + \varepsilon$$

令 $\varepsilon \to 0^+$,则得

$$\varlimsup_{n\to+\infty}(a_n + b_n) \le a_大 + b_大 = \varlimsup_{n\to+\infty}a_n + \varlimsup_{n\to+\infty}b_n$$

例如:$a_n = (-1)^n, b_n = (-1)^{n-1}$,则

$$\varlimsup_{n\to+\infty}(a_n + b_n) = \varlimsup_{n\to+\infty}0 = 0 < 1 + 1 = \varlimsup_{n\to+\infty}a_n + \varlimsup_{n\to+\infty}b_n$$

**定理 1.5.6**(上、下极限的等价表达)

$$a_大 = \varlimsup_{n\to+\infty}x_n = \lim_{n\to+\infty}\sup_{k\ge n}\{x_k\} \xlongequal{记作} \limsup_{n\to+\infty}x_n$$

$$a_小 = \varliminf_{n\to+\infty}x_n = \lim_{n\to+\infty}\inf_{k\ge n}\{x_k\} \xlongequal{记作} \liminf_{n\to+\infty}x_n$$

因此可用 $\lim\limits_{n\to+\infty}\sup\limits_{k\ge n}\{x_k\}$ 与 $\lim\limits_{n\to+\infty}\inf\limits_{k\ge n}\{x_k\}$ 分别定义数列 $\{x_n\}$ 的上极限与下极限.

**证明**　如果 $\lim\limits_{n\to+\infty}\sup\limits_{k\ge n}\{x_k\} = +\infty$,由于 $\sup\limits_{k\ge n}\{x_k\}$ 关于 $n$ 单调减,所以 $\sup\limits_{k\ge n}\{x_k\} = +\infty, \forall n \in \mathbb{N}$.于是,可取 $n_1 \in \mathbb{N}, s.t. x_{n_1} > 1$,又可取 $n_2 \in \mathbb{N}, n_2 > n_1, s.t. x_{n_2} > 2, \cdots\cdots$.所以,得到数列 $\{x_n\}$ 的子列 $\{x_{n_k}\} \to +\infty (k\to+\infty)$.这就证明了 $+\infty$ 为数列 $\{x_n\}$ 的聚点,且为最大聚点.由此得到

$$\varlimsup_{n\to+\infty}x_n = +\infty = \lim_{n\to+\infty}\sup_{k\ge n}\{x_k\}$$

如果 $\lim\limits_{n\to+\infty}\sup\limits_{k\ge n}\{x_k\} < +\infty$,则 $\lim\limits_{n\to+\infty}\sup\limits_{k\ge n}\{x_k\} = -\infty$ 或实数.

设 $a$ 为数列 $\{x_n\}$ 的任一聚点,则必有 $\{x_n\}$ 的子列 $x_{n_i} \to a(i\to+\infty)$.$\forall n \in \mathbb{N}$,当 $i \ge n$ 时,$n_i \ge i \ge n$,有

$$x_{n_i} \le \sup_{k\ge n}\{x_k\}$$
$$a = \lim_{i\to+\infty}x_{n_i} \le \sup_{k\ge n}\{x_k\}$$
$$a \le \lim_{n\to+\infty}\sup_{k\ge n}\{x_k\}$$

所以,数列 $\{x_n\}$ 的最大聚点满足

$$\varlimsup_{n\to+\infty}x_n \le \lim_{n\to+\infty}\sup_{k\ge n}\{x_k\}$$

另一方面,$\forall y > \varlimsup\limits_{n\to+\infty}x_n$.易见,$[y, +\infty)$ 中最多含数列 $\{x_n\}$ 中的有限项

(参阅定理 1.5.3(1)). 因此, $\exists N \in \mathbb{N}$, 当 $k > N$ 时, 有 $x_k < y$. 从而, 当 $n > N$ 时, 有

$$\sup_{k \geqslant n} \{x_k\} \leqslant y$$

由此得到

$$\lim_{n \to +\infty} \sup_{k \geqslant n} \{x_k\} \leqslant y$$

令 $y \to (\overline{\lim_{n \to +\infty}} x_n)^+$, 则推出

$$\lim_{n \to +\infty} \sup_{k \geqslant n} \{x_k\} \leqslant \overline{\lim_{n \to +\infty}} x_n$$

综合上述, 有

$$\overline{\lim_{n \to +\infty}} x_n = \lim_{n \to +\infty} \sup_{k \geqslant n} \{x_k\}$$

类似证明, 或应用上式于 $\{-x_n\}$ 可证得

$$\varliminf_{n \to +\infty} x_n = \lim_{n \to +\infty} \inf_{k \geqslant n} \{x_k\}$$

**例 1.5.3**  设数列 $\{x_n\}$ 为实数列. $\forall n, m \in \mathbb{N}$, 有

$$a_n \geqslant 0, a_{m+n} \leqslant a_m + a_n$$

证明: 数列 $\left\{\dfrac{a_n}{n}\right\}$ 收敛.

**证明**  设 $k$ 是任一固定的自然数, 则 $\forall n \in \mathbb{N}, n \geqslant k$, 有

$$n = mk + l, l = 0, 1, \cdots, k-1, m \in \mathbb{N}$$

所以

$$\frac{a_n}{n} = \frac{a_{mk+l}}{n} \leqslant \frac{a_{mk}}{n} + \frac{a_l}{n} \leqslant \frac{ma_k}{n} + \frac{a_l}{n} \leqslant \frac{a_k}{k} + \frac{a_l}{n}$$

再令 $n \to +\infty$ (固定 $k$), 可得

$$\overline{\lim_{n \to +\infty}} \frac{a_n}{n} \leqslant \overline{\lim_{n \to +\infty}} \left( \frac{a_k}{k} + \frac{a_l}{n} \right) = \frac{a_k}{k} + 0 = \frac{a_k}{k}$$

由此推得

$$\overline{\lim_{n \to +\infty}} \frac{a_n}{n} = \lim_{n \to +\infty} \frac{a_n}{n}$$

根据定理 1.5.2 可知, 数列 $\left\{\dfrac{a_n}{n}\right\}$ 有极限(实数或 $+\infty$).

又因为 $\forall n \in \mathbb{N}$, 有

$$0 \leqslant \frac{a_n}{n} \leqslant \frac{na_1}{n} = a_1$$

所以

$$\lim_{n \to +\infty} \frac{a_n}{n} = \overline{\lim_{n \to +\infty}} \frac{a_n}{n} = \underline{\lim_{n \to +\infty}} \frac{a_n}{n}$$

为实数,即数列 $\left\{\dfrac{a_n}{n}\right\}$ 收敛.

广开思路:请读者想一想,是否能找到其他证明 $\left\{\dfrac{a_n}{n}\right\}$ 收敛的方法.

**例 1.5.4**　设 $y_n = x_{n-1} + 2x_n$,数列 $\{y_n\}$ 收敛. 证明:数列 $\{x_n\}$ 也收敛,且 $\lim\limits_{n \to +\infty} x_n = \dfrac{1}{3} \lim\limits_{n \to +\infty} y_n$.

**证法 1**　设数列 $\{y_n\}$ 收敛于 $y$,则 $\forall \varepsilon > 0$,$\exists N_1 \in \mathbb{N}$,当 $n > N_1$ 时,有

$|y_n - y| < \dfrac{\varepsilon}{2}$. 于是,当 $n > N > N_1 + \log_2 \dfrac{\left|x_{N_1} - \dfrac{y}{3}\right| + 1}{\varepsilon} + 1$ 时,有

$$
\begin{aligned}
\left|x_n - \frac{y}{3}\right| &= \left|\left(\frac{y_n}{2} - \frac{x_{n-1}}{2}\right) - \frac{y}{3}\right| \\
&= \left|\frac{1}{2}(y_n - y) - \frac{1}{2}\left(x_{n-1} - \frac{y}{3}\right)\right| \\
&\leqslant \frac{1}{2}|y_n - y| + \frac{1}{2}\left|x_{n-1} - \frac{y}{3}\right| \\
&\leqslant \frac{\varepsilon}{2^2} + \frac{1}{2^2}|y_{n-1} - y| + \frac{1}{2^2}\left|x_{n-2} - \frac{y}{3}\right| \\
&\leqslant \frac{\varepsilon}{2^2} + \frac{\varepsilon}{2^3} + \cdots + \frac{\varepsilon}{2^{n-N_1+1}} + \frac{1}{2^{n-N_1}}\left|x_{N_1} - \frac{y}{3}\right| \\
&< \frac{\varepsilon}{2} + \frac{\varepsilon}{2} = \varepsilon
\end{aligned}
$$

所以,$\{x_n\}$ 收敛于 $\dfrac{y}{3}$.

**证法 2**　由 $\{y_n\}$ 收敛知,$|y_n| \leqslant M$,因为 $x_n = \dfrac{y_n}{2} - \dfrac{x_{n-1}}{2}$,所以

$$
\begin{aligned}
|x_n| &= \left|\frac{y_n}{2} - \frac{x_{n-1}}{2}\right| \leqslant \frac{|y_n|}{2} + \frac{|x_{n-1}|}{2} \\
&\leqslant \frac{|y_n|}{2} + \frac{1}{2}\left(\frac{|y_{n-1}|}{2} + \frac{|x_{n-2}|}{2}\right)
\end{aligned}
$$

$$\leq \cdots \leq \left( \frac{|y_n|}{2} + \frac{|y_{n-1}|}{2^2} + \frac{|y_{n-2}|}{2^3} + \cdots \right) + \frac{|x_1|}{2^{n-1}}$$

$$\leq M\left( \frac{1}{2} + \frac{1}{2^2} + \frac{1}{2^3} + \cdots \right) + |x_1|$$

于是, $\{x_n\}$ 有界, 从而 $\overline{\lim\limits_{n \to +\infty}} x_n$, $\underline{\lim\limits_{n \to +\infty}} x_n$ 均为实数. 再根据练习题 1.5.2, 有

$$\overline{\lim_{n \to +\infty}} x_n = \overline{\lim_{n \to +\infty}} \left( \frac{y_n}{2} - \frac{x_{n-1}}{2} \right) = \lim_{n \to +\infty} \frac{y_n}{2} + \overline{\lim_{n \to +\infty}} \left( -\frac{x_{n-1}}{2} \right)$$

$$= \frac{1}{2} \lim_{n \to +\infty} y_n - \frac{1}{2} \underline{\lim_{n \to +\infty}} x_{n-1}$$

同理

$$\underline{\lim_{n \to +\infty}} x_n = \underline{\lim_{n \to +\infty}} \left( \frac{y_n}{2} - \frac{x_{n-1}}{2} \right) = \lim_{n \to +\infty} \frac{y_n}{2} + \underline{\lim_{n \to +\infty}} \left( -\frac{x_{n-1}}{2} \right)$$

$$= \frac{1}{2} \lim_{n \to +\infty} y_n - \frac{1}{2} \overline{\lim_{n \to +\infty}} x_{n-1}$$

整理得到

$$\begin{cases} 2 \overline{\lim\limits_{n \to +\infty}} x_n = \lim\limits_{n \to +\infty} y_n - \underline{\lim\limits_{n \to +\infty}} x_{n-1} \\ 2 \underline{\lim\limits_{n \to +\infty}} x_n = \lim\limits_{n \to +\infty} y_n - \overline{\lim\limits_{n \to +\infty}} x_{n-1} \end{cases}$$

两式相减得

$$2\left( \overline{\lim_{n \to +\infty}} x_n - \underline{\lim_{n \to +\infty}} x_n \right) = \overline{\lim_{n \to +\infty}} x_{n-1} - \underline{\lim_{n \to +\infty}} x_{n-1}$$

$$= \overline{\lim_{n \to +\infty}} x_n - \underline{\lim_{n \to +\infty}} x_n$$

即

$$\overline{\lim_{n \to +\infty}} x_n - \underline{\lim_{n \to +\infty}} x_n = 0$$

$$\overline{\lim_{n \to +\infty}} x_n = \underline{\lim_{n \to +\infty}} x_n$$

这就证明了数列 $\{x_n\}$ 是收敛的. 于是, 有

$$\lim_{n \to +\infty} y_n = \lim_{n \to +\infty} (x_{n-1} + 2x_n) = 3 \lim_{n \to +\infty} x_n$$

$$\lim_{n \to +\infty} x_n = \frac{1}{3} \lim_{n \to +\infty} y_n$$

**证法3** 根据练习题 1.5.2, 有

$$\underline{\lim_{n\to+\infty}} x_n + 2\overline{\lim_{n\to+\infty}} x_n = \underline{\lim_{n\to+\infty}} x_{n-1} + \overline{\lim_{n\to+\infty}} 2x_n \leqslant \overline{\lim_{n\to+\infty}} (x_{n-1} + 2x_n)$$

$$= \overline{\lim_{n\to+\infty}} y_n = \underline{\lim_{n\to+\infty}} y_n = \lim_{n\to+\infty} (x_{n-1} + 2x_n)$$

$$\leqslant \overline{\lim_{n\to+\infty}} x_{n-1} + \underline{\lim_{n\to+\infty}} 2x_n = \overline{\lim_{n\to+\infty}} x_n + 2\underline{\lim_{n\to+\infty}} x_n$$

所以

$$\underline{\lim_{n\to+\infty}} x_n = \overline{\lim_{n\to+\infty}} x_n$$

由证法 1 知,数列 $\{x_n\}$ 有界,故 $\{x_n\}$ 收敛.

　　广开思路:读者想一想,能否不用上、下极限证明 $\{x_n\}$ 收敛,且 $\lim\limits_{n\to+\infty} x_n = \dfrac{1}{3}\lim\limits_{n\to+\infty} y_n$.

　　**证法 4**　易见,有

$$y_1 - 2y_2 + 2^2 y_3 - 2^3 y_4 + \cdots + (-2)^{n-1} y_n$$

$$= y_1 + \sum_{k=2}^{n} (-2)^{k-1} y_k$$

$$= y_1 + \sum_{k=2}^{n} (-2)^{k-1} (2x_k + x_{k-1})$$

$$= y_1 - \sum_{k=2}^{n} (-2)^k x_k + \sum_{k=2}^{n} (-2)^{k-1} x_{k-1}$$

$$= y_1 - \sum_{k=2}^{n} (-2)^k x_k + \sum_{k=1}^{n-1} (-2)^k x_k$$

$$= y_1 - 2x_1 - (-2)^n x_n$$

所以

$$\lim_{n\to+\infty} x_n = \lim_{n\to+\infty} \frac{2x_1 + \sum_{k=2}^{n} (-2)^{k-1} y_k}{-(-2)^n}$$

$$\xlongequal[\text{Stolz 公式}]{\text{定理 1.6.1}} \lim_{n\to+\infty} \frac{(-2)^{n-1} y_n}{-(-2)^n + (-2)^{n-1}}$$

$$= \lim_{n\to+\infty} \frac{y_n}{-(-2)+1} = \lim_{n\to+\infty} \frac{y_n}{3} = \frac{y}{3}$$

## 练习题 1.5

**1.** 求 $\varliminf_{n\to+\infty} a_n$ 与 $\varlimsup_{n\to+\infty} a_n$:

(1) $a_n = \dfrac{(-1)^n}{n} + \dfrac{1 + (-1)^n}{2}$;　　(2) $a_n = n^{(-1)^n}$;

(3) $a_n = \left[1 + 2^{(-1)^n n}\right]^{\frac{1}{n}}$;　　(4) $a_n = \dfrac{n^2}{1 + n^2}\cos\dfrac{2n\pi}{3}$;

(5) $a_n = \dfrac{n^2 + 1}{n^2}\sin\dfrac{\pi}{n}$;　　(6) $a_n = \sqrt[n]{\left|\cos\dfrac{n\pi}{3}\right|}$;

(7) $a_n = \begin{cases} 0, & n\text{ 为奇数}, \\ \dfrac{n}{\sqrt[n]{n!}}, & n\text{ 为偶数}. \end{cases}$

**2.** 证明下面各式当两端有意义时成立:

(1) $\varliminf_{n\to+\infty} a_n + \varliminf_{n\to+\infty} b_n \leqslant \varliminf_{n\to+\infty} (a_n + b_n) \leqslant \varliminf_{n\to+\infty} a_n + \varlimsup_{n\to+\infty} b_n$,

$\varliminf_{n\to+\infty} a_n + \varlimsup_{n\to+\infty} b_n \leqslant \varlimsup_{n\to+\infty} (a_n + b_n) \leqslant \varlimsup_{n\to+\infty} a_n + \varlimsup_{n\to+\infty} b_n$;

(2) 设 $\lim_{n\to+\infty} b_n = b$, 则

$$\varliminf_{n\to+\infty} (a_n + b_n) = \varliminf_{n\to+\infty} a_n + b$$

$$\varlimsup_{n\to+\infty} (a_n + b_n) = \varlimsup_{n\to+\infty} a_n + b$$

(3) $\varliminf_{n\to+\infty} (-a_n) = -\varlimsup_{n\to+\infty} a_n$, $\varlimsup_{n\to+\infty} (-a_n) = -\varliminf_{n\to+\infty} a_n$;

(4) 设 $\{a_n\}$ 与 $\{b_n\}$ 均为非负数列, 则

$$\varliminf_{n\to+\infty} a_n \cdot \varliminf_{n\to+\infty} b_n \leqslant \varliminf_{n\to+\infty} a_n b_n \leqslant \varliminf_{n\to+\infty} a_n \cdot \varlimsup_{n\to+\infty} b_n$$

$$\varliminf_{n\to+\infty} a_n \cdot \varlimsup_{n\to+\infty} b_n \leqslant \varlimsup_{n\to+\infty} a_n b_n \leqslant \varlimsup_{n\to+\infty} a_n \cdot \varlimsup_{n\to+\infty} b_n$$

(5) 设 $\{b_n\}$ 非负, 且 $\lim_{n\to+\infty} b_n = b$, 则

$$\varliminf_{n\to+\infty} a_n b_n = b\varliminf_{n\to+\infty} a_n, \quad \varlimsup_{n\to+\infty} a_n b_n = b\varlimsup_{n\to+\infty} a_n$$

(6) 设 $a_n > 0(n \in \mathbb{N})$，$\varliminf\limits_{n \to +\infty} a_n > 0$，则

$$\varliminf_{n \to +\infty} \frac{1}{a_n} = \frac{1}{\varliminf\limits_{n \to +\infty} a_n}$$

**3.** 设 $a_n > 0(n \in \mathbb{N})$，且 $\varliminf\limits_{n \to +\infty} a_n \cdot \varlimsup\limits_{n \to +\infty} \frac{1}{a_n} = 1$，证明：数列 $\{a_n\}$ 收敛.

**4.** 设数列 $\{a_n\}$，$a_n \leqslant 1$，$n = 1, 2, \cdots$，且满足

$$a_m + a_n - 1 < a_{m+n} < a_m + a_n + 1$$

证明：(1) $\lim\limits_{n \to +\infty} \dfrac{a_n}{n} = \omega$，其中 $\omega$ 为有限数；(2) $n\omega - 1 \leqslant a_n \leqslant n\omega + 1$.

（提示：将例 1.5.3 的结果用到数列 $\{a_n + 1\}$ 与 $\{1 - a_n\}$ 上.）

**5.** 设 $a_n \geqslant 0$，$n \in \mathbb{N}$. 证明

$$\varlimsup_{n \to +\infty} \sqrt[n]{a_n} \leqslant 1 \Leftrightarrow 对任何 \ l > 1, 有 \ \varlimsup_{n \to +\infty} \frac{a_n}{l^n} = 0$$

如果删去"任何"两字，结论如何?

# 思考题 1.5

**1.** 设数列 $\{x_n\}$ 有界，且 $\lim\limits_{n \to +\infty}(x_{n+1} - x_n) = 0$，令

$$l = \varliminf_{n \to +\infty} x_n, L = \varlimsup_{n \to +\infty} x_n$$

证明：$\{a \in \mathbb{R} \mid 有子列 \ x_{n_k} \to a(k \to +\infty)\} = [l, L]$. 如果删去条件 $\lim\limits_{n \to +\infty}(x_{n+1} - x_n) = 0$，结论如何?

**2.** 设 $0 \leqslant a_{n+m} \leqslant a_n \cdot a_m (n, m = 1, 2, \cdots)$. 证明：$\varliminf\limits_{n \to +\infty} \sqrt[n]{a_n} = \varlimsup\limits_{n \to +\infty} \sqrt[n]{a_n}$ 且 $\sqrt[n]{a_n}$ 收敛.

# 1.6　Stolz 公式

下面介绍一种求极限时非常重要而且使用方便的方法，它就是 Stolz 公式

$$\lim_{n \to +\infty} \frac{y_n}{x_n} = \lim_{n \to +\infty} \frac{y_n - y_{n-1}}{x_n - x_{n-1}}$$

当 $y_n = \sum\limits_{k=1}^{n} a_k$ 时,特别有效.

**定理 1.6.1** $\left(\dfrac{\cdot}{\infty}$ 型 Stolz 公式$\right)$ 设有数列 $\{x_n\}$,$\{y_n\}$,其中 $\{x_n\}$ 严格增,且

$\lim\limits_{n \to +\infty} x_n = +\infty$(注意:不必 $\lim\limits_{n \to +\infty} y_n = +\infty$). 如果

$$\lim_{n \to +\infty} \frac{y_n - y_{n-1}}{x_n - x_{n-1}} = a(\text{实数}, +\infty, -\infty)$$

则

$$\lim_{n \to +\infty} \frac{y_n}{x_n} = a = \lim_{n \to +\infty} \frac{y_n - y_{n-1}}{x_n - x_{n-1}}$$

**证明** (1)$a$ 为实数.

$\forall \varepsilon > 0$,因为 $\lim\limits_{n \to +\infty} \dfrac{y_n - y_{n-1}}{x_n - x_{n-1}} = a$,所以 $\exists N_1 \in \mathbb{N}$,当 $n > N_1$ 时,有

$$\left| \frac{y_n - y_{n-1}}{x_n - x_{n-1}} - a \right| < \frac{\varepsilon}{2}$$

即

$$a - \frac{\varepsilon}{2} < \frac{y_n - y_{n-1}}{x_n - x_{n-1}} < a + \frac{\varepsilon}{2}$$

$$\left(a - \frac{\varepsilon}{2}\right)(x_n - x_{n-1}) < y_n - y_{n-1} < \left(a + \frac{\varepsilon}{2}\right)(x_n - x_{n-1})$$

类推有

$$\left(a - \frac{\varepsilon}{2}\right)(x_{n-1} - x_{n-2}) < y_{n-1} - y_{n-2} < \left(a + \frac{\varepsilon}{2}\right)(x_{n-1} - x_{n-2})$$

$$\vdots$$

$$\left(a - \frac{\varepsilon}{2}\right)(x_{N_1+1} - x_{N_1}) < y_{N_1+1} - y_{N_1} < \left(a + \frac{\varepsilon}{2}\right)(x_{N_1+1} - x_{N_1})$$

将上面各式相加得到

$$\left(a - \frac{\varepsilon}{2}\right)(x_n - x_{N_1}) < y_n - y_{N_1} < \left(a + \frac{\varepsilon}{2}\right)(x_n - x_{N_1})$$

$$a - \frac{\varepsilon}{2} < \frac{y_n - y_{N_1}}{x_n - x_{N_1}} < a + \frac{\varepsilon}{2}$$

对固定的 $N_1$,因为 $\lim\limits_{n \to +\infty} x_n = +\infty$,所以,$\exists N > N_1$,使得当 $n > N$ 时,有

$$\left| \frac{y_{N_1} - ax_{N_1}}{x_n} \right| < \frac{\varepsilon}{2}, 0 < \frac{x_{N_1}}{x_n} < 1$$

于是,有

$$\left| \frac{y_n}{x_n} - a \right| = \left| \frac{y_n - y_{N_1}}{x_n} + \frac{y_{N_1} - ax_{N_1}}{x_n} - a\left(1 - \frac{x_{N_1}}{x_n}\right) \right|$$

$$= \left| \frac{y_{N_1} - ax_{N_1}}{x_n} + \left(1 - \frac{x_{N_1}}{x_n}\right)\left(\frac{y_n - y_{N_1}}{x_n - x_{N_1}} - a\right) \right|$$

$$\leqslant \left| \frac{y_{N_1} - ax_{N_1}}{x_n} \right| + \left| \frac{y_n - y_{N_1}}{x_n - x_{N_1}} - a \right|$$

$$< \frac{\varepsilon}{2} + \frac{\varepsilon}{2} = \varepsilon$$

这就证明了

$$\lim_{n \to +\infty} \frac{y_n}{x_n} = a$$

(2)$a = +\infty$.

因为 $\lim\limits_{n \to +\infty} \dfrac{y_n - y_{n-1}}{x_n - x_{n-1}} = a = +\infty$,所以 $\exists N \in \mathbb{N}$,当 $n > N$ 时,$\dfrac{y_n - y_{n-1}}{x_n - x_{n-1}} > 1$,

$y_n - y_{n-1} > x_n - x_{n-1} > 0$,即 $\{y_n\}$ 严格增. 又由于

$$y_n - y_N = (y_n - y_{n-1}) + (y_{n-1} - y_{n-2}) + \cdots + (y_{N+1} - y_N)$$

$$> (x_n - x_{n-1}) + (x_{n-1} - x_{n-2}) + \cdots + (x_{N+1} - x_N)$$

$$= x_n - x_N$$

根据 $\lim\limits_{n \to +\infty} x_n = +\infty$,知 $\lim\limits_{n \to +\infty} y_n = +\infty$.应用(1) 的结果得到

$$\lim_{n \to +\infty} \frac{x_n}{y_n} = \lim_{n \to +\infty} \frac{x_n - x_{n-1}}{y_n - y_{n-1}} = \lim_{n \to +\infty} 1 \bigg/ \frac{y_n - y_{n-1}}{x_n - x_{n-1}} = 0$$

于是,有

$$\lim_{n \to +\infty} \frac{y_n}{x_n} = \lim_{n \to +\infty} 1 \bigg/ \frac{x_n}{y_n} = +\infty = \lim_{n \to +\infty} \frac{y_n - y_{n-1}}{x_n - x_{n-1}}$$

(3)$a = -\infty$.

由(2) 知

$$\lim_{n \to +\infty} \frac{-y_n}{x_n} = \lim_{n \to +\infty} \frac{(-y_n) - (-y_{n-1})}{x_n - x_{n-1}}$$

$$= -\lim_{n \to +\infty} \frac{y_n - y_{n-1}}{x_n - x_{n-1}} = +\infty$$

即

$$\lim_{n \to +\infty} \frac{y_n}{x_n} = - \lim_{n \to +\infty} \frac{-y_n}{x_n} = -\infty = \lim_{n \to +\infty} \frac{y_n - y_{n-1}}{x_n - x_{n-1}}$$

**注 1.6.1** 当 $\lim\limits_{n \to +\infty} \dfrac{y_n - y_{n-1}}{x_n - x_{n-1}} = \infty$ 时，$\{x_n\}$ 严格增且 $\lim\limits_{n \to +\infty} x_n = +\infty$ 时，并不

能推出 $\lim\limits_{n \to +\infty} \dfrac{y_n}{x_n} = \infty$.

反例：$x_n = n, y_n = [1 + (-1)^n]n^2$，此时，有

$$\lim_{n \to +\infty} \frac{y_n - y_{n-1}}{x_n - x_{n-1}} = \infty$$

但 $\lim\limits_{n \to +\infty} \dfrac{y_n}{x_n} \neq \infty$.

**定理 1.6.2** $\left(\dfrac{0}{0}\right.$ 型 Stolz 公式$\left.\right)$ 设 $\{x_n\}$ 严格减，且 $\lim\limits_{n \to +\infty} x_n = 0$, $\lim\limits_{n \to +\infty} y_n = 0$. 若

$$\lim_{n \to +\infty} \frac{y_n - y_{n-1}}{x_n - x_{n-1}} = a(\text{实数}, +\infty, -\infty)$$

则

$$\lim_{n \to +\infty} \frac{y_n}{x_n} = a = \lim_{n \to +\infty} \frac{y_n - y_{n-1}}{x_n - x_{n-1}}$$

**证明** （1）$a$ 为实数.

$\forall \varepsilon > 0$，因为 $\lim\limits_{n \to +\infty} \dfrac{y_n - y_{n+1}}{x_n - x_{n+1}} = \lim\limits_{n \to +\infty} \dfrac{y_n - y_{n-1}}{x_n - x_{n-1}} = a$，所以 $\exists N \in \mathbb{N}$，当 $n > N$

时，有

$$a - \frac{\varepsilon}{2} < \frac{y_n - y_{n+1}}{x_n - x_{n+1}} < a + \frac{\varepsilon}{2}, x_n - x_{n+1} > 0$$

$$\left(a - \frac{\varepsilon}{2}\right)(x_n - x_{n+1}) < y_n - y_{n+1} < \left(a + \frac{\varepsilon}{2}\right)(x_n - x_{n+1})$$

类似定理 1.6.1（1）的证明有

$$\left(a - \frac{\varepsilon}{2}\right)(x_n - x_{n+p}) < y_n - y_{n+p} < \left(a + \frac{\varepsilon}{2}\right)(x_n - x_{n+p})$$

令 $p \to +\infty$，则由 $x_{n+p} \to 0, y_{n+p} \to 0$，得

$$\left(a - \frac{\varepsilon}{2}\right)x_n \leqslant y_n \leqslant \left(a + \frac{\varepsilon}{2}\right)x_n$$

由于 $x_n > 0$，有

$$a - \varepsilon < a - \frac{\varepsilon}{2} \leqslant \frac{y_n}{x_n} \leqslant a + \frac{\varepsilon}{2} < a + \varepsilon$$

所以

$$\lim_{n \to +\infty} \frac{y_n}{x_n} = a$$

（2）$a = +\infty$.

$\forall A > 0$，因为 $\lim\limits_{n \to +\infty} \dfrac{y_n - y_{n+1}}{x_n - x_{n+1}} = \lim\limits_{n \to +\infty} \dfrac{y_n - y_{n-1}}{x_n - x_{n-1}} = +\infty$，所以 $\exists N \in \mathbb{N}$，当 $n >$
$N$ 时，有

$$\frac{y_n - y_{n+1}}{x_n - x_{n+1}} > 2A$$

类似上述论证有

$$y_n - y_{n+p} > 2A(x_n - x_{n+p})$$

令 $p \to +\infty$，由 $y_{n+p} \to 0, x_{n+p} \to 0$，得

$$y_n \geqslant 2Ax_n, \frac{y_n}{x_n} \geqslant 2A > A$$

所以

$$\lim_{n \to +\infty} \frac{y_n}{x_n} = +\infty$$

（3）$a = -\infty$.

类似（2）的证明或将（2）的结论应用到 $\{-y_n\}$ 即得.

现在我们给出应用 Stolz 公式的典型例题.

**例 1.6.1**　设 $\lim\limits_{n \to +\infty} a_n = a$（实数，$+\infty$，$-\infty$），则

$$\lim_{n \to +\infty} \frac{a_1 + a_2 + \cdots + a_n}{n} = a$$

**证法 1**　应用 $\varepsilon - N, A - N$ 法，参阅例 1.1.15.

**证法 2**　令 $y_n = a_1 + a_2 + \cdots + a_n, x_n = n$，则由 Stolz 公式得

$$\lim_{n \to +\infty} \frac{a_1 + a_2 + \cdots + a_n}{n}$$

$$= \lim_{n \to +\infty} \frac{(a_1 + a_2 + \cdots + a_n) - (a_1 + a_2 + \cdots + a_{n-1})}{n - (n-1)}$$

$$= \lim_{n \to +\infty} \frac{a_n}{1} = \lim_{n \to +\infty} a_n = a$$

**例 1.6.2**　设 $\lim\limits_{n\to+\infty} a_n = a$, 则 $\lim\limits_{n\to+\infty} \dfrac{a_1 + 2a_2 + \cdots + na_n}{n^2} = \dfrac{a}{2}$ ( $a$ 为实数, $+\infty$, $-\infty$ ).

**证法 1**　应用 $\varepsilon - N, A - N$ 法, 参阅练习题 1.1.9.

**证法 2**　因为 $\lim\limits_{n\to+\infty} a_n = a$, 根据极限定义易证数列: $a_1, a_2, a_2, a_3, a_3, a_3, \cdots$, $\underbrace{a_n, \cdots, a_n}_{n\uparrow}, \cdots$ 的极限也为 $a$. 应用例 1.1.15, 有

$$\lim_{n\to+\infty} \frac{a_1 + 2a_2 + \cdots + na_n}{n^2}$$

$$= \lim_{n\to+\infty} \frac{a_1 + 2a_2 + \cdots + na_n}{\dfrac{n(n+1)}{2}} \cdot \frac{\dfrac{n(n+1)}{2}}{n^2}$$

$$= \lim_{n\to+\infty} \frac{a_1 + 2a_2 + \cdots + na_n}{\dfrac{n(n+1)}{2}} \cdot \frac{1}{2}\left(1 + \frac{1}{n}\right)$$

$$= a \cdot \frac{1}{2}(1 + 0) = \frac{a}{2}$$

**证法 3**　$\lim\limits_{n\to\infty} \dfrac{a_1 + 2a_2 + \cdots + na_n}{n^2} \xlongequal{\text{Stolz 公式}} \lim\limits_{n\to\infty} \dfrac{na_n}{2n-1}$

$$= \lim_{n\to\infty} \frac{1}{2 - \dfrac{1}{n}} a_n = \frac{a}{2}$$

**例 1.6.3**　设 $k$ 为自然数. 证明:

(1) $\lim\limits_{n\to+\infty} \dfrac{1^k + 2^k + \cdots + n^k}{n^{k+1}} = \dfrac{1}{k+1}$;

(2) $\lim\limits_{n\to+\infty} n\left(\dfrac{1^k + 2^k + \cdots + n^k}{n^{k+1}} - \dfrac{1}{k+1}\right) = \dfrac{1}{2}$.

**证明**　(1)

$$\lim_{n\to+\infty} \frac{1^k + 2^k + \cdots + n^k}{n^{k+1}}$$

$$\xlongequal{\text{Stolz 公式}} \lim_{n\to+\infty} \frac{n^k}{n^{k+1} - (n-1)^{k+1}}$$

$$\xlongequal{\text{二项式定理}} \lim_{n\to+\infty} \frac{n^k}{C_{k+1}^1 n^k - C_{k+1}^2 n^{k-1} + \cdots + (-1)^{k+1}}$$

$$= \frac{1}{C_{k+1}^1} = \frac{1}{k+1}$$

(2)
$$\lim_{n \to +\infty} n \left( \frac{1^k + 2^k + \cdots + n^k}{n^{k+1}} - \frac{1}{k+1} \right)$$

$$= \lim_{n \to +\infty} \frac{(k+1)(1^k + 2^k + \cdots + n^k) - n^{k+1}}{(k+1)n^k}$$

$$\xlongequal{\text{Stolz 公式}} \lim_{n \to +\infty} \frac{(k+1)n^k - [n^{k+1} - (n-1)^{k+1}]}{(k+1)[n^k - (n-1)^k]}$$

$$\xlongequal{\text{二项式定理}} \lim_{n \to +\infty} \frac{\frac{k(k+1)}{2}n^{k-1} + \cdots}{(k+1) \cdot kn^{k-1} + \cdots} = \frac{1}{2}$$

**注 1.6.2** 当 $k \in (-1, +\infty)$ 但 $k$ 不为自然数时,不能应用二项式定理. 但例 1.6.3 的结论仍成立,这就要用到后面的知识:

(1) 可由函数极限 $\lim\limits_{x \to 0} \frac{(1+x)^{k+1} - 1}{x} = k+1$ 推得,或用定积分定义及 Newton-Leibniz 公式得到.

(2) 可由 $(1+x)^\alpha (\alpha > 0)$ 在 $x = 0$ 处的 Taylor 展开求得.

**例 1.6.4** 设级数 $\sum\limits_{n=1}^{\infty} a_n$ 收敛,又 $\{p_n\}$ 为严格增的正数数列,且 $\lim\limits_{n \to +\infty} p_n = +\infty$. 证明

$$\lim_{n \to +\infty} \frac{p_1 a_1 + \cdots + p_n a_n}{p_n} = 0$$

**证明** 令 $S_n = a_1 + \cdots + a_n, n \in \mathbb{N}$,由 $\sum\limits_{n=1}^{\infty} a_n$ 收敛,记 $\lim\limits_{n \to +\infty} S_n = S$. 于是, $a_1 = S_1, a_n = S_n - S_{n-1}, n = 2, 3, \cdots$,且

$$\lim_{n \to +\infty} \frac{p_1 a_1 + \cdots + p_n a_n}{p_n}$$

$$= \lim_{n \to +\infty} \frac{p_1 S_1 + p_2(S_2 - S_1) + \cdots + p_n(S_n - S_{n-1})}{p_n}$$

$$= \lim_{n \to +\infty} \left[ \frac{S_1(p_1 - p_2) + S_2(p_2 - p_3) + \cdots + S_{n-1}(p_{n-1} - p_n)}{p_n} + S_n \right]$$

$$\xlongequal{\text{Stolz 公式}} \lim_{n \to +\infty} \left[ \frac{S_n(p_n - p_{n+1})}{p_{n+1} - p_n} + S_n \right]$$

$$= \lim_{n \to +\infty} (-S_n + S_n) = \lim_{n \to +\infty} 0 = 0$$

## 练习题 1.6

**1.** 设 $C_n^k = \dfrac{n!}{k!(n-k)!}$ 为组合数. 应用 Stolz 公式证明

$$\lim_{n \to +\infty} \frac{\sum\limits_{k=0}^{n} \ln C_n^k}{n^2} = \frac{1}{2}$$

**2.** 应用 Stolz 公式证明：

$(1)$ $\lim\limits_{n \to +\infty} \dfrac{\sum\limits_{k=1}^{n} \sqrt{k}}{n^{\frac{3}{2}}} = \dfrac{2}{3}$;

$(2)$ $\lim\limits_{n \to +\infty} \left[ \dfrac{\sum\limits_{k=1}^{n} \sqrt{k}}{n^{\frac{3}{2}}} - \dfrac{2}{3} \right] = \dfrac{1}{2}$.

## 思考题 1.6

**1.** 设 $0 < x_1 < 1, x_{n+1} = x_n(1 - x_n), n = 1,2,\cdots$. 证明: $\lim\limits_{n \to +\infty} nx_n = 1$. 进而设 $0 < x_1 < \dfrac{1}{q}$, 其中 $0 < q \leqslant 1$, 并且 $x_{n+1} = x_n(1 - qx_n), n \in \mathbb{N}$. 证明: $\lim\limits_{n \to +\infty} nx_n = \dfrac{1}{q}$.

**2.** 由 Toeplitz 定理导出 $\dfrac{\infty}{\infty}$ 型的 Stolz 公式.

**3.** 设数列 $\{a_n\}$ 满足 $\lim\limits_{n \to +\infty} a_n \sum\limits_{i=1}^{n} a_i^2 = 1$. 证明: $\lim\limits_{n \to +\infty} \sqrt[3]{3n}\, a_n = 1$.

## 复习题 1

**1.** 设 $a_0 = 1, a_{n+1} = a_n + \dfrac{1}{a_n}, n = 0,1,2,\cdots$. 证明: $\lim\limits_{n \to +\infty} \dfrac{a_n}{\sqrt{2n}} = 1$.

**2.** 设 $\lim\limits_{n\to+\infty} x_n = \lim\limits_{n\to+\infty} y_n = 0$,并且存在常数 $K$ 使得 $\forall n \in \mathbb{N}$,有

$$|y_1| + |y_2| + \cdots + |y_n| \leqslant K$$

令

$$z_n = x_1 y_n + x_2 y_{n-1} + \cdots + x_n y_1, n \in \mathbb{N}$$

证明: $\lim\limits_{n\to+\infty} z_n = 0$.

**3.** 设数列 $\{a_n\}$ 与 $\{b_n\}$ 满足:

(1) $b_n > 0, b_0 + b_1 + \cdots + b_n \to +\infty \ (n \to +\infty)$;

(2) $\lim\limits_{n\to+\infty} \dfrac{a_n}{b_n} = s.$

应用 Toeplitz 定理证明

$$\lim\limits_{n\to+\infty} \frac{a_0 + a_1 + \cdots + a_n}{b_0 + b_1 + \cdots + b_n} = s$$

**4.** 设 $p_k > 0, k = 1, 2, \cdots$, 且 $\lim\limits_{n\to+\infty} \dfrac{p_n}{p_1 + p_2 + \cdots + p_n} = 0, \lim\limits_{n\to+\infty} a_n = a.$ 证明

$$\lim\limits_{n\to+\infty} \frac{p_1 a_n + p_2 a_{n-1} + \cdots + p_n a_1}{p_1 + p_2 + \cdots + p_n} = a$$

**5.** 设 $\{a_n\}$ 为单调增的数列,令 $\sigma_n = \dfrac{a_1 + a_2 + \cdots + a_n}{n}.$ 如果 $\lim\limits_{n\to+\infty} \sigma_n = a$,证明: $\lim\limits_{n\to+\infty} a_n = a.$ 若"单调增"的条件删去,结论是否成立?

**6.** 设 $\{S_n\}$ 为数列, $a_n = S_n - S_{n-1}, \sigma_n = \dfrac{S_0 + S_1 + \cdots + S_n}{n+1}.$ 如果 $\lim\limits_{n\to+\infty} n a_n = 0$ 且 $\{\sigma_n\}$ 收敛,证明: $\{S_n\}$ 也收敛,且 $\lim\limits_{n\to+\infty} S_n = \lim\limits_{n\to+\infty} \sigma_n.$

**7.** 设数列 $\{x_n\}$ 满足: $\lim\limits_{n\to+\infty} (x_n - x_{n-2}) = 0.$ 证明: $\lim\limits_{n\to+\infty} \dfrac{x_n - x_{n-1}}{n} = 0$ (提示:先证 $\lim\limits_{n\to\infty} \dfrac{x_n}{n} = 0$).

**8.** 设 $u_0, u_1, u_2, \cdots$ 为满足 $u_n = \sum\limits_{k=1}^{\infty} u_{n+k}^2 (n = 0, 1, 2, \cdots)$ 的实数列,且 $\sum\limits_{n=1}^{\infty} u_n$ 收敛. 证明: $\forall k \in \mathbb{N}$,有 $u_k = 0$.

**9.** 设 $\lim\limits_{n\to+\infty} a_n = a.$ 证明: $\lim\limits_{n\to+\infty} \dfrac{1}{2^n} \sum\limits_{k=0}^{n} C_n^k a_k = a.$

**10.** 给定实数 $a_0, a_1$,并令

$$a_n = \frac{a_{n-1} + a_{n-2}}{2}, n = 2, 3, \cdots$$

证明:数列 $\{a_n\}$ 收敛,且 $\lim\limits_{n \to +\infty} a_n = \dfrac{a_0 + 2a_1}{3}$.

**11.** 设 $x_1, x_2, \cdots, x_n$ 为任意给定的实数. 令

$$x_i^{(1)} = \frac{x_i + x_{i+1}}{2}, i = 1, 2, \cdots, n$$

其中 $x_{n+1}$ 应理解为 $x_1$. 归纳定义

$$x_i^{(k)} = \frac{x_i^{(k-1)} + x_{i+1}^{(k-1)}}{2}, i = 1, 2, \cdots, n$$

$x_{n+1}^{(k-1)}$ 应理解为 $x_1^{(k-1)}, k = 2, 3, \cdots$. 证明

$$\lim_{k \to \infty} x_i^{(k)} = \frac{x_1 + x_2 + \cdots + x_n}{n}, \forall i = 1, 2, \cdots, n$$

**12.** 设 $\{a_n\}$ 为一个数列,且 $\lim\limits_{n \to +\infty} (a_{n+1} - a_n) = l$. 证明

$$\lim_{n \to +\infty} \frac{a_n}{n} = l, \lim_{n \to +\infty} \frac{\sum\limits_{k=1}^{n} a_k}{n^2} = \frac{l}{2}$$

**13.** 设 $x_1 \in [0, 1], \forall n \geqslant 2$, 令

$$x_n = \begin{cases} \dfrac{1}{2} x_{n-1}, & n \text{ 为偶数} \\[2mm] \dfrac{1 + x_{n-1}}{2}, & n \text{ 为奇数} \end{cases}$$

证明: $\lim\limits_{k \to +\infty} x_{2k} = \dfrac{1}{3}$; $\lim\limits_{k \to +\infty} x_{2k+1} = \dfrac{2}{3}$.

**14.** 定义初始值为 $a_0$, 并递推定义

$$a_n = 2^{n-1} - 3a_{n-1}, n = 1, 2, \cdots$$

求 $a_0$ 的所有可能的值,使得数列 $\{a_n\}$ 是严格增的.

**15.** 设 $c > 0, a_1 = \dfrac{c}{2}, a_{n+1} = \dfrac{c}{2} + \dfrac{a_n^2}{2}, n = 1, 2, \cdots$. 证明

$$\lim_{n \to +\infty} a_n = \begin{cases} 1 - \sqrt{1 - c}, & 0 < c \leqslant 1 \\ +\infty, & c > 1 \end{cases}$$

试问:当 $-3 \leqslant c < 0$ 时,数列 $\{a_n\}$ 的收敛性如何?

**16.** 数列 $\{u_n\}$ 定义如下: $u_1 = b, u_{n+1} = u_n^2 + (1 - 2a) u_n + a^2, n \in \mathbb{N}$. 问: $a, b$ 为何值时 $\{u_n\}$ 收敛,并求出其极限值.

**17.** 设 $A > 0, 0 < y_0 < A^{-1}, y_{n+1} = y_n(2 - Ay_n), n \in \mathbb{N}$. 证明: $\lim\limits_{n \to +\infty} y_n = A^{-1}$.

**18.** 设数列 $\{a_n\}$ 满足 $(2-a_n)a_{n+1}=1$. 证明: $\lim\limits_{n\to\infty}a_n=1$.

**19.** 设数列 $\{a_n\}$ 满足不等式 $0\leqslant a_k\leqslant 100a_n(n\leqslant k\leqslant 2n,n=1,2,\cdots)$, 且无穷级数 $\sum\limits_{n=1}^{\infty}a_n$ 收敛. 证明: $\lim\limits_{n\to+\infty}na_n=0$.

**20.** 证明

$$\lim\limits_{n\to+\infty}\left(1+\frac{1}{n^2}\right)\left(1+\frac{2}{n^2}\right)\cdots\left(1+\frac{n}{n^2}\right)=e^{\frac{1}{2}}$$

**21.** 设 $a_1>b_1>0$, 令

$$a_n=\frac{a_{n-1}+b_{n-1}}{2},b_n=\frac{2a_{n-1}b_{n-1}}{a_{n-1}+b_{n-1}},n=2,3,\cdots$$

证明: 数列 $\{a_n\}$ 与 $\{b_n\}$ 都收敛, 且 $\lim\limits_{n\to+\infty}a_n=\lim\limits_{n\to+\infty}b_n=\sqrt{a_1b_1}$.

**22.** 当 $n\geqslant 3$ 时, 证明

$$\sum_{k=0}^{n}\frac{1}{k!}-\frac{3}{2n}<\left(1+\frac{1}{n}\right)^n<\sum_{k=0}^{n}\frac{1}{k!}$$

**23.** 设 $a_1=1,a_n=n(a_{n-1}+1),n=2,3,\cdots$, 且

$$x_n=\prod_{k=1}^{\infty}\left(1+\frac{1}{a_k}\right)$$

求 $\lim\limits_{n\to+\infty}x_n$ (其中 $\prod\limits_{k=1}^{n}$ 表示从 $k=1$ 到 $k=n$ 的连乘积).

**24.** 设 $H_n=1+\frac{1}{2}+\cdots+\frac{1}{n},n\in\mathbb{N}$, 用 $K_n$ 表示使 $H_k\geqslant n$ 的最小下标.

求 $\lim\limits_{n\to+\infty}\frac{K_{n+1}}{K_n}$.

**25.** 设 $y_0\geqslant 2,y_n=y_{n-1}^2-2(n\in\mathbb{N})$, 且

$$S_n=\frac{1}{y_0}+\frac{1}{y_0y_1}+\cdots+\frac{1}{y_0y_1\cdots y_n}$$

证明

$$\lim\limits_{n\to+\infty}S_n=\frac{y_0-\sqrt{y_0^2-4}}{2}$$

**26.** 令数列 $\{b_n\}$ 满足

$$b_n=\sum_{k=0}^{n}\frac{1}{C_n^k},n=1,2,\cdots$$

证明: (1) 当 $n\geqslant 2$ 时, $b_n=\frac{n+1}{2n}b_{n-1}+1$;

(2) $\lim\limits_{n \to +\infty} b_n = 2.$

**27.** 对 $S_n = 1 + 2^2 + 3^3 + \cdots + n^n.$ 证明

$$n^n\left[1 + \frac{1}{4(n-1)}\right] < S_n < n^n\left[1 + \frac{2}{\mathrm{e}(n-1)}\right]$$

对 $n = 3,4,\cdots$ 成立.

**28.** 设 $x_n > 0.$ 证明:

(1) $\overline{\lim\limits_{n \to +\infty}}\left(\dfrac{x_1 + x_{n+1}}{x_n}\right)^n \geqslant \mathrm{e};$

(2) 上式中的 e 为最佳常数.

**29.** 设 $a_n > 0.$ 证明: $\overline{\lim\limits_{n \to +\infty}} n\left(\dfrac{1 + a_{n+1}}{a_n} - 1\right) \geqslant 1.$

**30.** 设 $2a_{n+1} = 1 + b_n^2, 2b_{n+1} = 2a_n - a_n^2, 0 \leqslant b_n \leqslant \dfrac{1}{2} \leqslant a_n, n = 1,2,\cdots.$ 证明:数列 $\{a_n\}, \{b_n\}$ 均收敛,并求其极限值.

# 第2章　函数极限与连续

数列是一种特殊的函数,上一章已经详细地讨论了这个特殊函数的极限,并学会了很多求极限的方法,这给本章要讨论的一般函数的极限打下了良好的基础,有时数列极限可化为求函数极限.本章将介绍函数的极限与函数的连续以及它们的一些性质,并给出闭区间上连续函数的若干重要定理:零值定理、介值定理、最值定理、一致连续性定理,这些定理在数学分析与实际问题中都有广泛的应用.

## 2.1　函数极限的概念

温故而知新,先复习一下映射和函数的概念.

**定义 2.1.1**　设 $X,Y$ 为非空集合,如果 $\forall x \in X$,有唯一的 $y \in Y$ 与之对应,表示为 $y = f(x)$,其中 $x$ 称为**自变量**或**原象点**,$y$ 称为**因变量**或**象点**,$f$ 称为(单值)**映射**或对应规律,记作

$$f: X \to Y, x \longmapsto y = f(x)$$

$X$ 称为 $f$ 的**定义域**

$$f(X) = \{f(x) \mid x \in X\}$$

称为 $f$ 的**值域**

$$f(A) = \{f(x) \mid x \in A \subset X\} \subset Y$$

称为 $A$ 在 $f$ 下的**象**

$$f^{-1}(B) = \{x \in X \mid f(x) \in B\} \subset X$$

为 $B$ 在 $f$ 下的**原象**.

$f$ 的表示法有下面几种.

(1)解析式法:如 $y = x^2, y = e^x, y = \sin x$.

(2)列表法:$y = f(x) = x^2$ 如表 2.1.1.

表 2.1.1

| $x$ | 1 | 2 | 3 | ⋯ |
|---|---|---|---|---|
| $y$ | 1 | 4 | 9 | ⋯ |

（3）图像法：$y = f(x) = x^2$ 的图像为抛物线. 画图先列表、描点再连成曲线（图 2.1.1）.

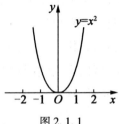

图 2.1.1

如果 $\forall x_1, x_2 \in X, x_1 \neq x_2$，必有 $f(x_1) \neq f(x_2)$，即若 $f(x_1) = f(x_2)$，必有 $x_1 = x_2$，则称 $f$ 为**单射**；如果 $\forall y \in Y$，必 $\exists x \in X$, s. t. $f(x) = y$，则称 $f$ 为**满射**.

如果 $f$ 既为单射又为满射，则称 $f$ 为**双射**或**——映射**. 此时 $f$ 有逆映射 $f^{-1}$：$Y \to X, x = f^{-1}(y)$（即 $y = f(x)$）. 显然，当 $f$ 为单射时，$f: X \to f(X)$ 就为双射或——映射.

设 $X$ 为非空集合，$f: X \to \mathbb{R}, x \mapsto y = f(x)$ 为映射，则称 $f$ 为**实（值）函数**，本书中简称为**函数**.

若 $X \subset \mathbb{R}$，则称 $f$ 为**一元（单变量）函数**；

若 $X \subset \mathbb{R}^2 = \{(x,y) \mid x, y \in \mathbb{R}\}$，则称 $f$ 为**二元函数**；

若 $X \subset \mathbb{R}^3 = \{(x,y,z) \mid x, y, z \in \mathbb{R}\}$，则称 $f$ 为**三元函数**；

若 $X \subset \mathbb{R}^n = \{(x_1, x_2, \cdots, x_n) \mid x_i \in \mathbb{R}, i = 1, 2, \cdots, n\}$，则称 $f$ 为 $n$ **元函数**.

设 $f, g: X \to \mathbb{R}, x \in X$，令

$$(f \pm g)(x) = f(x) \pm g(x)$$

$$(fg)(x) = f(x)g(x)$$

$$\frac{f}{g}(x) = \frac{f(x)}{g(x)} \quad (g(x) \neq 0)$$

它们分别定义了 $f$ 与 $g$ 的和函数 $f + g$，差函数 $f - g$，积函数 $fg$ 及商函数 $\dfrac{f}{g}$.

设 $f: X \to Y, g: Y \to Z$，则称 $g \circ f: X \to Z, x \mapsto z = g \circ f(x) = g(f(x))$ 为 $f$ 与 $g$ 的**复合**. 两个函数 $f, g$ 的复合称为 $f$ 与 $g$ 的**复合函数**（图 2.1.2）. 关于复合显然

有 $(g \circ f) \circ h = g \circ (f \circ h)$.

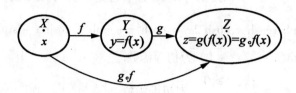

图 2.1.2

中学里已学的**基本初等函数**共有六类：

（1）常值函数 $y = f(x) = c$，定义域为$\mathbb{R}$.

（2）幂函数 $y = f(x) = x^{\alpha}$（$\alpha$ 为实数）. 当 $x > 0$ 时，任何 $\alpha$ 都有意义；$x^{n}(n \in \mathbb{N})$ 的定义域为实数集$\mathbb{R}$；$x^{-n}(n \in \mathbb{N})$ 的定义域为$\mathbb{R} \setminus \{0\}$；$x^{\frac{1}{2}} = \sqrt{x}$ 的定义域为$[0, +\infty)$；$x^{-\frac{1}{2}}$ 的定义域为$(0, +\infty)$；$x^{\frac{1}{3}}$ 的定义域为$\mathbb{R}$；$x^{-\frac{1}{3}}$ 的定义域为$\mathbb{R} \setminus \{0\}$；等等.

（3）三角函数 $y = \sin x, \cos x$ 定义域都为$\mathbb{R}$；$y = \tan x$，定义域为$\mathbb{R} \setminus \{2k\pi \pm \frac{\pi}{2}, k \in \mathbb{Z}\}$；$y = \cot x$，定义域为$\mathbb{R} \setminus \{k\pi \mid k \in \mathbb{Z}\}$；$y = \sec x$，定义域为$\mathbb{R} \setminus \{2k\pi \pm \frac{\pi}{2}, k \in \mathbb{Z}\}$；$y = \csc x$，定义域为$\mathbb{R} \setminus \{k\pi \mid k \in \mathbb{Z}\}$.

（4）反三角函数 $y = \arcsin x, \arccos x$ 定义域为$[-1, 1]$；$y = \arctan x$，$\text{arccot } x$ 定义域为$\mathbb{R}$.

（5）指数函数 $y = a^{x}(a > 0, a \neq 1)$，定义域为$\mathbb{R}$.

（6）对数函数 $y = \log_{a}x(a > 0, a \neq 1)$，定义域为$(0, +\infty)$.

$$\lg x = \log_{10}x, \ln x = \log_{e}x$$

读者应记住每个基本初等函数的值域，并画出相应的图形.

**定义 2.1.2**　由基本初等函数通过有限次 $+$，$-$，$\cdot$，$\div$ 和复合得到的函数称为**初等函数**. 这是一类重要的函数（这里乘号"$\times$"也用"$\cdot$"表示）.

再给出几类今后要常用的函数.

**例 2.1.1**　证明：（1）双曲函数（双曲正弦：$y = \sinh x = \dfrac{e^{x} - e^{-x}}{2}$；双曲余弦：$y = \cosh x = \dfrac{e^{x} + e^{-x}}{2}$；双曲正切：$y = \tanh x = \dfrac{e^{x} - e^{-x}}{e^{x} + e^{-x}} = \dfrac{\sinh x}{\cosh x}$；双曲余切：

$y = \coth x = \dfrac{e^x + e^{-x}}{e^x - e^{-x}}$)都是初等函数. 读者经过验算可知双曲函数具有性质:

$\sinh 2x = 2\sinh x\cosh x, \cosh 2x = \cosh^2 x + \sinh^2 x, \cosh^2 x - \sinh^2 x = 1.$

(2)$y = \ln(x + \sqrt{x^2 + 1})$ 为初等函数.

(3)$y = |x| = \begin{cases} x, x \geq 0 \\ -x, x < 0 \end{cases}$ 为初等函数.

(4)多项式函数 $y = a_0 x^n + a_1 x^{n-1} + \cdots + a_{n-1}x + a_n (a_0 \neq 0)$ 与有理函数
$y = \dfrac{a_0 x^n + a_1 x^{n-1} + \cdots + a_{n-1}x + a_n}{b_0 x^m + b_1 x^{m-1} + \cdots + b_{m-1}x + b_m} (a_0 \neq 0, b_0 \neq 0)$ 均为初等函数.

**证明** (1)以 $y = \tanh x$ 为例证明双曲函数为初等函数. 因为 $y = \tanh x = \dfrac{e^x - e^{-x}}{e^x + e^{-x}}$ 为基本初等函数 $e^x, e^{-x} = (e^{-1})^x$ 通过一次减法、一次加法、一次除法得

到,所以它为初等函数,或者因为 $y = \tanh x = \dfrac{e^x - \dfrac{1}{e^x}}{e^x + \dfrac{1}{e^x}}$ 为基本初等函数 $e^x, 1$ 通

过一次减法,一次加法,三次除法得到,所以它为初等函数. 其他类似证明.

(2)因为 $y = \ln(x + \sqrt{x^2 + 1})$ 由基本初等函数 $x, x^2, 1, \sqrt{x}, \ln x$ 通过两次加法,两次复合得到,所以它为初等函数.

(3)因为 $y = |x| = \sqrt{x^2}$ 为基本初等函数 $x^2, \sqrt{x}$ 通过一次复合得到,所以它为初等函数.

(4)因为多项式函数 $y = a_0 x^n + a_1 x^{n-1} + \cdots + a_{n-1}x + a_n$ 为基本初等函数 $a_0, a_1, \cdots, a_n, x, x^2, \cdots, x^n$ 通过 $n$ 次乘法, $n$ 次加法得到,所以它为初等函数.

而有理数 $y = \dfrac{a_0 x^n + a_1 x^{n-1} + \cdots + a_{n-1}x + a_n}{b_0 x^m + b_1 x^{m-1} + \cdots + b_{m-1}x + b_m}$ 为基本初等函数 $a_0, a_1, \cdots, a_n, x, x^2, \cdots, x^n, b_0, b_1, \cdots, b_m, x, x^2, \cdots, x^m$ 通过 $n+m$ 次乘法、$n+m$ 次加法以及一次除法得到,所以它为初等函数.

**例2.1.2** (1)设 $f_1, f_2, \cdots, f_n$ 都为初等函数,则由 $f_1, f_2, \cdots, f_n$ 经有限次 $+, -, \cdot, \div$ 复合运算得到的函数 $f$ 仍为初等函数.

(2)设 $f, g$ 都为初等函数,则 $\max\{f, g\}$ 与 $\min\{f, g\}$ 均为初等函数.

**证明** (1)因为 $f_1, f_2, \cdots, f_n$ 都为初等函数,所以它们都由基本初等函数通

过有限次 $+$，$-$，$\cdot$，$\div$ 复合运算得到. 从而，由 $f_1$,$f_2$,$\cdots$,$f_n$ 经有限次 $+$，$-$，$\cdot$，$\div$ 复合运算得到的函数 $f$ 也由基本初等函数通过有限次 $+$，$-$，$\cdot$，$\div$ 复合运算得到,故该函数 $f$ 应是初等函数.

（2）由 $f,g$ 都为初等函数及

$$\max\{f,g\} = \frac{(f+g) + |f-g|}{2} = \frac{(f+g) + \sqrt{(f-g)^2}}{2}$$

$$\min\{f,g\} = \frac{(f+g) - |f-g|}{2} = \frac{(f+g) - \sqrt{(f-g)^2}}{2}$$

或 $\min\{f,g\} = -\max\{-f,-g\}$ 可知 $\max\{f,g\}$ 与 $\min\{f,g\}$ 均为初等函数.

另一类重要的函数就是**分段函数**,即每一段上用不同的式子表达的函数.

**例 2.1.3**　（1）**符号函数**（图 2.1.3）

$$y = \operatorname{sgn} x = \begin{cases} 1, & x > 0 \\ 0, & x = 0 \\ -1, & x < 0 \end{cases}$$

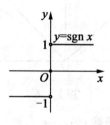

图 2.1.3

（2）**"取整数"函数**（图 2.1.4）

$$y = [x]$$

为不大于 $x$ 的最大整数,此时有 $x - 1 < [x] \leqslant x < [x] + 1$.

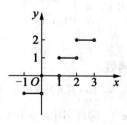

图 2.1.4

(3) **尾数函数**(图2.1.5)

$$y = x - [x] \xlongequal{\text{def}} \{x\}$$

则 $0 \leqslant \{x\} < 1$,且$\{x\}$是以1为周期的函数.

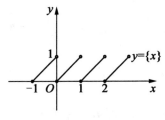

图2.1.5

(4) **绝对值函数**(图2.1.6)

$$y = |x| = \begin{cases} x, x \geqslant 0 \\ -x, x < 0 \end{cases}$$

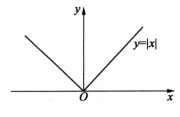

图2.1.6

(5) 设 $A \subset \mathbb{R}$, $A$ 的**特征函数** $\chi_A : \mathbb{R} \to \mathbb{R}$,则

$$\chi_A(x) = \begin{cases} 1, x \in A \\ 0, x \in \mathbb{R} \backslash A (即 \ x \notin A) \end{cases}$$

(6) **Dirichlet 函数**

$$D(x) = \begin{cases} 1, x \in \mathbb{Q} \\ 0, x \in \mathbb{R} \backslash \mathbb{Q} \end{cases}$$

它是 $\mathbb{Q}$ 的特征函数.

以上六个函数都为分段函数.

回想一下数列极限 $\lim\limits_{n \to +\infty} a_n = \lim\limits_{n \to +\infty} f(n) = a \in \mathbb{R}$(收敛), $+\infty$, $-\infty$, $\infty$,共有四种. 用 $N$ 刻画 $n$ 趋于 $+\infty$ 的程度,用 $\varepsilon > 0$ 刻画 $a_n$ 靠近 $a$ 的程度,用 $A$ 刻画 $a_n$ 趋于 $+\infty$, $-\infty$, $\infty$ 的程度. 这里自变量只有一个趋向 $n \to +\infty$,而一般函

数 $f(x)$ 除了 $x \to +\infty$ 外,还有 $x \to x_0, x_0^+, x_0^-, x \to -\infty, \infty$ 等情况.

我们考虑函数极限 $\lim\limits_{x \to x_0} f(x) = a \in \mathbb{R}$(收敛), $+\infty$, $-\infty$, $\infty$ 时,其中 $x \to x_0$ 或 $x \to x_0^+, x_0^-, +\infty, -\infty, \infty$,共有 $6 \times 4 = 24$ 种不同情况,我们用 $\delta > 0$ 刻画 $x$ 与 $x_0$ 或 $x$ 与 $x_0^+$ 或 $x$ 与 $x_0^-$ 的靠近程度,用 $\Delta > 0$ 刻画 $x$ 趋于 $+\infty$, $-\infty$, $\infty$ 的程度,用 $\varepsilon > 0$ 刻画 $f(x)$ 与 $a$ 靠近的程度,用 $A$ 刻画 $f(x)$ 趋于 $+\infty$, $-\infty$, $\infty$ 的程度.

**定义 2.1.3**　设函数 $y = f(x)$ 在 $x_0$ 的一个去心开邻域 $(x_0 - \delta_0, x_0 + \delta_0) \setminus \{x_0\}$ 内有定义($x_0$ 处可以无定义). 如果有一个数 $a \in \mathbb{R}$, s.t. $\forall \varepsilon > 0$, $\exists \delta \in (0, \delta_0)$,当 $0 < |x - x_0| < \delta$ 时,有

$$|f(x) - a| < \varepsilon$$

则称函数 $f(x)$ 在 $x_0$ 处(当 $x$ 趋于 $x_0$ 时)有**极限** $a$,记作 $\lim\limits_{x \to x_0} f(x) = a$,或 $f(x) \to a (x \to x_0)$(图 2.1.7).

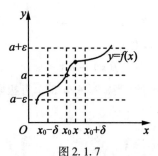

图 2.1.7

设函数 $y = f(x)$ 在 $x_0$ 去心右旁 $(x_0, x_0 + \delta)$ 有定义. 如果 $\forall A > 0$, $\exists \delta \in (0, \delta_0)$,当 $x_0 < x < x_0 + \delta$ 时,有 $f(x) > A$,则称函数 $f(x)$ 在 $x_0$ 的右旁(当 $x$ 趋于 $x_0^+$ 时)有**右极限** $+\infty$,记作 $f(x_0 + 0) = f(x_0^+) = \lim\limits_{x \to x_0^+} f(x) = +\infty$,或 $f(x) \to +\infty (x \to x_0^+)$(图 2.1.8).

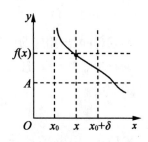

图 2.1.8

设函数 $y = f(x)$ 在 $\infty$ 的开邻域 $(-\infty, -\Delta_0) \cup (\Delta_0, +\infty)$ 内有定义. 如果 $\forall A > 0, \exists \Delta > \Delta_0 > 0$, 当 $|x| > \Delta$ 时, 有

$$|f(x)| > A$$

则称函数 $y = f(x)$ 在 $\infty$ 处(当 $x \to \infty$ 时)有**极限** $\infty$, 记作 $f(\infty) = \lim\limits_{x \to \infty} f(x) = \infty$ 或 $f(x) \to \infty (x \to \infty)$ (图 2.1.9).

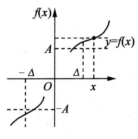

图 2.1.9

设函数 $y = f(x)$ 在 $+\infty$ 的开邻域 $(\Delta_0, +\infty)$ 内有定义. 如果 $\forall \varepsilon > 0$, $\exists \Delta > \Delta_0 > 0$, 当 $x > \Delta$ 时, 有

$$|f(x) - a| < \varepsilon$$

则称函数 $y = f(x)$ 在 $+\infty$ 处(当 $x \to +\infty$ 时)有**极限** $a$, 记作 $\lim\limits_{x \to +\infty} f(x) = a$ 或 $f(x) \to a (x \to +\infty)$ (图 2.1.10).

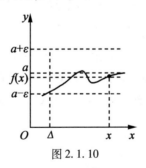

图 2.1.10

其余 20 种情形读者自行叙述, 并配出相应的示意图.

**定理 2.1.1** $\lim\limits_{x \to x_0} f(x) = a \Leftrightarrow f(x_0^+) = \lim\limits_{x \to x_0^+} f(x) = a = \lim\limits_{x \to x_0^-} f(x) = f(x_0^-)$,

其中 $a$ 为实数, $+\infty, -\infty, \infty$.

**证明** ($\Rightarrow$) 显然.

($\Leftarrow$) 对于 $a$ 的任何开邻域 $U(a)$, 因 $\lim\limits_{x \to x_0^+} f(x) = a$, 故 $\exists \delta_1 > 0$, 当 $x_0 < x < $

$x_0 + \delta_1$ 时,$f(x) \in U(a)$. 因为 $\lim\limits_{x \to x_0^-} f(x) = a$,所以 $\exists \delta_2 > 0$,当 $x - \delta_2 < x < x_0$ 时,$f(x) \in U(a)$.

因此,取 $\delta = \min\{\delta_1, \delta_2\}$,当 $0 < |x - x_0| < \delta$ 时,有 $f(x) \in U(a)$. 于是

$$\lim_{x \to x_0} f(x) = a$$

**定理 2. 1. 2**　$\lim\limits_{x \to \infty} f(x) = a \Leftrightarrow \lim\limits_{x \to +\infty} f(x) = a$ 且 $\lim\limits_{x \to -\infty} f(x) = a$,其中 $a$ 为实数,$+\infty$,$-\infty$,$\infty$.

**证明**　$(\Rightarrow)$ 对 $a$ 的任何开邻域 $U(a)$,因 $\lim\limits_{x \to \infty} f(x) = a$,故 $\exists \Delta > 0$,当 $|x| > \Delta$ 时,必有 $f(x) \in U(a)$. 于是,当 $x > \Delta$ 时,有 $f(x) \in U(a)$,从而 $\lim\limits_{x \to +\infty} f(x) = a$;

当 $x < -\Delta$ 时,有 $f(x) \in U(a)$,从而 $\lim\limits_{x \to -\infty} f(x) = a$.

$(\Leftarrow)$ 由 $\lim\limits_{x \to +\infty} f(x) = a$,故对 $a$ 的任何开邻域 $U(a)$,$\exists \Delta_1 > 0$,当 $x > \Delta_1$ 时,有 $f(x) \in U(a)$. 再由 $\lim\limits_{x \to -\infty} f(x) = a$,故对 $a$ 的任何开邻域 $U(a)$,$\exists \Delta_2 > 0$,当 $x < -\Delta_2$ 时,有 $f(x) \in U(a)$. 因此当 $|x| > \Delta = \max\{\Delta_1, \Delta_2\}$ 时,$f(x) \in U(a)$,从而 $\lim\limits_{x \to \infty} f(x) = a$.

**定理 2. 1. 3**(归结原则,Heine)　函数 $y = f(x)$,其定义域为 $x_0$ 的去心开邻域 $U^\circ(x_0)$,则在 $U^\circ(x_0)$ 中,有 $\lim\limits_{x \to x_0} f(x) = a$(实数,$+\infty$,$-\infty$,$\infty$)$\Leftrightarrow \forall x_n \neq x_0$,$x_n \to x_0$,必有 $\lim\limits_{n \to +\infty} f(x_n) = a$(实数,$+\infty$,$-\infty$,$\infty$),其中 $x_0$ 或换为 $x_0^+$,$x_0^-$,$+\infty$,$-\infty$,$\infty$.

**证明**　$a \in \mathbb{R}$,$x_0 \in \mathbb{R}$ 的情形.

$(\Rightarrow) \forall \varepsilon > 0$,因为 $\lim\limits_{x \to x_0} f(x) = a$,所以 $\exists \delta > 0$,当 $0 < |x - x_0| < \delta$ 时,$|f(x) - a| < \varepsilon$. 而由于 $\forall x_n \neq x_0$,$x_n \to x_0 (n \to +\infty)$,所以对取定的 $\delta > 0$,$\exists N \in \mathbb{N}$,当 $n > N$ 时,有 $0 < |x_n - x_0| < \delta$,所以

$$|f(x_n) - a| < \varepsilon$$

即

$$\lim_{n \to +\infty} f(x_n) = a$$

$(\Leftarrow)$(反证) 假设 $\lim\limits_{x \to x_0} f(x) \neq a$,则 $\exists \varepsilon_0 > 0$,$\forall n \in \mathbb{N}$,$\exists x_n \neq x_0$,s. t. $0 < |x_n - x_0| < \dfrac{1}{n}$,但

$$|f(x_n) - a| \geq \varepsilon_0$$

显然, $\lim\limits_{n\to+\infty} x_n = x_0$, 但由右边条件知

$$0 = | a - a | = \lim\limits_{n\to+\infty} | f(x_n) - a | \geqslant \varepsilon_0 > 0$$

矛盾. 所以, $\lim\limits_{x\to x_0} f(x) = a$.

其他情形可类似证明.

统一描述如下:

($\Rightarrow$) 对 $a$ 的任何开邻域 $U(a)$, 因为 $\lim\limits_{x\to x_0} f(x) = a$, 所以存在 $x_0$ 的去心开邻域 $V^\circ(x_0)$, 当 $x \in V^\circ(x_0)$ 时, $f(x) \in U(a)$. 又因 $x_n \to x_0 (n\to+\infty)$, $x_n \neq x_0$, 故 $\exists N \in \mathbb{N}$, 当 $n > N$ 时, $x_n \in V^\circ(x_0)$, $f(x_n) \in U(a)$. 这就证明了 $\lim\limits_{n\to+\infty} f(x_n) = a$.

($\Leftarrow$)(反证) 假设 $\lim\limits_{x\to x_0} f(x) \neq a$, 则存在 $a$ 的开邻域 $U_0(a)$, $\forall n \in \mathbb{N}$, $\exists x_n \neq x_0$, s. t. $x_n \in V_n^\circ(x_0)$ (六种情形分别为 $\left(x_0 - \dfrac{1}{n}, x_0 + \dfrac{1}{n}\right)$, $\left(x_0, x_0 + \dfrac{1}{n}\right)$, $\left(x_0 - \dfrac{1}{n}, x_0\right)$, $(n, +\infty)$, $(-\infty, -n)$, $(-\infty, -n) \cup (n, +\infty))$, 但是 $f(x_n) \notin U_0(a)$. 显然, $\lim\limits_{n\to+\infty} x_n = x_0$, 但 $\lim\limits_{n\to+\infty} f(x_n) \neq a$. 这与右边矛盾.

**定理 2.1.4**(函数收敛, 即有有限极限的 Cauchy 准则) 设 $f$ 在 $x_0$ 的去心开邻域 $U^\circ(x_0, \delta_0)$ 内有定义, 则 $\lim\limits_{x\to x_0} f(x)$ 存在且有限 $\Leftrightarrow \forall \varepsilon > 0$, $\exists \delta \in (0, \delta_0)$, s. t. $\forall x', x'' \in U^\circ(x_0, \delta)$, 有

$$| f(x') - f(x'') | < \varepsilon$$

**证明** ($\Rightarrow$) 设 $\lim\limits_{x\to x_0} f(x) = a \in \mathbb{R}$, 则 $\forall \varepsilon > 0$, $\exists \delta \in (0, \delta_0)$, s. t. $\forall x \in U^\circ(x_0, \delta)$, 有 $| f(x) - a | < \dfrac{\varepsilon}{2}$. 于是, $\forall x', x'' \in U^\circ(x_0, \delta)$, 有

$$\begin{aligned} | f(x') - f(x'') | &= | (f(x') - a) - (f(x'') - a) | \\ &\leqslant | f(x') - a | + | f(x'') - a | \\ &< \frac{\varepsilon}{2} + \frac{\varepsilon}{2} = \varepsilon \end{aligned}$$

($\Leftarrow$) 设数列 $\{x_n\} \subset U^\circ(x_0, \delta_0)$, 且 $\lim\limits_{n\to+\infty} x_n = x_0$. 按右边条件, $\forall \varepsilon > 0$, $\exists \delta \in (0, \delta_0)$, s. t. $\forall x', x'' \in U^\circ(x_0, \delta)$, 有 $| f(x') - f(x'') | < \varepsilon$.

对上述的 $\delta$, 由于 $\lim\limits_{n\to+\infty} x_n = x_0$, 故 $\exists N \in \mathbb{N}$, 当 $n, m > N$ 时, 有 $x_n, x_m \in U^\circ(x_0, \delta)$. 从而, $| f(x_n) - f(x_m) | < \varepsilon$. 这表明了 $f(x_n)$ 为 Cauchy 数列. 根据数

列的 Cauchy 准则知,$\{f(x_n)\}$ 收敛.

考虑 $\{x'_n\} \subset U^\circ(x_0,\delta_0)$,$\{x''_n\} \subset U^\circ(x_0,\delta_0)$,且 $\lim\limits_{n \to +\infty} x'_n = x_0 = \lim\limits_{n \to +\infty} x''_n$.令数列 $x_n : x'_1,x''_1,x'_2,x''_2,\cdots,x'_k,x''_k,\cdots$,显然,$\{x_n\} \subset U^\circ(x_0,\delta_0)$,$\lim\limits_{n \to +\infty} x_n = x_0$.由上述证明所得结果知,$\{f(x_n)\}$ 收敛,从而

$$\lim_{n \to +\infty} f(x'_n) = \lim_{n \to +\infty} f(x_n) = \lim_{n \to +\infty} f(x''_n)$$

记此极限为 $a$.

根据归结原则(定理 2.1.3)知,$\lim\limits_{x \to x_0} f(x) = a$.

**注 2.1.1**　定理 2.1.4 等价于:

$f(x)$ 在 $x_0$ 不存在有限极限 $\Leftrightarrow \exists \varepsilon_0 > 0$,$\forall \delta > 0$,总有 $x'_\delta,x''_\delta \in U^\circ(x_0,\delta)$,s.t. $|f(x'_\delta) - f(x''_\delta)| \geq \varepsilon_0$.

**注 2.1.2**　定理 2.1.4 与注 2.1.1 中,$x_0$ 换为 $x_0^\pm$,$\pm \infty$,$\infty$,相应结论成立. 证明也类似.

**例 2.1.4**　设 $f(x) = c$ 为常值函数,则 $\lim\limits_{x \to x_0} f(x) = c$,其中 $x_0$ 或 $x_0^+$,$x_0^-$,$+\infty$,$-\infty$,$\infty$.

**证明**　$\forall \varepsilon > 0$,任取 $\delta > 0$,当 $0 < |x - x_0| < \delta$ 时,有

$$|f(x) - c| = |c - c| = 0 < \varepsilon$$

所以,$\lim\limits_{x \to x_0} f(x) = c$.

其他情形类似证明.

读者可用统一描述.

**例 2.1.5**　证明:$\lim\limits_{x \to +\infty} \dfrac{1}{x^\alpha} = 0(\alpha > 0)$.

**证明**　$\forall \varepsilon > 0$,取 $\Delta > \left(\dfrac{1}{\varepsilon}\right)^{\frac{1}{\alpha}}$,则当 $x > \Delta$ 时,有

$$\left|\frac{1}{x^\alpha} - 0\right| = \frac{1}{x^\alpha} < \frac{1}{\Delta^\alpha} < \varepsilon$$

所以,$\lim\limits_{x \to +\infty} \dfrac{1}{x^\alpha} = 0$.

**例 2.1.6**　证明:(1) $\lim\limits_{x \to -\infty} \arctan x = -\dfrac{\pi}{2}$.

(2) $\lim\limits_{x \to +\infty} \arctan x = \dfrac{\pi}{2}$.

**证明** （1）$\forall \varepsilon > 0$，取 $\Delta > \tan\left(\dfrac{\pi}{2} - \varepsilon\right)$，当 $x < -\Delta$ 时，有

$$-\frac{\pi}{2} - \varepsilon < -\frac{\pi}{2} < \arctan x < \arctan(-\Delta) < -\frac{\pi}{2} + \varepsilon$$

因此

$$\lim_{x \to -\infty} \arctan x = -\frac{\pi}{2}$$

（2）$\forall \varepsilon > 0$，取 $\Delta > \tan\left(\dfrac{\pi}{2} - \varepsilon\right) = \cot \varepsilon$，当 $x > \Delta$ 时，有

$$\frac{\pi}{2} - \varepsilon < \arctan \Delta < \arctan x$$

$$< \frac{\pi}{2} < \frac{\pi}{2} + \varepsilon$$

所以，$\lim\limits_{x \to +\infty} \arctan x = \dfrac{\pi}{2}$（图 2.1.11）.

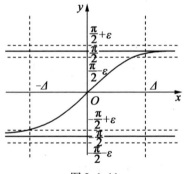

图 2.1.11

**例 2.1.7** 证明：$\lim\limits_{x \to 2} \dfrac{x^2 - 4}{x - 2} = \lim\limits_{x \to 2}(x + 2) = 4$.

**证明** $\forall \varepsilon > 0$，取 $\delta = \varepsilon$，当 $0 < |x - 2| < \delta = \varepsilon$ 时，有

$$\left| \frac{x^2 - 4}{x - 2} - 4 \right| = |(x + 2) - 4| = |x - 2| < \delta = \varepsilon$$

因此

$$\lim_{x \to 2} \frac{x^2 - 4}{x - 2} = 4$$

函数 $y = \dfrac{x^2 - 4}{x - 2}$ 和 $y = x + 2$ 的定义域不同，前者为 $\mathbb{R} \setminus \{2\}$，后者为 $\mathbb{R}$，但它

们在 $x \to 2$ 时有相同的极限,这是因为在考虑 $x \to x_0$ 的极限时,并不要求函数在 $x = x_0$ 处有定义或函数在 $x_0$ 处的值是多少. 下面的例子也是如此.

**例 2.1.8**　证明: $\lim\limits_{x \to 1} \dfrac{x^2 - 1}{2x^2 - x - 1} = \lim\limits_{x \to 1} \dfrac{x + 1}{2x + 1} = \dfrac{2}{3}$.

**证明**　$\forall \varepsilon > 0$,取 $\delta = \min\{1, 3\varepsilon\}$(图 2.1.12),当 $0 < |x - 1| < \delta$ 时,有

$$\left| \frac{x^2 - 1}{2x^2 - x - 1} - \frac{2}{3} \right| = \left| \frac{x + 1}{2x + 1} - \frac{2}{3} \right|$$

$$= \frac{|x - 1|}{3|2x + 1|} < \frac{\delta}{3} \leqslant \varepsilon$$

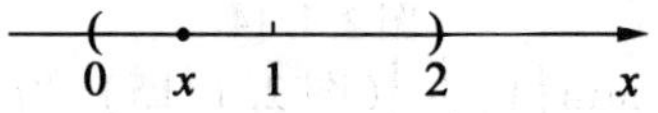

图 2.1.12

所以, $\lim\limits_{x \to 1} \dfrac{x^2 - 1}{2x^2 - x - 1} = \dfrac{2}{3}$.

**注 2.1.3**　为了使得 $|2x + 1| \geqslant 1$,我们先限制 $|x - 1| < 1 \Leftrightarrow 0 < x < 2$. 再由 $\dfrac{\delta}{3} \leqslant \varepsilon$ 解得 $\delta \leqslant 3\varepsilon$,所以,取 $\delta = \min\{1, 3\varepsilon\}$.

如果先限制 $|x - 1| < \dfrac{1}{2} \Leftrightarrow -\dfrac{1}{2} < x - 1 < \dfrac{1}{2} \Leftrightarrow \dfrac{1}{2} < x < \dfrac{3}{2}$(图 2.1.13).

于是, $|2x + 1| \geqslant |2 \cdot \dfrac{1}{2} + 1| = 2$,从而

$$\left| \frac{x^2 - 1}{2x^2 - x - 1} - \frac{2}{3} \right| = \frac{|x - 1|}{3|2x + 1|} < \frac{\delta}{3 \cdot 2} = \frac{\delta}{6} \leqslant \varepsilon$$

只需取 $\delta = \min\left\{\dfrac{1}{2}, 6\varepsilon\right\}$.

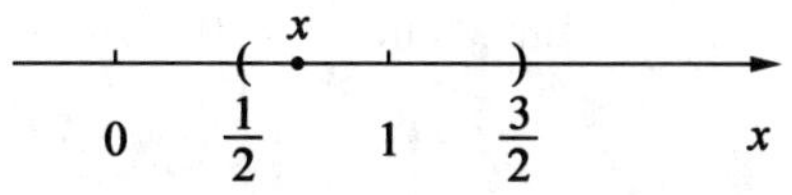

图 2.1.13

**例 2.1.9**　证明: (1) $\lim\limits_{x \to 1^+} \dfrac{x^2 + 1}{x^2 - 1} = +\infty$;

(2) $\lim\limits_{x \to 1^-} \dfrac{x^2 + 1}{x^2 - 1} = -\infty$.

**证明** （1）$\forall A > 0$，取 $\delta = \min\left\{1,\dfrac{1}{3A}\right\}$（图 2.1.14），当 $1 < x < 1 + \delta$ 时，有

$$\frac{x^2 + 1}{x^2 - 1} = \frac{x^2 + 1}{(x + 1)(x - 1)} > \frac{1}{(2 + 1)\delta} = \frac{1}{3\delta} \geqslant A$$

所以

$$\lim_{x \to 1^+} \frac{x^2 + 1}{x^2 - 1} = + \infty$$

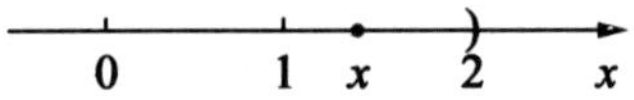

图 2.1.14

（2）$\forall A > 0$，取 $\delta = \min\left\{1,\dfrac{1}{2A}\right\}$（图 2.1.15），当 $1 - \delta < x < 1$ 时，有

$$\frac{x^2 + 1}{x^2 - 1} = \frac{x^2 + 1}{(x + 1)(x - 1)} = - \frac{x^2 + 1}{(x + 1)(1 - x)} < - \frac{1}{2\delta} < - A$$

因此

$$\lim_{x \to 1^-} \frac{x^2 + 1}{x^2 - 1} = - \infty$$

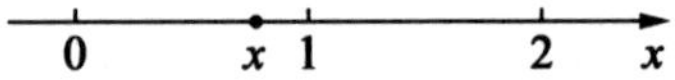

图 2.1.15

**例 2.1.10** 证明：$\lim\limits_{x \to 0} x^\alpha \sin \dfrac{1}{x} = 0, \alpha > 0$（图 2.1.16）.

**证明** $\forall \varepsilon > 0$，取 $\delta = \varepsilon^{\frac{1}{\alpha}}$，当 $0 < | x - 0 | < \delta$ 时，有

$$\left| x^\alpha \sin \frac{1}{x} - 0 \right| \leqslant | x |^\alpha < \delta^\alpha = \varepsilon$$

这就证明了

$$\lim_{x \to 0} x^\alpha \sin \frac{1}{x} = 0$$

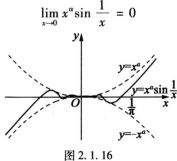

图 2.1.16

**例 2.1.11**　设 $\lim\limits_{x \to x_0} f(x) = 0$，$|g(x)| \leqslant M$，则 $\lim\limits_{x \to x_0} f(x)g(x) = 0$.

**证明**　$\forall \varepsilon > 0$，因 $\lim\limits_{x \to x_0} f(x) = 0$，故 $\exists \delta > 0$，当 $0 < |x - x_0| < \delta$ 时，有

$$|f(x) - 0| < \frac{\varepsilon}{M + 1}$$

于是

$$|f(x)g(x) - 0| = |f(x)| \cdot |g(x)| \leqslant M|f(x) - 0|$$

$$< M \cdot \frac{\varepsilon}{M + 1} < \varepsilon$$

这就证明了

$$\lim\limits_{x \to x_0} f(x)g(x) = 0$$

**例 2.1.12**　设

$$f(x) = \begin{cases} 1, & x < 0 \\ x\sin\dfrac{1}{x}, & x > 0 \end{cases}$$

证明：$\lim\limits_{x \to 0} f(x)$ 不存在.

**证明**　因为

$$f(0 + 0) = f(0^+) = \lim\limits_{x \to 0^+} x\sin\frac{1}{x} = 0$$

$$f(0 - 0) = f(0^-) = \lim\limits_{x \to 0^-} f(x) = \lim\limits_{x \to 0^-} 1 = 1$$

$$f(0^+) \neq f(0^-)$$

所以，根据定理 2.1.1 知，$\lim\limits_{x \to 0} f(x)$ 不存在.

**例 2.1.13**　证明：符号函数 $\text{sgn } x$ 在 $x = 0$ 处无极限.

**证明**　因为

$$\text{sgn}(0^+) = \lim\limits_{x \to 0^+} \text{sgn } x = \lim\limits_{x \to 0^+} 1 = 1 \neq -1$$

$$= \lim\limits_{x \to 0^-}(-1) = \lim\limits_{x \to 0^-} \text{sgn } x = \text{sgn}(0^-)$$

所以，根据定理 2.1.1 知，$\text{sgn } x$ 在 $x = 0$ 处无极限.

**例 2.1.14**　证明：$\lim\limits_{x \to 0} \sin\dfrac{1}{x}$ 不存在.

**证明**　取数列

$$x'_n = \frac{1}{2n\pi} \to 0 \quad (n \to +\infty)$$

$$x_n'' = \frac{1}{2n\pi + \dfrac{\pi}{2}} \to 0 \quad ( n \to +\infty )$$

显然,有

$$\lim_{n \to +\infty} \sin \frac{1}{x_n'} = \lim_{n \to +\infty} \sin 2n\pi = \lim_{n \to +\infty} 0 = 0$$

$$\lim_{n \to +\infty} \sin \frac{1}{x_n''} = \lim_{n \to +\infty} \sin\left( 2n\pi + \frac{\pi}{2} \right) = \lim_{n \to +\infty} 1 = 1$$

$$\lim_{n \to +\infty} \sin \frac{1}{x_n'} \neq \lim_{n \to +\infty} \sin \frac{1}{x_n''}$$

所以,根据定理 2. 1. 1 知,$\lim\limits_{x \to 0} \sin \dfrac{1}{x}$ 不存在(图 2. 1. 17).

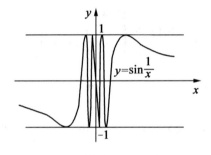

图 2. 1. 17

**例 2. 1. 15**　证明 Dirichlet 函数

$$D( x ) = \begin{cases} 1 , x \in \mathbb{Q} \\ 0 , x \in \mathbb{R} \backslash \mathbb{Q} \end{cases}$$

在任何点处无极限.

　　**证法 1**　$\forall x_0 \in \mathbb{R}$,取 $x_n' \in \mathbb{Q}, x_n' \neq x_0, x_n' \to x_0( n \to +\infty )$;再取 $x_n'' \in \mathbb{R} \backslash \mathbb{Q}$,
$x_n'' \neq x_0, x_n'' \to x_0( n \to +\infty )$,则

$$\lim_{n \to +\infty} D( x_n' ) = \lim_{n \to +\infty} 1 = 1$$

$$\lim_{n \to +\infty} D( x_n'' ) = \lim_{n \to +\infty} 0 = 0$$

因为 $\lim\limits_{n \to +\infty} D( x_n' ) \neq \lim\limits_{n \to +\infty} D( x_n'' )$,所以,根据定理 2. 1. 1 知,$\lim\limits_{x \to x_0} D( x )$ 不存在.

　　**证法 2**　(反证)反设在点 $x_0 \in \mathbb{R}, \lim\limits_{x \to x_0} D( x ) = a$,则 0 与 1 中至少有一个不

为 $a$. 不妨设 $a \neq 1$,则存在 $a$ 的开邻域 $U( a ) \not\ni 1$. 于是,$\exists \delta > 0$,当 $0 < | x - $

$x_0 \mid < \delta$ 时,$D(x) \in U(a)$,当然 $D(x) \neq 1$. 但因为 $\mathbb{Q}$ 在 $\mathbb{R}$ 中是稠密的,必有 $x' \in \mathbb{Q}$,s. t. $0 < \mid x' - x_0 \mid < \delta$,所以

$$1 = D(x') \in U(a)$$

这与 $1 \notin U(a)$ 相矛盾.

**例 2. 1. 16**　证明

$$\lim_{x \to +\infty} a^x = \begin{cases} +\infty, a > 1 \\ 1, a = 1 \\ 0, 0 < a < 1 \end{cases}$$

**证明**　当 $a > 1$ 时,$\forall A > 0$,取 $\Delta > \log_a A$. 当 $x > \Delta$ 时,有

$$a^x > a^\Delta > A$$

所以,$\lim\limits_{x \to +\infty} a^x = +\infty$.

当 $0 < a < 1$ 时,$\forall \varepsilon > 0$,取 $\Delta > \log_a \varepsilon$. 当 $x > \Delta$ 时,有

$$\mid a^x - 0 \mid = a^x < a^\Delta < \varepsilon$$

所以,$\lim\limits_{x \to +\infty} a^x = 0$.

当 $a = 1$ 时,$\lim\limits_{x \to +\infty} a^x = \lim\limits_{x \to +\infty} 1^x = \lim\limits_{x \to +\infty} 1 = 1$.

**例 2. 1. 17**　证明:(1) $\lim\limits_{x \to 0} a^x = 1 (a > 0)$;

(2) $\lim\limits_{x \to 1} \log_a x = 0, a > 0, a \neq 1$.

**证明**　(1) 设 $a = 1$,则

$$\lim_{x \to 0} a^x = \lim_{x \to 0} 1^x = \lim_{x \to 0} 1 = 1 = a^0$$

设 $a > 1$. $\forall \varepsilon \in (0,1)$,取 $\delta = \min\{\mid \log_a (1 - \varepsilon) \mid, \mid \log_a (1 + \varepsilon) \mid\}$,当 $0 < \mid x - 0 \mid = \mid x \mid < \delta$ 时,有

$$\log_a (1 - \varepsilon) < x < \log_a (1 + \varepsilon)$$
$$1 - \varepsilon < a^x < 1 + \varepsilon$$
$$-\varepsilon < a^x - 1 < \varepsilon$$
$$\mid a^x - 1 \mid < \varepsilon$$

所以,$\lim\limits_{x \to 0} a^x = 1$.

设 $0 < a < 1$. $\forall \varepsilon \in (0,1)$,取 $\delta = \min\{\mid \log_a (1 - \varepsilon) \mid, \mid \log_a (1 + \varepsilon) \mid\}$,当 $0 < \mid x - 0 \mid = \mid x \mid < \delta$,有

$$\log_a (1 + \varepsilon) < x < \log_a (1 - \varepsilon)$$
$$1 - \varepsilon < a^x < 1 + \varepsilon$$

$$-\varepsilon < a^x - 1 < \varepsilon$$

$$|a^x - 1| < \varepsilon$$

所以, $\lim\limits_{x \to 0} a^x = 1$.

或者

$$\lim_{x \to 0} a^x = \lim_{x \to 0} \frac{1}{\left(\dfrac{1}{a}\right)^x} \xlongequal{\text{定理2.2.6}} \frac{1}{1} = 1$$

(2)不失一般性,设 $a > 1$. $\forall \varepsilon > 0$,必存在 $\varepsilon_1 > 0$,使得 $a^{-\varepsilon} < 1 - \varepsilon_1 <$ $1 + \varepsilon_1 < a^{\varepsilon}$. 当

$$a^{-\varepsilon} < 1 - \varepsilon_1 < x < 1 + \varepsilon_1 < a^{\varepsilon}$$

时,有

$$-\varepsilon < \log_a x < \varepsilon$$

$$|\log_a x - 0| < \varepsilon$$

故 $\lim\limits_{x \to 1} \log_a x = 0$.

**引理 2.1.1** 证明:(1) $\sin x < x < \tan x, 0 < x < \dfrac{\pi}{2}$;

(2) $\sin x < x, \forall x \in (0, +\infty)$; $|\sin x| \leqslant |x|, \forall x \in \mathbb{R}$.

**证明** (1)图2.1.18所示是一个单位圆,用 $S_{\triangle OCD}, S_{\text{扇形}OAD}, S_{\triangle OAB}$ 分别表示 $\triangle OCD$,扇形 $OAD$ 和 $\triangle OAB$ 的面积. 显然,有

$$S_{\triangle OCD} < S_{\text{扇形}OAD} < S_{\triangle OAB}$$

从而

$$\sin x < x < \tan x, 0 < x < \frac{\pi}{2}$$

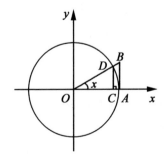

图 2.1.18

(2) 当 $x \geqslant \dfrac{\pi}{2}$ 时，$x \geqslant \dfrac{\pi}{2} > 1 \geqslant \sin x$，因此

$$\sin x < x, \forall x \in (0, +\infty)$$

当 $x < 0$ 时

$$|\sin x| = |\sin(-x)| < -x = |x|$$

因此

$$|\sin x| \leqslant |x|, \forall x \in \mathbb{R}$$

这是一个常用的不等式，下面先应用它来证明例 2.1.18.

**例 2.1.18**　证明：(1) $\lim\limits_{x \to x_0} \sin x = \sin x_0$；(2) $\lim\limits_{x \to x_0} \cos x = \cos x_0, x_0 \in \mathbb{R}$.

**证明**　(1) $\forall \varepsilon > 0$，取 $\delta = \varepsilon$，当 $|x - x_0| < \delta$ 时，有

$$|\sin x - \sin x_0| = 2\left|\cos \frac{x + x_0}{2}\right|\left|\sin \frac{x - x_0}{2}\right|$$

$$\leqslant 2\left|\frac{x - x_0}{2}\right| < \delta = \varepsilon \quad (\text{由引理} 2.1.1)$$

所以，$\lim\limits_{x \to x_0} \sin x = \sin x_0$.

(2) $\forall \varepsilon > 0$，取 $\delta = \varepsilon$，当 $|x - x_0| < \delta$ 时，有

$$|\cos x - \cos x_0| = 2\left|\sin \frac{x + x_0}{2}\right|\left|\sin \frac{x - x_0}{2}\right|$$

$$\leqslant 2\left|\frac{x - x_0}{2}\right| < \delta = \varepsilon \quad (\text{由引理} 2.1.1)$$

所以，$\lim\limits_{x \to x_0} \cos x = \cos x_0$.

或者 $\lim\limits_{x \to x_0} \cos x = \lim\limits_{x \to x_0} \sin\left(\frac{\pi}{2} - x\right) \xlongequal{\text{由}(1)} \sin\left(\frac{\pi}{2} - x_0\right) = \cos x_0$.

**例 2.1.19**　证明：$\lim\limits_{x \to x_0} \sqrt{x} = \sqrt{x_0}, x_0 \geqslant 0$.

**证明**　当 $x_0 = 0$，$\forall \varepsilon > 0$，取 $\delta = \varepsilon^2$，当 $0 < x < \delta$ 时，有

$$|\sqrt{x} - \sqrt{0}| = \sqrt{x} < \sqrt{\delta} = \varepsilon$$

故 $\lim\limits_{x \to 0^+} \sqrt{x} = \sqrt{0} = 0$.

当 $x_0 > 0$，取 $\delta = \min\{x_0, \sqrt{x_0}\varepsilon\}$，当 $|x - x_0| < \delta$ 时，有

$$|\sqrt{x} - \sqrt{x_0}| = \frac{|x - x_0|}{\sqrt{x} + \sqrt{x_0}} \leqslant \frac{|x - x_0|}{\sqrt{x_0}} < \frac{\delta}{\sqrt{x_0}} \leqslant \varepsilon$$

所以，$\lim\limits_{x \to x_0} \sqrt{x} = \sqrt{x_0}$.

**例 2.1.20** 证明：$\lim\limits_{x \to \infty} \sqrt{\dfrac{x^2 + 1}{x^2 - 1}} = 1$.

**证法 1** $\forall \varepsilon > 0$，取 $\Delta > \max\left\{\sqrt{2}, \dfrac{2}{\varepsilon}\right\}$，当 $|x| > \Delta$ 时，有

$$\left| \sqrt{\dfrac{x^2 + 1}{x^2 - 1}} - 1 \right| = \left| \dfrac{\sqrt{x^2 + 1} - \sqrt{x^2 - 1}}{\sqrt{x^2 - 1}} \right|$$

$$= \dfrac{2}{\sqrt{x^2 - 1}\left(\sqrt{x^2 + 1} + \sqrt{x^2 - 1}\right)}$$

$$< \dfrac{2}{\sqrt{x^2 + 1}} < \dfrac{2}{|x|} < \dfrac{2}{\Delta} < \varepsilon$$

所以，$\lim\limits_{x \to \infty} \sqrt{\dfrac{x^2 + 1}{x^2 - 1}} = 1$.

**证法 2** $\lim\limits_{x \to \infty} \sqrt{\dfrac{x^2 + 1}{x^2 - 1}} = \lim\limits_{x \to \infty} \sqrt{\dfrac{1 + \dfrac{1}{x^2}}{1 - \dfrac{1}{x^2}}} \xlongequal[\text{定理 2.2.6}]{\text{定理 2.2.7}} \sqrt{\lim\limits_{x \to \infty} \dfrac{1 + \dfrac{1}{x^2}}{1 - \dfrac{1}{x^2}}}$

$$= \sqrt{\dfrac{1 + 0}{1 - 0}} = 1$$

# 练习题 2.1

**1.** 在定义 2.1.3 中就 24 种情形给出函数极限的定义，并配出相应的图形.

**2.** 按函数极限的定义证明：

(1) $\lim\limits_{x \to +\infty} \dfrac{6x + 5}{x} = 6$；

(2) $\lim\limits_{x \to 2}(x^2 - 6x + 10) = 2$；

(3) $\lim\limits_{x \to +\infty} \dfrac{x^2 - 5}{x^2 - 1} = 1$；

(4) $\lim\limits_{x \to 2^-} \sqrt{4 - x^2} = 0$；

(5) $\lim\limits_{x \to 1} \dfrac{x^4 - 1}{x - 1} = 4$；

(6) $\lim\limits_{x \to 3} \dfrac{x - 3}{x^2 - 9} = \dfrac{1}{6}$；

(7) $\lim\limits_{x \to 1^+} \dfrac{x-1}{\sqrt{x^2-1}} = 0$;　　　　(8) $\lim\limits_{x \to +\infty}(\sqrt{x+1} - \sqrt{x-1}) = 0$;

(9) $\lim\limits_{x \to \infty} \sqrt{\dfrac{x^2+2}{x^2-2}} = 1$.

**3.** 设 $\lim\limits_{x \to x_0} f(x) = a$. 用 $\varepsilon - \delta$ 法证明:

(1) $\lim\limits_{x \to x_0} f^2(x) = a^2$;　　　　(2) $\lim\limits_{x \to x_0} \sqrt{f(x)} = \sqrt{a}\,(a > 0)$;

(3) $\lim\limits_{x \to x_0} \sqrt[3]{f(x)} = \sqrt[3]{a}$.

**4.** 设 $\lim\limits_{x \to x_0} f(x) = a$. 证明: $\lim\limits_{x \to x_0} |f(x)| = |a|$. 举例说明反之不成立. 问:当且仅当 $a$ 为何值时反之也成立?

**5.** 讨论下列函数在点 0 处的极限或左、右极限:

(1) $f(x) = \dfrac{|x|}{x}$;　　　　(2) $f(x) = [x]$;

(3) $f(x) = \begin{cases} 2^x, & x > 0, \\ 0, & x = 0, \\ 1 + x^2, & x < 0. \end{cases}$

**6.** 设 $f(x) = \begin{cases} x^2, & x \geqslant 2, \\ -ax, & x < 2. \end{cases}$

(1) 求 $f(2^+), f(2^-)$;

(2) 若 $\lim\limits_{x \to 2} f(x)$ 存在, $a$ 应为何值.

**7.** 设 $f(x_0^-) < f(x_0^+)$. 证明: $\exists \delta > 0$, 使得当 $x_0 - \delta < x < x_0 < y < x_0 + \delta$ 时, 有 $f(x) < f(y)$.

**8.** 设 $f$ 在 $(-\infty, x_0)$ 内单调增, 且有一数列 $\{x_n\}$, 适合 $x_n < x_0 (n \in \mathbb{N})$, $x_n \to x_0$ 及 $\lim\limits_{n \to +\infty} f(x_n) = a$. 证明: $f(x_0^-) = a = \sup\limits_{x \in U_-^\circ(x_0)} f(x)$.

**9.** 用肯定的语气表述 $\lim\limits_{x \to x_0} f(x) \neq a$.

**10.** $\forall n \in \mathbb{N}, A_n \subset [0,1]$ 为有限集, 且 $A_i \cap A_j = \varnothing (i \neq j), i, j \in \mathbb{N}$. 定义函数

$$f(x) = \begin{cases} \dfrac{1}{n}, & x \in A_n \\ 0, & x \in [0,1] - \bigcup\limits_{n=1}^\infty A_n \end{cases}$$

$\forall x_0 \in [0,1]$, 求 $\lim\limits_{x \to x_0} f(x)$.

**11.** 叙述函数极限 $\lim\limits_{x \to +\infty} f(x)$ 的归结原则,并应用它证明: $\lim\limits_{x \to +\infty} \sin x$ 与 $\lim\limits_{x \to +\infty} \cos x$ 都不存在.

**12.** (1) 叙述极限 $\lim\limits_{x \to +\infty} f(x)$ 的 Cauchy 准则;

(2) 根据 Cauchy 准则叙述 $\lim\limits_{x \to +\infty} f(x)$ 不存在的充要条件,并应用它证明 $\lim\limits_{x \to +\infty} \sin x$ 与 $\lim\limits_{x \to +\infty} \cos x$ 不存在.

**13.** 设 $f$ 为周期函数,且 $\lim\limits_{x \to +\infty} f(x) = 0$. 证明: $f(x) \equiv 0$.

**14.** 设 $f$ 在 $U^{\circ}(x_0)$ 内有定义. 证明: $\forall \{x_n\} \subset U^{\circ}(x_0)$ 且 $\lim\limits_{n \to +\infty} x_n = x_0$, 极限 $\lim\limits_{n \to +\infty} f(x_n)$ 都存在(实数,或 $+\infty$,或 $-\infty$),则所有这些极限都相等.

**15.** 设 $f$ 为定义在 $[a, +\infty]$ 上的增(减)函数. 证明: $\lim\limits_{x \to +\infty} f(x)$ 存在且有限的充要条件是 $f$ 在 $[a, +\infty]$ 上有上(下)界.

**16.** 设 $f$ 为 $U^{\circ}(x_0)$ 上的单调增函数,证明: $f(x_0^-)$ 与 $f(x_0^+)$ 均存在且有限,且

$$f(x_0^-) = \sup_{x \in U^{\circ}_-(x_0)} f(x), f(x_0^+) = \inf_{x \in U^{\circ}_+(x_0)} f(x)$$

# 思考题 2.1

**1.** (1) 设函数 $f$ 在 $(0, +\infty)$ 上满足方程 $f(2x) = f(x)$,且 $\lim\limits_{x \to +\infty} f(x) = a$. 证明:

$f(x) = a$.

(2) 设函数 $f$ 在 $(0, +\infty)$ 上满足方程 $f(x^2) = f(x)$,且

$$\lim_{x \to 0^+} f(x) = \lim_{x \to +\infty} f(x) = f(1)$$

证明: $f(x) \equiv f(1), x \in (0, +\infty)$.

**2.** 设函数 $f:(a, +\infty) \to \mathbb{R}$ 在任意有限区间 $(a, b)$ 内有界,且

$$\lim_{x \to +\infty} [f(x + 1) - f(x)] = A$$

证明: $\lim\limits_{x \to +\infty} \dfrac{f(x)}{x} = A$.

**3.** 设 $a > 1, b > 1$ 为两个常数,函数 $f: \mathbb{R} \to \mathbb{R}$ 在 $x = 0$ 的近旁有界,且 $\forall x \in \mathbb{R}$, 有 $f(ax) = bf(x)$. 证明: $\lim\limits_{x \to 0} f(x) = f(0)$.

# 2.2　函数极限的性质

与数列极限一样,函数极限有唯一性定理、局部有界性、局部保号性、保不等式性、夹逼定理、极限的四则运算法则. 此外,还有复合函数求极限的定理. 这些性质对求函数的极限又有很大的作用.

**定理 2.2.1**(极限的唯一性)　如果函数 $f(x)$ 在 $x_0(x_0^{\pm},\pm\infty,\infty)$ 处有极限 $a$(实数, $+\infty$, $-\infty$),则极限唯一.

**证法 1**　设 $a,b\in\mathbb{R}$ 都为 $f(x)$ 当 $x\to x_0$ 时的极限,则 $\forall\varepsilon>0$

$$\exists\delta_1>0,使得当 0<|x-x_0|<\delta_1 时,有 |f(x)-a|<\frac{\varepsilon}{2}$$

$$\exists\delta_2>0,使得当 0<|x-x_0|<\delta_2 时,有 |f(x)-b|<\frac{\varepsilon}{2}$$

于是,当 $0<|x-x_0|<\delta=\min\{\delta_1,\delta_2\}$ 时,有

$$0\leqslant|a-b|=|(f(x)-a)-(f(x)-b)|$$

$$\leqslant|f(x)-a|+|f(x)-b|<\frac{\varepsilon}{2}+\frac{\varepsilon}{2}=\varepsilon$$

令 $\varepsilon\to0^+$,得到,$0\leqslant|a-b|\leqslant0$,$|a-b|=0$,$a=b$.

此证法不能推广到其他情形.

**证法 2**　(反证)反设 $f(x)$ 在 $x_0$ 处有两个极限 $a,b,a\neq b$. 取 $a$ 的开邻域 $V(a)$,$b$ 的开邻域 $V(b)$,s.t. $V(a)\cap V(b)=\varnothing$. 于是,存在 $x_0$ 的去心开邻域 $U_1^{\circ}(x_0)$,当 $x\in U_1^{\circ}(x_0)$ 时,$f(x)\in V(a)$;存在 $x_0$ 的去心开邻域 $U_2^{\circ}(x_0)$,当 $x\in U_2^{\circ}(x_0)$ 时,有 $f(x)\in V(b)$. 因此,当 $x\in U_1^{\circ}(x_0)\cap U_2^{\circ}(x_0)$ 时,有

$$f(x)\in V(a)\cap V(b)=\varnothing$$

矛盾.

**定义 2.2.1**　设 $f:X\to\mathbb{R}$ 为实值函数. 如果存在 $M\geqslant0$,s.t. $|f(x)|\leqslant M$,$\forall x\in X$,则称 $f(x)$ 在 $X$ 上**有界**;如果存在 $B\in\mathbb{R}$,s.t. $f(x)\leqslant B$,$\forall x\in X$,则称 $f(x)$ 在 $X$ 上有**上界**;如果存在 $A\in\mathbb{R}$,s.t. $f(x)\geqslant A$,$\forall x\in X$,则称 $f(x)$ 在 $X$ 上有**下界** $A$. 显然,$f(x)$ 在 $X$ 上有界 $\Leftrightarrow f(x)$ 在 $X$ 上既有上界又有下界.

如:$|\sin x|\leqslant1$,$\forall x\in\mathbb{R}$,故 $\sin x$ 在 $\mathbb{R}$ 上有界;$e^x>0$,故有下界 0,但它无上界.

**定理 2. 2. 2**(局部有界性)　如果 $f(x)$ 在 $x_0(x_0^\pm, \pm\infty, \infty)$ 处有有限极限,
则 $f(x)$ 在 $x_0(x_0^\pm, \pm\infty, \infty)$ 的某去心开邻域(附近)中有界.

**证明**　设 $\lim\limits_{x\to x_0} f(x) = a \in \mathbb{R}$,取 $\varepsilon_0 = 1$,则有 $x_0$ 的去心开邻域 $U^\circ(x_0)$,当
$x \in U^\circ(x_0)$ 时,有
$$| f(x) - a| < \varepsilon_0 = 1$$
所以
$$| f(x) | = | (f(x) - a) + a| \leqslant | f(x) - a| + | a| < 1 + | a|$$
这就证明了 $f(x)$ 在 $x_0$ 的去心开邻域 $U^\circ(x_0)$ 中有界.

**定理 2. 2. 3**(局部保号性)　设 $f(x)$ 在 $x_0(x_0^\pm, \pm\infty, \infty)$ 处有有限极限 $a >$
$0$(或 $a < 0$),则 $\forall r \in (0,a)$(或 $r \in (a,0)$),存在 $x_0$ 的去心开邻域 $U^\circ(x_0)$,
s. t. $\forall x \in U^\circ(x_0)$ 有
$$f(x) > r > 0(或 f(x) < r < 0)$$

**证明**　设 $a > 0, \forall r \in (0,a), \varepsilon = a - r > 0$,由 $\lim\limits_{x\to x_0} f(x) = a$,故存在 $x_0$
的去心开邻域 $U^\circ(x_0)$,当 $x \in U^\circ(x_0)$ 时,有
$$f(x) > a - \varepsilon = a - (a - r) = r > 0$$
$a < 0$ 的情形可类似证明,或用 $-f(x)$ 代替 $f(x)$.

**定理 2. 2. 4**(保不等式性)　设 $f(x), g(x)$ 在 $x_0(x_0^\pm, \pm\infty, \infty)$ 均有极限
(实数, $+\infty, -\infty$),且在 $x_0$ 的去心开邻域 $U^\circ(x_0)$ 内有 $f(x) \leqslant g(x)$,则
$$\lim\limits_{x\to x_0} f(x) \leqslant \lim\limits_{x\to x_0} g(x)$$

**证法 1**　设 $\lim\limits_{x\to x_0} f(x) = a \in \mathbb{R}, \lim\limits_{x\to x_0} g(x) = b \in \mathbb{R}$,则 $\forall \varepsilon > 0$,存在 $x_0$ 的去
心开邻域 $U_1^\circ(x_0) \subset U^\circ(x_0)$,当 $x \in U_1^\circ(x_0)$ 时,有 $a - \varepsilon < f(x)$;存在 $x_0$ 的去
心开邻域 $U_2^\circ(x_0) \subset U^\circ(x_0)$,当 $x \in U_2^\circ(x_0)$ 时,有 $g(x) < b + \varepsilon$. 因此当 $x \in$
$U_1^\circ(x_0) \cap U_2^\circ(x_0)$ 时,有
$$a - \varepsilon < f(x) \leqslant g(x) < b + \varepsilon$$
所以,$a < b + 2\varepsilon$. 令 $\varepsilon \to 0^+$,得到 $a \leqslant b$.

其他情形为
$$\lim\limits_{x\to x_0} f(x) = -\infty \leqslant \lim\limits_{x\to x_0} g(x)$$
$$\lim\limits_{x\to x_0} f(x) = +\infty = \lim\limits_{x\to x_0} g(x)$$
$$\lim\limits_{x\to x_0} f(x) = -\infty = \lim\limits_{x\to x_0} g(x)$$

以及

$$\lim_{x \to x_0} f(x) \leqslant + \infty = \lim_{x \to x_0} g(x)$$

**证法2**　(反证)反设 $\lim\limits_{x \to x_0} f(x) = a > b = \lim\limits_{x \to x_0} g(x)$,则存在 $a$ 的开邻域 $V(a)$ 以及 $b$ 的开邻域 $V(b)$, s.t. $V(a) \cap V(b) = \varnothing$. 于是,存在 $x_0$ 的去心开邻域 $U_1^\circ(x_0) \subset U^\circ(x_0)$,当 $x \in U_1^\circ(x_0)$ 时,有 $f(x) \in V(a)$;存在 $x_0$ 的去心开邻域 $U_2^\circ(x_0) \subset U^\circ(x_0)$,当 $x \in U_2^\circ(x_0)$ 时,有 $g(x) \in V(b)$. 因此当 $x \in U_1^\circ(x_0) \cap U_2^\circ(x_0) = U_3^\circ(x_0)$ 时,有

$$g(x) < f(x)$$

这与已知 $f(x) \leqslant g(x)$ 相矛盾.

**定理 2.2.5**(夹逼定理)　设 $f(x), g(x)$ 在 $x_0(x_0^\pm, \pm \infty, \infty)$ 有极限 $a$(实数, $+ \infty$, $- \infty$),且在 $x_0$ 某去心开邻域 $U^\circ(x_0)$ 内有

$$f(x) \leqslant h(x) \leqslant g(x)$$

那么

$$\lim_{x \to x_0} h(x) = a$$

**证法1**　当 $x_0 \in \mathbb{R}, a \in \mathbb{R}, U^\circ(x_0) = U^\circ(x_0, \delta_0)$ 时, $\forall \varepsilon > 0$,由 $\lim\limits_{x \to x_0} f(x) = \lim\limits_{x \to x_0} g(x) = a$,可知:

$\exists \delta_1 \in (0, \delta_0)$,当 $0 < |x - x_0| < \delta_1$ 时,有 $a - \varepsilon < f(x)$;

$\exists \delta_2 \in (0, \delta_0)$,当 $0 < |x - x_0| < \delta_2$ 时,有 $g(x) < a + \varepsilon$.

于是,当 $0 < |x - x_0| < \delta = \min\{\delta_1, \delta_2\}$ 时,有

$$a - \varepsilon < f(x) \leqslant h(x) \leqslant g(x) < a + \varepsilon$$

所以, $\lim\limits_{x \to x_0} h(x) = a$.

其他情形类似证明.

**证法2**　(统一描述)对 $a$ 的任何开邻域 $V(a)$,因为 $\lim\limits_{x \to x_0} f(x) = \lim\limits_{x \to x_0} g(x) = a$,所以,存在 $x_0$ 的去心开邻域 $U_1^\circ(x_0) \subset U^\circ(x_0)$,当 $x \in U_1^\circ(x_0)$ 时,有 $f(x) \in V(a)$;存在 $x_0$ 的去心开邻域 $U_2^\circ(x_0) \subset U^\circ(x_0)$,当 $x \in U_2^\circ(x_0)$ 时,有 $g(x) \in V(a)$. 于是,当 $x \in U_1^\circ(x_0) \cap U_2^\circ(x_0) = U_3^\circ(x_0)$ 时,由于 $f(x) \leqslant h(x) \leqslant g(x)$,有

$$h(x) \in [f(x), g(x)] \subset V(a)$$

从而

$$\lim_{x \to x_0} h(x) = a$$

**注 2.2.1** 夹逼定理中,如果 $a = \infty$ ,则结论未必成立. 反例: $f(x) = -\dfrac{1}{(x - x_0)^2}, h(x) = 0, g(x) = \dfrac{1}{(x - x_0)^2}$ .

**定理 2.2.6**(极限的四则运算法则) 设 $f(x), g(x)$ 在 $x_0(x_0^{\pm}, \pm\infty, \infty)$ 处有有限极限,则 $f \pm g, f \cdot g$ 也在 $x_0(x_0^{\pm}, \pm\infty, \infty)$ 处有有限极限. 又如果 $\lim\limits_{x \to x_0} g(x) \neq 0$ ,则 $\dfrac{f}{g}$ 在 $x_0(x_0^{\pm}, \pm\infty, \infty)$ 处有有限极限,且有下列运算公式:

(1) $\lim\limits_{x \to x_0}(f(x) \pm g(x)) = \lim\limits_{x \to x_0} f(x) \pm \lim\limits_{x \to x_0} g(x)$ ;

(2) $\lim\limits_{x \to x_0} f(x) \cdot g(x) = \lim\limits_{x \to x_0} f(x) \cdot \lim\limits_{x \to x_0} g(x)$ ;

　　特别地, $\lim\limits_{x \to x_0} cf(x) = c \lim\limits_{x \to x_0} f(x)$ ;

(3) $\lim\limits_{x \to x_0} \dfrac{f(x)}{g(x)} = \dfrac{\lim\limits_{x \to x_0} f(x)}{\lim\limits_{x \to x_0} g(x)} (\lim\limits_{x \to x_0} g(x) \neq 0)$ .

**证明** 设 $\lim\limits_{x \to x_0} f(x) = a, \lim\limits_{x \to x_0} g(x) = b$ .

(1) $\forall \varepsilon > 0$ ,存在 $x_0$ 的去心开邻域 $U^{\circ}(x_0)$ ,当 $x \in U^{\circ}(x_0)$ 时,有

$$|f(x) - a| < \frac{\varepsilon}{2}, |g(x) - b| < \frac{\varepsilon}{2}$$

因此

$$|(f(x) \pm g(x)) - (a \pm b)|$$
$$= |(f(x) - a) \pm (g(x) - b)|$$
$$\leqslant |f(x) - a| + |g(x) - b|$$
$$< \frac{\varepsilon}{2} + \frac{\varepsilon}{2} = \varepsilon$$

于是

$$\lim_{x \to x_0}(f(x) \pm g(x)) = a \pm b = \lim_{x \to x_0} f(x) \pm \lim_{x \to x_0} g(x)$$

(2) $\forall \varepsilon > 0$ ,存在 $x_0$ 的去心开邻域 $U_i^{\circ}(x_0)(i = 1, 2, 3)$ ,使得:

当 $x \in U_1^{\circ}(x_0)$ 时, $|g(x)| \leqslant M$ ;

当 $x \in U_2^{\circ}(x_0)$ 时, $|f(x) - a| < \dfrac{\varepsilon}{M + |a| + 1}$ ;

当 $x \in U_3^{\circ}(x_0)$ 时, $|g(x) - b| < \dfrac{\varepsilon}{M + |a| + 1}$ .

于是,当 $x \in U°(x_0) = U_1°(x_0) \cap U_2°(x_0) \cap U_3°(x_0)$ 时,有

$$|f(x)g(x) - ab| = |(f(x) - a)g(x) + a(g(x) - b)|$$
$$\leqslant |g(x)||f(x) - a| + |a||g(x) - b|$$
$$\leqslant M \cdot \frac{\varepsilon}{M + |a| + 1} + |a|\frac{\varepsilon}{M + |a| + 1} < \varepsilon$$

所以

$$\lim_{x \to x_0} f(x)g(x) = ab = \lim_{x \to x_0} f(x) \cdot \lim_{x \to x_0} g(x)$$

特别地,当 $g(x) \equiv c$ 为常数函数时,有

$$\lim_{x \to x_0} cf(x) = c \lim_{x \to x_0} f(x)$$

(3) $\forall \varepsilon > 0$,由 $\lim\limits_{x \to x_0} g(x) = b \neq 0$ 可知,$\lim\limits_{x \to x_0} |g(x)| = |b|$,且存在 $x_0$ 的去心开邻域 $U°(x_0)$,当 $x \in U°(x_0)$ 时,有

$$|g(x)| > \frac{|b|}{2}, \quad |g(x) - b| < \frac{b^2}{2}\varepsilon$$

于是

$$\left|\frac{1}{g(x)} - \frac{1}{b}\right| = \frac{|g(x) - b|}{|b||g(x)|} \leqslant \frac{|g(x) - b|}{|b| \cdot \frac{|b|}{2}}$$

$$< \frac{2}{b^2} \cdot \frac{b^2}{2}\varepsilon = \varepsilon$$

$$\lim_{x \to x_0} \frac{1}{g(x)} = \frac{1}{b}$$

再根据(2) 得到

$$\lim_{x \to x_0} \frac{f(x)}{g(x)} = \lim_{x \to x_0} f(x) \cdot \frac{1}{g(x)} = a \cdot \frac{1}{b} = \frac{a}{b} = \frac{\lim\limits_{x \to x_0} f(x)}{\lim\limits_{x \to x_0} g(x)}$$

**注 2.2.2**　类似定理 1.2.7,读者可给出函数极限的相应定理.

**定理 2.2.7**(复合函数的极限)　设函数 $f(u)$ 在 $u_0(u_0^{\pm}, \pm\infty, \infty)$ 处有极限,又 $u = \varphi(x)$ 在 $x_0(x_0^{\pm}, \pm\infty, \infty)$ 处有极限,且当 $x \to x_0, x \neq x_0$ 时,$\varphi(x) \to u_0, \varphi(x) \neq u_0$,则复合函数 $f \circ \varphi(x) = f(\varphi(x))$ 在 $x_0(x_0^{\pm}, \pm\infty, \infty)$ 处也有极限,且

$$\lim_{x \to x_0} f(\varphi(x)) = \lim_{u \to u_0} f(u)$$

特别地,如果 $f(u)$ 在 $u_0 \in \mathbb{R}$ 处连续,即 $\lim\limits_{u \to u_0} f(u) = f(u_0)$,则

$$\lim_{x \to x_0} f(\varphi(x)) = \lim_{u \to u_0} f(u) = f(u_0) = f(\lim_{x \to x_0} \varphi(x))$$

这表明 $f$ 与 $\lim$ 可交换,或极限运算 $\lim$ 可搬到复合函数里.

**证明**  设 $x_0 \in \mathbb{R}, u_0 \in \mathbb{R}, \lim\limits_{u \to u_0} f(u) = a \in \mathbb{R}$,则 $\forall \varepsilon > 0, \exists \delta > 0$,当 $0 < |u - u_0| < \delta$ 时,有

$$|f(u) - a| < \varepsilon$$

对同样的 $\delta > 0$,因 $\lim\limits_{x \to x_0} \varphi(x) = u_0, \varphi(x) \neq u_0$,故 $\exists \sigma > 0$,当 $0 < |x - x_0| < \sigma$ 时,有

$$0 < |\varphi(x) - u_0| < \delta$$

所以

$$|f(\varphi(x)) - a| < \varepsilon$$

$$\lim_{x \to x_0} f(\varphi(x)) = a = \lim_{u \to u_0} f(u)$$

其他情形类似证明.

请读者用统一描述论证.

**注 2.2.3**  定理 2.2.7 中,$\varphi(x) \neq u_0$ 这一条件不可删去.

反例:设

$$f(u) = \begin{cases} 1, u \neq 0 \\ 0, u = 0 \end{cases}$$

则 $\lim\limits_{u \to 0} f(u) = 1$. 再令 $\varphi(x) = 0$,则 $\lim\limits_{x \to x_0} \varphi(x) = 0$. 于是

$$\lim_{x \to x_0} f(\varphi(x)) = \lim_{x \to x_0} f(0) = \lim_{x \to x_0} 0 = 0 \neq 1 = \lim_{u \to 0} 1 = \lim_{u \to 0} f(u)$$

**例 2.2.1**  求极限:

(1) $\lim\limits_{x \to \frac{\pi}{4}} (x \cdot \tan x - 1)$;

(2) $\lim\limits_{x \to -1} \left( \dfrac{1}{x + 1} - \dfrac{3}{x^3 + 1} \right)$.

**解**  (1) $\qquad \lim\limits_{x \to \frac{\pi}{4}} (x \cdot \tan x - 1)$

$$= \lim_{x \to \frac{\pi}{4}} \left( x \cdot \frac{\sin x}{\cos x} - 1 \right)$$

$$= \frac{\pi}{4} \cdot \frac{\sin \frac{\pi}{4}}{\cos \frac{\pi}{4}} - 1 = \frac{\pi}{4} - 1$$

（2）因为 $\lim\limits_{x \to -1}(x+1) = 0, \lim\limits_{x \to -1}(x^3+1) = 0$，所以这里不能直接用极限的四则运算法则，通常称这种类型的极限为"$\infty - \infty$"型，因此

$$\lim_{x \to -1}\left(\frac{1}{x+1} - \frac{3}{x^3+1}\right) = \lim_{x \to -1}\frac{x^2 - x + 1 - 3}{x^3 + 1}$$

$$= \lim_{x \to -1}\frac{(x+1)(x-2)}{(x+1)(x^2-x+1)}$$

$$= \lim_{x \to -1}\frac{x-2}{x^2-x+1} = \lim_{x \to -1}\frac{-1-2}{1+1+1}$$

$$= -1$$

**例 2.2.2**　求 $\lim\limits_{x \to 0} x\left[\dfrac{1}{x}\right]$.

**解**　当 $x > 0$ 时，有

$$1 - x = x\left(\frac{1}{x} - 1\right) < x\left[\frac{1}{x}\right] \leqslant x \cdot \frac{1}{x} = 1$$

根据 $\lim\limits_{x \to 0^+}(1-x) = 1 - 0 = 1 = \lim\limits_{x \to 0^+}1$ 及夹逼定理知

$$\lim_{x \to 0^+} x\left[\frac{1}{x}\right] = 1$$

当 $x < 0$ 时，有

$$1 = x \cdot \frac{1}{x} \leqslant x\left[\frac{1}{x}\right] < x\left(\frac{1}{x} - 1\right) = 1 - x$$

根据 $\lim\limits_{x \to 0^-}1 = 1 = 1 - 0 = \lim\limits_{x \to 0^-}(1-x)$ 及夹逼定理知

$$\lim_{x \to 0^-} x\left[\frac{1}{x}\right] = 1$$

综合上述得到 $\lim\limits_{x \to 0} x\left[\dfrac{1}{x}\right] = 1$.

**例 2.2.3**　证明：(1) $\lim\limits_{x \to x_0} a^x = a^{x_0} (a > 0)$；

（2）$\lim\limits_{x \to x_0} \log_a x = \log_a x_0 (x_0 > 0)$.

**证明**　（1）上节已证 $\lim\limits_{x \to 0} a^x = 1 = a^0$. 于是

$$\lim_{x \to x_0} a^x = \lim_{x \to x_0} a^{x_0} \cdot a^{x-x_0} = a^{x_0}\lim_{x \to x_0} a^{x-x_0} \xlongequal{\text{定理 2.2.7}} a^{x_0} \cdot a^0 = a^{x_0}$$

（2）上节已证 $\lim\limits_{x \to 1} \log_a x = 0 = \log_a 1$. 于是

$$\lim_{x \to x_0} \log_a x = \lim_{x \to x_0} \log_a\left(x_0 \cdot \frac{x}{x_0}\right)$$

$$= \lim_{x \to x_0} \left( \log_a x_0 + \log_a \frac{x}{x_0} \right)$$

$$= \log_a x_0 + 0 = \log_a x_0$$

或应用(1)及定理 2.4.4 推得.

**例 2.2.4** 证明:(1) $\lim_{x \to x_0} x^n = x_0^n, n \in \mathbb{N}$;

(2) $\lim_{x \to +\infty} x^n = +\infty, \lim_{x \to \infty} x^n = \infty, \lim_{x \to \infty} x^{2n} = +\infty, n \in \mathbb{N}$;

(3) 设 $P(x) = a_0 x^n + a_1 x^{n-1} + \cdots + a_{n-1} x + a_n, Q(x) = b_0 x^m + b_1 x^{m-1} + \cdots + b_{m-1} x + b_m$ 都为多项式函数($n, m \in \mathbb{N} \cup \{0\}$),则 $\lim_{x \to x_0} P(x) = P(x_0), \lim_{x \to x_0} \frac{P(x)}{Q(x)} = \frac{P(x_0)}{Q(x_0)}, Q(x_0) \neq 0.$

**证明** (1) $\forall \varepsilon > 0$,取 $0 < \delta < \min\left\{1, \frac{\varepsilon}{nM^{n-1}}\right\}$,其中 $M = \max\{|x_0 - 1|, |x_0 + 1|\}$,当 $|x - x_0| < \delta$ 时,有

$$|x^n - x_0^n| = |(x - x_0)(x^{n-1} + x^{n-2} x_0 + \cdots + x_0^{n-1})|$$

$$\leqslant |x - x_0| \left[ |x|^{n-1} + |x|^{n-2} |x_0| + \cdots + |x_0|^{n-1} \right]$$

$$< \delta(M^{n-1} + M^{n-2} \cdot M + \cdots + M^{n-1})$$

$$= nM^{n-1}\delta < nM^{n-1} \cdot \frac{\varepsilon}{nM^{n-1}} = \varepsilon$$

所以

$$\lim_{x \to x_0} x^n = x_0^n$$

或者先用 $\varepsilon - \delta$ 法证明 $\lim_{x \to x_0} x = x_0$,再用定理 2.2.6 中极限的乘法定理及数学归纳法得到 $\lim_{x \to x_0} x^n = x_0^n$.

(2) $\forall A > 0$,取 $\Delta > A^{\frac{1}{n}}$,当 $x > \Delta$ 时,有

$$x^n > \Delta^n > A$$

因此

$$\lim_{x \to +\infty} x^n = +\infty$$

其他类似证明.

(3) 应用定理 2.2.6 得到

$$\lim_{x \to x_0} \frac{P(x)}{Q(x)} = \lim_{x \to x_0} \frac{a_0 x^n + a_1 x^{n-1} + \cdots + a_{n-1} x + a_n}{b_0 x^m + b_1 x^{m-1} + \cdots + b_{m-1} x + b_m}$$

$$= \frac{a_0 x_0^n + a_1 x_0^{n-1} + \cdots + a_{n-1} x_0 + a_n}{b_0 x_0^m + b_1 x_0^{m-1} + \cdots + b_{m-1} x_0 + b_m}$$

$$= \frac{P(x_0)}{Q(x_0)}$$

（其中 $Q(x_0) \neq 0$），即有理函数 $\dfrac{P(x)}{Q(x)}$ 在点 $x_0$（$Q(x_0) \neq 0$）处连续.

**例 2.2.5**　设 $a_0 \neq 0, b_0 \neq 0$. 对有理函数证明

$$\lim_{x \to \infty} \frac{P(x)}{Q(x)} = \lim_{x \to \infty} \frac{a_0 x^n + a_1 x^{n-1} + \cdots + a_{n-1} x + a_n}{b_0 x^m + b_1 x^{m-1} + \cdots + b_{m-1} x + b_m}$$

$$= \begin{cases} 0, & n < m \\ \dfrac{a_0}{b_0}, & n = m \\ \infty, & n > m \end{cases}$$

**证明**　　　原式 $= \lim\limits_{x \to \infty} x^{n-m} \dfrac{a_0 + \dfrac{a_1}{x} + \cdots + \dfrac{a_{n-1}}{x^{n-1}} + \dfrac{a_n}{x^n}}{b_0 + \dfrac{b_1}{x} + \cdots + \dfrac{b_{m-1}}{x^{m-1}} + \dfrac{b_m}{x^m}}$

$$= \begin{cases} 0, & n < m \\ \dfrac{a_0}{b_0}, & n = m \\ \infty, & n > m \end{cases}$$

类似有

$$\lim_{x \to +\infty} \frac{a_0 x^n + a_1 x^{n-1} + \cdots + a_{n-1} x + a_n}{b_0 x^m + b_1 x^{m-1} + \cdots + b_{m-1} x + b_m}$$

$$= \begin{cases} 0, & n < m \\ \dfrac{a_0}{b_0}, & n = m \\ +\infty, & n > m, \text{且} \dfrac{a_0}{b_0} > 0 \\ -\infty, & n > m, \text{且} \dfrac{a_0}{b_0} < 0 \end{cases}$$

**例 2.2.6**　证明

$$\lim_{x \to x_0} \tan x = \tan x_0, x_0 \neq k\pi + \frac{\pi}{2}, k \in \mathbb{Z}$$

$$\lim_{x \to x_0} \cot x = \cot x_0, x_0 \neq k\pi, k \in \mathbb{Z}$$

$$\lim_{x \to x_0} \sec x = \sec x_0, x_0 \neq k\pi + \frac{\pi}{2}, k \in \mathbb{Z}$$

$$\lim_{x \to x_0} \csc x = \csc x_0, x_0 \neq k\pi, k \in \mathbb{Z}$$

**证明** 由例 2.1.19 知

$$\lim_{x \to x_0} \sin x = \sin x_0, \lim_{x \to x_0} \cos x = \cos x_0$$

再由极限的四则运算定理 2.2.6 得

$$\lim_{x \to x_0} \tan x = \lim_{x \to x_0} \frac{\sin x}{\cos x} = \frac{\sin x_0}{\cos x_0} = \tan x_0$$

$$\lim_{x \to x_0} \cot x = \lim_{x \to x_0} \frac{\cos x}{\sin x} = \frac{\cos x_0}{\sin x_0} = \cot x_0$$

$$\lim_{x \to x_0} \sec x = \lim_{x \to x_0} \frac{1}{\cos x} = \frac{1}{\cos x_0} = \sec x_0$$

$$\lim_{x \to x_0} \csc x = \lim_{x \to x_0} \frac{1}{\sin x} = \frac{1}{\sin x_0} = \csc x_0$$

**例 2.2.7**(两个重要极限之一)

$$\lim_{x \to 0} \frac{\sin x}{x} = 1$$

**证明** 由引理 2.1.1(1) 可知

$$\sin x < x < \tan x, x \in \left(0, \frac{\pi}{2}\right)$$

故

$$1 < \frac{x}{\sin x} < \frac{1}{\cos x}$$

$$1 > \frac{\sin x}{x} > \cos x, x \in \left(0, \frac{\pi}{2}\right)$$

显然,当 $x \in \left(-\frac{\pi}{2}, 0\right)$ 时,也有

$$1 > \frac{\sin x}{x} > \cos x$$

于是,$\forall \varepsilon > 0$,取 $0 < \delta \leq \min\left\{\frac{\pi}{2}, \sqrt{2\varepsilon}\right\}$,当 $0 < |x - 0| < \delta$ 时,有

$$\left|\frac{\sin x}{x} - 1\right| < 1 - \cos x = 2\sin^2 \frac{x}{2} \leqslant 2\left(\frac{x}{2}\right)^2 = \frac{x^2}{2} < \frac{\delta^2}{2} \leqslant \varepsilon$$

根据函数极限的定义推得

$$\lim_{x \to 0} \frac{\sin x}{x} = 1$$

由此还可看出

$$|\cos x - 1| = 2\sin^2 \frac{x}{2} \leqslant 2 \cdot \left(\frac{x}{2}\right)^2 = \frac{x^2}{2} < \frac{\delta^2}{2} \leqslant \varepsilon$$

因此

$$\lim_{x \to 0} \cos x = 1 = \cos 0$$

**例 2.2.8**　半径为 $r$ 的圆的面积 $S$ 视作该圆内接正 $n$ 边形的面积 $S_n$ 的极限,即

$$S = \lim_{n \to +\infty} S_n = \lim_{n \to +\infty} n \cdot \frac{1}{2} \cdot r\cos \frac{\pi}{n} \cdot 2r\sin \frac{\pi}{n}$$

$$= \lim_{n \to +\infty} \pi r^2 \frac{\sin \dfrac{2\pi}{n}}{\dfrac{2\pi}{n}} = \pi r^2$$

**定义 2.2.2**　如果 $\lim\limits_{x \to x_0} \alpha(x) = 0$,则称 $\alpha(x)$ 为 $x \to x_0$ 时的**无穷小量**. $\sin x$, $x^\alpha(\alpha > 0)$, $1 - \cos x$, $\tan x - \sin x$ 均为 $x \to 0$ 时的无穷小量. 如果两个无穷小量 $\alpha(x)$ 与 $\beta(x)(x \to x_0)$ 满足 $\lim\limits_{x \to x_0} \dfrac{\alpha(x)}{\beta(x)} = 1$,则称 $\alpha(x)$ 与 $\beta(x)$ 为 $x \to x_0$ 时的**等价无穷小量**,并记作 $\alpha(x) \sim \beta(x)(x \to x_0)$. 显然,$\sin x \sim x(x \to 0)$.

**例 2.2.9**　(1) $\lim\limits_{x \to 0} \dfrac{\tan x}{x} = \lim\limits_{x \to 0} \dfrac{\sin x}{x} \cdot \dfrac{1}{\cos x} = 1$,即 $\tan x \sim x(x \to 0)$;

(2) $\lim\limits_{x \to 0} \dfrac{1 - \cos x}{\dfrac{x^2}{2}} = 1$,即 $1 - \cos x \sim \dfrac{x^2}{2}(x \to 0)$;

(3) $\lim\limits_{x \to 0} \dfrac{\tan x - \sin x}{\dfrac{x^3}{2}} = \lim\limits_{x \to 0} \dfrac{\sin x}{x} \cdot \dfrac{1 - \cos x}{\dfrac{x^2}{2}} \cdot \dfrac{1}{\cos x} = 1$,即 $\tan x - \sin x \sim$

$\dfrac{x^3}{2}(x \to 0)$;

(4) $\lim\limits_{x\to\pi}\dfrac{\sin x}{\pi-x}=\lim\limits_{x\to\pi}\dfrac{\sin(\pi-x)}{\pi-x}=1$，即 $\sin x\sim\pi-x(x\to\pi)$．

**例 2.2.10**（两个重要极限之二）

$$\lim\limits_{x\to\infty}\left(1+\frac{1}{x}\right)^{x}=\mathrm{e}$$

**证明**　当 $x>0$ 时，有

$$\dfrac{\left(1+\dfrac{1}{[x]+1}\right)^{[x]+1}}{1+\dfrac{1}{[x]+1}}=\left(1+\dfrac{1}{[x]+1}\right)^{[x]}\leqslant\left(1+\dfrac{1}{x}\right)^{x}$$

$$\leqslant\left(1+\dfrac{1}{[x]}\right)^{[x]+1}=\left(1+\dfrac{1}{[x]}\right)^{[x]}\left(1+\dfrac{1}{[x]}\right)$$

因为

$$\lim\limits_{x\to+\infty}\dfrac{\left(1+\dfrac{1}{[x]+1}\right)^{[x]+1}}{1+\dfrac{1}{[x]+1}}=\mathrm{e}$$

$$\lim\limits_{x\to+\infty}\left(1+\dfrac{1}{[x]}\right)^{[x]}\left(1+\dfrac{1}{[x]}\right)=\mathrm{e}$$

极限函数极限的夹逼定理知

$$\lim\limits_{x\to+\infty}\left(1+\dfrac{1}{x}\right)^{x}=\mathrm{e}$$

由以上讨论及复合函数的极限定理 2.2.7，可知

$$\lim\limits_{x\to\infty}\left(1+\dfrac{1}{x}\right)^{x}\xlongequal{y=-x-1}\lim\limits_{y\to+\infty}\left(1-\dfrac{1}{y+1}\right)^{-y-1}=\lim\limits_{y\to+\infty}\left(\dfrac{y}{y+1}\right)^{-y-1}$$

$$=\lim\limits_{y\to+\infty}\left(1+\dfrac{1}{y}\right)^{y}\left(1+\dfrac{1}{y}\right)=\mathrm{e}(1+0)=\mathrm{e}$$

于是，从定理 2.1.2 得到

$$\lim\limits_{x\to\infty}\left(1+\dfrac{1}{x}\right)^{x}=\mathrm{e}$$

**例 2.2.11**　证明：(1) $\lim\limits_{x\to0}(1+x)^{\frac{1}{x}}=\mathrm{e}$；

(2) $\lim\limits_{x\to\infty}\left(1+\dfrac{k}{x}\right)^{x}=\mathrm{e}^{k},k\in\mathbb{N}$；

(3) $\lim\limits_{x\to\infty}\left(1-\dfrac{1}{x}\right)^{x}=\mathrm{e}^{-1}$．

**证明**　（1）$\lim\limits_{x\to0}(1+x)^{\frac{1}{x}}\xlongequal{y=\frac{1}{x}}\lim\limits_{y\to\infty}\left(1+\frac{1}{y}\right)^{y}=\mathrm{e}$

（2）$\lim\limits_{x\to\infty}\left(1+\frac{k}{x}\right)^{x}=\lim\limits_{x\to\infty}\left[\left(1+\frac{k}{x}\right)^{\frac{x}{k}}\right]^{k}=\mathrm{e}^{k}$

（3）$\lim\limits_{x\to\infty}\left(1-\frac{1}{x}\right)^{x}=\lim\limits_{x\to\infty}\dfrac{1}{\left(\dfrac{x}{x-1}\right)^{x}}$

$$=\lim\limits_{x\to\infty}\dfrac{1}{\left(1+\dfrac{1}{x-1}\right)^{x-1}\left(1+\dfrac{1}{x-1}\right)}$$

$$=\dfrac{1}{\mathrm{e}(1+0)}=\mathrm{e}^{-1}$$

**定理 2.2.8**　（1）设$\lim\limits_{x\to x_0}f(x)=a>0,\lim\limits_{x\to x_0}g(x)=b$,则$\lim\limits_{x\to x_0}f(x)^{g(x)}=a^{b}$.
如果 $x_0$ 换为 $x_0^{\pm}$,$\pm\infty$,$\infty$,结论仍成立.

（2）设$\lim\limits_{n\to+\infty}a_n=a>0,\lim\limits_{n\to+\infty}b_n=b$,则$\lim\limits_{n\to+\infty}a_n^{b_n}=a^{b}$.

**证明**　（1）根据复合函数极限、函数极限的四则运算定理及例 2.2.3,有

$$\lim\limits_{x\to x_0}f(x)^{g(x)}=\lim\limits_{x\to x_0}\mathrm{e}^{g(x)\ln f(x)}=\mathrm{e}^{\lim\limits_{x\to x_0}g(x)\ln f(x)}$$

$$=\mathrm{e}^{b\ln a}=\mathrm{e}^{\ln a^b}=a^{b}$$

（2）$\lim\limits_{n\to+\infty}a_n^{b_n}=\lim\limits_{n\to+\infty}\mathrm{e}^{b_n\ln a_n}=\mathrm{e}^{\lim\limits_{n\to+\infty}b_n\ln a_n}=\mathrm{e}^{b\ln a}=\mathrm{e}^{\ln a^b}=a^{b}$.

**例 2.2.12**　证明:(1) $\lim\limits_{n\to+\infty}\left(1+\frac{1}{n^2}\right)^{n}=1$;

(2) $\lim\limits_{n\to+\infty}\left(1+\frac{k}{n}\right)^{n}=\mathrm{e}^{k}$;

(3) $\lim\limits_{n\to+\infty}\left(1+\frac{1}{n}-\frac{1}{n^2}\right)^{n}=\mathrm{e}$.

**证明**　（1）

$$\lim\limits_{n\to+\infty}\left(1+\frac{1}{n^2}\right)^{n}=\lim\limits_{n\to+\infty}\left[\left(1+\frac{1}{n^2}\right)^{n^2}\right]^{\frac{1}{n}}\xlongequal{\text{定理2.2.8(2)}}\mathrm{e}^{0}=1$$

或者由

$$1<\left[\left(1+\frac{1}{n^2}\right)^{n^2}\right]^{\frac{1}{n}}<\mathrm{e}^{\frac{1}{n}}=\sqrt[n]{\mathrm{e}}\to1\quad(n\to+\infty)$$

及夹逼定理知

$$\lim_{n\to+\infty}\left(1+\frac{1}{n^2}\right)^n = 1$$

(2)

$$\lim_{n\to+\infty}\left(1+\frac{k}{n}\right)^n = \begin{cases} \lim_{n\to+\infty}\left[\left(1+\frac{k}{n}\right)^{\frac{n}{k}}\right]^k \xrightarrow{\text{定理}2.2.8(2)} e^k, k\neq 0 \\ \lim_{n\to+\infty}\left(1+\frac{0}{n}\right)^n = \lim_{n\to+\infty}1 = 1 = e^0, k = 0 \end{cases}$$

$$= e^k$$

(3)

$$\lim_{n\to+\infty}\left(1+\frac{1}{n}-\frac{1}{n^2}\right)^n = \lim_{n\to+\infty}\left[\left(1+\frac{1}{n}-\frac{1}{n^2}\right)^{\frac{1}{\frac{1}{n}-\frac{1}{n^2}}}\right]^{n\left(\frac{1}{n}-\frac{1}{n^2}\right)}$$

$$= \lim_{n\to+\infty}\left[\left(1+\frac{1}{n}-\frac{1}{n^2}\right)^{\frac{1}{\frac{1}{n}-\frac{1}{n^2}}}\right]^{\left(1-\frac{1}{n}\right)}$$

$$\xrightarrow{\text{定理}2.2.8(2)} e^{1-0} = e$$

或者由

$$e = \frac{e}{(1+0)^2} \leftarrow \frac{\left(1+\frac{n-1}{n^2}\right)^{\frac{n^2}{n-1}}}{\left(1+\frac{n-1}{n^2}\right)^2} = \left(1+\frac{n-1}{n^2}\right)^{\frac{n^2}{n-1}-2}$$

$$\leqslant \left(1+\frac{n-1}{n^2}\right)^{\frac{n^2}{n-1}-\frac{n}{n-1}} = \left(1+\frac{1}{n}-\frac{1}{n^2}\right)^n$$

$$< \left(1+\frac{1}{n}\right)^n \to e \quad (n\to+\infty)$$

及夹逼定理得

$$\lim_{n\to+\infty}\left(1+\frac{1}{n}-\frac{1}{n^2}\right)^n = e$$

下面的例 2.2.13 是几个重要的常用极限.

**例 2.2.13**　证明:(1) $\lim_{x\to0}\frac{\ln(1+x)}{x} = 1$,即 $\ln(1+x)\sim x(x\to0)$,

$\lim_{x\to0}\frac{\log_a(1+x)}{x} = \log_a e = \frac{1}{\ln a}$,即 $\log_a(1+x)\sim\frac{x}{\ln a}(x\to0)$,其中,$a>0$;

(2) $\lim\limits_{x\to 0}\dfrac{a^x-1}{x}=\ln a$，即 $a^x-1\sim x\ln a(x\to 0)$，其中 $a>0$，特别地，

$\lim\limits_{x\to 0}\dfrac{\mathrm{e}^x-1}{x}=1$，即 $\mathrm{e}^x-1\sim x(x\to 0)$；

(3) $\lim\limits_{n\to +\infty}\left(\dfrac{a_1^{\frac{1}{n}}+a_2^{\frac{1}{n}}+\cdots+a_m^{\frac{1}{n}}}{m}\right)^n=\sqrt[m]{a_1a_2\cdots a_m}$.

**证明**　（1）

$$\lim_{x\to 0}\frac{\ln(1+x)}{x}=\lim_{x\to 0}\ln(1+x)^{\frac{1}{x}}$$
$$=\ln\lim_{x\to 0}(1+x)^{\frac{1}{x}}$$
$$=\ln\mathrm{e}=1$$
$$\lim_{x\to 0}\frac{\log_a(1+x)}{x}=\lim_{x\to 0}\log_a(1+x)^{\frac{1}{x}}$$
$$=\log_a\lim_{x\to 0}(1+x)^{\frac{1}{x}}$$
$$=\log_a\mathrm{e}=\frac{1}{\ln a}$$

或

$$\lim_{x\to 0}\frac{\log_a(1+x)}{x}=\lim_{x\to 0}\frac{\ln(1+x)}{x\ln a}$$
$$=\frac{1}{\ln a}\lim_{x\to 0}\frac{\ln(1+x)}{x}$$
$$=\frac{1}{\ln a}\cdot 1=\frac{1}{\ln a}$$

（2）

$$\lim_{x\to 0}\frac{a^x-1}{x}\xrightarrow{y=a^x-1}\lim_{y\to 0}\frac{y}{\log_a(1+y)}$$
$$=\lim_{y\to 0}\frac{1}{\dfrac{\log_a(1+y)}{y}}=\frac{1}{\dfrac{1}{\ln a}}=\ln a$$

（3）

$$\lim_{n\to +\infty}\left(\frac{a_1^{\frac{1}{n}}+\cdots+a_m^{\frac{1}{n}}}{m}\right)^n=\lim_{x\to 0}\left(\frac{a_1^x+\cdots+a_m^x}{m}\right)^{\frac{1}{x}}$$

$$\xlongequal{1^\infty\text{型}}\lim_{x\to 0}\left\{\left[1+\frac{(a_1^x-1)+\cdots+(a_m^x-1)}{m}\right]^{\frac{m}{(a_1^x-1)+\cdots+(a_m^x-1)}}\right\}^{\frac{(a_1^x-1)+\cdots+(a_m^x-1)}{mx}}$$

$$\xlongequal[\text{本例(1)}]{\text{定理}2.2.8(1)}\mathrm{e}^{\frac{\ln a_1+\cdots+\ln a_m}{m}}=\mathrm{e}^{\ln\sqrt[m]{a_1\cdots a_m}}=\sqrt[m]{a_1\cdots a_m}$$

**例 2.2.14** 证明：(1) $\lim\limits_{x\to+\infty}\dfrac{a^x}{x^x}=0(a>1)$;

(2) $\lim\limits_{x\to+\infty}\dfrac{x^k}{a^x}=0(a>1)$;

(3) $\lim\limits_{x\to+\infty}\dfrac{\ln x}{x^k}=0(k>0)$.

当 $x\to+\infty$ 时,趋于 $+\infty$ 的级别 $x^x$ 最高,$a^x$ 次之$(a>1)$,$x^\alpha(\alpha>0)$ 再次之,$\ln x$ 最低.

**证明** (1) $\forall x>0$,取 $\Delta=\max\{2a,\log_{\frac12}\varepsilon\}$,当 $x>\Delta$ 时,有

$$\left|\frac{a^x}{x^x}-0\right|=\left(\frac{a}{x}\right)^x\leqslant\left(\frac12\right)^x\leqslant\left(\frac12\right)^\Delta\leqslant\varepsilon$$

所以

$$\lim_{x\to+\infty}\frac{a^x}{x^x}=0$$

或者由

$$0<\frac{a^x}{x^x}=\left(\frac{a}{x}\right)^x\leqslant\left(\frac12\right)^x\to0\quad(x\to+\infty)$$

及夹逼定理知, $\lim\limits_{x\to+\infty}\dfrac{a^x}{x^x}=0$.

(2) 由

$$0<\frac{x^k}{a^x}\leqslant\frac{([x]+1)^k}{a^{[x]}}=\frac{([x]+1)^k}{a^{[x]+1}}\cdot a\xrightarrow{\text{例 1.2.5(7)}}0\cdot a$$

$$=0\quad(x\to+\infty,\text{故}[x]\to+\infty)$$

及函数的夹逼定理推得

$$\lim_{x\to+\infty}\frac{x^k}{a^x}=0$$

(3) 由复合函数的极限定理知

$$\lim_{n\to+\infty}\frac{\ln n}{n}=\lim_{n\to+\infty}\ln\sqrt[n]{n}=\ln(\lim_{n\to+\infty}\sqrt[n]{n})=\ln1=0$$

或者 $\forall\varepsilon>0$,由于$\lim\limits_{n\to\infty}\sqrt[n]{n}=1$,故 $\exists N\in\mathbb{N}$,当 $n>N$ 时,有

$$0<\sqrt[n]{n}-1<e^\varepsilon-1$$

所以

$$1<\sqrt[n]{n}<e^\varepsilon$$

$$0 < \frac{\ln n}{n} = \ln \sqrt[n]{n} < \ln e^{\varepsilon} = \varepsilon$$

$$\lim_{n \to +\infty} \frac{\ln n}{n} = 0$$

再由

$$0 < \frac{\ln x}{x} < \frac{\ln([x]+1)}{[x]} = \frac{\ln([x]+1)}{[x]+1} \cdot \left(1 + \frac{1}{[x]}\right) \to 0 \cdot (1+0)$$

$$= 0 \, (x \to +\infty, \text{故} \, [x] \to +\infty)$$

及函数的夹逼定理得到

$$\lim_{x \to +\infty} \frac{\ln x}{x} = 0$$

于是,当 $k > 0$ 时,有

$$\lim_{x \to +\infty} \frac{\ln x}{x^k} = \lim_{x \to +\infty} \frac{\frac{1}{k}\ln x^k}{x^k} = \frac{1}{k} \cdot 0 = 0$$

**例 2.2.15**　证明: $\lim\limits_{x \to 0^+} x^k \ln x = 0 \, (k > 0)$.

**证明**　$\lim\limits_{x \to 0^+} x^k \ln x = \lim\limits_{x \to 0^+} \frac{-\ln \frac{1}{x}}{\left(\frac{1}{x}\right)^k} \xlongequal{y = \frac{1}{x}} -\lim\limits_{y \to +\infty} \frac{\ln y}{y^k} = 0$

# 练习题 2.2

**1.** 计算下列极限:

(1) $\lim\limits_{x \to 0} \dfrac{1 + x - 2x^3}{1 + x^4}$;

(2) $\lim\limits_{x \to 1} \dfrac{x^2 - 2x + 1}{x^3 - x}$;

(3) $\lim\limits_{x \to 0} \dfrac{\sqrt{1+x} - 1}{x - 1}$;

(4) $\lim\limits_{x \to 0} \dfrac{\sqrt{1+x} - \sqrt{1-x}}{x}$;

(5) $\lim\limits_{x \to 1} \dfrac{x^m - 1}{x - 1}$;

(6) $\lim\limits_{x \to 1} \dfrac{x^m - 1}{x^n - 1}$;

(7) $\lim\limits_{x \to 0} \dfrac{(1+x)^{\frac{1}{m}} - 1}{x}$;

(8) $\lim\limits_{x \to 1} \dfrac{x + x^2 + \cdots + x^m - m}{x - 1}$;

(9) $\lim\limits_{x \to 0} \dfrac{(1+mx)^n - (1+nx)^m}{x^2}$;

(10) $\lim\limits_{x \to 0} \dfrac{(1+nx)^{\frac{1}{m}} - (1+mx)^{\frac{1}{n}}}{x}$;

$(11) \lim\limits_{x \to 0} \dfrac{\sqrt{a^2 + x} - a}{x}(a > 0)$ ;     $(12) \lim\limits_{x \to +\infty} \dfrac{(3x + 1)^{70}(8x - 5)^{20}}{(5x - 1)^{90}}$ ;

$(13) \lim\limits_{x \to 1} \dfrac{\sqrt[m]{x} - 1}{\sqrt[n]{x} - 1}(m, n \in \mathbb{N})$ ;     $(14) \lim\limits_{x \to 0} \dfrac{\sqrt[m]{1 + \alpha x} \, \sqrt[n]{1 + \beta x} - 1}{x}$ ;

$(15) \lim\limits_{x \to 0} \dfrac{\sqrt{1 + x} - \sqrt{1 - x}}{\sqrt[3]{1 + x} - \sqrt[3]{1 - x}}$ ;

$(16) \lim\limits_{x \to \infty} (\sqrt{(a + x)(b + x)} - \sqrt{(a - x)(b - x)})$ ;

$(17) \lim\limits_{x \to 1} \left( \dfrac{m}{1 - x^m} - \dfrac{n}{1 - x^n} \right)(m, n \in \mathbb{N})$ ;

$(18) \lim\limits_{x \to a} \dfrac{(x^n - a^n) - na^{n-1}(x - a)}{(x - a)^2}(n \in \mathbb{N})$ ;

$(19) \lim\limits_{x \to 1} \dfrac{x^{n+1} - (n + 1)x + n}{(x - 1)^2}(n \in \mathbb{N})$ ;

$(20) \lim\limits_{x \to 1} \dfrac{(1 - \sqrt{x})(1 - \sqrt[3]{x}) \cdots (1 - \sqrt[n]{x})}{(1 - x)^{n-1}}(n \in \mathbb{N})$ .

**2.** 设 $\lim\limits_{x \to x_0} f(x) = a, \lim\limits_{x \to x_0} g(x) = b$ ,则:

(1) 若 $a > b$ ,则在某 $U°(x_0)$ 内有 $f(x) > g(x)$ ;

(2) 若在某 $U°(x_0)$ 内有 $f(x) < g(x)$ ,问:是否必有 $a < b$ ?说明理由.

**3.** 求下列极限 $(n \in \mathbb{N})$ :

$(1) \lim\limits_{x \to 2^+} \dfrac{[x]^2 - 4}{x^2 - 4}$ ;     $(2) \lim\limits_{x \to 2^-} \dfrac{[x]^2 + 4}{x^2 + 4}$ ;

$(3) \lim\limits_{x \to 1^-} \dfrac{[4x]}{1 + x}$ ;     $(4) \lim\limits_{x \to 0^-} \dfrac{|x|}{x} \cdot \dfrac{1}{1 + x^n}$ ;

$(5) \lim\limits_{x \to 0^+} \dfrac{|x|}{x} \dfrac{1}{1 + x^n}$ ;     $(6) \lim\limits_{x \to 0} \dfrac{\sqrt[n]{1 + x} - 1}{x}$ ;

$(7) \lim\limits_{x \to \infty} \dfrac{[x]}{x}$ ;     $(8) \lim\limits_{x \to +\infty} \dfrac{\sqrt{x + \sqrt{x + \sqrt{x}}}}{\sqrt{x + 1}}$ .

**4.** 设 $P(x) = a_1 x + a_2 x^2 + \cdots + a_n x^n$ . 证明

$$\lim\limits_{x \to 0} \dfrac{\sqrt[m]{1 + p(x)} - 1}{x} = \dfrac{a_1}{m}$$

其中 $n, m \in \mathbb{N}$ .

**5.** 确定出常数 $a$ 与 $b$，使得下列等式成立：

（1）$\lim\limits_{x \to \infty} \left( \dfrac{x^2 + 1}{x + 1} - ax - b \right) = 0$；

（2）$\lim\limits_{x \to +\infty} \left( \sqrt{x^2 - x + 1} - ax - b \right) = 0$；

（3）$\lim\limits_{x \to -\infty} \left( \sqrt{x^2 - x + 1} - ax - b \right) = 0$.

**6.** 求下列极限：

（1）$\lim\limits_{x \to 0} \dfrac{\sin ax}{\sin bx} (b \neq 0)$；

（2）$\lim\limits_{x \to 0} \dfrac{\sin(\sin x)}{x}$；

（3）$\lim\limits_{h \to 0} \dfrac{\sin(x + h) - \sin x}{h}$；

（4）$\lim\limits_{x \to +\infty} \left( \dfrac{1 + x}{3 + x} \right)^x$；

（5）$\lim\limits_{x \to 0} \dfrac{\sin x^3}{\sin^2 x}$；

（6）$\lim\limits_{x \to 0} \dfrac{\arctan x}{x}$；

（7）$\lim\limits_{x \to +\infty} x \sin \dfrac{1}{x}$；

（8）$\lim\limits_{x \to a} \dfrac{\sin^2 x - \sin^2 a}{x - a}$；

（9）$\lim\limits_{x \to 0} \dfrac{\sin 4x}{\sqrt{x + 1} - 1}$；

（10）$\lim\limits_{x \to 0} \dfrac{\sqrt{1 - \cos x^2}}{1 - \cos x}$.

**7.** 求下列极限：

（1）$\lim\limits_{n \to +\infty} \sin(\pi \sqrt{n^2 + 1})$；

（2）$\lim\limits_{n \to +\infty} \sin^2(\pi \sqrt{n^2 + n})$.

**8.** （1）证明：$\forall k \in \mathbb{N}$，有 $\lim\limits_{x \to +\infty} \left[ \sin \sqrt{x + k} - \sin \sqrt{x} \right] = 0$；

（2）设常数 $a_1, a_2, \cdots, a_n$ 满足 $a_1 + a_2 + \cdots + a_n = 0$，证明

$$\lim\limits_{x \to +\infty} \sum_{k=1}^{n} a_k \sin \sqrt{x + k} = 0$$

**9.** 证明

$$\lim\limits_{n \to +\infty} \left( \cos \dfrac{x}{2} \cos \dfrac{x}{4} \cdots \cos \dfrac{x}{2^n} \right) = \begin{cases} \dfrac{\sin x}{x}, & x \neq 0 \\ 1, & x = 0 \end{cases}$$

**10.** 计算极限：

（1）$\lim\limits_{x \to 0} (1 - 2x)^{\frac{1}{x}}$；

（2）$\lim\limits_{x \to +\infty} \left( \dfrac{x + a}{x - a} \right)^x$；

（3）$\lim\limits_{x \to 0} \left( \dfrac{1 + \tan x}{1 + \sin x} \right)^{\frac{1}{\sin x}}$；

（4）$\lim\limits_{x \to 0} \left( \dfrac{\cos x}{\cos 2x} \right)^{\frac{1}{x^2}}$；

(5) $\lim\limits_{x\to\frac{\pi}{4}}(\tan x)^{\tan 2x}$;      (6) $\lim\limits_{x\to\frac{\pi}{2}}(\sin x)^{\tan x}$;

(7) $\lim\limits_{x\to+\infty}\left(\sin\dfrac{1}{x}+\cos\dfrac{1}{x}\right)^{x}$;      (8) $\lim\limits_{x\to0^{+}}(\cos\sqrt{x})^{\frac{1}{x}}$;

(9) $\lim\limits_{n\to+\infty}\cos^{n}\dfrac{x}{\sqrt{n}}$;      (10) $\lim\limits_{x\to0}(2\mathrm{e}^{\frac{x}{1+x}}-1)^{\frac{x^2+1}{x}}$;

(11) $\lim\limits_{x\to a}\left(\dfrac{\sin x}{\sin a}\right)^{\frac{1}{x-a}}, a\neq k\pi, k\in\mathbb{Z}$(整数集);

(12) $\lim\limits_{n\to+\infty}\sqrt{2}\cdot\sqrt[4]{2}\cdot\sqrt[8]{2}\cdots\sqrt[2^n]{2}$;

(13) $\lim\limits_{x\to0}\dfrac{(1+x)^{\mu}-1}{x}$(令$(1+x)^{\mu}=\mathrm{e}^{y}$).

**11.** 设 $x_n=\underbrace{\sin\cdots\sin}_{n次}\alpha$. 证明: $\lim\limits_{n\to+\infty}x_n=0$.

## 思考题2.2

**1.** 证明: $\lim\limits_{n\to+\infty}n\sin(2\pi\mathrm{e}n!)=2\pi$(提示: $\mathrm{e}=1+\sum\limits_{k=1}^{n}\dfrac{1}{k!}+\dfrac{\theta_n}{n!n},\dfrac{n}{n+1}<\theta_n<1$).

**2.** 证明: $\lim\limits_{n\to+\infty}\{[(n+1)!]^{\frac{1}{n+1}}-(n!)^{\frac{1}{n}}\}=\dfrac{1}{\mathrm{e}}$.

**3.** 设 $|x|<1$. 证明

$$\lim\limits_{n\to+\infty}\left(1+\dfrac{1+x+x^2+\cdots+x^n}{n}\right)^{n}=\mathrm{e}^{\frac{1}{1-x}}$$

**4.** 设 $f$ 与 $g$ 为两个周期函数, 且 $\lim\limits_{x\to+\infty}[f(x)-g(x)]=0$, 证明: $f=g$.

# 2.3 无穷小(大)量的数量级

上一节已涉及无穷小量及等价无穷小量, 这一节将详细讨论无穷小(大)量以及它们的数量级.

**定义2.3.1** 如果当 $x\to x_0(x_0^{\pm}, \pm\infty, \infty)$ 时, $f(x)\to0$, 则称 $x\to x_0(x_0^{\pm}, \pm\infty, \infty)$ 时, $f(x)$ 为**无穷小量**或**无穷小**, 记作 $f(x)=o(1)(x\to x_0(x_0^{\pm}, \pm\infty,$

∞)),即

$$\lim_{x \to x_0} \frac{f(x)}{1} = \lim_{x \to x_0} f(x) = 0$$

如果当 $x \to x_0(x_0^{\pm}, \pm \infty, \infty)$ 时 $f(x) \to \infty$,则称 $x \to x_0(x_0^{\pm}, \pm \infty, \infty)$ 时, $f(x)$ 为**无穷大量**或**无穷大**.

简言之,极限为 $0(\infty)$ 的变量称为无穷小(大)量.

**例 2.3.1**

| 无穷小量 | 无穷大量 |
|---|---|
| $\sin x(x \to 0)$ | |
| $\tan x(x \to 0)$ | |
| $x^{\alpha}(\alpha > 0, x \to 0^+)$ | $\dfrac{1}{x^{\alpha}}(\alpha > 0, x \to 0^+)$ |
| $(x - x_0)^{\alpha}(\alpha > 0, x \to x_0^+)$ | $\dfrac{1}{(x - x_0)^{\alpha}}(\alpha > 0, x \to x_0^+)$ |
| $(x - x_0)^n(n \in \mathbb{N}, x \to x_0)$ | $\dfrac{1}{(x - x_0)^n}(n \in \mathbb{N}, x \to x_0)$ |
| $a^x - 1(a > 0, x \to 0)$ | |
| $1 - \cos x(x \to 0)$ | |
| $\dfrac{1}{x^{\alpha}}(\alpha > 0, x \to + \infty)$ | $x^{\alpha}(\alpha > 0, x \to + \infty)$ |
| $\dfrac{1}{x^n}(n \in \mathbb{N}, x \to \infty)$ | $x^n(n \in \mathbb{N}, x \to \infty)$ |
| $\dfrac{1}{x^{\frac{1}{3}}}(x \to \infty)$ | $x^{\frac{1}{3}}(x \to \infty)$ |
| $\dfrac{1}{x^{\frac{1}{2}}}(x \to + \infty)$ | $x^{\frac{1}{2}}(x \to + \infty)$ |
| $a^x(a > 1, x \to - \infty)$ | $a^{-x}(a > 1, x \to - \infty)$ |
| $a^x(0 < a < 1, x \to + \infty)$ | $a^{-x}(0 < a < 1, x \to + \infty)$ |
| $q^n(|q| < 1, n \to + \infty)$ | $\left(\dfrac{1}{q}\right)^n(|q| < 1, n \to + \infty)$ |
| $n^{-\alpha}(\alpha > 0, n \to + \infty)$ | $n^{\alpha}(\alpha > 0, n \to + \infty)$ |

此外,当 $x \to + \infty$ 时,$\ln x, x^{\alpha}(\alpha > 0), a^x(a > 1), x^x$ 均为无穷大量.

根据定理 1.2.7(7) 及注 2.2.2 知,当 $x \to x_0(x_0^{\pm}, \pm \infty, \infty)$ 时,$f(x)$ 为无穷

小量 $\Leftrightarrow$ 当 $x \to x_0(x_0^{\pm}, \pm\infty, \infty)$ 时, $\dfrac{1}{f(x)}$ 为无穷大量(其中 $f(x) \neq 0$).

两个无穷小量的和仍为无穷小量,两个无穷小量的积仍为无穷小量. 根据数学归纳法推得有限个无穷小量的和仍为无穷小量,有限个无穷小量的积仍为无穷小量.

**定义 2.3.2** 设当 $x \to x_0(x_0^{\pm}, \pm\infty, \infty)$ 时, $f(x)$ 与 $g(x)$ 都为无穷小(大)量,且当 $x \neq x_0$ 时, $g(x) \neq 0$.

(1) 如果 $\lim\limits_{x \to x_0} \dfrac{f(x)}{g(x)} = 0$,则称当 $x \to x_0$ 时, $f(x)$ 是比 $g(x)$ **高(低)阶(级)的无穷小(大)量**,记作 $f(x) = o(g(x))(x \to x_0)$.

(2) 如果 $\lim\limits_{x \to x_0} \dfrac{f(x)}{g(x)} = a \neq 0$,则称当 $x \to x_0$ 时, $f(x)$ 与 $g(x)$ 是**同阶(级)无穷小(大)量或数量级是相同的**,并且记作 $f(x) = O^*(g(x))(x \to x_0)$.

(3) 如果 $\lim\limits_{x \to x_0} \dfrac{f(x)}{g(x)} = 1$,则称当 $x \to x_0$ 时, $f(x)$ 与 $g(x)$ 是**等价无穷小(大)量**,记作 $f(x) \sim g(x)(x \to x_0)$.

显然,等价无穷小(大)量必为同阶无穷小(大)量,但反之并不成立.

(4) 设 $\alpha > 0$,如果 $\lim\limits_{x \to x_0} \dfrac{|f(x)|}{|x - x_0|^{\alpha}} = a \neq 0$,则称当 $x \to x_0$ 时, $f(x)$ 是 $\alpha$ 阶(级)无穷小量. 如果 $\lim\limits_{x \to \infty} \dfrac{|f(x)|}{\dfrac{1}{|x|^{\alpha}}} = a \neq 0$,则称当 $x \to \infty$ 时, $f(x)$ 是 $\alpha$ 阶(级)无穷小量.

当 $\alpha = n \in \mathbb{N}$ 时,有时用 $\lim\limits_{x \to x_0} \dfrac{f(x)}{(x - x_0)^n} = a \neq 0$, $\lim\limits_{x \to \infty} \dfrac{f(x)}{\dfrac{1}{x^n}} = a \neq 0$ 代替上述的 $\lim\limits_{x \to x_0} \dfrac{|f(x)|}{|x - x_0|^{\alpha}} = a \neq 0$, $\lim\limits_{x \to \infty} \dfrac{|f(x)|}{\dfrac{1}{|x|^{\alpha}}} = a \neq 0$.

类似地,如果 $\lim\limits_{x \to x_0} \dfrac{|f(x)|}{\dfrac{1}{|x - x_0|^{\alpha}}} = a \neq 0$,则称当 $x \to x_0$ 时, $f(x)$ 是 $\alpha$ 阶(级)无穷大量,如果 $\lim\limits_{x \to \infty} \dfrac{|f(x)|}{|x|^{\alpha}} = a \neq 0$,则称当 $x \to \infty$ 时, $f(x)$ 是 $\alpha$ 阶(级)无穷大

量.

值得注意,并不是任何无穷大量都能确定其阶数的. 例如, $\lim\limits_{x \to +\infty} \dfrac{x^x}{x^\alpha} = \lim\limits_{x \to +\infty} x^{x-\alpha} = +\infty$, $\forall \alpha \in \mathbb{R}$ 都成立,所以, $x^x$ 不是 $\alpha$ 阶的无穷大量.

**定理 2.3.1**  当 $x \to x_0(x_0^{\pm}, \pm\infty, \infty)$ 时, $f(x), g(x)$ 为无穷小(大)量,则:

(1) $f(x)$ 与 $g(x)$ 为同阶无穷小(大)量,即 $f(x) = O^*(g(x))(x \to x_0)$.

(2) 由(1)可得,存在实数 $K, L > 0$ 及 $x_0$ 的去心邻域 $U^\circ(x_0)$, s.t.

$$0 < K \leqslant \left|\frac{f(x)}{g(x)}\right| \leqslant L, \forall x \in U^\circ(x_0)$$

(3) 由(2)可得,存在实数 $L > 0$ 及 $x_0$ 的去心开邻域 $U^\circ(x_0)$, s.t.

$$\left|\frac{f(x)}{g(x)}\right| \leqslant L, \forall x \in U^\circ(x_0)$$

此时,记 $f(x) = O(g(x))(x \to x_0)$. 特别地, $f$ 在 $U^\circ(x_0)$ 内有界,记作 $f(x) = O(1)(x \to x_0)$,即

$$\left|\frac{f(x)}{1}\right| \leqslant L, \forall x \in U^\circ(x_0)$$

**证明**  (1)$\Rightarrow$(2) 因为 $f(x) = O^*(g(x))(x \to x_0)$,所以, $\lim\limits_{x \to x_0} \dfrac{f(x)}{g(x)} = a \neq 0$, $\lim\limits_{x \to x_0} \left|\dfrac{f(x)}{g(x)}\right| = |a| > 0$. 取 $\varepsilon = \dfrac{|a|}{2}$,则 $\exists U^\circ(x_0)$, s.t.

$$0 < K = \frac{|a|}{2} = |a| - \frac{|a|}{2}$$
$$< \left|\frac{f(x)}{g(x)}\right| < |a| + \frac{|a|}{2}$$
$$= \frac{3}{2}|a| = L, x \in U^\circ(x_0)$$

(2)$\Rightarrow$(3) 显然.

**定理 2.3.2**(等价代换)  设 $x \to x_0(x_0^{\pm}, \pm\infty, \infty)$ 时, $f(x), g(x), f_1(x), g_1(x)$ 都是无穷小(大)量,且 $f(x) \sim f_1(x)(x \to x_0), g(x) \sim g_1(x)(x \to x_0)$,则 $\lim\limits_{x \to x_0} \dfrac{f(x)}{g(x)}, \lim\limits_{x \to x_0} \dfrac{f_1(x)}{g_1(x)}$ 只要其中一个极限存在,那么另一个也存在,且两个极限相等.

**证明**  不妨设第二个极限存在,则

$$\lim_{x \to x_0} \frac{f(x)}{g(x)} = \lim_{x \to x_0} \frac{f(x)}{f_1(x)} \frac{f_1(x)}{g_1(x)} \frac{g_1(x)}{g(x)} = \lim_{x \to x_0} \frac{f_1(x)}{g_1(x)}$$

2.2 节中已证明了,当 $x \to 0$ 时

$$\sin x \sim x, 1 - \cos x \sim \frac{x^2}{2}, \tan x \sim x$$

$$\ln(1 + x) \sim x, \tan x - \sin x \sim \frac{x^3}{2}$$

当 $x \to + \infty$ 时, $\ln x, x^k(k > 0), a^x(a > 1), x^x$ 是一个比一个更高阶的无穷大量,记作

$$\ln x = o(x^k), x^k = o(a^x), a^x = o(x^x)$$

$$\frac{1}{n!} = o(q^n) \quad (n \to + \infty, | q | < 1)$$

**例 2.3.2** 应用等价代换求下列极限:

(1) $\lim\limits_{x \to 0} \dfrac{\tan ax^2}{1 - \cos x}(a \neq 0)$;

(2) $\lim\limits_{x \to 0} \dfrac{\sin(\sin x^3)}{\sqrt{1 + x^2} - 1}$;

(3) $\lim\limits_{x \to 0} \dfrac{\tan x - \sin x}{\sin x^3}$;

(4) $\lim\limits_{x \to 0} \dfrac{\arctan x}{\sin 4x}$.

**解** (1) $\lim\limits_{x \to 0} \dfrac{\tan ax^2}{1 - \cos x} = \lim\limits_{x \to 0} \dfrac{ax^2}{\frac{x^2}{2}} = 2a.$

(2)
$$\lim_{x \to 0} \frac{\sin(\sin x^3)}{\sqrt{1 + x^2} - 1} = \lim_{x \to 0} \frac{(\sqrt{1 + x^2} + 1)\sin x^3}{x^2}$$
$$= \lim_{x \to 0} \frac{(\sqrt{1 + x^2} + 1)x^3}{x^2}$$
$$= \lim_{x \to 0} x(\sqrt{1 + x^2} + 1)$$
$$= 0 \cdot 2 = 0$$

(3)
$$\lim_{x \to 0} \frac{\tan x - \sin x}{\sin x^3} = \lim_{x \to 0} \frac{\frac{x^3}{2}}{x^3} = \frac{1}{2}$$

或者

$$\lim_{x \to 0} \frac{\tan x - \sin x}{\sin x^3} = \lim_{x \to 0} \frac{\left(\frac{1}{\cos x} - 1\right)\sin x}{x^3}$$

$$= \lim_{x \to 0} \frac{1}{\cos x} \frac{(1 - \cos x) x}{x^3}$$

$$= \frac{1}{1} \lim_{x \to 0} \frac{\dfrac{x^2}{2} \cdot x}{x^3} = \frac{1}{2}$$

(4)　　$$\lim_{x \to 0} \frac{\arctan x}{\sin 4x} = \lim_{x \to 0} \frac{\arctan x}{4x} = \frac{1}{4} \lim_{y \to 0} \frac{y}{\tan y}$$

$$= \frac{1}{4} \lim_{y \to 0} \frac{y}{y} = \frac{1}{4}$$

**例 2.3.3**　设 $f(x) \sim g(x)$ $(x \to x_0)$（等价无穷小量），则

$$\ln[1 + f(x)] \sim \ln[1 + g(x)] \quad (x \to x_0)$$

**证明**　由 $\ln(1 + x) \sim x(x \to 0)$，有

$$\lim_{x \to 0} \frac{\ln[1 + f(x)]}{\ln[1 + g(x)]} = \lim_{x \to 0} \frac{f(x)}{g(x)} = 1$$

即

$$\ln[1 + f(x)] \sim \ln[1 + g(x)] \quad (x \to x_0)$$

**例 2.3.4**　等价代换适用于 $\cdot$，$\div$，幂次，但不适用于 $+$，$-$.

如 $x^3 + x \sim x(x \to 0)$，但

$$1 = \lim_{x \to 0} \frac{(x^3 + x) - x}{x^3} \neq \lim_{x \to 0} \frac{x - x}{x^3} = \lim_{x \to 0} 0 = 0$$

**例 2.3.5**　设 $\alpha(x) \to 0(x \to x_0)$，$\alpha(x) \neq 0$，则当 $x \to x_0$ 时，有：

(1) $o(\alpha(x)) + o(\alpha(x)) = o(\alpha(x))$；

(2) $\beta(x) \cdot o(\alpha(x)) = o(\alpha(x)\beta(x))$，其中 $\beta(x)$ 有界，并且 $\beta(x) \neq 0$；

(3) $[o(\alpha(x))]^k = o([\alpha(x)]^k)(k > 0)$.

**证明**　(1) 因为

$$\lim_{x \to x_0} \frac{o_1(\alpha(x)) + o_2(\alpha(x))}{\alpha(x)} = \lim_{x \to x_0} \frac{o_1(\alpha(x))}{\alpha(x)} + \lim_{x \to x_0} \frac{o_2(\alpha(x))}{\alpha(x)}$$

$$= 0 + 0 = 0$$

所以

$$o_1(\alpha(x)) + o_2(\alpha(x)) = o(\alpha(x)) \quad (x \to x_0)$$

(2) 因为

$$\lim_{x \to x_0} \frac{\beta(x) \cdot o(\alpha(x))}{\alpha(x)\beta(x)} = \lim_{x \to x_0} \frac{o(\alpha(x))}{\alpha(x)} = 0$$

所以

$$\beta(x) \cdot o(\alpha(x)) = o(\alpha(x)\beta(x)) \quad (x \to x_0)$$

(3) 由

$$\lim_{x \to x_0} \frac{[o(\alpha(x))]^k}{[\alpha(x)]^k} = \lim_{x \to x_0}\left[\frac{o(\alpha(x))}{\alpha(x)}\right]^k = 0^k = 0$$

可得

$$[o(\alpha(x))]^k = o([\alpha(x)]^k) \quad (x \to x_0)$$

**例 2.3.6** 求下列无穷小量或无穷大量的阶(级):

$(1) x^2 + x + \sqrt{x}(x \to 0^+)$;　　　　$(2) x^2 + x + \sqrt{x}(x \to +\infty)$;

$(3) \dfrac{x^2 + x - 2}{(x^2 - 1)^2}(x \to 1)$;　　　　$(4) \sqrt{2x^2 + 1}(x \to +\infty)$;

$(5) \sqrt{x + \sqrt{x + \sqrt{x}}}(x \to +\infty)$;　　$(6) \sqrt{x + \sqrt{x + \sqrt{x}}}(x \to 0^+)$.

**证明** (1) 因为

$$\lim_{x \to 0^+} \frac{x^2 + x + \sqrt{x}}{x^{\frac{1}{2}}} = \lim_{x \to 0^+}(x^{\frac{3}{2}} + x^{\frac{1}{2}} + 1) = 0 + 0 + 1 = 1$$

所以当 $x \to 0^+$ 时,$x^2 + x + \sqrt{x}$ 为 $\dfrac{1}{2}$ 阶无穷小量.

(2) 由

$$\lim_{x \to +\infty} \frac{x^2 + x + \sqrt{x}}{x^2} = \lim_{x \to +\infty}\left(1 + \frac{1}{x} + x^{-\frac{3}{2}}\right) = 1 + 0 + 0 = 1$$

得到,当 $x \to +\infty$ 时,$x^2 + x + \sqrt{x}$ 为二阶无穷大量.

(3) 由

$$\lim_{x \to 1} \frac{\dfrac{x^2 + x - 2}{(x^2 - 1)^2}}{\dfrac{1}{x - 1}} = \lim_{x \to 1} \frac{\dfrac{(x + 2)(x - 1)}{(x + 1)^2(x - 1)^2}}{\dfrac{1}{x - 1}} = \lim_{x \to 1} \frac{x + 2}{(x + 1)^2}$$

$$= \frac{1 + 2}{(1 + 1)^2} = \frac{3}{4}$$

知,当 $x \to 1$ 时,$\dfrac{x^2 + x - 2}{(x^2 - 1)^2}$ 为一阶无穷大量.

(4) 因为

$$\lim_{x\to+\infty} \frac{\sqrt{2x^2+1}}{x} = \lim_{x\to+\infty} \sqrt{2+\frac{1}{x^2}} = \sqrt{2+0} = \sqrt{2}$$

所以,当 $x\to+\infty$ 时, $\sqrt{2x^2+1}$ 为一阶无穷大量.

(5) 由

$$\lim_{x\to+\infty} \frac{\sqrt{x+\sqrt{x+\sqrt{x}}}}{\sqrt{x}} = \lim_{x\to+\infty} \sqrt{1+\sqrt{\frac{1}{x}+\frac{1}{x^{\frac{3}{2}}}}} = \sqrt{1+\sqrt{0+0}} = 1$$

推得,当 $x\to+\infty$ 时, $\sqrt{x+\sqrt{x+\sqrt{x}}}$ 为 $\frac{1}{2}$ 阶无穷大量.

(6) 由

$$\lim_{x\to0^+} \frac{\sqrt{x+\sqrt{x+\sqrt{x}}}}{x^{\frac{1}{8}}} = \lim_{x\to0^+} \sqrt{x^{\frac{3}{4}}+\sqrt{x^{\frac{1}{2}}+1}} = \sqrt{0+\sqrt{0+1}} = 1$$

知,当 $x\to0^+$ 时, $\sqrt{x+\sqrt{x+\sqrt{x}}}$ 为 $\frac{1}{8}$ 阶无穷小量.

**注 2.3.1**    从例 2.3.6 可以看出,当 $x\to+\infty$ 时,函数 $\sqrt{x+\sqrt{x+\sqrt{x}}}$ 无穷大量的阶是高幂次项 $\sqrt{x} = x^{\frac{1}{2}}$ 的指数 $\frac{1}{2}$ ;而当 $x\to0^+$ 时无穷小量的阶是低幂次项 $\sqrt{\sqrt{\sqrt{x}}} = x^{\frac{1}{8}}$ 的指数 $\frac{1}{8}$.

## 练习题 2.3

**1.** 证明下列各式:

(1) $2x - x^2 = O^*(x)(x\to0)$ ;　　　　(2) $x\sin\sqrt{x} \sim x^{\frac{3}{2}}(x\to0^+)$ ;

(3) $2x^3 + x^2 = O^*(x^3)(x\to\infty)$ ;　　(4) $x\sin\sqrt[4]{x} = o(x^{\frac{5}{4}})(x\to0)$ ;

(5) $\sqrt{1+x} - 1 = o(1)(x\to0)$ ;　　(6) $\sqrt{1+x} - 1 \sim \frac{x}{2}(x\to0)$ ;

(7) $\dfrac{1}{1+\alpha(x)} = 1 - \alpha(x) + o(\alpha(x))(x\to x_0)$ ,其中 $\alpha(x) = o(1)(x\to x_0)$ ;

(8) $(1+x)^n = 1 + nx + o(x)(x\to0), n\in\mathbb{N}$ ;

$(9)(1 + x)^n = 1 + nx + O^*(x^2)(x \to 0), n \in \mathbb{N};$

$(10) \sqrt{x + \sqrt{x + \sqrt{x}}} \sim \sqrt{x}(x \to + \infty).$

**2.** 确定 $\alpha$ 的值,使下列函数与 $x^\alpha$ 当 $x \to 0$ 时为同阶无穷小量:

$(1) \sin 2x - 2\sin x;$    $(2) \dfrac{1}{1 + x} - (1 - x);$

$(3) \sqrt{1 + \tan x} - \sqrt{1 - \sin x};$    $(4) \sqrt[5]{3x^2 - 4x^3}.$

**3.** 确定 $\alpha$ 的值,使下列函数与 $x^\alpha$ 当 $x \to \infty$ 时为同阶无穷大量:

$(1) \sqrt{x^2 + x^5};$    $(2) x + x^2(2 + x^{-1}\sin x);$

$(3) \sqrt{x + \sqrt{x + \sqrt{x}}};$    $(4) \dfrac{2x^5}{x^3 - 3x + 1}.$

**4.** 求下列无穷小或无穷大的阶:

$(1) x - 5x^3 + x^{10}(x \to 0);$    $(2) x - 5x^3 + x^{10}(x \to + \infty);$

$(3) x^3 - 3x + 2(x \to 1);$    $(4) \sqrt{x\sin x}(x \to 0);$

$(5) \sqrt{1 + x} - \sqrt{1 - x}(x \to 0);$    $(6) \sqrt{x^2 + \sqrt[3]{x}}(x \to + \infty);$

$(7) \dfrac{x + 1}{x^4 + 1}(x \to + \infty);$    $(8) \dfrac{2x^5}{x^3 - 3x + 1}(x \to + \infty);$

$(9) \dfrac{1}{\sin \pi x}(x \to 1);$    $(10) \sin(\sqrt{1 + \sqrt{1 + \sqrt{x}}} - \sqrt{2})(x \to 0^+);$

$(11) \sqrt{x + \sqrt{x + \sqrt{x + \sqrt{x}}}}(x \to + \infty);$

$(12) \sqrt{x + \sqrt{x + \sqrt{x + \sqrt{x}}}}(x \to 0^+);$

$(13)(1 + x)(1 + x^2)\cdots(1 + x^n)(x \to + \infty);$

$(14) x^3 - 3x + 2(x \to 1);$

$(15) \ln x(x \to 1);$    $(16) e^x - e(x \to 1);$

$(17) \sqrt[3]{1 - \sqrt{x}}(x \to 1);$    $(18) x^x - 1(x \to 1).$

**5.** 用等价无穷小替换求下列极限:

$(1) \lim\limits_{x \to + \infty} \dfrac{x\arctan \dfrac{1}{x}}{x - \cos x};$    $(2) \lim\limits_{x \to 0} \dfrac{\sqrt{1 + x^2} - 1}{1 - \cos x};$

$(3) \lim\limits_{x \to 0} \dfrac{x\tan^4 x}{\sin^3(1 - \cos x)};$    $(4) \lim\limits_{x \to 0} \dfrac{\sqrt{1 + x^4} - 1}{1 - \cos^2 x};$

(5) $\lim\limits_{x\to 0}\dfrac{\tan(\tan x)}{\sin x}$;

(6) $\lim\limits_{x\to 0}\dfrac{(e^x-1)^2(\sqrt{1+x^2}-1)^3}{x^5\sin^3 x}$;

(7) $\lim\limits_{x\to 0}\dfrac{\sqrt[n]{1+x+x^2}-1}{\sin 2x}, n\in\mathbb{N}$.

**6.** 设 $f(x)\neq 0, g(x)\neq 0, f(x)\sim g(x)(x\to x_0)$. 证明

$$f(x)-g(x)=o(f(x))$$
$$f(x)-g(x)=o(g(x))$$

## 思考题 2.3

**1.** 设 $\lim\limits_{x\to 0}f(x)=0$, 且 $f(x)-f\left(\dfrac{x}{2}\right)=o(x)(x\to 0)$. 证明: $f(x)=o(x)(x\to 0)$.

**2.** 设函数 $f,g:[a,+\infty)\to\mathbb{R}$ 满足:

(1) $g(x+T)>g(x), \forall x\geq a$, 其中 $T>0$ 为常数;

(2) 函数 $f,g$ 在 $[a,+\infty)$ 的任何有限子区间上有界;

(3) $\lim\limits_{x\to+\infty}g(x)=+\infty$.

证明: 若

$$\lim_{x\to+\infty}\frac{f(x+T)-f(x)}{g(x+T)-g(x)}=A$$

则

$$\lim_{x\to+\infty}\frac{f(x)}{g(x)}=A$$

**3.** 函数列 $f_n:(0,+\infty)\to\mathbb{R}, n=1,2,3,\cdots, \forall n\in\mathbb{N}, f_n$ 都是无穷大 $(x\to+\infty)$. 证明: 存在 $(0,+\infty)$ 上的一个函数 $f$, 当 $x\to+\infty$ 时, $f$ 是比 $f_n$ 更高阶的无穷大, $n\in\mathbb{N}$.

# 2.4　函数的连续、单调函数的不连续点集、初等函数的连续性

连续函数是一大类很重要的函数, 且初等函数和许多我们所熟悉的函数都

是连续的. 为此,我们先了解它的定义.

**定义 2.4.1** 设 $X \subset \mathbb{R}, f: X \to \mathbb{R}$ 为一元函数,$x_0 \in X$,如果 $\lim\limits_{x \to x_0} f(x) = f(x_0)$,即 $\forall \varepsilon > 0, \exists \delta > 0$,当 $x \in X$,$|x - x_0| < \delta$ 时,有

$$|f(x) - f(x_0)| < \varepsilon$$

则称 $f$ **在点** $x_0 \in X$ **处连续**,而 $x_0$ 称为 $f$ 的**连续点**. 如果 $x_0$ 不是 $f$ 的连续点,则称它为 $f$ 的**不连续点**或**间断点**. 此时,或者 $f$ 在 $x_0$ 无定义;或者 $f$ 在 $x_0$ 无极限;或者即使有极限,但 $\lim\limits_{x \to x_0} f(x) \neq f(x_0)$.

如果 $f$ 在 $X$ 中每一点处都连续,则称 $f$ **在** $X$ **中连续**或 $f$ 为 $X$ 中的**连续函数**.

如果 $f$ 在 $x_0$ 的右旁有定义,又 $\lim\limits_{x \to x_0^+} f(x) = f(x_0)$,即 $\forall \varepsilon > 0, \exists \delta > 0$,当 $x \in [x_0, x_0 + \delta) \cap X$ 时,有 $|f(x) - f(x_0)| < \varepsilon$,则称 $f$ 在 $x_0$ **右连续**,此时 $f(x_0^+) = f(x_0)$.

如果 $f$ 在 $x_0$ 的左旁有定义,又 $\lim\limits_{x \to x_0^-} f(x) = f(x_0)$,即 $\forall \varepsilon > 0, \exists \delta > 0$,当 $x \in (x_0 - \delta, x_0] \cap X$ 时,有 $|f(x) - f(x_0)| < \varepsilon$,则称 $f$ 在 $x_0$ **左连续**,此时 $f(x_0^-) = f(x_0)$.

特别地,当 $X = [a, b]$ 时,$f$ 在 $[a, b]$ 上连续是指 $f$ 在 $(a, b)$ 中每一点都连续,而在 $a$ 右连续,在 $b$ 左连续. 类似地可理解 $f$ 在 $(a, b]$,$[a, b)$,$(a, b)$ 上的连续性.

**定理 2.4.1** 设 $f$ 在 $x_0$ 的某开邻域中有定义,则 $f$ 在 $x_0$ 连续 $\Leftrightarrow f$ 在 $x_0$ 既左连续又右连续,即

$$f(x_0 - 0) = \lim\limits_{x \to x_0^-} f(x) = f(x_0) = \lim\limits_{x \to x_0^+} f(x) = f(x_0 + 0)$$

**证明** $\qquad f$ 在 $x_0$ 连续 $\Leftrightarrow \lim\limits_{x \to x_0} f(x) = f(x_0)$

$$\Leftrightarrow \lim\limits_{x \to x_0^-} f(x) = f(x_0) = \lim\limits_{x \to x_0^+} f(x)$$

$$\Leftrightarrow f \text{ 在 } x_0 \text{ 既左连续又右连续}$$

**定理 2.4.2**(连续的四则运算) 设 $f, g$ 在 $x_0$ 连续,则 $f \pm g, fg, \dfrac{f}{g}(g(x_0) \neq 0)$ 都在 $x_0$ 连续.

**证明** 应用函数极限的四则运算定理立即可得. 例如

$$\lim\limits_{x \to x_0} fg(x) = \lim\limits_{x \to x_0} f(x) g(x) = \lim\limits_{x \to x_0} f(x) \cdot \lim\limits_{x \to x_0} g(x)$$

$$= f(x_0) g(x_0) = fg(x_0)$$

所以 $,fg$ 在 $x_0$ 连续. 其他证明类似.

**定理 2.4.3**(复合函数的连续性)　设 $y = f(u)$ 在 $u_0$ 连续 $,u = u(x)$ ,当 $x \to x_0(x_0^{\pm}, \pm\infty, \infty)$ 时 $,u(x) \to u_0$ ,则

$$\lim_{x \to x_0} f(u(x)) = f(u_0) = f(\lim_{x \to x_0} u(x))$$

(极限号与连续函数交换次序).

特别地 ,当 $u = u(x)$ 在 $x_0 \in \mathbb{R}$ 处连续时 $,u_0 = u(x_0), f \circ u(x) = f(u(x))$ 在 $x_0$ 处也连续(复合函数的连续性).

**证明**　因为 $y = f(u)$ 在 $u_0$ 连续 ,所以 $\exists \delta > 0$ ,当 $|u - u_0| < \delta$ 时 ,有

$$|f(u) - f(u_0)| < \varepsilon$$

对该 $\delta > 0$ ,由 $\lim\limits_{x \to x_0} u(x) = u_0$ 知 $,\exists \eta > 0$ ,当 $0 < |x - x_0| < \eta$ 时 ,有

$$|u(x) - u_0| < \delta$$

$$|f(u(x)) - f(u_0)| < \varepsilon$$

这就证明了

$$\lim_{x \to x_0} f(u(x)) = f(u_0) = f(\lim_{x \to x_0} u(x)) = \lim_{u \to u_0} f(u)$$

现在来研究单调函数的极限与连续性.

**引理 2.4.1**　设函数 $f(x)$ 在点 $x_0$ 的左旁 $(x_0 - \delta_0, x_0)$ 单调增(减),则左极限 $f(x_0^-) = \lim\limits_{x \to x_0^-} f(x)$ 存在 ,且 :

(1) 若 $f(x)$ 在 $x_0$ 的左旁有上界(下界),则 $f(x_0^-)$ 为有限数 ;

(2) 若 $f(x)$ 在 $x_0$ 的左旁无上界(下界),则 $f(x_0^-) = +\infty(-\infty)$.

**证明**　(1) 在 $(x_0 - \delta, x_0)$ 中任取一严格单调增数列 $\{x_n\}$ ,且 $\lim\limits_{n \to +\infty} x_n = x_0(x_0 - \delta_0 < x_n < x_0)$. 因 $f$ 单调增有上界 ,故数列 $\{f(x_n)\}$ 也单调增有上界 ,因而收敛. 记 $\lim\limits_{n \to +\infty} f(x_n) = a$ ,从而 $f(x_n) \leq a, \forall n \in \mathbb{N}$.

$\forall \varepsilon > 0, \exists N \in \mathbb{N}$ ,当 $n > N$ 时 $,a - \varepsilon < f(x_n) \leq a$. 取 $\delta = x_0 - x_{N+1}$ ,当 $x \in (x_0 - \delta, x_0) = (x_{N+1}, x_0)$ 时 ,总有 $m > N + 1, s.t. x_m > x$(因 $x_n \to x_0$). 于是

$$a - \varepsilon < f(x_{N+1}) \leq f(x) \leq f(x_m) \leq a < a + \varepsilon$$

$$f(x_0^-) = \lim_{x \to x_0} f(x) = a$$

(2) 因 $f$ 在 $x_0$ 左旁单调增无上界 ,故 $\forall A > 0$ 不是 $f(x)$ 的上界 ,总存在 $\bar{x} \in (x_0 - \delta_0, x_0), s.t. f(\bar{x}) > A$. 令 $\delta = x_0 - \bar{x}$ ,当 $x \in (x_0 - \delta, x_0) = (\bar{x}, x_0)$ 时 ,有

$$f(x) \geqslant f(\bar{x}) > A, f(x_0^-) = \lim_{x \to x_0} f(x) = +\infty$$

单调减的情形类似证明,或用 $-f$ 代替 $f$.

关于单调函数在 $x_0$ 的右极限同样有以下结论.

**引理 2.4.2** 设函数 $f(x)$ 在点 $x_0$ 的右旁 $(x_0, x_0 + \delta_0)$ 单调增(减),则右极限 $f(x_0^+) = \lim_{x \to x_0^+} f(x)$ 存在,且:

(1) 若 $f(x)$ 在 $x_0$ 的右旁有下界(上界),则 $f(x_0^+)$ 为有限数;

(2) 若 $f(x)$ 在 $x_0$ 的右旁无下界(上界),则 $f(x_0^+) = -\infty\ (+\infty)$.

**引理 2.4.3** 设函数 $f(x)$ 在 $(a,b)$ 上单调,则 $\forall x_0 \in (a,b), f(x_0^-), f(x_0^+)$ 都存在且有限,且 $f(a^+)$ 及 $f(b^-)$ 也存在(不必有限).

**证明** $\forall x_0 \in (a,b), f(x)$ 在 $x_0$ 的左、右两旁都单调增(减),且有
$$f(x_0^-) \leqslant f(x_0) \leqslant f(x_0^+)$$
因而,$f(x_0^-)$ 与 $f(x_0^+)$ 为有限数.

**引理 2.4.4** 设 $f$ 为区间 $I$ 上严格增(减)的函数,则其反函数
$$f^{-1} : f(I) \to I$$
也为严格增(减)函数.

**证明** $\forall y_1, y_2 \in f(I), y_1 < y_2$,则 $\exists x_1, x_2 \in I, \text{s.t. } y_1 = f(x_1), y_2 = f(x_2)$,则必有 $x_1 < x_2$.

(反证)假设 $x_1 \geqslant x_2$,由 $f$ 严格单调增,故有 $y_1 = f(x_1) \geqslant f(x_2) = y_2$,这与 $y_1 < y_2$ 相矛盾,从而 $x = f^{-1}(y)$ 为严格单调增的函数.

**引理 2.4.5** 设 $g(y)$ 为区间 $J$ 上严格单调增(减)的函数,其值域 $I = g(J)$ 为一区间,则 $g$ 在 $J$ 上必连续.

**证明** (反证)反设 $y_0 \in J$ 为 $g(y)$ 的不连续点(间断点),由于 $g$ 严格单调增,故 $g(y_0^-), g(y_0^+)$ 存在且有限,且必有
$$g(y_0^-) \neq g(y_0) \text{ 或 } g(y_0^+) \neq g(y_0)$$
不妨设 $g(y_0^+) \neq g(y_0)$,则 $g(y_0) < g(y_0^+)$. 此时,必有
$$g(y) \leqslant g(y_0), \forall y \leqslant y_0, y \in J$$
$$g(y_0) < g(y_0^+) < g(y), \forall y > y_0, y \in J$$
所以,$\exists r \in (g(y_0), g(y_0^+)), \forall y \in J, g(y) \neq r$. 于是,$g$ 的值域 $I = g(J) = [g(J) \cap (-\infty, g(y_0))] \cup [g(J) \cap (g(y_0^+), +\infty)]$ 不为区间,这与已知值

域 $I$ 为区间相矛盾.

$f$ 严格单调减的情形类似证明,或用 $-g$ 代替 $g$.

**定理 2.4.4** 设 $f$ 为区间 $I$ 上严格增(减)的连续函数,值域为 $J$,则在 $J$ 上存在 $f$ 的反函数 $f^{-1}$,且 $f^{-1}$ 也为严格增(减)的函数.

**证明** 因为 $f$ 为区间 $I$ 上严格增(减)的函数,由引理 2.4.4 知,$f$ 有反函数 $f^{-1}: J = f(I) \rightarrow I$,它也为严格单调增(减)的函数.

根据下面连续函数的介值定理的推论 2.5.1 知,连续函数 $f$ 的值域 $J = f(I)$(即 $f^{-1}$ 的定义域)也为一个区间.再由引理 2.4.5 得到 $f^{-1}$ 为 $J$ 上的一个连续函数.

**定理 2.4.5** 初等函数在其定义域中是连续的.

**证明** 我们已经证明了常值函数、指数函数、三角函数与对数函数在其定义域内都为连续函数.再由定理 2.4.4 得到反三角函数在其定义域内是连续的.根据复合函数连续性定理 2.4.3 知,幂函数 $y = x^{\alpha} = e^{\alpha \ln x}$ 为连续函数.这就证明了所有基本初等函数在其定义域中是连续的.

最后,从初等函数的定义及 $+,-,\cdot,\div$ 复合保持连续性知,初等函数在其定义域中是连续的.

由定理 2.4.5 立即推得至少有一个间断点的函数都不是初等函数.

**例 2.4.1** 由初等函数的连续性定理 2.4.5,立即有:

(1) $\lim\limits_{x \to 1} \dfrac{\sin x}{x} = \dfrac{\sin 1}{1} = \sin 1$;

(2) $\lim\limits_{x \to 1} \sqrt{3x^2 + \sqrt{2x-1}} = \sqrt{3 \cdot 1^2 + \sqrt{2 \cdot 1 - 1}} = 2$;

(3) $\lim\limits_{x \to 1}\left(\dfrac{3+x}{4+x}\right)^{\frac{1-x}{1-x^2}} = \lim\limits_{x \to 1}\left(\dfrac{3+x}{4+x}\right)^{\frac{1}{1+x}} = \left(\dfrac{3+1}{4+1}\right)^{\frac{1}{1+1}} = \left(\dfrac{4}{5}\right)^{\frac{1}{2}} = \dfrac{2\sqrt{5}}{5}$,其中 $\left(\dfrac{3+x}{4+x}\right)^{\frac{1}{1+x}} = e^{\frac{\ln\frac{3+x}{4+x}}{1+x}}$ 为由基本初等函数 $1,3,4,x,\ln x,e^x$ 通过三次加法,一次除法,两次复合得到,故该函数为初等函数.

我们将引进函数 $f$ 在点 $x_0$ 处的振幅的概念,并用振幅来刻画 $f$ 在点 $x_0$ 处的连续性.

**定义 2.4.2** 设 $f$ 在点 $x_0$ 的某开邻域 $(x_0 - r_0, x_0 + r_0)$ 中有定义,称
$$\omega_f(x_0, r) = \sup\{|f(x'') - f(x')| \mid x', x'' \in (x_0 - r, x_0 + r), r \in (0, r_0)|\} \geqslant 0$$
为 $f$ 在区间 $(x_0 - r, x_0 + r)$ **中的振幅**.显然,$\omega_f(x_0, r)$ 关于 $r \to 0^+$ 单调减,故由引

理 2.4.1 知

$$\omega_f(x_0) = \lim_{r \to 0^+} \omega_f(x_0, r)$$

为有限数,称它为 $f$ 在点 $x_0$ **处的振幅**.

**定理 2.4.6** $f$ 在点 $x_0$ 处连续 $\Leftrightarrow \omega_f(x_0) = 0$.

**证明** ($\Rightarrow$) 设 $f$ 在点 $x_0$ 处连续,则 $\forall \varepsilon > 0, \exists \delta > 0$,当 $|x - x_0| < \delta$ 时,有

$$|f(x) - f(x_0)| < \frac{\varepsilon}{3}$$

令 $0 < r < \delta$,当 $x \in (x_0 - r, x_0 + r)$ 时,有

$$f(x_0) - \frac{\varepsilon}{3} \le \inf f((x_0 - r, x_0 + r)) \le f(x)$$

$$\le \sup f((x_0 - r, x_0 + r)) \le f(x_0) + \frac{\varepsilon}{3}$$

所以

$$0 \le \omega_f(x_0, r) = \sup f((x_0 - r, x_0 + r)) - \inf f((x_0 - r, x_0 + r))$$

$$\le \left[ f(x_0) + \frac{\varepsilon}{3} \right] - \left[ f(x_0) - \frac{\varepsilon}{3} \right] = \frac{2\varepsilon}{3} < \varepsilon$$

$$\omega_f(x_0) = \lim_{r \to 0^+} \omega_f(x_0, r) = 0$$

($\Leftarrow$) 因

$$0 = \omega_f(x_0) = \lim_{r \to 0^+} \omega_f(x_0, r)$$

$$= \lim_{r \to 0^+} \left[ \sup f((x_0 - r, x_0 + r)) - \inf f((x_0 - r, x_0 + r)) \right]$$

故 $\forall \varepsilon > 0, \exists \delta > 0$,当 $0 < r < \delta$ 时,$\forall x \in (x_0 - r, x_0 + r)$ 有

$$|f(x) - f(x_0)| \le \sup f((x_0 - r, x_0 + r)) -$$
$$\inf f((x_0 - r, x_0 + r)) < \varepsilon$$

这就证明了

$$\lim_{x \to x_0} f(x) = f(x_0)$$

即 $f$ 在点 $x_0$ 处连续.

一个区间 $I$ 上的连续函数 $f$ 的曲线是连绵不断的,而有不连续点的函数的曲线是断开的,所以不连续点又称间断点,下面来研究函数的不连续点或间断点.

**定义 2.4.3** 设 $f$ 在点 $x_0$ 处不连续,即点 $x_0$ 为 $f$ 的不连续点或间断点. 再若 $f(x_0^+)$ 与 $f(x_0^-)$ 都存在且有限,但 $f(x_0^+) \ne f(x_0^-)$ 或 $f(x_0^+) = f(x_0^-) \ne f(x_0)$,则分别称点 $x_0$ 为 $f$ 的**跳跃间断点**与**可去间断点**. 它们统称为**第一类间断点**

($|f(x_0^+) - f(x_0^-)|$ 称为**跳跃度**),其他间断点都称为**第二类间断点**.

由引理 2.4.3 知,区间 $I$ 上单调函数 $f$ 的间断点必为第一类间断点.

**定理 2.4.7**　区间 $I$ 上的单调函数 $f$ 的间断点至多可数个.

**证法 1**　设 $f$ 在 $I$ 上单调增,且不妨设 $I = (a,b)$(有限或无限区间,$(a,b]$ 或 $[a,b)$ 或 $[a,b]$ 与 $(a,b)$ 至多差两个点). 取 $\{a_n\}$ 严格减趋于 $a$,$\{b_n\}$ 严格增趋于 $b$,且 $a_n < b_n$,则 $[a_n,b_n] \subset [a_{n+1},b_{n+1}] \subset (a,b) = I$. 记

$$D_{n,k} = \left\{ x \in (a_n,b_n) \mid \omega_f(x) = f(x^+) - f(x^-) \geq \frac{1}{k} \right\}$$

则 $D_n = \bigcup_{k=1}^{\infty} D_{n,k}$ 为 $f$ 在 $(a_n,b_n)$ 中的间断点集. $D = \bigcup_{n=1}^{\infty} D_n = \bigcup_{n=1}^{\infty} \bigcup_{k=1}^{\infty} D_{n,k}$ 为 $f$ 在 $I = (a,b)$ 中间断点的集合.

设 $x_1,x_2,\cdots,x_m \in D_{n,k}$,则

$$f(b_n) - f(a_n) \geq \sum_{i=1}^{m} \left[ f(x_i^+) - f(x_i^-) \right]$$

$$= \sum_{i=1}^{m} \omega_f(x_i) \geq \sum_{i=1}^{m} \frac{1}{k} = \frac{m}{k}$$

$$m \leq k[f(b_n) - f(a_n)]$$

由此可知,当 $n,k$ 固定时,$D_{n,k}$ 为有限集. 于是,按 $n + k$ 从小到大将 $D_{n,k}$ 以致 $D = \bigcup_{n=1}^{\infty} \bigcup_{k=1}^{\infty} D_{n,k}$ 依次排列(有重复者只排第一个). 如果到某个排完,则 $D$ 为有限集;如果一直排下去,则 $D$ 为可数集. 所以 $D$ 必为至多可数集.

**证法 2**　设 $f$ 在 $I$ 上单调增. 此时,它的间断点 $x$ 都是第一类跳跃间断点,即

$$\omega_f(x) = f(x^+) - f(x^-) > 0$$

因此

$$\text{间断点 } x \leftrightarrow \text{开区间}(f(x^-), f(x^+))$$

形成一一对应("$\leftrightarrow$"表示一一对应),不同的间断点对应的开区间不相同,并且这些开区间彼此不相交.

取 $r_x \in Q \cap (f(x^-), f(x^+))$. 于是

$$\{x \in I = (a,b) \mid x \text{ 为 } f \text{ 的间断点}\}$$

$$\leftrightarrow \{(f(x^-), f(x^+)) \mid \omega_f(x) = f(x^+) - f(x^-) > 0\}$$

$$\leftrightarrow \{r_x \in Q \cap (f(x^-), f(x^+)) \mid \omega_f(x) = f(x^+) - f(x^-) > 0\}$$

为一一对应. 由 $Q$ 为可数集知,它的子集

$$\{r_x \in Q \cap (f(x^-), f(x^+)) \mid \omega_f(x) = f(x^+) - f(x^-) > 0\}$$

为至多可数集. 由此得到 $f$ 的间断点集 $D$ 为至多可数集.

以下将研究一些具体函数的连续性及间断点的类型.

**例 2.4.2** 讨论函数

$$f(x) = \begin{cases} x + 2, x \geq 0 \\ x - 2, x < 0 \end{cases}$$

的连续性.

**解** 因为 $f(x)$ 在 $x > 0$ 上与初等函数 $x + 2$ 一致,在 $x < 0$ 上与初等函数 $x - 2$ 一致,所以,根据初等函数连续性定理 2.4.5 知,$f(x)$ 在 $(-\infty, 0) \cup (0, +\infty)$ 上连续.

余下要考虑的是 $f$ 在点 $x = 0$ 处的连续性.

由于

$$f(0^-) = \lim_{x \to 0^-} f(x) = \lim_{x \to 0^-} (x - 2) = -2 \neq 2$$
$$= \lim_{x \to 0^+} (x + 2) = \lim_{x \to 0^+} f(x) = f(0^+)$$

因此 $f$ 在点 $x = 0$ 处不连续,它右连续,但不左连续,其跳跃度为 $|2 - (-2)| = 4$,它是第一类间断点,且是跳跃间断点.

**例 2.4.3** 研究下列函数在 $x = 0$ 处的连续性:

$$(1) f(x) = |\operatorname{sgn} x| = \begin{cases} 1, x \neq 0, \\ 0, x = 0; \end{cases}$$

$$(2) f(x) = \begin{cases} \dfrac{\sin x}{x}, x \neq 0, \\ 0, x = 0. \end{cases}$$

**解** (1) 显然

$$\lim_{x \to 0} f(x) = \lim_{x \to 0} 1 = 1 \neq 0 = f(0)$$

故 0 为 $f(x)$ 的可去间断点,它是第一类间断点. 令

$$\tilde{f}(x) = \begin{cases} f(x), x \neq 0 \\ \lim_{u \to 0} f(u), x = 0 \end{cases}$$
$$= 1$$

则 $\tilde{f}(x)$ 在 $x = 0$ 处连续. 注意,由于 $\tilde{f}(0) = 1 \neq 0 = f(0)$,所以 $\tilde{f} \neq f$.

(2) 因为

$$\lim_{x \to 0} f(x) = \lim_{x \to 0} \frac{\sin x}{x} = 1 \neq 0 = f(0)$$

所以 0 为 $f$ 的可去间断点,它是第一类间断点. 令

$$\tilde{f}(x) = \begin{cases} \dfrac{\sin x}{x}, & x \neq 0 \\ 1, & x = 0 \end{cases}$$

则 $\tilde{f}$ 在 $x = 0$ 连续. 再由 $\tilde{f}(x)$ 在 $x \neq 0$ 处与初等函数 $\dfrac{\sin x}{x}$ 一致,故 $\tilde{f}$ 在 $x \neq 0$ 上连续. 从而 $\tilde{f}$ 为 $\mathbb{R}$ 上的连续函数.

**例 2.4.4**　研究函数 $f(x) = [x] = n - 1, n - 1 \leqslant x < n$ 的连续性.

**解**　显然,$f(x) = [x]$ 在非整数点处都为局部常值函数,因而在这些点处都连续. 而在整数点 $x = n$ 处,有

$$\begin{aligned} f(n^+) &= \lim_{x \to n^+} f(x) = \lim_{x \to n^+} n = n \neq n - 1 \\ &= \lim_{x \to n^-} (n - 1) \\ &= \lim_{x \to n^-} f(x) = f(n^-) \end{aligned}$$

所以,$n$ 为 $f$ 的跳跃间断点,它为第一类间断点.

**例 2.4.5**　讨论下列函数间断点的类型:

$(1) y = \dfrac{1}{x}$;

$(2) y = \sin \dfrac{1}{x}$;

$(3) y = D(x)$(Dirichlet 函数).

**解**　(1) 函数在 $x = 0$ 处没有定义,但因 $\lim\limits_{x \to 0} \dfrac{1}{x} = \infty$,故无论怎样定义它在 $x = 0$ 处的值,都不会在 0 处连续,因此 0 为 $y = \dfrac{1}{x}$ 的第二类间断点.

(2) 因为 $\lim\limits_{x \to 0} \sin \dfrac{1}{x}$ 不存在,同上题,所以 0 为 $y = \sin \dfrac{1}{x}$ 的第二类间断点. 观察它的图像(图 2.1.17)知,在 $x = 0$ 附近,有无数次的振荡.

(3) 因为 $\lim\limits_{x \to x_0} D(x)$ 在任一点 $x_0$ 处都不存在,所以 $\mathbb{R}$ 上每一点都为 $D(x)$ 的第二类间断点.

**例 2.4.6**　称函数

$$R(x) = \begin{cases} \dfrac{1}{p}, \text{当} \ x = \dfrac{q}{p} \in (0,1), p, q \in \mathbb{N}, p \ \text{与} \ q \ \text{互质(素)} \\ 1, \text{当} \ x = 0, 1 \\ 0, \text{当} \ x \in (\mathbb{R} - \mathbb{Q}) \cap (0,1) \end{cases}$$

为 **Riemann 函数**. 证明: $\lim\limits_{x \to x_0} R(x) = 0$. 由此可知, $R(x)$ 在 $[0,1]$ 中任何无理点处连续, 而在任何有理点处不连续, 它为可去间断点, 是第一类间断点.

**证明**  $\forall x_0 \in [0,1]$, $\forall \varepsilon > 0$, 因为满足 $\dfrac{1}{p} \geq \varepsilon \left( \text{即} \ p \leq \dfrac{1}{\varepsilon} \right)$ 的自然数 $p$ 只有有限多个. 因此, 相应于 $p = 1, 2, \cdots, \left[ \dfrac{1}{\varepsilon} \right]$ 的 $\dfrac{q}{p} (q < p)$ 也只有有限多个, 记为 $\{x_1, x_2, \cdots, x_k\}$. 令

$$\delta = \min\{ |x_j - x_0| \mid x_j \neq x_0, j = 1, 2, \cdots, k + 2\}$$

其中 $x_{k+1} = 0, x_{k+2} = 1$, 则当 $x \in [0,1], 0 < |x - x_0| < \delta$ 时, 有

$$|R(x) - 0| = R(x) = \begin{cases} \dfrac{1}{p}, x = \dfrac{q}{p} \in (0,1), p, q \in \mathbb{N}, p \ \text{与} \ q \ \text{互质} \\ 0, x \in (\mathbb{R} - \mathbb{Q}) \cap [0,1] \end{cases}$$

$$< \varepsilon$$

所以, $\lim\limits_{x \to x_0} R(x) = 0$.

细心的读者自然会问: 是否存在一个函数 $y = f(x)$ 在所有无理点不连续, 而在所有有理点连续. 回答是否定的.

**例 2.4.7**  不存在函数 $f: \mathbb{R} \to \mathbb{R}$ 在所有无理点不连续, 而在所有有理点连续.

**证法 1**  (反证) 假设存在函数 $f: \mathbb{R} \to \mathbb{R}$ 在所有无理点不连续, 而在所有有理点连续. 令

$$E_n = \left\{ x \in \mathbb{R} \mid f \ \text{在} \ x \ \text{的振幅} \ \omega_f(x) \geq \dfrac{1}{n} \right\}$$

显然, $E_n$ 为闭集且 $E_n \subset \mathbb{R} \backslash \mathbb{Q}$ 无内点. 另一方面, 设可数集 $\mathbb{Q} = \{r_1, r_2, \cdots, r_n, \cdots\}$, 则独点集 $\{r_n\}$ 也是无内点的闭集. 于是

$$\mathbb{R} = \mathbb{Q} \cup (\mathbb{R} \backslash \mathbb{Q}) = \left( \bigcup_{n=1}^{\infty} \{r_n\} \right) \cup \left( \bigcup_{n=1}^{\infty} E_n \right)$$

根据 Baire 定理 1.3.6 知, $\mathbb{R}$ 无内点, 这与 $\mathbb{R}$ 中任一点都为内点相矛盾.

**证法 2**  (反证) 假设存在函数 $f: \mathbb{R} \to \mathbb{R}$ 在所有无理点不连续, 而在所有有

理点连续. 设 $\mathbb{Q} = \{r_1, r_2, \cdots, r_n, \cdots\}$, 取 $r_1^* \in \mathbb{Q} \backslash \{r_1\}$, 因 $f$ 在 $r_1^*$ 处连续, 故 $\exists \delta_1 > 0$, s. t.

$$r_1 \notin [r_1^* - \delta_1, r_1^* + \delta_1], 2\delta_1 < \frac{1}{2}$$

且有

$$| f(x) - f(r_1^*) | < \frac{1}{2}, x \in [r_1^* - \delta_1, r_1^* + \delta_1]$$

再取 $r_2^* \in (r_1^* - \delta_1, r_1^* + \delta_1) \cap (\mathbb{Q} - \{r_1, r_2, r_1^*\})$. 由 $f$ 在 $r_2^*$ 处连续知, $\exists \delta_2 > 0$, s. t.

$$r_1, r_2, r_1^* \notin [r_2^* - \delta_2, r_2^* + \delta_2] \subset (r_1^* - \delta_1, r_1^* + \delta_1), 2\delta_2 < \frac{1}{2^2}$$

且有

$$| f(x) - f(r_2^*) | < \frac{1}{2^2}, x \in [r_2^* - \delta_2, r_2^* + \delta_2]$$

如此下去, 可取

$$r_n^* \in (r_{n-1}^* - \delta_{n-1}, r_{n-1}^* + \delta_{n-1}) \cap (\mathbb{Q} \backslash \{r_1, \cdots, r_n, r_1^*, \cdots, r_{n-1}^*\})$$

再由 $f$ 在 $r_n^*$ 处连续知, $\exists \delta_n > 0$, s. t.

$$r_1, \cdots, r_n, r_1^*, \cdots, r_{n-1}^* \notin [r_n^* - \delta_n, r_n^* + \delta_n]$$
$$\subset (r_{n-1}^* - \delta_{n-1}, r_{n-1}^* + \delta_{n-1})$$
$$2\delta_n < \frac{1}{2^n}$$

且有

$$| f(x) - f(r_n^*) | < \frac{1}{2^n}, x \in [r_n^* - \delta_n, r_n^* + \delta_n]$$

根据闭区间套原理知, $\exists_1 x_0 \in \bigcap_{n=1}^{\infty} [r_n^* - \delta_n, r_n^* + \delta_n]$. 易见, 点 $x_0$ 为无理点, 且 $\omega_f(x_0) = 0$, 即 $f$ 在无理点 $x_0$ 处连续, 这与假设相矛盾.

**证法 3**　(反证) 假设存在函数 $f: \mathbb{R} \to \mathbb{R}$ 在所有无理点不连续, 而在所有有理点连续. 任取无理点 $r$, 令

$$g(x) = f(x + r), x \in \mathbb{R}$$

先选 $r_1 \in \mathbb{Q}$, 由 $f$ 在 $r_1$ 连续知, $\exists \delta_1 \in (0, 1)$, 使得 $f$ 在开区间 $(r_1 - \delta_1, r_1 + \delta_1)$ 上的振幅 $\omega_f(r_1, \delta_1) < 1$; 选 $y_1 \in (r_1 + r - \delta_1, r_1 + r + \delta_1) \cap \mathbb{Q}$, 即 $x_1 = y_1 - r \in (r_1 - \delta_1, r_1 + \delta_1)$, 并且 $g(x) = f(x + r)$ 在点 $x_1$ (即 $f$ 在 $y_1 = x_1 + r$) 处

连续,故 $\exists \eta_1 \in (0,1)$,s. t.
$$[a_1,b_1] = [x_1 - \eta_1, x_1 + \eta_1] \subset (r_1 - \delta_1, r_1 + \delta_1)$$
当然, $\omega_g(x_1,\eta_1) < 1$.

再选 $r_2 \in (a_1,b_1) \cap \mathbb{Q}$,由 $f$ 在 $r_2$ 处连续知,$\exists \delta_2 \in \left(0,\dfrac{1}{2}\right)$,使得 $f$ 在开区间 $(r_2 - \delta_2, r_2 + \delta_2)$ 上的振幅 $\omega_f(r_2,\delta_2) < \dfrac{1}{2}$;选 $y_2 \in (r_2 + r - \delta_2, r_2 + r + \delta_2) \cap \mathbb{Q}$,即 $x_2 = y_2 - r \in (r_2 - \delta_2, r_2 + \delta_2)$,并且 $g(x) = f(x + r)$ 在点 $x_2$(即 $f$ 在 $y_2 = x_2 + r$)处连续,故 $\exists \eta_2 \in \left(0,\dfrac{1}{2}\right)$,s. t.
$$[a_2,b_2] = [x_2 - \eta_2, x_2 + \eta_2] \subset (r_2 - \delta_2, r_2 + \delta_2)$$
当然, $\omega_g(x_2,\eta_2) < \dfrac{1}{2}$. 依此类推得到一个递降闭区间套
$$[a_1,b_1] \supset [a_2,b_2] \supset \cdots \supset [a_n,b_n] \supset \cdots$$
$$b_n - a_n = 2\eta_n < \frac{1}{2^{n-1}}$$
$$\lim_{n \to +\infty}(b_n - a_n) = 0$$
根据闭区间套原理知,$\exists_1 \xi \in \bigcap_{n=1}^{\infty}[a_n,b_n]$. 显然,$\omega_f(\xi) = 0$,即 $\xi$ 为 $f$ 与 $g$ 的公共连续点. 因此,$f$ 在点 $\xi$ 与点 $\xi + r$ 处都连续. 但点 $\xi$ 与点 $\xi + r$ 中至少有一个为无理点,这与 $f$ 在无理点处不连续相矛盾.

# 练习题2.4

**1.** 研究下列函数在 $x = 0$ 处的连续性:

(1) $f(x) = [x]$;

(2) $f(x) = \text{sgn}|x|$;

(3) $f(x) = |x|$;

(4) $f(x) = \text{sgn}(\cos x)$;

(5) $f(x) = [|\cos x|]$;

(6) $f(x) = \text{sgn}(\sin x)$;

(7) $f(x) = \begin{cases} e^{-\frac{1}{x^2}}, & x \neq 0, \\ 0, & x = 0; \end{cases}$

(8) $f(x) = \begin{cases} \dfrac{\sin x}{|x|}, & x \neq 0, \\ 1, & x = 0; \end{cases}$

(9) $f(x) = \begin{cases} (1 + x^2)^{\frac{1}{x^2}}, & x \neq 0, \\ 2.718, & x = 0; \end{cases}$

(10) $f(x) = \begin{cases} x, & x \text{ 为有理数}, \\ -x, & x \text{ 为无理数}. \end{cases}$

**2.** 指出下列函数的间断点,并说明其类型:

$(1)f(x) = \begin{cases} \dfrac{1}{x+7}, & -\infty < x < -7, \\ x, & -7 \leqslant x \leqslant 1, \\ (x-1)\sin\dfrac{1}{x-1}, & 1 < x < +\infty; \end{cases}$

$(2)f(x) = \begin{cases} x, & x \text{ 为有理数}, \\ -x, & x \text{ 为无理数}; \end{cases}$

$(3)D(x) = \begin{cases} 1, & x \text{ 为有理数}, \\ 0, & x \text{ 为无理数}; \end{cases}$

$(4)f(x) = \begin{cases} \dfrac{1}{x^2}, & x \neq 0, \\ 0, & x = 0. \end{cases}$

**3.** 延拓下列函数,使其在 $\mathbb{R}$ 上连续:

$(1)f(x) = \dfrac{x^3 - 8}{x - 2};$ $\qquad\qquad (2)f(x) = \dfrac{1 - \cos x}{x^2};$

$(3)f(x) = x\cos\dfrac{1}{x};$ $\qquad\qquad (4)f(x) = (1 + x)^{\frac{1}{x}}.$

**4.** 确定出 $a, b$ 与 $c$,使得函数

$$f(x) = \begin{cases} -1, & x \leqslant -1 \\ ax^2 + bx + c, & 0 < |x| < 1 \\ 0, & x = 0 \\ 1, & x \geqslant 1 \end{cases}$$

在 $(-\infty, +\infty)$ 上连续.

**5.** 设 $f$ 在点 $x_0$ 处连续,则 $|f|$ 与 $f^2$ 也在点 $x_0$ 处连续. 反之是否成立?

**6.** 讨论函数 $f + g$ 与 $fg$ 在点 $x_0$ 处的连续性,如果:

(1)$f$ 在点 $x_0$ 处连续,但 $g$ 在点 $x_0$ 处不连续;

(2)$f$ 与 $g$ 在点 $x_0$ 处都不连续.

**7.** 设函数 $f$ 在点 $x_0$ 处连续,$f(x_0) > 0$,则当 $x$ 充分靠近点 $x_0$ 时,应有 $f(x) > \dfrac{f(x_0)}{2}$.

**8.** (1) 设 $f(x) \equiv g(x)$,$x \neq 0$,且 $f(0) \neq g(0)$. 证明:$f$ 与 $g$ 两者中至多有一个在 $x = 0$ 处连续.

(2) 设 $f$ 与 $g$ 都为 $\mathbb{R}$ 上的连续函数,且 $f(x) \equiv g(x)$, $\forall x \in \mathbb{Q}$. 证明: $f(x) \equiv g(x)$, $\forall x \in \mathbb{R}$.

**9.** 举出定义在 $[0,1]$ 上分别符合下述要求的函数:

(1) 只在 $\frac{1}{2}$, $\frac{1}{3}$ 与 $\frac{1}{4}$ 三点不连续的函数;

(2) 只在 $\frac{1}{2}$, $\frac{1}{3}$ 与 $\frac{1}{4}$ 三点连续的函数;

(3) 只在 $\frac{1}{n}$ $(n \in \mathbb{N})$ 上不连续的函数;

(4) 只在 $x = 0$ 右连续,而在其他点都不连续的函数.

**10.** 设函数 $f,g$ 在 $(a,b)$ 内连续. 证明

$$F(x) = \max\{f(x),g(x)\}, x \in (a,b)$$
$$G(x) = \min\{f(x),g(x)\}, x \in (a,b)$$

在 $(a,b)$ 上都为连续函数.

**11.** 设 $f$ 在 $(a,b)$ 内连续. 证明:

(1) 如果 $f(a^+)$ 与 $f(b^-)$ 为有限值,则 $f$ 在 $(a,b)$ 内有界;又若 $\exists \xi \in (a,b)$, s.t. $f(\xi) \geq \max\{f(a^+),f(b^-)\}$,则 $f$ 在 $(a,b)$ 内能达到最大值;

(2) 如果 $f(a^+) = f(b^-) = +\infty$. 证明: $f$ 在 $(a,b)$ 内能达到最小值.

**12.** 设函数 $f$ 在区间 $I$ 上连续. 证明:

(1) 若 $\forall r \in \mathbb{Q} \cap I$ 有 $f(r) = 0$,则在 $I$ 上 $f(x) \equiv 0$;

(2) 若 $\forall r_1, r_2 \in \mathbb{Q} \cap I, r_1 < r_2$ 有 $f(r_1) < f(r_2)$,则 $f$ 在 $I$ 上严格增.

**13.** 设 $f$ 在 $[a,b]$ 上连续,且 $\forall x \in [a,b]$, $\exists y \in [a,b]$, s.t.

$$|f(y)| \leq \frac{1}{2}|f(x)|$$

证明: $\exists \xi \in [a,b]$, s.t. $f(\xi) = 0$.

**14.** 设 $f$ 在 $[0, +\infty)$ 上连续,满足: $0 \leq f(x) \leq x, x \in [0, +\infty)$. 又设 $a_1 \geq 0$, $a_{n+1} = f(a_n), n = 1, 2, \cdots$. 证明:

(1) $\{a_n\}$ 为收敛数列;

(2) 设 $\lim\limits_{n \to +\infty} a_n = t$,则有 $f(t) = t$;

(3) 若条件改为 $0 \leq f(x) < x, x \in (0, +\infty)$,则 $t = 0$.

**15.** 求下列极限:

(1) $\lim\limits_{x \to 0} \dfrac{e^x \cos x + 5}{1 + x^2 + \ln(1 + x)}$;  (2) $\lim\limits_{x \to 0}(1 + \sin x)^{\cos x}$;

(3) $\lim\limits_{x \to +\infty} \dfrac{\sqrt{x + \sqrt{x + \sqrt{x}}}}{\sqrt{x + 1}}$;  (4) $\lim\limits_{x \to +\infty}\left(\sqrt{x + \sqrt{x + \sqrt{x}}} - \sqrt{x}\right)$;

(5) $\lim\limits_{x \to 0^+}\left(\sqrt{\dfrac{1}{x} + \sqrt{\dfrac{1}{x} + \sqrt{\dfrac{1}{x}}}} - \sqrt{\dfrac{1}{x} - \sqrt{\dfrac{1}{x} + \sqrt{\dfrac{1}{x}}}}\right)$.

**16.** 设 $f$ 为 $\mathbb{R}$ 上的连续函数,常数 $c > 0$. 记

$$F(x) = \begin{cases} -c, & f(x) < -c \\ f(x), & |f(x)| \leqslant c \\ c, & f(x) > c \end{cases}$$

证明:$F$ 在 $\mathbb{R}$ 上连续(提示:应用 $F(x) = \max\{-c, \min\{c, f(x)\}\}$ 或连续的定义).

# 思考题 2.4

**1.** 设函数 $f$ 只有可去间断点. 证明:$F(x) = \lim\limits_{t \to x} f(t)$ 为连续函数.

**2.** 设函数 $f$ 在 $\mathbb{R}$ 上单调增(或单调减),$F(x) = f(x^+)$. 证明:$F$ 在 $\mathbb{R}$ 上右连续.

**3.** 设 $f$ 对任意 $x, y \in \mathbb{R}$ 适合函数方程 $f(x + y) = f(x) + f(y)$. 证明:

(1) 若 $f$ 在一点 $x_0$ 处连续,则 $f(x) = f(1)x$;

(2) 若 $f$ 在 $\mathbb{R}$ 上单调,也有 $f(x) = f(1)x$.

**4.** 设函数 $f$ 在 $\mathbb{R}$ 上连续且 $\forall x, y \in \mathbb{R}$ 有等式

$$f(x + y) = f(x) \cdot f(y)$$

证明:$f(x) = a^x$,其中 $a = f(1)$ 为一正数.

**5.** 设 $f$ 在 $(0, +\infty)$ 内连续,且 $\forall x, y \in (0, +\infty)$ 有等式

$$f(xy) = f(x) \cdot f(y)$$

证明:$f = 0$ 或者 $f(x) = x^\alpha$,其中 $\alpha$ 为常数.

**6.** 设 $f$ 在 $\mathbb{R}$ 上连续且 $\forall x, y \in \mathbb{R}$ 有等式

$$f(x + y) + f(x - y) = 2f(x)f(y)$$

证明:$f = 0$ 或 $f(x) = \cos ax$ 或 $f(x) = \cosh ax$,其中 $a$ 为常数.

**7.** 设 $f:\mathbb{R} \to \mathbb{R}$，且 $f(x^2) = f(x)$，$\forall x \in \mathbb{R}$，又 $f$ 在 $x = 0$ 与 $x = 1$ 处连续. 证明：$f$ 为常值函数.

# 2.5 有界闭区间 $[a,b]$ 上连续函数的性质

这一节主要研究有界闭区间 $[a,b]$ 上连续函数的重要定理：零值定理、介值定理、最值定理、一致连续性定理以及它们的应用.

**定理 2.5.1**(零(根)值定理,Bolzano)  设 $f$ 为闭区间 $[a,b]$ 上的连续函数,且 $f(a)f(b) < 0$,则 $\exists \xi \in (a,b)$, s. t. $f(\xi) = 0$.

**证法 1**  不妨设 $f(a) < 0$,$f(b) > 0$.

(反证)假设 $f(x) \neq 0$，$\forall x \in (a,b)$. 现将 $[a,b]$ 两等分,若 $f\left(\dfrac{a+b}{2}\right) > 0$,则取 $a_1 = a$，$b_1 = \dfrac{a+b}{2}$；若 $f\left(\dfrac{a+b}{2}\right) < 0$,则取 $a_1 = \dfrac{a+b}{2}$，$b_1 = b$. 此时,$f(a_1) < 0$，$f(b_1) > 0$. 再将 $[a_1,b_1]$ 两等分,若 $f\left(\dfrac{a_1+b_1}{2}\right) > 0$, 则取 $a_2 = a_1$，$b_2 = \dfrac{a_1+b_1}{2}$；若 $f\left(\dfrac{a_1+b_1}{2}\right) < 0$,则取 $a_2 = \dfrac{a_1+b_1}{2}$，$b_2 = b_1$,此时,$f(a_2) < 0$，$f(b_2) > 0$,如此下去,得到一递降闭区间套

$$[a,b] \supset [a_1,b_1] \supset [a_2,b_2] \supset \cdots \supset [a_n,b_n] \supset \cdots$$

$$b_n - a_n = \frac{b-a}{2^n} \to 0 \quad (n \to +\infty)$$

$$f(a_n) < 0,f(b_n) > 0$$

根据实数连续性命题(三)(闭区间套原理)知,$\exists_1 x_0 \in \bigcap_{n=1}^{\infty} [a_n,b_n] \subset [a,b]$,显然,有

$$\lim_{n \to +\infty} a_n = x_0 = \lim_{n \to +\infty} b_n$$

由 $f$ 连续知

$$0 \geq \lim_{n \to +\infty} f(a_n) = f(x_0) = \lim_{n \to +\infty} f(b_n) \geq 0$$

所以,有 $f(x_0) = 0$,又 $f(a) < 0$,$f(b) > 0$,故 $x_0 \neq a,b$,$x_0 \in (a,b)$,这与假设相矛盾(图 2.5.1). 因此,必有 $\xi \in (a,b)$,使得 $f(\xi) = 0$.

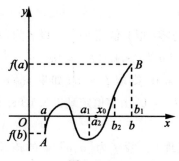

图 2.5.1

**证法 2**　不妨设 $f(a) < 0, f(b) > 0$,根据实数连续性命题(一),可令
$$\xi = \sup\{x \in [a,b] \mid f(x) < 0\}$$

根据 sup 的定义,$\exists x_n \in [a,b], f(x_n) < 0, \{x_n\}$ 严格增趋于 $\xi$. 又由 $f$ 连续知,$\exists \delta > 0, \text{s.t.}$
$$f|_{[a,a+\delta]} < 0, f|_{[b-\delta,b]} > 0$$

所以,$\xi \in (a,b)$,再由上确界的定义,有 $f|_{(\xi,b)} > 0$. 最后,由 $f$ 的连续性得
$$0 \geqslant \lim_{n \to +\infty} f(x_n) = f(\xi) = \lim_{x \to \xi^+} f(x) \geqslant 0$$

因此,$f(\xi) = 0$.

**证法 3**　(反证)假设 $f(x) \neq 0, \forall x \in (a,b)$. 由 $f$ 连续知,$\exists \delta_x > 0$,使得 $f$ 在 $(x - \delta_x, x + \delta_x) \cap [a,b]$ 上严格同号,则开区间族
$$\mathscr{F} = \{(x - \delta_x, x + \delta_x) \mid x \in [a,b]\}$$

为 $[a,b]$ 上的一个开(区间)覆盖,根据实数连续性命题(四)($[a,b]$ 的紧致性)知,存在有限的子覆盖
$$\mathscr{F}_1 = \{(x_i - \delta_{x_i}, x_i + \delta_{x_i}) \mid i = 1,2,\cdots,k\}$$

不失一般性,设 $a \in (x_1 - \delta_{x_1}, x_1 + \delta_{x_1})$,如果 $[a,b] \subset (x_1 - \delta_{x_1}, x_1 + \delta_{x_1})$,那么 $f|_{[a,b]}$ 与 $f(a)$ 严格同号,从而 $f(a)f(b) > 0$,这与题设 $f(a)f(b) < 0$ 相矛盾. 因此,$b \notin (x_1 - \delta_{x_1}, x_1 + \delta_{x_1})$,从而 $x_1 + \delta_{x_1} \in (a,b)$,不妨设 $x_1 + \delta_{x_1} \in (x_2 - \delta_{x_2}, x_2 + \delta_{x_2})$. 因为
$$(x_1 - \delta_{x_1}, x_1 + \delta_{x_1}) \cap (x_2 - \delta_{x_2}, x_2 + \delta_{x_2}) \neq \varnothing$$

所以 $f$ 在 $(x_1 - \delta_{x_1}, x_1 + \delta_{x_1})$ 与 $(x_2 - \delta_{x_2}, x_2 + \delta_{x_2})$ 上严格同号,依次得到一串开区间 $\{(x_i - \delta_{x_i}, x_i + \delta_{x_i}) \mid i = 1,2,\cdots,l\}$,其中 $l \leqslant k, f$ 在这些开区间上依次是同号的,并且 $b \in (x_l - \delta_{x_l}, x_l + \delta_{x_l})$,所以,$f(a)$ 与 $f(b)$ 严格同号,这与题设 $f(a)$

与 $f(b)$ 严格异号相矛盾.

**定理2.5.1′**(推广的零(根)值定理)　设 $f$ 为 $[a,b]$ 上的连续函数,且 $f(a)f(b) \le 0$,则 $\exists \xi \in [a,b]$, s. t. $f(\xi) = 0$.

**证明**　如果 $f(a) = 0$,则取 $\xi = a$;如果 $f(b) = 0$,则取 $\xi = b$;如果 $f(a)f(b) \ne 0$,则 $f(a)f(b) < 0$,由零值定理2.5.1知,$\exists \xi \in (a,b)$, s. t. $f(\xi) = 0$.

**定理2.5.2**(介值定理)　设 $f$ 为 $[a,b]$ 上的连续函数,$f(a) \ne f(b)$,则 $\forall r \in (\min\{f(a),f(b)\}, \max\{f(a),f(b)\})$,$\exists \xi \in (a,b)$, s. t. $f(\xi) = r$.

**证明**　令 $F(x) = f(x) - r$,显然它为 $[a,b]$ 上的连续函数,且

$$F(a)F(b) = (f(a) - r)(f(b) - r) < 0$$

由零值定理2.5.1知,$\exists \xi \in (a,b)$, s. t.

$$f(\xi) - r = F(\xi) = 0$$

即 $f(\xi) = r$(图2.5.2).

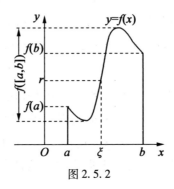

图2.5.2

**定理2.5.2′**(推广的介值定理)　设 $f$ 为 $[a,b]$ 上的连续函数,则 $\forall r \in [\min\{f(a),f(b)\}, \max\{f(a),f(b)\}]$,$\exists \xi \in [a,b]$, s. t. $f(\xi) = r$.

**证明**　不妨设 $f(a) \le f(b)$. 如果 $r = \min\{f(a),f(b)\} = f(a)$,则取 $\xi = a$;如果 $r = \max\{f(a),f(b)\} = f(b)$,则取 $\xi = b$. 如果

$$f(a) = \min\{f(a),f(b)\} < r < \max\{f(a),f(b)\} = f(b)$$

则由介值定理2.5.2知,$\exists \xi \in (a,b)$, s. t. $f(\xi) = r$.

或者将推广的零值定理2.5.1′用于函数 $F(x) = f(x) - r$ 知,$\exists \xi \in [a,b]$, s. t. $0 = F(\xi) = f(\xi) - r$,即 $f(\xi) = r$.

**推论2.5.1**　设 $f$ 为区间 $I$(开或半开半闭或闭)上的连续函数,则 $f$ 的值域 $f(I) = \{f(x) \mid x \in I\}$ 也为一个区间(可退缩为一点).

**证明**　若 $f$ 为常值函数,即 $f(x) \equiv c$(常数),则 $f(I) = \{c\}$ 退缩为一点.

若 $f$ 不为常值函数,则必有 $y_1, y_2 \in f(I)$, s.t. $y_1 < y_2$. 由推广的介值定理知, $\forall r \in [y_1, y_2]$, 必 $\exists \xi \in I$, s.t. $r = f(\xi) \in f(I)$. 所以, $[y_1, y_2] \subset f(I)$. 由 $y_1$, $y_2$ 的任意性知, $f(I)$ 为一个区间.

**定理 2.5.3**(最值定理)　设 $f$ 为有界闭区间 $[a,b]$ 上的连续函数,则 $f$ 在 $[a,b]$ 上必达到最大值与最小值,即必存在 $x_*, x^* \in [a,b]$, s.t.

$$f(x_*) = \min_{x \in [a,b]} f(x) = m$$
$$f(x^*) = \max_{x \in [a,b]} f(x) = M$$

由此可知, $f$ 在 $[a,b]$ 上为有界函数,再由介值定理立即得到 $f$ 的值域

$$f([a,b]) = \left[ \min_{x \in [a,b]} f(x), \max_{x \in [a,b]} f(x) \right] = [m, M]$$

为一个闭区间(包括退缩为一点,此时 $f$ 为常值函数).

**证明**　记 $M = \sup_{x \in [a,b]} f(x)$, 则 $M > -\infty$, 任取实数列 $\{\alpha_n\}$, s.t. $\alpha_n < M$ 且 $\{\alpha_n\}$ 严格增趋于 $M$, $\forall n \in \mathbb{N}$, $\alpha_n$ 不是 $f$ 在 $[a,b]$ 上的上界,故 $\exists x_n \in [a,b]$, s.t. $\alpha_n < f(x_n) \leqslant M$. $\{x_n \mid n \in \mathbb{N}\} \subset [a,b]$ 为有界数列,根据实数连续性命题(六)(序列紧性)知,它有收敛子列 $x_{n_k}$. 令 $\lim_{k \to +\infty} x_{n_k} = x^* \in [a,b]$, 由夹逼定理得

$$\lim_{n \to +\infty} f(x_n) = \lim_{n \to +\infty} \alpha_n = M$$

于是,根据 $f$ 的连续性,有

$$M = \lim_{k \to +\infty} f(x_{n_k}) = f(x^*) \leqslant M$$
$$f(x^*) = M$$

即 $f(x^*)$ 为 $f$ 在 $[a,b]$ 上的最大值.

同理可证, $\exists x_* \in [a,b]$, s.t. $f(x_*) = m = \inf_{x \in [a,b]} f(x)$, 或用 $-f$ 代替 $f$ 再应用上述所得结果.

**例 2.5.1**(不动点存在定理,Brouwer)　设 $f$ 在 $[a,b]$ 上连续,满足 $a \leqslant f(x) \leqslant b$, $\forall x \in [a,b]$, 即 $f([a,b]) \subset [a,b]$, 则 $\exists \xi \in [a,b]$, s.t. $f(\xi) = \xi$, 称 $\xi$ 为 $f$ 的**不动点**.

**证明**　令 $F(x) = f(x) - x$, 由 $f$ 连续知, $F$ 连续,又因为

$$F(a)F(b) = (f(a) - a)(f(b) - b) \leqslant 0$$

根据推广的零值定理知, $\exists \xi \in [a,b]$, s.t.

$$f(\xi) - \xi = F(\xi) = 0$$

即 $f(\xi) = \xi$(图 2.5.3).

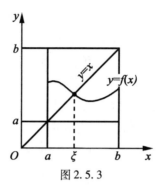

图 2.5.3

利用零值定理与介值定理可以判断代数方程的根的存在范围.

**例 2.5.2** 证明:方程 $2^x = 4x$ 在 $\left(0, \dfrac{1}{2}\right)$ 中有根.

**证明** 设 $f(x) = 2^x - 4x$,它为初等函数,因而是 $\left[0, \dfrac{1}{2}\right]$ 上的连续函数. 又

$$f(0) = 2^0 - 4 \cdot 0 = 1 > 0$$

$$f\left(\frac{1}{2}\right) = 2^{\frac{1}{2}} - 4 \cdot \frac{1}{2} = \sqrt{2} - 2 < 0$$

则 $f(0)f\left(\dfrac{1}{2}\right) < 0$,由零值定理知, $\exists \xi \in \left(0, \dfrac{1}{2}\right)$ ,s. t.

$$0 = f(\xi) = 2^{\xi} - 4\xi$$

即 $2^{\xi} = 4\xi, \xi \in \left(0, \dfrac{1}{2}\right)$ 为方程 $2^x = 4x$ 的一个根.

**例 2.5.3** 设 $f$ 在 $[a,b]$ 上连续, $x_1, x_2, \cdots, x_m \in [a,b], \lambda_1, \lambda_2, \cdots, \lambda_m > 0$,

$\displaystyle\sum_{i=1}^{m} \lambda_i = 1$ ,则 $\exists \xi \in \left[\min\{x_1, x_2, \cdots, x_m\}, \max\{x_1, x_2, \cdots, x_m\}\right] \subset [a,b]$ ,s. t.

$$f(\xi) = \sum_{i=1}^{m} \lambda_i f(x_i)$$

特别地, $\exists \xi \in [a,b]$ ,s. t. $f(\xi) = \dfrac{f(a) + f(b)}{2}$ .

**证明** 因为 $f$ 在 $[a,b]$ 上连续,且

$$\min\{f(x_1), f(x_2), \cdots, f(x_m)\} \leqslant \sum_{i=1}^{m} \lambda_i f(x_i) \leqslant \max\{f(x_1), f(x_2), \cdots, f(x_m)\}$$

所以根据介值定理知, $\exists \xi \in \left[\min\{x_1, x_2, \cdots, x_m\}\right], \max\{x_1, x_2, \cdots, x_m\} \subset [a,b]$ ,s. t.

$$f(\xi) = \sum_{i=1}^{m} \lambda_i f(x_i)$$

特别地,当 $m = 2, x_1 = a, x_2 = b, \lambda_1 = \lambda_2 = \dfrac{1}{2}$ 时,$\exists \xi \in [a, b]$, s. t.

$$f(\xi) = \frac{f(a) + f(b)}{2}$$

**例 2.5.4**　证明:实系数奇次多项式

$$P(x) = x^{2n+1} + a_1 x^{2n} + \cdots + a_{2n} x + a_{2n+1}$$

必有实根.

**证明**　因为

$$\lim_{n \to +\infty} P(x) = \lim_{n \to +\infty} x^{2n+1} \left( 1 + \frac{a_1}{x} + \cdots + \frac{a_{2n}}{x^{2n}} + \frac{a_{2n+1}}{x^{2n+1}} \right) = +\infty$$

$$\lim_{n \to -\infty} P(x) = \lim_{n \to -\infty} x^{2n+1} \left( 1 + \frac{a_1}{x} + \cdots + \frac{a_{2n}}{x^{2n}} + \frac{a_{2n+1}}{x^{2n+1}} \right) = -\infty$$

故 $\exists \Delta > 0$,当 $x > \Delta$ 时,$P(x) > 1$;当 $x < -\Delta$ 时,$P(x) < -1$,取 $a, b$, s. t. $a < -\Delta < \Delta < b$,则 $P(a) < -1, P(b) > 1$,又因多项式函数 $P(x)$ 为初等函数,故它为 $\mathbb{R}$ 上的连续函数. 根据零值定理,$\exists \xi \in (a, b)$, s. t. $P(\xi) = 0$,即实系数多项式 $P(x)$ 必有实根.

**例 2.5.5**　证明:$\tan x = x$ 有无穷个根.

**证明**　设 $f(x) = \tan x - x, x \neq k\pi + \dfrac{\pi}{2}, k \in \mathbb{Z}$. 显然,初等函数 $f(x) = \tan x - x$ 在其定义域中为连续函数,因

$$\lim_{x \to \left( k\pi + \frac{\pi}{2} \right)^-} (\tan x - x) = +\infty$$

$$\lim_{x \to \left( k\pi - \frac{\pi}{2} \right)^+} (\tan x - x) = -\infty$$

故对每个固定的 $k \in \mathbb{Z}$,$\exists a_k, b_k$, s. t.

$$k\pi - \frac{\pi}{2} < a_k < b_k < k\pi + \frac{\pi}{2}$$

且

$$f(a_k) < 0, f(b_k) > 0$$

根据零值定理知,$\exists \xi_k \in (a_k, b_k) \subset \left( k\pi - \dfrac{\pi}{2}, k\pi + \dfrac{\pi}{2} \right)$, s. t.

$$0 = f(\xi_k) = \tan \xi_k - \xi_k$$

即 $\tan \xi_k = \xi_k, k \in \mathbb{Z}$,所以,$\tan x = x$ 有无穷个根(图 2.5.4).

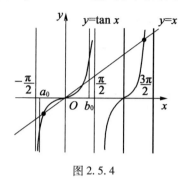

图 2.5.4

**例 2.5.6** 设函数 $f$ 在 $(a,b)$ 上连续,且 $f(a^+), f(b^-)$ 存在且有限,则 $f$ 在 $(a,b)$ 上有界.

**证法 1** 令

$$\tilde{f}(x) = \begin{cases} f(x), x \in (a,b) \\ f(a^+), x = a \\ f(b^-), x = b \end{cases}$$

显然,$\tilde{f}$ 在 $[a,b]$ 上连续,根据最值定理知,$\exists x_*, x^* \in [a,b]$,s.t.

$$\tilde{f}(x_*) = \min_{x \in [a,b]} \tilde{f}(x) \leqslant f(x) \leqslant \max_{x \in [a,b]} \tilde{f}(x) = \tilde{f}(x^*), \forall x \in (a,b)$$

从而,$f$ 在 $(a,b)$ 上有界.

**证法 2** 因为 $f(a^+), f(b^-)$ 存在且有限,所以,对 $\varepsilon_0 = 1, \exists \delta_0 > 0$,s.t. $a < a + \delta < b - \delta < b$,且

$$f(a^+) - 1 < f(x) < f(a^+) + 1, a < x < a + \delta$$
$$f(b^-) - 1 < f(x) < f(b^-) + 1, b - \delta < x < b$$

由 $f$ 在 $[a+\delta, b-\delta]$ 上连续,并根据最值定理知

$$|f(x)| \leqslant L, \forall x \in [a+\delta, b-\delta]$$

所以,$|f(x)| \leqslant M = \max\{L, |f(a^+) - 1|, |f(a^+) + 1|, |f(b^-) - 1|, |f(b^-) + 1|\}$,即 $f$ 在 $(a,b)$ 上有界.

**例 2.5.7** 设 $f$ 在 $(-\infty, +\infty)$ 上连续,$\lim\limits_{x \to \infty} f(x)$ 存在且有限,则 $f$ 在 $(-\infty, +\infty)$ 上有界,且 $f$ 在 $(-\infty, +\infty)$ 上必达到最大值或最小值.

**证明** 设 $\lim\limits_{x \to \infty} f(x) = a \in \mathbb{R}$.

如果 $f(x) \not\equiv a, \forall x \in (-\infty, +\infty)$，则 $f$ 在 $(-\infty, +\infty)$ 上有界，且 $f$ 在其上达到最大值或最小值 $a$.

如果 $f(x) \equiv a$，则 $\exists x_0 \in (-\infty, +\infty)$，s.t. $f(x_0) \neq a$.

若 $f(x_0) < a$，取 $\varepsilon_0 \in (0, a - f(x_0))$，因为 $\lim\limits_{x \to \infty} f(x) = a$，所以 $\exists \Delta > 0$，当 $|x| > \Delta$ 时，有

$$f(x) > a - \varepsilon_0 > a - (a - f(x_0)) = f(x_0)$$

又因为 $f$ 连续，并根据最值定理知，$\exists x_* \in [-\Delta, \Delta]$，s.t.

$$f(x_*) = \min_{x \in [-\Delta, \Delta]} f(x) \leqslant f(x_0)$$

所以（图 2.5.5）

$$f(x_*) = \min_{x \in (-\infty, +\infty)} f(x)$$

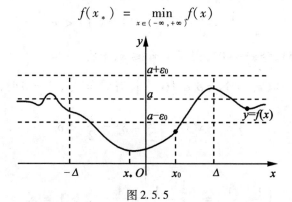

图 2.5.5

若 $f(x_0) > a$，类似上述证明或用 $-f$ 代替 $f$ 得 $x^* \in (-\infty, +\infty)$，s.t.

$$f(x^*) = \max_{x \in (-\infty, +\infty)} f(x)$$

为了讨论有界闭区间 $[a, b]$ 上另一个重要的一致连续性定理，我们先引进一致连续的概念.

**定义 2.5.1** 设 $X \subset \mathbb{R}, f: X \to \mathbb{R}$ 为一元函数. 如果 $\forall \varepsilon > 0, \exists \delta = \delta(\varepsilon) > 0$（$\delta(\varepsilon)$ 只与 $\varepsilon$ 有关，而与 $X$ 中的点 $x$ 无关），当 $x', x'' \in X$，且 $x'$ 与 $x''$ 之间的距离 $\rho(x', x'') = |x' - x''| < \delta$ 时，就有

$$|f(x') - f(x'')| < \varepsilon$$

则称 $f$ 在 $X$ 上是**一致连续**（或**均匀连续**）的.

**定理 2.5.4** 如果 $f$ 在 $X$ 上一致连续，则 $f$ 在 $X$ 上连续. 但反之不真.

**证明** $\forall \varepsilon > 0$，因 $f$ 在 $X$ 上一致连续，故 $\exists \delta = \delta(\varepsilon) > 0$，当 $x', x'' \in X$，$|x' - x''| < \delta$ 时，有

$$| f(x') - f(x'') | < \varepsilon$$

对 $x_0 \in X$,当 $x \in X$, $| x - x_0 | < \delta$ 时,当然有

$$| f(x) - f(x_0) | < \varepsilon$$

这就证明了 $f$ 在 $\forall x_0 \in X$ 处是连续的,即 $f$ 在 $X$ 上连续.

反之不真,有反例: $f(x) = \dfrac{1}{x}$. 显然,基本初等函数 $\dfrac{1}{x} = x^{-1}$ 在 $(0,1)$ 上连续. 但是,它在 $(0,1)$ 上不一致连续.

[证法 1] (反证)假设 $f(x) = \dfrac{1}{x}$ 在 $(0,1)$ 上一致连续, $\forall \varepsilon > 0, \exists \delta = \delta(\varepsilon) > 0$,当 $x',x'' \in (0,1)$, $| x' - x'' | < \delta$ 时,有

$$\left| \frac{1}{x'} - \frac{1}{x''} \right| = | f(x') - f(x'') | < \varepsilon$$

取定 $x'' \in (0,\delta)$,令 $x' \to 0^+$,得到 $+\infty \leqslant \varepsilon$,矛盾.

[证法 2] 取 $\varepsilon_0 = 1, \forall \delta \in \left(0, \dfrac{1}{2}\right)$,当 $x' = \dfrac{\delta}{2}, x'' = \delta$ 时,虽然

$$| x' - x'' | = \left| \frac{\delta}{2} - \delta \right| = \frac{\delta}{2} < \delta$$

但

$$\left| \frac{1}{x'} - \frac{1}{x''} \right| = \left| \frac{1}{\frac{\delta}{2}} - \frac{1}{\delta} \right| = \frac{1}{\delta} > 2 > 1 = \varepsilon_0$$

所以, $f(x) = \dfrac{1}{x}$ 在 $(0,1)$ 上不一致连续.

[证法 3] 取 $x'_n = \dfrac{1}{n}, x''_n = \dfrac{1}{n+1}$,虽然

$$| x'_n - x''_n | = \left| \frac{1}{n} - \frac{1}{n+1} \right| = \frac{1}{n(n+1)} \to 0 \quad (n \to +\infty)$$

但

$$| f(x'_n) - f(x''_n) | = \left| \frac{1}{\frac{1}{n}} - \frac{1}{\frac{1}{n+1}} \right| = 1 \nrightarrow 0 \quad (n \to +\infty)$$

根据下面的定理 2.5.8 知, $f(x) = \dfrac{1}{x}$ 在 $(0,1)$ 上不一致连续.

**定理 2.5.5**(Cantor 定理) 有界闭区间 $[a,b]$ 上的连续函数是一致连

续的.

**证法 1**　（反证）假设 $f$ 在 $[a,b]$ 上不一致连续,根据其定义知, $\exists \varepsilon_0 > 0$,

$\forall n \in \mathbb{N}$, $\exists x_n', x_n'' \in [a,b]$,虽然 $| x_n' - x_n'' | < \dfrac{1}{n}$,但

$$| f(x_n') - f(x_n'') | \geqslant \varepsilon_0 \qquad (*)$$

由于数列 $\{x_n'\}$ 有界,根据实数连续性命题(六)(序列紧性)知,存在收敛子列 $\{x_{n_k}'\}$,记

$$\lim_{k \to +\infty} x_{n_k}' = x_0 \in [a,b]$$

另一方面,由于

$$| x_{n_k}' - x_{n_k}'' | < \frac{1}{n_k} \leqslant \frac{1}{k} \to 0 \quad (k \to +\infty)$$

故有 $\lim\limits_{k \to +\infty} x_{n_k}'' = x_0$,但由式 $(*)$ 知, $| f(x_{n_k}') - f(x_{n_k}'') | \geqslant \varepsilon_0$. 所以,由 $f$ 连续得

$$0 = | f(x_0) - f(x_0) | = \lim_{k \to +\infty} | f(x_{n_k}') - f(x_{n_k}'') | \geqslant \varepsilon_0 > 0$$

矛盾.

**证法 2**　因 $f$ 在 $[a,b]$ 上连续,故 $\forall \varepsilon > 0$, $\forall x \in [a,b]$, $\exists \delta_x > 0$,使得当 $u \in [a,b] \cap (x - \delta_x, x + \delta_x)$ 时,有

$$| f(u) - f(x) | < \frac{\varepsilon}{2}$$

当 $x', x'' \in [a,b] \cap (x - \delta_x, x + \delta_x)$ 时,有

$$| f(x') - f(x'') | \leqslant | f(x') - f(x) | + | f(x'') - f(x) |$$

$$< \frac{\varepsilon}{2} + \frac{\varepsilon}{2} = \varepsilon \qquad (**)$$

显然, $\mathscr{F} = \left\{ \left( x - \dfrac{\delta_x}{2}, x + \dfrac{\delta_x}{2} \right) \mid x \in [a,b] \right\}$ 为 $[a,b]$ 的一个开区间覆盖. 由实数连续性命题四( $[a,b]$ 的紧致性)知,存在有限子覆盖

$$\mathscr{F}_1 = \left\{ \left( x_k - \frac{\delta_{x_k}}{2}, x_k + \frac{\delta_{x_k}}{2} \right) \mid k = 1, 2, \cdots, n \right\} \subset \mathscr{F}$$

令

$$\delta = \delta(\varepsilon) = \min \left\{ \frac{\delta_k}{2} \mid k = 1, 2, \cdots, n \right\} > 0$$

则 $\forall x', x'' \in [a,b]$, $| x' - x'' | < \delta$, $\exists k \in \mathbb{N}, 1 \leqslant k \leqslant n$, s.t.

$$x' \in \left( x_k - \frac{\delta_{x_k}}{2}, x_k + \frac{\delta_{x_k}}{2} \right)$$

于是

$$\mid x'' - x_k \mid \leqslant \mid x'' - x' \mid + \mid x' - x_k \mid < \delta + \frac{\delta_{x_k}}{2} \leqslant \delta_{x_k}$$

即 $x'' \in (x_k - \delta_{x_k}, x_k + \delta_{x_k})$，由式（ $* *$ ）推得

$$\mid f(x') - f(x'') \mid < \varepsilon$$

从而 $f$ 在 $[a,b]$ 上一致连续.

**证法3**　在证法2中，令

$$\widetilde{\mathscr{F}} = \{ (x - \delta_x, x + \delta_x) \mid x \in [a,b] \}$$

则 $\widetilde{\mathscr{F}}$ 为 $[a,b]$ 的开区间覆盖. 根据下面的 Lebesgue 数定理知，存在 Lebesgue 数 $\lambda = \lambda(\mathscr{F}) > 0.$ $\forall \varepsilon > 0$，取 $\delta = \delta(\varepsilon) = \lambda(\widetilde{\mathscr{F}})$，则当 $x', x'' \in [a,b]$ 且两点集 $\{x', x''\}$ 的直径为

$$d(\{x', x''\}) = \mid x' - x'' \mid < \delta = \lambda(\mathscr{F})$$

时，必有 $(x_0 - \delta_{x_0}, x_0 + \delta_{x_0}) \in \widetilde{\mathscr{F}}$, s. t. $\{x', x''\} \subset (x_0 - \delta_{x_0}, x_0 + \delta_{x_0})$，从而

$$\mid f(x') - f(x'') \mid < \varepsilon$$

这就证明了 $f$ 在 $[a,b]$ 上是一致连续的.

**定理 2.5.6**（Lebesgue 数定理）　设 $\mathscr{F}$ 为有界闭区间 $[a,b]$ 上的一个开覆盖，则必存在数 $\lambda = \lambda(\mathscr{F}) > 0$，使当集合 $A \subset [a,b]$，其直径 $d(A) = \sup\{\rho(x', x'') \mid x', x'' \in A\} < \lambda = \lambda(\mathscr{F})$ 时，必有 $I \in \mathscr{F}$, s. t. $A \subset I$，我们称 $\lambda = \lambda(\mathscr{F})$ 为 $\mathscr{F}$ 的一个 **Lebesgue 数**.

**证明**　（反证）假设结论不成立，则 $\forall n \in \mathbb{N}$，存在 $A_n \subset [a,b]$，它的直径 $d(A_n) < \dfrac{1}{n}$，而不存在 $I \in \mathscr{F}$, s. t. $A_n \subset I$. 在每个 $A_n$ 中取 $a_n$，根据实数连续性命题（六）（序列紧性）可知，存在子列 $\{a_{n_k}\}$ 收敛于 $a_0 \in [a,b]$，因为 $\mathscr{F}$ 为 $[a,b]$ 的开覆盖，故存在 $I_0 \in \mathscr{F}$，使得 $a_0 \in I_0$. 因为 $I_0$ 为开集，当 $[a,b] \backslash I_0 \neq \varnothing$ 时，点 $a_0$ 到 $[a,b] \backslash I_0$ 的距离

$$d = \rho(a_0, [a,b] \backslash I_0) = \inf\{\rho(a_0, x) \mid x \in [a,b] \backslash I_0\} > 0$$

由于 $\lim\limits_{k \to +\infty} a_{n_k} = a_0$，所以，$\exists n_{k_0}$, s. t. $n_{k_0} > \dfrac{2}{d}$ 与 $\rho(a_0, a_{n_{k_0}}) < \dfrac{d}{2}$. 于是，$\forall x \in$

$A_{n_{k_0}}$,有

$$\rho(a_0,x) \leqslant \rho(a_0,a_{n_{k_0}}) + \rho(a_{n_{k_0}},x)$$

$$< \frac{d}{2} + \frac{1}{n_{k_0}} < \frac{d}{2} + \frac{d}{2} = d$$

因而,$A_{n_{k_0}} \subset I_0 \in \mathscr{F}$. 当 $[a,b]\backslash I_0 = \varnothing$ 时,$A_n \subset [a,b] \subset I_0$,这与不存在 $I \in \mathscr{F}$ 使得 $A_{n_{k_0}} \subset I$ 相矛盾.

**定理 2.5.7**　$f$ 在 $(a,b)$ 上一致连续 $\Leftrightarrow f$ 可延拓为 $[a,b]$ 上的连续函数 $\tilde{f}$,此时 $\tilde{f}|_{(a,b)} = f|_{(a,b)}$.

**证明**　($\Leftarrow$) 设 $f$ 可延拓为 $[a,b]$ 上的连续函数 $\tilde{f}$,由定理 2.5.5 知,$\tilde{f}$ 在 $[a,b]$ 上一致连续,而 $\tilde{f}|_{(a,b)} = f|_{(a,b)}$,因此 $f$ 在 $(a,b)$ 上一致连续.

($\Rightarrow$) 设 $f$ 在 $(a,b)$ 上一致连续. $\forall \varepsilon > 0, \exists \delta = \delta(\varepsilon) > 0$, 当 $x',x'' \in (a,b), |x'-x''| < \delta$ 时,有

$$|f(x') - f(x'')| < \varepsilon$$

任取 $x_n \in (a,b), x_n \to a^+$,则 $\{x_n\}$ 为 Cauchy 数列(基本数列). 因此,$\exists N \in \mathbb{N}$,当 $m,n > N$ 时,$|x_n - x_m| < \delta$,从而有

$$|f(x_n) - f(x_m)| < \varepsilon$$

这就证明了 $\{f(x_n)\}$ 为 Cauchy 数列(基本数列). 根据实数连续性命题(七)($\mathbb{R}$ 的完备性)知,$\{f(x_n)\}$ 收敛. $\forall x_n',x_n'' \to a^+ (n \to +\infty)$,显然有

$$x_n''' : x_1',x_1'',x_2',x_2'',\cdots,x_n',x_n'',\cdots \to a^+$$

由上证得 $\{f(x_n''')\}$ 收敛,并且

$$\lim_{n \to +\infty} f(x_n') = \lim_{n \to +\infty} f(x_n''') = \lim_{n \to +\infty} f(x_n'')$$

这就证明了 $\forall x_n \to a^+, \{f(x_n)\}$ 收敛于同一数,故 $\lim\limits_{x \to a^+} f(x)$ 存在且有限. 同理可证 $\lim\limits_{x \to b^-} f(x)$ 存在且有限. 令

$$\tilde{f}(x) = \begin{cases} f(a^+), & x = a \\ f(x), & a < x < b \\ f(b^-), & x = b \end{cases}$$

显然,$\tilde{f}$ 为 $[a,b]$ 上的连续函数,且为 $f$ 的延拓.

**定理 2.5.8**　设 $X \subset \mathbb{R}, f:X \to \mathbb{R}$ 为一元函数. 如果 $\exists x_n',x_n'' \in X, n \in \mathbb{N}$,

$\mid x'_n - x''_n \mid \rightarrow 0$ 但 $\mid f(x'_n) - f(x''_n) \mid \nrightarrow 0 (n \rightarrow + \infty)$，则 $f$ 在 $X$ 上不一致连续.

**证明** （反证）假设 $f$ 在 $X$ 上一致连续，则 $\forall \varepsilon > 0, \exists \delta = \delta(\varepsilon) > 0$，当 $x', x'' \in X, \mid x' - x'' \mid < \delta$ 时，有

$$\mid f(x') - f(x'') \mid < \varepsilon$$

因 $\mid x'_n - x''_n \mid \rightarrow 0 (n \rightarrow + \infty)$，故 $\exists N \in \mathbb{N}$，当 $n > N$ 时，$\mid x'_n - x''_n \mid < \delta$，从而有

$$\mid f(x'_n) - f(x''_n) \mid < \varepsilon$$

由此就推得

$$\mid f(x'_n) - f(x''_n) \mid \rightarrow 0 \quad (n \rightarrow + \infty)$$

这与题设 $\mid f(x'_n) - f(x''_n) \mid \nrightarrow 0 (n \rightarrow + \infty)$ 相矛盾.

**例 2.5.8** 设 $X \subset \mathbb{R}, f : X \rightarrow \mathbb{R}$ 为一元函数，它满足 **Lipschitz** 条件，即 $\forall x', x'' \in X$，有

$$\mid f(x') - f(x'') \mid \leqslant M \mid x' - x'' \mid$$

其中 $M$ 为常数，则 $f$ 在 $X$ 上为一致连续函数.

**证明** $\forall \varepsilon > 0$，取 $\delta \in \left( 0, \dfrac{\varepsilon}{M + 1} \right)$，当 $x', x'' \in X$，且 $\mid x' - x'' \mid < \delta$ 时，有

$$\mid f(x') - f(x'') \mid \leqslant M \mid x' - x'' \mid \leqslant M\delta < M \cdot \frac{\varepsilon}{M + 1} < \varepsilon$$

因此，$f$ 在 $X$ 上为一致连续函数.

**例 2.5.9** (1) $f(x) = \dfrac{1}{x}$ 在 $[a, b)$ 上一至连续，$0 < a < b$；

(2) $f(x) = ax + b$ 在 $(-\infty, +\infty)$ 内一致连续；

(3) $f(x) = x^2$ 在 $(-\infty, +\infty)$ 内不一致连续；

(4) $f(x) = \sin x^2$ 在 $(-\infty, +\infty)$ 内不一致连续；

(5) $f(x) = \sin \dfrac{1}{x}$ 在 $(0, 1)$ 上不一致连续.

**证明** (1) $\forall \varepsilon > 0$，取 $\delta \in (0, a^2 \varepsilon)$，当 $x', x'' \in [a, b], \mid x' - x'' \mid < \delta$ 时，有

$$\left| \frac{1}{x'} - \frac{1}{x''} \right| = \frac{\mid x' - x'' \mid}{x' x''} \leqslant \frac{\mid x' - x'' \mid}{a^2} < \frac{\delta}{a^2} < \varepsilon$$

所以，$f(x) = \dfrac{1}{x}$ 在 $[a, b]$ 上一致连续.

(2) $\forall \varepsilon > 0$，取 $\delta \in \left( 0, \dfrac{\varepsilon}{\mid a \mid + 1} \right)$，当 $x', x'' \in (-\infty, +\infty), \mid x' - x'' \mid <$

$\delta$ 时,有

$$| f(x') - f(x'') | = | (ax' + b) - (ax'' + b) | = | ax' - ax'' |$$
$$= | a | \cdot | x' - x'' | \leqslant ( | a | + 1)\delta < \varepsilon$$

所以,$f(x) = ax + b$ 在 $(-\infty, +\infty)$ 内一致连续.

(3) 取 $x'_n = n, x''_n = n + \dfrac{1}{n}$,则

$$| x'_n - x''_n | = \left| n - \left( n + \frac{1}{n} \right) \right| = \frac{1}{n} \to 0 \quad (n \to +\infty)$$

而

$$| f(x'_n) - f(x''_n) | = \left| n^2 - \left( n + \frac{1}{n} \right)^2 \right|$$

$$= 2 + \frac{1}{n^2} \to 2 \neq 0 \quad (n \to +\infty)$$

根据定理 2.5.8 知,$f(x) = x^2$ 在 $(-\infty, +\infty)$ 内不一致连续.

(4) 取 $x'_n = \sqrt{2n\pi + \dfrac{\pi}{2}}, x''_n = \sqrt{2n\pi}$,则

$$| x'_n - x''_n | = \left| \sqrt{2n\pi + \frac{\pi}{2}} - \sqrt{2n\pi} \right|$$

$$= \frac{\dfrac{\pi}{2}}{\sqrt{2n\pi + \dfrac{\pi}{2}} + \sqrt{2n\pi}} \to 0 \quad (n \to +\infty)$$

但

$$| f(x'_n) - f(x''_n) | = | \sin(x'_n)^2 - \sin(x''_n)^2 |$$

$$= \left| \sin\left( 2n\pi + \frac{\pi}{2} \right) - \sin 2n\pi \right|$$

$$= | 1 - 0 | = 1 \nrightarrow 0 \quad (n \to +\infty)$$

根据定理 2.5.8 知,$f(x) = \sin x^2$ 在 $(-\infty, +\infty)$ 内不一致连续.

(5)[证法 1]　取 $x'_n = \dfrac{1}{2n\pi}, x''_n = \dfrac{1}{2n\pi + \dfrac{\pi}{2}}$,则

$$| x'_n - x''_n | = \left| \frac{1}{2n\pi} - \frac{1}{2n\pi + \dfrac{\pi}{2}} \right|$$

$$= \frac{\dfrac{\pi}{2}}{2n\pi\left(2n\pi + \dfrac{\pi}{2}\right)} \to 0 \quad (n \to +\infty)$$

但

$$| f(x'_n) - f(x''_n) | = \left| \sin\frac{1}{x'_n} - \sin\frac{1}{x''_n} \right|$$

$$= \left| \sin 2n\pi - \sin\left(2n\pi + \frac{\pi}{2}\right) \right|$$

$$= | 0 - 1 | = 1 \nrightarrow 0 \quad (n \to +\infty)$$

根据定理 2.5.8 知,$f(x) = \sin\dfrac{1}{x}$ 在 $(0,1)$ 上不一致连续.

[证法 2] （反证）假设 $f(x) = \sin\dfrac{1}{x}$ 在 $(0,1)$ 上一致连续,由定理 2.5.7

知,$f(x)$ 可延拓为 $[0,1]$ 上的连续函数 $\tilde{f}(x)$,因而

$$\tilde{f}(0) = \lim_{x \to 0^+} \tilde{f}(x) = \lim_{x \to 0^+} \sin\frac{1}{x}$$

存在且有限,这与 $\lim\limits_{x \to 0^+} \sin\dfrac{1}{x}$ 显然不存在相矛盾.

**例 2.5.10** 设 $f$ 在 $[a, +\infty)$ 上连续, $\lim\limits_{x \to +\infty} f(x)$ 存在且有限,则 $f$ 在 $[a, +\infty)$ 上一致连续.

**证法 1** 因 $\lim\limits_{x \to +\infty} f(x) = A \in \mathbb{R}$,故 $\forall \varepsilon > 0$,必 $\exists \Delta > 0$,当 $x > \Delta$ 时,有

$$| f(x) - A | < \frac{\varepsilon}{2}$$

又因 $f$ 连续,根据 Cantor 定理知,$f$ 在 $[a, \Delta]$ 上一致连续,故 $\exists \delta_1 > 0$,当 $x'$,$x'' \in [a, \Delta]$,$| x' - x'' | < \delta_1$ 时,有

$$| f(x') - f(x'') | < \varepsilon$$

因为 $f$ 在点 $\Delta$ 处连续,所以 $\exists \delta_2 > 0$,当 $| x - \Delta | < \delta_2$ 时,有

$$| f(x) - f(\Delta) | < \frac{\varepsilon}{2}$$

令 $\delta = \min\{\delta_1, \delta_2\} > 0$,当 $x', x'' \in [a, +\infty]$,$| x' - x'' | < \delta$ 时,必有下面的结论:

(1) $x', x'' \in (\Delta, +\infty)$,则

$$| f(x') - f(x'') | \leqslant | f(x') - A | + | f(x'') - A |$$
$$< \frac{\varepsilon}{2} + \frac{\varepsilon}{2} = \varepsilon$$

(2)$x', x'' \in [a, \Delta]$,则
$$| f(x') - f(x'') | < \varepsilon$$

(3)$x' \in [a, \Delta], x'' \in [\Delta, +\infty]$,则
$$| x' - \Delta | < x'' - x' < \delta \leqslant \delta_2$$
$$| f(x') - f(\Delta) | < \frac{\varepsilon}{2}$$

同理
$$| f(x'') - f(\Delta) | < \frac{\varepsilon}{2}$$

因此
$$| f(x') - f(x'') | \leqslant | f(x') - f(\Delta) | + | f(x'') - f(\Delta) |$$
$$< \frac{\varepsilon}{2} + \frac{\varepsilon}{2} = \varepsilon$$

这就证明了 $f$ 在 $[a, +\infty]$ 上是一致连续的.

**证法 2**　因 $\lim\limits_{x \to +\infty} f(x) = A \in \mathbb{R}$,故 $\forall \varepsilon > 0$,必 $\exists \Delta > 0$,当 $x > \Delta$ 时,有
$$| f(x) - A | < \frac{\varepsilon}{2}$$

又因 $f$ 连续,根据 Cantor 定理知,$f$ 在 $[a, \Delta + 1]$ 上一致连续,故 $\exists \delta_1 > 0$,当 $x', x'' \in [a, \Delta + 1], | x' - x'' | < \delta_1$ 时,有
$$| f(x') - f(x'') | < \varepsilon$$

令 $\delta = \min\{1, \delta_1\}$,当 $x', x'' \in [a, +\infty], x' < x'', | x' - x'' | < \delta$ 时,必有下面的结论:

(1)$x', x'' \in (\Delta, +\infty)$,则
$$| f(x') - f(x'') | \leqslant | f(x') - A | + | f(x'') - A |$$
$$< \frac{\varepsilon}{2} + \frac{\varepsilon}{2} = \varepsilon$$

(2)$x', x'' \in [a, \Delta + 1]$,则
$$| f(x') - f(x'') | < \varepsilon$$

(3) 若 $a \leqslant x' < \Delta < \Delta + 1 < x''$,则

$$1 = (\Delta + 1) - \Delta < | \, x' - x'' \, | < \delta \leqslant 1$$

矛盾. 由此推得这种情形不出现.

综合上述知, $f$ 在 $[a, +\infty]$ 上一致连续.

**例 2.5.11** 设 $f: (-\infty, +\infty) \to \mathbb{R}$ 是以 $T > 0$ 为周期的连续函数,则 $f$ 在 $(-\infty, +\infty)$ 内一致连续.

**证法 1** 因 $f$ 是以 $T > 0$ 为周期的函数,根据 Cantor 定理知, $\forall \varepsilon > 0$, $\exists \delta_1 > 0$,当 $x', x'' \in [kT, (k+1)T]$, $k \in \mathbb{Z}$ 时,有

$$| f(x') - f(x'') | < \varepsilon$$

$\forall kT$, $\exists \delta_2 > 0$,当 $| x - kT | < \delta_2$ 时,有

$$| f(x) - f(kT) | < \frac{\varepsilon}{2}$$

于是, $\forall x', x'' \in (kT - \delta_2, kT + \delta_2)$,有

$$| f(x') - f(x'') | \leqslant | f(x') - f(kT) | + | f(x'') - f(kT) |$$

$$< \frac{\varepsilon}{2} + \frac{\varepsilon}{2} = \varepsilon$$

令 $\delta = \min\{T, \delta_1, \delta_2\}$,则当 $x', x'' \in (-\infty, +\infty)$, $x' \leqslant x''$, $| x' - x'' | < \delta$ 时,有下面的结论:

(1) $x', x'' \in [kT, (k+1)T]$,则

$$| f(x') - f(x'') | < \varepsilon$$

(2) $x' \in [(k-1)T, kT]$, $x'' \in [kT, (k+1)T]$,则

$$| x' - kT | \leqslant | x' - x'' | < \delta \leqslant \delta_2$$

$$| x'' - kT | \leqslant | x' - x'' | < \delta \leqslant \delta_2$$

$$| f(x') - f(x'') | < \varepsilon$$

这就证明了 $f$ 在 $(-\infty, +\infty)$ 内是一致连续的.

**证法 2** 因 $f$ 在 $[0, 2T]$ 上连续,根据 Cantor 定理知, $f$ 在 $[0, 2T]$ 上一致连续,故 $\forall \varepsilon > 0$,取 $\delta_1 > 0$,当 $x', x'' \in [0, 2T]$, $| x' - x'' | < \delta_1$ 时,有

$$| f(x') - f(x'') | < \varepsilon$$

令 $\delta = \min\{T, \delta_1\}$,当 $x', x'' \in (-\infty, +\infty)$, $x' < x''$,且 $| x' - x'' | < \delta$ 时,必有 $n \in \mathbb{Z}$, s.t.

$$x' = nT + x'_0, \; x'_0 \in [0, T]$$

则

$$x'' = nT + x_0'', x_0'' \in [0, 2T]$$

于是

$$|x_0' - x_0''| = |(x' - nT) - (x'' - nT)| = |x' - x''| < \delta$$

$$|f(x') - f(x'')| = |f(x_0') - f(x_0'')| < \varepsilon$$

这就证明了 $f$ 在 $(-\infty, +\infty)$ 内一致连续.

## 练习题 2.5

**1.** 用 $\varepsilon - \delta$ 语言表达函数 $f$ 在 $I$ 上不一致连续.

**2.** 设函数 $f$ 在开区间 $(a, b)$ 上连续, $f(a^+)$ 与 $f(b^-)$ 存在且有限. 证明: $f$ 在 $(a, b)$ 上一致连续.

**3.** 设函数 $f$ 在区间 $[a, +\infty)$ 上连续, 若存在常数 $b$ 与 $c$, 使得

$$\lim_{x \to +\infty} (f(x) - bx - c) = 0$$

则称直线 $y = bx + c$ 为曲线 $y = f(x)$ 的一条渐近线. 在这种情况下, $f$ 在 $[a, +\infty)$ 上一致连续.

**4.** 由 "连续的周期函数一定是一致连续的" 证明: $\sin^2 x + \sin x^2$ 不是周期函数.

**5.** 研究下列函数的一致连续性:

$(1) f(x) = \sin x, x \in \mathbb{R}$;　　　$(2) f(x) = \cos \dfrac{1}{x}, x > 0$;

$(3) f(x) = \sqrt[3]{x}, x \geqslant 0$;　　　$(4) f(x) = \cos x^2, x \in \mathbb{R}$;

$(5) f(x) = x \cos \dfrac{1}{x}, x > 0$;　　　$(6) f(x) = x \arctan x, x \in \mathbb{R}$;

$(7) f(x) = x^2 \arcsin x, |x| \leqslant 1$.

**6.** 证明: (1) 三次方程 $x^3 + 2x - 1 = 0$ 只有唯一一根, 此根在 $(0, 1)$ 内;

(2) 方程 $x^5 - 3x + 1 = 0$ 在区间 $[0, 1]$ 上有根;

(3) 方程 $x \cdot 2^x = 1$ 在区间 $[0, 1]$ 上有根;

(4) 方程 $\dfrac{a_1}{x - \lambda_1} + \dfrac{a_2}{x - \lambda_2} + \dfrac{a_3}{x - \lambda_3} = 0, a_1, a_2, a_3 > 0, \lambda_1 < \lambda_2 < \lambda_3$ 在区间 $(\lambda_1, \lambda_2)$ 与 $(\lambda_2, \lambda_3)$ 中各有一根;

(5) 实系数偶次多项式

$$f(x) = x^{2n} + a_1 x^{2n-1} + \cdots + a_{2n-1} x + a_{2n}$$

当 $a_{2n} < 0$ 时至少有两个实根;

(6) 方程 $x - \lambda \sin x = 0 (0 \leqslant \lambda < 1)$ 有唯一的根;

(7) 方程 $x - \lambda \sin x = b (0 \leqslant \lambda < 1, b > 0)$ 在 $[0, \lambda + b]$ 上有一根.

(8) 方程 $\sin x = \dfrac{1}{x}$ 有无穷多个根.

**7.** 证明:存在唯一的连续函数 $f, \forall x \in \mathbb{R}, y = f(x)$ 满足 Kepler 方程

$$y - \lambda \sin y = x, 0 \leqslant \lambda < 1$$

**8.** 设 $\varphi(x)$ 在 $\mathbb{R}$ 上连续,且

$$\lim_{x \to +\infty} \frac{\varphi(x)}{x^n} = \lim_{x \to -\infty} \frac{\varphi(x)}{x^n} = 0$$

证明:(1) 当 $n$ 为奇数时,方程 $x^n + \varphi(x) = 0$ 有一实根;

(2) 当 $n$ 为偶数时,存在数 $y$ 使得 $\forall x \in \mathbb{R}$,有

$$y^n + \varphi(y) \leqslant x^n + \varphi(x)$$

**9.** 设 $f$ 在 $\mathbb{R}$ 上连续,且 $\forall x, y \in \mathbb{R}$,函数 $f$ 满足

$$| f(x) - f(y) | \leqslant k | x - y |, 0 < k < 1$$

证明:(1) 函数 $kx - f(x)$ 单调增;

(2) $\exists_1 \xi \in \mathbb{R}, \text{s. t.} f(\xi) = \xi$.

**10.** (1) 设 $f, g$ 在区间 $I$ 上一致连续. 证明:$f + g$ 在 $I$ 上也一致连续.

(2) 设区间 $I_1$ 以 $c$ 为右端点,区间 $I_2$ 以 $c$ 为左端点. 证明:函数 $f$ 在 $I_1 \cup I_2$ 上一致连续 $\Leftrightarrow f$ 在 $I_1$ 与 $I_2$ 上都一致连续.

**11.** (1) 证明:$f(x) = \sqrt{x}$ 在 $[0, +\infty)$ 上一致连续;

(2) 应用例 2.5.11 及 $\sin x' - \sin x'' = 2\cos \dfrac{x' + x''}{2} \sin \dfrac{x' - x''}{2}$. 证明:$f(x) = \sin x$ 在 $(-\infty, +\infty)$ 上一致连续.

(3) 证明:$f(x) = \cos \sqrt{x}$ 在 $[0, +\infty)$ 上一致连续.

**12.** 设 $f$ 在 $[a, b]$ 上连续,且 $\forall x \in [a, b], f(x) \neq 0$. 证明:$f$ 在 $[a, b]$ 上恒正或恒负.

## 思考题 2.5

1. 设函数 $f$ 在区间 $I$ 上连续,且是一对一的(即有反函数),则 $f$ 是严格单调的.

2. 设 $f:\mathbb{R} \to \mathbb{R}$ 连续,$f \circ f(x) = x, \forall x \in \mathbb{R}$. 证明:$\exists \xi \in \mathbb{R}$,s. t. $f(\xi) = \xi$.

3. 设 $f$ 在 $[a,b]$ 上连续 $(a < b)$,$f(a) = f(b)$. 证明:在曲线 $y = f(x)$ $(x \in [a,b])$ 上一定能找到两点

$$A = (\xi,f(\xi)),B = \left(\xi + \frac{b - a}{2},f\left(\xi + \frac{b - a}{2}\right)\right)$$

使得 $\xi \in \left[a,\dfrac{a + b}{2}\right]$ 且 $AB$ 平行 $x$ 轴.

4. 设 $f$ 在 $[0,2]$ 上连续,且 $f(0) = f(2)$. 证明:$\exists \xi \in [0,1]$,s. t.
$$f(\xi) = f(\xi + 1)$$

5. 设 $f:[0,1] \to \mathbb{R}$ 连续,$f(0) = f(1)$. 证明:$\forall n \in \mathbb{N}$,必存在 $\xi_n \in \left[0,1 - \dfrac{1}{n}\right]$,
s. t.

$$f(\xi_n) = f\left(\xi_n + \frac{1}{n}\right)$$

6. 设函数 $f,g:[0,1] \to [0,1]$ 连续,且 $\forall x \in [0,1]$ 有 $f(g(x)) = g(f(x))$. 证明:

　　(1) 如果 $f$ 单调减,则 $\exists_1 a \in [0,1]$,s. t. $f(a) = g(a) = a$;

　　(2) 如果 $f$ 单调,则 $\exists a \in [0,1]$,s. t. $f(a) = g(a) = a$;

　　(3) 如果 $f$ 单调增,使 $f(a) = g(a) = a$ 成立的 $a \in [0,1]$ 是否唯一?

7. 设 $f:\mathbb{R} \to \mathbb{R}$ 为连续函数,存在数 $a,c > 0$,使得对所有的 $n \in \mathbb{N}$,有
$$| f^n(a) | \leqslant c$$

证明:$f$ 有不动点 $x_0$,即 $f(x_0) = x_0$. 这里 $f^n = \overbrace{f \circ f \circ \cdots \circ f}^{n个}$ 表示 $f$ 的 $n$ 次复合.

8. 设 $x_1,x_2,\cdots,x_n \in [0,1]$. 证明:$\exists t_0 \in [0,1]$,s. t.

$$\frac{1}{n}\sum_{i=1}^{n} | t_0 - x_i | = \frac{1}{2}$$

9. 设函数 $f$ 在区间 $I$ 上连续,且有唯一的极值点 $x_0 \in I(I$ 的内点集$)$. 若 $f(x_0)$ 为

极大（小）值，则 $f(x_0)$ 为最大（小）值.

**10.** 设 $f$ 在 $[a,b)$ 上连续，$\lim\limits_{x \to b^-} f(x) = +\infty$，且 $\forall (\alpha,\beta) \subset [a,b)$，$f(x)$ 在 $(\alpha,\beta)$ 上达不到最小值. 证明：$f$ 在 $[a,b)$ 上是严格增的.

**11.** 设 $f:\mathbb{R} \to \mathbb{R}$ 为连续函数，且 $\forall x \in \mathbb{R}$ 都为 $f$ 的极值点. 证明：$f$ 为常值函数.

**12.** 设 $f$ 为 $\mathbb{R}$ 上的连续函数，并且 $\lim\limits_{x \to \infty} f(x) = +\infty$，又设 $f$ 的最小值 $f(a) < a$. 证明：$f \circ f$ 至少在两个点上达到最小值.

# 复习题 2

**1.** 用记号 $C[a,b]$ 表示在区间 $[a,b]$ 上的连续函数的全体. 设 $f_i \in C[a,b]$，$i = 1,2,3$. 定义 $f(x)$ 为三个数 $f_1(x),f_2(x),f_3(x)$ 中介于中间的那一个. 证明：$f \in C[a,b]$.

**2.** 设 $f$ 在 $(a,b)$ 上只有第一类间断点，且 $\forall x,y \in (a,b)$ 有不等式

$$f\left(\frac{x+y}{2}\right) \leqslant \frac{f(x)+f(y)}{2}$$

证明：$f \in C(a,b)$.

**3.** 对 $n \in \mathbb{N}$，求满足函数方程

$$f(x+y^n) = f(x) + (f(y))^n, \quad \forall x,y \in \mathbb{R}$$

的一切函数 $f$.

**4.** 设 $f(x)$ 在 $[0,n]$ 上连续（$n \in \mathbb{N}$），且 $f(0) = f(n)$. 证明：$f(x) = f(y)$ 至少有 $n$ 个不同的解，其中 $y - x$ 是非负整数.

**5.** 定义函数 $f:[0,1] \to [0,1]$ 如下

$$f(x) = \begin{cases} 0.0a_10a_20a_3\cdots, & x = 0.a_1a_2a_3\cdots \\ 1, & x = 1 \end{cases}$$

其中 $x = 0.a_1a_2a_3\cdots$ 为十进制小数表示（当 $x$ 的十进制小数表示不唯一时，一律采用有限小数的方法，例如 0.1 不表示成 0.099 9⋯）. 试讨论函数 $f$ 的连续性.

**6.** 设函数 $f$ 在 $[0, +\infty)$ 上一致连续，且 $\forall x \in [0,1]$，有

$$\lim_{n \to +\infty} f(x+n) = 0 \quad (n \in \mathbb{N})$$

证明: $\lim\limits_{x\to+\infty} f(x) = 0$.

**7.** 设 $I$ 为区间,如果存在正的常数 $M$,使得

$$|f(x) - f(y)| \le M|x - y|, \forall x, y \in I$$

则称 $f$ 在 $I$ 上满足 **Lipschitz 条件**. 证明:如果 $f$ 在 $[a, +\infty)$ 上满足 Lipschitz 条件 $(a > 0)$,则 $\dfrac{f(x)}{x}$ 在 $[a, +\infty)$ 上一致连续.

**8.** 证明:函数 $f$ 在区间 $I$ 上一致连续 $\Leftrightarrow \forall \varepsilon > 0, \exists N \in \mathbb{N}$,使得当 $x, y \in I, x \ne y$ 且

$$\left|\frac{f(x) - f(y)}{x - y}\right| > N$$

时,恒有

$$|f(x) - f(y)| < \varepsilon$$

**9.** 证明:有理函数

$$f(x) = \frac{1 + x^2}{1 - x^2 + x^4}$$

在 $\mathbb{R}$ 上有界,进而证明上述有理函数 $f(x)$ 取到最大值 $1 + \dfrac{2}{3}\sqrt{3}$,而下确界为 0,不可达到.

**10.** 设 $f$ 为 $\mathbb{R}$ 上的周期函数,无最小正周期,且 $f$ 在某点 $a$ 连续. 证明:$f$ 为常值函数. 换言之,如果 $f$ 为无最小正周期的周期函数且 $f$ 不为常值函数,则 $f$ 处处不连续(考察常值函数与 Dirichlet 函数).

**11.** 设函数 $f$ 与 $g$ 在 $[a, b]$ 上连续,且有 $x_n \in [a, b]$,s.t.

$$g(x_n) = f(x_{n+1}), n \in \mathbb{N}$$

证明:必有一点 $x_0 \in [a, b]$,s.t.$f(x_0) = g(x_0)$.

**12.** 设函数 $f$ 在区间 $[a, +\infty)$ 上连续有界. 证明:对每一个数 $\lambda$,存在数列 $x_n \to +\infty$,s.t.

$$\lim\limits_{n\to+\infty}[f(x_n + \lambda) - f(x_n)] = 0$$

**13.** 设函数 $f: \mathbb{R} \to \mathbb{R}$ 在有理点上取值为无理数,在无理点上取值为有理数. 证明:$f$ 不为连续函数.

**14.** 设 $f$ 为 $[a, b]$ 上的连续函数,且在 $\forall [\alpha, \beta] \subset [a, b]$ 上至少有两个不同的最大值点. 证明:$f$ 在 $[a, b]$ 上为常值函数.

**15.** 设 $S^2 = \{(x,y,z) \in \mathbb{R}^3 \mid x^2 + y^2 + z^2 = 1\}$ 为单位球面, $f: S^2 \to \mathbb{R}$ 为连续函数. 证明:$\exists \xi \in S^2$, s. t. $f(\xi) = f(-\xi)$.

**16.** (1) 在半径为1的圆内有2 005个点 $P_1, P_2, \cdots, P_{2\,005}$. 证明:在同一平面上一定存在这样一点 $P$, 它到这2 005个点的距离之和等于3 000;

（2）在单位球面 $S^2$ 上有2 005个点 $P_1, P_2, \cdots, P_{2\,005}$. 证明:在此球面 $S^2$ 上必有一点 $P_0$, 使

$$\sum_{i=1}^{2\,005} \overset{\frown}{P_0 P_i} = \frac{2\,005\pi}{2}$$

其中 $\overset{\frown}{P_0 P_i}$ 表示从 $P_0$ 到 $P_i$ 的球面距离,即过 $P_0$ 与 $P_i$ 的大圆上,以 $P_0, P_i$ 为端点的劣弧之长.

**17.** 设 $f(x)$ 在 $[a,b]$ 上连续, $f(a) < f(b)$. 又设 $\forall x \in (a,b)$, 有

$$\lim_{t \to 0} \frac{f(x+t) - f(x-t)}{t} = g(x)$$

存在且有限. 证明:$\exists c \in (a,b)$, s. t. $g(c) \geqslant 0$.

**18.** 设函数 $f$ 在 $[0, +\infty)$ 上连续, $\forall \alpha > 0$, 有 $\lim\limits_{n \to +\infty} f(n\alpha) = 0$. 证明

$$\lim_{x \to +\infty} f(x) = 0$$

**19.** 设 $\{f_n\}$ 为 $[a,b]$ 上的连续函数列, $f$ 为 $[a,b]$ 上的连续函数,它们满足:

（1）$f_1(x) \geqslant f_2(x) \geqslant \cdots, \forall x \in [a,b]$;

（2）$\lim\limits_{n \to +\infty} f_n(x) = f(x), \forall x \in [a,b]$.

证明:函数序列 $\{f_n\}$ 在 $[a,b]$ 上一致收敛于 $f$.

**20.** 设 $a(t), b(t)$ 为 $[0,1]$ 上的连续函数, $0 \leqslant a(t) \leqslant \lambda < 1$. 证明:方程

$$x = \max_{0 \leqslant t \leqslant 1} [b(t) + xa(t)]$$

的解为

$$x = \max_{0 \leqslant t \leqslant 1} \frac{b(t)}{1 - a(t)}$$

**21.** (1) 证明:不存在 $\mathbb{R}$ 上的连续函数,使它的任一函数值都恰好被取到两次;

（2）是否存在 $\mathbb{R}$ 上的连续函数,使它的任一函数值都恰好被取到三次.

**22.** 设 $f$ 为 $\mathbb{R}$ 上的连续函数,且 $\lim\limits_{x \to \infty} f \circ f(x) = \infty$. 证明:$\lim\limits_{x \to \infty} f(x) = \infty$.

**23.** 应用夹逼定理或 $\ln(1+x) = x + o(x)(x \to 0)$ 证明

$$\lim_{n \to +\infty} \left(1 + \frac{1^p}{n^{p+1}}\right) \cdots \left(1 + \frac{n^p}{n^{p+1}}\right) = e^{\frac{1}{p+1}}, p > 0$$

# 第3章　一元函数的导数、微分中值定理

从质点做直线运动的瞬时速度、直细棒的线密度、曲线切线的斜率出发引进导数的概念,进而再论述重要的 Fermat 定理、Rolle 定理、Lagrange 中值定理及 Cauchy 中值定理,并应用这些定理研究函数的增减性、凹凸性、极值与最值,给出求 $\dfrac{0}{0}$,$\dfrac{\infty}{\infty}$ 等不定型极限的 L'Hospital 法则.

## 3.1　导数及其运算法则

**例 3.1.1**　设质点做直线运动,在时刻 $t$ 的位移可用函数 $x = x(t)$ 来描述. 在时间段 $[t, t + \Delta t]$ 中位移的改变量为 $\Delta x = x(t + \Delta t) - x(t)$. 当 $\Delta t$ 很小时,它在时刻 $t$ 的瞬时速度可近似地用它在 $[t, t + \Delta t]$ 中的平均速度

$$\bar{v}(t, \Delta t) = \frac{\Delta x}{\Delta t} = \frac{x(t + \Delta t) - x(t)}{\Delta t}$$

来代替. 如果当 $\Delta t \to 0$ 时,极限

$$v(t) = \lim_{\Delta t \to 0} \frac{\Delta x}{\Delta t} = \lim_{\Delta t \to 0} \frac{x(t + \Delta t) - x(t)}{\Delta t}$$

存在且有限,则称它为质点在时刻 $t$ 的瞬时速度,并记为 $v(t) = x'(t)$. 瞬时速度问题是微积分发明人之一——Newton 最早研究的.

**例 3.1.2**　设直细棒从 0 到 $x$ 一段的质量为 $m = m(x)$,在 $[x, x + \Delta x]$ 一段的质量为 $\Delta m = m(x + \Delta x) - m(x)$. 当 $\Delta x$ 很小时,在 $x$ 处的线密度可近似地用它在 $[x, x + \Delta x]$ 中的平均线密度

$$\frac{\Delta m}{\Delta x} = \frac{m(x + \Delta x) - m(x)}{\Delta x}$$

来代替. 如果当 $\Delta x \to 0$ 时,极限

$$\lim_{\Delta t \to 0} \frac{\Delta m}{\Delta x} = \lim_{\Delta t \to 0} \frac{m(x + \Delta x) - m(x)}{\Delta x}$$

存在且有限,则称它为直细棒在点 $x$ 处的线密度,记为 $m'(x)$.

**例3.1.3** 设函数 $p = p(t)$ 表示某地区在时刻 $t$ 的人口数目,则在时刻 $t + \Delta t$ 的人口数目就是 $p(t + \Delta t)$. 因此,这个地区在从 $t$ 到 $t + \Delta t$ 的时间段中,人口平均增长速度为

$$\frac{\Delta p}{\Delta t} = \frac{p(t + \Delta t) - p(t)}{\Delta t}$$

如果当 $\Delta t \to 0$ 时,极限

$$\lim_{\Delta t \to 0} \frac{\Delta p}{\Delta t} = \lim_{\Delta t \to 0} \frac{p(t + \Delta t) - p(t)}{\Delta t}$$

存在且有限,则称它为该地区在时刻 $t$ 的人口增长速率,并记为 $p'(t)$.

**例3.1.4** 设 $(x, f(x))$ 为曲线 $y = f(x)$ 上的一个定点,而 $(x + \Delta x, f(x + \Delta x))$ 为该曲线上的一个动点. 显然,通过点 $(x, f(x))$ 与 $(x + \Delta x, f(x + \Delta x))$ 的割线的斜率为

$$\frac{\Delta y}{\Delta x} = \frac{f(x + \Delta x) - f(x)}{\Delta x}$$

它是 $[x, x + \Delta x]$ 上函数 $y = f(x)$ 的平均变化率. 如果当 $\Delta x \to 0$ 时,极限

$$\lim_{\Delta x \to 0} \frac{\Delta y}{\Delta x} = \lim_{\Delta x \to 0} \frac{f(x + \Delta x) - f(x)}{\Delta x}$$

存在且有限,则称它为函数 $y = f(x)$ 在 $x$ 处的变化率,记为 $f'(x)$,并称它为 $f(x)$ 在 $x$ 处的导数. 称过点 $(x, f(x))$ 斜率为 $f'(x)$ 的直线(即割线的极限位置)为该点处的切线. 在图 3.1.1 中

$$\frac{\Delta y}{\Delta x} = \tan \varphi, \quad f'(x) = \lim_{\Delta x \to 0} \frac{\Delta y}{\Delta x} = \tan \varphi_0$$

由此进而可得,曲线 $y = f(x)$ 在点 $(x_0, f(x_0))$ 处的切线方程为

$$y - f(x_0) = f'(x_0)(x - x_0)$$

过点 $(x_0, f(x_0))$ 且与切线垂直的直线称为曲线 $y = f(x)$ 在点 $(x_0, f(x_0))$ 处的法线. 于是,当 $f'(x_0) \neq 0$ 时,在点 $(x_0, f(x_0))$ 处的法线为

$$y - f(x_0) = -\frac{1}{f'(x_0)}(x - x_0)$$

当 $f'(x_0) = 0$ 时,在点 $(x_0, f(x_0))$ 处法线为 $x = x_0$. 两种情形统一表达为

$$(x - x_0) + f'(x_0)(y - f(x_0)) = 0$$

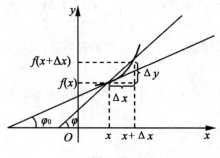

图 3.1.1

Leibniz 的巨大贡献之一,就是发现了曲线的切线斜率与函数的导数之间的联系,同时得到了计算导数的一般方法. 下面来正式引进导数的概念.

**定义 3.1.1**　设函数 $y = f(x)$ 在点 $x_0$ 处的某开邻域 $(x_0 - \delta_0, x_0 + \delta_0)$ (点 $x_0$ 附近) 有定义. 如果极限

$$\lim_{x \to x_0} \frac{f(x) - f(x_0)}{x - x_0} = \lim_{\Delta x \to 0} \frac{f(x_0 + \Delta x) - f(x_0)}{\Delta x} = \lim_{\Delta x \to 0} \frac{\Delta y}{\Delta x}$$

存在且有限,则称函数 $f$ 在点 $x_0$ 处**可导**,且称此极限值为 $f$ 在点 $x_0$ 处的**导数**(或**变化率**),记为

$$f'(x_0) \text{ 或 } f'(x)\big|_{x = x_0} \text{ 或 } \frac{\mathrm{d}f}{\mathrm{d}x}\bigg|_{x = x_0} \text{ 或 } y'(x_0) \text{ 或 } \frac{\mathrm{d}y}{\mathrm{d}x}\bigg|_{x = x_0}$$

其中, $\Delta x = x - x_0$ 称为**自变量 $x$ 的增量**,而 $\Delta y = f(x_0 + \Delta x) - f(x_0)$ 称为**函数**(**因变量**)$y$ **的增量**, $\dfrac{\Delta y}{\Delta x}$ 称为**平均变化率**.

由定义 3.1.1 知,瞬时速度就是质点做直线运动的位移函数 $x(t)$ 对时间 $t$ 的导数;直线棒的线密度就是其质量函数 $m(x)$ 对 $x$ 的导数,这就是导数的物理意义. 切线的斜率就是 $y = f(x)$ 对 $x$ 的导数,这是导数的几何意义.

用"$\varepsilon - \delta$"语言描述导数如下: $\forall \varepsilon > 0, \exists \delta > 0$,当 $0 < |x - x_0| < \delta$ 时,有

$$\left| \frac{f(x) - f(x_0)}{x - x_0} - f'(x_0) \right| < \varepsilon$$

或

$$\left| \frac{f(x_0 + \Delta x) - f(x_0)}{\Delta x} - f'(x_0) \right| < \varepsilon$$

设 $f$ 在点 $x_0$ 的左旁 $(x_0 - \delta_0, x_0]$ 有定义,如果

$$\lim_{x \to x_0^-} \frac{f(x) - f(x_0)}{x - x_0} = \lim_{\Delta x \to 0^-} \frac{f(x_0 + \Delta x) - f(x_0)}{\Delta x}$$

存在且有限,则称此极限值为 $f$ 在点 $x_0$ 处的**左导数**,记为 $f'_-(x_0)$. 类似可定义 $f$ 在点 $x_0$ 处的**右导数** $f'_+(x_0)$.

**定理 3.1.1** $f$ 在点 $x_0$ 处可导 $\Leftrightarrow f$ 在点 $x_0$ 处既左可导又右可导,且 $f'_-(x_0) = f'_+(x_0)$.

**证明** $f$ 在点 $x_0$ 处可导,即

$$\lim_{x \to x_0} \frac{f(x) - f(x_0)}{x - x_0} = f'(x_0) \in \mathbb{R}$$

$$\Leftrightarrow f'_-(x_0) = \lim_{x \to x_0^-} \frac{f(x) - f(x_0)}{x - x_0}$$

$$= \lim_{x \to x_0^+} \frac{f(x) - f(x_0)}{x - x_0}$$

$$= f'_+(x_0) \in \mathbb{R}$$

且

$$f'_-(x_0) = f'(x_0) = f'_+(x_0)$$

**定义 3.1.2** 如果 $y = f(x)$ 在开区间 $(a,b)$ 内的任一点 $x$ 处可导,则称 $f$ 在 $(a,b)$ **内可导**;如果 $f$ 在有界区间 $(a,b)$ 内可导,又在 $a$ 处右可导,在 $b$ 处左可导,则称 $f$ **在闭区间** $[a,b]$ **上可导**.

$f(x)$ 在区间 $I$ 中的导数形成一个新函数 $f'(x)$,称为 $f(x)$ 的**导函数**. 如果 $f'(x)$ 为 $I$ 上的连续函数,即

$$\lim_{x \to x_0} f'(x) = f'(x_0), \forall x_0 \in I$$

则称 $f$ 为**一阶连续可导的函数**.

注意, $f'_-(x_0)(f'_+(x_0))$ 为 $f$ 在点 $x_0$ 处的左(右)导数,但是 $f'(x_0^-) = \lim_{x \to x_0^-} f'(x)(f'(x_0^+) = \lim_{x \to x_0^+} f'(x))$ 为导函数 $f'(x)$ 在点 $x_0$ 处的左(右)极限.

**定理 3.1.2** 设 $f$ 在点 $x_0$ 处可导,则 $f$ 在点 $x_0$ 处连续. 反之不真.

**证明** $(\Rightarrow)$ 设 $f$ 在点 $x_0$ 处可导,则

$$\lim_{x \to x_0} f(x) = \lim_{x \to x_0} \left[ \frac{f(x) - f(x_0)}{x - x_0}(x - x_0) + f(x_0) \right]$$

$$= f'(x_0) \cdot 0 + f(x_0) = f(x_0)$$

这就证明了 $f$ 在点 $x_0$ 处连续.

(⇐) 反例：$f(x) = |x|$ 在 $x_0 = 0$ 处连续，但在 $x_0 = 0$ 处不可导.

事实上，由

$$f'_+(0) = \lim_{x \to 0^+} \frac{f(x) - f(0)}{x - 0} = \lim_{x \to 0^+} \frac{x - 0}{x - 0} = \lim_{x \to 0^+} 1 = 1$$

$$\neq -1 = \lim_{x \to 0^-}(-1) = \lim_{x \to 0^-} \frac{(-x) - 0}{x - 0} = \lim_{x \to 0^-} \frac{f(x) - f(0)}{x - 0}$$

$$= f'_-(0)$$

及定理 3.1.1 得到：$f$ 在 $x_0 = 0$ 处不可导.

**定理 3.1.3**（求导的四则运算法则）  设 $f, g$ 在点 $x$ 处可导，则 $f \pm g, cf(c$ 为常数$), fg, \dfrac{f}{g}(g(x) \neq 0)$ 都在点 $x$ 处可导，且：

(1) $(f \pm g)' = f' \pm g'$（线性性）；

(2) $(cf)' = cf'$（线性性）；

(3) $(fg)' = f'g + fg'$（导性）；

(4) $\left(\dfrac{f}{g}\right)' = \dfrac{f'g - fg'}{g^2}$.

**证明**  (1)

$$(f \pm g)'(x) = \lim_{\Delta x \to 0} \frac{(f \pm g)(x + \Delta x) - (f \pm g)(x)}{\Delta x}$$

$$= \lim_{\Delta x \to 0} \frac{[f(x + \Delta x) - f(x)] \pm [g(x + \Delta x) - g(x)]}{\Delta x}$$

$$= f'(x) \pm g'(x)$$

(2)  $$(cf)'(x) = \lim_{\Delta x \to 0} \frac{(cf)(x + \Delta x) - (cf)(x)}{\Delta x}$$

$$= c \lim_{\Delta x \to 0} \frac{f(x + \Delta x) - f(x)}{\Delta x} = cf'(x)$$

(3) 由 $g$ 在点 $x$ 处可导及定理 3.1.2 推得 $g$ 在点 $x$ 处连续，于是有

$$(fg)'(x) = \lim_{\Delta x \to 0} \frac{(fg)(x + \Delta x) - (fg)(x)}{\Delta x}$$

$$= \lim_{\Delta x \to 0} \frac{[f(x + \Delta x) - f(x)]g(x + \Delta x) + f(x)[g(x + \Delta x) - g(x)]}{\Delta x}$$

$$= f'(x)g(x) + f(x)g'(x)$$

(4) 同(3)知，$g$ 在点 $x$ 处连续，故有

$$\left(\frac{f}{g}\right)'(x) = \lim_{\Delta x \to 0} \frac{\left(\frac{f}{g}\right)(x + \Delta x) - \left(\frac{f}{g}\right)(x)}{\Delta x}$$

$$= \lim_{\Delta x \to 0} \frac{1}{\Delta x}\left[\frac{f(x + \Delta x)}{g(x + \Delta x)} - \frac{f(x)}{g(x)}\right]$$

$$= \lim_{\Delta x \to 0} \frac{1}{g(x + \Delta x)g(x)} \cdot$$

$$\frac{[f(x + \Delta x) - f(x)]g(x + \Delta x) - f(x)[g(x + \Delta x) - g(x)]}{\Delta x}$$

$$= \frac{f'(x)g(x) - f(x)g'(x)}{g^2(x)}$$

**定理 3.1.4**(复合函数的求导链式规则,简称链规则) 设 $y = y(u)$ 在点 $u_0$ 处可导,$u = u(x)$ 在点 $x_0$ 处可导,$u_0 = u(x_0)$,则复合函数 $y = y(u(x)) = (y \circ u)(x)$ 在点 $x_0$ 处可导,且

$$(y(u(x)))'\mid_{x = x_0} = y'(u_0)u'(x_0)$$

或

$$y'_x\mid_{x = x_0} = y'_u\mid_{u = u_0} \cdot u'_x\mid_{x = x_0}$$

**证明** 令

$$F(\Delta u) = \begin{cases} \dfrac{y(u_0 + \Delta u) - y(u_0)}{\Delta u}, \Delta u \neq 0 \\ y'(u_0), \Delta u = 0 \end{cases}$$

则 $F(\Delta u)$ 在 $\Delta u = 0$ 处连续. 此外,由 $u = u(x)$ 在点 $x_0$ 处可导知,$\Delta u \to 0$ $(\Delta x \to 0)$. 于是

$$(y(u(x)))'\mid_{x = x_0} = \lim_{\Delta x \to 0} \frac{y(u(x_0 + \Delta x)) - y(u(x_0))}{\Delta x}$$

$$= \lim_{\Delta x \to 0} F(\Delta u) \cdot \frac{\Delta u}{\Delta x} = y'(u_0)u'(x_0)$$

**定理 3.1.5**(反函数的求导法则) 设 $y = f(x)$ 为 $x = g(y)$ 的反函数(即 $f = g^{-1}, g = f^{-1}$). 如果 $g(y)$ 在点 $y_0$ 的某开邻域内连续、严格单调且 $g'(y_0) \neq 0$,则 $f(x)$ 在点 $x_0 = g(y_0)$ 处可导,且

$$f'(x_0) = \frac{1}{g'(y_0)} = \frac{1}{(f^{-1}(y))'\mid_{y = y_0}}$$

或

$$y'_x(x_0) = \frac{1}{x'_y(y_0)}$$

**证明**  因为 $g$ 在点 $y_0$ 的某开邻域内连续且严格单调,根据定理2.4.4知,$f = g^{-1}$ 在点 $x_0$ 的某开邻域内连续且严格单调,从而

$$\Delta y = f(x_0 + \Delta x) - f(x_0) = 0 \Leftrightarrow \Delta x = g(y_0 + \Delta y) - g(y_0) = 0$$

且

$$\Delta y \to 0 \Leftrightarrow \Delta x \to 0$$

由 $g'(y_0) \neq 0$,可得

$$f'(x_0) = \lim_{\Delta x \to 0} \frac{\Delta y}{\Delta x} = \lim_{\Delta x \to 0} \frac{1}{\dfrac{\Delta x}{\Delta y}} = \frac{1}{g'(y_0)}$$

**例3.1.5**  证明下列基本初等函数的导数:

(1) $C' = 0$,其中 $C$ 为常值函数;

(2) $(\sin x)' = \cos x, (\cos x)' = -\sin x, (\tan x)' = \sec^2 x, (\cot x)' = -\csc^2 x, (\sec x)' = \sec x \tan x, (\csc x)' = -\csc x \cot x$;

(3) $(\log_a x)' = \dfrac{1}{x \ln a}(a > 0), (\ln x)' = \dfrac{1}{x}, (\ln |x|)' = \dfrac{1}{x}$;

(4) $(x^\mu)' = \mu x^{\mu-1}, (\sqrt{x})' = (x^{\frac{1}{2}})' = \dfrac{1}{2}x^{\frac{1}{2}-1} = \dfrac{1}{2\sqrt{x}}$;

(5) $(a^x)' = a^x \ln a, (e^x)' = e^x$;

(6) $(\arcsin x)' = \dfrac{1}{\sqrt{1-x^2}}, (\arccos x)' = -\dfrac{1}{\sqrt{1-x^2}}$,

$(\arctan x)' = \dfrac{1}{1+x^2}, (\operatorname{arccot} x)' = -\dfrac{1}{1+x^2}$.

**证明**  (1) $C' = \lim_{\Delta x \to 0} \dfrac{C - C}{\Delta x} = \lim_{\Delta x \to 0} 0 = 0$.

(2)  $(\sin x)' = \lim_{\Delta x \to 0} \dfrac{\sin(x + \Delta x) - \sin x}{\Delta x}$

$$= \lim_{\Delta x \to 0} \frac{2\cos \dfrac{2x + \Delta x}{2} \sin \dfrac{\Delta x}{2}}{\Delta x}$$

$$= \lim_{\Delta x \to 0} \cos \frac{2x + \Delta x}{2} \cdot \frac{\sin \dfrac{\Delta x}{2}}{\dfrac{\Delta x}{2}}$$

$$= \cos x \cdot 1 = \cos x$$

或者

$$(\sin x)' |_{x = x_0} = \lim_{x \to x_0} \frac{\sin x - \sin x_0}{x - x_0}$$

$$= \lim_{x \to x_0} \cos \frac{x + x_0}{2} \frac{\sin \dfrac{x - x_0}{2}}{\dfrac{x - x_0}{2}}$$

$$= \cos x_0 \cdot 1 = \cos x_0$$

所以

$$(\sin x)' = \cos x$$

$$(\cos x)' = \lim_{\Delta x \to 0} \frac{\cos(x + \Delta x) - \cos x}{\Delta x}$$

$$= - \lim_{\Delta x \to 0} \sin \frac{2x + \Delta x}{2} \frac{\sin \dfrac{\Delta x}{2}}{\dfrac{\Delta x}{2}}$$

$$= - \sin x \cdot 1 = - \sin x$$

或者

$$(\cos x)' = \left[ \sin\left( \frac{\pi}{2} - x \right) \right]' = \cos\left( \frac{\pi}{2} - x \right) \cdot (-1) = - \sin x$$

$$(\tan x)' = \left( \frac{\sin x}{\cos x} \right)' = \frac{\cos x \cdot \cos x - \sin x \cdot (- \sin x)}{\cos^2 x}$$

$$= \frac{1}{\cos^2 x} = \sec^2 x$$

$$(\cot x)' = \left( \frac{\cos x}{\sin x} \right)' = \frac{(- \sin x) \sin x - \cos x \cdot \cos x}{\sin^2 x}$$

$$= - \frac{1}{\sin^2 x} = - \csc^2 x$$

$$(\sec x)' = \left( \frac{1}{\cos x} \right)' = \frac{0 \cdot \cos x - 1 \cdot (- \sin x)}{\cos^2 x} = \sec x \tan x$$

$$(\csc x)' = \left( \frac{1}{\sin x} \right)' = \frac{0 \cdot \sin x - 1 \cdot \cos x}{\sin^2 x} = - \csc x \cot x$$

$$(3) \qquad (\log_a x)' = \lim_{\Delta x \to 0} \frac{\log_a (x + \Delta x) - \log_a x}{\Delta x}$$

$$= \frac{1}{x} \lim_{\Delta x \to 0} \log_a \left(1 + \frac{\Delta x}{x}\right)^{\frac{x}{\Delta x}}$$

$$= \frac{1}{x} \log_a e = \frac{1}{x \ln a}$$

特别地

$$(\ln |x|)' = \begin{cases} (\ln x)' = \dfrac{1}{x}, x > 0 \\[2mm] (\ln(-x))' = \dfrac{1}{-x} \cdot (-1) = \dfrac{1}{x}, x < 0 \end{cases}$$

$$= \frac{1}{x}$$

$(4)\ (x^{\mu})' = (e^{\mu \ln x})' = e^{\mu \ln x} \cdot \mu \cdot \dfrac{1}{x} = x^{\mu} \cdot \dfrac{\mu}{x} = \mu x^{\mu-1}.$

当 $\mu = n \in \mathbb{N}$ 时,还可如下证明

$$(x^n)' = \lim_{\Delta x \to 0} \frac{(x + \Delta x)^n - x^n}{\Delta x} = \lim_{\Delta x \to 0} \sum_{k=1}^{n} C_n^k x^{n-k} (\Delta x)^{k-1}$$

$$= C_n^1 x^{n-1} = n x^{n-1}$$

当 $x > 0$ 时

$$(\sqrt{x})' = \lim_{x \to 0^+} \frac{\sqrt{x + \Delta x} - \sqrt{x}}{\Delta x} = \lim_{x \to 0^+} \frac{(x + \Delta x) - x}{\Delta x (\sqrt{x + \Delta x} + \sqrt{x})}$$

$$= \lim_{x \to 0^+} \frac{1}{\sqrt{x + \Delta x} + \sqrt{x}} = \frac{1}{2\sqrt{x}} = \frac{1}{2} x^{-\frac{1}{2}}$$

当 $x = 0$ 时

$$(\sqrt{x})' \big|_{x=0} = \lim_{x \to 0^+} \frac{\sqrt{x} - \sqrt{0}}{x - 0} = \lim_{x \to 0^+} \frac{1}{\sqrt{x}} = +\infty$$

所以,$\sqrt{x}$ 在 $x = 0$ 处非右可导,但它有右切线,其斜率为 $\tan \varphi_0 = +\infty$,$\varphi_0 = \dfrac{\pi}{2}$,

即切线为 $y$ 轴.

$(5)\quad (a^x)' = \lim_{\Delta x \to 0} \dfrac{a^{x+\Delta x} - a^x}{\Delta x} = a^x \cdot \lim_{\Delta x \to 0} \dfrac{a^{\Delta x} - 1}{\Delta x} = a^x \ln a$

或应用反函数求导法则的定理 3.1.5 得

$$(a^x)' = \frac{1}{(\log_a y)'} = \frac{1}{\dfrac{1}{y \ln a}} = y \ln a = a^x \ln a$$

或由 $y = a^x, x = \log_a y$,两边对 $x$ 求导得

$$1 = \frac{y'}{y\ln a}$$

$$(a^x)' = y' = y\ln a = a^x\ln a$$

(6) $y = \arcsin x, x = \sin y$,由反函数求导法则的定理 3.1.5 得

$$(\arcsin x)' = y'_x = \frac{1}{x'_y} = \frac{1}{\cos y} = \frac{1}{\sqrt{1 - \sin^2 y}} = \frac{1}{\sqrt{1 - x^2}}$$

其中, $y \in \left(-\frac{\pi}{2}, \frac{\pi}{2}\right)$,故 $\cos y > 0$.

或对 $x = \sin y$ 两边关于 $x$ 求导得

$$1 = \cos y \cdot y'_x$$

$$y'_x = \frac{1}{\cos y} = \frac{1}{\sqrt{1 - \sin^2 y}} = \frac{1}{\sqrt{1 - x^2}}$$

类似可得

$$(\arccos x)' = -\frac{1}{\sqrt{1 - x^2}}$$

$$(\arctan x)' = \frac{1}{1 + x^2}, (\text{arccot } x)' = -\frac{1}{1 + x^2}$$

由例 3.1.5 与定理 3.1.3 与定理 3.1.4 可以计算任何初等函数的导数.

**例 3.1.6** 求下列函数的导数:

(1) $f(x) = a_0 x^n + a_1 x^{n-1} + \cdots + a_{n-1}x + a_n$;

(2) $f(x) = \ln(x + \sqrt{1 + x^2})$;

(3) $y = x^x$;

(4) $y = u(x)^{v(x)}$,其中 $u(x) > 0$,且 $u(x)$ 与 $v(x)$ 均可导.

**解** (1) $f'(x) = na_0 x^{n-1} + (n-1)a_1 x^{n-2} + \cdots + a_{n-1}$.

(2) $f'(x) = (\ln(x + \sqrt{1 + x^2}))'$

$$= \frac{1}{x + \sqrt{1 + x^2}}\left(1 + \frac{2x}{2\sqrt{1 + x^2}}\right)$$

$$= \frac{1}{\sqrt{1 + x^2}}$$

(3) $y' = (x^x)' = (e^{x\ln x})' = e^{x\ln x} \cdot \left(\ln x + x \cdot \frac{1}{x}\right)$

$$= x^x(\ln x + 1)$$

或者

$$y = x^x, \ln y = x\ln x$$

$$\frac{y'}{y} = \ln x + x \cdot \frac{1}{x} = \ln x + 1$$

$$y' = x^x(\ln x + 1)$$

(4)　　$$y' = (u(x)^{v(x)})' = (e^{v(x)\ln u(x)})'$$

$$= e^{v(x)\ln u(x)}\left[v'(x)\ln u(x) + v(x)\frac{u'(x)}{u(x)}\right]$$

$$= u(x)^{v(x)}\left[v'(x)\ln u(x) + v(x)\frac{u'(x)}{u(x)}\right]$$

$$= u(x)^{v(x)}v'(x)\ln u(x) + u(x)^{v(x)-1}u'(x)v(x)$$

或者,对 $\ln y = v(x)\ln u(x)$ 两边关于 $x$ 求导得

$$\frac{y'}{y} = v'(x)\ln u(x) + v(x)\frac{u'(x)}{u(x)}$$

$$y' = u(x)^{v(x)}v'(x)\ln u(x) + u(x)^{v(x)-1}u'(x)v(x)$$

**例 3.1.7**（对数求导法）　求

$$y = \frac{(x+5)^2(x-4)^{\frac{1}{3}}}{(x+2)^5(x+4)^{\frac{1}{2}}}$$

的导数 $y'$.

**解**　$\ln|y| = 2\ln|x+5| + \dfrac{1}{3}\ln|x-4| - 5\ln|x+2| - \dfrac{1}{2}\ln|x+4|$

$$\frac{y'}{y} = \frac{2}{x+5} + \frac{1}{3(x-4)} - \frac{5}{x+2} - \frac{1}{2(x+4)}$$

$$y' = \frac{(x+5)^2(x-4)^{\frac{1}{3}}}{(x+2)^5(x+4)^{\frac{1}{2}}} \cdot \left[\frac{2}{x+5} + \frac{1}{3(x-4)} - \frac{5}{x+2} - \frac{1}{2(x+4)}\right]$$

**例 3.1.8**　求 $f(x) = |x+1|^3 = \begin{cases}(x+1)^3, & x \geqslant -1, \\ -(x+1)^3, & x < -1\end{cases}$ 的导函数 $f'(x)$,并

说明其连续性.

**解**　因为

$$f'_+(-1) = \lim_{x \to (-1)^+}\frac{(x+1)^3 - 0}{x - (-1)} = \lim_{x \to (-1)^+}(x+1)^2 = 0$$

$$= - \lim_{x \to (-1)^-} (x + 1)^2 = - \lim_{x \to (-1)^-} \frac{-(x + 1)^3 - 0}{x - (-1)}$$

$$= f'_-(-1)$$

所以,$f'(-1) = 0$. 于是

$$f'(x) = \begin{cases} 3(x + 1)^2, x \geqslant -1 \\ -3(x + 1)^2, x < -1 \end{cases}$$

易见,$f'(x)$ 在$[-1, +\infty)$ 上与初等函数$3(x + 1)^2$ 一致,所以$f'(x)$ 在$[-1, +\infty)$ 上连续. 又因为

$$3(x + 1)^2 \bigg|_{x = -1} = 0 = -3(x + 1)^2 \bigg|_{x = -1}$$

且$f'(x)$ 在$(-\infty, -1]$ 上与初等函数$-3(x + 1)^2$ 一致,所以$f'(x)$ 在 $(-\infty, -1]$ 上连续,从而$f'(x)$ 在$(-\infty, +\infty)$ 上连续.

**例 3.1.9** 设

$$f(x) = \begin{cases} x^m \sin \dfrac{1}{x}, x \neq 0 \\ 0, x = 0 \end{cases}$$

试问:(1)$m$ 为何值时,$f$ 在 $x = 0$ 处连续;

(2)$m$ 为何值时,$f$ 在 $x = 0$ 处可导;

(3)$m$ 为何值时,$f'$ 在 $x = 0$ 处连续.

**解** 当$m > 0$ 时,由

$$|f(x) - 0| = \left| x^m \sin \frac{1}{x} - 0 \right| \leqslant |x|^m$$

知,$f(x)$ 在 $x = 0$ 连续.

当$m \leqslant 0$ 时,由

$$\lim_{n \to +\infty} f\left(\frac{1}{2n\pi}\right) = \lim_{n \to +\infty} 0 = 0 \neq \lim_{n \to +\infty} \frac{1}{\left(2n\pi + \dfrac{\pi}{2}\right)^m}$$

$$= \lim_{n \to +\infty} f\left(\frac{1}{2n\pi + \dfrac{\pi}{2}}\right)$$

推得,$\lim_{x \to 0} f(x)$ 不存在,所以$f$ 在 $x = 0$ 处不连续.

再考虑$f'(x)$,有

$$\lim_{x \to 0} \frac{f(x) - f(0)}{x - 0} = \lim_{x \to 0} \frac{x^m \sin \frac{1}{x} - 0}{x - 0} = \lim_{x \to 0} x^{m-1} \sin \frac{1}{x}$$

$$= \begin{cases} 0, m > 1 \\ 不存在, m \leq 1 \end{cases}$$

于是, 当 $m > 1$ 时, 有

$$f'(x) = \begin{cases} mx^{m-1} \sin \frac{1}{x} + x^m \cos \frac{1}{x} \cdot \frac{-1}{x^2}, x \neq 0 \\ 0, x = 0 \end{cases}$$

$$= \begin{cases} mx^{m-1} \sin \frac{1}{x} - x^{m-2} \cos \frac{1}{x}, x \neq 0 \\ 0, x = 0 \end{cases}$$

由上知可知:

(1) 当 $m > 0$ 时, $f$ 在 $x = 0$ 处连续;

(2) 当 $m > 1$ 时, $f$ 在 $x = 0$ 处可导;

(3) 当 $m > 2$ 时, $f'$ 在 $x = 0$ 处连续.

**例 3.1.10**　设 $f$ 可导, 且 $f(x) > 0$, $F(x) = (f \circ f)^{\frac{1}{f}}(x)$, 求 $F'(x)$.

**解法 1**

$$F' = ((f \circ f)^{\frac{1}{f}})' = (e^{\frac{1}{f}\ln(f \circ f)})'$$

$$= e^{\frac{1}{f}\ln(f \circ f)} \left[ \frac{(f' \circ f) \cdot f'}{f \circ f} f - f' \ln(f \circ f) \right] \Big/ f^2$$

$$= \frac{(f \circ f)^{\frac{1}{f}}}{(f \circ f) f^2} [(f' \circ f) f' f - (f \circ f) f' \ln(f \circ f)]$$

**解法 2**

$$\ln F = \frac{1}{f} \ln(f \circ f)$$

$$\frac{F'}{F} = \left[ \frac{(f' \circ f) f' f}{f \circ f} - f' \ln(f \circ f) \right] \Big/ f^2$$

$$F' = (f \circ f)^{\frac{1}{f}} [(f' \circ f) f' f - f'(f \circ f) \ln(f \circ f)] / (f \circ f) f^2$$

**例 3.1.11**　(1) 可导的周期为 $T$ 的函数 $f$, 其导函数 $f'$ 仍为周期 $T$ 的函数.

(2) 可导的奇函数 $f$, 其导函数必为偶函数.

(3) 可导的偶函数, 其导函数必为奇函数.

**证明** （1）因为 $f(x + T) = f(x)$，$\forall x \in \mathbb{R}$，所以

$$f'(x) = f'(x + T)(x + T)' = f'(x + T)，\forall x \in \mathbb{R}$$

即 $f'$ 仍为周期 $T$ 的函数.

（2）因 $f(-x) = -f(x)$，$\forall x \in \mathbb{R}$，故

$$-f'(x) = f'(-x) \cdot (-1)$$
$$f'(-x) = f'(x)$$

从而 $f'$ 为偶函数.

（3）因 $f(-x) = f(x)$，$\forall x \in \mathbb{R}$，故

$$f'(-x) \cdot (-1) = f'(x)$$
$$f'(-x) = -f'(x)$$

从而 $f'$ 为奇函数.

**例 3.1.12** 设 $f_{ij}(x)(i,j = 1,2,\cdots,n)$ 为可导函数. 证明

$$\frac{\mathrm{d}}{\mathrm{d}x}\begin{vmatrix} f_{11}(x) & f_{12}(x) & \cdots & f_{1n}(x) \\ f_{21}(x) & f_{22}(x) & \cdots & f_{2n}(x) \\ \vdots & \vdots & & \vdots \\ f_{n1}(x) & f_{n2}(x) & \cdots & f_{nn}(x) \end{vmatrix}$$

$$= \sum_{k=1}^{n}\begin{vmatrix} f_{11}(x) & f_{12}(x) & \cdots & f_{1n}(x) \\ f_{21}(x) & f_{22}(x) & \cdots & f_{2n}(x) \\ \vdots & \vdots & & \vdots \\ f'_{k1}(x) & f'_{k2}(x) & \cdots & f'_{kn}(x) \\ \vdots & \vdots & & \vdots \\ f_{n1}(x) & f_{n2}(x) & \cdots & f_{nn}(x) \end{vmatrix}$$

**证明**

$$\text{左边} = \frac{\mathrm{d}}{\mathrm{d}x}\sum_{\pi}(-1)^{\pi}f_{1j_1}\cdots f_{nj_n}$$

$$= \sum_{\pi}(-1)^{\pi}\frac{\mathrm{d}}{\mathrm{d}x}(f_{1j_1}\cdots f_{nj_n})$$

$$= \sum_{\pi}(-1)^{\pi}\sum_{k=1}^{n}f_{1j_1}\cdots\left(\frac{\mathrm{d}}{\mathrm{d}x}f_{kj_k}\right)\cdots f_{nj_n}$$

$$= \sum_{k=1}^{n}\sum_{\pi}(-1)^{\pi}f_{1j_1}\cdots f'_{kj_k}\cdots f_{nj_n} = \text{右边}$$

**例 3.1.13** 设函数 $f$ 在 $x = 0$ 处可导，$n \in \mathbb{N}$，$a_n \to 0^-$，$b_n \to 0^+$ $(n \to +\infty)$.

证明

$$\lim_{n\to+\infty}\frac{f(b_n)-f(a_n)}{b_n-a_n}=f'(0)$$

**证法 1**　设 $\dfrac{f(x)-f(0)}{x}=f'(0)+\alpha(x)$，则

$$\lim_{x\to0}\alpha(x)=\lim_{x\to0}\left[\frac{f(x)-f(0)}{x}-f'(0)\right]=f'(0)-f'(0)=0$$

$$f(b_n)=f(0)+f'(0)b_n+b_n\alpha(b_n)$$

$$f(a_n)=f(0)+f'(0)a_n+a_n\alpha(a_n)$$

于是

$$\lim_{n\to+\infty}\frac{f(b_n)-f(a_n)}{b_n-a_n}=\lim_{n\to+\infty}\frac{f'(0)(b_n-a_n)+b_n\alpha(b_n)-a_n\alpha(a_n)}{b_n-a_n}$$

$$=\lim_{n\to+\infty}\left[f'(0)+\alpha(b_n)+\frac{a_n}{b_n-a_n}(\alpha(b_n)-\alpha(a_n))\right]$$

$$=f'(0)+0+0=f'(0)$$

其中，$a_n<0,b_n>0,\left|\dfrac{a_n}{b_n-a_n}\right|<1$.

**证法 2**　因为 $f$ 在 $x=0$ 处可导，故

$$\lim_{n\to+\infty}\frac{f(a_n)-f(0)}{a_n-0}=f'(0)$$

$$\lim_{n\to+\infty}\frac{f(b_n)-f(0)}{b_n-0}=f'(0)$$

于是，$\forall\varepsilon>0,\exists N\in\mathbb{N}$，当 $n>N$ 时，有

$$\left|\frac{f(a_n)-f(0)}{a_n-0}-f'(0)\right|<\varepsilon$$

$$\left|\frac{f(b_n)-f(0)}{b_n-0}-f'(0)\right|<\varepsilon$$

由此推得

$$\left|\frac{f(b_n)-f(a_n)}{b_n-a_n}-f'(0)\right|$$

$$=\left|\frac{f(b_n)-f(0)}{b_n-0}\frac{b_n}{b_n-a_n}-\frac{f(a_n)-f(0)}{a_n-0}\frac{a_n}{b_n-a_n}-f'(0)\right|$$

$$=\left|\left[\frac{f(b_n)-f(0)}{b_n-0}-f'(0)\right]\frac{b_n}{b_n-a_n}-\left[\frac{f(a_n)-f(0)}{a_n-0}-f'(0)\right]\frac{a_n}{b_n-a_n}\right|$$

$$\leqslant \left| \frac{f(b_n) - f(0)}{b_n - 0} - f'(0) \right| \frac{b_n}{b_n - a_n} + \left| \frac{f(a_n) - f(0)}{a_n - 0} - f'(0) \right| \frac{-a_n}{b_n - a_n}$$

$$< \varepsilon \cdot \frac{b_n}{b_n - a_n} + \varepsilon \cdot \frac{-a_n}{b_n - a_n} = \varepsilon$$

于是

$$\lim_{n \to +\infty} \frac{f(b_n) - f(a_n)}{b_n - a_n} = f'(0)$$

**例 3.1.14**　求曲线 $y = x^2$ 与 $y = \dfrac{1}{x}$ 交点处的夹角 $\theta$(即切线之间的夹角).

再求 $y = x^2$ 在点 $(1,1)$ 处的切线与法线(图 3.1.2).

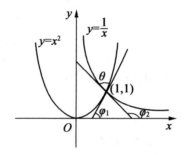

图 3.1.2

**解**　曲线 $y = x^2$ 与 $y = \dfrac{1}{x}$ 的交点 $(x,y)$ 满足联立方程

$$\begin{cases} y = x^2 \\ y = \dfrac{1}{x} \end{cases}$$

求解得到

$$x^2 = \frac{1}{x}, x^3 = 1, x = 1, y = 1$$

所以,此交点为 $(1,1)$.

又由

$$\tan \theta = \tan(\varphi_2 - \varphi_1) = \frac{\tan \varphi_2 - \tan \varphi_1}{1 + \tan \varphi_1 \tan \varphi_2} = \left. \frac{-\dfrac{1}{x^2} - 2x}{1 + \left( -\dfrac{1}{x^2} \right) \cdot 2x} \right|_{x=1} = 3$$

$$\theta = \arctan 3$$

于是，$y = x^2$ 在 $(1,1)$ 处，$y'(1) = 2x\mid_{x=1} = 2$.

切线：$y - 1 = 2(x - 1)$，$y - 2x + 1 = 0$.

法线：$y - 1 = -\dfrac{1}{2}(x - 1)$，$x + 2y - 3 = 0$.

**例 3.1.15**　质点做直线运动，它离原点 $O$ 的位移为 $x(t)$，求质点运动的加速度(速度的变化率). 进而问：在高度为 $h_0$ 处的物体做自由落体运动，何时落到地面？

**解**　由例 3.1.1 知，(瞬时)速度

$$v(t) = x'(t) = \lim_{\Delta t \to 0} \frac{x(t + \Delta t) - x(t)}{\Delta t}$$

它是质点位移 $x(t)$ 对时间 $t$ 的导数. 如果极限

$$a(t) = v'(t) = \lim_{\Delta t \to 0} \frac{v(t + \Delta t) - v(t)}{\Delta t}$$

$$= \lim_{\Delta t \to 0} \frac{x'(t + \Delta t) - x'(t)}{\Delta t} \xlongequal{\text{记作}} x''(t)$$

存在且有限，则称它为质点运动的加速度，它是速度 $v(t)$ 对 $t$ 的导数，也是位移 $x(t)$ 的二阶导数.

自由落体运动，其离地面高度 $h(t) = h_0 - \dfrac{1}{2}gt^2$，速度 $v(t) = h'(t) = -gt$，加速度 $a(t) = v'(t) = h''(t) = -g(g \approx 980 \text{ cm/s}^2)$，它是匀加速运动.

当 $t = \sqrt{\dfrac{2h_0}{g}}$ 时，物体下落到地面.

**例 3.1.16**　汽车前灯的反光镜(或探照灯，图 3.1.3)是由抛物线绕对称轴旋转而成的旋转抛物面. 这种反光镜就是利用抛物线的光学特性：若光源置于抛物线的焦点上，则光线经抛物线反射成一束平行于对称轴的光线(图 3.1.4). 试证之.

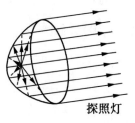

图 3.1.3　　　　　　　　　　　　图 3.1.4

**证明**　设抛物线的方程为

$$y^2 = 2px$$

则焦点为 $F\left(\dfrac{p}{2},0\right)$. 在抛物线上任取一点 $A(x_0,y_0)$, 过点 $A$ 作切线 $L$, 记 $L$ 与线段 $AF$ 的夹角为 $\alpha$, $L$ 与 $x$ 轴的夹角为 $\beta$ (图 3.1.5). 根据光学原理: 光线的入射角等于反射角. 因此, 如果能证明 $\alpha = \beta$, 则就证明了反射光线平行于 $x$ 轴(对称轴). 记 $L$ 与 $x$ 轴的交点为 $B$. 于是

$$\alpha = \beta \Leftrightarrow AF = BF$$

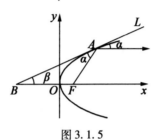

图 3.1.5

将 $y^2 = 2px$ 两边关于 $x$ 求导得

$$2yy' = 2p$$

所以

$$y' = \frac{p}{y}$$

因此, 抛物线 $y^2 = 2px$ 在点 $A(x_0,y_0)$ 的切线 $L$ 的斜率为

$$y'\big|_{x=x_0} = \frac{p}{y_0}$$

故 $L$ 的方程为

$$y - y_0 = \frac{p}{y_0}(x - x_0)$$

在上式中, 令 $y = 0$, 即得点 $B$ 坐标为 $(-x_0,0)$, 因此

$$BF = \left| \frac{p}{2} + x_0 \right|$$

且

$$AF = \sqrt{\left(x_0 - \frac{p}{2}\right)^2 + y_0^2}$$

$$= \sqrt{\left(x_0 - \frac{p}{2}\right)^2 + 2px_0}$$

$$= \left| \frac{p}{2} + x_0 \right| = BF$$

根据上述数学原理知,可有一束平行于 $x$ 轴的光线经旋转抛物面反射到抛物线焦点 $F$,太阳灶就是由这个原理制造出来的,以致在 $F$ 处达到高温(图 3.1.5).

## 练习题 3.1

1. 设函数 $f$ 在点 $x_0$ 处可导,则

$$\lim_{\Delta x \to 0} \frac{f(x_0 + \Delta x) - f(x_0 - \Delta x)}{\Delta x} = 2f'(x_0)$$

举例说明:即使上式左边的极限存在且有限,$f$ 在点 $x_0$ 处也未必可导.

2. 在抛物线 $y = x^2$ 上哪些点的切线满足下面的条件:

(1) 平行于直线 $y = 4x - 5$;

(2) 垂直于直线 $2x - 6y + 5 = 0$;

(3) 与直线 $3x - y + 1 = 0$ 交成 45° 的角.

3. 证明:抛物线 $y = x^2$ 上的两点 $(x_1, x_1^2)$ 与 $(x_2, x_2^2)$ 处的切线互相垂直的充分必要条件是 $x_1$ 与 $x_2$ 适合关系 $4x_1x_2 + 1 = 0$.

4. 设 $f(x) = x(x-1)^2(x-2)^3$. 求 $f'(0)$, $f'(1)$, $f'(2)$.

5. 设 $f(x_0) = 0$, $f'(x_0) = 4$. 求极限 $\lim\limits_{\Delta x \to 0} \frac{f(x_0 + \Delta x)}{\Delta x}$.

6. 确定曲线 $y = \ln x$ 上哪些点的切线平行于下列直线:

(1) $y = x - 1$;　　　　(2) $y = 2x - 3$.

7. 求下列曲线在指定点 $P$ 的切线方程与法线方程:

(1) $y = \frac{x^2}{4}$, $P = (2, 1)$;　　(2) $y = \cos x$, $P = (0, 1)$.

8. 求下列函数的导函数:

(1) $f(x) = |x|^3$;　　　　(2) $f(x) = \begin{cases} x + 1, & x \geq 0, \\ 1, & x < 0. \end{cases}$

**9.** 设 $f(x) = \begin{cases} x^2, x \geqslant 3, \\ ax + b, x < 3. \end{cases}$ 试确定 $a, b$ 的值,使 $f$ 在 $x = 3$ 处可导.

**10.** 设

$$g(0) = g'(0) = 0$$

$$f(x) = \begin{cases} g(x)\sin\dfrac{1}{x}, x \neq 0 \\ 0, x = 0 \end{cases}$$

求 $f'(0)$.

**11.** 设函数 $f$ 在点 $x_0$ 处存在左右导数. 证明:$f$ 在点 $x_0$ 处连续.

**12.** 设函数 $f$ 在 $[a, b]$ 上连续,且 $f(a) = f(b) = K, f'_+(a) \cdot f'_-(b) > 0$. 证明:在 $(a, b)$ 内至少有一点 $\xi$,使 $f(\xi) = K$.

**13.** 设 $f$ 在 $\mathbb{R}$ 上可导,并且 $\lim\limits_{x \to \infty} f(x) = a \in \mathbb{R}$. 证明:必 $\exists \xi \in \mathbb{R}$, s. t. $f'(\xi) = 0$.

**14.** 设函数 $f$ 在 $x = a$ 处可导,且 $f(a) \neq 0$. 求数列极限

$$\lim_{n \to +\infty} \left( \frac{f\left(a + \dfrac{1}{n}\right)}{f(a)} \right)^n$$

**15.** 设函数 $\varphi$ 在点 $a$ 处连续,又在 $a$ 的近旁有

$$f(x) = (x - a)\varphi(x) \text{ 和 } g(x) = |x - a|\varphi(x)$$

证明:$f$ 在点 $a$ 处可导,并求 $f'(a)$. 问在什么条件下 $g$ 在点 $a$ 处可导.

**16.** 求下列函数在指定点的导数:

(1)$f(x) = 3x^4 + 2x^3 + 5$,求 $f'(0), f'(1)$;

(2)$f(x) = \dfrac{x}{\cos x}$,求 $f'(0), f'(\pi)$;

(3)$f(x) = \sqrt{1 + \sqrt{x}}$,求 $f'(0), f'(1), f'(4)$.

**17.** 求下列函数的导数:

(1)$y = x^3 - 2x - 6$; $\qquad$ (2)$y = \sqrt{x} - \dfrac{1}{x}$;

(3)$y = \dfrac{1 - x^2}{1 + x + x^2}$; $\qquad$ (4)$y = \dfrac{x}{m} + \dfrac{m}{x} + 2\sqrt{x} + \dfrac{2}{\sqrt{x}}$;

(5)$y = x^3 \log_3 x$; $\qquad$ (6)$y = e^x \cos x$;

(7)$y = (x^2 + 1)(3x - 1)(1 - x^3)$; $\qquad$ (8)$y = \dfrac{\tan x}{x}$;

$(9)y = \dfrac{1 + \ln x}{1 - \ln x}$;

$(10)y = (\sqrt{x} + 1)\arctan x$;

$(11)y = \dfrac{1 + x^2}{\sin x + \cos x}$;

$(12)y = e^{ax}\cos bx$;

$(13)y = \dfrac{\cos x - \sin x}{\cos x + \sin x}$;

$(14)y = x\sin x \ln x$;

$(15)y = \sqrt{x + \sqrt{x + \sqrt{x}}}$;

$(16)y = \ln(\cos x + \sin x)$;

$(17)y = (x^2 - 1)^3$;

$(18)y = \left(\dfrac{1 + x^2}{1 - x}\right)^3$;

$(19)y = \ln(\ln x)$;

$(20)y = \ln \dfrac{\sqrt{1 + x} - \sqrt{1 - x}}{\sqrt{1 + x} + \sqrt{1 - x}}$;

$(21)y = (\arctan x^3)^2$;

$(22)y = \arcsin(\sin^2 x)$;

$(23)y = \sin(\sin(\sin x))$;

$(24)y = \sin\left(\dfrac{x}{\sin\left(\dfrac{x}{\sin x}\right)}\right)$;

$(25)y = (x - a_1)^{a_1}(x - a_2)^{a_2}\cdots(x - a_n)^{a_n}$;

$(26)y = \sqrt[3]{\dfrac{(x + 1)^2(x + 2)^3}{(x + 3)^4(x + 4)^5}}$.

**18.** 求下列函数的导数:

$(1)y = \dfrac{ax + b}{cx + d}$,其中 $a, b, c, d$ 为常数;

$(2)y = \ln(x + \sqrt{x^2 + a^2})$;

$(3)y = x^{x^x}$.

**19.** 证明:

$(1)(\sinh x)' = \cosh x$;

$(2)(\cosh x)' = \sinh x$;

$(3)(\tanh x)' = \dfrac{1}{\cosh^2 x}$;

$(4)(\coth x)' = \dfrac{1}{\sinh^2 x}$.

**20.** 以 $\operatorname{arsinh} x$, $\operatorname{arcosh} x$, $\operatorname{artanh} x$, $\operatorname{arcoth} x$ 分别表示各双曲函数的反函数. 试求下列函数的导数:

$(1)y = \operatorname{arsinh} x$;

$(2)y = \operatorname{arcosh} x$;

$(3)y = \operatorname{artanh} x$;

$(4)y = \operatorname{arcoth} x$.

**21.** 设 $g$ 可导,$a$ 为实数. 对下列各函数计算 $f'(x)$,$f'(x + 1)$,$f'(x - 1)$:

$(1)f(x) = x^3$;  $(2)f(x) = g(x + g(x))$;

$(3)f(x) = g(xg(a))$;  $(4)f(x) = g(xg(x))$.

**22.** 设 $f$ 为可导函数. 证明:若 $x = 1$ 时,有

$$\frac{\mathrm{d}}{\mathrm{d}x}f(x^2) = \frac{\mathrm{d}}{\mathrm{d}x}f^2(x)$$

且必有 $f'(1) = 0$ 或 $f(1) = 1$.

**23.** 利用 $1 + x + \cdots + x^n$ 的和,求出下列各式的和:

$(1)1 + 2x + 3x^2 + \cdots + nx^{n-1}$;  $(2)\sum_{k=1}^{n}\frac{k}{2^{k-1}}$;

$(3)1^2 + 2^2x + 3^2x^2 + \cdots + n^2x^{n-1}$.

**24.** 设 $f$ 为可导函数,求下列各函数的一阶导数:

$(1)y = f(\mathrm{e}^x)\mathrm{e}^{f(x)}$;  $(2)y = f(f(f(x)))$.

**25.** 设 $\varphi, \psi$ 为可导函数,求 $y'$:

$(1)y = \sqrt{\varphi^2(x) + \psi^2(x)}$;  $(2)y = \arctan\frac{\varphi(x)}{\psi(x)}$;

$(3)y = \log_{\varphi(x)}\psi(x)(\varphi, \psi > 0, \varphi \neq 1)$.

**26.** 在曲线 $y = x^3$ 上取一点 $P$, 过点 $P$ 的切线与该曲线交于点 $Q$. 证明:曲线在点 $Q$ 处的切线斜率正好是在点 $P$ 处切线斜率的 4 倍.

**27.** 设有一吊桥,其铁链成抛物线型,两端系于相距 100 m 高度相同的支柱上,铁链的最低点在悬点下 10 m 处,求铁链与支柱所成的角.

**28.** 证明:双曲线 $xy = a > 0$ 在各点处的切线与两坐标轴所围成的三角形的面积为常数.

**29.** 有一底半径为 $R$ cm,高为 $k$ cm 的正圆锥容器,顶点有一小孔,以便向容器内注水. 今以 $A$ cm$^2$/s 的速度向容器内注水,试求容器内水位等于正圆锥高一半时,水面上升的速度.

**30.** 水自高为 18 cm、底半径为 6 cm 的圆锥形漏斗流入直径为 10 cm 的圆柱形桶内. 已知漏斗水深 12 cm 时水面下降速度为 1 cm/s,求此时桶中水面上升的速度.

# 思考题 3.1

**1.** 证明:Riemann 函数 $R(x)$ 处处不可导.

**2.** 构造一个可导函数 $f$，使 $f$ 在有理点处取有理数值，它的导函数在有理点处取无理数值.

**3.** (1) 构造一个连续函数，它仅在已知点 $a_1, a_2, \cdots, a_n$ 处不可导；

(2) 构造一个函数，它仅在点 $a_1, a_2, \cdots, a_n$ 处可导.

**4.** 设 $f$ 为三次多项式，且 $f(a) = f(b) = 0$. 证明：函数 $f$ 在 $[a, b]$ 上不变号的必要充分条件是 $f'(a)f'(b) \leqslant 0$.

**5.** 证明组合恒等式：

(1) $\displaystyle\sum_{k=1}^{n} k C_n^k = n \cdot 2^{n-1}, n \in \mathbb{N}$；

(2) $\displaystyle\sum_{k=1}^{n} k^2 C_n^k = n(n+1) \cdot 2^{n-2}, n \in \mathbb{N}$.

（提示：分别对 $(1+x)^n = \displaystyle\sum_{k=0}^{n} C_n^k x^k$ 与 $nx(1+x)^{n-1} = \displaystyle\sum_{k=1}^{n} k C_n^k x^k$ 两边关于 $x$ 求导.）

**6.** 设 $f(0) = 0, f'(0)$ 存在且有限，令

$$x_n = f\left(\frac{1}{n^2}\right) + f\left(\frac{2}{n^2}\right) + \cdots + f\left(\frac{n}{n^2}\right)$$

证明：$\displaystyle\lim_{n\to+\infty} x_n = \frac{f'(0)}{2}$. 并利用以上结果计算：

(1) $\displaystyle\lim_{n\to+\infty} \sum_{k=1}^{n} \sin\frac{k}{n^2}$；

(2) $\displaystyle\lim_{n\to+\infty} \prod_{k=1}^{n}\left(1 + \frac{k}{n^2}\right)$，其中 $\displaystyle\prod_{k=1}^{n}$ 表示 $n$ 个数连乘.

**7.** 设函数 $f$ 在 $x = 0$ 处连续，如果

$$\lim_{x\to 0}\frac{f(2x) - f(x)}{x} = m$$

证明：$f'(0) = m$.

**8.** 在区间 $[-1, 1]$ 上讨论二次函数 $f(x) = ax^2 + bx + c$，如果 $|f(x)| \leqslant 1$，$\forall x \in [-1, 1]$，证明：$|f'(x)| \leqslant 4, \forall x \in [-1, 1]$.

**9.** (1) 设 $f_n, f$ 为 $\mathbb{R}$ 上的一元函数，$f_n$ 在 $\mathbb{R}$ 上连续，$n = 1, 2, \cdots$，且

$$\lim_{n\to+\infty} f_n(x) = f(x), x \in \mathbb{R}$$

证明：存在 $(\alpha, \beta) \subset \mathbb{R}$，使得 $f$ 在 $(\alpha, \beta)$ 上是有界的.

(2) 设 $g$ 在 $\mathbb{R}$ 上可导. 证明:存在 $(\alpha,\beta) \subset \mathbb{R}$,使得 $g'$ 在 $(\alpha,\beta)$ 上有界.

(3) 使得导函数 $g'$ 在任何开区间 $(\alpha,\beta) \subset \mathbb{R}$ 上都无界的函数 $g$ 是不存在的.

**10**. 在 $[0,1]$ 上适合条件 $|P| \le 1$ 的二次多项式 $P$ 的全体记为 $V$,求 $\sup\{|P'(0)| \mid P \in V\}$.

# 3.2 高阶导数、参变量函数的导数、导数的 Leibniz 公式

例 3.1.15 指出,加速度就是位移对时间 $t$ 的二阶导数. 自然会想到要进一步研究高阶导数.

**定义 3.2.1** 如果 $f$ 的导函数 $f'$ 在点 $x_0$ 处可导,则称 $f'$ 在点 $x_0$ 处的导数为 $f$ 在点 $x_0$ 处的二阶导数,记作

$$f''(x_0) = \lim_{x \to x_0} \frac{f'(x) - f'(x_0)}{x - x_0} = \lim_{\Delta x \to 0} \frac{f'(x_0 + \Delta x) - f'(x_0)}{\Delta x}$$

同时称 $f$ 在点 $x_0$ 处**二阶可导**. 二阶导数也可记为 $\frac{\mathrm{d}^2 f}{\mathrm{d}x^2}\Big|_{x=x_0}, \frac{\mathrm{d}^2 y}{\mathrm{d}x^2}\Big|_{x=x_0}$.

类似可定义三阶,四阶,……,$n$ 阶导数

$$f^{(n)}(x_0) = \lim_{x \to x_0} \frac{f^{(n-1)}(x) - f^{(n-1)}(x_0)}{x - x_0}$$

$$= \lim_{\Delta x \to 0} \frac{f^{(n-1)}(x_0 + \Delta x) - f^{(n-1)}(x_0)}{\Delta x}$$

$$f''' = (f'')', f^{(4)} = (f''')', \cdots, f^{(n)} = (f^{(n-1)})'$$

$n$ 阶导数也可记为 $\frac{\mathrm{d}^n f}{\mathrm{d}x^n}\Big|_{x=x_0}, \frac{\mathrm{d}^n y}{\mathrm{d}x^n}\Big|_{x=x_0}$.

$f$ 在开区间 $(a,b)$ 上的每一点处 $n$ 阶可导,则称 $f$ 在 $(a,b)$ 上 $n$ **阶可导**.

由 $n$ 阶导数定义,显然有

$$(f \pm g)^{(n)} = f^{(n)} \pm g^{(n)}, (\lambda f)^{(n)} = \lambda f^{(n)}, \lambda \in \mathbb{R}$$

**定理 3.2.1**(Leibniz) 设 $f$ 与 $g$ 在区间 $I$ 上都 $n$ 阶可导,则

$$(fg)^{(n)} = \sum_{k=0}^{n} C_n^k f^{(n-k)} g^{(k)}$$

其中,$C_n^k = \dfrac{n!}{k!(n-k)!}$ 为组合数,$g^{(0)} = g, f^{(0)} = f$.

**证明**　用归纳法. 当 $n = 1$ 时,有

$$(fg)' = f'g + fg' = \sum_{k=0}^{1} C_1^k f^{(1-k)} g^{(k)}$$

假设 $n = l$ 时,有

$$(fg)^l = \sum_{k=0}^{l} C_l^k f^{(l-k)} g^{(k)}$$

那么,当 $n = l + 1$ 时,有

$$(fg)^{l+1} = \left( (fg)^{(l)} \right)' = \left( \sum_{k=0}^{l} C_l^k f^{(l-k)} g^{(k)} \right)'$$

$$= \sum_{k=0}^{l} C_l^k \left[ (f^{(l-k)})' g^{(k)} + f^{(l-k)} (g^{(k)})' \right]$$

$$= \sum_{k=0}^{l} C_l^k \left[ f^{(l+1-k)} g^{(k)} + f^{(l-k)} g^{(k+1)} \right]$$

$$= C_l^0 f^{(l+1)} g + \sum_{k=1}^{l} C_l^k f^{(l+1-k)} g^{(k)} +$$

$$\sum_{k=0}^{l-1} C_l^k f^{(l-k)} g^{(k+1)} + C_l^l fg^{(l+1)}$$

$$= C_{l+1}^0 f^{(l+1)} g + \sum_{k=1}^{l} (C_l^k + C_l^{k-1}) f^{(l+1-k)} g^{(k)} + C_{l+1}^{l+1} fg^{(l+1)}$$

$$= \sum_{k=0}^{l+1} C_{l+1}^k f^{(l+1-k)} g^{(k)}$$

**例 3.2.1**　求 $y = x^n$ 的各阶导函数,$n \in \mathbb{N}$.

**解**
$$y' = nx^{n-1}$$
$$y'' = n(n-1)x^{n-2}$$
$$\vdots$$
$$y^{(n-1)} = n(n-1)\cdots 2x$$
$$y^{(n)} = n!$$
$$y^{(n+1)} = y^{(n+2)} = \cdots = 0$$

**例 3.2.2**　求下列函数的各阶导函数:

$(1) y = a^x (a > 0)$,特别地,$y = e^x$; $(2) y = e^{ax}$;

$(3) y = \sin x$;　　　　　　　　$(4) y = \cos x$;

$(5) y = \dfrac{1}{x-a}$;　　　　　　　$(6) y = \dfrac{1}{x^2 - 3x + 2}$.

**解** $(1)y' = a^x \ln a, \cdots, y^{(n)} = a^x (\ln a)^n.$ 特别地, $(e^x)^{(n)} = e^x.$

$(2)y' = ae^{ax}, \cdots, y^{(n)} = a^n e^{ax}.$

$(3)y' = \cos x = \sin\left(x + \dfrac{\pi}{2}\right).$ 设 $y^{(k)} = \sin\left(x + \dfrac{k\pi}{2}\right),$ 则有

$$y^{(k+1)} = (y^{(k)})' = \cos\left(x + \frac{k\pi}{2}\right) \cdot 1$$

$$= \sin\left[x + \frac{(k+1)\pi}{2}\right]$$

于是, $\forall n \in \mathbb{N},$ 有

$$y^{(n)} = \sin\left(x + \frac{n\pi}{2}\right)$$

$(4)$ 类似 $(3),$ 可证 $(\cos x)^{(n)} = \cos\left(x + \dfrac{n\pi}{2}\right), n \in \mathbb{N},$ 或者

$$(\cos x)^{(n)} = \left(\sin\left(x + \frac{\pi}{2}\right)\right)^{(n)}$$

$$= \sin\left(x + \frac{\pi}{2} + \frac{n\pi}{2}\right)$$

$$= \cos\left(x + \frac{n\pi}{2}\right)$$

$(5)$
$$y = \frac{1}{x - a} = (x - a)^{-1}$$

$$y' = -(x - a)^{-2}, y'' = 2(x - a)^{-3}$$

$$\vdots$$

$$y^{(n)} = (-1)^n \cdot n!(x - a)^{-(n+1)} = \frac{(-1)^n \cdot n!}{(x - a)^{(n+1)}}$$

$(6)$
$$y = \frac{1}{x^2 - 3x + 2} = \frac{1}{x - 2} - \frac{1}{x - 1}$$

$$y^{(n)} = \left(\frac{1}{x - 2}\right)^{(n)} - \left(\frac{1}{x - 1}\right)^{(n)}$$

$$= \frac{(-1)^n n!}{(x - 2)^{n+1}} - \frac{(-1)^n n!}{(x - 1)^{n+1}}$$

$$= (-1)^n n!\left[\frac{1}{(x - 2)^{n+1}} - \frac{1}{(x - 1)^{n+1}}\right]$$

**例 3.2.3** 设 $f(x) = a_n(x - x_0)^n + a_{n-1}(x - x_0)^{n-1} + \cdots + a_1(x - x_0) + a_0$

为 $n$ 次多项式,其中

$$a_n \neq 0, a_k = \frac{f^{(k)}(x_0)}{k!}, k = 0, 1, \cdots, n$$

因此

$$f(x) = \sum_{k=0}^{n} a_k(x - x_0)^k = \sum_{k=0}^{n} \frac{f^{(k)}(x_0)}{k!}(x - x_0)^k$$

**证明**　因为

$$f(x) = \sum_{k=0}^{n} a_k(x - x_0)^k$$

$$f'(x) = \sum_{k=1}^{n} ka_k(x - x_0)^{k-1}$$

$$\vdots$$

$$f^{(l)}(x) = \sum_{k=l}^{n} k(k-1)\cdots(k-l+1)a_k(x - x_0)^{k-l}$$

$$\vdots$$

$$f^{(n)}(x) = n!a_n$$

所以

$$f(x_0) = a_0, f'(x_0) = a_1, \cdots, f^{(l)}(x_0) = l!a_l, \cdots, f^{(n)}(x_0) = n!a_n$$

即

$$a_l = \frac{f^{(l)}(x_0)}{l!}, l = 0, 1, \cdots, n$$

**例 3.2.4**　设 $y = e^x \cos x$,求 $y^{(n)}, y^{(5)}$.

**解**　因为

$$(e^x)^{(k)} = e^x, (\cos x)^{(k)} = \cos\left(x + \frac{k\pi}{2}\right)$$

所以由 Leibniz 求导公式知

$$y^{(n)} = (e^x \cos x)^{(n)} = \sum_{k=0}^{n} C_n^k (e^x)^{(n-k)} (\cos x)^{(k)}$$

$$= \sum_{k=0}^{n} C_n^k e^x \cos\left(x + \frac{k\pi}{2}\right)$$

当 $n = 5$ 时,有

$$y^{(5)} = \sum_{k=0}^{5} C_5^k e^x \cos\left(x + \frac{k\pi}{2}\right)$$

$$= e^x \left[ \cos x + 5\cos\left( x + \frac{\pi}{2} \right) + 10\cos\left( x + \frac{2\pi}{2} \right) + 10\cos\left( x + \frac{3\pi}{2} \right) + \right.$$

$$\left. 5\cos\left( x + \frac{4\pi}{2} \right) + \cos\left( x + \frac{5\pi}{2} \right) \right]$$

$$= e^x ( \cos x - 5\sin x - 10\cos x + 10\sin x + 5\cos x - \sin x )$$

$$= 4e^x ( \sin x - \cos x )$$

**例 3. 2. 5**　设 $y = x^2 \cos x$,求 $y^{(50)}$.

**解**　由 Leibniz 求导公式知

$$y^{(50)} = \sum_{k=0}^{50} C_{50}^k ( \cos x )^{(50-k)} ( x^2 )^{(k)}$$

$$= x^2 ( \cos x )^{(50)} + C_{50}^1 2x ( \cos x )^{(49)} + C_{50}^2 2 ( \cos x )^{(48)}$$

$$= x^2 \cos\left( x + \frac{50\pi}{2} \right) + 100x\cos\left( x + \frac{49\pi}{2} \right) + 2\ 450\cos\left( x + \frac{48\pi}{2} \right)$$

$$= - x^2 \cos x - 100x\sin x + 2\ 450\cos x$$

$$= ( 2\ 450 - x^2 )\cos x - 100x\sin x$$

**例 3. 2. 6**　设

$$f(x) = \begin{cases} x^4 \sin \dfrac{1}{x}, & x \neq 0 \\ 0, & x = 0 \end{cases}$$

求 $f''(x)$.

**解**　由

$$f'(0) = \lim_{x \to 0} \frac{f(x) - f(0)}{x - 0} = \lim_{x \to 0} \frac{x^4 \sin \dfrac{1}{x} - 0}{x - 0}$$

$$= \lim_{x \to 0} x^3 \sin \frac{1}{x} = 0$$

得到

$$f'(x) = \begin{cases} 4x^3 \sin \dfrac{1}{x} - x^2 \cos \dfrac{1}{x}, & x \neq 0 \\ 0, & x = 0 \end{cases}$$

按照二阶导数定义,有

$$f''(0) = \lim_{x \to 0} \frac{f'(x) - f'(0)}{x - 0}$$

$$= \lim_{x \to 0} \frac{4x^3 \sin \dfrac{1}{x} - x^2 \cos \dfrac{1}{x} - 0}{x - 0}$$

$$= \lim_{x \to 0} \left( 4x^2 \sin \frac{1}{x} - x\cos \frac{1}{x} \right) = 0$$

从而

$$f''(x) = \begin{cases} 12x^2 \sin \dfrac{1}{x} - 4x\cos \dfrac{1}{x} - 2x\cos \dfrac{1}{x} - \sin \dfrac{1}{x}, x \neq 0 \\ 0, x = 0 \end{cases}$$

$$= \begin{cases} (12x^2 - 1) \sin \dfrac{1}{x} - 6x\cos \dfrac{1}{x}, x \neq 0 \\ 0, x = 0 \end{cases}$$

进一步,由于极限

$$\lim_{x \to 0} \frac{(12x^2 - 1) \sin \dfrac{1}{x} - 6x\cos \dfrac{1}{x} - 0}{x - 0}$$

$$= \lim_{x \to 0} \left( 12x\sin \frac{1}{x} - \frac{\sin \dfrac{1}{x} + 6x\cos \dfrac{1}{x}}{x} \right)$$

不存在,故 $\forall n \in \mathbb{N}, f^{(n)}(x)$ 对 $x \neq 0$ 都是存在的,但是 $f'''(0)$ 已不存在.

**定义 3.2.2** 　设函数 $f$ 在 $U \subset \mathbb{R}$ 上连续,则称 $f$ 在 $U$ 上是 $C^0$ 的,记 $U$ 上 $C^0$ 函数的全体为 $C^0(U, \mathbb{R})$;设 $r \in \mathbb{N}$,如果 $f$ 在开集 $U \subset \mathbb{R}$ 上 $r$ 阶连续可导,则称 $f$ 在 $U$ 上是 $C^r$ 的,记 $U$ 上 $C^r$ 函数的全体为 $C^r(U, \mathbb{R})$;如果 $f$ 在开集 $U \subset \mathbb{R}$ 上各阶连续可导,则称 $f$ 在 $U$ 上是 $C^\infty$ 的,记 $U$ 上 $C^\infty$ 函数的全体为 $C^\infty(U, \mathbb{R})$;如果 $f$ 在开集 $U \subset \mathbb{R}$ 上,每一点 $x_0 \in U$ 的邻近可展开为收敛的幂级数

$$f(x) = \sum_{n=0}^{\infty} a_n (x - x_0)^n, x \in (x_0 - \delta_{x_0}, x_0 + \delta_{x_0}) \subset U$$

则称 $f$ 在 $U$ 上是 $C^\omega$ 的或**实解析的**. 第 3 册将证明 $a_n = \dfrac{f^{(n)}(x_0)}{n!}$,称为 $f$ 的 **Taylor 系数**. 记 $U$ 上 $C^\omega$ 函数的全体为 $C^\omega(U, \mathbb{R})$.

　　**例 3.2.7** 　(1) 设 $r = 0, 1, 2, \cdots$,则

$$f(x) = \begin{cases} x^{2r+1} \sin \dfrac{1}{x}, x \neq 0 \\ 0, x = 0 \end{cases}$$

在 $\mathbb{R}$ 上是 $C^r$ 的但非 $C^{r+1}$ 的函数;

$$(2) f(x) = \begin{cases} \mathrm{e}^{-\frac{1}{x}}, & x > 0 \\ 0, & x \leqslant 0 \end{cases}. \text{为 } C^{\infty} \text{ 的但非 } C^{\omega} \text{ 的函数.}$$

**证明** (1) 容易看出,当 $r = 0$ 时,有

$$f(x) = \begin{cases} x\sin\dfrac{1}{x}, & x \neq 0 \\ 0, & x = 0 \end{cases}$$

是 $C^0$ 的但非 $C^1$ 的函数.

当 $r = 1, 2, \cdots$ 时,有

$$f'(0) = \lim_{x \to 0} \frac{f(x) - f(0)}{x - 0} = \lim_{x \to 0} \frac{x^{2r+1}\sin\dfrac{1}{x} - 0}{x - 0}$$

$$= \lim_{x \to 0} x^{2r}\sin\frac{1}{x} = 0$$

$$f'(x) = \begin{cases} (2r+1)x^{2r}\sin\dfrac{1}{x} - x^{2r-1}\cos\dfrac{1}{x}, & x \neq 0 \\ 0, & x = 0 \end{cases}$$

$$f''(x) = \begin{cases} x^{2r-2}(\cdots) - x^{2r-3}\sin\dfrac{1}{x}, & x \neq 0 \\ 0, & x = 0 \end{cases}$$

$$\vdots$$

$$f^{(r)}(x) = \begin{cases} x^2(\cdots) \pm x\sin\dfrac{1}{x}(\text{或} \pm x\cos\dfrac{1}{x}), & x \neq 0 \\ 0, & x = 0 \end{cases}$$

$$f^{(r+1)}(0) = \lim_{x \to 0} \frac{f^{(r)}(x) - f^{(r)}(0)}{x - 0}$$

$$= \lim_{x \to 0} \left\{ x(\cdots) \pm \sin\frac{1}{x}\left(\text{或} \pm \cos\frac{1}{x}\right) \right\}$$

不存在. 综上可知, $f$ 是 $C^r$ 的但非 $C^{r+1}$ 的函数.

(2) 我们应用归纳法证明

$$f^{(n)}(x) = \begin{cases} p_n\left(\dfrac{1}{x}\right)\mathrm{e}^{-\frac{1}{x}}, & x > 0 \\ 0, & x \leqslant 0 \end{cases}$$

其中 $p_n(u)$ 为 $u$ 的多项式.

事实上，当 $n = 1$ 时，有

$$f'_-(0) = \lim_{x \to 0^-} \frac{f(x) - f(0)}{x - 0} = \lim_{x \to 0^-} \frac{0 - 0}{x - 0} = \lim_{x \to 0^-} 0 = 0$$

$$f'_+(0) = \lim_{x \to 0^+} \frac{f(x) - f(0)}{x - 0} = \lim_{x \to 0^+} \frac{e^{-\frac{1}{x}} - 0}{x - 0}$$

$$= \lim_{u \to +\infty} \frac{u}{e^u} \xlongequal{例\,2.2.14(2)} 0$$

$$f'(0) = f'_-(0) = f'_+(0) = 0$$

$$f'(x) = \begin{cases} \dfrac{1}{x^2} e^{-\frac{1}{x}}, & x > 0 \\ 0, & x \leqslant 0 \end{cases}$$

$$= \begin{cases} p_1\left(\dfrac{1}{x}\right) e^{-\frac{1}{x}}, & x > 0 \\ 0, & x \leqslant 0 \end{cases}$$

假设 $n = k$ 时，有

$$f^{(k)}(x) = \begin{cases} p_k\left(\dfrac{1}{x}\right) e^{-\frac{1}{x}}, & x > 0 \\ 0, & x \leqslant 0 \end{cases}$$

则当 $n = k + 1$ 时，有

$$f^{(k+1)}_-(0) = \lim_{x \to 0^-} \frac{f^{(k)}(x) - f^{(k)}(0)}{x - 0} = \lim_{x \to 0^-} \frac{0 - 0}{x - 0} = \lim_{x \to 0^-} 0 = 0$$

$$f^{(k+1)}_+(0) = \lim_{x \to 0^+} \frac{f^{(k)}(x) - f^{(k)}(0)}{x - 0} = \lim_{x \to 0^+} \frac{p_k\left(\dfrac{1}{x}\right) e^{-\frac{1}{x}} - 0}{x - 0}$$

$$= \lim_{u \to +\infty} \frac{u p_k(u)}{e^u} \xlongequal{例\,2.2.14(2)} 0$$

$$f^{(k+1)}(x) = \begin{cases} p'_k\left(\dfrac{1}{x}\right) \cdot \dfrac{-1}{x^2} e^{-\frac{1}{x}} + p_k\left(\dfrac{1}{x}\right) \cdot \dfrac{1}{x^2} e^{-\frac{1}{x}}, & x > 0 \\ 0, & x \leqslant 0 \end{cases}$$

$$= \begin{cases} p_{k+1}\left(\dfrac{1}{x}\right) e^{-\frac{1}{x}}, & x > 0 \\ 0, & x \leqslant 0 \end{cases}$$

因为 $f$ 有 $r+1$ 阶导函数 $f^{(r+1)}(x)$,所以根据定理 3.1.2 推得 $f^{(r)}(x)$ 在 $\mathbb{R}$ 上连续. 于是,$f$ 为 $C^{\infty}$ 函数,但它不是 $C^{\omega}$ 函数. 利用反证法假设 $f$ 为 $C^{\omega}$ 函数,则 $\exists \delta > 0, \text{s.t.}$

$$f(x) = \sum_{n=0}^{\infty} \frac{f^{(n)}(0)}{n!}x^n = \sum_{n=0}^{\infty} \frac{0}{n!}x^n = 0, x \in (-\delta, \delta)$$

这与 $f(x) = \mathrm{e}^{-\frac{1}{x}} \neq 0, x \in (0, \delta)$ 矛盾.

**注 3.2.1** 例 3.2.7(2) 是近代数学中单位分解所用到的最重要的数学分析典型实例.

**例 3.2.8** (1) 设 $f(x) = \arcsin x$,则

$$f^{(n)}(0) = \begin{cases} 0, & n = 2k \\ [(2k-1)!!]^2, & n = 2k+1 \end{cases}$$

(2) 设 $f(x) = (\arcsin x)^2$,则

$$f^{(n)}(0) = \begin{cases} 0, & n = 2k+1 \\ 2^{2k+1}(k!)^2, & n = 2k+2 \end{cases}$$

**证明** (1) $\qquad\qquad f(x) = \arcsin x$

$$f'(x) = \frac{1}{\sqrt{1-x^2}}, f''(x) = \frac{x}{(1-x^2)^{\frac{3}{2}}}$$

$$(1-x^2)f''(x) = xf'(x)$$

将上式两边求 $n$ 阶导数并应用 Leibniz 求导公式得

$$(1-x^2)f^{(n+2)}(x) - 2nxf^{(n+1)}(x) - n(n-1)f^{(n)}(x)$$
$$= xf^{(n+1)}(x) + nf^{(n)}(x)$$

令 $x = 0$,代入上式得

$$f^{(n+2)}(0) = n(n-1)f^{(n)}(0) + nf^{(n)}(0) = n^2 f^{(n)}(0)$$

由此可知

$$f^{(2k)}(0) = (2k-2)^2 f^{(2k-2)}(0) = 4(k-1)^2 f^{(2k-2)}(0)$$
$$= \cdots = 4^{k-1}[(k-1)!]^2 f''(0) = 0$$

$$f^{(2k+1)}(0) = (2k-1)^2 f^{(2k-1)}(0)$$
$$= (2k-1)^2(2k-3)^2 f^{(2k-3)}(0)$$
$$= (2k-1)^2(2k-3)^2 \cdots 3^2 \cdot 1^2 f'(0)$$
$$= [(2k-1)!!]^2$$

$$f^{(n)}(0) = \begin{cases} 0, n = 2k \\ [(2k-1)!!]^2, n = 2k+1 \end{cases}$$

(2) 由 $f(x) = (\arcsin x)^2$, 得

$$f'(x) = \frac{2\arcsin x}{\sqrt{1-x^2}}, (1-x^2)f'^2(x) = 4f(x)$$

两边对 $x$ 求导得

$$2(1-x^2)f'(x)f''(x) - 2xf'^2(x) = 4f'(x)$$

当 $f'(x) \neq 0 \Leftrightarrow x \neq 0$ 时, 整理得

$$(1-x^2)f''(x) - xf'(x) = 2$$

在上式两边令 $x \to 0$, 推出当 $x = 0$ 时, 上式也成立.

再对上面的等式关于 $x$ 求 $n$ 阶导数, 并应用 Leibniz 求导公式得

$$(1-x^2)f^{(n+2)}(x) - 2nxf^{(n+1)}(x) - n(n-1)f^{(n)}(x) -$$

$$xf^{(n+1)}(x) - nf^{(n)}(x) = 0$$

令 $x = 0$ 代入上式得到

$$f^{(n+2)}(0) = n^2 f^{(n)}(0)$$

由 $f'(0) = 0, f''(0) = 2$ 推出

$$f^{(2k+1)}(0) = 0$$

$$f^{(2k+2)}(0) = (2k)^2(2k-2)^2 \cdots 2^2 f''(0) = 2^{2k+1}(k!)^2$$

现在来研究参变量函数的导数. 设平面曲线的一般表达形式为参数方程:
$(x, y) = (x(t), y(t)), t \in (\alpha, \beta)$ 为参数.

曲线 $L$ 上点 $P = (x(t_0), y(t_0))$ 为定点, $Q = (x(t), y(t)) = (x(t_0 + \Delta t), y(t_0 + \Delta t))$ 为动点. 如果 $x(t), y(t)$ 在 $t = t_0$ 处可导, 且 $x'(t_0) \neq 0$, 则割线 $PQ$ 的斜率为

$$\frac{\Delta y}{\Delta x} = \frac{y(t) - y(t_0)}{x(t) - x(t_0)} = \frac{y(t_0 + \Delta t) - y(t_0)}{x(t_0 + \Delta t) - x(t_0)}$$

点 $P$ 处切线(割线 $PQ$ 当 $\Delta t \to 0, \Delta x \to 0, Q \to P$ 时的极限位置)的斜率为

$$\tan \alpha = \lim_{\Delta x \to 0} \frac{\Delta y}{\Delta x} = \lim_{\Delta t \to 0} \frac{\dfrac{y(t_0 + \Delta t) - y(t_0)}{\Delta t}}{\dfrac{x(t_0 + \Delta t) - x(t_0)}{\Delta t}} = \frac{y'(t_0)}{x'(t_0)}$$

如果 $x(t), y(t)$ 都是 $[\alpha, \beta]$ 上的 $C^r$ 函数 $(r \geq 1)$, 且 $x'^2(t) + y'^2(t) \neq 0$,

则称 $L$ 为 $C^r$ 的**光滑正则曲线**. 此时, 不仅每一点处都有切线, 且切线与 $x$ 轴正向的夹角 $\alpha(t)$ 为 $t$ 的连续函数(图 3.2.1).

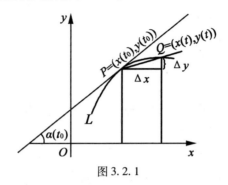

图 3.2.1

如果 $x = x(t)$ 且有反函数 $t = t(x)$, 则

$$y = y(t) = y(t(x))$$

这时只要 $x(t), y(t)$ 可导, $x'(t) \neq 0$(因而当 $\Delta x \to 0$ 时, 也有 $\Delta t \to 0$ 与 $\Delta y \to 0$), 就有

$$\frac{dy}{dx} = \frac{dy}{dt} \cdot \frac{dt}{dx} = \frac{dy}{dt} \Big/ \frac{dx}{dt} = \frac{y'(t)}{x'(t)}, \text{或} \; y'_x = \frac{y'_t}{x'_t}$$

如果 $x(t), y(t)$ 均二阶可导, 则

$$\frac{d^2 y}{dx^2} = \frac{d}{dx}\Big(\frac{dy}{dx}\Big) = \frac{\Big(\frac{y'(t)}{x'(t)}\Big)'}{x'(t)}$$

$$= \frac{y''(t)x'(t) - y'(t)x''(t)}{x'(t)[x'(t)]^2}$$

$$= \frac{x'(t)y''(t) - y'(t)x''(t)}{[x'(t)]^3}$$

当曲线 $L$ 由极坐标方程 $\rho = \rho(\theta)$ 表示, 则可用极角 $\theta$ 作为参数, 即

$$(x,y) = (\rho(\theta)\cos\theta, \rho(\theta)\sin\theta)$$

如果 $\rho$ 可导, 则曲线 $\rho = \rho(\theta)$ 上点 $M(\rho,\theta)$ 处切线 $MT$ 与极轴 $Ox$ 轴的夹角 $\alpha$ 的正切(即切线斜率)为

$$\tan\alpha = \frac{dy}{dx} = \frac{y'(\theta)}{x'(\theta)} = \frac{(\rho(\theta)\sin\theta)'}{(\rho(\theta)\cos\theta)'}$$

$$= \frac{\rho'(\theta)\sin\theta + \rho(\theta)\cos\theta}{\rho'(\theta)\cos\theta - \rho(\theta)\sin\theta}$$

$$= \frac{\rho'(\theta)\tan\theta + \rho(\theta)}{\rho'(\theta) - \rho(\theta)\tan\theta}$$

如图 3.2.2 所示，过点 $M$ 的射线 $OH$（$O$ 为极点，$Ox$ 为极轴）与切线 $MT$ 的夹角 $\varphi$ 的正切为

$$\tan\varphi = \tan(\alpha - \theta) = \frac{\tan\alpha - \tan\theta}{1 + \tan\alpha\tan\theta}$$

$$= \frac{\dfrac{\rho'(\theta)\tan\theta + \rho(\theta)}{\rho'(\theta) - \rho(\theta)\tan\theta} - \tan\theta}{1 + \dfrac{\rho'(\theta)\tan\theta + \rho(\theta)}{\rho'(\theta) - \rho(\theta)\tan\theta}\tan\theta}$$

$$= \frac{\rho'(\theta)\tan\theta + \rho(\theta) - \rho'(\theta)\tan\theta + \rho(\theta)\tan^2\theta}{\rho'(\theta) - \rho(\theta)\tan\theta + \rho'(\theta)\tan^2\theta + \rho(\theta)\tan\theta}$$

$$= \frac{\rho(\theta)(1 + \tan^2\theta)}{\rho'(\theta)(1 + \tan^2\theta)} = \frac{\rho(\theta)}{\rho'(\theta)}$$

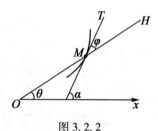

图 3.2.2

**例 3.2.9**　证明：对数螺线 $\rho = e^{\frac{\theta}{2}}$ 上所有点的切线与向径的夹角 $\varphi$ 为常量.

**证明**　因为

$$\tan\varphi = \frac{\rho(\theta)}{\rho'(\theta)} = \frac{e^{\frac{\theta}{2}}}{\dfrac{1}{2}e^{\frac{\theta}{2}}} = 2$$

所以 $\varphi = \arctan 2$ 为常量.

**例 3.2.10**　求由上半椭圆的参数方程 $(x,y) = (a\cos t, b\sin t)$，$0 < t < \pi$ 所确定的函数 $y = y(x) = b\sqrt{1 - \dfrac{x^2}{a^2}}$ 的导数 $\dfrac{dy}{dx}$ 与二阶导数 $\dfrac{d^2y}{dx^2}$.

**解**　$$\frac{dy}{dx} = \frac{dy}{dt}\bigg/\frac{dx}{dt} = \frac{b\cos t}{-a\sin t} = -\frac{b}{a}\cot t$$

$$\frac{\mathrm{d}^2 y}{\mathrm{d}x^2} = \frac{\mathrm{d}}{\mathrm{d}x}\left(\frac{\mathrm{d}y}{\mathrm{d}x}\right) = \frac{-\dfrac{b}{a}(\cot t)'}{-a\sin t} = \frac{-\dfrac{b}{a}(-\csc^2 t)}{-a\sin t} = -\frac{b}{a^2\sin^3 t}$$

或直接代入公式得

$$\frac{\mathrm{d}^2 y}{\mathrm{d}x^2} = \frac{x'(t)y''(t) - y'(t)x''(t)}{[x'(t)]^3}$$

$$= \frac{(-a\sin t)(-b\sin t) - (b\cos t)(-a\cos t)}{(-a\sin t)^3}$$

$$= -\frac{b}{a^2\sin^3 t}$$

请读者对 $y = b\sqrt{1 - \dfrac{x^2}{a^2}}$ 关于 $x$ 求一阶、二阶导数来验证上述结果.

**例 3.2.11**  求由摆线参数方程 $(x,y) = (a(t - \sin t), a(1 - \cos t))$ 所确定的函数 $y = y(x)$ 的二阶导数.

**解**  $\dfrac{\mathrm{d}y}{\mathrm{d}x} = \dfrac{y'(t)}{x'(t)} = \dfrac{a\sin t}{a(1 - \cos t)} = \dfrac{2\sin\dfrac{t}{2}\cos\dfrac{t}{2}}{2\sin^2\dfrac{t}{2}} = \cot\dfrac{t}{2}$

$$\frac{\mathrm{d}^2 y}{\mathrm{d}x^2} = \frac{\mathrm{d}}{\mathrm{d}x}\left(\frac{\mathrm{d}y}{\mathrm{d}x}\right) = \frac{\left(\cot\dfrac{t}{2}\right)'}{a(1 - \cos t)} = \frac{-\dfrac{1}{2}\csc^2\dfrac{t}{2}}{2a\sin^2\dfrac{t}{2}} = -\frac{1}{4a}\csc^4\frac{t}{2}$$

**例 3.2.12**  设曲线参数方程为 $(x,y) = (1 - t^2, t - t^2)$,求它在 $t = 1$ 处的切线方程与法线方程.

**解**  因为

$$\frac{\mathrm{d}y}{\mathrm{d}x}\bigg|_{t=1} = \frac{y'_t}{x'_t}\bigg|_{t=1} = \frac{1 - 2t}{-2t}\bigg|_{t=1} = \frac{1}{2}$$

故切线方程为

$$y - 0 = \frac{1}{2}(x - 0)$$

即 $y = \dfrac{1}{2}x$;法线方程为

$$y - 0 = -2(x - 0)$$

即 $y = -2x$.

**注 3.2.2**　　加速度是位移 $x(t)$ 对时间 $t$ 的二阶导数,这是高阶导数在物理中的应用. 在古典微分几何中,考虑二阶连续可导的正则曲线 $(x(t), y(t))$,所谓正则指的是 $(x'(t))^2 + (y'(t))^2 \neq 0$,从反映它弯曲程度的曲率公式

$$\kappa(t) = \frac{x'(t)y''(t) - x''(t)y'(t)}{\left[(x'(t))^2 + (y'(t))^2\right]^{\frac{3}{2}}}$$

可看出二阶导数在几何中的重要应用. 在 3.6 节,我们还可用二阶导数来刻画曲线的凹凸性与拐点以及判断函数的驻点(即一阶导数为 0 的点)是否为极值点,是极大值点还是极小值点.

# 练习题 3.2

**1.** 求 $y$ 关于 $x$ 的二阶导数 $y''$.

(1) $y = \mathrm{e}^{-x^2}$;　　　　　　　　(2) $y = x^2 a^x\ (a > 0)$;

(3) $y = \ln \sin x$;　　　　　　　(4) $y = (1 + x^2) \arctan x$;

(5) $y = \dfrac{\arcsin x}{\sqrt{1 - x^2}}$;　　　　　(6) $y = x \ln x$.

**2.** (1) 设 $f(x) = \mathrm{e}^{2x-1}$,求 $f''(0)$;

(2) 设 $f(x) = \arctan x$,求 $f''(1)$;

(3) 设 $f(x) = \sin^2 x$,求 $f''\left(\dfrac{\pi}{2}\right)$;

(4) 设 $f(x) = 3x^3 + 4x^2 - 5x - 9$,求 $f''(1), f'''(1), f^{(4)}(1)$.

**3.** 求下列高阶导数:

(1) $f(x) = \dfrac{1 + x}{\sqrt{1 - x}}$,求 $f^{(10)}(x)$;

(2) $f(x) = \dfrac{x^2}{1 - x}$,求 $f^{(8)}(x)$;

(3) $f(x) = \mathrm{e}^{-x^2}$,求 $f'''(x)$;

(4) $f(x) = \ln(1 + x)$,求 $f^{(5)}(x)$;

(5) $f(x) = x^3 \mathrm{e}^x$,求 $f^{(10)}(x)$.

**4.** 设函数 $f$ 在 $(-\infty, x_0]$ 上二阶可导,且

$$F(x) = \begin{cases} f(x), x \leqslant x_0 \\ a(x - x_0)^2 + b(x - x_0) + c, x > x_0 \end{cases}$$

问:当 $a,b,c$ 为何值时函数 $F$ 在 $\mathbb{R}$ 上有二阶导函数.

**5.** 设 $f$ 为二阶可导函数,求下列各函数的二阶导函数.

(1) $y = f(\ln x)$;

(2) $y = f(x^n), n \in \mathbb{N}$;

(3) $y = f(f(x))$.

**6.** 设函数 $f$ 在点 $x = 1$ 处二阶可导,$f'(1) = 0, f''(1) = 0$. 证明:在 $x = 1$ 处有

$$\frac{\mathrm{d}}{\mathrm{d}x} f(x^2) = \frac{\mathrm{d}^2}{\mathrm{d}x^2} f^2(x)$$

**7.** 求下列函数的 $n$ 阶导数:

(1) $y = \ln x$;               (2) $y = \dfrac{\ln x}{x}$;

(3) $y = \dfrac{1}{x(1-x)}$;   (4) $f(x) = \dfrac{x^n}{1-x}$;

(5) $y = e^{ax}\sin bx (a, b$ 均为实数$)$.

**8.** 设 $y = \dfrac{ax+b}{cx+d}$. 证明

$$y^{(n)}(x) = (-1)^{n+1} \frac{n!c^{n-1}}{(cx+d)^{n+1}} \begin{vmatrix} a & b \\ c & d \end{vmatrix}$$

**9.** 证明:函数

$$f(x) = \begin{cases} e^{-\frac{1}{x^2}}, x \neq 0 \\ 0, x = 0 \end{cases}$$

在 $x = 0$ 处 $n$ 阶可导,且 $f^{(n)}(0) = 0$,其中 $n \in \mathbb{N}$.

**10.** 求由下列参数方程所确定的函数的二阶导数 $\dfrac{\mathrm{d}^2 y}{\mathrm{d}x^2}$:

(1) $\begin{cases} x = a\cos^3 t, \\ y = a\sin^3 t; \end{cases}$   (2) $\begin{cases} x = e^t\cos t, \\ y = e^t\sin t; \end{cases}$

(3) $\begin{cases} x = \cos^4 t, \\ y = \sin^4 t; \end{cases}$   (4) $\begin{cases} x = \dfrac{t}{1+t}, \\ y = \dfrac{1-t}{1+t}. \end{cases}$

**11.** 证明:原点到曲线

$$
\begin{cases}
x = a(\cos t + t\sin t) \\
y = a(\sin t - t\cos t)
\end{cases}
$$

上任一点的法线的距离等于 $a$.

**12.** 证明:圆 $r = 2a\sin \theta (a > 0)$ 上任一点的切线与向径的夹角等于向径的极角.

**13.** 求心形(脏)线 $r = a(1 + \cos \theta)$ 的切线与切点向径之间的夹角.

# 思考题 3.2

**1.** 设 $m, n \in \mathbb{N}$. 证明

$$
\sum_{k=0}^{n} (-1)^k C_n^k k^m =
\begin{cases}
0, m \leqslant n - 1 \\
(-1)^n n!, m = n
\end{cases}
$$

**2.** 设 $u, v, w$ 都为 $t$ 的可导函数. 试给出 $(uvw)^{(n)}$ 的莱布尼兹公式,这里 $n \in \mathbb{N}$.

**3.** 设 $y = x^{n-1} \mathrm{e}^{\frac{1}{x}}$. 证明

$$
y^{(n)} = \frac{(-1)^n}{x^{n+1}} \mathrm{e}^{\frac{1}{x}}
$$

**4.** 设 $y = \arctan x$. 证明

$$
y^{(n)} = \frac{P_{n-1}(x)}{(1 + x^2)^n}
$$

其中 $P_{n-1}$ 为最高次项系数是 $(-1)^{n-1} n!$ 的 $n - 1$ 次多项式.

**5.** 设 $f_n(x) = x^n \ln x, n \in \mathbb{N}$,求极限

$$
\lim_{n \to +\infty} \frac{f_n^{(n)} \left( \dfrac{1}{n} \right)}{n!}
$$

**6.** 证明:在 $\mathbb{R}$ 上不存在可导函数 $f$ 满足 $f^2(x) = -x^3 + x^2 + 1$.

**7.** 证明:在 $\mathbb{R}$ 上不存在可导函数 $f$ 满足 $f^2(x) = x^2 - 3x + 3$.

**8.** 求 $(\mathrm{e}^x \cos x)^{(n)}$ 与 $(\mathrm{e}^x \sin x)^{(n)}$.

**9.** 设 $y = (1 + \sqrt{x})^{2n+2}, n \in \mathbb{N}$,求 $y^{(n)}(1)$.

**10.** 设多项式 $p$ 只有实零点,证明:$(p'(x))^2 \geqslant p(x) p''(x)$ 对一切 $x \in \mathbb{R}$ 成立.

**11.** 设 $y = \arctan x$.

   (1) 证明:它满足方程 $(1 + x^2)y'' + 2xy' = 0$;

   (2) 求 $y^{(n)}(0)$.

**12.** 设 $f(x) = \arctan x$. 证明

$$f^{(n)}(x) = (n-1)!\cos^n f(x) \cdot \sin n\left(f(x) + \frac{\pi}{2}\right)$$

# 3.3　微分中值定理

    这一节主要讨论微分学中重要的 Fermat 定理、Rolle 定理、Lagrange 中值定理以及 Cauchy 中值定理,它们是研究函数的增减性、凹凸性、极值与最值的基础.

    **定义 3.3.1**　设 $f$ 定义在区间 $I$ 上, $x_0$ 为 $I$ 的内点,即 $\exists \delta > 0$, s.t.

$$B(x_0;\delta_0) = (x_0 - \delta, x_0 + \delta) \subset I$$

如果 $x_0$ 有一个开邻域 $B(x_0;\delta) = (x_0 - \delta, x_0 + \delta) \subset I$, s.t. $f(x_0)$ 为 $f(x)$ 在 $(x_0 - \delta, x_0 + \delta)$ 中的最大(小) 值,即

$$f(x) \leqslant f(x_0) \ (f(x) \geqslant f(x_0))$$

则称 $f(x_0)$ 为 $f$ 的**极大(小)值**, $x_0$ 称为 $f$ 的**极大(小)值点**. 极大值与极小值统称为**极值**. 极大值点与极小值点统称为**极值点**.

    如果 $x_0$ 为 $I$ 的内点,且为 $f$ 的最大(小) 值点,显然, $x_0$ 为 $f$ 的极大(小) 值点. 但是,反之不一定成立. 例如

$$f(x) = \begin{cases} x + 1, & -2 < x \leqslant 0 \\ -x + 1, & 0 < x \leqslant 1 \\ 2x - 2, & 1 < x \leqslant 2 \end{cases}$$

$x = 0$ 为极大值点但非最大值点, $x = 1$ 为极小值点但非最小值点.

    注意,最大(小) 值若在区间端点达到,则它就不是极大(小) 值.

    极值是局部性质,而最值是整体性质.

    **定理 3.3.1**(Fermat 定理)　设 $f$ 在点 $x_0$ 处可导, $x_0$ 为 $f$ 的极值点,则 $f'(x_0) = 0$(此时,点 $(x_0, f(x_0))$ 处的切线平行于 $x$ 轴,为水平切线). 但反之不一定成立.

    若 $f'(x_0) = 0$,则 $x_0$ 称为 $f$ 的**驻点**或**稳定点**.

**证明**　不妨设 $x_0$ 为 $f$ 的极大值点,即 $\exists \delta > 0$, s. t. $f(x) \leqslant f(x_0)$, $\forall x \in$ $(x_0 - \delta, x_0 + \delta)$. 于是(图 3.3.1)

$$\frac{f(x) - f(x_0)}{x - x_0} \begin{cases} \geqslant 0, x_0 - \delta < x < x_0 \\ \leqslant 0, x_0 < x < x_0 + \delta \end{cases}$$

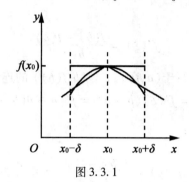

图 3.3.1

又因为 $f$ 在点 $x_0$ 处可导,故

$$0 \leqslant \lim_{x \to x_0^-} \frac{f(x) - f(x_0)}{x - x_0}$$
$$= f'_-(x_0) = f'(x_0) = f'_+(x_0)$$
$$= \lim_{x \to x_0^+} \frac{f(x) - f(x_0)}{x - x_0} \leqslant 0$$
$$f'(x_0) = 0$$

建议读者用反证法证明 $f'(x_0) = 0$.

反之有反例: $f(x) = x^3$, $f'(x) = 3x^2$, $f'(0) = 0$, $0$ 为 $f$ 的驻点,但由 $f$ 严格增与反证法知,$0$ 不是 $f$ 的极值点.

**注 3.3.1**　定理 3.3.1 中,"可导" 条件不能删去.

反例:$y = f(x) = |x|$,显然 $0$ 为 $f$ 的极小值点(也是最小值点),但由于 $f$ 在点 $0$ 处不可导,当然谈不上 $f'(0) = 0$.

**定理 3.3.2**(Rolle 定理)　设 $f$ 在 $[a,b]$ 上连续,在 $(a,b)$ 内可导,$f(a) = f(b)$,则 $\exists \xi \in (a,b)$, s. t. $f'(\xi) = 0$(即 $(\xi, f(\xi))$ 或点 $\xi$ 处的切线平行于 $x$ 轴,也平行于 $(a, f(a))$ 与 $(b, f(b))$ 的连线).

**证明**　因为 $f$ 在 $[a,b]$ 上连续,由最值定理知,$f$ 必达到最大值与最小值,即 $\exists \alpha, \beta \in [a,b]$, s. t. $f(\alpha) \leqslant f(x) \leqslant f(\beta)$, $\forall x \in [a,b]$.

如果 $\alpha, \beta \in \{a,b\}$,则由 $f(a) = f(b)$ 知,$f(x) = f(a) = f(b)$, $\forall x \in [a,b]$,

即 $f$ 为 $[a,b]$ 上的常值函数. 于是, $\forall \xi \in (a,b), f'(\xi) = 0$.

如果 $\alpha,\beta$ 中有一个不是端点,例如 $\alpha \in (a,b)$,则由 $f$ 在 $\alpha$ 达到最小值,它必为极小值,由 Fermat 定理知, $f'(\alpha) = 0$. 因此, $\xi = \alpha$ 为定理所求的点.

**定理 3.3.3**(Lagrange 中值定理)  设 $f$ 在 $[a,b]$ 上连续,在 $(a,b)$ 内可导,则 $\exists \xi \in (a,b)$,s. t.

$$f'(\xi) = \frac{f(b) - f(a)}{b - a}$$

$((\xi,f(\xi))$ 处的切线平行于 $(a,f(a))$ 与 $(b,f(b))$ 的连线)或

$$f(b) - f(a) = f'(\xi)(b - a) = f'[a + \theta(b - a)](b - a)$$

其中 $0 < \theta = \frac{\xi - a}{b - a} < 1$.

当 $f(a) = f(b)$ 时, $f'(\xi) = \frac{f(b) - f(a)}{b - a} = 0$. 因此,Lagrange 中值定理为

Rolle 定理的推广.

**证法 1**  从图 3.3.2 想到令

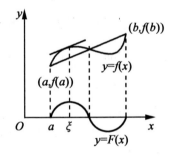

图 3.3.2

$$F(x) = f(x) - \left[ f(a) + \frac{f(b) - f(a)}{b - a}(x - a) \right]$$

则由 $f$ 在 $[a,b]$ 上连续,在 $(a,b)$ 内可导知, $F$ 在 $[a,b]$ 上连续,在 $(a,b)$ 内可导,且

$$F(a) = f(a) - \left[ f(a) + \frac{f(b) - f(a)}{b - a}(a - a) \right] = 0$$

$$= f(b) - \left[ f(a) + \frac{f(b) - f(a)}{b - a}(b - a) \right] = F(b)$$

根据 Rolle 定理可得, $\exists \xi \in (a,b)$,s. t.

$$0 = F'(\xi) = f'(\xi) - \frac{f(b) - f(a)}{b - a}$$

$$f'(\xi) = \frac{f(b) - f(a)}{b - a}$$

**证法 2** 令

$$F(x) = \begin{vmatrix} 1 & a & f(a) \\ 1 & b & f(b) \\ 1 & x & f(x) \end{vmatrix} = \begin{vmatrix} 1 & a & f(a) \\ 0 & b-a & f(b)-f(a) \\ 0 & x-a & f(x)-f(a) \end{vmatrix}$$

$$= (b-a)[f(x) - f(a)] - (x-a)[f(b) - f(a)]$$

则由 $f$ 在 $[a,b]$ 上连续,在 $(a,b)$ 内可导知,$F$ 在 $[a,b]$ 上连续,在 $(a,b)$ 内可导,且

$$F(a) = \begin{vmatrix} 1 & a & f(a) \\ 1 & b & f(b) \\ 1 & a & f(a) \end{vmatrix} = 0 = \begin{vmatrix} 1 & a & f(a) \\ 1 & b & f(b) \\ 1 & b & f(b) \end{vmatrix} = F(b)$$

根据 Rolle 定理知,$\exists \xi \in (a,b)$, s. t.

$$0 = F'(\xi) = \begin{vmatrix} 1 & a & f(a) \\ 1 & b & f(b) \\ 0 & 1 & f'(x) \end{vmatrix}_{x=\xi}$$

$$= \begin{vmatrix} 1 & a & f(a) \\ 0 & b-a & f(b)-f(a) \\ 0 & 1 & f'(\xi) \end{vmatrix}$$

$$= (b-a)f'(\xi) - [f(b) - f(a)]$$

$$f'(\xi) = \frac{f(b) - f(a)}{b - a}$$

**定理 3.3.4**(Cauchy 中值定理) 设 $f, g$ 在 $[a,b]$ 上连续,在 $(a,b)$ 内可导,且 $g'(x) \neq 0, \forall x \in (a,b)$,则 $\exists \xi \in (a,b)$, s. t.

$$\frac{f(b) - f(a)}{g(b) - g(a)} = \frac{f'(\xi)}{g'(\xi)}$$

特别地,当 $g(x) = x$ 时,它就是 Lagrange 中值定理. 因此,Cauchy 中值定理为 Lagrange 中值定理的推广.

**证法 1** 先证 $g(b) \neq g(a)$.

用反证法. 假设 $g(b) = g(a)$,由 Rolle 定理知,$\exists \eta \in (a,b)$, s. t. $g'(\eta) =$

$0$,这与$g'(x) \neq 0, \forall x \in (a,b)$矛盾. 或由 Lagrange 中值定理知,$\exists \eta \in (a,b)$,
s. t.

$$g(b) - g(a) = g'(\eta)(b - a) \neq 0$$

故 $g(b) \neq g(a)$.

仿照定理 3.3.3 的证法 1,令

$$F(x) = f(x) - \left[ f(a) + \frac{f(b) - f(a)}{g(b) - g(a)}(g(x) - g(a)) \right]$$

则由$f,g$在$[a,b]$上连续,在$(a,b)$内可导知,$F$在$[a,b]$上连续,在$(a,b)$内可导,且

$$F(a) = f(a) - \left[ f(a) + \frac{f(b) - f(a)}{g(b) - g(a)}(g(a) - g(a)) \right] = 0$$

$$= f(b) - \left[ f(a) + \frac{f(b) - f(a)}{g(b) - g(a)}(g(b) - g(a)) \right]$$

$$= F(b)$$

根据 Rolle 定理可得,$\exists \xi \in (a,b)$,s. t.

$$0 = F'(\xi) = f'(\xi) - \frac{f(b) - f(a)}{g(b) - g(a)}g'(\xi)$$

$$\frac{f(b) - f(a)}{g(b) - g(a)} = \frac{f'(\xi)}{g'(\xi)}$$

**证法 2**　仿照定理 3.3.3 的证法 2,令

$$F(x) = \begin{vmatrix} 1 & g(a) & f(a) \\ 1 & g(b) & f(b) \\ 1 & g(x) & f(x) \end{vmatrix}$$

则由$f,g$在$[a,b]$上连续,在$(a,b)$内可导知,$F$在$[a,b]$上连续,在$(a,b)$内可导,且

$$F(a) = \begin{vmatrix} 1 & g(a) & f(a) \\ 1 & g(b) & f(b) \\ 1 & g(a) & f(a) \end{vmatrix} = 0 = \begin{vmatrix} 1 & g(a) & f(a) \\ 1 & g(b) & f(b) \\ 1 & g(b) & f(b) \end{vmatrix} = F(b)$$

根据 Rolle 定理可得,$\exists \xi \in (a,b)$,s. t.

$$0 = F'(\xi) = \begin{vmatrix} 1 & g(a) & f(a) \\ 1 & g(b) & f(b) \\ 0 & g'(x) & f'(x) \end{vmatrix}_{x=\xi}$$

$$= \begin{vmatrix} 1 & g(a) & f(a) \\ 0 & g(b)-g(a) & f(b)-f(a) \\ 0 & g'(\xi) & f'(\xi) \end{vmatrix}$$

$$= f'(\xi)[g(b)-g(a)] - g'(\xi)[f(b)-f(a)]$$

$$\frac{f(b)-f(a)}{g(b)-g(a)} = \frac{f'(\xi)}{g'(\xi)}$$

**推论 3.3.1** 设 $f$ 在区间 $I$ 上连续，在 $\mathring{I}$ 内可导，则

$$f(x) = c(常数) \Leftrightarrow f'(x) = 0, \forall x \in \mathring{I}$$

**证明** $(\Rightarrow)$ 设 $f(x) = c, \forall x \in \mathring{I}$，则 $f'(x) = c' = 0$.

$(\Leftarrow) \forall x_1, x_2 \in I, x_1 < x_2$，由 $f$ 在 $[x_1, x_2]$ 上连续，在 $(x_1, x_2)$ 内可导，以及 Lagrange 中值定理可知，$\exists \xi \in (x_1, x_2) \subset \mathring{I}$，s. t.

$$f(x_2) - f(x_1) = f'(\xi)(x_2 - x_1) = 0 \cdot (x_2 - x_1) = 0$$

$$f(x_1) = f(x_2)$$

因为 $x_1, x_2$ 是任取的，所以，$f(x) = c(常数)$.

**例 3.3.1** 设

$$f(x) = \begin{cases} 1, x > 0 \\ -1, x < 0 \end{cases}$$

显然，$f'(x) = 0$，但 $f(x) \neq c(常数)$. 注意：$f$ 的定义域不为一个区间. 因而，推论 3.3.1 充分性的证明中不能应用 Lagrange 中值定理.

**推论 3.3.2** 设 $f, g$ 在区间 $I$ 上连续，在 $\mathring{I}$ 内可导，则

$$f(x) = g(x) + c \Leftrightarrow f'(x) = g'(x), \forall x \in \mathring{I}$$

其中 $c$ 为常数.

**证明** $\qquad f(x) = g(x) + c, \forall x \in I$

$$\Leftrightarrow f(x) - g(x) = c, \forall x \in I$$

$$\overset{\text{推论3.3.1}}{\Leftrightarrow} f'(x) - g'(x) = [f(x) - g(x)]' = 0, \forall x \in \mathring{I}$$

$$\Leftrightarrow f'(x) = g'(x), \forall x \in \mathring{I}$$

**推论 3.3.3** 设 $I_1, I_2$ 为两个不相交的非空区间，则

$$f(x) = \begin{cases} g(x) + c_1, x \in I_1, \\ g(x) + c_2, x \in I_2, \end{cases} c_1 \text{ 与 } c_2 \text{ 为两个无关的常数}$$

$$\Leftrightarrow f'(x) = g'(x), \forall x \in \mathring{I}_1 \cup \mathring{I}_2$$

证明 ($\Rightarrow$)显然.

($\Leftarrow$)因$f'(x) = g'(x)$,$\forall x \in \mathring{I}_1 \cup \mathring{I}_2$,根据推论3.3.1知,$\exists c_1,c_2 \in \mathbb{R}$,s. t.

$$f(x) = \begin{cases} g(x) + c_1, x \in I_1 \\ g(x) + c_2, x \in I_2 \end{cases}$$

**定理3.3.5**(Darboux 导函数介值定理) 设$f$在$[a,b]$上可导,则对于$f'_+(a)$与$f'_-(b)$之间的一切值$k$,必有$\xi \in [a,b]$,s. t.$f'(\xi) = k$.

如果$f'_+(a) \neq f'_-(b)$,$k \in (\min\{f'_+(a),f'_-(b)\}, \max\{f'_+(a),f'_-(b)\})$,则可取$\xi \in (a,b)$,s. t.$f'(\xi) = k$.

**证法1** 设$F(x) = f(x) - kx$,由$f$在$[a,b]$上可导知,$F$在$[a,b]$上也可导,且

$$F'_+(a) \cdot F'_-(b) = (f'_+(a) - k)(f'_-(b) - k) \leqslant 0$$

如果$F'_+(a) \cdot F'_-(b) = 0$,则$F'_+(a) = 0$或$F'_-(b) = 0$,取$\xi = a$或$b$.

如果$F'_+(a) \cdot F'_-(b) < 0$,不妨设

$$\lim_{x \to a^+} \frac{F(x) - F(a)}{x - a} = F'_+(a) > 0$$

$$\lim_{x \to b^-} \frac{F(x) - F(b)}{x - b} = F'_-(b) < 0$$

由保号性定理知,$\exists a_1, b_1$,s. t.$a < a_1 < b_1 < b$,且

$$F(a) < F(a_1), F(b_1) > F(b) \qquad (*)$$

因为$F$在$[a,b]$上可导,所以它在$[a,b]$上连续. 根据最值定理知,$\exists \xi \in [a,b]$,使得$F$在$\xi$达到最大值. 由式($*$)知,$\xi \neq a,b$,必有$\xi \in (a,b)$. 因此,$\xi$为$F$的极大值点. 再根据 Fermat 定理得

$$0 = F'(\xi) = (f(x) - kx)'|_{x=\xi} = f'(\xi) - k$$

$$f'(\xi) = k$$

**证法2** 设

$$\varphi_1(x) = \begin{cases} \dfrac{f(x) - f(a)}{x - a}, a < x \leqslant b \\ f'_+(a), x = a \end{cases}$$

$$\varphi_2(x) = \begin{cases} \dfrac{f(x) - f(b)}{x - b}, a \leqslant x < b \\ f'_-(b), x = b \end{cases}$$

因为

$$\lim_{x \to a^+} \varphi_1(x) = \lim_{x \to a^+} \frac{f(x) - f(a)}{x - a} = f'_+(a) = \varphi_1(a)$$

$$\lim_{x \to b^-} \varphi_2(x) = \lim_{x \to b^-} \frac{f(x) - f(b)}{x - b} = f'_-(b) = \varphi_2(b)$$

所以,$\varphi_1, \varphi_2$ 都在 $[a,b]$ 上连续,在 $(a,b)$ 内可导.

如果 $k = f'_+(a)$,取 $\xi = a$;如果 $k = f'_-(b)$,取 $\xi = b$. 如果 $f'_+(a) < k < f'_-(b)$(或 $f'_-(b) < k < f'_+(a)$),则 $k$ 应介于 $f'_+(a)$ 与 $\dfrac{f(b) - f(a)}{b - a}$ 之间或介于 $\dfrac{f(b) - f(a)}{b - a}$ 与 $f'_-(b)$ 之间,不妨设之前者. 由 $\varphi_1$ 的定义知,$k$ 介于 $\varphi_1(a)$ 与 $\varphi_1(b)$ 之间. 根据 $\varphi_1$ 的连续性及连续函数的介值定理知,$\exists\, \theta \in [a,b]$,由 Lagrange 中值定理知,$\exists\, \xi \in (a,\theta) \subset (a,b)$,s.t.

$$k = \varphi_1(\theta) = \frac{f(\theta) - f(a)}{\theta - a} = f'(\xi)$$

**注 3.3.2**    注意,Darboux 定理 3.3.5 中,$f'(x)$ 不必连续. 如果 $f'(x)$ 连续,只需将连续函数的介值定理应用于 $f'(x)$ 即得定理 3.3.5 的结论.

**例 3.3.2**    证明:$\forall\, h > -1, h \neq 0$ 成立不等式

$$\frac{h}{1 + h} < \ln(1 + h) < h$$

**证明**    令 $f(x) = \ln(1 + x)$,则由 Lagrange 中值定理,有

$$\ln(1 + h) = \ln(1 + h) - \ln 1 = \frac{h}{1 + \theta h}, 0 < \theta < 1$$

如果 $h > 0$,由 $0 < \theta < 1$ 推得

$$1 < 1 + \theta h < 1 + h$$

$$\frac{h}{1 + h} < \frac{h}{1 + \theta h} < h$$

$$\frac{h}{1 + h} < \ln(1 + h) < h$$

如果 $-1 < h < 0$,由 $0 < \theta < 1$ 推得

$$0 < 1 + h < 1 + \theta h < 1$$

$$\frac{h}{1 + h} < \frac{h}{1 + \theta h} < h$$

$$\frac{h}{1 + h} < \ln(1 + h) < h$$

**例 3. 3. 3**　设 $0 < \alpha \leqslant \beta < \dfrac{\pi}{2}$,证明

$$\frac{\beta - \alpha}{\cos^2\alpha} \leqslant \tan\beta - \tan\alpha \leqslant \frac{\beta - \alpha}{\cos^2\beta}$$

**证明**　当 $\alpha = \beta$ 时,上述不等式为等式.

当 $\alpha \neq \beta$ 时,令 $f(x) = \tan x, 0 < \alpha \leqslant x \leqslant \beta < \dfrac{\pi}{2}$. 由于 $f(x) = \tan x$ 在 $[\alpha,\beta]$ 上连续,在 $(\alpha,\beta)$ 内可导,根据 Lagrange 中值定理知,$\exists \xi \in (\alpha,\beta)$,s. t.

$$\tan\beta - \tan\alpha = (\tan x)'|_{x = \xi}(\beta - \alpha)$$

$$= \sec^2\xi \cdot (\beta - \alpha) = \frac{\beta - \alpha}{\cos^2\xi}$$

于是

$$\frac{\beta - \alpha}{\cos^2\alpha} < \frac{\beta - \alpha}{\cos^2\xi} < \frac{\beta - \alpha}{\cos^2\beta}$$

$$\frac{\beta - \alpha}{\cos^2\alpha} < \tan\beta - \tan\alpha < \frac{\beta - \alpha}{\cos^2\beta}$$

**例 3. 3. 4**　证明:$\arctan\dfrac{1 + x}{1 - x} = \arctan x + \dfrac{\pi}{4}$, $|x| < 1$.

**证明**　设 $f(x) = \arctan\dfrac{1 + x}{1 - x} - \arctan x$, $|x| < 1$,则

$$f'(x) = \frac{1}{1 + \left(\dfrac{1 + x}{1 - x}\right)^2} \cdot \frac{(1 - x) + (1 + x)}{(1 - x)^2} - \frac{1}{1 + x^2}$$

$$= \frac{2}{(1 - x)^2 + (1 + x)^2} - \frac{1}{1 + x^2} = 0, |x| < 1$$

根据推论 3. 3. 1 可知

$$\arctan\frac{1 + x}{1 - x} - \arctan x = f(x) = f(0) = \frac{\pi}{4} - 0 = \frac{\pi}{4}$$

即

$$\arctan\frac{1 + x}{1 - x} = \arctan x + \frac{\pi}{4}, |x| < 1$$

**例 3. 3. 5**　设 $f$ 在 $[a,b](a > 0)$ 上连续,在 $(a,b)$ 内可导,则 $\exists \xi \in (a,b)$, s. t.

$$f(b) - f(a) = \xi f'(\xi) \ln \frac{b}{a}$$

**证明**　令 $g(x) = \ln x$，显然它在 $[a,b]$ 上连续，在 $(a,b)$ 内可导，则

$$g'(x) = (\ln x)' = \frac{1}{x} \neq 0, \forall x \in (a,b)$$

由 Cauchy 中值定理知，$\exists \xi \in (a,b)$, s. t.

$$\frac{f(b) - f(a)}{\ln b - \ln a} = \frac{f'(\xi)}{\frac{1}{\xi}}$$

即

$$f(b) - f(a) = \xi f'(\xi) \ln \frac{b}{a}$$

**例 3.3.6**　设 $f: \mathbb{R} \to \mathbb{R}$ 可导. 证明：$f(x) = 0$ 的任何两个相异根之间必有 $f'(x) - af(x) = 0$ 的一个根，其中 $a \in \mathbb{R}$.

**证明**　设 $x_1, x_2$ 为 $f(x) = 0$ 的两个相异的根，不妨设 $x_1 < x_2$. 令

$$F(x) = f(x)e^{-ax}$$

$F$ 在 $\mathbb{R}$ 上可导，且

$$F'(x) = e^{-ax}[f'(x) - af(x)]$$

显然，有

$$F(x_1) = f(x_1)e^{-ax_1} = 0 = f(x_2)e^{-ax_2} = F(x_2)$$

根据 Rolle 定理知，$\exists \xi \in (x_1, x_2)$, s. t.

$$0 = F'(\xi) = e^{-a\xi}[f'(\xi) - af(\xi)]$$

即

$$f'(\xi) - af(\xi) = 0$$

$\xi$ 为 $f'(x) - af(x) = 0$ 的一个根.

**例 3.3.7**　设 $f$ 在 $[0,a]$ 上二阶可导 $(a > 0)$, $|f''(x)| \leq M, \forall x \in [0,a]$，且 $f$ 在 $(0,a)$ 内达到最大值. 证明

$$|f'(0)| + |f'(a)| \leq Ma$$

**证明**　设 $x_0 \in (0,a)$, s. t. $f(x_0) = \max_{0 \leq x \leq a} f(x)$，则由 Fermat 定理知 $f'(x_0) = 0$. 将 Lagrange 中值定理应用于 $f'(x)$ 知，$\exists \xi_1 \in (0, x_0)$, $\exists \xi_2 \in (x_0, a)$, s. t.

$$f'(0) = f'(x_0) + f''(\xi_1)(0 - x_0) = -f''(\xi_1)x_0$$

$$f'(a) = f'(x_0) + f''(\xi_2)(a - x_0) = -f''(\xi_2)(a - x_0)$$

因此

$$|f'(0)| + |f'(a)| = |f''(\xi_1)x_0| + |f''(\xi_2)(a - x_0)|$$
$$\leqslant Mx_0 + M(a - x_0) = Ma$$

**例 3.3.8**  设 $f: \mathbb{R} \to \mathbb{R}$ 二阶可导, $|f(x)| \leqslant 1$,且

$$[f(0)]^2 + [f'(0)]^2 = 4$$

证明: $\exists \xi \in (-2,2)$, s.t. $f(\xi) + f''(\xi) = 0$.

**证明**  令 $F(x) = [f(x)]^2 + [f'(x)]^2$,则

$$F'(x) = 2f'(x)[f(x) + f''(x)]$$

由 Lagrange 中值定理知, $\exists a \in (-2,0), b \in (0,2)$, s.t.

$$f'(a) = \frac{f(0) - f(-2)}{0 - (-2)} = \frac{f(0) - f(-2)}{2}$$

$$f'(b) = \frac{f(2) - f(0)}{2 - 0} = \frac{f(2) - f(0)}{2}$$

于是,有

$$|f'(a)| = \left| \frac{f(0) - f(2)}{2} \right|$$

$$\leqslant \frac{1}{2}(|f(0)| + |f(-2)|)$$

$$\leqslant \frac{1}{2}(1 + 1) = 1$$

$$|F(a)| = [f(a)]^2 + [f'(a)]^2 \leqslant 1 + 1 = 2$$

同理有

$$|f'(b)| \leqslant 1, |F(b)| \leqslant 2$$

因为 $f$ 二阶可导,所以 $F$ 可导,当然也连续. 根据最值定理知, $\exists \xi \in [a,b]$,

s.t.

$$F(\xi) = \max_{x \in [a,b]} F(x)$$

由于

$$F(a) \leqslant 2 < 4 = [f(0)]^2 + [f'(0)]^2 = F(0) \leqslant F(\xi)$$
$$F(b) \leqslant 2 < 4 = F(0) \leqslant F(\xi)$$

故 $\xi \neq a, b$. 由此可知 $\xi$ 为 $F$ 的极大值点,根据 Fermat 定理知

$$0 = F'(\xi) = 2f'(\xi)[f(\xi) + f''(\xi)]$$

但是

$$1 + [f'(\xi)]^2 \geqslant [f(\xi)]^2 + [f'(\xi)]^2 = F(\xi) \geqslant F(0) = 4$$
$$[f'(\xi)]^2 \geqslant 4 - 1 = 3, f'(\xi) \neq 0$$

因此
$$f(\xi) + f''(\xi) = 0$$

**例 3.3.9**　设函数 $f$ 在 $[0,1]$ 上连续,在 $(0,1)$ 内可导,$f(0) = 0, f(1) = 1$. 又设 $k_1, k_2, \cdots, k_n$ 为任意的 $n$ 个正数. 证明:在 $(0,1)$ 中存在 $n$ 个互不相同的数 $t_1, t_2, \cdots, t_n$, s.t.

$$\sum_{i=1}^{n} \frac{k_i}{f'(t_i)} = \sum_{i=1}^{n} k_i$$

**证明**　令 $y_0 = 0$,以及

$$y_i = \frac{k_1 + k_2 + \cdots + k_i}{k_1 + k_2 + \cdots + k_n}, i = 1, 2, \cdots, n$$

则 $0 = y_0 < y_1 < y_2 < \cdots < y_n = 1$. 取 $x_0 = 0, x_n = 1$. 在 $[0,1]$ 上对连续函数 $f$ 应用介值定理可求得一点 $x_1 \in (0,1)$, s.t. $f(x_1) = y_1$,再在 $[x_1,1]$ 上应用介值定理求得一点 $x_2 \in (x_1,1)$, s.t. $f(x_2) = y_2$,依次有 $f(x_i) = y_i, i = 0, 1, 2, \cdots, n$. 在每个小区间 $[x_{i-1}, x_i]$ 上,应用 Lagrange 中值定理,求得 $t_i \in (x_{i-1}, x_i)$ 满足

$$y_i - y_{i-1} = f(x_i) - f(x_{i-1}) = f'(t_i)(x_i - x_{i-1})$$

由此得出

$$\frac{y_i - y_{i-1}}{f'(t_i)} = x_i - x_{i-1}$$

$$\sum_{i=1}^{n} \frac{k_i}{f'(t_i)} = \sum_{i=1}^{n} \frac{y_i - y_{i-1}}{f'(t_i)}(k_1 + k_2 + \cdots + k_n)$$

$$= \sum_{i=1}^{n} (x_i - x_{i-1})(k_1 + k_2 + \cdots + k_n)$$

$$= (x_n - x_0) \sum_{i=1}^{n} k_i = \sum_{i=1}^{n} k_i$$

**例 3.3.10**(导数极限定理)　设 $f$ 在 $(x_0, b)$ 内可导,且在 $x_0$ 右连续,又 $f'(x_0^+)$ 存在,则 $f'_+(x_0)$ 存在,且 $f'_+(x_0) = f'(x_0^+)$.

**证明**　因为 $f$ 在 $(x_0, b)$ 内可导,且在 $x_0$ 右连续,故在 $[x_0, x] \subset [x_0, b)$ 上应用 Lagrange 中值定理知,$\exists \xi(x) \in (x_0, x)$, s.t. $\lim_{x \to x_0^+} \xi(x) = x_0^+$ 且

$$f'_+(x_0) = \lim_{x \to x_0^+} \frac{f(x) - f(x_0)}{x - x_0} = \lim_{x \to x_0^+} f'(\xi(x))$$

$$= \lim_{u \to x_0^+} f'(u) = f'(x_0^+)$$

**例 3.3.11** 设 $D(x)$ 为 Dirichlet 函数. 是否有函数 $F(x)$, s.t. $F'(x) = D(x)$, 即 $D(x)$ 是否有原函数.

**解** 否. (反证) 假设存在函数 $F(x)$, s.t. $F'(x) = D(x)$, 则

$$F'(0) = D(0) = 1$$

$$F'(\sqrt{2}) = D(\sqrt{2}) = 0$$

根据 Darboux 定理知, $\exists \xi \in (0,1)$, s.t. $\dfrac{1}{2} = F'(\xi) = D(\xi) = 0$ 或 1, 矛盾.

**例 3.3.12** 设 $f$ 在区间 $[a,b]$ 上可导, 则导函数 $f'$ 无第一类间断点.

**证法 1** (反证) 假设 $x_0$ 为 $f'(x)$ 的第一类间断点, 则 $f'(x_0^-)$ 与 $f'(x_0^+)$ 存在且有限. 因为 $f$ 在点 $x_0$ 处可导, 所以 $f$ 在点 $x_0$ 处连续. 根据导数极限定理 (例 3.3.10), 有

$$f'(x_0^+) = f'_+(x_0) = f'(x_0) = f'_-(x_0) = f'(x_0^-)$$

所以 $f'$ 在点 $x_0$ 处连续, 这与 $x_0$ 为 $f'(x)$ 的间断点相矛盾.

**证法 2** (反证) 假设 $x_0$ 为 $f'(x)$ 的第一类间断点, 则 $f'(x_0^-)$ 与 $f'(x_0^+)$ 存在且有限, $f'(x_0^-) \neq f'(x_0)$ (或 $f'(x_0^+) \neq f'(x_0)$). 不失一般性, 设 $f'(x_0^-) < f'(x_0)$. 对 $\varepsilon_0 = f'(x_0) - f'(x_0^-) > 0$, $\exists \delta > 0$, 当 $x_0 - \delta < x < x_0$ 时, 有

$$\mid f'(x) - f'(x_0^-) \mid < \frac{\varepsilon_0}{2} = \frac{1}{2}[f'(x_0) - f'(x_0^-)]$$

$$f'(x) < f'(x_0^-) + \frac{1}{2}[f'(x_0) - f'(x_0^-)] = \frac{1}{2}[f'(x_0) + f'(x_0^-)]$$

任取 $x_1 \in (x_0 - \delta, x_0)$, 则

$$f'(x_1) < \frac{1}{2}[f'(x_0) + f'(x_0^-)]$$

在 $[x_1, x_0]$ 中无 $\xi$, s.t. $f'(\xi) = \dfrac{1}{2}[f'(x_0) + f'(x_0^-)]$, 这与 Darboux 定理 (导函数介值定理) 的结果相矛盾.

**注 3.3.3** 例 3.3.12 表明有第一类间断点的函数必无原函数, 但无第一类间断点的不连续函数也未必有原函数, 例 3.3.11 中的 Dirichlet 函数解释了这个道理.

## 练习题 3.3

**1.** $\forall c \in \mathbb{R}$，方程 $x^3 - 3x + c = 0$ 在 $[0,1]$ 上无相异的根.

**2.** 设函数 $f$ 在 $(a,b)$ 内可导，且 $f(a^+) = f(b^-)$ 有限或 $+\infty$，或 $-\infty$. 证明：$\exists \xi \in (a,b)$，s. t. $f'(\xi) = 0$.

**3.** 应用 Lagrange 中值定理证明下列不等式：

(1) $|\sin x - \sin y| \leqslant |x - y|$，$x, y \in \mathbb{R}$；

(2) $py^{p-1}(x - y) \leqslant x^p - y^p \leqslant px^{p-1}(x - y)$，其中 $0 < y < x$ 且 $p > 1$；

(3) $\dfrac{a - b}{a} < \ln \dfrac{a}{b} < \dfrac{a - b}{b}$，其中 $0 < b < a$；

(4) $\dfrac{h}{1 + h^2} < \arctan h < h$，其中 $h > 0$；

(5) $0 < \dfrac{1}{\ln(1 + x)} - \dfrac{1}{x} < 1$，$x > 0$.

**4.** 设 $f$ 在闭区间 $[a,b]$ 上连续，在开区间 $(a,b)$ 内二阶可导，$f(a) = f(b) = 0$，并且 $\exists c \in (a,b)$，s. t. $f(c) > 0$. 证明：$\exists \xi \in (a,b)$，s. t. $f''(\xi) < 0$.

**5.** 设函数 $f$ 在 $(a,b)$ 内可导，且 $f'$ 单调. 证明：$f'$ 在 $(a,b)$ 内连续.

**6.** 设函数 $f$ 在 $\mathbb{R}$ 上有 $n$ 阶导数，又 $p$ 为一个 $n$ 次多项式，最高次项系数为 $a_0$. 如果有互不相同的 $x_i$ 使得 $f(x_i) = p(x_i)$，$i = 0, 1, \cdots, n$. 证明：$\exists \xi \in \mathbb{R}$，s. t. $a_0 = \dfrac{f^{(n)}(\xi)}{n!}$.

**7.** 设实数 $a_0, a_1, \cdots, a_n$ 满足

$$\frac{a_0}{n + 1} + \frac{a_1}{n} + \cdots + \frac{a_{n-1}}{2} + a_n = 0$$

证明：多项式函数 $a_0 x^n + a_1 x^{n-1} + \cdots a_{n-1} x + a_n$ 在 $(0,1)$ 内有一个实零点.

**8.** 设函数 $f$ 在开区间 $(0,a)$ 内可导，且 $f(0^+) = +\infty$. 证明：$f'$ 在 $x = 0$ 的右旁无下界.

**9.** 设函数 $f$ 在 $[0,1]$ 上有三阶导函数，并且 $f(0) = f(1) = 0$. 又设 $F(x) = x^2 f(x)$. 证明：$\exists \xi \in (0,1)$，s. t. $F'''(\xi) = 0$.

**10.** 设 $f$ 既非常值函数又非线性函数，且在 $[a,b]$ 上连续可导. 证明：$\exists \xi \in$

$(a,b)$, s. t.

$$| f'(\xi) | > \left| \frac{f(b) - f(a)}{b - a} \right|$$

**11.** 如果 $\mathbb{R}$ 上的二阶可导函数 $f$ 是微分方程 $y'' + y = 0$ 的一个解. 证明 $: f^2 + (f')^2$ 为一常值函数.

**12.** 利用题 11 的结果证明:微分方程 $y'' + y = 0$ 的解都具有形式

$$y(x) = \lambda \cos x + \mu \sin x$$

这里 $\lambda$ 与 $\mu$ 为常数.

**13.** 已知 $f(1) = 1$,分别就下面的 $f(x)$ 求 $f(2)$.

(1) $xf'(x) + f(x) = 0, \forall x \in \mathbb{R}$;

(2) $xf'(x) - f(x) = 0, \forall x \in \mathbb{R}$.

**14.** 设 $y = f(x)$ 在区间 $(a,b)$ 内可导, $f'(x) \neq 0, \forall x \in (a,b)$. 证明 $: f'(x)$ 在 $(a,b)$ 内恒大于 0 或恒小于 0.

**15.** 设函数 $f$ 在 $[a,b]$ 上可导. 证明 $: \exists \xi \in (a,b)$, s. t.

$$2\xi[f(b) - f(a)] = (b^2 - a^2)f'(\xi)$$

**16.** 设 $0 < \alpha < \beta < \dfrac{\pi}{2}$. 证明 $: \exists \theta \in (\alpha,\beta)$ s. t.

$$\frac{\sin \alpha - \sin \beta}{\cos \alpha - \cos \beta} = - \cot \theta$$

**17.** 证明:若 $x > 0$,则:

(1) $\sqrt{x + 1} - \sqrt{x} = \dfrac{1}{2 \sqrt{x + \theta(x)}}$,其中 $\dfrac{1}{4} \leqslant \theta(x) \leqslant \dfrac{1}{2}$;

(2) $\lim\limits_{x \to 0} \theta(x) = \dfrac{1}{4}$, $\lim\limits_{x \to +\infty} \theta(x) = \dfrac{1}{2}$.

**18.** 设 $f$ 在区间 $I$ 上可导,且 $| f'(x) | \leqslant M, \forall x \in I$,其中 $M$ 为常数. 证明 $: f$ 在 $I$ 上满足 Lipschitz 条件,即

$$| f(x') - f(x'') | \leqslant M | x' - x'' |, \forall x',x'' \in I$$

进而推得 $f$ 在 $I$ 上一致连续.

应用上述结果判断

$$f(x) = \begin{cases} x\cos \dfrac{1}{x}, & x > 0 \\ 0, & x = 0 \end{cases}$$

在$[0, +\infty)$上的一致连续性.

## 思考题 3.3

**1.** 设函数$f$在$[a,b]$上连续,在$(a,b)$内可导,$ab > 0$. 试用下列三种方法证明:$\exists \xi \in (a,b)$, s. t.

$$\frac{1}{a-b}\begin{vmatrix} a & b \\ f(a) & f(b) \end{vmatrix} = f(\xi) - \xi f'(\xi)$$

(1) 对$F(x) = \dfrac{f(x)}{x}, G(x) = \dfrac{1}{x}$应用 Cauchy 中值定理;

(2) 对$F(x) = xf\left(\dfrac{ab}{x}\right)$应用 Lagrange 中值定理;

(3) 对$F(x) = \begin{vmatrix} 1 & \dfrac{1}{x} & \dfrac{f(x)}{x} \\ 1 & \dfrac{1}{a} & \dfrac{f(a)}{a} \\ 1 & \dfrac{1}{b} & \dfrac{f(b)}{b} \end{vmatrix}$应用 Rolle 定理.

**2.** 设$f(x) = (x - x_0)^r g(x)$,$g$在点$x_0$处连续,且$g(x_0) \neq 0$,则称$x_0$为$f$的$r$重根,其中$r = 0, 1, 2, \cdots$.

(1) 如果$g$可导,$x_0$为$f$的$r$重根,且$g'(x)$在$x_0$邻近有界. 证明:$x_0$必为$f'(x)$的$r - 1$重根.

(2) 设$f$为$n$阶可导函数,如果$f(x) = 0$有$n + 1$个相异的实根. 证明:方程$f^{(n)}(x) = 0$至少有一个实根.

(3) 设$f$为可导函数,如果$f(x) = 0$有$s$个相异的实根$x_1, x_2, \cdots, x_s$,它们的重数分别为$r_1, r_2, \cdots, r_s$,且$r_1 + r_2 + \cdots + r_s = r$(称$f(x) = 0$按重数计恰有$r$个根). 证明:$f'(x) = 0$按重数计恰有$r - 1$个根.

(4) 设$f$为$n$阶可导函数,如果$f(x) = 0$按重数计恰有$n + 1$个实根. 证明:方程$f^{(n)}(x) = 0$至少有一个实根.

**3.** 设函数$f$在$[a,b]$上连续,在$(a,b)$内可导,且$f(a) = f(b) = 0$. 证明:$\exists \xi \in (a,b)$, s. t.

$$f(\xi) + f'(\xi) = 0$$

**4.** 设 $f$ 与 $g$ 在 $[a,b]$ 上连续,在 $(a,b)$ 内可导,且 $f(a) = f(b) = 0$. 证明: $\exists \xi \in (a,b)$,s.t.

$$f'(\xi) + f(\xi)g'(\xi) = 0$$

提示:(1) 令 $F(x) = f(x)e^{g(x)}$,并应用 Rolle 定理;

(2) 令 $F(x) = \ln f(x) + g(x)$,并应用 Fermat 定理.

**5.** 设 $f:[0,1] \to \mathbb{R}$ 连续,在 $(0,1)$ 内可导,$f(0) = 0$,且 $\forall x \in (0,1)$,都有 $f(x) \neq 0$. 证明: $\exists \xi \in (0,1)$,s.t.

$$\frac{nf'(\xi)}{f(\xi)} = \frac{f'(1-\xi)}{f(1-\xi)}$$

其中 $n$ 为自然数.

提示:(1) 令 $F(x) = f^n(x)f(1-x)$,并应用 Rolle 定理;

(2) 令 $F(x) = n\ln f(x) + \ln f(1-x), x \in (0,1)$,并应用 Fermat 定理.

**6.** 设函数 $f$ 在 $[a, +\infty)$ 上连续,在 $(a, +\infty)$ 内可导,$f(a) < 0$,且当 $x > a$ 时,$f'(x) > k > 0$. 证明: $f$ 有唯一的零点.

**7.** 设函数 $f(x)$ 在 $[0,1]$ 上连续,在 $(0,1)$ 内可导,且 $\forall x \in (0,1)$,有 $|f'(x)| < 1$ 及 $f(0) = f(1)$. 证明: $\forall x_1, x_2 \in [0,1]$,有

$$|f(x_2) - f(x_1)| < \frac{1}{2}$$

**8.** 设 $f(x)$ 在 $[a, +\infty)$ 上可导,且 $\lim\limits_{x \to +\infty} \dfrac{f(x)}{x} = 0$. 证明

$$\lim_{x \to +\infty} |f'(x)| = 0$$

并构造函数 $f(x)$ 满足上述条件,但 $\varlimsup\limits_{x \to +\infty} |f'(x)| > 0$.

**9.** 设 $f(x)$ 在 $(a, +\infty)$ 内有有界的导函数. 应用 Lagrange 中值定理证明

$$\lim_{x \to +\infty} \frac{f(x)}{x\ln x} = 0$$

# 3.4　L'Hospital 法则

本节介绍的 L'Hospital 法则是求 $\dfrac{0}{0}, \dfrac{\infty}{\infty}, 0 \cdot \infty, 0^0, 1^\infty, \infty^0, \infty - \infty$ 各种不定型极限的非常有效的方法.

**定理 3.4.1** $\left(\dfrac{0}{0}\right.$ 不定型极限, L'Hospital 法则$\left.\right)$　设 $f, g$ 在区间 $(x_0, b)$ 内可导, 且

$$\lim_{x \to x_0^+} f(x) = 0 = \lim_{x \to x_0^+} g(x), g'(x) \neq 0, \forall x \in (x_0, b)$$

如果 $\lim\limits_{x \to x_0^+} \dfrac{f'(x)}{g'(x)} = A(\text{实数}, \pm \infty, \infty)$, 则

$$\lim_{x \to x_0^+} \frac{f(x)}{g(x)} = \lim_{x \to x_0^+} \frac{f'(x)}{g'(x)} = A$$

**证明**　延拓 $f, g$ 到 $x_0$, s.t. $f(x_0) = g(x_0) = 0$, 则 $f, g$ 在 $[x_0, b]$ 上连续, 且 $\forall x \in (x_0, b), g'(x) \neq 0$. 根据 Cauchy 中值定理知, $\exists \xi \in (x_0, x)$, s.t.

$$\frac{f(x)}{g(x)} = \frac{f(x) - f(x_0)}{g(x) - g(x_0)} = \frac{f'(\xi)}{g'(\xi)}$$

令 $x \to x_0^+$, 此时, $\xi \to x_0^+$, 所以

$$\lim_{x \to x_0^+} \frac{f(x)}{g(x)} = \lim_{x \to x_0^+} \frac{f'(\xi)}{g'(\xi)} = \lim_{x \to x_0^+} \frac{f'(x)}{g'(x)}$$

**注 3.4.1**　当 $x \to x_0^-, x \to x_0$ 时, 类似定理 3.4.1 有相同的结论.

**定理 3.4.1′** $\left(\dfrac{0}{0}\right.$ 不定型极限, L'Hospital 法则$\left.\right)$　设 $f, g$ 在 $(a, +\infty)$ 内可导, 且

$$\lim_{x \to +\infty} f(x) = 0 = \lim_{x \to +\infty} g(x), g'(x) \neq 0, \forall x \in (a, +\infty)$$

如果 $\lim\limits_{x \to +\infty} \dfrac{f'(x)}{g'(x)} = A(\text{实数}, \pm \infty, \infty)$, 则

$$\lim_{x \to +\infty} \frac{f(x)}{g(x)} = \lim_{x \to +\infty} \frac{f'(x)}{g'(x)} = A$$

**证明**　令 $x = \dfrac{1}{t}$, 当 $x \to +\infty$ 时, $t \to 0^+$, 则

$$\lim_{x \to +\infty} f(x) = 0 \Leftrightarrow \lim_{t \to 0^+} f\left(\frac{1}{t}\right) = 0$$

$$\lim_{x \to +\infty} g(x) = 0 \Leftrightarrow \lim_{t \to 0^+} g\left(\frac{1}{t}\right) = 0$$

于是

$$\lim_{x \to +\infty} \frac{f(x)}{g(x)} = \lim_{t \to 0^+} \frac{f\left(\frac{1}{t}\right)}{g\left(\frac{1}{t}\right)} = \lim_{t \to 0^+} \frac{f'\left(\frac{1}{t}\right) \cdot \frac{-1}{t^2}}{g'\left(\frac{1}{t}\right) \cdot \frac{-1}{t^2}}$$

$$= \lim_{t \to 0^+} \frac{f'\left(\frac{1}{t}\right)}{g'\left(\frac{1}{t}\right)} = \lim_{x \to +\infty} \frac{f'(x)}{g'(x)}$$

**注 3.4.1′**    当 $x \to -\infty, x \to \infty$ 时,类似定理 3.4.1′ 有相同的结论.

**定理 3.4.1″**$\left(\dfrac{0}{0}$ 不定型极限,推广 L' Hospital 法则$\right)$    设当 $x \to x_0^+$ 时,$\dfrac{f}{g}$,

$\dfrac{f'}{g'}, \cdots, \dfrac{f^{(n-1)}}{g^{(n-1)}}$ 均为 $\dfrac{0}{0}$ 型,且 $g^{(i)}(x) \neq 0, i = 1, 2, \cdots, n$. 如果 $\lim\limits_{x \to x_0^+} \dfrac{f^{(n)}(x)}{g^{(n)}(x)} = A$(实

数,$\pm \infty, \infty$),则

$$\lim_{x \to x_0^+} \frac{f(x)}{g(x)} = \lim_{x \to x_0^+} \frac{f'(x)}{g'(x)} = \cdots = \lim_{x \to x_0^+} \frac{f^{(n)}(x)}{g^{(n)}(x)} = A$$

**证明**    由题设将定理 3.4.1 应用于 $f^{(n-1)}(x), g^{(n-1)}(x)$ 推出

$$\lim_{x \to x_0^+} \frac{f^{(n-1)}(x)}{g^{(n-1)}(x)} = \lim_{x \to x_0^+} \frac{f^{(n)}(x)}{g^{(n)}(x)}$$

依此类推得到

$$\lim_{x \to x_0^+} \frac{f(x)}{g(x)} = \lim_{x \to x_0^+} \frac{f'(x)}{g'(x)} = \cdots = \lim_{x \to x_0^+} \frac{f^{(n-1)}(x)}{g^{(n-1)}(x)}$$

$$= \lim_{x \to x_0^+} \frac{f^{(n)}(x)}{g^{(n)}(x)}$$

**注 3.4.1″**    当 $x \to x_0^-, x \to x_0, x \to \pm\infty, x \to \infty$ 时,类似定理 3.4.1″ 有相同的结论.

**定理 3.4.2**$\left(\dfrac{\cdot}{\infty}$ 不定型极限, L' Hospital 法则$\right)$    设 $f, g$ 都在 $(x_0, b)$ 内可

导,且

$$\lim_{x \to x_0^+} g(x) = \infty，g'(x) \neq 0，\forall x \in (x_0，b)$$

如果 $\lim\limits_{x \to x_0^+} \dfrac{f'(x)}{g'(x)} = A$（实数，$\pm \infty$，$\infty$），则

$$\lim_{x \to x_0^+} \frac{f(x)}{g(x)} = \lim_{x \to x_0^+} \frac{f'(x)}{g'(x)} = A$$

**证法 1**　只证 $\lim\limits_{x \to x_0^+} \dfrac{f'(x)}{g'(x)} = A \in \mathbb{R}$ 的情形，其他情形（$A = \pm \infty$，$\infty$）类似证明.

$\forall \varepsilon > 0，\exists b_1 \in (x_0，b)$，使得当 $x \in (x_0，b_1)$ 时，有

$$A - \frac{\varepsilon}{2} < \frac{f'(x)}{g'(x)} < A + \frac{\varepsilon}{2}$$

因此，根据 Cauchy 中值定理，$\exists \xi \in (x，b_1)$，s. t.

$$A - \frac{\varepsilon}{2} < \left(\frac{f(x)}{g(x)} - \frac{f(b_1)}{g(x)}\right)\left(1 - \frac{g(b_1)}{g(x)}\right)^{-1}$$

$$= \frac{f(x) - f(b_1)}{g(x) - g(b_1)}$$

$$= \frac{f'(\xi)}{g'(\xi)} < A + \frac{\varepsilon}{2}$$

$$\left(1 - \frac{g(b_1)}{g(x)}\right)\left(A - \frac{\varepsilon}{2}\right) + \frac{f(b_1)}{g(x)}$$

$$< \frac{f(x)}{g(x)} < \left(1 - \frac{g(b_1)}{g(x)}\right)\left(A + \frac{\varepsilon}{2}\right) + \frac{f(b_1)}{g(x)}$$

又因为 $\lim\limits_{x \to x_0^+} g(x) = \infty$，所以

$$\lim_{x \to x_0^+}\left[\left(1 - \frac{g(b_1)}{g(x)}\right)\left(A - \frac{\varepsilon}{2}\right) + \frac{f(b_1)}{g(x)}\right] = A - \frac{\varepsilon}{2}$$

$$\lim_{x \to x_0^+}\left[\left(1 - \frac{g(b_1)}{g(x)}\right)\left(A + \frac{\varepsilon}{2}\right) + \frac{f(b_1)}{g(x)}\right] = A + \frac{\varepsilon}{2}$$

由此可知，$\exists b_2 \in (x_0，b_1)$，使得当 $x \in (x_0，b_2)$ 时，有

$$A - \varepsilon < \frac{f(x)}{g(x)} < A + \varepsilon$$

这就证明了

$$\lim_{x \to x_0^+} \frac{f(x)}{g(x)} = A = \lim_{x \to x_0^+} \frac{f'(x)}{g'(x)}$$

**证法 2** 在不等式

$$\left(1 - \frac{g(b_1)}{g(x)}\right)\left(A - \frac{\varepsilon}{2}\right) + \frac{f(b_1)}{g(x)}$$

$$< \frac{f(x)}{g(x)} < \left(1 - \frac{g(b_1)}{g(x)}\right)\left(A + \frac{\varepsilon}{2}\right) + \frac{f(b_1)}{g(x)}$$

两边取上、下极限得到

$$A - \frac{\varepsilon}{2} \leqslant \varliminf_{x \to x_0^+} \frac{f(x)}{g(x)} \leqslant \varlimsup_{x \to x_0^+} \frac{f(x)}{g(x)} \leqslant A + \frac{\varepsilon}{2}$$

再令 $\varepsilon \to 0^+$,有

$$A \leqslant \varliminf_{x \to x_0^+} \frac{f(x)}{g(x)} \leqslant \varlimsup_{x \to x_0^+} \frac{f(x)}{g(x)} \leqslant A$$

$$\lim_{x \to x_0} \frac{f(x)}{g(x)} = \varliminf_{x \to x_0^+} \frac{f(x)}{g(x)} = \varlimsup_{x \to x_0^+} \frac{f(x)}{g(x)} = A = \lim_{x \to x_0} \frac{f'(x)}{g'(x)}$$

注意:定理 3.4.2 中,当 $x \to x_0^+$ 时,$\frac{\cdot}{\infty}$ 的分子可以趋于 $\infty$,也可以不趋于 $\infty$.

关于 $\frac{\cdot}{\infty}$ 不定型极限,类似定理 3.4.1′、定理 3.4.1″、注 3.4.1、注 3.4.1′、注 3.4.1″ 可得到定理 3.4.2′、定理 3.4.2″、注 3.4.2、注 3.4.2′、注 3.4.2″,不再一一赘述.

**例 3.4.1** 在例 2.2.14 中 $a > 1$,应用 L'Hospital 法则得

$$\lim_{x \to +\infty} \frac{\ln x}{x^k} = \lim_{x \to +\infty} \frac{1}{x} \cdot \frac{1}{kx^{k-1}} = \frac{1}{k} \lim_{x \to +\infty} \frac{1}{x^k} = 0, k > 0$$

$$\lim_{x \to +\infty} \frac{x^k}{a^x} = \lim_{x \to +\infty} \frac{kx^{k-1}}{a^x \ln a} = \lim_{x \to +\infty} \frac{k(k-1)x^{k-2}}{a^x(\ln a)^2} = \cdots$$

$$= k(k-1)\cdots(k-n+1)\lim_{x \to +\infty} \frac{x^{k-n}}{a^x(\ln a)^n} = 0$$

其中,$n - 1 < k \leqslant n, a > 1$.

进而,当 $p(x) = a_0 x^n + \cdots + a_{n-1}x + a_n$ 为多项式时

$$\lim_{x \to +\infty} \frac{p(x)}{a^x} = \lim_{x \to +\infty} \frac{p'(x)}{a^x \ln a} = \lim_{x \to +\infty} \frac{p''(x)}{a^x(\ln a)^2} = \cdots$$

$$= \lim_{x \to +\infty} \frac{a_0 n!}{a^x(\ln a)^n} = 0, a > 0$$

此外，还有

$$\lim_{x\to+\infty}\frac{a^x}{x^x}=\lim_{x\to+\infty}e^{x(\ln a-\ln x)}=0,a>0$$

得到这一等式时，根本不需要用 L'Hospital 法则. 实际上，用 L'Hospital 法则不能求得极限.

**例 3. 4. 2**　$\lim\limits_{x\to0}\dfrac{x-\sin x}{\dfrac{x^3}{3!}}=\lim\limits_{x\to0}\dfrac{1-\cos x}{\dfrac{x^2}{2!}}=\lim\limits_{x\to0}\dfrac{\sin x}{x}=1.$

必须提醒读者注意：加减不能用等价代换，请检查下述计算哪一步是错误的.

$$\lim_{x\to0}\frac{x-\sin x}{\dfrac{x^3}{3!}}=\lim_{x\to0}\frac{x-x}{\dfrac{x^3}{3!}}=\lim_{x\to0}0=0$$

在计算极限时，会遇到"$0\cdot\infty$""$\infty-\infty$""$0^0$""$\infty^0$""$1^\infty$"等不定型. 只要经过适当的变换，最终都可以化为"$\dfrac{0}{0}$"或"$\dfrac{\infty}{\infty}$"型的情形，再应用 L'Hospital 法则去解决.

**例 3. 4. 3**　求极限 $\lim\limits_{x\to0^+}x^\alpha\ln x$，其中 $\alpha>0$.

**解**　$\lim\limits_{x\to0^+}x^\alpha\ln x\xlongequal{0\cdot\infty}\lim\limits_{x\to0^+}\dfrac{\ln x}{\left(\dfrac{1}{x}\right)^\alpha}\xlongequal{\frac{\infty}{\infty}}\lim\limits_{x\to0^+}\dfrac{\dfrac{1}{x}}{-\alpha x^{-\alpha-1}}$

$$=-\frac{1}{\alpha}\lim_{x\to0^+}x^\alpha=0$$

**例 3. 4. 4**　求极限：

$(1)\ \lim\limits_{x\to1}\left(\dfrac{1}{x-1}-\dfrac{1}{\ln x}\right);$

$(2)\ \lim\limits_{x\to\frac{\pi}{2}}(\sec x-\tan x).$

**解**　这都是"$\infty-\infty$"型，但可化为 $\dfrac{0}{0}$ 型.

$(1)\ \lim\limits_{x\to1}\left(\dfrac{1}{x-1}-\dfrac{1}{\ln x}\right)=\lim\limits_{x\to1}\dfrac{\ln x-(x-1)}{(x-1)\ln x}=\lim\limits_{x\to1}\dfrac{\dfrac{1}{x}-1}{\dfrac{x-1}{x}+\ln x}$

$$= \lim_{x \to 1} \frac{1 - x}{x - 1 + x \ln x} = \lim_{x \to 1} \frac{-1}{1 + 1 + \ln x}$$

$$= -\frac{1}{2}$$

(2) $\quad \lim_{x \to \frac{\pi}{2}} ( \sec x - \tan x ) = \lim_{x \to \frac{\pi}{2}} \frac{1 - \sin x}{\cos x} = \lim_{x \to \frac{\pi}{2}} \frac{- \cos x}{- \sin x} = 0$

**例 3.4.5** 求极限:

(1) $\lim_{x \to 0^+} ( \sin x )^x$; $\qquad$ (2) $\lim_{x \to 0^+} ( \sin x )^{\frac{k}{1 + \ln x}}$ ($k$ 为常数);

(3) $\lim_{x \to 0} ( \cos x )^{\frac{1}{x^2}}$; $\qquad$ (4) $\lim_{x \to \frac{\pi}{2}^-} ( \tan x )^{\frac{\pi}{2} - x}$.

**解** (1) $\qquad \lim_{x \to 0^+} ( \sin x )^x \stackrel{0^0}{=\!=\!=} \exp \left( \lim_{x \to 0^+} x \ln \sin x \right)$

$$\stackrel{0 \cdot \infty}{=\!=\!=} \exp \left( \lim_{x \to 0^+} \frac{\ln \sin x}{x^{-1}} \right)$$

$$= \exp \left( \lim_{x \to 0^+} \frac{1}{-x^{-2}} \frac{\cos x}{\sin x} \right)$$

$$= \exp \left( \lim_{x \to 0^+} \frac{-x}{\sin x} \cdot x \cos x \right)$$

$$= e^0 = 1$$

(2) $\qquad \lim_{x \to 0^+} ( \sin x )^{\frac{k}{1 + \ln x}} \stackrel{0^0}{=\!=\!=} \exp \left( \lim_{x \to 0^+} \frac{k \ln \sin x}{1 + \ln x} \right)$

$$= \exp^k \left( \lim_{x \to 0^+} \frac{\frac{\cos x}{\sin x}}{x^{-1}} \right)$$

$$= \exp^k \left( \lim_{x \to 0^+} \cos x \cdot \frac{x}{\sin x} \right) = e^k$$

(3) $\qquad \lim_{x \to 0} ( \cos x )^{\frac{1}{x^2}} \stackrel{1^\infty \ 型}{=\!=\!=} \exp \left( \lim_{x \to 0} \frac{\ln \cos x}{x^2} \right)$

$$= \exp \left( \lim_{x \to 0} \frac{- \tan x}{2x} \right) = e^{-\frac{1}{2}}$$

(4) $\qquad \lim_{x \to \frac{\pi}{2}^-} ( \tan x )^{\frac{\pi}{2} - x} \xlongequal{t = \frac{\pi}{2} - x} \lim_{t \to 0^+} \left( \frac{\cos t}{\sin t} \right)^t$

$$= \frac{\lim\limits_{t \to 0^+}(\cos t)'}{\lim\limits_{t \to 0^+}(\sin t)'} = \frac{1}{1} = 1$$

应用 L'Hospital 法则，可重新计算例 2.2.12(3) 及例 2.2.13(3) 中的极限.

**例 3.4.6**　(1) 求 $\lim\limits_{n \to +\infty}\left(1 + \dfrac{1}{n} - \dfrac{1}{n^2}\right)^n$；

(2) 求 $\lim\limits_{x \to 0^+}\left(\dfrac{a_1^x + \cdots + a_m^x}{m}\right)^{\frac{1}{x}}$.

**解**　(1)

$$\lim_{n \to +\infty}\left(1 + \frac{1}{n} - \frac{1}{n^2}\right)^n \xlongequal{1^\infty} \lim_{x \to 0}(1 + x - x^2)^{\frac{1}{x}}$$

$$= \exp\left(\lim_{x \to 0}\frac{\ln(1 + x - x^2)}{x}\right)$$

$$= \exp\left(\lim_{x \to 0}\frac{1 - 2x}{1 + x - x^2}\right) = e^1 = e$$

(2)　$$\lim_{x \to 0^+}\left(\frac{a_1^x + \cdots + a_m^x}{m}\right)^{\frac{1}{x}} \xlongequal{1^\infty} \exp\left(\lim_{x \to 0^+}\frac{\ln(a_1^x + \cdots + a_m^x) - \ln m}{x}\right)$$

$$= \exp\left(\lim_{x \to 0^+}\frac{a_1^x\ln a_1 + \cdots + a_m^x\ln a_m}{a_1^x + \cdots + a_m^x}\right)$$

$$= \exp\left(\frac{\ln a_1 + \cdots + \ln a_m}{m}\right)$$

$$= e^{\ln\sqrt[m]{a_1 \cdots a_m}} = \sqrt[m]{a_1 \cdots a_m}$$

注意：不能在数列形式下直接用 L'Hospital 法则，因为对离散变量 $n \in \mathbb{N}$ 是无法求导数的.

**例 3.4.7**　设

$$f(x) = \begin{cases} \dfrac{g(x)}{x}, & x \neq 0 \\ 0, & x = 0 \end{cases}$$

且 $g(0) = g'(0) = 0, g''(0) = 3$. 试求 $f'(0)$.

**解**　$f'(0) = \lim\limits_{x \to 0}\dfrac{f(x) - f(0)}{x - 0} = \lim\limits_{x \to 0}\dfrac{\dfrac{g(x)}{x} - 0}{x - 0} = \lim\limits_{x \to 0}\dfrac{g(x)}{x^2}$

$$\xrightarrow{\frac{0}{0}型} \lim_{x\to 0}\frac{g'(x)}{2x} = \frac{1}{2}\lim_{x\to 0}\frac{g'(x)-g'(0)}{x-0}$$

$$= \frac{1}{2}g''(0) = \frac{3}{2}$$

如果用两次 L'Hospital 法则,则得

$$f'(0) = \lim_{x\to 0}\frac{g(x)}{x^2} = \lim_{x\to 0}\frac{g'(x)}{2x} = \lim_{x\to 0}\frac{g''(x)}{2}$$

$$= \frac{1}{2}g''(0) = \frac{3}{2}$$

错在何处?

**例 3.4.8** 设 $f$ 在点 $x$ 处二阶可导. 证明

$$f''(x) = \lim_{h\to 0}\frac{f(x+h)-f(x-h)-2f(x)}{h^2}$$

**证明** 因为 $f$ 在点 $x$ 二阶可导,故 $\exists \delta > 0$,使得 $f$ 在 $(x-\delta, x+\delta)$ 中一阶可导. 于是

$$\lim_{h\to 0}\frac{f(x+h)+f(x-h)-2f(x)}{h^2}$$

$$\xrightarrow[\text{L'Hospital 法则}]{\frac{0}{0}} \lim_{h\to 0}\frac{f'(x+h)-f'(x-h)}{2h}$$

$$= \frac{1}{2}\lim_{h\to 0}\left[\frac{f'(x+h)-f'(x)}{h} + \frac{f'(x-h)-f'(x)}{-h}\right]$$

$$= \frac{1}{2}(f''(x)+f''(x)) = f''(x)$$

**例 3.4.9** 下面两种计算哪个是正确的?如果有错误,请指出错在何处?

$$\lim_{x\to +\infty}\frac{2x-\cos x}{2x+\cos x} = \lim_{x\to +\infty}\frac{2-\dfrac{\cos x}{x}}{2+\dfrac{\cos x}{x}} = \frac{2-0}{2+0} = 1$$

$$\lim_{x\to +\infty}\frac{2x-\cos x}{2x+\cos x} \xrightarrow{\frac{\infty}{\infty}型} \lim_{x\to +\infty}\frac{2+\sin x}{2-\sin x} = \lim_{x\to +\infty}\frac{\cos x}{-\cos x}$$

$$= \lim_{x\to +\infty}(-1) = -1$$

**例 3.4.10** 设 $f$ 在 $(a, +\infty)$ 内可导,并且 $\lim_{x\to +\infty}[f(x)+f'(x)] = 0$. 证明:

$$\lim_{x \to +\infty} f(x) = 0.$$

**证法 1**    由 $\dfrac{\cdot}{\infty}$ 型 L'Hospital 法则得

$$\lim_{x \to +\infty} f(x) = \lim_{x \to +\infty} \frac{e^x f(x)}{e^x} \xlongequal{\frac{\cdot}{\infty}} \lim_{x \to +\infty} \frac{e^x [f(x) + f'(x)]}{e^x}$$

$$= \lim_{x \to +\infty} [f(x) + f'(x)] = 0$$

**证法 2**    因为 $\lim\limits_{x \to +\infty} [f(x) + f'(x)] = 0$,所以,$\exists \Delta_1 > a$,使得当 $x > \Delta_1$ 时,
有

$$| f(x) + f'(x) | < \frac{\varepsilon}{2}$$

固定 $\Delta_1$,取 $\Delta > \max\left\{\Delta_1, \ln \dfrac{2 | e^{\Delta_1} f(\Delta_1) |}{\varepsilon}\right\}$,当 $x > \Delta$ 时,有

$$| f(x) - 0 | = \left| \frac{e^x f(x)}{e^x} \right|$$

$$= \left| \frac{e^x f(x) - e^{\Delta_1} f(\Delta_1)}{e^x - e^{\Delta_1}} \cdot \frac{e^x - e^{\Delta_1}}{e^x} + \frac{e^{\Delta_1} f(\Delta_1)}{e^x} \right|$$

$$\xlongequal[\exists \xi \in (\Delta_1, x)]{\text{Cauchy 中值定理}} \left| \frac{e^\xi [f(\xi) + f'(\xi)]}{e^\xi} (1 - e^{\Delta_1 - x}) + \frac{e^{\Delta_1} f(\Delta_1)}{e^x} \right|$$

$$\leq | f(\xi) + f'(\xi) | + \frac{| e^{\Delta_1} f(\Delta_1) |}{e^x}$$

$$< \frac{\varepsilon}{2} + \frac{| e^{\Delta_1} f(\Delta_1) |}{e^\Delta} < \frac{\varepsilon}{2} + \frac{\varepsilon}{2} = \varepsilon$$

所以

$$\lim_{x \to +\infty} f(x) = 0$$

## 练习题 3.4

**1.** 求下列不定型的极限:

$(1)\ \lim\limits_{x \to 0} \dfrac{e^x - 1}{\sin x}$;

$(2)\ \lim\limits_{x \to \frac{\pi}{6}} \dfrac{1 - 2\sin x}{\cos 3x}$;

(3) $\lim\limits_{x\to 0}\dfrac{\ln(1+x)-x}{\cos x-1}$;

(4) $\lim\limits_{x\to 0}\dfrac{\tan x-x}{x-\sin x}$;

(5) $\lim\limits_{x\to\frac{\pi}{2}}\dfrac{\tan x-6}{\sec x+5}$;

(6) $\lim\limits_{x\to 0}\left(\dfrac{1}{x}-\dfrac{1}{e^x-1}\right)$;

(7) $\lim\limits_{x\to 0}(\tan x)^{\sin x}$;

(8) $\lim\limits_{x\to 1}x^{\frac{1}{1-x}}$;

(9) $\lim\limits_{x\to 0}(1+x^2)^{\frac{1}{x}}$;

(10) $\lim\limits_{x\to 0^+}\sin x\ln x$;

(11) $\lim\limits_{x\to 0}\left(\dfrac{1}{x^2}-\dfrac{1}{\sin^2 x}\right)$;

(12) $\lim\limits_{x\to 0}\left(\dfrac{\tan x}{x}\right)^{\frac{1}{x^2}}$;

(13) $\lim\limits_{x\to 0}\dfrac{e^{ax}-e^{bx}}{\sin ax-\sin bx}$;

(14) $\lim\limits_{x\to 0}\dfrac{x\cot x-1}{x^2}$;

(15) $\lim\limits_{x\to 0}\dfrac{x(e^x+1)-2(e^x-1)}{x^3}$;

(16) $\lim\limits_{x\to +\infty}\dfrac{e^x+e^{-x}}{x^3}$;

(17) $\lim\limits_{x\to 0^+}x^x$;

(18) $\lim\limits_{x\to 1^-}\ln x\ln(1-x)$;

(19) $\lim\limits_{x\to +\infty}\left(\cos\dfrac{a}{x}\right)^x$;

(20) $\lim\limits_{x\to +\infty}\left(\dfrac{2}{\pi}\arctan x\right)^x$;

(21) $\lim\limits_{x\to\infty}x\left(\left(1+\dfrac{1}{x}\right)^x-e\right)$;

(22) $\lim\limits_{x\to\infty}\left(\dfrac{2}{\pi}\arccos x\right)^{\frac{1}{x}}$;

(23) $\lim\limits_{x\to\infty}(\pi-2\arctan x)\ln x$;

(24) $\lim\limits_{x\to +\infty}\left(\dfrac{\pi}{2}-\arctan x\right)^{\frac{1}{\ln x}}$;

(25) $\lim\limits_{x\to 0}\left(\dfrac{\ln(1+x)^{1+x}}{x^2}-\dfrac{1}{x}\right)$.

**2.** 设 $f$ 在 0 的某开邻域内二阶连续可导且 $f(0)=0$,定义

$$g(x)=\begin{cases}\dfrac{f(x)}{x},&x\ne 0\\ f'(0),&x=0\end{cases}$$

证明:$g$ 在这个开邻域内是连续可导的.

**3.** (1) 设函数 $f$ 在 $x_0$ 处具有连续的二阶导数. 两次应用 L'Hospital 法则证明

$$\lim\limits_{h\to 0}\dfrac{f(x_0+h)+f(x_0-h)-2f(x_0)}{h^2}=f''(x_0)$$

(2) 当函数 $f$ 在点 $x_0$ 处具有二阶导数时,上述等式是否仍成立.

**4.** 设 $f(0)=0$,$f'(x)$ 在原点的某开邻域内连续,且 $f'(0)\ne 0$. 证明

$$\lim_{x\to 0^+} x^{f(x)} = 1$$

**5.** 证明：$f(x) = x^3 \mathrm{e}^{-x^2}$ 为有界函数.

# 思考题 3.4

**1.** 设 $x_1 = \sin x_0 > 0, x_{n+1} = \sin x_n, n \in \mathbb{N}$. 证明

$$\lim_{n\to +\infty} \sqrt{\frac{n}{3}} x_n = 1$$

**2.** 应用 L'Hospital 法则或数学归纳法证明

$$\lim_{x\to 0} \frac{1 - \cos a_1 x \cdots \cos a_n x}{x^2} = \frac{1}{2} \sum_{k=1}^{n} a_k^2$$

# 3.5　应用导数研究函数之一：单调性、极值、最值

作为 Fermat 定理、Rolle 定理、Lagrange 中值定理与 Cauchy 中值定理的应用，我们来研究函数的单调性、极值、最值以及凹凸性.

**定理 3.5.1**　设 $I$ 为区间，$f$ 在 $I$ 上连续，在 $\mathring{I}$ 内可导，且 $f'(x) > 0(f'(x) < 0)$，则 $f$ 在 $I$ 上严格增（减）. 反之不真.

**证明**　$\forall x_1, x_2 \in I, x_1 < x_2$，由 Lagrange 中值定理知，$\exists \xi \in (x_1, x_2) \subset \mathring{I}$，s. t.

$$\frac{f(x_2) - f(x_1)}{x_2 - x_1} = f'(\xi) > 0$$

所以，$f(x_1) < f(x_2)$，即 $f$ 在 $I$ 上严格增.

当 $f'(x) < 0$ 时，类似证明，或用 $-f$ 代替 $f$ 即可证得.

反之不真，有反例：$f(x) = x^3$ 在 $(-\infty, +\infty)$ 上严格增，但 $f'(0) = 3x^2 \big|_{x=0} = 0$.

**定理 3.5.2**　设 $I$ 为区间，$f$ 在 $I$ 上连续，在 $\mathring{I}$ 内可导，则

$f$ 在 $I$ 上单调增（减）$\Leftrightarrow f'(x) \geqslant 0(f'(x) \leqslant 0), \forall x \in \mathring{I}$

**证明**　$(\Rightarrow) \forall x \in \mathring{I}$，因 $f$ 在 $I$ 上单调增，故

$$\frac{f(x + \Delta x) - f(x)}{\Delta x} \geqslant 0$$

所以

$$f'(x) = \lim_{\Delta x \to 0} \frac{f(x + \Delta x) - f(x)}{\Delta x} \geqslant 0$$

$(\Leftarrow) \forall x_1, x_2 \in I, x_1 < x_2,$ 由 Lagrange 中值定理知, $\exists \xi \in (x_1, x_2) \subset \mathring{I}, s.t.$

$$\frac{f(x_2) - f(x_1)}{x_2 - x_1} = f'(\xi) \geqslant 0$$

所以, $f(x_1) \leqslant f(x_2)$, 即 $f$ 在 $I$ 上单调增.

当 $f'(x) \leqslant 0$ 时, 类似证明, 或用 $-f$ 代替 $f$ 即可证得.

**定理 3.5.3** 设 $I$ 为区间, $f$ 在 $I$ 上连续, 在 $\mathring{I}$ 内可导, 则 $f$ 在 $I$ 上严格增 (减) $\Leftrightarrow (1) f'(x) \geqslant 0 (f'(x) \leqslant 0), \forall x \in \mathring{I};(2) \{x \in \mathring{I} | f'(x) = 0\}$ 不构成区间, 或在任何非退化区间 $I_1 \subset \mathring{I}$ 上, $f'(x) \not\equiv 0$.

**证明** $(\Rightarrow)(1)$ 因为 $f$ 严格增, 当然是单调增, 由定理 3.5.2 知, $f'(x) \geqslant 0,$ $\forall x \in \mathring{I}.$

$(2)$(反证) 假设有非退化区间 $I_1 \subset \mathring{I}, s.t. f'(x) = 0, \forall x \in I_1,$ 则由推论 3.3.1 知, $f(x) = $ 常数, $\forall x \in I_1,$ 这与 $f$ 严格增相矛盾.

$(\Leftarrow)$ 由右边的条件 $(1)$ 与定理 3.5.2 推得 $f$ 单调增, 故 $\forall x_1, x_2 \in I, x_1 < x_2,$ 有

$$f(x_1) \leqslant f(x_2)$$

如果 $f(x_1) = f(x_2),$ 由 $f$ 单调增知, $f(x) = f(x_1), \forall x \in [x_1, x_2],$ 所以 $f'(x) = 0, \forall x \in (x_1, x_2) = I_1,$ 这与右边条件 $(2)$ 相矛盾. 因此, $\forall x_1, x_2 \in I,$ $x_1 < x_2,$ 有

$$f(x_1) < f(x_2)$$

这就证明了 $f$ 在 $I$ 上是严格增的.

关于严格减的情形可类似证明, 或用 $-f$ 代替 $f$ 即可证得.

**例 3.5.1** 证明 $f(x) = x^3$ 在 $(-\infty, +\infty)$ 上是严格增的.

**证法 1** 因为 $f'(x) = 3x^2 \geqslant 0,$ 且 $\{x | f'(x) = 3x^2 = 0\} = \{0\}$ 不构成区间, 根据定理 3.5.3 知, $f(x) = x^3$ 在 $(-\infty, +\infty)$ 上是严格增的.

**证法 2** 对 $x_1 < x_2,$ 有

$$x_2^3 - x_1^3 = (x_2 - x_1)(x_2^2 + x_2 x_1 + x_1^2)$$

$$= (x_2 - x_1) \left[ (|x_2| - |x_1|)^2 + 2|x_2 x_1| + x_2 x_1 \right]$$
$$> 0$$

故 $f(x_1) = x_1^3 < x_2^3 = f(x_2)$，即 $f$ 在 $(-\infty, +\infty)$ 上是严格增的.

**例 3.5.2**　证明 $f(x) = x - \sin x$ 在 $(-\infty, +\infty)$ 上严格增.

**证明**　由于 $f'(x) = 1 - \cos x \geqslant 0$，且

$$\{x \mid f'(x) = 1 - \cos x = 0\} = \{2k\pi \mid k = 0, \pm 1, \pm 2, \cdots\}$$

不构成区间，根据定理 3.5.3 知，$f(x) = x - \sin x$ 在 $(-\infty, +\infty)$ 是严格增的.

**例 3.5.3**　讨论函数 $f(x) = x^3 - x = x(x + 1)(x - 1)$ 的单调区间.

**解**　由于

$$f'(x) = 3x^2 - 1 = (\sqrt{3}x + 1)(\sqrt{3}x - 1)$$

因此驻点为

$$x_1 = -\frac{1}{\sqrt{3}}, x_2 = \frac{1}{\sqrt{3}}$$

应用定理 3.5.3 以及表 3.5.1 知，$f$ 在 $\left(-\infty, -\dfrac{1}{\sqrt{3}}\right)$ 中严格增，在 $\left(-\dfrac{1}{\sqrt{3}}, \dfrac{1}{\sqrt{3}}\right)$ 中严格减，在 $\left(\dfrac{1}{\sqrt{3}}, +\infty\right)$ 中又严格增.

列表 3.5.1 如下：

表 3.5.1

| $x$ | $-\infty$ | | $-\dfrac{1}{\sqrt{3}}$ | | $\dfrac{1}{\sqrt{3}}$ | | $+\infty$ |
|---|---|---|---|---|---|---|---|
| $\sqrt{3}x + 1$ | | $-$ | | $+$ | | $+$ | |
| $\sqrt{3}x - 1$ | | $-$ | | $-$ | | $+$ | |
| $f'(x)$ | | $+$ | | $-$ | | $+$ | |
| $f(x)$ | | ↗ | | ↘ | | ↗ | |

$$f(-1) = f(0) = f(1) = 0$$

$$f\left(\frac{1}{\sqrt{3}}\right) = -\frac{2}{3\sqrt{3}} = -\frac{2\sqrt{3}}{9}$$

$$\lim_{x \to -\infty} f(x) = \lim_{x \to -\infty} x^3 \left(1 - \frac{1}{x^2}\right) = -\infty$$

$$\lim_{x \to +\infty} f(x) = \lim_{x \to +\infty} x^3 \left(1 - \frac{1}{x^2}\right) = +\infty$$

由上可见, $-\dfrac{1}{\sqrt{3}}$ 与 $\dfrac{1}{\sqrt{3}}$ 分别为 $f(x)$ 在 $(-\infty, +\infty)$ 上的极大值点与极小值点(图 3.5.1).

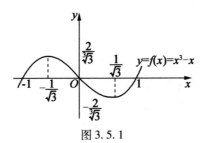

图 3.5.1

**例 3.5.4** 设 $n \in \mathbb{N}$,证明

$$\mathrm{e}^x > 1 + \frac{x}{1!} + \frac{x^2}{2!} + \cdots + \frac{x^n}{n!}, \forall x > 0$$

**证明** (数学归纳法)当 $n = 1$ 时,令 $\varphi(x) = \mathrm{e}^x - (1 + x), x \geqslant 0$,则

$$\varphi'(x) = \mathrm{e}^x - 1 > 0, x > 0$$

这表明 $\varphi$ 在 $[0, +\infty)$ 上是严格增的. 于是

$$\mathrm{e}^x - (1 + x) = \varphi(x) > \varphi(0) = 0$$

$$\mathrm{e}^x > 1 + x, x > 0$$

不等式成立.

假设 $n = k$ 时,有

$$\mathrm{e}^x > 1 + \frac{x}{1!} + \frac{x^2}{2!} + \cdots + \frac{x^k}{k!}, x > 0$$

则当 $n = k + 1$ 时,令

$$\psi(x) = \mathrm{e}^x - \left[ 1 + \frac{x}{1!} + \frac{x^2}{2!} + \cdots + \frac{x^{k+1}}{(k+1)!} \right], x \geqslant 0$$

依归纳假设,有

$$\psi'(x) = \mathrm{e}^x - \left( 1 + \frac{x}{1!} + \cdots + \frac{x^k}{k!} \right) > 0, x > 0$$

这表明 $\psi$ 在 $[0, +\infty)$ 上是严格增的. 于是

$$\psi(x) > \psi(0) = 0$$

即

$$\mathrm{e}^x > 1 + \frac{x}{1!} + \frac{x^2}{2!} + \cdots + \frac{x^k}{k!}, x > 0$$

**例 3. 5. 5**　证明：$\dfrac{2}{\pi} \leqslant \dfrac{\sin x}{x} < 1, x \in \left(0, \dfrac{\pi}{2}\right]$.

**证明**　令 $f(x) = \dfrac{\sin x}{x}$,则

$$f'(x) = \frac{x\cos x - \sin x}{x^2} = \cos x \cdot \frac{x - \tan x}{x} < 0, x \in \left(0, \frac{\pi}{2}\right)$$

从而 $f(x)$ 在 $\left(0, \dfrac{\pi}{2}\right]$ 上严格减. 又因为 $\lim\limits_{x \to 0} \dfrac{\sin x}{x} = 1$,所以

$$\frac{2}{\pi} = \frac{\sin \dfrac{\pi}{2}}{\dfrac{\pi}{2}} \leqslant \frac{\sin x}{x} < 1, x \in \left(0, \frac{\pi}{2}\right]$$

**例 3. 5. 6**　设 $f$ 在 $(a, +\infty)$ 上有有界的导函数. 证明：存在常数 $C$ 与 $x_0$,当 $x \geqslant x_0$ 时,$f(x) < Cx$.

**证明**　设 $|f'(x)| \leqslant M, \forall x \in (a, +\infty)$. 取定 $x_0 > 0$,再取 $C > \max\left\{M, \dfrac{f(x_0)}{x_0}\right\}$. 令 $F(x) = f(x) - Cx$,则

$$F'(x) = f'(x) - C < 0$$

根据定理 3. 5. 1 知,$F(x)$ 在 $(a, +\infty)$ 上严格减. 所以

$$f(x) - Cx = F(x) \leqslant F(x_0) = f(x_0) - Cx_0 < 0, \forall x \geqslant x_0$$

即

$$f(x) < Cx, \forall x \geqslant x_0$$

**例 3. 5. 7**　设 $f$ 在 $[a, +\infty)$ 上连续,在 $(a, +\infty)$ 内可导,$f(a) < 0$,且当 $x > a$ 时,$f'(x) > k > 0$. 证明：$f$ 有唯一的零点.

**证明**　由 $f(a) < 0$ 与 $k > 0$ 知,$a - \dfrac{f(a)}{k} > a$. 在 $\left[a, a - \dfrac{f(a)}{k}\right]$ 上应用 Lagrange 中值定理知,$\exists \xi \in \left(a, a - \dfrac{f(a)}{k}\right)$,s. t.

$$f\left(a - \frac{f(a)}{k}\right) - f(a) = f'(\xi)\left[\left(a - \frac{f(a)}{k}\right) - a\right]$$

$$= f'(\xi) \cdot \frac{-f(a)}{k}$$

$$> k \cdot \frac{-f(a)}{k} = -f(a)$$

因此得到 $f\left(a - \dfrac{f(a)}{k}\right) > 0.$ 根据零值定理可知,$\exists\, c \in \left(a, a - \dfrac{f(a)}{k}\right)$,

s. t. $f(c) = 0.$

另一方面,由题设知,当 $x > a$ 时,$f'(x) > k > 0$,因此,$f$ 在 $[a, +\infty)$ 上严格增,从而 $f(x) = 0$ 至多只有一个零点.

综上所述可推得 $f$ 有唯一的零点.

**例 3.5.8**　当 $x > 0$ 时,证明

$$x - \frac{x^3}{3!} + \frac{x^5}{5!} - \cdots - \frac{x^{4k+3}}{(4k+3)!} < \sin x$$

$$< x - \frac{x^3}{3!} + \frac{x^5}{5!} - \cdots - \frac{x^{4k-1}}{(4k-1)!} + \frac{x^{4k+1}}{(4k+1)!}$$

$$1 - \frac{x^2}{2!} + \frac{x^4}{4!} - \cdots - \frac{x^{4k+2}}{(4k+2)!} < \cos x$$

$$< 1 - \frac{x^2}{2!} + \frac{x^4}{4!} - \cdots - \frac{x^{4k+2}}{(4k+2)!} + \frac{x^{4k+4}}{(4k+4)!}$$

**证明**　（1）令 $F_0(x) = x - \sin x$,则

$$F_0'(x) = 1 - \cos x \geqslant 0$$

又

$$\{x \in (0, +\infty) \mid F'(x) = 1 - \cos x = 0\} = \{2k\pi \mid k \in \mathbb{N}\}$$

不构成区间,根据定理 3.5.3 知,$F_0$ 在 $[0, +\infty)$ 上严格增. 于是

$$x - \sin x = F_0(x) > F_0(0) = 0$$

即

$$\sin x < x, \forall x > 0$$

（2）令 $G_0(x) = \cos x - 1 + \dfrac{x^2}{2}$,则由（1）知

$$G_0'(x) = -\sin x + x = x - \sin x > 0, \forall x > 0$$

所以,$G_0(x)$ 在 $[0, +\infty)$ 上严格增. 于是

$$\cos x - 1 + \frac{x^2}{2} = G_0(x) > G_0(0) = 0$$

即

$$\cos x > 1 - \frac{x^2}{2}, \forall x > 0$$

（3）令 $H_0(x) = \sin x - x + \dfrac{x^3}{3!}$，则由（2）知

$$H_0'(x) = \cos x - 1 + \frac{x^2}{2} > 0, \forall x > 0$$

所以，$H_0(x)$ 在 $[0, +\infty)$ 上严格增. 于是

$$\sin x - x + \frac{x^3}{3!} = H_0(x) > H_0(0) = 0$$

即

$$\sin x > x - \frac{x^3}{3!}, \forall x > 0$$

（4）令 $Q_0(x) = 1 - \dfrac{x^2}{2!} + \dfrac{x^4}{4!} - \cos x$，则由（3）知

$$Q_0'(x) = \sin x - x + \frac{x^3}{3!} > 0, \forall x > 0$$

所以，$Q_0(x)$ 在 $[0, +\infty)$ 上严格增. 于是

$$1 - \frac{x^2}{2!} + \frac{x^4}{4!} - \cos x = Q_0(x) > Q_0(0) = 0$$

即

$$\cos x < 1 - \frac{x^2}{2!} + \frac{x^4}{4!}, \forall x > 0$$

余下请读者仿照以（1）～（4）依次构造函数 $F_l(x)$，$G_l(x)$，$H_l(x)$，$Q_l(x)$，$l = 1, 2, \cdots$，并应用归纳法完成不等式的全部证明.

**注 3.5.1**　例 3.5.4、例 3.5.5、例 3.5.8 中各函数不等式的证法有一个共同点，就是先将不等式两边的函数移到一边去，并构造一个新函数，再应用导数证明新函数的单调性，然后，让明新函数大于零或小于零. 最终将移过来的函数移回去便得要证的不等式.

Fermat 定理指出：如果函数 $f$ 在 $x_0$ 达到极值且可导，则 $x_0$ 必为 $f$ 的驻点. 因此，$x_0$ 为 $f$ 的驻点是 $f$ 在 $x_0$ 可导下达到极值的必要条件，但它不是充分条件. $y = f(x) = x^3$，$x_0 = 0$ 就是一个反例. 下面我们将给出两个达到极值的充分条件.

**定理 3.5.4**（极值的充分条件之一）　设 $f$ 在区间 $I$ 上有定义，$x_0 \in \overset{\circ}{I}$ 为 $f$ 的连续点.

（1）如果 $\exists \delta > 0$，s.t.

$$f'(x)\begin{cases} > 0, x \in (x_0 - \delta, x_0) \\ < 0, x \in (x_0, x_0 + \delta) \end{cases}$$

则 $x_0$ 为 $f$ 的一个严格极大值点;

(2) 如果 $\exists \delta > 0, s. t.$

$$f'(x)\begin{cases} < 0, x \in (x_0 - \delta, x_0) \\ > 0, x \in (x_0, x_0 + \delta) \end{cases}$$

则 $x_0$ 为 $f$ 的一个严格极小值点.

**证明** (1) 由定理3.5.1知, $f$ 在 $(x_0 - \delta, x_0]$ 上严格增, 所以 $f(x) < f(x_0)$, $\forall x \in (x_0 - \delta, x_0)$; 再由定理3.5.1知, $f$ 在 $[x_0, x_0 + \delta)$ 上严格减, 所以 $f(x) < f(x_0)$, $\forall x \in (x_0, x_0 + \delta)$. 这就证明了 $x_0$ 为 $f$ 的严格极大值点.

(2) 类似(1)证明, 或用 $-f$ 代替 $f$ 即可证得.

读者自然会问: 如果 $x_0$ 为 $f$ 的驻点, 应再附加什么条件使 $x_0$ 为 $f$ 的极值点, 是极大值点还是极小值点?

**定理3.5.5**(极值的充分条件之二) 设 $f$ 在区间 $I$ 上有定义, $x_0 \in \overset{\circ}{I}$ 为 $f$ 的一个驻点, 即 $f'(x_0) = 0$. 进一步, 设 $f''(x_0)$ 存在且有限, 则:

(1) 当 $f''(x_0) < 0$ 时, $x_0$ 为 $f$ 的一个严格极大值点;

(2) 当 $f''(x_0) > 0$ 时, $x_0$ 为 $f$ 的一个严格极小值点.

**证明** (1) 因为

$$\lim_{x \to x_0} \frac{f'(x)}{x - x_0} = \lim_{x \to x_0} \frac{f'(x) - f'(x_0)}{x - x_0} = f''(x_0) < 0$$

所以, $\exists \delta > 0$, 使得当 $0 < | x - x_0 | < \delta$ 时, 有

$$\frac{f'(x)}{x - x_0} < 0$$

由此可知

$$f'(x)\begin{cases} > 0, x \in (x_0 - \delta, x_0), f \text{严格增} \\ < 0, x \in (x_0, x_0 + \delta), f \text{严格减} \end{cases}$$

再由 $f$ 在 $x_0$ 可导, 由定理3.1.2知, $f$ 在 $x_0$ 连续. 根据定理3.5.4(1)推得, $x_0$ 为 $f$ 的极大值点.

(2) 类似(1)证明, 或用 $-f$ 代替 $f$ 即可证得.

**例3.5.9** 上面两个定理只是判断严格极值的充分条件. 有这样的函数 $f$, 在它的严格极小值点 $x = 0$ 的任何一侧都不具有单调的性质. 考察函数

$$f(x) = \begin{cases} x\sin\dfrac{1}{x} + 2\mid x\mid, x \neq 0 \\ 0, x = 0 \end{cases}$$

它是一个处处连续的偶函数. 因为

$$\left| x\sin\frac{1}{x} \right| \leqslant \mid x\mid < 2\mid x\mid, x \neq 0$$

所以

$$f(x) > 0 = f(0)$$

从而 0 为 $f$ 的严格极小值(也是严格最小值). 但是,当 $x > 0$ 时,有

$$f'(x) = \sin\frac{1}{x} - \frac{1}{x}\cos\frac{1}{x} + 2$$

所以,$\forall n \in \mathbb{N}$,有

$$f'\left(\frac{1}{n\pi}\right) = 0 - n\pi \cdot (-1)^n + 2 = 2 + (-1)^{n+1}n\pi$$

当 $n$ 从 $1,2,3,\cdots$ 依次地跑过时,$f'\left(\dfrac{1}{n\pi}\right)$ 正负交替地改变符号,因此 $\forall \delta > 0$,函数 $f$ 在区间 $(0,\delta)$ 上都不是单调的,在 $(-\delta,0)$ 上也是这样.

**推论 3.5.1**　设 $f$ 在 $x_0$ 处二阶可导,$x_0$ 为 $f$ 的极大(小) 值点,则 $f''(x_0) \leqslant 0(f''(x_0) \geqslant 0)$.

**证明**　(反证) 假设 $f''(x_0) > 0$,由定理 3.5.5(2) 知,$x_0$ 为 $f$ 的严格极小值点,又因为 $x_0$ 为 $f$ 的极大值点,故 $\exists\delta > 0$,当 $0 <\mid x - x_0\mid < \delta$ 时,有

$$f(x_0) < f(x) \leqslant f(x_0)$$

矛盾.

关于 $f''(x_0) \geqslant 0$ 的情形可类似证明,或用 $-f$ 代替 $f$ 即可证得.

现在来讨论函数的最大值与最小值的问题,这个问题有重大的理论价值与应用价值. 已经知道,有界闭区间 $[a,b]$ 上的连续函数 $f$ 必达到它的最大值与最小值. 关于 $f$ 的最值有下面的定理.

**定理 3.5.6**　设 $f$ 为 $[a,b]$ 上的连续函数,在 $(a,b)$ 内部,除 $s_1,s_2,\cdots,s_k$ 外都可导,$t_1,t_2,\cdots,t_l$ 为 $f$ 的全部驻点,则

$$\max_{a \leqslant x \leqslant b} f(x) = \max\{f(a),f(s_1),\cdots,f(s_k),f(t_1),\cdots,f(t_l),f(b)\}$$

$$\min_{a \leqslant x \leqslant b} f(x) = \min\{f(a),f(s_1),\cdots,f(s_k),f(t_1),\cdots,f(t_l),f(b)\}$$

**证明**　因为 $f$ 为 $[a,b]$ 上的连续函数,所以根据最值定理 2.5.3 知,$f$ 必达

到它的最大值与最小值. 这个最值点或者为 $a, b$, 或者为 $(a, b)$ 内部的不可导点, 或者为 $(a, b)$ 内部的极值点. 根据 Fermat 定理知, 这种极值点必为 $f$ 的驻点. 综合上述得到

$$\max_{a \leqslant x \leqslant b} f(x) = \max\{f(a), f(s_1), \cdots, f(s_k), f(t_1), \cdots, f(t_l), f(b)\}$$
$$\min_{a \leqslant x \leqslant b} f(x) = \min\{f(a), f(s_1), \cdots, f(s_k), f(t_1), \cdots, f(t_l), f(b)\}$$

**例 3.5.10** 设 $f(x) = (x-1)(x-2)^2$. 求函数 $f$ 在 $\left[0, \dfrac{5}{2}\right]$ 上的最大值与最小值.

**解** 由 $f'(x) = (3x-4)(x-2) = 0$, 得到 $f$ 的驻点为 $\dfrac{4}{3}$ 与 2. 于是, 根据定理 3.5.6, 有

$$\max_{0 \leqslant x \leqslant \frac{5}{2}} f(x) = \max_{0 \leqslant x \leqslant \frac{5}{2}}\left\{f(0), f\left(\frac{4}{3}\right), f(2), f\left(\frac{5}{2}\right)\right\}$$
$$= \max_{0 \leqslant x \leqslant \frac{5}{2}}\left\{-4, \frac{4}{27}, 0, \frac{3}{8}\right\} = \frac{3}{8}$$
$$\min_{0 \leqslant x \leqslant \frac{5}{2}} f(x) = \min_{0 \leqslant x \leqslant \frac{5}{2}}\left\{f(0), f\left(\frac{4}{3}\right), f(2), f\left(\frac{5}{2}\right)\right\}$$
$$= \min_{0 \leqslant x \leqslant \frac{5}{2}}\left\{-4, \frac{4}{27}, 0, \frac{3}{8}\right\} = -4$$

(图 3.5.2).

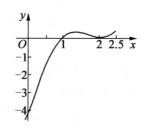

图 3.5.2

**定理 3.5.7** 设 $f$ 在区间 $I$ 上连续, 且只有唯一的极值点 $x_0$.

(1) 如果 $x_0$ 为 $f$ 的极大值点, 则 $x_0$ 为 $f$ 的唯一的最大值点;

(2) 如果 $x_0$ 为 $f$ 的极小值点, 则 $x_0$ 为 $f$ 的唯一的最小值点.

**证明** (1)(反证) 假设有 $x_1 \neq x_0, x_1 \in I$, 使 $f(x_1) \geqslant f(x_0)$, 不妨设 $x_1 > x_0$. 由于 $f$ 在 $[x_0, x_1]$ 上连续, 则它必有最小值. 因为 $x_0$ 为 $f$ 的极大值, 故 $\exists \delta > 0$, s.t.

$$f(x) \leqslant f(x_0), \forall x \in [x_0, x_0 + \delta)$$

则必有 $x' \in (x_0, x_0 + \delta)$，使 $f(x') < f(x_0)$（否则 $f(x) \equiv f(x_0), \forall x \in (x_0, x_0 + \delta)$，从而 $(x_0, x_0 + \delta)$ 中任何点均为 $f$ 的极值点，这与只有唯一的极值点 $x_0$ 相矛盾）. 由以上讨论知，$x_0$ 与 $x_1$ 均不为 $f$ 在 $[x_0, x_1]$ 中的最小值点. 其最小值点 $\xi \in (x_0, x_1)$，当然 $\xi$ 为 $f$ 的极小值点，这与 $x_0$ 为 $f$ 的唯一的极值点相矛盾.

（2）可类似（1）证明，或用 $-f$ 代替 $f$ 即可证得.

**例 3.5.11**　设 $m > 0, n > 0$，则当 $0 \leqslant x \leqslant a$ 时，有

$$x^m (a - x)^n \leqslant \frac{m^m n^n}{(m + n)^{m+n}} a^{m+n}$$

**证明**　设 $f(x) = x^m (a - x)^n, 0 \leqslant x \leqslant a$，则 $f(x) \geqslant 0$，且

$$f'(x) = m x^{m-1} (a - x)^n - n x^m (a - x)^{n-1}$$

$$= x^{m-1} (a - x)^{n-1} [m(a - x) - nx]$$

$$= x^{m-1} (a - x)^{n-1} [ma - (m + n)x]$$

$$\begin{cases} > 0, 0 \leqslant x < \dfrac{ma}{m + n}, f \text{ 单调增} \\[2mm] = 0, x = \dfrac{ma}{m + n}, f \text{ 取最大值} \\[2mm] < 0, \dfrac{ma}{m + n} < x \leqslant a, f \text{ 单调减} \end{cases}$$

于是

$$x^m (a - x)^n = f(x) \leqslant f\left(\frac{ma}{m + n}\right)$$

$$= \left(\frac{ma}{m + n}\right)^m \left(a - \frac{ma}{m + n}\right)^n$$

$$= \frac{m^m}{(m + n)^m} \frac{n^n}{(m + n)^n} a^{m+n}$$

$$= \frac{m^m n^n}{(m + n)^{m+n}} a^{m+n}$$

**例 3.5.12**　$1, \sqrt{2} = 2^{\frac{1}{2}}, \sqrt[3]{3} = 3^{\frac{1}{3}}, \cdots, \sqrt[n]{n} = n^{\frac{1}{n}}, \cdots$ 中哪一项最大.

**解**　令 $f(x) = x^{\frac{1}{x}}, x > 0$，则

$$f'(x) = (e^{\frac{1}{x}\ln x})' = e^{\frac{1}{x}\ln x}\left(\frac{-1}{x^2}\ln x + \frac{1}{x}\cdot\frac{1}{x}\right)$$

$$= x^{\frac{1}{x}-2}(1-\ln x)\begin{cases} > 0, 0 < x < e, f\text{严格增} \\ = 0, x = e, f\text{取最大值} \\ < 0, x > e, f\text{严格减} \end{cases}$$

$$\lim_{x\to 0^+} x^{\frac{1}{x}} = \lim_{x\to 0^+} e^{\frac{1}{x}\ln x} = 0$$

$$\lim_{x\to +\infty} x^{\frac{1}{x}} = e^{\lim_{x\to +\infty}\frac{\ln x}{x}} = e^0 = 1$$

由图 3.5.3 知

$$\max_{n\in\mathbb{N}} \sqrt[n]{n} = \max_{n\in\mathbb{N}} n^{\frac{1}{n}} = \max\{\sqrt{2},\sqrt[3]{3}\}$$

所以 $\sqrt[3]{3}$ 为最大项.

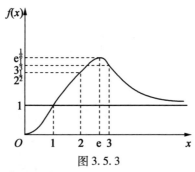

图 3.5.3

**例 3.5.13** 有长方形纸板,长 8 cm,宽 5 cm,将四角各剪去大小相同的小正方形,制成无盖纸盒. 问:小正方形的边长为多少时,盒子的容积最大.

**解** 设剪去的小正方形边长为 $x$,则 $0 < x < \frac{5}{2}$(图 3.5.4). 纸盒容积为

$$V = x(8-2x)(5-2x) = 4x^3 - 26x^2 + 40x$$

$$V' = 12x^2 - 52x + 40 = 4(3x-10)(x-1)$$

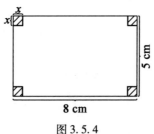

图 3.5.4

所以,在 $\left(0,\dfrac{5}{2}\right)$ 中 $V$ 的驻点为 1. 由

$$V(0) = 0, V(1) = 18, V\left(\frac{5}{2}\right) = 0$$

知,当 $x = 1$ cm 时,容积 $V(1) = 18$ cm$^3$ 为最大.

**例 3.5.14** 设 $A$ 为铁路上一站,从 $A$ 运原料到工厂 $C$,$C$ 距铁路的垂直距离为 $BC = 20$ km,$B$ 距 $A$ 的距离 $AB = 150$ km. 现欲在 $AB$ 之间找一点 $D$,修公路与 $C$ 联结(图 3.5.5). 已知铁路运输与公路运输费用之比为 3:5. 问:$D$ 修在何处才能使运费最省.

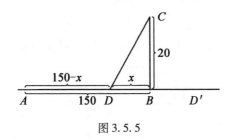

图 3.5.5

**解** 设公路运费为 5,则铁路运费为 3,令 $D$ 与 $B$ 相距 $x$(单位:km) 处,则运费

$$y = f(x) = 3(150 - x) + 5\sqrt{x^2 + 20^2}$$

$$0 = f'(x) = -3 + \frac{5x}{\sqrt{x^2 + 400}}$$

$$5x = 3\sqrt{x^2 + 400}, 25x^2 = 9x^2 + 3\,600$$

$$16x^2 = 3\,600, x = \pm 15$$

因此,从

$$f'(x) = -3 + \frac{5x}{\sqrt{x^2 + 400}} \begin{cases} < 0, x < 15, f(x) \text{ 严格减} \\ = 0, x = 15, f(15) \text{ 为最小值} \\ > 0, x > 15, f(x) \text{ 严格增} \end{cases}$$

可知 $f(x)$ 在 $x = 15$ 达到最小值,即 $D$ 应选在点 $A$ 与点 $B$ 之间且与点 $B$ 相距 15 km 处,其运费最省(图 3.5.5). 或者从

$$f''(x) = \frac{1}{x^2 + 400}\left(\sqrt{x^2 + 400} - \frac{x^2}{\sqrt{x^2 + 400}}\right)$$

$$= \frac{2\,000}{(x^2 + 400)^{\frac{3}{2}}} > 0$$

得到 $f'(x)$ 严格增,再由 $f'(15) = 0$ 推出

$$f'(x) \begin{cases} < 0, x < 15, f(x) \text{ 严格减} \\ = 0, x = 15, f(15) \text{ 为最小值} \\ > 0, x > 15, f(x) \text{ 严格增} \end{cases}$$

**例 3.5.15** 证明:光线的入射角 $\theta_{入}$ 等于反射角 $\theta_{反}$.

**证明** 光线服从"最短原理":光线从 $(0,a)$ 经 $x$ 轴上某点 $(x,0)$ 反射到点 $(b,c)$(图 3.5.6). $x$ 在何处时,所走路程 $AB + BC$ 最短.

设

$$L(x) = AB + BC = \sqrt{a^2 + x^2} + \sqrt{(b-x)^2 + c^2}$$

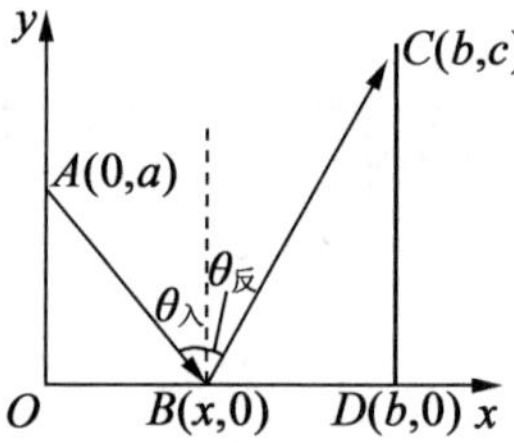

图 3.5.6

则

$$L'(x) = \frac{x}{\sqrt{a^2 + x^2}} - \frac{b-x}{\sqrt{(b-x)^2 + c^2}}, 0 \leqslant x \leqslant b$$

$$L''(x) = \frac{1}{\sqrt{a^2 + x^2}} - \frac{x^2}{\sqrt{(a^2 + x^2)^{\frac{3}{2}}}} +$$

$$\frac{1}{\sqrt{(b-x)^2 + c^2}} - \frac{(b-x)^2}{[(b-x)^2 + c^2]^{\frac{3}{2}}}$$

$$= \frac{a^2 + x^2 - x^2}{(a^2 + x^2)^{\frac{3}{2}}} + \frac{(b-x)^2 + c^2 - (b-x)^2}{[(b-x)^2 + c^2]^{\frac{3}{2}}}$$

$$= \frac{a^2}{(a^2 + x^2)^{\frac{3}{2}}} + \frac{c^2}{[(b-x)^2 + c^2]^{\frac{3}{2}}} > 0$$

从而 $L'(x)$ 严格增,且 $L(x)$ 在驻点$\left(\text{驻点满足} \dfrac{x}{\sqrt{a^2 + x^2}} = \dfrac{b-x}{\sqrt{(b-x)^2 + c^2}} \Leftrightarrow\right.$

$\dfrac{a^2}{x^2} = \dfrac{c^2}{(b-x)^2} \Leftrightarrow x = \dfrac{ab}{a+c}$ ) 处达到最小值. 此时, $\triangle AOB \backsim \triangle CDB$,

即 $\theta_{\text{入}} = \theta_{\text{反}}$.

**例 3.5.16**　炼油厂要修建容量为 $V_0$ 的贮油罐. 问:此罐的底面直径与高之比为多少时,用料量最省,即表面积最小.

**解**　设油罐底面半径为 $r$,高为 $h$,则

$$S = 2\pi rh + 2\pi r^2$$

$$V_0 = \pi r^2 h, h = \frac{V_0}{\pi r^2}, r > 0$$

于是

$$S = 2\pi r \cdot \frac{V_0}{\pi r^2} + 2\pi r^2 = \frac{2V_0}{r} + 2\pi r^2, r > 0$$

$$S' = -\frac{2V_0}{r^2} + 4\pi r = \frac{2}{r^2}(2\pi r^3 - V_0)$$

$$\begin{cases} < 0, 0 < r < \sqrt[3]{\dfrac{V_0}{2\pi}}, S(r) \text{ 严格减} \\[2mm] = 0, r = \sqrt[3]{\dfrac{V_0}{2\pi}}, S\left(\sqrt[3]{\dfrac{V_0}{2\pi}}\right) \text{为最小值} \\[2mm] > 0, r > \sqrt[3]{\dfrac{V_0}{2\pi}}, S(r) \text{ 严格增} \end{cases}$$

即当 $\dfrac{2r}{h} = \dfrac{2r}{\dfrac{V_0}{\pi r^2}} = \dfrac{2\pi r^3}{V_0} = \dfrac{2\pi \cdot \dfrac{V_0}{2\pi}}{V_0} = 1$ 时,表面积最小.

## 练习题 3.5

1. 确定下列函数的单调区间:

(1) $f(x) = 3x - x^2$;

(2) $f(x) = 2x^2 - \ln x$;

(3) $f(x) = \sqrt{2x - x^2}$;

(4) $f(x) = \dfrac{x^2 - 1}{x}$;

$(5)f( x) = \arctan x - x.$

**2.** 应用函数的单调性证明下列不等式：

$(1)\tan x > x - \dfrac{x^3}{3}, x \in \left(0, \dfrac{\pi}{3}\right);$

$(2)\dfrac{2x}{\pi} < \sin x < x, x \in \left(0, \dfrac{\pi}{2}\right);$

$(3)x - \dfrac{x^2}{2} < \ln(1 + x) < x - \dfrac{x^2}{2(1 + x)};$

$(4)x( x - \arctan x) > 0, x \neq 0;$

$(5)\ln(1 + x) > \dfrac{\arctan x}{1 + x}, x > 0.$

**3.** 设 $a, b > 0$. 证明：方程 $x^3 + ax + b = 0$ 不存在正根.

**4.** 证明：$\dfrac{\tan x}{x} > \dfrac{x}{\sin x}, x \in \left(0, \dfrac{\pi}{2}\right).$

**5.** 设函数 $f$ 与 $g$ 在区间 $[a, +\infty)$ 上连续可导,且当 $x > a$ 时,$| f'( x) | \leqslant g'( x)$. 证明：当 $x \geqslant a$ 时,有

$$| f( x) - f( a) | \leqslant g( x) - g( a)$$

**6.** 设函数 $y = f( x)$ 在点 $x$ 处三阶可导,且 $f'( x) \neq 0$. 证明：$f( x)$ 严格增或严格减,从而存在反函数 $x = f^{-1}( y)$. 试用 $f'( x), f''( x)$ 及 $f'''( x)$ 表示 $(f^{-1})'''( y)$.

**7.** 证明：(1) 方程 $x^3 - 3x + c = 0( c$ 为常数$)$ 在区间 $[0, 1]$ 上不可能有两个不同的实根.

(2) 方程 $x^n + px + q = 0( n \in \mathbb{N}, p, q \in \mathbb{R})$ 当 $n$ 为偶数时至多有两个实根；当 $n$ 为奇数时至多有三个实根.

**8.** 设函数 $f$ 在 $[a, b]$ 上可导. 证明：

(1) 若 $f'( x) \geqslant m$,则 $f( x) \geqslant f( a) + m( x - a), \forall x \in [a, b]$;

(2) 若 $| f'( x) | \leqslant M$,则 $| f( x) - f( a) | \leqslant M( x - a), \forall x \in [a, b]$.

**9.** 求下列函数的极值：

$(1)f( x) = 2x^3 - x^4;$

$(2)f( x) = \dfrac{2x}{1 + x^2};$

$(3)f( x) = \dfrac{( \ln x)^2}{x};$

$(4)f( x) = \arctan x - \dfrac{1}{2}\ln(1 + x^2);$

$(5)f( x) = | x( x^2 - 1) |;$

$(6)f( x) = ( x - 1)^2( x + 1)^3;$

$(7) f(x) = \dfrac{x(x^2+1)}{x^4 - x^2 + 1}.$

**10.** 设 $f(x) = \begin{cases} x^4 \sin^2 \dfrac{1}{x}, & x \neq 0, \\ 0, & x = 0. \end{cases}$

(1) 证明：$x = 0$ 为 $f$ 的极小值点，也是最小值点；

(2) 说明 $f$ 的极小值点 $x = 0$ 处是否满足极值的充分条件一或充分条件二.

**11.** 求下列函数在给定区间上的最大与最小值：

$(1) f(x) = x^4 - 2x^2 + 5, |x| \leq 2;$

$(2) f(x) = x^5 - 5x^4 + 5x^3 + 1, x \in [-1, 2];$

$(3) f(x) = x \ln x, x > 0;$

$(4) f(x) = \sqrt{x} \ln x, x > 0;$

$(5) f(x) = x^2 - 3x + 2, x \in \mathbb{R};$

$(6) f(x) = |x^2 - 3x + 2|, |x| \leq 10;$

$(7) f(x) = 2\tan x - \tan^2 x, x \in \left[0, \dfrac{\pi}{2}\right);$

$(8) f(x) = \arctan \dfrac{1-x}{1+x}, 0 \leq x \leq 1.$

**12.** 设函数 $f$ 在点 $x_0$ 处有 $f'_+(x_0) < 0 (f'_+(x_0) > 0), f'_-(x_0) > 0 (f'_-(x_0) < 0)$，则 $x_0$ 为 $f$ 的极大（小）值点.

**13.** 证明：当 $x > 0$ 且 $x \neq 1$ 时，有 $(1-x)(x^2 e^{\frac{1}{x}} - e^x) > 0 \Big($ 提示：考察 $\varphi(x) = 2\ln x + \dfrac{1}{x} - x\Big).$

**14.** 求一正数 $x$，使它与其倒数之和 $f(x) = x + \dfrac{1}{x}$ 最小.

**15.** 证明：(1) 周长为 $l$ 的矩形中，以正方形所围面积最大；

(2) 面积为定值 $S$ 的矩形中，以正方形的边长为最小.

**16.** 设用某仪器进行测量时，读得 $n$ 次实验数据为 $a_1, a_2, \cdots, a_n$. 问：以怎样的数值 $x$ 表达所要测量的真值，才能使它与这 $n$ 个数之差的平方和为最小 $\Big($ 提示：即证 $f(x) = \displaystyle\sum_{i=1}^{n} (x - a_i)^2$ 的最小值为 $\bar{x} = \dfrac{a_1 + a_2 + \cdots + a_n}{n}\Big).$

**17.** 内接于椭圆 $\dfrac{x^2}{a^2} + \dfrac{y^2}{b^2} = 1$,边平行于坐标轴的矩形,何时面积最大?

**18.** 从半径为 $R$ 的圆纸片上剪去一个扇形,做成一个圆锥形的漏斗. 如何选取扇形的中心角,可使漏斗的容积最大?

**19.** 设 $0 < a < b \leqslant 2a$,在区间 $[a,b]$ 上讨论双曲线 $xy = 1$. 在该曲线每一点上作切线,它与横轴及两平行直线 $x = a, x = b$ 围成一个梯形. 问:这切线位于何处,才能使梯形有最大面积?

**20.** 在抛物线 $y^2 = 2px$ 上哪一点的法线被抛物线所截的线段为最短.

**21.** 有一个无盖的圆柱形容器,当给定体积为 $V_0$ 时,要使容器的表面积为最小,问:底的半径与容器高的比例为多大?

**22.** 要将货物从运河边上 $A$ 城运往与运河相距 $a$(单位:km) 的 $B$ 城,轮船运费的单价是 $\alpha$ 元/km,火车运费的单价是 $\beta$ 元/km$(\beta > \alpha)$. 试求运河边上的一点 $M$,修建铁路 $MB$,使总运费最省.

**23.** 重量为 $W$ 的物体放在一粗糙的平面上,施加一力克服摩擦,使之在平面上滑动,其摩擦系数为 $\mu$,问:该力应与水平面成何角度,方可使用力量小?

**24.** 设 $f(x) = a\ln x + bx^2 + x$ 在 $x_1 = 1, x_2 = 2$ 处都取得极值,试求 $a$ 与 $b$,并问:此时 $f$ 在 $x_1$ 与 $x_2$ 是取得极大值还是极小值.

**25.** 证明:定圆内接正 $n$ 边形面积随 $n$ 的增加而增加.

**26.** 讨论函数

$$f(x) = \begin{cases} \dfrac{x}{2} + x^2\sin\dfrac{1}{x}, & x \neq 0 \\ 0, & x = 0 \end{cases}$$

(1) 在点 $x = 0$ 是否可导.

(2) 是否存在 $x = 0$ 的一个开邻域,使 $f$ 在该开邻域内单调.

**27.** 设 $k > 0$. 试问:$k$ 为何值时,方程 $\arctan x - kx = 0$ 有正实根?

# 思考题 3.5

**1.** 证明

$$\frac{a - b}{\sqrt{1 + a^2}\ \sqrt{1 + b^2}} < \arctan a - \arctan b < a - b, \text{其中} 0 < b < a$$

**2.** 证明下列不等式：

(1) 当 $0 < x_1 < x_2 < \dfrac{\pi}{2}$ 时，有

$$\frac{\tan x_2}{\tan x_1} > \frac{x_2}{x_1}$$

(2) 当 $x, y > 0$ 且 $\beta > \alpha > 0$ 时，有

$$(x^\alpha + y^\alpha)^{\frac{1}{\alpha}} > (x^\beta + y^\beta)^{\frac{1}{\beta}}$$

(3) 设 $p \geqslant 2$，当 $x \in [0,1]$ 时，有

$$\left(\frac{1+x}{2}\right)^p + \left(\frac{1-x}{2}\right)^p \leqslant \frac{1}{2}(1 + x^p)$$

**3.** 设函数 $f$ 在区间 $[0, +\infty)$ 上可导，$f(0) = 0$ 且 $f'$ 严格增. 证明：$\dfrac{f(x)}{x}$ 在 $(0, +\infty)$ 上也严格增.

**4.** 设求出使得不等式 $a^x \geqslant x^a (x > 0)$ 成立的一切正数 $a$（提示：考察函数 $f(x) = \dfrac{\ln x}{x}$）.

**5.** 设 $f$ 在 $[a, +\infty)$ 上二阶可导，且 $f(a) > 0, f'(a) < 0$，当 $x > a$ 时，$f''(x) \leqslant 0$. 证明：方程 $f(x) = 0$ 在 $(a, +\infty)$ 内有且仅有一根.

# 3.6　应用导数研究函数之二：凹凸性、图形

继 3.5 节，应用 Lagrange 中值定理来研究函数的凹凸性.

**定义 3.6.1**　设 $f$ 为区间 $I$ 上的函数. 如果 $\forall x_1, x_2 \in I, \forall \lambda \in (0,1)$，总有
$$f(\lambda x_1 + (1 - \lambda)x_2) \leqslant \lambda f(x_1) + (1 - \lambda)f(x_2)$$
则称 $f$ 在 $I$ 上为**凸函数**（或**下凸函数**）.

如果上述不等式中当 $x_1 \neq x_2$ 时，"$\leqslant$" 改为 "$<$"，则称 $f$ 在 $I$ 上为**严格凸函数**（或**严格下凸函数**）.

如果 $\forall x_1, x_2 \in I, \forall \lambda \in (0,1)$，总有
$$f(\lambda x_1 + (1 - \lambda)x_2) \geqslant \lambda f(x_1) + (1 - \lambda)f(x_2)$$
则称 $f$ 在 $I$ 上为**凹函数**.

如果上述不等式中当 $x_1 \neq x_2$ 时，"$\geqslant$" 改为 "$>$"，则称 $f$ 在 $I$ 上为**严格凹函**

数.

从几何上看,凸(凹)函数 $y = f(x)(x \in I)$ 的图形上任何不同的两点间的曲线段完全落在联结该两点的直线段(称为曲线过这两点的**弦**)的下(上)方,严格凸(凹)函数 $y = f(x)(x \in I)$ 的图形上任何不同的两点间的曲线段完全严格落在该两点的弦的下(上)方(图 3.6.1,图 3.6.2),其中 $x = \lambda x_1 + (1 - \lambda)x_2$.

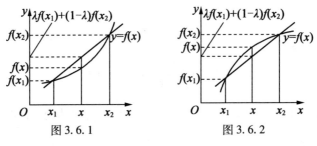

图 3.6.1　　　　　　　　图 3.6.2

显然,$f$ 在区间 $I$ 上为(严格)凸(凹)函数 $\Leftrightarrow -f$ 在区间 $I$ 上为(严格)凹(凸)函数. 因此,凡对(严格)凸函数成立的命题,(严格)凹函数也成立相应的命题. 这可以类似(严格)凸函数的证明,或者用 $-f$ 代替 $f$ 并应用(严格)凸函数的结论推得. 因此,今后只需讨论(严格)凸函数的性质即可.

**定理 3.6.1** $f$ 在区间 $I$ 中为凸函数 $\Leftrightarrow \forall x_1, x_2, x_3 \in I, x_1 < x_2 < x_3$,下面不等式

$$\frac{f(x_2) - f(x_1)}{x_2 - x_1} \leqslant \frac{f(x_3) - f(x_1)}{x_3 - x_1} \leqslant \frac{f(x_3) - f(x_2)}{x_3 - x_2}$$

中任何两个组成的不等式成立(图 3.6.3).

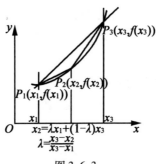

图 3.6.3

**证明** (1)$f$ 在区间 $I$ 上为凸函数等价于

$$f(x_2) = f\left(\frac{x_3 - x_2}{x_3 - x_1}x_1 + \frac{x_2 - x_1}{x_3 - x_1}x_3\right)$$

$$\leqslant \frac{x_3 - x_2}{x_3 - x_1}f(x_1) + \frac{x_2 - x_1}{x_3 - x_1}f(x_3)$$

等价于

$$f(x_3) - f(x_2) \geqslant \frac{x_3 - x_1 - x_2 + x_1}{x_3 - x_1}f(x_3) - \frac{x_3 - x_2}{x_3 - x_1}f(x_1)$$

$$= \frac{x_3 - x_2}{x_3 - x_1}f(x_3) - \frac{x_3 - x_2}{x_3 - x_1}f(x_1)$$

$$= \frac{x_3 - x_2}{x_3 - x_1}[f(x_3) - f(x_1)]$$

即等价于

$$\frac{f(x_3) - f(x_1)}{x_3 - x_1} \leqslant \frac{f(x_3) - f(x_2)}{x_3 - x_2}$$

(2)$f$ 在区间 $I$ 上为凸函数等价于

$$f(x_2) - f(x_1) \leqslant \frac{x_3 - x_2 - x_3 + x_1}{x_3 - x_1}f(x_1) + \frac{x_2 - x_1}{x_3 - x_1}f(x_3)$$

$$= -\frac{x_2 - x_1}{x_3 - x_1}f(x_1) + \frac{x_2 - x_1}{x_3 - x_1}f(x_3)$$

$$= \frac{x_2 - x_1}{x_3 - x_1}[f(x_3) - f(x_1)]$$

即等价于

$$\frac{f(x_2) - f(x_1)}{x_2 - x_1} \leqslant \frac{f(x_3) - f(x_1)}{x_3 - x_1}$$

(3)$f$ 在区间 $I$ 上为凸函数等价于

$$(x_3 - x_1)f(x_2) \leqslant (x_3 - x_2)f(x_1) + (x_2 - x_1)f(x_3)$$

$$\Leftrightarrow -(x_3 - x_2)f(x_1) \leqslant (x_2 - x_1)f(x_3) - (x_3 - x_2 + x_2 - x_1)f(x_2)$$

$$\Leftrightarrow (x_3 - x_2)[f(x_2) - f(x_1)] \leqslant (x_2 - x_1)[f(x_3) - f(x_2)]$$

$$\Leftrightarrow \frac{f(x_2) - f(x_1)}{x_2 - x_1} \leqslant \frac{f(x_3) - f(x_1)}{x_3 - x_2}$$

观察一下定理 3.6.1 的几何意义是有帮助的. 在图 3.6.6 中,画出了 $y = f(x)$ 的三条弦 $P_1P_2, P_2P_3, P_1P_3$,其中 $P_i = (x_i, f(x_i))$, $i = 1, 2, 3$. 这三条弦组成了一个三角形. 定理 3.6.1 中不等式的几何表示是

$$\overline{P_1 P_2} \text{ 的斜率} \leqslant \overline{P_1 P_3} \text{ 的斜率} \leqslant \overline{P_2 P_3} \text{ 的斜率}$$

这正表示曲线 $y = f(x)$ 的下凸状态,几何表示便于定理 3.6.1 中不等式的记忆.

关于凸函数,有重要的 Jensen 不等式.

**定理 3.6.2**(Jensen 不等式)   $f$ 在区间 $I$ 上为凸函数 $\Leftrightarrow \forall x_i \in I, \forall \lambda_i > 0$

$(i = 1, 2, \cdots, n)$, $\sum\limits_{i=1}^{n} \lambda_i = 1$,有

$$f\left( \sum_{i=1}^{n} \lambda_i x_i \right) \leqslant \sum_{i=1}^{n} \lambda_i f(x_i)$$

如果 $f$ 在区间 $I$ 上为严格凸函数,则当上述 $x_1, x_2, \cdots, x_n \in I$ 不全相等时,有

$$f\left( \sum_{i=1}^{n} \lambda_i x_i \right) < \sum_{i=1}^{n} \lambda_i f(x_i)$$

**证明**   $(\Rightarrow)$ 设 $f$ 在区间 $I$ 上为凸函数.

(归纳法) 当 $n = 1$ 时,$\lambda_1 = 1$,则有

$$f\left( \sum_{i=1}^{1} \lambda_i x_i \right) = f(\lambda_1 x_1) = f(x_1) = \sum_{i=1}^{1} \lambda_i f(x_i)$$

当 $n = 2$ 时,$\lambda_1 = \lambda, \lambda_2 = 1 - \lambda$,则有

$$f\left( \sum_{i=1}^{2} \lambda_i x_i \right) = f(\lambda x_1 + (1 - \lambda) x_2)$$

$$\leqslant \lambda f(x_1) + (1 - \lambda) f(x_2) = \sum_{i=1}^{2} \lambda_i f(x_i)$$

假设 $n = k$ 时,$\forall x_i \in I, \forall \lambda_i > 0 (i = 1, 2, \cdots, k)$, $\sum\limits_{i=1}^{k} \lambda_i = 1$,有

$$f\left( \sum_{i=1}^{k} \lambda_i x_i \right) \leqslant \sum_{i=1}^{k} f(x_i)$$

则当 $n = k + 1$ 时,$\forall x_i \in I, \forall \lambda_i > 0 (i = 1, 2, \cdots, k + 1)$, $\sum\limits_{i=1}^{k+1} \lambda_i = 1$,令 $\mu_i = \dfrac{\lambda_i}{1 - \lambda_{k+1}}$, $i = 1, 2, \cdots, k$,便有 $\mu_i > 0$ 且

$$\sum_{i=1}^{k} \mu_i = \sum_{i=1}^{k} \frac{\lambda_i}{1 - \lambda_{k+1}} = \frac{1 - \lambda_{k+1}}{1 - \lambda_{k+1}} = 1$$

于是

$$f\left( \sum_{i=1}^{k+1} \lambda_i x_i \right) = f\left( (1 - \lambda_{k+1}) \sum_{i=1}^{k} \frac{\lambda_i}{1 - \lambda_{k+1}} x_i + \lambda_{k+1} x_{k+1} \right)$$

$$\leqslant (1 - \lambda_{k+1}) f\left( \sum_{i=1}^{k} \frac{\lambda_i}{1 - \lambda_{k+1}} x_i \right) + \lambda_{k+1} f(x_{k+1})$$

归纳可得

$$f\left( \sum_{i=1}^{k+1} \lambda_i x_i \right) \leqslant (1 - \lambda_{k+1}) \sum_{i=1}^{k} \frac{\lambda_i}{1 - \lambda_{k+1}} f(x_i) + \lambda_{k+1} f(x_{k+1})$$

$$= \sum_{i=1}^{k+1} \lambda_i f(x_i)$$

（⇐）如果右边条件成立，特别当 $n = 2$ 时，$\lambda = \lambda_1, 1 - \lambda = 1 - \lambda_1 = \lambda_2$，故有

$$f(\lambda x_1 + (1 - \lambda) x_2) = f(\lambda_1 x_1 + \lambda_2 x_2) \leqslant \lambda_1 f(x_1) + \lambda_2 f(x_2)$$

$$= \lambda f(x_1) + (1 - \lambda) f(x_2)$$

这就证明了 $f$ 在区间 $I$ 上为凸函数.

　　关于严格凸函数情形，当 $x_1, x_2, \cdots, x_n$ 不全相等时，我们重新审查归纳证明. 当 $n = 2$ 时，$x_1, x_2$ 不全相等就是 $x_1 \neq x_2$，按定义，严格的不等号成立. 假设 $n = k$ 时，严格不等号成立. 再设 $x_1, x_2, \cdots, x_{k+1}$ 不全相等，如果其中 $x_1, x_2, \cdots, x_k$ 不全相等，则上述归纳法中最后的那个不等号应当是严格的；如果 $x_1 = \cdots = x_k \neq x_{k+1}$，则 $\sum_{i=1}^{k} \mu_i x_i = x_1 \sum_{i=1}^{k} \mu_i = x_1 \neq x_{k+1}$，此时归纳过程的第一个不等号是严格的. 总之，不等式

$$f\left( \sum_{i=1}^{n} \lambda_i x_i \right) < \sum_{i=1}^{n} \lambda_i f(x_i)$$

对一切 $n \in \mathbb{N}$ 成立.

　　**定理 3.6.2′**（Jensen 不等式）　$f$ 在区间 $I$ 上为凸函数 $\Leftrightarrow \forall x_i \in I, \forall \beta_i > 0$ $(i = 1, 2, \cdots, n)$，有

$$f\left( \frac{\sum_{i=1}^{n} \beta_i x_i}{\sum_{i=1}^{n} \beta_i} \right) \leqslant \frac{\sum_{i=1}^{n} \beta_i f(x_i)}{\sum_{i=1}^{n} \beta_i}$$

如果 $f$ 是严格凸的，则当上述 $x_1, x_2, \cdots, x_n \in I$ 不全相等时有

$$f\left( \frac{\sum_{i=1}^{n} \beta_i x_i}{\sum_{i=1}^{n} \beta_i} \right) < \frac{\sum_{i=1}^{n} \beta_i f(x_i)}{\sum_{i=1}^{n} \beta_i}$$

在函数 $f$ 有导函数 $f'$ 的情况下,判断 $f$ 的凸性将变得比较容易,因为我们有下面的定理.

**定理 3. 6. 3** 设 $f$ 在区间 $I$ 上可导,则下面三个结论等价:

(1) $f$ 在 $I$ 上为(严格)凸函数;

(2) $f'$ 在 $I$ 上为(严格)增函数;

(3) $\forall x_0, x \in I, x \neq x_0$,有

$$f(x) \geqslant f(x_0) + f'(x_0)(x - x_0)$$

(或 $f(x) > f(x_0) + f'(x_0)(x - x_0)$ ),即 $f$ 的图形(严格)在其任一点 $(x_0, f(x_0))$ 的切线的上方.

**证明** (1)$\Rightarrow$(2) 设 $f$ 在 $I$ 上为凸函数,即 $\forall x_1, x_2 \in I, x_1 < x_2$,充分小的 $h > 0$,使得 $x_1 < x_1 + h < x_2 - h < x_2$. 根据 $f$ 的凸性及定理3. 6. 1,有(图3. 6. 4)

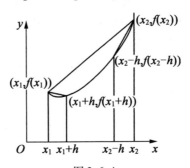

图 3. 6. 4

$$\frac{f(x_1 + h) - f(x_1)}{h} \leqslant \frac{f(x_2) - f(x_1)}{x_2 - x_1} \leqslant \frac{f(x_2) - f(x_2 - h)}{h}$$

因为 $f$ 可导,令 $h \to 0^+$,则得

$$f'(x_1) = f'_+(x_1) \leqslant \frac{f(x_2) - f(x_1)}{x_2 - x_1}$$

$$\leqslant f'_-(x_2) = f'(x_2)$$

所以, $f'$ 在 $I$ 上为增函数.

在 $f$ 为严格凸函数的情形时,我们取定一点 $x^* \in (x_1, x_2)$,从而得出

$$f'(x_1) \leqslant \frac{f(x^*) - f(x_1)}{x^* - x_1} < \frac{f(x_2) - f(x^*)}{x_2 - x^*} \leqslant f'(x_2)$$

这就得出了严格不等式 $f'(x_1) < f'(x_2)$,即 $f'$ 在 $I$ 上为严格增函数.

(1)$\Leftarrow$(2) 设 $f'$ 在 $I$ 上为增函数. 对任何 $x_1 < x_2 < x_3$,由 Lagrange 中值定

理知,存在 $x_1 < \xi_1 < x_2 < \xi_2 < x_3$,使得

$$\frac{f(x_2) - f(x_1)}{x_2 - x_1} = f'(\xi_1) \leqslant f'(\xi_2) = \frac{f(x_3) - f(x_2)}{x_3 - x_2}$$

再根据定理 3.6.1 知,$f$ 在 $I$ 上为凸函数.

如果 $f'$ 在 $I$ 上为严格增函数,则上述不等式为

$$\frac{f(x_2) - f(x_1)}{x_2 - x_1} = f'(\xi_1) < f'(\xi_2) = \frac{f(x_3) - f(x_2)}{x_3 - x_2}$$

再由定理 3.6.1 知,$f$ 在 $I$ 上为严格凸函数.

(2)$\Rightarrow$(3) 设 $f'$ 在 $I$ 上为增函数. $\forall x_0, x \in I$,由 Lagrange 中值定理知,存在介于 $x_0$ 与 $x$ 之间的 $\xi$,使得

$$f(x) - [f(x_0) + f'(x_0)(x - x_0)]$$
$$= [f(x) - f(x_0)] - f'(x_0)(x - x_0)$$
$$= f'(\xi)(x - x_0) - f'(x_0)(x - x_0)$$
$$= [f'(\xi) - f'(x_0)](x - x_0) \geqslant 0$$
$$f(x) \geqslant f(x_0) + f'(x_0)(x - x_0)$$

即 $f$ 的图形落在 $(x_0, f(x_0))$ 的切线的上方.

如果 $f'$ 在 $I$ 上为严格增函数,$\forall x_0, x \in I, x \neq x_0$,上述不等式为

$$f(x) - [f(x_0) + f'(x_0)(x - x_0)] = [f'(\xi) - f'(x_0)](x - x_0) > 0$$
$$f(x) > f(x_0) + f'(x_0)(x - x_0)$$

即 $f$ 的图形严格落在 $(x_0, f(x_0))$ 的切线的上方.

(1)$\Leftarrow$(3) $\forall x_1, x_2 \in I, x_1 < x_2$,令 $x_3 = \lambda x_1 + (1 - \lambda)x_2, 0 < \lambda < 1$. 由(3)并利用

$$x_1 - x_3 = (1 - \lambda)(x_1 - x_2)$$
$$x_2 - x_3 = \lambda(x_2 - x_1)$$

得到

$$f(x_1) \geqslant f(x_3) + f'(x_3)(x_1 - x_3) = f(x_3) + (1 - \lambda)(x_1 - x_2)f'(x_3)$$
$$f(x_2) \geqslant f(x_3) + f'(x_3)(x_2 - x_3) = f(x_3) + \lambda(x_2 - x_1)f'(x_3)$$

于是

$$\lambda f(x_1) + (1 - \lambda)f(x_2) \geqslant \lambda[f(x_3) + (1 - \lambda)(x_1 - x_2)f'(x_3)] +$$
$$(1 - \lambda)[f(x_3) + \lambda(x_2 - x_1)f'(x_3)]$$
$$= f(x_3) = f(\lambda x_1 + (1 - \lambda)x_2)$$

即 $f$ 在 $I$ 上为凸函数.

如果 $f$ 的图形严格在曲线每一点 $(x_0, f(x_0))$, $x_0 \in I$ 的切线的上方,则上述不等式中所有的"$\geqslant$"均为"$>$". 于是

$$\lambda f(x_1) + (1 - \lambda) f(x_2) > f(\lambda x_1 + (1 - \lambda) x_2)$$

即 $f$ 在 $I$ 上为严格凸函数.

$(2) \Leftarrow (3)$ 由 $(3)$ 知,$\forall x_1, x_2 \in I, x_1 < x_2$,有

$$f(x_1) \geqslant f(x_2) + f'(x_2)(x_1 - x_2)$$
$$f(x_2) \geqslant f(x_1) + f'(x_1)(x_2 - x_1)$$

从而

$$f'(x_1) \leqslant \frac{f(x_2) - f(x_1)}{x_2 - x_1} \leqslant f'(x_2)$$

即 $f'$ 在 $I$ 上为单调增函数.

如果 $f$ 的图形严格在曲线每一点 $(x_0, f(x_0))$, $x_0 \in I$ 的切线的上方,则上述"$\geqslant$"均为"$>$". 于是

$$f'(x_1) < \frac{f(x_2) - f(x_1)}{x_2 - x_1} < f'(x_2)$$

即 $f'$ 在 $I$ 上为严格增函数.

当 $f$ 在 $\mathring{I} = (a, b)$ 内二阶可导时,我们有下面应用起来更方便的定理.

**定理 3.6.4** 设 $f$ 在区间 $I$ 上二阶可导,则 $f$ 在 $I$ 上为(严格)凸函数 $\Leftrightarrow$ $f''(x) \geqslant 0, \forall x \in I (f''(x) \geqslant 0, \forall x \in I, 且 \{x \in \mathring{I} | f''(x) = 0\}$ 不含非退化区间).

**证明** $f$ 在 $I$ 上为(严格)凸函数 $\overset{定理3.6.3}{\Longleftrightarrow}$ $f'$ 在 $I$ 上为(严格)单调增函数 $\overset{定理3.5.2}{\underset{定理3.5.3}{\Longleftrightarrow}} f''(x) \geqslant 0, \forall x \in I (f''(x) \geqslant 0, \forall x \in \mathring{I}, 且 \{x \in I | f''(x) = 0\}$ 不含非退化区间).

上面详细讨论了曲线 $y = f(x)$ 的凹凸性. 研究凹与凸交界的点是十分有意义的.

**定义 3.6.2** 设连续曲线 $y = f(x)$ 在点 $(x_0, f(x_0))$ 的近旁的两侧分别是严格凸(凹)与严格凹(凸)的,则称点 $(x_0, f(x_0))$ 或 $x_0$ 为 $y = f(x)$ 的**拐点**(图 3.6.5,图 3.6.6).

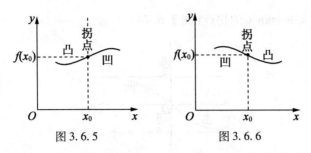

图 3.6.5　　　　　　　　图 3.6.6

由定义可见,拐点正是严格凸(凹)与严格凹(凸)的分界点.

**定理 3.6.5**　设 $f$ 在 $x_0$ 处二阶可导,并且 $x_0$ 为 $f$ 的拐点,则 $f''(x_0) = 0$. 但反之不真.

**证明**　因为 $f$ 在 $x_0$ 处二阶可导,所以 $f$ 在 $x_0$ 近旁可导. 又因 $x_0$ 为 $f$ 的拐点,故 $(x_0, f(x_0))$ 为严格凸(凹)与严格凹(凸)的分界点. 根据定理 3.6.3 可知 $f'$ 以 $x_0$ 为严格增(减)与严格减(增)的分界点. 由此推得 $x_0$ 为 $f'$ 的极大(小)值点. 根据 Fermat 定理立即知 $f''(x_0) = 0$.

反过来,考虑函数

$$y = f(x) = x^4, f'(x) = 4x^3$$

$$y''(x) = f''(x) = 12x^2 \begin{cases} > 0, x < 0, f \text{严格凸} \\ = 0, x = 0, \text{非拐点} \\ > 0, x > 0, f \text{严格凸} \end{cases}$$

$f''(0) = 0$,但 $(0, f(0)) = (0,0)$ 不是拐点.

**定理 3.6.6**　设连续曲线 $y = f(x)$ 在 $x_0$ 的某去心开邻域 $U°(x_0)$ 内二阶可导. 如果在 $U°_+(x_0)$ 与 $U°_-(x_0)$ 内 $f''$ 的符号相反,则 $(x_0, f(x_0))$ 为曲线 $y = f(x)$ 的拐点.

**证明**　由于在 $U°_+(x_0)$ 与 $U°_-(x_0)$ 内 $f''$ 的符号相反,故凹凸性也相反,从而 $(x_0, f(x_0))$ 为 $y = f(x)$ 的拐点.

**例 3.6.1**　研究下列函数的凹凸性与拐点:

(1) $y = \arctan x$;

(2) $y = \sqrt[3]{x} = x^{\frac{1}{3}}$;

(3) $y = \sin x$.

**解**　(1) 从

$$y' = \frac{1}{1 + x^2} \begin{cases} \text{严格增}, x < 0, y \text{ 严格凸} \\ \text{严格减}, x > 0, y \text{ 严格凹} \end{cases}$$

知$(0,0)$ 为 $y = \arctan x$ 的拐点(图 3.6.7).

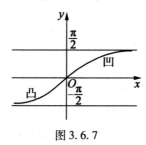

图 3.6.7

或者

$$y'' = \frac{-2x}{(1 + x^2)^2} \begin{cases} > 0, x < 0, y \text{ 严格凸} \\ = 0, x = 0, \text{拐点} \\ < 0, x > 0, y \text{ 严格凹} \end{cases}$$

(2) 从

$$y' = \frac{1}{3}x^{-\frac{2}{3}} \begin{cases} \text{严格增}, x < 0, y \text{ 严格凸} \\ \text{严格减}, x > 0, y \text{ 严格凹} \end{cases}$$

知$(0,0)$ 为 $y = \sqrt[3]{x}$ 的拐点. 注意,在 $x = 0$ 处,有

$$y'(0) = \lim_{x \to 0} \frac{\sqrt[3]{x} - 0}{x - 0} = \lim_{x \to 0} x^{-\frac{2}{3}} = +\infty$$

因此,在 $x = 0$ 处,$y$ 不可导,但$(0,0)$ 处的切线为 $y$ 轴.

或者从

$$y'' = -\frac{2}{9}x^{-\frac{5}{3}} \begin{cases} > 0, x < 0, y \text{ 严格凸} \\ < 0, x > 0, y \text{ 严格凹} \end{cases}$$

知$(0,0)$ 为 $y = \sqrt[3]{x}$ 的拐点(图 3.6.8).

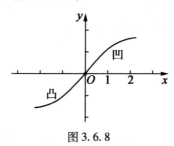

图 3.6.8

(3) 由 $y' = \cos x$,得

$$y'' = -\sin x \begin{cases} > 0, x \in (2k\pi, 2k\pi + \pi), y\ 严格凸 \\ = 0, x = 2k\pi + \pi, 拐点 \\ < 0, x \in (2k\pi + \pi, 2k\pi + 2\pi), y\ 严格凹 \\ = 0, x = 2k\pi + 2\pi, 拐点 \\ > 0, x \in (2k\pi + 2\pi, 2k\pi + 3\pi), y\ 严格凸 \end{cases}$$

(图 3.6.9).

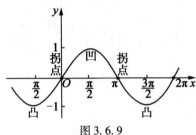

图 3.6.9

对具体的凸(凹)函数使用 Jensen 不等式,可以得出许许多多不等式,这是证明与构造不等式的一种常用方法.

**例 3.6.2** 设 $x_1, x_2, \cdots, x_n \geqslant 0$,则

$$\sqrt[n]{x_1 x_2 \cdots x_n} \leqslant \frac{x_1 + x_2 + \cdots + x_n}{n}$$

并且等号当且仅当 $x_1 = x_2 = \cdots = x_n$ 时成立.

**证明**   如果某个 $x_i = 0$,则

$$\sqrt[n]{x_1 x_2 \cdots x_n} = 0 \leqslant \frac{x_1 + x_2 + \cdots + x_n}{n}$$

如果 $x_i > 0, i = 1, 2, \cdots, n$. 考虑函数 $y = \ln x$,则

$$y' = \frac{1}{x}, y'' = \frac{-1}{x^2} < 0, \forall x \in (0, +\infty)$$

故 $y = \ln x$ 在 $(0, +\infty)$ 上严格凹. 于是

$$\ln \frac{x_1 + x_2 + \cdots + x_n}{n} \geqslant \frac{\ln x_1 + \ln x_2 + \cdots + \ln x_n}{n} = \ln \sqrt[n]{x_1 x_2 \cdots x_n}$$

即

$$\sqrt[n]{x_1 x_2 \cdots x_n} \leqslant \frac{x_1 + x_2 + \cdots + x_n}{n}$$

且等号当且仅当 $x_1 = x_2 = \cdots = x_n$ 时成立.

**例 3.6.3** $\forall x_1, x_2, \cdots, x_n > 0$, 证明: 不等式

$$\frac{x_1 x_2 \cdots x_n}{(x_1 + x_2 + \cdots + x_n)^n} \leqslant \frac{(1 + x_1) \cdots (1 + x_n)}{(n + x_1 + \cdots + x_n)^n}$$

等号当且仅当 $x_1 = x_2 = \cdots = x_n$ 时才成立.

**证明**

$$\frac{x_1 x_2 \cdots x_n}{(x_1 + x_2 + \cdots + x_n)^n} \leqslant \frac{(1 + x_1) \cdots (1 + x_n)}{(n + x_1 + \cdots + x_n)^n}$$

$$\Leftrightarrow \frac{x_1 x_2 \cdots x_n}{(1 + x_1)(1 + x_2) \cdots (1 + x_n)} \leqslant \left[ \frac{\dfrac{1}{n}(x_1 + x_2 + \cdots + x_n)}{1 + \dfrac{1}{n}(x_1 + x_2 + \cdots + x_n)} \right]^n$$

$$\Leftrightarrow \frac{1}{n} \sum_{i=1}^{n} \ln \frac{x_i}{1 + x_i} \leqslant \ln \frac{\dfrac{1}{n} \sum_{i=1}^{n} x_i}{1 + \dfrac{1}{n} \sum_{i=1}^{n} x_i}$$

若令 $f(x) = \ln \dfrac{x}{1 + x}$, 则

$$f'(x) = \frac{1}{x(1 + x)}, f''(x) = -\frac{1 + 2x}{x^2(1 + x)^2} < 0, \forall x > 0$$

因此, $f(x)$ 在 $(0, +\infty)$ 上为严格凹函数, 根据 Jensen 不等式(定理 3.6.2) 得

$$\frac{1}{n} \sum_{i=1}^{n} \ln \frac{x_i}{1 + x_i} \leqslant \ln \frac{\dfrac{1}{n} \sum_{i=1}^{n} x_i}{1 + \dfrac{1}{n} \sum_{i=1}^{n} x_i}$$

并且式中等号当且仅当 $x_1 = x_2 = \cdots = x_n$ 时才成立.

**例 3.6.4** 设 $a, b, c > 0$. 证明: $(abc)^{\frac{a+b+c}{3}} \leqslant a^a b^b c^c$, 并且等号当且仅当 $a = b = c$ 时才成立.

**证明** 如果能证明

$$\left( \frac{a + b + c}{3} \right)^{a+b+c} \leqslant a^a b^b c^c \qquad (*)$$

则根据几何 – 算术平均不等式, 有

$$(abc)^{\frac{a+b+c}{3}} = (\sqrt[3]{abc})^{a+b+c} \leqslant \left( \frac{a + b + c}{3} \right)^{a+b+c} \leqslant a^a b^b c^c \qquad (**)$$

显然, 有

$$式(*) \Leftrightarrow \frac{a + b + c}{3} \ln \frac{a + b + c}{3} \leqslant \frac{a \ln a + b \ln b + c \ln c}{3}$$

为证明此不等式,我们令 $f(x) = x\ln x, x > 0$,则

$$f'(x) = 1 + \ln x$$

$$f''(x) = \frac{1}{x} > 0$$

从而,$f(x) = x\ln x$ 在 $(0, +\infty)$ 上为严格的凸函数,根据 Jensen 不等式有

$$\frac{a+b+c}{3}\ln\frac{a+b+c}{3} \leq \frac{a\ln a + b\ln b + c\ln c}{3}$$

从式( * * )可以看出,等号成立当且仅当 $a = b = c$.

**例 3.6.5**　设 $f$ 为区间 $I$ 上的凸函数,$[\alpha,\beta] \subset \mathring{I}$,则 $f$ 在 $[\alpha,\beta]$ 上满足 Lipschitz 条件,即有常数 $M$,使得

$$|f(x_1) - f(x_2)| \leq M|x_1 - x_2|, \forall x_1, x_2 \in [\alpha,\beta]$$

由此可知,$f$ 在 $\mathring{I}$ 中连续. 注意 $f$ 在 $I$ 中未必连续.

**证明**　取 $A, B \in \mathring{I}$, s.t. $[\alpha,\beta] \subset [A,B] \subset \mathring{I}$, $\forall x_1, x_2 \in [\alpha,\beta]$,不妨设 $x_1 < x_2$. 因为 $f$ 为凸函数,所以有

$$\frac{f(\alpha) - f(A)}{\alpha - A} \leq \frac{f(x_1) - f(\alpha)}{x_1 - \alpha} \leq \frac{f(x_2) - f(x_1)}{x_2 - x_1}$$

$$\leq \frac{f(\beta) - f(x_2)}{\beta - x_2} \leq \frac{f(B) - f(\beta)}{B - \beta}$$

这就蕴涵着

$$\left|\frac{f(x_2) - f(x_1)}{x_2 - x_1}\right| \leq M = \max\left\{\left|\frac{f(B) - f(\beta)}{B - \beta}\right|, \left|\frac{f(\alpha) - f(A)}{\alpha - A}\right|\right\}$$

即

$$|f(x_1) - f(x_2)| \leq M|x_1 - x_2|, \forall x_1, x_2 \in [\alpha,\beta]$$

$\forall x_0 \in \mathring{I}$,取 $[\alpha,\beta]$ 使得 $x_0 \in (\alpha,\beta) \subset [\alpha,\beta] \subset \mathring{I}$. 上述不等式表明 $f$ 在 $[\alpha,\beta]$ 上连续,从而 $f$ 在 $x_0$ 连续. 由 $x_0 \in \mathring{I}$ 任取知,$f$ 在 $\mathring{I}$ 上连续.

但是,$f$ 在 $I$ 中未必连续,反例

$$f(x) = \begin{cases} 1, x = 0 \\ x^2, x > 0 \end{cases}$$

在 $[0, +\infty)$ 内为凸函数,但 $f$ 在端点 0 处不连续.

**例 3.6.6**　设 $f$ 在区间 $I$ 上为凸函数. 证明:

(1) 在 $\mathring{I}$ 上有单调增的左右导函数 $f'_-, f'_+$,并且 $f'_-(x) \leq f'_+(x), \forall x \in \mathring{I}$;

(2) 设 $x \in \mathring{I}$, 如果 $f'_+$ 在 $x$ 左连续(或 $f'_-$ 在 $x$ 右连续), 则 $f$ 在 $x$ 可导.

**证明** (1) $\forall x_0 \in \mathring{I}, x_1 < x_2 < x_0 < x_3$, 因为 $f$ 在 $I$ 上下凸, 所以

$$\frac{f(x_1) - f(x_0)}{x_1 - x_0} \leq \frac{f(x_2) - f(x_0)}{x_2 - x_0} \leq \frac{f(x_3) - f(x_0)}{x_3 - x_0}$$

由此可知, 函数 $\dfrac{f(x) - f(x_0)}{x - x_0}$ 当 $x < x_0$ 时单调增, 且有上界 $\dfrac{f(x_3) - f(x_0)}{x_3 - x_0}$, 从而当 $x \to x_0^-$ 时, 极限存在且有限, 即 $f'_-(x_0)$ 存在且有限, 且

$$f'_-(x_0) = \lim_{x \to x_0^-} \frac{f(x) - f(x_0)}{x - x_0} \leq \frac{f(x_3) - f(x_0)}{x_3 - x_0}$$

同理可证函数 $\dfrac{f(x) - f(x_0)}{x - x_0}$ 当 $x > x_0$ 时是单调增的, 且随 $x \to x_0^+$ 函数单调减有下界 $\dfrac{f(x_1) - f(x_0)}{x_1 - x_0}$, 故极限存在且有限, 即 $f'_+(x_0)$ 存在且有限, 并有

$$f'_+(x_0) = \lim_{x \to x_0^+} \frac{f(x) - f(x_0)}{x - x_0} \geq \frac{f(x_1) - f(x_0)}{x_1 - x_0}$$

任取 $x_0 \in \mathring{I}$, 再取 $x_1 < x_0 < x_3$, 则有

$$\frac{f(x_1) - f(x_0)}{x_1 - x_0} \leq \frac{f(x_3) - f(x_0)}{x_3 - x_0}$$

$$f'_-(x_0) = \lim_{x_1 \to x_0^-} \frac{f(x_1) - f(x_0)}{x_1 - x_0} \leq \lim_{x_3 \to x_0^+} \frac{f(x_3) - f(x_0)}{x_3 - x_0}$$

$$= f'_+(x_0)$$

此外, $\forall x_1, x_2 \in \mathring{I}, x_1 < x_2$, 取 $\Delta x > 0$, s.t. $x_1 < x_1 + \Delta x < x_2 < x_2 + \Delta x$, 因 $f$ 在 $I$ 上为凸函数, 故

$$\frac{f(x_1 + \Delta x) - f(x_1)}{\Delta x} \leq \frac{f(x_2) - f(x_1 + \Delta x)}{x_2 - (x_1 + \Delta x)}$$

$$\leq \frac{f(x_2 + \Delta x) - f(x_2)}{\Delta x}$$

令 $\Delta x \to 0^+$, 则得

$$f'_+(x_1) \leq f'_+(x_2)$$

所以, $f'_+$ 在 $\mathring{I}$ 上单调增.

同理得到 $f'_-(x_1) \leq f'_-(x_2)$, $f'_-$ 在 $\mathring{I}$ 上单调增.

（2）$\forall x_0 \in \overset{\circ}{I}$，当 $x < x_0$ 时，同上证法有

$$f'_+(x) \leqslant f'_-(x_0) \overset{\text{由}(1)}{\leqslant} f'_+(x_0)$$

于是，由 $f'_+$ 左连续得到

$$f'_+(x_0) = \lim_{x \to x_0^-} f'_+(x) \leqslant f'_-(x_0) \leqslant f'_+(x_0)$$

$$f'_+(x_0) = f'_-(x_0)$$

即 $f$ 在 $x_0$ 处可导.

类似地，$\forall x_0 \in \overset{\circ}{I}$，当 $x_0 < x$ 时，同上证法有

$$f'_-(x_0) \leqslant f'_+(x_0) \leqslant f'_-(x)$$

于是，由 $f'_-$ 右连续得到

$$f'_-(x_0) \leqslant f'_+(x_0) \leqslant \lim_{x \to x_0^+} f'_-(x) = f'_-(x_0)$$

$$f'_-(x_0) = f'_+(x_0)$$

$f$ 在 $x_0$ 处可导.

我们已经知道，表示函数有三种方法，即列表法、解析法（或分析法）和图示法. 解析法便于运算与量的分析，而用图形来表示函数有直观、醒目的优点，从图形上看，函数的动态，即它的递增、递减、正性、凹凸性将一览无遗. 在许多场合，我们也希望将一个已有解析式的函数用图形表示出来，以便于直观地了解它的性态，这就产生了函数作图的需要.

为更好地作函数 $y = f(x)$ 的图形，应考虑下列几点：

（1）明确函数的定义域与值域，以界定函数图像的存在范围；

（2）函数是否具有对称性? 这又可以分轴对称（如偶函数图形关于 $y$ 轴对称）和中心对称（如奇函数图形关于原点 $O$ 对称）. 如果找到了对称轴或对称中心，将使我们的劳动减少了一半，对称部分可以用"复制"的方法得到；

（3）函数是否具有周期性? 对于周期函数，就只需作出它在一个周期上的图形，然后用"复制"的方法得到；

（4）求出函数的驻点（即 $f' = 0$ 的点），确定函数的单调区间，求出 $f'' = 0$ 的点，确定凹凸性与拐点；

（5）求出函数的某些特殊点，如不连续点，不可导点，与两坐标轴的交点等；

（6）考察渐近线（如果曲线 $C$ 上动点 $P$ 沿着曲线无限地远离原点时，点 $P$

与某定直线 $L$ 的距离趋于 $0$,则称直线 $L$ 为曲线 $C$ 的**渐近线**);

关于渐近线做如下的讨论:若 $\lim\limits_{x \to x_0} f(x) = \infty$ 或 $\lim\limits_{x \to x_0^+} f(x) = \infty$ 或 $\lim\limits_{x \to x_0^-} f(x) = \infty$ 时,曲线 $y = f(x)$ 有垂直于 $x$ 轴的渐近线 $x = x_0$,称为**垂直渐近线**.

此外,曲线 $y = f(x)$ 有**斜渐近线**(图 3.6.10)$y = kx + b \Leftrightarrow \lim\limits_{x \to \pm\infty} \dfrac{f(x)}{x} = k$, $\lim\limits_{x \to \pm\infty} [f(x) - kx] = b.$

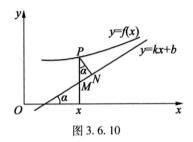

图 3.6.10

事实上,($\Leftarrow$) 如果 $\lim\limits_{x \to \infty} \dfrac{f(x)}{x} = k$, $\lim\limits_{x \to \infty} [f(x) - kx] = b$,则曲线 $y = f(x)$ 上的动点 $P = (x, f(x))$ 到直线 $y = kx + b$ 的距离

$$|PN| = |PM| \cos \alpha = |f(x) - (kx + b)| \cdot \frac{1}{\sqrt{1 + k^2}}$$

$$\to 0 \cdot \frac{1}{\sqrt{1 + k^2}} = 0 \quad (x \to \pm\infty)$$

从而 $y = kx + b$ 为曲线 $y = f(x)$ 的斜渐近线. ($\Rightarrow$) 设曲线 $y = f(x)$ 有斜渐近线 $y = kx + b$,则曲线上的动点 $P = (x, f(x))$ 到斜渐近线 $y = kx + b$ 的距离为

$$|PN| = |PM| \cos \alpha$$

$$= |f(x) - (kx + b)| \cdot \frac{1}{\sqrt{1 + k^2}}$$

$$\to 0 \quad (x \to \pm\infty)$$

即

$$\lim\limits_{x \to \pm\infty} [f(x) - (kx + b)] = 0 \Leftrightarrow \lim\limits_{x \to \pm\infty} (f(x) - kx) = b$$

$$\lim\limits_{x \to \pm\infty} \left( \frac{f(x)}{x} - k \right) = \lim\limits_{x \to \pm\infty} \frac{1}{x}(f(x) - kx) = 0 \cdot b = 0 \Leftrightarrow \lim\limits_{x \to \pm\infty} \frac{f(x)}{x} = k$$

从上述还可以看出,如果 $\lim\limits_{x \to \pm\infty} f(x) = b$,则 $k = 0$,$y = b$ 为 $f(x)$ 的一条水平

渐近线.

（7）如果 $x_0$ 为 $f$ 的拐点，且 $f$ 在点 $x_0$ 处可导，则由定理 3.6.3 推得曲线在拐点 $(x_0,f(x_0))$ 处的切线将曲线 $y = f(x)$ 分在它的两侧，这一观察对函数作图会有帮助.

综合上述七个特点，再应用描点法画出函数 $y = f(x)$ 的图形.

**例 3.6.7**　　作函数 $f(x) = xe^x, x \in (-\infty, +\infty)$ 的图形，并求 $f$ 的最值.

**解**　　从

$$f'(x) = (x + 1)e^x \begin{cases} < 0, x < -1, f \text{ 严格减} \\ = 0, x = -1, f(-1) \text{ 为最小值} \\ > 0, x > -1, f \text{ 严格增} \end{cases}$$

得到 $f(-1) = -e^{-1} = -\dfrac{1}{e}$ 为 $f$ 在 $(-\infty, +\infty)$ 上的最小值.

又因 $\lim\limits_{x \to +\infty} f(x) = \lim\limits_{x \to +\infty} xe^x = +\infty$，故 $f$ 在 $(-\infty, +\infty)$ 上无最大值.

$$\lim\limits_{x \to -\infty} f(x) = \lim\limits_{x \to -\infty} xe^x = \lim\limits_{x \to -\infty} \frac{x}{e^{-x}} = \lim\limits_{x \to -\infty} \frac{1}{-e^{-x}} = 0$$

这表明 $y = f(x) = xe^x$ 有水平渐近线 $y = 0$，即 $x$ 轴.

从

$$\lim\limits_{x \to +\infty} \frac{f(x)}{x} = \lim\limits_{x \to +\infty} \frac{xe^x}{x} = \lim\limits_{x \to +\infty} e^x = +\infty$$

可以看出 $y = f(x) = xe^x$ 再无其他渐近线.

进而有

$$f''(x) = (x + 2)e^x \begin{cases} < 0, x < -2, f \text{ 严格凹} \\ = 0, x = -2, \text{拐点} \\ > 0, x > -2, f \text{ 严格凸} \end{cases}$$

$$f(-2) = -2e^{-2} = -\frac{2}{e^2}$$

综合上述再画出图 3.6.11.

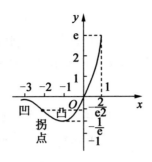

图 3.6.11

例 3.6.8  作出函数

$$f(x) = \frac{1}{1 + x^2}$$

的图形.

解  $f'(x) = \frac{-2x}{(1 + x^2)^2} \begin{cases} > 0, x < 0, f \text{严格增} \\ = 0, x = 0, f(0) \text{ 达最大值} \\ < 0, x > 0, f \text{严格减} \end{cases}$

$$f''(x) = \frac{2(3x^2 - 1)}{(1 + x^2)^3} \begin{cases} > 0, x < -\frac{\sqrt{3}}{3}, f \text{严格凸} \\ = 0, x = -\frac{\sqrt{3}}{3}, \text{拐点} \\ < 0, -\frac{\sqrt{3}}{3} < x < \frac{\sqrt{3}}{3}, f \text{严格凹} \\ = 0, x = \frac{\sqrt{3}}{3}, \text{拐点} \\ > 0, x > \frac{\sqrt{3}}{3}, f \text{严格凸} \end{cases}$$

$$f(0) = 1, f\left(-\frac{\sqrt{3}}{3}\right) = \frac{3}{4} = f\left(\frac{\sqrt{3}}{3}\right)$$

$$\lim_{x \to +\infty} f(x) = \lim_{x \to +\infty} \frac{1}{1 + x^2} = 0 = \lim_{x \to -\infty} \frac{1}{1 + x^2} = \lim_{x \to -\infty} f(x)$$

$f$ 的定义域为 $(-\infty, +\infty)$,它为偶函数,因此只需画出 $x \geq 0$ 的那部分,$f$ 的值域为 $(0,1]$(图 3.6.12).

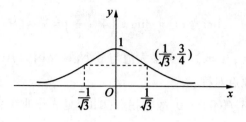

图 3.6.12

**例3.6.9**　作出多项式函数
$$f(x) = 4x^3 - 3x = x(4x^2 - 3)$$
的图形.

**解**　对函数 $f$ 求导,得

$$f'(x) = 12x^2 - 3 = 12\left(x^2 - \frac{1}{4}\right)$$

$$= 12\left(x + \frac{1}{2}\right)\left(x - \frac{1}{2}\right) \begin{cases} > 0, x < -\frac{1}{2}, f \text{严格增} \\ = 0, x = -\frac{1}{2}, f\left(-\frac{1}{2}\right) \text{达极大值} \\ < 0, -\frac{1}{2} < x < \frac{1}{2}, f \text{严格减} \\ = 0, x = \frac{1}{2}, f\left(\frac{1}{2}\right) \text{达极小值} \\ > 0, x > \frac{1}{2}, f \text{严格增} \end{cases}$$

$$f\left(-\frac{1}{2}\right) = 1, f\left(\frac{1}{2}\right) = -1$$

$$f(0) = f\left(-\frac{\sqrt{3}}{2}\right) = f\left(\frac{\sqrt{3}}{2}\right) = 0$$

再对 $f'$ 求导,得

$$f''(x) = 24x \begin{cases} < 0, x < 0, f \text{严格凹} \\ = 0, x = 0, \text{拐点} \\ > 0, x > 0, f \text{严格凸} \end{cases}$$

因为

$$\lim_{x \to +\infty} f(x) = \lim_{x \to +\infty} x^3\left(4 - \frac{3}{x^2}\right) = +\infty$$

$$\lim_{x \to -\infty} f(x) = \lim_{x \to -\infty} x^3 \left(4 - \frac{3}{x^2}\right) = -\infty$$

所以,$f(x)$ 在 $(-\infty, +\infty)$ 上无最大值与最小值. 又因为 $f(x)$ 为奇函数,所以 $f(x)$ 的图形关于原点对称.

因 $f'(0) = -3, f''(0) = 0$,故在拐点 $(0,0)$ 处先作曲线的切线 $y = -3x$,再作其图形(图3.6.13).

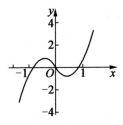

图3.6.13

**例3.6.10** 求曲线 $f(x) = \dfrac{x^3}{x^2 + 2x - 3} = \dfrac{x^3}{(x+3)(x-1)}$ 的渐近线,并描出草图.

**解** 显然,$f(x)$ 在 $x = -3, 1$ 处无定义,且

$$\lim_{x \to (-3)^-} f(x) = \lim_{x \to (-3)^-} \frac{x^3}{(x+3)(x-1)} = -\infty$$

$$\lim_{x \to (-3)^+} f(x) = \lim_{x \to (-3)^+} \frac{x^3}{(x+3)(x-1)} = +\infty$$

$$\lim_{x \to 1^-} f(x) = \lim_{x \to 1^-} \frac{x^3}{(x+3)(x-1)} = -\infty$$

$$\lim_{x \to 1^+} f(x) = \lim_{x \to 1^+} \frac{x^3}{(x+3)(x-1)} = +\infty$$

因此,该曲线有垂直渐近线 $x = -3$ 与 $x = 1$.

又因

$$k = \lim_{x \to \infty} \frac{f(x)}{x} = \lim_{x \to \infty} \frac{x^2}{x^2 + 2x - 3} = 1$$

$$b = \lim_{x \to \infty} [f(x) - kx] = \lim_{x \to \infty} \left(\frac{x^3}{x^2 + 2x - 3} - x\right)$$

$$= \lim_{x \to \infty} \frac{-2x^2 + 3x}{x^2 + 2x - 3} = -2$$

所以,此曲线还有斜渐近线为 $y = kx + b = x - 2$.

由于

$$f'(x) = \frac{x^2(x^2 + 4x - 9)}{(x^2 + 2x - 3)^2} = \frac{x^2(x + \sqrt{13} + 2)(x - \sqrt{13} + 2)}{(x+3)^2(x-1)^2}$$

进一步计算得

$$f''(x) = \frac{2x(7x^2 - 18x + 27)}{(x^2 + 2x - 3)^3}$$

列表 3.6.1 如下:

表 3.6.1

| $x$ | $-\infty$ | | $-\sqrt{13} - 2$ | | $-3$ | | $0$ | | $1$ | | $\sqrt{13} - 2$ | | $+\infty$ |
|---|---|---|---|---|---|---|---|---|---|---|---|---|---|
| $x + \sqrt{13} + 2$ | $-$ | | | + | | + | | + | | + | | + | |
| $x - \sqrt{13} + 2$ | $-$ | | | $-$ | | $-$ | | $-$ | | $-$ | | + | |
| $f'(x)$ | + | 0 | | $-$ | | $-$ | 0 | $-$ | | $-$ | 0 | + | |
| $f''(x)$ | $-$ | | | $-$ | | + | | + | | + | | + | |
| $f(x)$ | ↗凹 | 极大 | | ↘凹 | 无 | ↘凸 | 拐点 | ↘凹 | 无 | ↘凸 | 极小 | 凸↗ | |

表 3.6.1 中, $f$ 的增减区间、极值点、凹凸区间、拐点一目了然,根据这些,计算 $f(-\sqrt{13} - 2)$, $f(\sqrt{13} - 2)$,先画出渐近线,描上特殊点,$(\mp\sqrt{13} - 2,$ $f(\mp\sqrt{13} - 2))$, $(0,0)$,函数的图像就跃然纸上了(图 3.6.14).

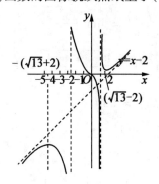

图 3.6.14

**例 3.6.11**　讨论函数 $f(x) = \sqrt[3]{x^3 - x^2 - x + 1} = \sqrt[3]{(x-1)^2} \cdot \sqrt[3]{x+1}$ 的性态,并作出其图像.

**解**　显然,此曲线与坐标轴交点为 $(1,0)$, $(-1,0)$, $(0,1)$ 三点. 求出导数

与二阶导数

$$f'(x) = \frac{x + \dfrac{1}{3}}{\sqrt[3]{x - 1}\sqrt[3]{(x + 1)^2}}$$

$$f''(x) = -\frac{8}{9\sqrt[3]{(x - 1)^4}\sqrt[3]{(x + 1)^5}}$$

由此得到驻点为 $x = -\dfrac{1}{3}$,不可导点 $x = \pm 1$. 但函数 $f(x)$ 在 $x = \pm 1$ 处连续,且

$$\lim_{x \to 1^-}\frac{f(x) - f(1)}{x - 1} = \lim_{x \to 1^-}\frac{\sqrt[3]{(x - 1)^2}\sqrt[3]{x + 1}}{x - 1}$$

$$= \lim_{x \to 1^-}\frac{\sqrt[3]{x + 1}}{\sqrt[3]{x - 1}} = -\infty$$

$$\lim_{x \to 1^+}\frac{f(x) - f(1)}{x - 1} = \lim_{x \to 1^+}\frac{\sqrt[3]{x + 1}}{\sqrt[3]{x - 1}} = +\infty$$

$$\lim_{x \to -1}\frac{f(x) - f(-1)}{x + 1} = \lim_{x \to -1}\frac{\sqrt[3]{(x - 1)^2}\sqrt[3]{x + 1}}{x + 1}$$

$$= \lim_{x \to 1^-}\frac{\sqrt[3]{(x - 1)^2}}{\sqrt[3]{(x + 1)^2}} = +\infty$$

所以,在 $x = \pm 1$ 处,曲线有垂直切线. 又因为

$$k = \lim_{x \to \infty}\frac{f(x)}{x} = \lim_{x \to \infty}\frac{\sqrt[3]{x^3 - x^2 - x + 1}}{x}$$

$$= \lim_{x \to \infty}\sqrt[3]{1 - \frac{1}{x} - \frac{1}{x^2} + \frac{1}{x^3}} = 1$$

$$b = \lim_{x \to \infty}(f(x) - kx) = \lim_{x \to \infty}(\sqrt[3]{x^3 - x^2 - x + 1} - x)$$

$$= \lim_{x \to \infty}\frac{(x^3 - x^2 - x + 1) - x^3}{(\sqrt[3]{x^3 - x^2 - x + 1})^2 + x\sqrt[3]{x^3 - x^2 - x + 1} + x^2}$$

$$= \lim_{x \to \infty}\frac{-1 - \dfrac{1}{x} + \dfrac{1}{x^2}}{\left(\sqrt[3]{1 - \dfrac{1}{x} - \dfrac{1}{x^2} + \dfrac{1}{x^3}}\right)^2 + \sqrt[3]{1 - \dfrac{1}{x} - \dfrac{1}{x^2} + \dfrac{1}{x^3}} + 1}$$

$$= -\frac{1}{3}$$

故 $f(x) = \sqrt[3]{x^3 - x^2 - x + 1}$ 的斜渐近线为 $y = x - \dfrac{1}{3}$. 极大值为

$$f\left(-\frac{1}{3}\right) = \sqrt[3]{(x-1)^2}\,\sqrt[3]{x+1}\,\Big|_{x=-\frac{1}{3}} = \sqrt[3]{\frac{4^2}{3^2}}\,\sqrt[3]{\frac{2}{3}} = \frac{2}{3}\sqrt[3]{4} > 1$$

列表 3.6.2 如下：

表 3.6.2

| $x$ | $-\infty$ | | $-1$ | | $-\dfrac{1}{3}$ | | $1$ | | $+\infty$ |
|---|---|---|---|---|---|---|---|---|---|
| $x+1$ | | $-$ | | $+$ | | $+$ | | $+$ | |
| $x+\dfrac{1}{3}$ | | $-$ | | $-$ | | $+$ | | $+$ | |
| $x-1$ | | $-$ | | $-$ | | $-$ | | $+$ | |
| $f'$ | | $+$ | $\infty$ | $+$ | $0$ | | $-$ | $\infty$ | $+$ |
| $f''$ | | $+$ | $\infty$ | $-$ | | | $-$ | $-\infty$ | |
| $f$ | | ↗凸 | 拐点 $(-1,0)$ | 凹↗ | 极大 | | 凹↘ | 极小 | 凹↗ |

综合上述画出 $f(x) = \sqrt[3]{x^3 - x^2 - x + 1}$ 的图形（图 3.6.15）.

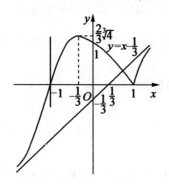

图 3.6.15

## 练习题 3.6

**1.** 判断下列函数 $f$ 的凸性：

$(1)f(x) = x^\mu$，其中$\mu \geqslant 1, x \geqslant 0$；　　$(2)f(x) = a^x$，其中$a > 0, x \in \mathbb{R}$；

$(3)f(x) = -\ln x, x > 0$；　　$(4)f(x) = x\ln x, x > 0$.

**2.** 确定下列函数的凹凸区间与拐点：

$(1)y = 2x^3 - 3x^2 - 36x + 25$；　　$(2)y = x + \dfrac{1}{x}$；

$(3)y = \ln(x^2 + 1)$；　　$(4)y = \dfrac{1}{1 + x^2}$.

**3.** 证明下列不等式,并指明式中等号成立的条件：

$(1)a^{\frac{x_1 + x_2 + \cdots + x_n}{n}} \leqslant \dfrac{a^{x_1} + a^{x_2} + \cdots + a^{x_n}}{n}$，其中$a > 0, a \neq 1$；

$(2)\left(\dfrac{x_1 + x_2 + \cdots + x_n}{n}\right)^p \leqslant \dfrac{x_1^p + x_2^p + \cdots + x_n^p}{n}$，其中$p > 1$；

$(3)$ 当$x_1, x_2, \cdots, x_n > 0$时,有

$$\frac{x_1 + x_2 + \cdots + x_n}{n} \leqslant \left(x_1^{x_1} x_2^{x_2} \cdots x_n^{x_n}\right)^{\frac{1}{x_1 + x_2 + \cdots + x_n}}$$

$(4)$ 设$\lambda_1, \lambda_2, \cdots, \lambda_n > 0$且$\lambda_1 + \lambda_2 + \cdots + \lambda_n = 1$,则$\forall x_i \geqslant 0, i = 1, 2, \cdots, n$,有

$$x_1^{\lambda_1} x_2^{\lambda_2} \cdots x_n^{\lambda_n} \leqslant \sum_{i=1}^{n} \lambda_i x_i$$

**4.** 证明：$f$在区间$I$上为凸函数$\Leftrightarrow \forall x_1, x_2 \in I, \varphi(\lambda) = f(\lambda x_1 + (1 - \lambda)x_2)$ 为$[0,1]$ 上的凸函数.

**5.** 设$f:[a,b] \to \mathbb{R}$为凸函数,如果$\exists c \in (a,b), s.t. f(a) = f(c) = f(b)$. 证明：$f$ 为常值函数.

**6.** 设$a < b < c < d$. 证明：若$f$在$[a,c]$及$[b,d]$上都为凸函数. 证明：$f$在$[a,d]$上也为凸函数.

**7.** $(1)$ 设函数$f$在$\mathbb{R}$ 上有界且$f'' \geqslant 0$. 证明：$f$为常值函数.

$(2)$ 设$f$为$\mathbb{R}$上的二阶可导函数且有界. 证明 $\exists \xi \in \mathbb{R}, s.t. f''(\xi) = 0$.

$(3)$ 设$f:\mathbb{R} \to \mathbb{R}$ 二阶可导,且$\lim\limits_{x \to \infty} f(x) = r \in \mathbb{R}$,证明：$\exists \xi \in \mathbb{R}, s.t. f''(\xi) = 0$.

**8.** 画出下列曲线的图形：

$(1)y = x^4 - 2x + 10$；　　$(2)y = e^{-x^2}$；

$(3)y = \ln(1 + x^2)$；　　$(4)y = x - \ln(1 + x)$；

$(5) y = \dfrac{x}{1 - x^2}$;

$(6) y = x^2 e^{-x}$;

$(7) y = x^3 + 6x^2 - 15x - 20$;

$(8) y = (x - 1)x^{\frac{2}{3}}$;

$(9) y = x - 2\arctan x$;

$(10) y = |x|^{\frac{2}{3}}(x - 2)^2$.

**9.** 应用凸函数概念证明如下不等式:

$(1) \forall a, b \in \mathbb{R}$, 有 $e^{\frac{a+b}{2}} \leqslant \dfrac{e^a + e^b}{2}$;

$(2) \forall a, b \geqslant 0$, 有 $2\arctan \dfrac{a + b}{2} \geqslant \arctan a + \arctan b$.

**10.** $a$ 与 $b$ 为何值时, 点 $(1, 3)$ 为曲线 $y = ax^3 + bx^2$ 的拐点.

**11.** 证明:(1) 如果 $f$ 为凸函数, $\lambda$ 为非负实数, 则 $\lambda f$ 为凸函数;

(2) 如果 $f, g$ 均为凸函数, 则 $f + g$ 也为凸函数;

(3) 如果 $f$ 为区间 $I$ 上的凸函数, $g$ 为 $J \supset f(I)$ 上的凸增函数, 则 $g \circ f$ 为 $I$ 上的凸函数.

**12.** 设 $f, g$ 均为区间 $I$ 上的凸函数. 证明:$F(x) = \max\{f(x), g(x)\}$ 也为 $I$ 上的凸函数.

**13.** 证明:(1) $f$ 为区间 $I$ 上的凸函数 $\Leftrightarrow \forall x_1, x_2, x_3 \in I, x_1 < x_2 < x_3$, 恒有

$$\Delta = \begin{vmatrix} 1 & x_1 & f(x_1) \\ 1 & x_2 & f(x_2) \\ 1 & x_3 & f(x_3) \end{vmatrix} \geqslant 0$$

(2) $f$ 为严格凸函数 $\Leftrightarrow \Delta > 0$.

## 思考题 3.6

**1.** 设 $f$ 为开区间 $I$ 上的二阶可导函数. 证明:

$f$ 为 $I$ 上的凸函数 $\Leftrightarrow f''(x) \geqslant 0, \forall x \in I$(用二次 Lagrange 中值定理证明充分性;用 $f''(x) = \lim\limits_{h \to 0} \dfrac{f(x + h) + f(x - h) - 2f(x)}{h^2}$ 证明必要性).

**2.** 设 $f$ 在 $[a, b]$ 上连续, 定义函数

$$D^2 f(x) = \lim\limits_{h \to 0} \dfrac{f(x + h) + f(x - h) - 2f(x)}{h^2}$$

又设 $\forall x \in (a,b)$，上述极限均存在，且 $D^2 f(x) = 0, x \in (a,b)$. 证明：$f(x) = c_1 x + c_2$，其中 $c_1, c_2$ 为常数.

**3.** 应用 Jensen 不等式证明：

(1) 设 $a_i > 0 (i = 1, 2, \cdots, n)$，有

$$\frac{n}{\dfrac{1}{a_1} + \dfrac{1}{a_2} + \cdots + \dfrac{1}{a_n}} \leqslant \sqrt[n]{a_1 a_2 \cdots a_n} \leqslant \frac{a_1 + a_2 + \cdots + a_n}{n}$$

(2) 设 $a_i, b_i > 0 (i = 1, 2, \cdots, n)$，有

$$\sum_{i=1}^{n} a_i b_i \leqslant \left( \sum_{i=1}^{n} a_i^p \right)^{\frac{1}{p}} \left( \sum_{i=1}^{n} b_i^q \right)^{\frac{1}{q}}$$

其中 $p > 0, q > 0, \dfrac{1}{p} + \dfrac{1}{q} = 1$.

**4.** 设 $f$ 为区间 $I$ 上的严格凸函数. 证明：若 $x_0 \in I$ 为 $f$ 的极小值点，则 $x_0$ 为 $f$ 在 $I$ 上唯一的极小值点.

**5.** 证明：区间 $I$ 上的两个单调增的非负凸函数 $f, g$ 之积仍为凸函数.

**6.** 设 $f(x)$ 为 $[0, +\infty)$ 上的凸函数，$f(x) \geqslant 0$ 且 $f(0) = 0$. 证明：$\dfrac{f(x)}{x}$ 为 $(0, +\infty)$ 上的单调增函数.

**7.** 设 $f_1(x), f_2(x)$ 为 $[0, +\infty)$ 上的两个凸函数，$f_1(x) \geqslant 0, f_2(x) \geqslant 0$ 且 $f_1(0) = f_2(0) = 0$. 证明：函数

$$\frac{f_1(x) f_2(x)}{x}$$

在 $(0, +\infty)$ 上也为凸函数.

**8.** 由 $f(x) = x \ln x, x > 0$ 为凸函数，证明

$$\left( \sum_{k=1}^{n} t_k x_k \right)^{\sum_{k=1}^{n} t_k x_k} \leqslant \prod_{k=1}^{n} x_k^{t_k x_k}$$

其中 $x_k > 0, t_k > 0, \sum_{k=1}^{n} t_k = 1, \prod_{k=1}^{n}$ 表示连乘.

# 复习题 3

**1.** 设 $f$ 与 $g$ 在 $(-\infty, +\infty)$ 上可导，它们在 $-\infty$ 与 $+\infty$ 上分别存在有限的极限.

又设当 $x \in \mathbb{R}$ 时, $g'(x) \neq 0.$ 证明: $\exists \xi \in (-\infty, +\infty)$, s.t.

$$\frac{f(+\infty) - f(-\infty)}{g(+\infty) - g(-\infty)} = \frac{f'(\xi)}{g'(\xi)}$$

**2.** 设 $f$ 与 $g$ 可导, 且对一切 $x$ 都有

$$\begin{vmatrix} f(x) & g(x) \\ f'(x) & g'(x) \end{vmatrix} \neq 0$$

证明: 在 $f$ 的任何两个不同零点之间, 至少有 $g$ 的一个零点.

**3.** 设 $p$ 为一个实系数多项式, 再构造一个多项式

$$q(x) = (1 + x^2)p(x)p'(x) + x(p(x)^2 + p'(x)^2)$$

假设方程 $p(x) = 0$ 有 $n$ 个大于 1 的不同实根, 证明: 方程 $q(x) = 0$ 至少有 $2n - 1$ 个不同实根.

**4.** 设 $n \in \mathbb{N}$, 且 $f(x) = \sum\limits_{k=1}^{n} c_k \mathrm{e}^{\lambda_k x}$, 其中 $\lambda_1, \lambda_2, \cdots, \lambda_n$ 为互不相等的实数, $c_1, c_2, \cdots, c_n$ 是不同时为 0 的实数. 试问: 函数 $f$ 至多能有多少个实零点?

**5.** 函数 $f: [a, b] \to \mathbb{R}$ 在 $[a, b]$ 上可导, 且 $f'(a) = f'(b)$. 证明: $\exists \xi \in (a, b)$, s.t.

$$f'(\xi) = \frac{f(\xi) - f(a)}{\xi - a}$$

**6.** 设函数 $f$ 在 $[a, +\infty)$ 上可导, $f(a) = 0$, 且当 $x \geq a$ 时有 $|f'(x)| \leq |f(x)|$. 证明: $f = 0$.

**7.** 设 $f$ 在 $[0, +\infty)$ 上可导, 且 $0 \leq f(x) \leq \dfrac{x}{1 + x^2}$. 证明: $\exists \xi > 0$, s.t.

$$f'(\xi) = \frac{1 - \xi^2}{(1 + \xi^2)^2}$$

**8.** 设函数 $f$ 在 $[0, 1]$ 上连续, 在 $(0, 1)$ 内可导, 且 $f(1) - f(0) = 1$. 证明: 对于 $k = 0, 1, \cdots, n - 1$, $\exists \xi_k \in (0, 1)$, s.t.

$$f'(\xi_k) = \frac{n!}{k!(n-1-k)!} \xi_k^k (1 - \xi_k)^{n-1-k}$$

**9.** 设函数 $f$ 在 $[a, b]$ 上连续, 在 $(a, b)$ 内 $n$ 次可导. 又设 $a = x_0 < x_1 < \cdots < x_n = b$. 证明: $\exists \xi \in (a, b)$, s.t.

$$\begin{vmatrix} 1 & 1 & \cdots & 1 \\ x_0 & x_1 & \cdots & x_n \\ \vdots & \vdots & & \vdots \\ x_0^{n-1} & x_1^{n-1} & \cdots & x_n^{n-1} \\ f(x_0) & f(x_1) & \cdots & f(x_n) \end{vmatrix} = \frac{1}{n!} f^{(n)}(\xi) \prod_{i>j} (x_i - x_j)$$

**10.** 设 $y_1 = c > 0, \dfrac{y_{n+1}}{n+1} = \ln\left(1 + \dfrac{y_n}{n}\right), n \in \mathbb{N}.$ 求极限 $\lim\limits_{n \to +\infty} y_n.$

**11.** 设函数 $f$ 在点 $x_0$ 有 $n$ 阶导数 $(n \in \mathbb{N})$. 证明

$$f^{(n)}(x_0) = \lim_{h \to 0} \frac{1}{h^n} \sum_{k=0}^{n} (-1)^{n-k} C_n^k f(x_0 + kh)$$

**12.** 求最大的数 $\alpha$ 及最小的数 $\beta$, 使满足下述不等式

$$\left(1 + \frac{1}{n}\right)^{n+\alpha} \leqslant e \leqslant \left(1 + \frac{1}{n}\right)^{n+\beta}, n \in \mathbb{N}$$

**13.** 设函数 $f$ 在点 $x_0$ 的开邻域内具有二阶导数. 证明:对充分小的 $h$, 存在 $\theta, 0 < \theta < 1$, 使得

$$\frac{f(x_0 + h) + f(x_0 - h) - 2f(x_0)}{h^2} = \frac{f''(x_0 + \theta h) + f''(x_0 - \theta h)}{2}$$

**14.** 设函数 $f$ 在区间 $(a, +\infty)$ 内可导. 试用 L'Hospital 法则或 $\varepsilon - \Delta$ 法证明:

(1) 若 $\lim\limits_{x \to +\infty} f'(x) = 0$, 则 $\lim\limits_{x \to +\infty} \dfrac{f(x)}{x} = 0$;

(2) 若 $\lim\limits_{x \to +\infty} [f(x) + f'(x)] = r$, 则 $\lim\limits_{x \to +\infty} f(x) = r.$

**15.** 设 $f$ 在 $(-r, r)$ 上有 $n$ 阶导数且 $\lim\limits_{x \to 0} f^{(n)}(x) = l, n \in \mathbb{N}.$ 证明: $f^{(n)}(0) = l.$

**16.** 设 $I$ 为开区间, 函数 $f$ 在 $I$ 上为凸函数 $\Leftrightarrow \forall c \in I, \exists a \in \mathbb{R}, \text{s.t.}$

$$f(x) \geqslant a(x - c) + f(c), \forall x \in I$$

对此做出几何解释.

**17.** 设 $p$ 为多项式, 如果

$$p'''(x) - p''(x) - p'(x) + p(x) \geqslant 0$$

在 $(-\infty, +\infty)$ 上成立. 证明: $p \geqslant 0.$

**18.** 设 $f : [0, +\infty) \to \mathbb{R}$, 且 $\forall x \in [0, +\infty)$ 有 $x = f(x) e^{f(x)}$. 证明:

(1) $f$ 是严格增的;

(2) $\lim\limits_{x \to +\infty} f(x) = +\infty$;

(3) $\lim\limits_{x \to +\infty} \dfrac{f(x)}{\ln x} = 1$.

**19.** 方阵 $A = (a_{ij}), i, j = 1, 2, \cdots, n$，其中一切元素均为正数，其各行的和及各列的和均为 1. 设 $x$ 是一个 $n$ 维列向量，各分量均为正数. 令 $y = Ax$，并设 $x$ 与 $y$ 的分量分别为 $x_1, x_2, \cdots, x_n$ 及 $y_1, y_2, \cdots, y_n$. 证明：$y_1 y_2 \cdots y_n \geqslant x_1 x_2 \cdots x_n$.

**20.** 设 $a \geqslant 2, x > 0$. 证明：$a^x + a^{\frac{1}{x}} \leqslant a^{\frac{x+1}{x}}$；当且仅当 $a = 2$ 与 $x = 1$ 时，式中等号成立.

**21.** 微分方程
$$\begin{cases} y'' + p(x)y' + q(x)y = r(x), x \in (a, b) \\ y(a) = A \\ y(b) = B \end{cases}$$

其中 $q(x) < 0, A, B$ 为常数，$p(x), q(x)$ 与 $r(x)$ 均连续. 如果这个方程在 $[a, b]$ 上有连续的解，则解必是唯一的.

**22.** 令 $p_n(x) = 1 + x + \dfrac{x^2}{2!} + \cdots + \dfrac{x^n}{n!}, n \in \mathbb{N}$. 证明：

(1) 当 $x < 0$ 时，$p_{2n}(x) > e^x > p_{2n+1}(x)$；

(2) 当 $x > 0$ 时，$e^x > p_n(x) \geqslant \left(1 + \dfrac{x}{n}\right)^n$；

(3) 对一切实数 $x$，有 $e^x = \sum\limits_{n=0}^{\infty} \dfrac{x^n}{n!}$.

**23.** 设 $f_0(x) = 1, f_{k+1}(x) = x f_k(x) - f_k'(x)$. 证明：

(1) $f_n(x)$ 是首项系数为 1 的 $n$ 次多项式；

(2) $f_n(x)$ 有 $n$ 个不同实根，且关于 0 对称地分布.

**24.** 求函数 $f(x) = e^x \left[ \dfrac{1}{x} - \dfrac{\ln(x-1)}{x} \right]$ 在 $[2, 4]$ 上的最大值.

**25.** 设 $f(x)$ 满足 $f''(x) + f'(x)g(x) - f(x) = 0$，其中 $g(x)$ 为任一函数. 证明：若 $f(x_0) = f(x_1) = 0 (x_0 < x_1)$，则 $f$ 在 $[x_0, x_1]$ 上恒等于 0.

**26.** 设 $f$ 在 $(-\infty, +\infty)$ 上二阶可导，$f'' > 0$. 又设 $f(x_0) < 0$，且
$$\lim\limits_{x \to -\infty} f'(x) = \alpha < 0, \quad \lim\limits_{x \to +\infty} f'(x) = \beta > 0$$
证明：方程 $f(x) = 0$ 在 $(-\infty, +\infty)$ 内恰有两个根.

**27.** 设在有界闭区间 $[a, b]$ 上，函数 $f$ 连续，$g$ 可导，$g(a) = 0, \lambda \neq 0$ 为常数. 如果 $\forall x \in [a, b]$，有
$$|g(x)f(x) + \lambda g'(x)| \leqslant |g(x)|$$
证明：$g(x) = 0, \forall x \in [a, b]$.

# 第 4 章  Taylor 公 式

Lagrange 中值定理是微分学中的重要定理,它有许多的应用,这一章我们将 Lagrange 中值定理做进一步的推广,这就是微分学中的 Taylor 公式,掌握了 Taylor 公式之后,再看上一章微分中值定理的那些理论,你将有一种"会当凌绝顶,一览众山小"的意境.

## 4.1  带各种余项的 Taylor 公式

实系数 $n$ 次多项式函数
$$P(x) = b_0 + b_1 x + \cdots + b_n x^n, b_n \neq 0$$
或更一般地,有
$$P(x) = a_0 + a_1(x - x_0) + \cdots + a_n(x - x_0)^n, a_n \neq 0$$
这是人们熟悉的函数,它有许多便于应用的性质,计算其 $k(k = 0, 1, \cdots, n)$ 阶导数,有
$$P^{(k)}(x) = k! a_k + (k+1)k \cdots 2a_{k+1}(x - x_0) + \cdots +$$
$$n(n-1) \cdots (n-k+1)a_n(x - x_0)^{n-k}$$
$$P^k(x_0) = k! a_k$$
从而得到第 $k$ 项的系数
$$a_k = \frac{P^{(k)}(x_0)}{k!}$$
所以它又可以写成
$$P(x) = P^{(0)}(x_0) + P'(x_0)(x - x_0) + \cdots + \frac{P^{(n)}(x_0)}{n!}(x - x_0)^n$$
$$= \sum_{k=0}^{n} \frac{P^{(k)}(x_0)}{k!}(x - x_0)^k$$
其中 $P^{(0)}(x_0) = P(x_0)$.

对于一般的有 $n$ 阶导数的函数 $f(x)$,是否可以用多项式来逼近?选择什么样的多项式 $P(x)$ 能与 $f(x)$ 有 $n$ 阶逼近(即 $f(x) - P(x) = o((x - x_0)^n)$)? $P(x)$ 的系数有什么要求?这是首要解决的问题.

**定理 4.1.1**(唯一性)　设

$$f(x) = \sum_{k=0}^{n} a_k (x - x_0)^k + o((x - x_0)^n)$$

$$= \sum_{k=0}^{n} b_k (x - x_0)^k + o((x - x_0)^n), x \to x_0$$

则 $a_k = b_k, k = 0, 1, \cdots, n$.

**证明**　(归纳法)在上述等式中令 $x \to x_0$,得到 $a_0 = b_0$. 假设 $a_i = b_i, 0 \leq i \leq j - 1 \leq n - 1$,则两式相减推出

$$0 = (a_j - b_j)(x - x_0)^j + \sum_{k=j+1}^{n} (a_k - b_k)(x - x_0)^k + o((x - x_0)^n)$$

于是,当 $x \neq x_0$ 时,有

$$0 = (a_j - b_j) + \sum_{k=j+1}^{n} (a_k - b_k)(x - x_0)^{k-j} + o((x - x_0)^{n-j})$$

再令 $x \to x_0$,得 $a_j - b_j = 0$,即 $a_j = b_j$. 于是对 $k = 0, 1, \cdots, n$ 有 $a_k = b_k$.

设 $f(x)$ 在点 $x_0$ 有直至 $n$ 阶的导数,我们称多项式

$$\sum_{k=0}^{n} \frac{f^{(k)}(x_0)}{k!}(x - x_0)^k$$

为 $f(x)$ 在 $x_0$ 处的 $n$ **次 Taylor 多项式**.

**定理 4.1.2**(带 Peano 型余项的 Taylor 公式)　设 $f$ 在点 $x_0$ 有直至 $n$ 阶的导数,则有

$$f(x) = \sum_{k=0}^{n} \frac{f^{(k)}(x_0)}{k!}(x - x_0)^k + R_n(x)$$

$$R_n(x) = o((x - x_0)^n) \quad (x \to x_0)$$

**证明**　设

$$T_n(x) = \sum_{k=0}^{n} \frac{f^{(k)}(x)}{k!}(x - x_0)^k$$

为 $f$ 的 $n$ 次 Taylor 多项式,易见

$$f^{(k)}(x_0) = T_n^{(k)}(x_0), k = 0, 1, \cdots, n$$

所以

$$R_n(x_0) = R_n'(x_0) = \cdots = R_n^{(n)}(x_0) = 0$$

此外,显然有

$$(x-x_0)^n\big|_{x_0} = \left[(x-x_0)^n\right]'\big|_{x_0} = \cdots = \left[(x-x_0)^n\right]^{(n-1)}\bigg|_{x_0} = 0$$

$$\left[(x-x_0)^n\right]^{(n)} = n!$$

因为 $f^{(n)}(x_0)$ 存在且有限,所以在 $x_0$ 的某开邻域内,$f$ 有 $n-1$ 阶导函数. 于是,允许接连使用 L'Hospital 法则 $n-1$ 次,得

$$\lim_{x\to x_0}\frac{R_n(x)}{(x-x_0)^n} = \lim_{x\to x_0}\frac{R_n'(x)}{n(x-x_0)^{n-1}}$$

$$= \cdots = \lim_{x\to x_0}\frac{R_n^{(n-1)}(x)}{n(n-1)\cdots 2(x-x_0)}$$

$$= \lim_{x\to x_0}\frac{f^{(n-1)}(x)-f^{(n-1)}(x_0)-f^{(n)}(x_0)(x-x_0)}{n(n-1)\cdots 2(x-x_0)}$$

$$= \frac{1}{n!}\lim_{x\to x_0}\left[\frac{f^{(n-1)}(x)-f^{(n-1)}(x_0)}{x-x_0}-f^{(n)}(x_0)\right]$$

$$= \frac{1}{n!}(f^{(n)}(x_0)-f^{(n)}(x_0)) = 0$$

即

$$R_n(x) = o((x-x_0)^n) \quad (x\to x_0)$$

并称它为 $f$ 在 $x_0$ 处的 **Peano 余项**.

当 $x_0 = 0$ 时,带 Peano 余项的 **Maclaurin** 公式为

$$f(x) = \sum_{k=0}^{n}\frac{f^{(k)}(0)}{k!}x^n + o(x^n)$$

**例 4.1.1** 如果 $f$ 在点 $x_0$ 附近满足

$$f(x) = P_n(x) + o((x-x_0)^n)$$

其中 $P_n(x) = \sum_{k=0}^{n}a_k(x-x_0)^k$ 为 $n$ 次式项式. 问:$P_n(x)$ 是否一定为 $f$ 的 Taylor

多项式 $T_n(x) = \sum_{k=0}^{n}\frac{f^{(k)}(x)}{k!}(x-x_0)^k$?

**解** 不一定.

反例:设 $f(x) = x^{n+1}D(x)$,$n\in\mathbb{N}$,其中 $D(x)$ 为 Dirichlet 函数. 显然,有

$$\lim_{x\to 0}\frac{f(x)}{x^n} = \lim_{x\to 0}\frac{x^{n+1}D(x)}{x^n} = \lim_{x\to 0}xD(x) = 0$$

故

$$f(x) = o(x^n) = \sum_{k=0}^{n} 0 \cdot x^k + o(x^n)$$

但由于 $f$ 在 $x \neq 0$ 处不连续,因而不可导,无法定义 $f''(0), f'''(0), \cdots$,也无法构造出高于一次的 Taylor 多项式 $T_n(x)$,因为在 $x = 0$ 处,有

$$f'(0) = \lim_{x \to 0} \frac{x^{n+1} D(x) - 0}{x - 0} = \lim_{x \to 0} x^n D(x) = 0$$

故一次 Taylor 多项式为

$$T_1(x) = f(0) + \frac{f'(0)}{1!} x = 0 + 0 \cdot x$$

**定理 4.1.3**(带 Lagrange 型余项与 Cauchy 型余项的 Taylor 公式)　设函数 $f$ 在区间 $I$ 上有 $n$ 阶连续导数,在 $\mathring{I}$ 上有 $n+1$ 阶导数,$x_0 \in \mathring{I}$,则有

$$f(x) = \sum_{k=0}^{n} \frac{f^{(k)}(x_0)}{k!} (x - x_0)^k + R_n(x), \forall x \in I$$

当 $x \neq x_0$ 时,记 $I_x = [x_0, x]$(或 $[x, x_0]$). 设 $G(t)$ 在 $I_x$ 上连续,在 $\mathring{I}_x$ 内可导,且 $G'(t) \neq 0, \forall t \in \mathring{I}_x$,则 $\exists \xi \in \mathring{I}_x$, s.t.

$$R_n(x) = \frac{f^{(n+1)}(\xi)}{n! G'(\xi)} (x - \xi)^n [G(x) - G(x_0)]$$

特别地,有下面两类余项:

(1) 若取 $G(t) = (x - t)^{n+1}$ 就得 **Lagrange 余项**

$$R_n(x) = \frac{f^{(n+1)}(\xi)}{(n+1)!} (x - x_0)^{n+1}$$

(2) 若取 $G(t) = x - t$ 就得 **Cauchy 余项**

$$R_n(x) = \frac{f^{(n+1)}(\xi)}{n!} (x - \xi)^n (x - x_0)$$

进而,当 $n = 0$ 时,带 Lagrange 余项的 Taylor 公式就是 Lagrange 中值定理 $f(x) = f(x_0) + f'(\xi)(x - x_0)$.

**证明**　令

$$F(t) = f(t) + \sum_{k=1}^{n} \frac{f^{(k)}(t)}{k!} (x - t)^k, t \in I$$

则 $F(t)$ 在 $I$ 上连续,在 $\mathring{I}$ 内可导,且当 $t \in \mathring{I}$ 时,有

$$F'(t) = f'(t) + \sum_{k=1}^{n} \left[ \frac{f^{(k+1)}(t)}{k!} (x - t)^k - \frac{f^{(k)}(t)}{(k-1)!} (x - t)^{k-1} \right]$$

$$= f'(t) + \sum_{j=2}^{n+1} \frac{f^{(j)}(t)}{(j-1)!}(x-t)^{j-1} - \sum_{k=2}^{n} \frac{f^{(k)}(t)}{(k-1)!}(x-t)^{k-1} - f'(t)$$

$$= \frac{f^{(n+1)}(t)}{n!}(x-t)^n, t \in \mathring{I}$$

对 $F(t), G(t)$ 在 $I_x$ 上应用 Cauchy 中值定理知,$\exists \xi \in \mathring{I}_x$,s. t.

$$\frac{F(x) - F(x_0)}{G(x) - G(x_0)} = \frac{F'(\xi)}{G'(\xi)} = \frac{\dfrac{f^{(n+1)}(\xi)}{n!}(x-\xi)^n}{G'(\xi)}$$

$$= \frac{f^{(n+1)}(\xi)}{n! G'(\xi)}(x-\xi)^n$$

$$R_n(x) = f(x) - \left[ f(x_0) + \sum_{k=1}^{n} \frac{f^{(k)}(x_0)}{k!}(x-x_0)^k \right]$$

$$= F(x) - F(x_0)$$

$$= \frac{f^{(n+1)}(\xi)}{n! G'(\xi)}(x-\xi)^n [G(x) - G(x_0)]$$

(1) 取 $G(t) = (x-t)^{n+1}$,则

$$G'(t) = -(n+1)(x-t)^n, G(x) = 0$$

$$G(x_0) = (x-x_0)^{n+1}$$

于是

$$R_n(x) = \frac{f^{(n+1)}(\xi)}{-n!(n+1)(x-\xi)^n}(x-\xi)^n [-(x-x_0)^{n+1}]$$

$$= \frac{f^{(n+1)}(\xi)}{(n+1)!}(x-x_0)^{n+1}$$

(2) 取 $G(t) = x - t$,则

$$G'(t) = -1, G(x) = 0, G(x_0) = x - x_0$$

于是

$$R_n(x) = \frac{f^{(n+1)}(\xi)}{n!(-1)}(x-\xi)^n [0 - (x-x_0)]$$

$$= \frac{f^{(n+1)}(\xi)}{n!}(x-\xi)^n(x-x_0)$$

**注 4. 1. 1** 为了给出 Lagrange 余项与 Cauchy 余项的另一证明,设 $F(t)$ 如 (1) 中所述. 再令可导函数 $\lambda(t)$ 适合 $\lambda(x_0) = 1, \lambda(x) = 0$. 构造一个函数

$$\varphi(t) = F(t) - [\lambda(t) F(x_0) + (1 - \lambda(t)) F(x)]$$

易见, $\varphi(x_0) = 0 = \varphi(x)$ ,应用 Rolle 定理可知,存在 $x_0$ 与 $x$ 之间的点 $\xi$ ,使得

$$0 = \varphi'(\xi) = F'(\xi) - \lambda'(\xi)\left[F(x_0) - F(x)\right]$$

如果 $\lambda'(t)$ 在 $x_0$ 与 $x$ 之间没有零点,由上式可得

$$F(x) - F(x_0) = -\frac{F'(\xi)}{\lambda'(\xi)}$$

于是

$$R_n(x) = f(x) - \sum_{k=0}^{n} \frac{f^{(k)}(x_0)}{k!}(x - x_0)^k$$

$$= F(x) - F(x_0) = -\frac{F'(\xi)}{\lambda'(\xi)}$$

（1）取 $\lambda(t) = \left(\dfrac{x-t}{x-x_0}\right)^{n+1}$ ,则

$$\lambda'(t) = -(n+1)\left(\frac{x-t}{x-x_0}\right)^n \frac{1}{x-x_0}$$

$$R_n(x) = -\frac{F'(\xi)}{\lambda'(\xi)} = -\frac{\dfrac{f^{(n+1)}(\xi)}{n!}(x-\xi)^n}{-(n+1)\left(\dfrac{x-\xi}{x-x_0}\right)^n \dfrac{1}{x-x_0}}$$

$$= \frac{f^{(n+1)}(\xi)}{(n+1)!}(x-x_0)^{n+1}$$

这就是 Lagrange 余项.

（2）取 $\lambda(t) = \dfrac{x-t}{x-x_0}$ ,则

$$\lambda'(t) = -\frac{1}{x-x_0}$$

$$R_n(x) = -\frac{F'(\xi)}{\lambda'(\xi)} = -\frac{\dfrac{f^{(n+1)}(\xi)}{n!}(x-\xi)^n}{-\dfrac{1}{x-x_0}}$$

$$= \frac{f^{(n+1)}(\xi)}{n!}(x-\xi)^n(x-x_0)$$

这就是 Cauchy 余项.

**注 4.1.2** $\xi$ 在 $x_0$ 与 $x$ 之间,则可表示为

$$\xi = x_0 + \theta(x - x_0), 0 < \theta < 1$$

于是,Lagrange 余项为

$$R_n(x) = \frac{f^{(n+1)}(x_0 + \theta(x - x_0))}{(n + 1)!}(x - x_0)^{n+1}$$

Cauchy 余项为

$$R_n(x) = \frac{f^{(n+1)}(x_0 + \theta(x - x_0))}{n!}(1 - \theta)^n(x - x_0)^{n+1}$$

$x_0 = 0$ 时的 Taylor 公式称为 **Maclaurin 公式**,即

$$f(x) = \sum_{k=0}^{n} \frac{f^{(k)}(0)}{k!}x^n + R_n(x)$$

Peano 余项为

$$R_n(x) = o(x^n)$$

Lagrange 余项为

$$R_n(x) = \frac{f^{(n+1)}(\xi)}{(n + 1)!}x^{n+1} = \frac{f^{(n+1)}(\theta x)}{(n + 1)!}x^{n+1}$$

Cauchy 余项为

$$R_n(x) = \frac{f^{(n+1)}(\xi)}{n!}(x - \xi)^n x = \frac{f^{(n+1)}(\theta x)}{n!}(1 - \theta)^n x^{n+1}$$

下面给出五个重要的 Maclaurin 公式(展开式)及其 Lagrange 余项与 Cauchy 余项.

**例 4.1.2**　$f(x) = e^x$.

**解**　因为 $f^{(k)}(x) = e^x, f^{(k)}(0) = 1, k = 0, 1, \cdots, n$,所以

$$e^x = \sum_{k=0}^{n} \frac{f^{(k)}(0)}{k!}x^k + R_n(x)$$

$$= \sum_{k=0}^{n} \frac{x^k}{k!} + R_n(x)$$

Lagrange 余项为

$$R_n(x) = \frac{f^{(n+1)}(\xi)}{(n + 1)!}x^{n+1} = \frac{e^{\xi}}{(n + 1)!}x^{n+1}$$

$$= \frac{e^{\theta x}}{(n + 1)!}x^{n+1}$$

Cauchy 余项为

$$R_n(x) = \frac{f^{(n+1)}(\xi)}{n!}(x - \xi)^n x = \frac{e^{\xi}}{n!}(x - \xi)^n x$$

$$= \frac{\mathrm{e}^{\theta x}}{n!}(1-\theta)^n x^{n+1}$$

$\xi$ 介于 $0$ 与 $x$ 之间, $0 < \theta < 1$.

**例 4.1.3** $f(x) = \sin x$.

**解** 因为 $f^{(k)}(x) = \sin\left(x + \frac{k\pi}{2}\right)$,所以

$$f^{(k)}(0) = \sin\frac{k\pi}{2} = \begin{cases} 0, k = 2j \\ (-1)^{j-1}, k = 2j-1, j = 1, 2, \cdots \end{cases}$$

取 $n = 2m$,得

$$\sin x = \sum_{k=0}^{2m-1} \frac{f^{(k)}(0)}{k!} x^k + R_{2m}(x)$$

$$= \sum_{j=1}^{m} \frac{(-1)^{j-1}}{(2j-1)!} x^{2j-1} + R_{2m}(x)$$

Lagrange 余项为

$$R_{2m}(x) = \frac{f^{(2m+1)}(\xi)}{(2m+1)!} x^{m+1}$$

$$= \frac{\sin\left(\xi + \frac{2m+1}{2}\pi\right)}{(2m+1)!} x^{2m+1}$$

$$= \frac{(-1)^m \cos\xi}{(2m+1)!} x^{2m+1}$$

$$= \frac{(-1)^m \cos\theta x}{(2m+1)!} x^{2m+1}$$

Cauchy 余项为

$$R_{2m}(x) = \frac{f^{(2m+1)}(\xi)}{2m}(x-\xi)^n x$$

$$= \frac{(-1)^m \cos\xi}{(2m)!}(x-\xi)^{2m} x$$

$$= \frac{(-1)^m \cos\theta x}{(2m)!}(1-\theta)^{2m} x^{2m+1}$$

**例 4.1.4** $f(x) = \cos x$.

**解** 已知 $f^{(k)}(x) = \cos\left(x + \frac{k}{2}\pi\right)$,故

$$f^{(k)}(0) = \cos\frac{k\pi}{2} = \begin{cases} 0, k = 2j + 1 \\ (-1)^j, k = 2j, j = 0,1,2,\cdots \end{cases}$$

$$\cos x = \sum_{j=0}^{m} (-1)^j \frac{x^{2j}}{(2j)!} + R_{2m+1}(x)$$

Lagrange 余项为

$$R_{2m+1}(x) = \frac{f^{(2m+2)}(\xi)}{(2m+2)!} x^{2m+2}$$

$$= \frac{\cos\left(\xi + \frac{(2m+2)\pi}{2}\right)}{(2m+2)!} x^{2m+2}$$

$$= \frac{(-1)^{m+1}\cos\xi}{(2m+2)!} x^{2m+2}$$

$$= \frac{(-1)^{m+1}\cos\theta x}{(2m+2)!} x^{2m+2}$$

Cauchy 余项为

$$R_{2m+1}(x) = \frac{f^{(2m+2)}(\xi)}{(2m+1)!}(x-\xi)^{2m+1}x$$

$$= \frac{(-1)^{m+1}\cos\xi}{(2m+1)!}(x-\xi)^{2m+1}x$$

$$= \frac{(-1)^{m+1}\cos\theta x}{(2m+1)!}(1-\theta)^{2m+1}x^{2m+2}$$

$\xi$ 介于 0 与 $x$ 之间, $0 < \theta < 1$.

**例 4.1.5** $f(x) = \ln(1+x), x > -1$.

**解**
$$f'(x) = \frac{1}{1+x} = (1+x)^{-1}$$

$$f^{(k)}(x) = \frac{(-1)^{k-1}(k-1)!}{(1+x)^k}$$

$$f^{(k)}(0) = (-1)^{k-1}(k-1)!, k \geqslant 1$$

$$\ln(1+x) = 0 + \sum_{k=1}^{n} \frac{(-1)^{k-1}(k-1)!}{k!} x^k + R_n(x)$$

$$= \sum_{k=1}^{n} \frac{(-1)^{k-1}}{k} x^k + R_n(x)$$

Lagrange 余项为

$$R_n(x) = \frac{f^{(n+1)}(\xi)}{(n+1)!} x^{n+1}$$

$$= \frac{(-1)^n n!}{(n+1)!(1+\xi)^{n+1}} x^{n+1}$$

$$= \frac{(-1)^n}{(n+1)(1+\xi)^{n+1}} x^{n+1}$$

$$= \frac{(-1)^n}{(n+1)(1+\theta x)^{n+1}} x^{n+1}$$

Cauchy 余项为

$$R_n(x) = \frac{f^{(n+1)}(\xi)}{n!}(x-\xi)^n x$$

$$= \frac{(-1)^n n!}{n!(1+\xi)^{n+1}}(x-\xi)^n x$$

$$= \frac{(-1)^n}{(1+\xi)^{n+1}}(x-\xi)^n x$$

$$= \frac{(-1)^n}{(1+\theta x)^{n+1}}(1-\theta)^n x^{n+1}$$

$\xi$ 介于 0 与 $x$ 之间，$0 < \theta < 1$.

**例 4.1.6**　$f(x) = (1+x)^{\alpha}, x > -1, \alpha \in \mathbb{R}$ 为常数.

**解**　$f^{(k)}(x) = \alpha(\alpha-1)\cdots(\alpha-k+1)(1+x)^{\alpha-k}$

$f^{(k)}(0) = \alpha(\alpha-1)\cdots(\alpha-k+1), k = 1,2,\cdots$

$$f(x) = 1 + \sum_{k=1}^{n} \frac{\alpha(\alpha-1)\cdots(\alpha-k+1)}{k!} x^k + R_n(x), x > -1$$

Lagrange 余项为

$$R_n(x) = \frac{f^{(n+1)}(\xi)}{(n+1)!} x^{n+1}$$

$$= \frac{\alpha(\alpha-1)\cdots(\alpha-n)}{(n+1)!}(1+\xi)^{\alpha-n-1} x^{n+1}$$

$$= \frac{\alpha(\alpha-1)\cdots(\alpha-n)}{(n+1)!}(1+\theta x)^{\alpha-n-1} x^{n+1}$$

Cauchy 余项为

$$R_n(x) = \frac{f^{(n+1)}(\xi)}{n!}(x-\xi)^n x$$

$$= \frac{\alpha(\alpha-1)\cdots(\alpha-n)}{n!}(1+\xi)^{\alpha-n-1}(x-\xi)^n x$$

$$= \frac{\alpha(\alpha - 1)\cdots(\alpha - n)}{n!}(1 + \theta x)^{\alpha - n - 1}(1 - \theta)^n x^{n+1}$$

$\xi$ 介于 0 与 $x$ 之间, $0 < \theta < 1$.

特别地, 当 $\alpha = -1$ 时, 带有 Lagrange 余项的 Taylor 公式为

$$\frac{1}{1 + x} = (1 + x)^{-1} = 1 + \sum_{k=1}^{n}(-1)^k x^k + \frac{(-1)^{n+1} x^{n+1}}{(1 + \xi)^{n+2}}$$

$$= \sum_{k=0}^{n}(-1)^k x^k + \frac{(-1)^{n+1} x^{n+1}}{(1 + \theta x)^{n+2}}$$

$\xi$ 介于 0 与 $x$ 之间, $0 < \theta < 1$.

$$\frac{1}{1 - x} = [1 + (-x)]^{-1}$$

$$= 1 + \sum_{k=1}^{n}(-1)^k(-x)^k + \frac{(-1)^{n+1}(-x)^{n+1}}{(1 + \xi)^{n+2}}$$

$$= 1 + \sum_{k=1}^{n} x^k + \frac{x^{n+1}}{(1 + \xi)^{n+2}}$$

$$= \sum_{k=0}^{n} x^k + \frac{x^{n+1}}{(1 - \theta x)^{n+2}}$$

$\xi$ 介于 0 与 $-x$ 之间, $0 < \theta < 1$.

当 $\alpha = \frac{1}{2}$ 时, 带有 Lagrange 余项的 Taylor 公式为

$$\sqrt{1 + x} = (1 + x)^{\frac{1}{2}} = 1 + \sum_{k=1}^{n} \frac{\frac{1}{2}\left(\frac{1}{2} - 1\right)\cdots\left(\frac{1}{2} - k + 1\right)}{k!} x^k + R_n(x)$$

$$= 1 + \sum_{k=1}^{n} \frac{(-1)^{k-1}(2k - 3)!!}{(2k)!!} x^k + R_n(x)$$

$$R_n(x) = \frac{(-1)^n(2n - 1)!!}{(2n + 2)!!} \frac{x^{n+1}}{(1 + \xi)^{n+\frac{1}{2}}}$$

$$= \frac{(-1)^n(2n - 1)!!}{(2n + 2)!!} \frac{x^{n+1}}{(1 + \theta x)^{n+\frac{1}{2}}}$$

$\xi$ 介于 0 与 $x$ 之间, $0 < \theta < 1$.

根据唯一性定理 4.1.1, 我们可以应用各种各样的方法来计算带 Peano 余项的 Maclaurin 公式.

**例 4.1.7**　将多项式 $P(x) = 2 + 3x + x^2 + 4x^3 + x^4$ 表示为 $x + 1$ 的多项式（即为 $x_0 = -1$ 处的 Taylor 展开式）.

**解法 1**　$P(x) = x^4 + 4x^3 + x^2 + 3x + 2$

$$= (x+1)^4 - (4x^3 + 6x^2 + 4x + 1) +$$

$$(4x^3 + x^2 + 3x + 2)$$

$$= (x+1)^4 - 5(x+1)^2 + 10x + 5 - x + 1$$

$$= (x+1)^4 - 5(x+1)^2 + 9(x+1) - 3$$

这是按降幂凑的方法.

**解法 2**　$$P(-1) = -3$$

$$P'(x) = 3 + 2x + 12x^2 + 4x^3, P'(-1) = 9$$

$$P'' = 2 + 24x + 12x^2, P''(-1) = -10$$

$$P'''(x) = 24 + 24x, P'''(-1) = 0$$

$$P^{(4)}(x) = 24, P^{(4)}(-1) = 24$$

所以

$$P(x) = \sum_{k=0}^{4} \frac{P^{(k)}(-1)}{k!}(x+1)^k$$

$$= \frac{24}{4!}(x+1)^4 + \frac{0}{3!}(x+1)^3 + \frac{-10}{2!}(x+1)^2 +$$

$$\frac{9}{1!}(x+1) + (-3)$$

$$= (x+1)^4 - 5(x+1)^2 + 9(x+1) - 3$$

**例 4.1.8**　写出 $f(x) = e^{-\frac{x^2}{2}}$ 的 Maclaurin 公式, 并求 $f^{(98)}(0)$ 与 $f^{(99)}(0)$.

**解**　$$e^{-\frac{x^2}{2}} = \sum_{k=0}^{n} \frac{1}{k!}\left(-\frac{x^2}{2}\right)^k + o(x^{2n})$$

$$= \sum_{k=0}^{n} \frac{(-1)^k}{k!2^k}x^{2k} + o(x^{2n})$$

$$\frac{1}{98!}f^{(98)}(0) = \frac{(-1)^{49}}{49!2^{49}}, f^{(98)}(0) = -\frac{98!}{49!2^{49}}$$

$$\frac{1}{99!}f^{(99)}(0) = 0, f^{(99)}(0) = 0$$

**例 4.1.9** 求 $y = f(x) = \tan x$ 的五次 Maclaurin 展开.

**解法 1** （待定系数法）设

$$\frac{\sin x}{\cos x} = \tan x = f(x)$$

$$= a_0 + a_1 x + a_2 x^2 + a_3 x^3 + a_4 x^4 + a_5 x^5 + o(x^5)$$

则

$$\sin x = x - \frac{x^3}{3!} + \frac{x^5}{5!} + o(x^5) = \cos x \cdot f(x)$$

$$= \left(1 - \frac{x^2}{2!} + \frac{x^4}{4!} + o(x^5)\right)\left(a_0 + a_1 x + a_2 x^2 + a_3 x^3 + a_4 x^4 + a_5 x^5 + o(x^5)\right)$$

$$= a_0 + a_1 x + a_2 x^2 + a_3 x^3 + a_4 x^4 + a_5 x^5 + o(x^5) - \frac{a_0}{2}x^2 - \frac{a_1}{2}x^3 -$$

$$\frac{a_2}{2}x^4 - \frac{a_3}{2}x^5 + o(x^5) + \frac{a_0}{24}x^4 + \frac{a_1}{24}x^5 + o(x^5)$$

$$= a_0 + a_1 x + \left(a_2 - \frac{a_0}{2}\right)x^2 + \left(a_3 - \frac{a_1}{2}\right)x^3 + \left(a^4 - \frac{a_2}{2} + \frac{a_0}{24}\right)x^4 +$$

$$\left(a_5 - \frac{a_3}{2} + \frac{a_1}{24}\right)x^5 + o(x^5)$$

由唯一性定理 4.1.1 知

$$\begin{cases} a_0 = 0 \\ a_1 = 1 \\ a_2 - \dfrac{a_0}{2} = 0 \\ a_3 - \dfrac{a_1}{2} = -\dfrac{1}{6} \\ a_4 - \dfrac{a_2}{2} + \dfrac{a_0}{24} = 0 \\ a_5 - \dfrac{a_3}{2} + \dfrac{a_1}{24} = \dfrac{1}{120} \end{cases}$$

即

$$\begin{cases} a_0 = 0 \\ a_1 = 1 \\ a_2 = \dfrac{a_0}{2} = 0 \\ a_3 = \dfrac{a_1}{2} - \dfrac{1}{6} = \dfrac{1}{2} - \dfrac{1}{6} = \dfrac{1}{3} \\ a_4 = \dfrac{a_2}{2} - \dfrac{a_0}{24} = 0 - 0 = 0 \\ a_5 = \dfrac{a_3}{2} - \dfrac{a_1}{24} + \dfrac{1}{120} = \dfrac{1}{6} - \dfrac{1}{24} + \dfrac{1}{120} = \dfrac{2}{15} \end{cases}$$

从而

$$\tan x = x + \frac{x^3}{3} + \frac{2}{15}x^5 + o(x^5)$$

**解法 2**　设 $y = \tan x = \dfrac{\sin x}{\cos x}$,则 $y(0) = 0$,且

$$y\cos x = \sin x$$

$$y'\cos x - y\sin x = \cos x, y'(0) = 1$$

$$y''\cos x - y'\sin x - y'\sin x - y\cos x = -\sin x, y''(0) = 0$$

$$y'''\cos x - 3y''\sin x - 3y'\cos x + y\sin x = -\cos x, y'''(0) = 2$$

$$y^{(4)}\cos x - 4y'''\sin x - 6y''\cos x + 4y'\sin x + y\cos x = \sin x,$$

$$y^{(4)}(0) = 0$$

$$y^{(5)}\cos x - 5y^{(4)}\sin x - 10y'''\cos x + 10y''\sin x +$$

$$5y'\cos x - y\sin x = \cos x, y^{(5)}(0) = 16$$

所以

$$y = \tan x = x + \frac{2}{3!}x^3 + \frac{16}{5!}x^5 + o(x^5)$$

$$= x + \frac{x^3}{3} + \frac{2}{15}x^5 + o(x^5)$$

**解法 3**　通过直接对 $y = \tan x$ 求导得(此方法较麻烦)

$$y(0) = 0, y'(0) = 1, y''(0) = 0$$

$$y'''(0) = 2, y^{(4)} = 0, y^{(5)}(0) = 16$$

于是

$$y = \tan x = \sum_{k=0}^{5} \frac{y^{(k)}(0)}{k!} x^k + o(x^5)$$

$$= x + \frac{x^3}{3} + \frac{2}{15} x^5 + o(x^5)$$

**例 4.1.10**  求 $f(x) = \ln \cos x$ 的六次 Maclaurin 展开.

**解法 1**
$$\cos x = 1 - \frac{x^2}{2!} + \frac{x^4}{4!} - \frac{x^6}{6!} + o(x^7)$$

$$\ln(1+u) = u - \frac{u^2}{2} + \frac{u^3}{3} + o(u^3)$$

$$\ln \cos x = \ln\left(1 - \frac{x^2}{2!} + \frac{x^4}{4!} - \frac{x^6}{6!} + o(x^7)\right)$$

$$= \left(-\frac{x^2}{2!} + \frac{x^4}{4!} - \frac{x^6}{6!} + o(x^7)\right) -$$

$$\frac{1}{2}\left(-\frac{x^2}{2!} + \frac{x^4}{4!} + o(x^5)\right)^2 + \frac{1}{3}\left(-\frac{x^2}{2!} + o(x^3)\right)^3$$

$$= \left(-\frac{x^2}{2} + \frac{x^4}{24} - \frac{x^6}{720} + o(x^7)\right) -$$

$$\frac{1}{2}\left(\frac{x^4}{4} - \frac{x^6}{24} + o(x^7)\right) - \frac{x^6}{24} + o(x^7)$$

$$= -\frac{x^2}{2} - \frac{x^4}{12} - \frac{x^6}{45} + o(x^6)$$

**解法 2**  $f(x) = \ln \cos x, f(0) = 0, f'(x) = -\frac{\sin x}{\cos x} = -\tan x, f'(0) = 0.$

由例 4.1.9 得

$$f''(0) = -1, f'''(0) = 0, f^{(4)}(0) = -2$$

$$f^{(5)}(0) = 0, f^{(6)}(0) = -16$$

$$\ln \cos x = \sum_{k=0}^{6} \frac{f^{(k)}(0)}{k!} x^k + o(x^6)$$

$$= -\frac{x^2}{2} - \frac{x^4}{12} - \frac{x^6}{45} + o(x^6)$$

**解法 3**  （待定系数法）令

$$\sum_{k=0}^{6} a_k x^k + o(x^6) = \ln \cos x$$

$$\sum_{k=1}^{6} a_k k x^{k-1} + o(x^5) = -\frac{\sin x}{\cos x} \overset{\text{例 4.1.9}}{=\!=\!=\!=} -x - \frac{x^3}{3} - \frac{2}{15} x^5 + o(x^5)$$

根据唯一性定理 4. 1. 1 得

$$a_1 = 0, a_2 = -\frac{1}{2}, a_3 = 0, a_4 = -\frac{1}{12}, a_5 = 0, a_6 = -\frac{1}{45}$$

而 $a_0 = y(0) = \ln \cos 0 = 0$，所以

$$\ln \cos x = -\frac{x^2}{2} - \frac{x^4}{12} - \frac{x^6}{45} + o(x^6)$$

**例 4. 1. 11**　求 $f(x) = \cos(\sin x)$ 的五次 Maclaurin 展开.

**解**　设 $u = \sin x$，则

$$
\begin{aligned}
f(x) &= \cos u = 1 - \frac{u^2}{2!} + \frac{u^4}{4!} + o(u^5) \\
&= 1 - \frac{\sin^2 x}{2} + \frac{\sin^4 x}{24} + o(\sin^5 x) \\
&= 1 - \frac{1}{2}\left(x - \frac{x^3}{3!} + o(x^4)\right)^2 + \frac{1}{24}\left(x - \frac{x^3}{3!} + o(x^4)\right)^4 + o(x^5) \\
&= 1 - \frac{1}{2}\left(x^2 - \frac{x^4}{4!} + o(x^5)\right) + \frac{1}{24}(x^4 + o(x^5)) + o(x^5) \\
&= 1 - \frac{x^2}{2} + \frac{5}{24}x^4 + o(x^5)
\end{aligned}
$$

**例 4. 1. 12**　求 $f(x) = \dfrac{1 + x}{1 + x^2}$ 的 Maclaurin 展开，要求到 $x^5$ 项.

**解法 1**　根据例 4. 1. 6,有

$$
\begin{aligned}
f(x) &= \frac{1 + x}{1 + x^2} = (1 + x)(1 - x^2 + x^4 - x^6 + o(x^6)) \\
&= 1 - x^2 + x^4 - x^6 + o(x^6) + x - x^3 + x^5 - x^7 + o(x^7) \\
&= 1 + x - x^2 - x^3 + x^4 + x^5 + o(x^5)
\end{aligned}
$$

**解法 2**　（待定系数法）令

$$\frac{1 + x}{1 + x^2} = a_0 + a_1 x + a_2 x^2 + a_3 x^3 + a_4 x^4 + a_5 x^5 + o(x^5)$$

于是

$$
\begin{aligned}
1 + x &= (1 + x^2)(a_0 + a_1 x + a_2 x^2 + a_3 x^3 + a_4 x^4 + a_5 x^5 + o(x^5)) \\
&= a_0 + a_1 x + a_2 x^2 + a_3 x^3 + a_4 x^4 + a_5 x^5 + o(x^5) + \\
&\quad\ a_0 x^2 + a_1 x^3 + a_2 x^4 + a_3 x^5 + o(x^5) \\
&= a_0 + a_1 x + (a_0 + a_2) x^2 + (a_1 + a_3) x^3 + (a_2 + a_4) x^4 +
\end{aligned}
$$

$$(a_3 + a_5)x^5 + o(x^5)$$

由唯一性定理 4. 1. 1 知

$$\begin{cases} a_0 = 1 \\ a_1 = 1 \\ a_0 + a_2 = 0 \\ a_1 + a_3 = 0 \\ a_2 + a_4 = 0 \\ a_3 + a_5 = 0 \end{cases}$$

即

$$\begin{cases} a_0 = 1 \\ a_1 = 1 \\ a_2 = -a_0 = -1 \\ a_3 = -a_1 = -1 \\ a_4 = -a_2 = 1 \\ a_5 = -a_3 = 1 \end{cases}$$

所以

$$\frac{1+x}{1+x^2} = 1 + x - x^2 - x^3 + x^4 + x^5 + o(x^5)$$

**解法 3** 设 $y = \dfrac{1+x}{1+x^2}$，则 $y(0) = 1$，又

$$(1+x^2)y = 1 + x$$

$$2xy + (1+x^2)y' = 1, y'(0) = 1$$

$$2y + 2xy' + 2xy' + (1+x^2)y'' = 0$$

$$2y + 4xy' + (1+x^2)y'' = 0, y''(0) = -2y(0) = -2$$

$$2y' + 4y' + 4xy'' + 2xy'' + (1+x^2)y''' = 0$$

$$6y' + 6xy'' + (1+x^2)y''' = 0, y'''(0) = -6y'(0) = -6$$

$$6y'' + 6y'' + 6xy''' + 2xy''' + (1+x^2)y^{(4)} = 0$$

$$12y'' + 8xy''' + (1+x^2)y^{(4)} = 0, y^{(4)}(0) = -12y''(0) = 24$$

$$12y''' + 8y''' + 8xy^{(4)} + 2xy^{(4)} + (1+x^2)y^{(5)} = 0$$

$$20y''' + 10xy^{(4)} + (1+x^2)y^{(5)} = 0, y^{(5)}(0) = -20y'''(0) = 120$$

所以

$$y = \frac{1+x}{1+x^2} = \sum_{k=0}^{5} \frac{y^{(k)}(0)}{k!} x^k + o(x^5)$$

$$= 1 + \frac{1}{1!}x + \frac{-2}{2!}x^2 + \frac{-6}{3!}x^3 + \frac{24}{4!}x^4 + \frac{120}{5!}x^5 + o(x^5)$$

$$= 1 + x - x^2 - x^3 + x^4 + x^5 + o(x^5)$$

**解法 4**
$$f(x) = \frac{1+x}{1+x^2}, f(0) = 1$$

$$f'(x) = \frac{1-2x-x^2}{(1+x^2)^2}, f'(0) = 1$$

$$f''(x) = \frac{2(x^3+3x^2-3x-1)}{(1+x^2)^3}, f''(0) = -2$$

$$f'''(x) = \frac{-6(x^4+4x^3-6x^2-4x+1)}{(1+x^2)^4}, f'''(0) = -6$$

$$f^{(4)}(x) = \frac{24(x^5+5x^4-10x^3-10x^2+5x+1)}{(1+x^2)^5}, f^{(4)}(0) = 24$$

$$f^{(5)}(x) = \frac{-120(x^6+6x^5-15x^4-20x^3+15x^2+6x-1)}{(1+x^2)^6},$$

$$f^{(5)}(0) = 120$$

于是 $f$ 的 Maclaurin 展开式为

$$f(x) = \frac{1+x}{1+x^2} = \sum_{k=0}^{5} \frac{f^{(k)}(0)}{k!} x^k + o(x^5)$$

$$= 1 + x - x^2 - x^3 + x^4 + x^5 + o(x^5)$$

从此解法可以看出,直接用定理 4.1.2 展开,有时需要做复杂的求导运算,这往往是一个笨方法.

**例 4.1.13**　将 $f(x) = \sin x$ 在 $x = \pi$ 处进行 Taylor 展开到六次.

**解法 1**　因为

$$f(\pi) = 0$$

$$f'(x) = \cos x, f'(\pi) = -1$$

$$f''(x) = -\sin x, f''(\pi) = 0$$

$$f'''(x) = -\cos x, f'''(\pi) = 1$$

$$f^{(4)}(x) = \sin x, f^{(4)}(\pi) = 0$$

$$f^{(5)}(x) = \cos x, f^{(5)}(\pi) = -1$$

$$f^{(6)}(x) = -\sin x, f^{(6)}(\pi) = 0$$

所以, $f(x) = \sin x$ 的 Taylor 展开为

$$\sin x = -(x-\pi) + \frac{(x-\pi)^3}{3!} - \frac{(x-\pi)^5}{5!} + o((x-\pi)^6)$$

**解法 2**  $\sin x = \sin(x-\pi+\pi) = -\sin(x-\pi)$

$$= -\left[(x-\pi) - \frac{(x-\pi)^3}{3!} + \frac{(x-\pi)^5}{5!} + o((x-\pi)^6)\right]$$

$$= -(x-\pi) + \frac{(x-\pi)^3}{3!} - \frac{(x-\pi)^5}{5!} + o((x-\pi)^6)$$

**例 4.1.14**  设 $f(x)$ 在 $[0,1]$ 上二阶可导, $|f(0)| \leq 1$, $|f(1)| \leq 1$, $|f''(x)| \leq 2, \forall x \in [0,1]$. 证明: $|f'(x)| \leq 3, \forall x \in [0,1]$.

**证明**  由 Taylor 公式

$$f(1) = f(x) + f'(x)(1-x) + \frac{1}{2}f''(\xi)(1-x)^2, \xi \in (x,1)$$

$$f(0) = f(x) + f'(x)(0-x) + \frac{1}{2}f''(\eta)(0-x)^2, \eta \in (0,x)$$

得到

$$f(1) - f(0) = f'(x) + \frac{1}{2}f''(\xi)(1-x)^2 - \frac{1}{2}f''(\eta)x^2$$

$$|f'(x)| = \left|f(1) - f(0) - \frac{1}{2}f''(\xi)(1-x)^2 + \frac{1}{2}f''(\eta)x^2\right|$$

$$\leq |f(1)| + |f(0)| + \frac{1}{2}|f''(\xi)|(1-x)^2 + \frac{1}{2}|f''(\eta)|x^2$$

$$\leq 2 + (1-x)^2 + x^2 \leq 2 + 1 = 3$$

**例 4.1.15**  设 $f(x)$ 在 $(-\infty, +\infty)$ 上三阶可导,并且 $f(x)$ 与 $f'''(x)$ 在 $(-\infty, +\infty)$ 上有界. 证明: $f'(x)$ 与 $f''(x)$ 在 $(-\infty, +\infty)$ 上也有界.

**证明**  由 Taylor 公式知

$$f(x+1) = f(x) + f'(x) + \frac{1}{2}f''(x) + \frac{1}{6}f'''(\xi), \xi \in (x, x+1)$$

$$f(x-1) = f(x) - f'(x) + \frac{1}{2}f''(x) - \frac{1}{6}f'''(\eta), \eta \in (x-1, x)$$

两式相减得

$$f(x+1) - f(x-1) = 2f'(x) + \frac{1}{6}[f'''(\xi) + f'''(\eta)]$$

$$|f'(x)| = \frac{1}{2}\left|f(x+1) - f(x-1) - \frac{1}{6}[f'''(\xi) + f'''(\eta)]\right|$$

$$\leqslant \frac{1}{2}\left[|f(x+1)| + |f(x-1)| + \frac{1}{6}|f'''(\xi)| + \frac{1}{6}|f'''(\eta)|\right]$$

$$\leqslant \frac{1}{2}\left(M_0 + M_0 + \frac{1}{6}M_3 + \frac{1}{6}M_3\right)$$

$$= M_0 + \frac{1}{6}M_3 < +\infty, \forall x \in (-\infty, +\infty)$$

其中 $M_k = \sup\limits_{-\infty < x < +\infty} |f^{(k)}(x)|$.

同理,两式相加得到

$$f(x+1) + f(x-1) = 2f(x) + f''(x) + \frac{1}{6}[f'''(\xi) - f'''(\eta)]$$

所以

$$|f''(x)| = \left|f(x+1) + f(x-1) - 2f(x) - \frac{1}{6}[f'''(\xi) - f'''(\eta)]\right|$$

$$\leqslant |f(x+1)| + |f(x-1)| + 2|f(x)| + \frac{1}{6}|f'''(\xi)| + \frac{1}{6}|f'''(\eta)|$$

$$\leqslant 4M_0 + \frac{1}{6} \cdot 2M_3$$

$$= 4M_0 + \frac{1}{3}M_3 < +\infty, \forall x \in (-\infty, +\infty)$$

于是,$f'(x)$ 与 $f''(x)$ 在 $(-\infty, +\infty)$ 上有界.

**例 4.1.16** 设 $f(x)$ 在 $(-\infty, +\infty)$ 上二次可导,$M_k = \sup\limits_{-\infty < x < +\infty} |f^{(k)}(x)|$,$k = 0,1,2$. 如果 $M_k < +\infty, k = 0,2$. 证明:$M_1^2 \leqslant 2M_0 M_2$. 由此可知 $M_1 < +\infty$.

**证法 1** 由 Taylor 公式得到

$$f(x+h) = f(x) + f'(x)h + \frac{1}{2}f''(\xi)h^2$$

$\xi$ 介于 $x$ 与 $x+h$ 之间

$$f(x-h) = f(x) - f'(x)h + \frac{1}{2}f''(\eta)h^2$$

$\eta$ 介于 $x-h$ 与 $x$ 之间.

两式相减得

$$f(x+h) - f(x-h) = 2f'(x)h + \frac{h^2}{2}[f''(\xi) - f''(\eta)]$$

$$2 \mid f'(x) \mid h \leqslant 2 \mid f'(x)h \mid = \left| f(x + h) - f(x - h) - \frac{h^2}{2}[f''(\xi) - f''(\eta)] \right|$$

$$\leqslant \mid f(x + h) \mid + \mid f(x - h) \mid + \frac{h^2}{2}[\mid f''(\xi) \mid + \mid f''(\eta) \mid]$$

$$\leqslant 2M_0 + h^2 M_2$$

$$M_2 h^2 - 2 \mid f'(x) \mid h + 2M_0 \geqslant 0, \forall h \in (-\infty, +\infty)$$

则当 $M_2 > 0$ 时,上述 $h$ 的二次三项式的判别式

$$\Delta = 4(\mid f'(x) \mid^2 - 2M_0 M_2) \leqslant 0$$

$$\mid f'(x) \mid^2 \leqslant 2M_0 M_2$$

$$M_1^2 = (\sup_{-\infty < x < +\infty} \mid f'(x) \mid)^2 \leqslant 2M_0 M_2 < +\infty$$

当 $M_2 = 0$,则 $f''(x) = 0, f'(x) \equiv c, f(x) \equiv cx + d$.

如果 $c \neq 0$,则 $M_0 = \sup_{-\infty < x < +\infty} \mid cx + d \mid = +\infty$,这与题设 $M_0 < +\infty$ 相矛盾.

因此,$c = 0$,从而 $f(x) \equiv d, f'(x) \equiv 0, M_1 = 0 = 2M_0 \cdot 0 = 2M_0 M_2$.

**证法 2** 在证法 1 中,有

$$2 \mid f'(x) \mid h \leqslant 2M_0 + h^2 M_2, \forall h \in (-\infty, +\infty)$$

$$\mid f'(x) \mid \leqslant \frac{M_0}{h} + \frac{hM_2}{2}, \forall h > 0$$

而 $\frac{M_0}{h} \frac{hM_2}{2} = \frac{1}{2}M_0 M_2$ 为常数,故上述不等式的右端作为 $h$ 的函数时,当

$$\frac{M_0}{h} = \frac{hM_2}{2} \Leftrightarrow h = \sqrt{\frac{2M_0}{M_2}}$$

时达到最小值. 代入得

$$\mid f'(x) \mid \leqslant 2\sqrt{\frac{1}{2}M_0 M_2} = \sqrt{2M_0 M_2}, M_1^2 \leqslant 2M_0 M_2$$

# 练习题 4.1

**1.** 设函数 $f$ 在 $[a, b]$ 上二阶可导,且 $f'(a) = f'(b) = 0$. 证明:$\exists c \in (a, b)$, s. t.

$$\mid f''(c) \mid \geqslant \frac{4}{(b - a)^2} \mid f(b) - f(a) \mid$$

提示:(1) 对 $f(d) = \dfrac{1}{2}[f(a) + f(b)]$ 在 $a$ 或 $b$ 进行二阶 Taylor 展开;

(2) 对 $f\left(\dfrac{a+b}{2}\right)$ 在 $a$ 与 $b$ 进行 Taylor 展开;

(3) $f$ 与 $(x-a)^2$ 在 $\left[a, \dfrac{a+b}{2}\right]$ 上两次应用 Cauchy 中值定理,$f$ 与 $(b-x)^2$ 在 $\left[\dfrac{a+b}{2}, b\right]$ 上两次应用 Cauchy 中值定理.

**2.** 设 $f$ 在 $[a,b]$ 上三阶可导,证明:$\exists \xi \in (a,b)$,s.t.

$$f(b) = f(a) + \frac{1}{2}(b-a)[f'(a) + f'(b)] - \frac{1}{12}(b-a)^3 f'''(\xi)$$

提示:(1) 令 $F(x) = f(x) - f(a) - \dfrac{1}{2}(x-a)[f'(a) + f'(x)] - \dfrac{1}{12}(x-a)^3 M$,并取 $M$ 使 $F(b) = 0$,再对 $F(x)$ 两次应用 Rolle 定理;

(2) $F(x)$ 在 $a$ 作二阶 Taylor 展开;

(3) 对 $F(x) = f(x) - f(a) - \dfrac{1}{2}(x-a)[f'(a) + f'(x)]$ 与 $G(x) = -\dfrac{(x-a)^3}{12}$ 两次应用 Cauchy 中值定理.

**3.** 应用 Taylor 公式或 L' Hospital 法则证明:$\lim\limits_{x \to 0}\left[\dfrac{(1+x)^{\frac{1}{x}}}{e}\right]^{\frac{1}{x}} = e^{-\frac{1}{2}}$.

**4.** 用初等方法或 L' Hospital 法则或 Taylor 公式证明

$$\lim_{x \to +\infty}\left[\sqrt[n]{(x-a_1)(x-a_2)\cdots(x-a_n)} - x\right] = -\frac{a_1 + a_2 + \cdots + a_n}{n}$$

**5.** 应用 Taylor 公式或 L' Hospital 法则证明

$$\lim_{x \to \infty} x\left[\left(1 + \frac{1}{x}\right)^x - e\right] = -\frac{e}{2}$$

**6.** 应用 Taylor 公式或 L' Hospital 法则证明

$$\lim_{x \to 0}\frac{\cos x - e^{\frac{-x^2}{2}} + \dfrac{x^4}{12}}{x^6} = \frac{7}{360}$$

**7.** 将多项式 $P(x) = 1 + 2x + 3x^2 + 4x^3 + 5x^4$ 按 $x+1$ 的幂展开.

**8.** 按指定的次数写出函数 $f(x)$ 在 $x = 0$ 的带 Peano 型余项的 Maclaurin 公式:

(1) $f(x) = e^{2x-x^2}$,五次;      (2) $f(x) = \ln(\cos x)$,六次;

$(3)f(x) = \tan x$,五次; $\qquad$ $(4)f(x) = \dfrac{1}{\sqrt{1 + x}}$,六次;

$(5)f(x) = \arctan x$,五次; $\qquad$ $(6)f(x) = \dfrac{1}{\sqrt{1 - x^2}}$,六次;

$(7)f(x) = \dfrac{x}{e^x - 1}$,四次; $\qquad$ $(8)f(x) = \dfrac{1 + x + x^2}{1 - x + x^2}$,四次.

**9.** 按指定的次数写出函数 $f(x)$ 在指定点 $x_0$ 处带 Peano 型余项的 Taylor 公式:

$(1)f(x) = \sin x, x_0 = \dfrac{\pi}{2}, 2n$ 次;

$(2)f(x) = \cos x, x_0 = \pi, 2n$ 次;

$(3)f(x) = e^x, x_0 = 1, n$ 次;

$(4)f(x) = \ln x, x_0 = 2, n$ 次;

$(5)f(x) = \dfrac{x}{1 + x^2}, x_0 = 0, 2n + 1$ 次;

$(6)f(x) = xe^{-x^2}, x_0 = -1, 2n + 1$ 次.

**10.** 设函数 $f$ 在点 $x_0$ 邻近可表示为

$$f(x) = \sum_{k=0}^{n} a_k (x - x_0)^k + o((x - x_0)^n)$$

是否必定有 $a_k = \dfrac{f^{(k)}(x_0)}{k!}, k = 0, 1, \cdots, n$?

**11.** 设 $f(x)$ 在 $[0,1]$ 上二阶可导,且 $f(0) = f(1)$,$|f''(x)| \leqslant 1, \forall x \in [0,1]$. 证明:$|f'(x)| \leqslant \dfrac{1}{2}, \forall x \in [0,1]$.

**12.** 设 $f:[0,2] \to \mathbb{R}$ 二阶可导,且 $\forall x \in [0,2]$ 有 $|f(0)| \leqslant 1$,$|f(2)| \leqslant 1$ 与 $|f''(x)| \leqslant 1, \forall x \in [0,2]$. 证明:$|f'(x)| \leqslant 2, \forall x \in [0,2]$.

# 思考题 4.1

**1.** 证明:(1) 设 $f(x)$ 在 $(a, +\infty)$ 内可导,若 $\lim\limits_{x \to +\infty} f(x), \lim\limits_{x \to +\infty} f'(x)$ 都存在且有限,则 $\lim\limits_{x \to +\infty} f'(x) = 0$.

(2) 设 $f(x)$ 在 $(a, +\infty)$ 内三阶可导,若 $\lim\limits_{x \to +\infty} f(x), \lim\limits_{x \to +\infty} f'''(x)$ 都存在且有限.

则
$$\lim_{x\to+\infty}f'(x)=\lim_{x\to+\infty}f''(x)=\lim_{x\to+\infty}f'''(x)=0$$

(3) 设 $f(x)$ 在 $(a,+\infty)$ 内 $n$ 阶可导. 若 $\lim\limits_{x\to+\infty}f(x),\lim\limits_{x\to+\infty}f^{(n)}(x)$ 都存在且有限,则
$$\lim_{x\to+\infty}f^{(k)}(x)=0,k=1,2,\cdots,n$$

**2.** 设 $h>0$,函数 $f$ 在 $U(a;h)$ 内具有 $n+2$ 阶连续导数,且 $f^{(n+2)}(a)\neq0$. $f$ 在 $U(a;h)$ 内的 Taylor 公式为
$$f(a+h)=f(a)+f'(a)h+\cdots+\frac{f^{(n)}(a)}{n!}h^n+$$
$$\frac{f^{(n+1)}(a+\theta(h)h)}{(n+1)!}h^{n+1},0<\theta(h)<1$$

证明: $\lim\limits_{h\to0}\theta(h)=\dfrac{1}{n+2}$.

**3.** 设函数 $f(x)$ 在点 $x_0$ 处有 $n+1$ 阶导数,且 $f^{(n+1)}(x_0)\neq0$. 将 $f(x)$ 在 $x_0$ 处按 Taylor 公式展开
$$f(x_0+h)=f(x_0)+f'(x_0)h+\cdots+\frac{f^{n-1}(x_0)}{(n-1)!}h^{n-1}+$$
$$\frac{h^n}{n!}f^{(n)}(x_0+\theta(h)h),\theta(h)\in(0,1)$$

证明: $\lim\limits_{h\to0}\theta(h)=\dfrac{1}{n+1}$.

**4.** 设 $f(x)$ 在 $(x_0-\delta,x_0+\delta)$ 内有 $n$ 阶连续导数,且
$$f''(x_0)=f'''(x_0)=\cdots=f^{(n-1)}(x_0)=0$$
但 $f^{(n)}(x_0)\neq0$. 当 $0<|h|<\delta$ 时,有
$$f(x_0+h)-f(x_0)=hf'(x_0+\theta(h)h),0<\theta(h)<1$$

证明: $\lim\limits_{h\to0}\theta(h)=\dfrac{1}{\sqrt[n-1]{n}}$.

**5.** 设函数 $f(x)$ 与 $g(x)$ 在 $(-1,1)$ 内无限次可导,且
$$|f^{(n)}(x)-g^{(n)}(x)|\leq n!|x|,|x|<1,n=0,1,2,\cdots$$
证明: $f(x)=g(x)$.

**6.** 设函数 $f(x)$ 在 $[0,1]$ 上二阶可导,$f(0)=f(1)=0$,并且在 $[0,1]$ 上 $f(x)$ 的最小值为 $-1$. 证明: $\exists\xi_1,\xi_2\in(0,1)$, s.t. $f''(\xi_1)\geq8,f''(\xi_2)\leq8$.

7. 设 $f(x)$ 在 $(x_0 - R, x_0 + R)$ 内有各阶导数,且 $\forall n \in N$,有

$$| f^{(n)}(x) | \leqslant M(常数), \forall x \in (x_0 - R, x_0 + R)$$

证明:$f(x)$ 在 $(x_0 - R, x_0 + R)$ 内可展开为无穷 Taylor 级数,即

$$f(x) = \sum_{k=0}^{\infty} \frac{f^{(k)}(x_0)}{k!}(x - x_0)^k$$

8. 设 $f(x)$ 在 $(-1, 1)$ 内二阶可导,$f(0) = f'(0) = 0$,$| f''(x) | \leqslant | f(x) | + | f'(x) |$. 分别应用 Taylor 公式和 Lagrange 中值定理证明:$\exists \delta > 0$,s.t. $f(x) = 0, \forall x \in (-\delta, \delta)$.

# 4.2   Taylor 公式的应用

众所周知,L' Hospital 法则是 $\frac{0}{0}, \frac{\infty}{\infty}$ 型等不定型极限计算的有效方法,但有时求导是很麻烦的,应用 Taylor 公式来计算这种极限是十分方便的. 用 Taylor 公式还可证明不等式,求极限以及近似计算.

## 1. 应用 Taylor 公式计算极限

**例 4.2.1**   计算 $\lim\limits_{x \to 0} \dfrac{\cos x - e^{-\frac{x^2}{2}}}{x^4}$.

**解**
$$\lim_{x \to 0} \frac{\cos x - e^{-\frac{x^2}{2}}}{x^4}$$

$$= \lim_{x \to 0} \frac{\left[1 - \dfrac{x^2}{2!} + \dfrac{x^4}{4!} + o(x^4)\right] - \left[1 - \dfrac{x^2}{2} + \dfrac{\left(\dfrac{-x^2}{2}\right)^2}{2!} + o(x^4)\right]}{x^4}$$

$$= \lim_{x \to 0} \frac{-\dfrac{1}{12}x^4 + o(x^4)}{x^4} = \lim_{x \to 0}\left(-\frac{1}{12} + \frac{o(x^4)}{x^4}\right)$$

$$= -\frac{1}{12}$$

**例 4.2.2**   计算 $\lim\limits_{x \to 0} \dfrac{e^x \sin x - x(1 + x)}{\sin^3 x}$.

**解**
$$\lim_{x \to 0} \frac{e^x \sin x - x(1 + x)}{\sin^3 x}$$

$$= \lim_{x \to 0} \frac{\left(1 + x + \frac{x^2}{2!} + o(x^2)\right)\left(x - \frac{x^3}{3!} + o(x^3)\right) - x - x^2}{x^3}$$

$$= \lim_{x \to 0} \frac{x + x^2 + \frac{x^3}{2} - \frac{x^3}{6} + o(x^3) - x - x^2}{x^3}$$

$$= \lim_{x \to 0} \left(\frac{1}{3} + \frac{o(x^3)}{x^3}\right) = \frac{1}{3}$$

**例 4.2.3**　求 $\lim\limits_{n \to +\infty} \left[\dfrac{n^4}{e}\left(1 + \dfrac{1}{n}\right)^n - n^4 + \dfrac{n^3}{2} - \dfrac{11}{24}n^2 + \dfrac{7}{16}n\right]$.

**解**　由 Taylor 公式得到

$$\frac{n^4}{e}\left(1 + \frac{1}{n}\right)^n = n^4 e^{n\ln(1+\frac{1}{n})-1}$$

$$= n^4 \exp\left[n\left(\frac{1}{n} - \frac{1}{2n^2} + \frac{1}{3n^3} - \frac{1}{4n^4} + \frac{1}{5n^5} + o\left(\frac{1}{n^5}\right)\right) - 1\right]$$

$$= n^4 \exp\left[-\frac{1}{2n} + \frac{1}{3n^2} - \frac{1}{4n^3} + \frac{1}{5n^4} + o\left(\frac{1}{n^4}\right)\right]$$

$$= n^4\left\{1 + \left[-\frac{1}{2n} + \frac{1}{3n^2} - \frac{1}{4n^3} + \frac{1}{5n^4} + o\left(\frac{1}{n^4}\right)\right] + \right.$$

$$\frac{1}{2!}\left[-\frac{1}{2n} + \frac{1}{3n^2} - \frac{1}{4n^3} + o\left(\frac{1}{n^3}\right)\right]^2 +$$

$$\frac{1}{3!}\left[-\frac{1}{2n} + \frac{1}{3n^2} + o\left(\frac{1}{n^2}\right)\right]^3 +$$

$$\left.\frac{1}{4!}\left[-\frac{1}{2n} + o\left(\frac{1}{n}\right)\right]^4 + o\left(\frac{1}{n^4}\right)\right\}$$

$$= n^4\left\{1 - \frac{1}{2n} + \frac{1}{3n^2} - \frac{1}{4n^3} + \frac{1}{5n^4} + \frac{1}{8n^2} - \frac{1}{6n^3} + \frac{1}{18n^4} + \right.$$

$$\left.\frac{1}{8n^4} - \frac{1}{48n^3} + \frac{1}{24n^4} + \frac{1}{24 \cdot 16n^4} + o(n^4)\right\}$$

$$= n^4 - \frac{n^3}{2} + \frac{11n^2}{24} - \frac{7}{16}n + \frac{2\,447}{5\,760} + n^4 o\left(\frac{1}{n^4}\right)$$

因此

$$\lim_{n\to+\infty}\left[\frac{n^4}{e}\left(1+\frac{1}{n}\right)^n - n^4 + \frac{n^3}{2} - \frac{11}{24}n^2 + \frac{7}{16}n\right]$$

$$= \lim_{n\to+\infty}\left[\frac{2\,447}{5\,760} + \frac{o\left(\frac{1}{n^4}\right)}{\frac{1}{n^4}}\right] = \frac{2\,447}{5\,760}$$

**例 4.2.4** 计算 $\lim\limits_{x\to+\infty}(\sqrt[6]{x^6+x^5} - \sqrt[6]{x^6-x^5})$.

**解** $\lim\limits_{x\to+\infty}(\sqrt[6]{x^6+x^5} - \sqrt[6]{x^6-x^5})$

$$= \lim_{x\to+\infty}x\left[\left(1+\frac{1}{x}\right)^{\frac{1}{6}} - \left(1-\frac{1}{x}\right)^{\frac{1}{6}}\right]$$

$$= \lim_{x\to+\infty}x\left[\left(1+\frac{1}{6}\cdot\frac{1}{x}+o\left(\frac{1}{x}\right)\right)-\left(1-\frac{1}{6}\cdot\frac{1}{x}+o\left(\frac{1}{x}\right)\right)\right]$$

$$= \lim_{x\to+\infty}\left[\frac{1}{3} + \frac{o\left(\frac{1}{x}\right)}{\frac{1}{x}}\right] = \frac{1}{3} + 0 = \frac{1}{3}$$

**例 4.2.5** 计算 $\lim\limits_{x\to+\infty}x^{\frac{7}{4}}(\sqrt[4]{x+1} + \sqrt[4]{x-1} - 2\sqrt[4]{x})$.

**解** $\lim\limits_{x\to+\infty}x^{\frac{7}{4}}(\sqrt[4]{x+1} + \sqrt[4]{x-1} - 2\sqrt[4]{x})$

$$= \lim_{x\to+\infty}x^{\frac{7}{4}}x^{\frac{1}{4}}\left[\left(1+\frac{1}{x}\right)^{\frac{1}{4}} + \left(1-\frac{1}{x}\right)^{\frac{1}{4}} - 2\right]$$

$$= \lim_{x\to+\infty}x^2\left[1 + \frac{1}{4}\cdot\frac{1}{x} + \frac{\frac{1}{4}\left(-\frac{3}{4}\right)}{2!}\left(\frac{1}{x}\right)^2 + o\left(\frac{1}{x^2}\right) + 1 + \right.$$

$$\left. \frac{1}{4}\left(-\frac{1}{x}\right) + \frac{\frac{1}{4}\left(-\frac{3}{4}\right)}{2!}\left(-\frac{1}{x}\right)^2 + o\left(\frac{1}{x^2}\right) - 2\right]$$

$$= \lim_{x\to+\infty}\left[-\frac{3}{16} + \frac{o\left(\frac{1}{x^2}\right)}{\frac{1}{x^2}}\right] = -\frac{3}{16}$$

**例 4.2.6** 计算 $\lim\limits_{x\to+\infty}\dfrac{\left[(1+x)^{\frac{1}{x}} - x^{\frac{1}{x}}\right](x\ln x)^2}{x^{x^{\frac{1}{x}}} - x}$.

**解**　因为

$$(1 + x)^{\frac{1}{x}} - x^{\frac{1}{x}} = x^{\frac{1}{x}}\left(1 + \frac{1}{x}\right)^{\frac{1}{x}} - x^{\frac{1}{x}}$$

$$= e^{\frac{1}{x}\ln x}\left[e^{\frac{1}{x}\ln\left(1+\frac{1}{x}\right)} - 1\right]$$

$$= e^{\frac{1}{x}\ln x}\left[\frac{1}{x}\ln\left(1 + \frac{1}{x}\right) + o\left(\frac{1}{x}\ln\left(1 + \frac{1}{x}\right)\right)\right]$$

$$= e^{\frac{1}{x}\ln x}\left[\frac{1}{x^2} + o\left(\frac{1}{x^2}\right)\right] \sim \frac{1}{x^2} \quad (x \to +\infty)$$

所以

$$\left[(1 + x)^{\frac{1}{x}} - x^{\frac{1}{x}}\right](x\ln x)^2 \sim \frac{1}{x^2}x^2\ln^2 x = \ln^2 x \quad (x \to +\infty)$$

又因为

$$x^{x^{\frac{1}{x}}} - x = x\left[x^{x^{\frac{1}{x}}-1} - 1\right]$$

$$= x\left[e^{(x^{\frac{1}{x}}-1)\ln x} - 1\right]$$

$$= x\left[e^{(e^{\frac{\ln x}{x}}-1)\ln x} - 1\right]$$

$$= x\left[e^{\ln x\left(\frac{\ln x}{x}+o\left(\frac{\ln x}{x}\right)\right)} - 1\right]$$

$$= x\left[e^{\frac{\ln^2 x}{x}+o\left(\frac{\ln^2 x}{x}\right)} - 1\right]$$

$$= x\left[\frac{\ln^2 x}{x} + o\left(\frac{\ln^2 x}{x}\right)\right] \sim \ln^2 x \quad (x \to +\infty)$$

于是

$$\lim_{x \to +\infty} \frac{\left[(1 + x)^{\frac{1}{x}} - x^{\frac{1}{x}}\right](x\ln x)^2}{x^{x^{\frac{1}{x}}} - x} = \lim_{x \to +\infty} \frac{\ln^2 x}{\ln^2 x} = 1$$

**例 4.2.7**　设 $f, g : X \to \mathbb{R}$ 在 $x = 0 \in X$ 处满足条件:

(1) $f$ 在 $x = 0$ 处 $n$ 阶可导,且

$$f(0) = f'(0) = f''(0) = \cdots = f^{(n-1)}(0) = 0, f^{(n)}(0) \neq 0$$

(2) $g$ 在 $x = 0$ 处 $m$ 阶可导,且

$$g(0) = g'(0) = g''(0) = \cdots = g^{(m-1)}(0) = 0, g^{(m)}(0) \neq 0$$

则

$$\lim_{x \to 0} \frac{f(x)}{g(x)} = \lim_{x \to 0} \frac{\dfrac{f^{(n)}(0)}{n!}x^n + o(x^n)}{\dfrac{g^{(m)}(0)}{m!}x^m + o(x^m)}$$

$$= \lim_{x \to 0} x^{n-m} \frac{\dfrac{f^{(n)}(0)}{n!} + \dfrac{o(x^n)}{x^n}}{\dfrac{g^{(m)}(0)}{m!} + \dfrac{o(x^m)}{x^m}}$$

$$= \begin{cases} 0, n > m \\ \dfrac{f^{(n)}(0)}{g^{(n)}(0)}, n = m \\ \infty, n < m \end{cases}$$

### 2. 应用 Taylor 公式证明不等式

**例 4.2.8**　当 $x > 0$ 时,证明

$$x - \frac{x^2}{2} + \frac{x^3}{3} - \cdots + \frac{x^{2n-1}}{2n-1} - \frac{x^{2n}}{2n}$$

$$< \ln(1+x) < x - \frac{x^2}{2} + \frac{x^3}{3} - \cdots + \frac{x^{2n-1}}{2n-1}$$

**证明**　$\forall x > 0$,将 $\ln(1+x)$ 展开至 $2n-1$ 次幂,得

$$\ln(1+x) - \sum_{k=1}^{2n-1} \frac{(-1)^{k-1}}{k} x^k = R_{2n-1}(x)$$

$$= \frac{(-1)^{2n-1}}{2n} \frac{x^{2n}}{(1+\xi_1)^{2n}} < 0, \xi_1 \in (0,x)$$

又将 $\ln(1+x)$ 展开到 $2n$ 次幂,得

$$\ln(1+x) - \sum_{k=1}^{2n} \frac{(-1)^{k-1}}{k} x^k = R_{2n}(x)$$

$$= \frac{(-1)^{2n}}{2n+1} \frac{x^{2n+1}}{(1+\xi_2)^{2n+1}} > 0, \xi_2 \in (0,x)$$

因此

$$\sum_{k=1}^{2n} \frac{(-1)^{k-1}}{k} x^k < \ln(1+x) < \sum_{k=1}^{2n-1} \frac{(-1)^{k-1}}{k} x^k, x > 0$$

利用例 4.2.8 中的不等式,还可计算一些比较复杂的数列的极限.

**例 4.2.9**　计算数列极限

$$\lim_{n \to +\infty} \left(1 + \frac{1}{n^2}\right)\left(1 + \frac{2}{n^2}\right)\cdots\left(1 + \frac{n}{n^2}\right)$$

**解**　记 $a_n = \left(1 + \frac{1}{n^2}\right)\left(1 + \frac{2}{n^2}\right)\cdots\left(1 + \frac{n}{n^2}\right)$，则

$$\ln a_n = \sum_{k=1}^{n} \ln\left(1 + \frac{k}{n^2}\right)$$

由例 4.2.8 可知

$$\frac{k}{n^2} - \frac{k^2}{2n^4} < \ln\left(1 + \frac{k}{n^2}\right) < \frac{k}{n^2}, k = 1,2,\cdots,n$$

将这些不等式对 $k$ 从 1 到 $n$ 求和得

$$\frac{1}{n^2}\sum_{k=1}^{n} k - \frac{1}{2n^4}\sum_{k=1}^{n} k^2 < \ln a_n < \frac{1}{n^2}\sum_{k=1}^{n} k$$

这也就是

$$\frac{1}{2}\left(1 + \frac{1}{n}\right) - \frac{(n+1)(2n+1)}{12n^3} < \ln a_n < \frac{1}{2}\left(1 + \frac{1}{n}\right)$$

令 $n \to +\infty$，再用夹逼定理得

$$\lim_{n \to +\infty} a_n = \lim_{n \to +\infty} e^{\ln a_n} = e^{\frac{1}{2}} = \sqrt{e}$$

### 3. 应用 Taylor 公式求极值

**定理 4.2.1**　设 $f$ 在 $x_0$ 附近有 $n+1$ 阶连续导数，且

$$f'(x_0) = f''(x_0) = \cdots = f^{(n)}(x_0) = 0, f^{(n+1)}(x_0) \neq 0$$

（1）如果 $n$ 为偶数，则 $x_0$ 不是 $f$ 的极值点.

（2）如果 $n$ 为奇数，则 $x_0$ 是 $f$ 的严格极值点，且当 $f^{(n+1)}(x_0) > 0$ 时，$x_0$ 是 $f$ 的严格极小值点；当 $f^{(n+1)}(x_0) < 0$ 时，$x_0$ 是 $f$ 的严格极大值点.

**证明**　将 $f$ 在点 $x_0$ 处作带 Peano 余项的 Taylor 展开，即

$$f(x) = f(x_0) = \frac{f^{(n+1)}(x_0)}{(n+1)!}(x - x_0)^{n+1} + o((x - x_0)^{n+1})$$

于是

$$f(x) - f(x_0) = \left[\frac{f^{(n+1)}(x_0)}{(n+1)!} + \frac{o((x-x_0)^{n+1})}{(x-x_0)^{n+1}}\right](x - x_0)^{n+1}$$

由于

$$\lim_{x \to x_0}\left[\frac{f^{(n+1)}(x_0)}{(n+1)!} + \frac{o((x-x_0)^{n+1})}{(x-x_0)^{n+1}}\right] = \frac{f^{(n+1)}(x_0)}{(n+1)!}$$

故 $\exists\delta>0$,使得在 $(x_0-\delta,x_0+\delta)$ 中

$$\frac{f^{(n+1)}(x_0)}{(n+1)!}+\frac{o((x-x_0)^{n+1})}{(x-x_0)^{n+1}}$$

与 $\dfrac{f^{(n+1)}(x_0)}{(n+1)!}$ 同号.

(1) 如果 $n$ 为偶数,则由 $(x-x_0)^{n+1}$ 在 $x_0$ 附近变号知, $f(x)-f(x_0)$ 也变号,故 $x_0$ 不是 $f$ 的极值点.

(2) 如果 $n$ 为奇数,则 $n+1$ 为偶数. 于是, $(x-x_0)^{n+1}$ 在 $x_0$ 附近不变号,故 $f(x)-f(x_0)$ 与 $\dfrac{f^{(n+1)}(x_0)}{(n+1)!}$ 同号.

若 $f^{(n+1)}(x_0)>0$,则 $f(x)>f(x_0)$, $\forall x\in(x_0-\delta,x_0)\cup(x_0,x_0+\delta)$, $x_0$ 为 $f$ 的严格极小值点;

若 $f^{(n+1)}(x_0)<0$,则 $f(x)<f(x_0)$, $\forall x\in(x_0-\delta,x_0)\cup(x_0,x_0+\delta)$, $x_0$ 为 $f$ 的严格极大值点.

**4. 应用 Taylor 公式研究函数图形的局部形态**

**定理 4.2.2** 设 $X\subset\mathbb{R}$ 为任一非空集合, $x_0\in X$. 函数 $f:X\to\mathbb{R}$ 在 $x_0$ 处 $n$ 阶可导,且满足条件

$$f''(x_0)=f'''(x_0)=\cdots=f^{(n-1)}(x_0)=0,f^{(n)}(x_0)\neq0$$

(1) $n$ 为偶数. 如果 $f^{(n)}(x_0)>0(f^{(n)}(x_0)<0)$,则曲线 $y=f(x)$ 在点 $(x_0,f(x_0))$ 的邻近位于曲线过此点的切线的上(下)方.

(2) $n$ 为奇数. 则曲线 $y=f(x)$ 在点 $(x_0,f(x_0))$ 的邻近位于该点切线的两侧,此时称曲线 $y=f(x)$ 在点 $(x_0,f(x_0))$ 处与该点的切线 **横 截 相 交** (图4.2.1).

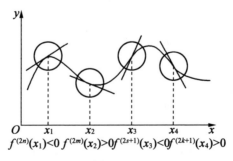

$f^{(2n)}(x_1)<0\ f^{(2m)}(x_2)>0\ f^{(2s+1)}(x_3)<0\ f^{(2k+1)}(x_4)>0$

图 4.2.1

**证明**　　因为 $f$ 在 $x_0$ 处 $n$ 阶可导,并且

$$f''(x_0) = f'''(x_0) = \cdots = f^{(n-1)}(x_0) = 0, f^{(n)}(x_0) \neq 0$$

所以,$f$ 在 $x_0$ 的开邻域内的 $n$ 阶 Taylor 公式为

$$f(x) = f(x_0) + f'(x_0)(x - x_0) + \frac{f^{(n)}(x_0)}{n!}(x - x_0)^n +$$

$$o((x - x_0)^n) \quad (x \to x_0)$$

于是

$$f(x) - [f(x_0) + f'(x_0)(x - x_0)]$$

$$= \frac{f^{(n)}(x_0)}{n!}(x - x_0)^n \left[1 + \frac{o((x - x_0)^n)}{(x - x_0)^n}\right]$$

由此可见,$\exists \delta > 0$, s.t. $\forall x \in X \cap B^\circ(x_0; \delta)$,有

$$f(x) - [f(x_0) + f'(x_0)(x - x_0)]$$

与 $\dfrac{f^{(n)}(x_0)}{n!}(x - x_0)^n$ 同号.

(1)$n$ 为偶数. 如果 $f^{(n)}(x_0) > 0$,则

$$f(x) - [f(x_0) + f'(x_0)(x - x_0)] > 0, \forall x \in X \cap B^\circ(x_0; \delta)$$

这就表明在点 $(x_0, f(x_0))$ 邻近,曲线 $y = f(x)$ 位于切线 $y = f(x_0) + f'(x_0)(x - x_0)$ 的上方;

如果 $f^{(n)}(x_0) < 0$,则

$$f(x) - [f(x_0) + f'(x_0)(x - x_0)] < 0, \forall x \in X \cap B^\circ(x_0; \delta)$$

因此,在点 $(x_0, f(x_0))$ 邻近,曲线 $y = f(x)$ 位于切线 $y = f(x_0) + f'(x_0)(x - x_0)$ 的下方.

(2)$n$ 为奇数. 这时若 $f^{(n)}(x_0) > 0 (f^{(n)}(x_0) < 0)$,则

$$f(x) - [f(x_0) + f'(x_0)(x - x_0)] \begin{cases} > 0 (< 0), \forall x \in X \cap B^\circ_+(x_0; \delta) \\ < 0 (> 0), \forall x \in X \cap B^\circ_-(x_0; \delta) \end{cases}$$

由此可知,在 $x_0$ 的右侧,曲线 $y = f(x)$ 位于切线 $y = f(x_0) + f'(x_0)(x - x_0)$ 的上(下)方,而在 $x_0$ 的左侧,曲线 $y = f(x)$ 位于切线 $y = f(x_0) + f'(x_0)(x - x_0)$ 的下(上)方. 因此,曲线 $y = f(x)$ 在点 $(x_0, f(x_0))$ 处与该点的切线横截相交.

**5. 应用 Taylor 公式研究线性插值**

**例 4.2.10**　　线性插值的误差公式.

设 $f: [a, b] \to \mathbb{R}$ 为实一元函数. $l$ 为由两点 $(a, f(a))$ 与 $(b, f(b))$ 所决定的

线性函数,即

$$l(x) = \frac{b-x}{b-a}f(a) + \frac{x-a}{b-a}f(b)$$

$l$ 称为 $f$ 在区间 $[a,b]$ 上的**线性插值**(图 4.2.2). 如果 $f$ 在 $(a,b)$ 内二阶可导,$f$ 在 $[a,b]$ 上连续,那么,我们可以对这种插值带来的误差做出估计. 应用带 Lagrange 余项的 Taylor 公式知,$\exists \xi \in (a,x), \eta \in (x,b)$,s. t.

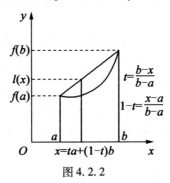

图 4.2.2

$$l(x) - f(x) = \frac{b-x}{b-a}(f(a) - f(x)) + \frac{x-a}{b-a}(f(b) - f(x))$$

$$= \frac{b-x}{b-a}\left[ (a-x)f'(x) + \frac{1}{2}(a-x)^2 f''(\xi) \right] +$$

$$\frac{x-a}{b-a}\left[ (b-x)f'(x) + \frac{1}{2}(b-x)^2 f''(\eta) \right]$$

$$= \frac{(b-x)(x-a)}{2}\left( \frac{x-a}{b-a}f''(\xi) + \frac{b-x}{b-a}f''(\eta) \right)$$

$$= \frac{(b-x)(x-a)}{2}f''(\zeta), \zeta \in (a,b)$$

其中最后一个等式是由于

$$\frac{x-a}{b-a} > 0, \frac{b-x}{b-a} > 0$$

$$\min\{f''(\xi), f''(\eta)\} = \min\{f''(\xi), f''(\eta)\}\left( \frac{x-a}{b-a} + \frac{b-x}{b-a} \right)$$

$$\leqslant \frac{x-a}{b-a}f''(\xi) + \frac{b-x}{b-a}f''(\eta)$$

$$\leqslant \max\{f''(\xi), f''(\eta)\}$$

以及 Darboux 定理推得.

如果 $M$ 为 $|f''|$ 的上界(特别当 $f''$ 在 $[a,b]$ 上连续时,根据最值定理,取 $M = \max\limits_{x \in [a,b]} )|f''(x)|$,则误差估计为

$$|l(x) - f(x)| = \frac{(b-x)(x-a)}{2}|f''(\zeta)|$$

$$\leqslant \frac{(b-a)^2}{2}M, \forall x \in [a,b]$$

这表明,$M$ 越小线性插值的逼近效果就会越好,当 $M$ 很小时,曲线 $y = f(x)$ 的切线改变得不剧烈,这也是符合几何直观的.

**6. 应用 Taylor 公式作近似计算**

下面是一个估计整体逼近误差的例子.

**例 4.2.11**　在区间 $[0, \pi]$ 上,用九次多项式

$$x - \frac{x^3}{3!} + \frac{x^5}{5!} - \frac{x^7}{7!} + \frac{x^9}{9!}$$

来逼近函数 $\sin x$,试求出一个误差界.

**解**　由于 $x \in [0, \pi]$,于是有

$$|R_{10}(x)| = \left| \frac{f^{11}(\xi)}{11!}x^{11} \right| = \left| \frac{\sin\left(\xi + \frac{11}{2}\pi\right)}{11!}x^{11} \right|$$

$$\leqslant \frac{x^{11}}{11!} \leqslant \frac{\pi^{11}}{11!} = 0.0073404\cdots$$

这是非常好的近似. 在图 4.2.3 中 $\left(T_n(x_0, x) = \sum\limits_{k=0}^{n} \frac{f^{(k)}(x_0)}{k!}(x-x_0)^k\right)$,画出了一次、三次、五次、七次和九次的 $\sin x$ 的 Maclaurin 多项式的图形. 在区间 $[0, \pi]$ 上九次多项式的图形与 $y = \sin x$ 的图形几乎合为一体,肉眼已不能辨别它们之间的差别,这与上面计算出来的数值结果是吻合的.

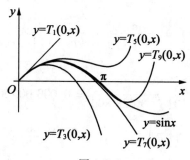

图 4.2.3

**例 4. 2. 12**　用 Taylor 多项式逼近正弦函数 $\sin x$,试分别以 $m=1,m=2$ 两种情形讨论 $x$ 的取值范围,使得其误差小于 $10^{-3}$.

**解**　(1) 当 $m=1$ 时,$\sin x \approx x$,使其误差满足

$$| R_2(x) | = \left| \frac{(-1)^1 \cos \xi}{3!} x^3 \right| \leqslant \frac{|x|^3}{6} < 10^{-3}$$

即

$$| x | < \sqrt[3]{6 \times 10^{-3}} = \sqrt[3]{6} \times 10^{-1} (\mathrm{rad}) \approx 0.181\,7 (\mathrm{rad})$$

也就是大约在原点左右 $10°24'40''$ 范围内,以 $x$ 近似 $\sin x$,其误差小于 $10^{-3}$.

(2) 当 $m=2$ 时,$\sin x \approx x - \dfrac{x^3}{6}$,使其误差满足

$$R_4(x) = \left| \frac{(-1)^2 \cos \xi}{5!} x^5 \right| \leqslant \frac{|x|^5}{120} < 10^{-3}$$

即

$$| x | < \sqrt[5]{12\,000 \times 10^{-5}} = 0.1 \sqrt[3]{12\,000} \approx 0.654\,3 (\mathrm{rad})$$

也就是大约在原点左右 $37°29'38''$ 范围内,以 $x - \dfrac{x^3}{3!}$ 近似 $\sin x$,其误差小于 $10^{-3}$.

**例 4. 2. 13**　计算 e 的值,使其误差小于 $10^{-6}$.

**解**　$\mathrm{e}^x$ 的带 Lagrange 余项的 Taylor 展开为

$$\mathrm{e}^x = 1 + x + \frac{x^2}{2!} + \frac{x^3}{3!} + \cdots + \frac{x^n}{n!} + \frac{\mathrm{e}^\xi}{(n+1)!} x^{n+1}, \xi \in (0,x)$$

取 $x=1$,就有

$$\mathrm{e} = \mathrm{e}^1 = 1 + 1 + \frac{1}{2!} + \frac{1}{3!} + \cdots + \frac{1}{n!} + \frac{\mathrm{e}^\xi}{(n+1)!}, \xi \in (0,1)$$

其中 $R_n(1)$ 满足

$$0 < R_n(1) = \frac{\mathrm{e}^\xi}{(n+1)!} < \frac{\mathrm{e}}{(n+1)!} < \frac{3}{(n+1)!}$$

当 $n=9$ 时便有

$$0 < R_9(1) < \frac{3}{10!} = \frac{3}{3\,628\,800} = 0.000\,000\,826\cdots < 10^{-6}$$

$$\mathrm{e} \approx 1 + 1 + \frac{1}{2!} + \frac{1}{3!} + \cdots + \frac{1}{9!} \approx 2.718\,281\,53 \approx 2.718\,282$$

其中

$$1 + 1 = 2.000\,000\,00$$

$$\frac{1}{2!} = 0.500\,000\,00$$

$$\frac{1}{3!} = 0.166\,666\,67$$

$$\frac{1}{4!} = 0.041\,666\,67$$

$$\frac{1}{5!} = 0.008\,333\,33$$

$$\frac{1}{6!} = 0.001\,388\,89$$

$$\frac{1}{7!} = 0.000\,198\,41$$

$$\frac{1}{8!} = 0.000\,024\,80$$

$$+)\quad \frac{1}{9!} = 0.000\,002\,76$$

$$\overline{\qquad\qquad\qquad 2.718\,281\,53}$$

$$\text{总误差(绝对误差)} \leqslant |R_9(1)| + 7 \times 0.5 \times 10^{-8}$$

$$< \frac{3}{3\,628\,800} + 7 \times 0.5 \times 10^{-8}$$

$$= 0.000\,000\,828 + 0.035 \times 10^{-6}$$

$$= 0.863 \times 10^{-6} < 10^{-6}$$

在作近似计算中,先凑项数 $n$,使 $|R_n(1)|$(记为 $r_1$)足够小,小于预先要求的误差 $10^{-6}$. 其差 $10^{-6} - |R_n(1)|$ 不能太小!要留有余地,使得计算每一项 $\frac{1}{3!}, \cdots, \frac{1}{9!}$ 时,由于四舍五入产生的误差总和(记为 $r_2$)不超过 $10^{-6} - |R_n(1)|$. 于是,总误差 $\leqslant r_1 + r_2 < 10^{-6}$,符合要求.

自然项数 $n$ 越大,计算的值越精确,但计算的工作量就越大,近似计算者需自己掂量着取 $n$.

如果要求总误差小于 $10^{-7}$. 显然,有

$$|R_9(1)| = \frac{e^\xi}{10!} = \frac{e^\xi}{3\,628\,800} \geqslant \frac{1}{3\,628\,800}$$

$$= 0.000\,000\,275\cdots = 2.75 \times 10^{-7} > 10^{-7}$$

故 $n = 9$ 已不够用了.

取 $n = 10$ 时,便有

$$0 < R_{10}(1) = \frac{e^\xi}{11!} < \frac{3}{11!} < 0.000\,000\,075\,2 = 0.752 \times 10^{-7} < 10^{-7}$$

如果在计算 $\frac{1}{3!}, \cdots, \frac{1}{9!}, \frac{1}{10!}$ 时,仍计算到小数点后第九位,再将第九位四舍五入,那么总误差为

$$0.752 \times 10^{-7} + 7 \times 0.5 \times 10^{-8} = 1.102 \times 10^{-7} > 10^{-7}$$

这不符合要求!我们必须提高计算 $\frac{1}{3!}, \cdots, \frac{1}{9!}, \frac{1}{10!}$ 的精确度,即取

$$1 + 1 = 2.000\,000\,000$$

$$\frac{1}{2!} = 0.500\,000\,000$$

$$\frac{1}{3!} = 0.166\,666\,667$$

$$\frac{1}{4!} = 0.041\,666\,667$$

$$\frac{1}{5!} = 0.008\,333\,333$$

$$\frac{1}{6!} = 0.001\,388\,889$$

$$\frac{1}{7!} = 0.000\,198\,413$$

$$\frac{1}{8!} = 0.000\,024\,802$$

$$\frac{1}{9!} = 0.000\,002\,756$$

$$+)\quad \frac{1}{10!} = 0.000\,000\,276$$

$$\overline{\phantom{+)\quad \frac{1}{10!} = }2.718\,281\,803}$$

$$e \approx 1 + 1 + \frac{1}{2!} + \frac{1}{3!} + \cdots + \frac{1}{9!} + \frac{1}{10!}$$

$$\approx 2.718\,281\,803 \approx 2.718\,281\,8$$

$$总误差(绝对误差) \leqslant |R_{10}(1)| + 8 \times 0.5 \times 10^{-9}$$

$$< 0.752 \times 10^{-7} + 0.04 \times 10^{-7}$$

$$= 0.792 \times 10^{-7} < 10^{-7}$$

**注 4.2.1** 读者肯定还记得定理 1.4.2(7) 中的式子

$$e = 1 + 1 + \frac{1}{2!} + \cdots + \frac{1}{n!} + \frac{\theta_n}{n \cdot n!}, 0 < \frac{n}{n+1} < \theta_n < 1$$

这式子与

$$e = 1 + 1 + \frac{1}{2!} + \cdots + \frac{1}{n!} + \frac{e^{\xi}}{(n+1)!}, \xi \in (0,1)$$

一样可进行 e 的近似计算.

**注4.2.2** 警告读者,在计算 $\frac{1}{3!}, \cdots, \frac{1}{n!}$ 时,绝对不能用计算器!因为计算器上的精确度未必达到所需的要求.

**例4.2.14** 求 $\sqrt[10]{1\ 000}$,精确到 $10^{-5}$,即总误差小于 $10^{-5}$.

**解** 先找一个数,它的十次方与 1 000 比较接近,例如取 2,$2^{10} = 1\ 024$ 比 1 000 多了一点. 于是

$$\sqrt[10]{1\ 000} = 2 \sqrt[10]{\frac{1\ 000}{1\ 024}} = 2 \left(1 - \frac{3}{128}\right)^{\frac{1}{10}}$$

$$\approx 2 \left[1 + \frac{1}{10}\left(-\frac{3}{128}\right) + \frac{\frac{1}{10}\left(\frac{1}{10} - 1\right)}{2!}\left(-\frac{3}{128}\right)^2\right]$$

$$= 2 - \frac{3}{640} - \frac{81}{100} \times \frac{1}{16\ 384}$$

$$\approx 2 - 0.004\ 687\ 5 - 0.000\ 049\ 4$$

$$= 2 - 0.004\ 736\ 9$$

$$= 1.995\ 263\ 1 \approx 1.995\ 26$$

其中

$$\sqrt[10]{1 + x} = (1 + x)^{\frac{1}{10}} = 1 + \frac{1}{10}x + \frac{\frac{1}{10}\left(\frac{1}{10} - 1\right)}{2!}x^2 + \cdots +$$

$$\frac{\frac{1}{10}\left(\frac{1}{10} - 1\right)\cdots\left(\frac{1}{10} - n + 1\right)}{n!}x^n + R_n(x)$$

$$|R_n(x)| = \left|\frac{\frac{1}{10}\left(\frac{1}{10} - 1\right)\cdots\left(\frac{1}{10} - n\right)}{(n+1)!}(1 + \xi)^{\frac{1}{10} - n - 1}x^{n+1}\right|$$

$$\leqslant \frac{n!}{10 \cdot (n+1)!}\frac{|x|^{n+1}}{(1+\xi)^{n+1-\frac{1}{10}}}$$

$$= \frac{|x|^{n+1}}{10(n+1)(1+\xi)^{n+1}}, \xi \in \left(-\frac{3}{128}, 0\right)$$

特别当 $x = -\frac{3}{128}$ 时,有

$$\left| R_n\left(-\frac{3}{128}\right)\right| < \frac{1}{10(n+1)} \frac{\left(\frac{3}{128}\right)^{n+1}}{\left(\frac{125}{128}\right)^{n+1}} = \frac{1}{10(n+1)}\left(\frac{3}{125}\right)^{n+1}$$

取 $n = 1$,有

$$2|R_1(x)| < \frac{2}{10 \times 2}\left(\frac{3}{125}\right)^2 = \frac{9}{156\,250} = 0.000\,05\cdots > 10^{-5}$$

取 $n = 2$,有

$$2|R_2(x)| = \frac{2}{10 \times 3}\left(\frac{3}{125}\right)^3 = \frac{9}{9\,765\,625} < \frac{1}{1\,000\,000} = 10^{-6}$$

于是

总误差(绝对误差) $< 0.1 \times 10^{-5} + 2 \times 0.5 \times 10^{-7} + 0.5 \times 10^{-5}$
$$= 0.61 \times 10^{-5} < 10^{-5}$$

因此,上述所作的近似计算达到要求.

**例 4.2.15** 计算 $\sin 10°$,误差小于 $10^{-5}$.

**解** $f(x) = \sin x = \sum_{k=1}^m (-1)^k \frac{x^{2k-1}}{(2k-1)!} + R_{2m}(x)$

$10°$ 的弧度数为

$$x = \frac{10\pi}{180} = \frac{\pi}{18} = \frac{3.141\,592\,6\cdots}{18} = 0.174\,532\,9\cdots < 0.2$$

$$|R_{2m}(x)| = \left|\frac{(-1)^m \cos\xi}{(2m+1)!} x^{2m+1}\right| \leqslant \frac{|x|^{2m+1}}{(2m+1)!} < \frac{0.2^{2m+1}}{(2m+1)!}$$

取 $m = 2$,有

$$|R_4(x)| < \frac{0.2^5}{5!} = \frac{4}{15} \times 10^{-5} < 10^{-5}$$

每一项取到小数后七位,并四舍五入得

$$\sin 10° = \sin \frac{\pi}{18} \approx \frac{\pi}{18} - \frac{1}{3!}\left(\frac{\pi}{18}\right)^3$$

$$\approx 0.174\,533 - \frac{1}{6} \times 0.174\,533^3$$

$$\approx 0.174\,533 - 0.000\,886$$

$$= 0.173\ 647 \approx 0.173\ 65$$

于是

$$总误差(绝对误差) < \frac{4}{15} \times 10^{-5} + 2 \times 5 \times 10^{-7} + 0.5 \times 10^{-5}$$

$$< 0.27 \times 10^{-5} + 0.01 \times 10^{-5} + 0.5 \times 10^{-5}$$

$$= 0.78 \times 10^{-5} < 10^{-5}$$

回顾上述 Taylor 公式所起的作用,可以看到它是研究函数在一点近旁行为的强有力工具. 应用带 Peano 余项的 Taylor 公式可以很方便地计算许多不定型的极限,可以比较彻底地研究函数的极值. 应用带 Lagrange 余项与 Cauchy 余项的 Taylor 公式可以从理论上讨论函数的性态. 由此,可以证明一些不等式. 更值得指出的是,应用 Taylor 公式能精确计算函数在一点处的近似值,并估计它的总误差(绝对误差). 因此,称它为一元微分学的顶峰是当之无愧的.

## 练习题 4.2

**1.** 计算下列极限:

(1) $\lim\limits_{x \to \infty}\left[ x - x^2\ln\left(1 + \frac{1}{x}\right)\right]$;　(2) $\lim\limits_{x \to 0}\frac{1}{x}\left(\frac{1}{x} - \cot x\right)$;

(3) $\lim\limits_{x \to 0}\frac{a^x + a^{-x} - 2}{x^2}(a > 0)$;　(4) $\lim\limits_{x \to 0}\frac{\sin x - \arctan x}{\tan x - \sin x}$;

(5) $\lim\limits_{x \to 0}\frac{e^x\sin x - \left(x + x^2 + \frac{x^3}{3}\right)}{x^5}$;　(6) $\lim\limits_{x \to \infty}\left[\left(x^3 - x^2 + \frac{x}{2}\right)e^{\frac{1}{x}} - \sqrt{x^6 + 1}\right]$.

**2.** 估计下列近似公式的绝对误差:

(1) $\sin x \approx x - \frac{x^3}{6}$,当 $|x| \leq \frac{1}{2}$;

(2) $\sqrt{1 + x} \approx 1 + \frac{x}{2} - \frac{x^2}{8}$,$x \in [0,1]$.

**3.** 计算:(1) 数 e 精确到 $10^{-9}$;

(2) $\ln 1.005$ 精确到 $10^{-5}$;

(3) $\sqrt[10]{999}$ 精确到 $10^{-5}$.

**4.** 曲线 $y = \cosh x = \frac{e^x + e^{-x}}{2}$ 称为悬链线. 证明:抛物线 $y = 1 + \frac{x^2}{2}$ 同悬链线在

区间$[-1,1]$上的偏差小于 0.20.

# 思考题 4.2

**1.** 设 $p > 0, q > 0$,且 $p + q = 1$,求极限 $\lim\limits_{n \to +\infty} \left( p \mathrm{e}^{\frac{qt}{\sqrt{npq}}} + q \mathrm{e}^{-\frac{pt}{\sqrt{npq}}} \right)$.

**2.** 求极限 $\lim\limits_{n \to +\infty} \cos \dfrac{a}{n\sqrt{n}} \cos \dfrac{2a}{n\sqrt{n}} \cdots \cos \dfrac{na}{n\sqrt{n}}$.

# 复习题 4

**1.** $\mathbb{R}$ 上的二阶可导函数 $f(x)$ 满足 $f(0) = f'(0) = 0$,且
$$|f''(x)| \leqslant C|f(x)f'(x)|, \forall x \in \mathbb{R}$$
其中 $C$ 为正的常数. 证明:$f(x) \equiv 0$.

**2.** 设 $\mathbb{R}$ 上 $n$ 阶可导函数 $f(x)$ 满足 $f(0) = f'(0) = \cdots = f^{(n-1)}(0) = 0$,且存在正常数 $C$ 与固定的 $j \in \{0,1,\cdots,n-1\}$,使
$$|f^{(n)}(x)| \leqslant C|f^{(j)}(x)|, \forall x \in \mathbb{R} \quad (f^{(0)}(x) = f(x))$$
证明:$f(x) \equiv 0, \forall x \in \mathbb{R}$.

**3.** 设 $f$ 在 $(a,b)$ 内无穷阶可导,且各阶导数均只取正值. 证明:$\forall x_0 \in (a,b)$,$\exists r > 0$,使得当 $x \in [x_0 - r, x_0 + r] \subset (a,b)$ 时,有
$$f(x) = \sum_{k=0}^{\infty} \frac{f^{(k)}(x_0)}{k!}(x - x_0)^k$$

**4.** 设函数 $f$ 在 $[0,2]$ 上满足 $|f(x)| \leqslant 1$ 及 $|f''(x)| \leqslant 1$. 证明:在区间 $[0,2]$ 上 $f'(x)$ 有界,且 2 是最小的界.

**5.** 设 $P_n(x) = 1 + \dfrac{x}{1!} + \dfrac{x^2}{2!} + \cdots + \dfrac{x^n}{n!}, n \in \mathbb{N}$.

(1) 当 $n$ 为偶数时,$P_n > 0$;

(2) 当 $n$ 为奇数时,$P_n$ 有唯一的实零点;

(3) $P_{2n+1}$ 的实零点记为 $x_n (n = 0,1,2,\cdots)$.

证明:数列 $x_n$ 严格单调减且趋于 $-\infty$.

**6.** 证明：多项式

$$\sum_{k=1}^{n} \frac{(2x - x^2)^k - 2x^k}{k}$$

能被 $x^{n+1}$ 整除（提示：对 $-\ln(1-x)^2 = -2\ln(1-x)$ 与 $\ln(1-x)^2 = \ln(1 - 2x + x^2)$ 作带 Peano 型余项的 Taylor 展开）.

**7.** 设 $f(x) = \lim\limits_{n\to+\infty} n^x\left[\left(1 + \dfrac{1}{n+1}\right)^{n+1} - \left(1 + \dfrac{1}{n}\right)^{n}\right]$，求 $f(x)$ 的定义域与值域.

**8.** 设 $f$ 为 $[a,b]$ 上的二阶可导函数，且满足

$$[f(x)]^2 + [f''(x)]^2 = r^2 \quad (r > 0)$$

证明

$$|f'(x)| \leqslant \left(\frac{2}{b-a} + \frac{b-a}{2}\right)r,\ \forall x \in [a,b]$$

**9.** 设 $f$ 在 $[0, +\infty)$ 上二阶可导，$f''(x)$ 有界，$\lim\limits_{x\to+\infty} f(x) = 0$. 证明：$\lim\limits_{x\to+\infty} f'(x) = 0$.

**10.** 设 $f$ 在 $\mathbb{R}$ 上有各阶导数，且 $\exists M > 0$，使得 $\forall n \in \{0,1,2,\cdots\}$，有

$$|f^{(n)}(x)| \leqslant M,\ \forall x \in \mathbb{R}$$

如果在一个无限有界集 $E$ 上 $f \equiv 0$，证明：在 $\mathbb{R}$ 上 $f \equiv 0$.

**11.** 设 $f(x)$ 在闭区间 $[a,b]$ 上二阶可导，$f'\left(\dfrac{a+b}{2}\right) = 0$.

（1）证明：$\exists \xi \in (a,b)$，s.t.

$$|f''(\xi)| \geqslant \frac{4}{(b-a)^2}|f(b) - f(a)|$$

（2）说明常数4是最好的，即 $\forall M > 4$，总可找到一个具体的区间 $[a,b]$ 及满足条件的 $f(x)$，使得 $\forall \xi \in (a,b)$，都有

$$|f''(\xi)| < \frac{M}{(b-a)^2}|f(b) - f(a)|$$

（3）如果再设 $f(x) \not\equiv$ 常数，则 $\exists \xi \in (a,b)$，s.t.

$$|f''(\xi)| > \frac{4}{(b-a)^2}|f(b) - f(a)|$$

# 第5章　不定积分

我们已学会了求导运算,并且大家都能熟练地、正确地计算初等函数的导数.同时还学会了分段函数的求导,特别在分界点处应按导数的定义来求得该点处的导数.本章将介绍求导的逆运算,也就是求 $f(x)$ 的原函数 $F(x)$ ,这里 $F'(x) = f(x)$ .然后,在区间上求得所有的原函数,即不定积分 $\int f(x)\mathrm{d}x = F(x) + C(C$ 为任意常数$)$ .

## 5.1　原函数、不定积分

**定义 5.1.1**　设 $f$ 为区间 $I$ 上的可导函数,则 $\mathrm{d}f(x) = f'(x)\mathrm{d}x$ 称为 $f(x)$ 的**微分**.

显然,有下面的定理.

**定理 5.1.1**　(1)设 $f,g$ 在区间 $I$ 上可导,则

$$\mathrm{d}(f(x) \pm g(x)) = \mathrm{d}f(x) \pm \mathrm{d}g(x)$$

$$\mathrm{d}(f(x)g(x)) = f(x)\mathrm{d}g(x) + g(x)\mathrm{d}f(x)$$

$$\mathrm{d}(cf(x)) = c\mathrm{d}f(x) \quad (c \in \mathbb{R})$$

$$\mathrm{d}\left(\frac{f(x)}{g(x)}\right) = \frac{g(x)\mathrm{d}f(x) - f(x)\mathrm{d}g(x)}{g^2(x)} \quad (g(x) \neq 0, \forall x \in I)$$

(2)设 $f$ 在区间 $I$ 上可导,$g$ 在区间 $J$ 上可导,且 $I \supset g(J)$ . $y = f(u), u = g(x), y = (f \circ g)(x)$ ,则

$$\mathrm{d}[(f \circ g)(x)] = (f \circ g)'(x)\mathrm{d}x = f'(u)\mathrm{d}u$$

或

$$\mathrm{d}y = y'_x\mathrm{d}x = y'_u\mathrm{d}u \quad (称它为\textbf{一阶微分的不变性})$$

其中 $x$ 为自变量,$u$ 为中间变量.此式表明,无论 $u$ 为自变量还是中间变量,其一阶微分形式是不变的.

**证明**　（1）以 $\dfrac{f(x)}{g(x)}$ 的微分为例

$$\mathrm{d}\left(\frac{f(x)}{g(x)}\right) = \left(\frac{f(x)}{g(x)}\right)'\mathrm{d}x = \frac{g(x)f'(x) - f(x)g'(x)}{g^2(x)}\mathrm{d}x$$

$$= \frac{g(x)\mathrm{d}f(x) - f(x)\mathrm{d}g(x)}{g^2(x)}$$

其他各式可类似证明.

（2）$\mathrm{d}[(f \circ g)(x)] = (f \circ g)'(x)\mathrm{d}x = f'(g(x))g'(x)\mathrm{d}x = f'(u)\mathrm{d}u.$

**例 5.1.1**　设 $y = \mathrm{e}^{x^2+x}$，求 $\mathrm{d}y$.

**解法 1**　$\mathrm{d}y = (\mathrm{e}^{x^2+x})'\mathrm{d}x = \mathrm{e}^{x^2+x}(2x+1)\mathrm{d}x.$

**解法 2**　令 $u = x^2 + x$，则 $y = \mathrm{e}^u$，故

$$\mathrm{d}y = (\mathrm{e}^u)'\mathrm{d}u = \mathrm{e}^u\mathrm{d}u = \mathrm{e}^{x^2+x}\mathrm{d}(x^2+x)$$

$$= \mathrm{e}^{x^2+x}(2x+1)\mathrm{d}x$$

**例 5.1.2**　设 $x^3 + y^3 = 4$，求 $\mathrm{d}y$.

**解**　对方程 $x^3 + y^3 = 4$ 两边求微分（$x$ 与 $y$ 地位平等），得

$$3x^2\mathrm{d}x + 3y^2\mathrm{d}y = 0$$

$$y^2\mathrm{d}y = -x^2\mathrm{d}x, \mathrm{d}y = -\frac{x^2}{y^2}\mathrm{d}x$$

$$y'_x = \frac{\mathrm{d}y}{\mathrm{d}x} = -\frac{x^2}{y^2}, x'_y = \frac{\mathrm{d}x}{\mathrm{d}y} = -\frac{y^2}{x^2}$$

或者解出 $y = \sqrt[3]{4 - x^3}$，求微分得

$$\mathrm{d}y = \frac{1}{3}(4 - x^2)^{-\frac{2}{3}}(0 - 3x^2)\mathrm{d}x$$

$$= -\frac{x^2}{(4-x^2)^{\frac{2}{3}}}\mathrm{d}x = -\frac{x^2}{y^2}\mathrm{d}x$$

**例 5.1.3**　求 $\arctan \dfrac{y}{x} = \ln \sqrt{x^2 + y^2}$ 关于 $\mathrm{d}x$ 与 $\mathrm{d}y$ 的微分方程，并求 $y'$.

**解**　对原式两边微分得

$$\frac{\mathrm{d}\left(\frac{y}{x}\right)}{1 + \left(\frac{y}{x}\right)^2} = \frac{1}{2}\frac{\mathrm{d}(x^2+y^2)}{x^2+y^2}$$

$$\frac{x^2 \frac{x\mathrm{d}y \ - \ y\mathrm{d}x}{x^2}}{x^2 + y^2} = \frac{1}{2} \cdot \frac{2(x\mathrm{d}x + y\mathrm{d}y)}{x^2 + y^2}$$

$$x\mathrm{d}y - y\mathrm{d}x = x\mathrm{d}x + y\mathrm{d}y$$

$$(x - y)\mathrm{d}y = (x + y)\mathrm{d}x$$

于是

$$y' = \frac{\mathrm{d}y}{\mathrm{d}x} = \frac{x + y}{x - y}$$

**定义 5.1.2** 在区间 $I$ 上, 如果 $f$ 为 $F$ 的导函数, 即

$$F'(x) = f(x)$$

或

$$\mathrm{d}F(x) = F'(x)\mathrm{d}x = f(x)\mathrm{d}x$$

则称 $F$ 为 $f$ 在区间 $I$ 上的一个**原函数**.

**定理 5.1.2** 设 $f(x)$ 在区间 $I$ 上有原函数 $F(x)$, 即在 $I$ 上 $F'(x) = f(x)$, 则函数族 $\{F(x) + C \mid C \in \mathbb{R}\}$ 为 $f(x)$ 的全部原函数.

**证明** 在区间 $I$ 上, 由推论 3.3.2 知

$$G(x) \text{ 为 } f(x) \text{ 的原函数}$$

$$\Leftrightarrow G'(x) = f(x)$$

$$\Leftrightarrow G'(x) = F'(x)$$

$$\Leftrightarrow G(x) = F(x) + C, \text{其中 } C \text{ 为常数}$$

**定义 5.1.3** 设函数 $f(x)$ 在区间上有一个原函数 $F(x)$, 则函数族 $\{F(x) + C\}$ 就称为 $f(x)$ 在 $I$ 上的**不定积分**, 记作

$$\int f(x)\mathrm{d}x = F(x) + C$$

其中 $C$ 称为**不定常数**, "$\int$" 称为**积分号**, $f(x)$ 称为**被积函数**, $x$ 称为**积分变量**, $f(x)\mathrm{d}x$ 称为**被积表达式**或**被积形式**.

由不定积分的定义立即有下面的结论:

(1) $$\left(\int f(x)\mathrm{d}x\right)' = (F(x) + C)' = f(x)$$

或

$$\mathrm{d}\left(\int f(x)\mathrm{d}x\right) = \mathrm{d}(F(x) + C) = F'(x)\mathrm{d}x = f(x)\mathrm{d}x$$

（2）
$$\int F'(x)\,\mathrm{d}x = F(x) + C$$

或

$$\int \mathrm{d}F(x) = F(x) + C$$

**定理 5.1.3**　设函数 $f(x)$ 与 $g(x)$ 在区间 $I$ 上都存在原函数，$\forall k_1, k_2 \in \mathbb{R}$，且 $k_1^2 + k_2^2 \neq 0$，则 $k_1 f(x) + k_2 g(x)$ 在 $I$ 上也存在原函数，且

$$\int [k_1 f(x) + k_2 g(x)]\,\mathrm{d}x = k_1 \int f(x)\,\mathrm{d}x + k_2 \int g(x)\,\mathrm{d}x$$

**证明**　设 $F(x)$ 与 $G(x)$ 分别为 $f(x)$ 与 $g(x)$ 的一个原函数，即

$$F'(x) = f(x), G'(x) = g(x)$$

于是

$$
\begin{aligned}
[k_1 F(x) + k_2 G(x)]' &= k_1 F'(x) + k_2 G'(x) \\
&= k_1 f(x) + k_2 g(x)
\end{aligned}
$$

即 $k_1 F(x) + k_2 G(x)$ 为 $k_1 f(x) + k_2 g(x)$ 的一个原函数．由此得到

$$
\begin{aligned}
\int [k_1 f(x) + k_2 g(x)]\,\mathrm{d}x &= k_1 F(x) + k_2 G(x) + C \\
&= k_1 [F(x) + C_1] + k_2 [G(x) + C_2] \\
&= k_1 \int f(x)\,\mathrm{d}x + k_2 \int g(x)\,\mathrm{d}x
\end{aligned}
$$

其中 $C = k_1 C_1 + k_2 C_2$．

现在我们来考虑不定积分的几何意义．如果 $F(x)$ 为 $f(x)$ 在区间 $I$ 上的一个原函数，那么称 $y = F(x)$ 的图形为 $f(x)$ 的一条**积分曲线**．于是，$f(x)$ 的不定积分 $\int f(x)\,\mathrm{d}x = F(x) + C$ 在几何上表示由 $f(x)$ 的某条积分曲线 $y = F(x)$ 沿纵轴方向任意平移所得的一切积分曲线组成的曲线族．显然，在每一条积分曲线上横坐标相同的点处作切线，则这些切线互相平行（图 5.1.1），其斜率均为

$$[F(x) + C]' = F'(x) = f(x)$$

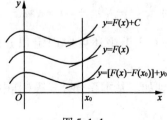

图 5.1.1

在求原函数的具体问题中,往往先求出全体原函数 $F(x) + C$,然后从中确定一个满足 $F(x_0) + C = y_0$ (称为**初始条件**,由具体问题所确定)的原函数,它对应着积分曲线族中通过点 $(x_0, y_0) = (x_0, F(x_0) + C)$ 的那一条积分曲线

$$F(x_0) + C = y_0, C = y_0 - F(x_0)$$

$$F(x) + C = F(x) + y_0 - F(x_0)$$

$$= [F(x) - F(x_0)] + y_0$$

下一章将给出的微积分基本定理 6.3.2 指出,连续函数 $f(x)$ 必有一个原函数 $\int_{x_0}^{x} f(t)\,dt$,因此

$$\int_{x_0}^{x} f(t)\,dt + y_0$$

为满足初始条件的原函数,即它所代表的曲线经过点 $(x_0, y_0)$.

再考虑不定积分的物理意义. 设质点做直线运动,离原点的位移为 $x = x(t)$. 瞬时速度为 $v(t) = x'(t)$,加速度为 $a(t) = v'(t) = x''(t)$. 反过来,已知加速度如何求速度,再求位移,这就要用到求原函数与不定积分,具体表达为

$$v(t) = \int a(t)\,dt$$

$$x(t) = \int v(t)\,dt = \int \left[\int a(t)\,dt\right]dt$$

例如:质点做匀加速直线运动,它的加速度为 $a(t) = v'(t) = x''(t) = a$(常数),初始位移为 $x_0 = x(t_0)$,初始速度 $v_0 = v(t_0) = x'(t_0)$. 于是

$$v(t) = \int a\,dt = at + C_1 = at + (v_0 - at_0) = a(t - t_0) + v_0$$

$$x(t) = \int v(t)\,dt = \int [a(t - t_0) + v_0]\,dt$$

$$= \frac{a}{2}(t - t_0)^2 + v_0 t + C_2$$

$$= \frac{a}{2}(t - t_0)^2 + v_0 t + (x_0 - v_0 t_0)$$

此外,我们在下章注 6.3.1 中还可应用定积分的方法来表达上述 $v(t)$ 与 $x(t)$.

由求导公式,立即得到如下基本积分公式表(其中 $C, C_1, C_2$ 为常数):

(1) $\int 0\,dx = C$.

(2) $\int x^{\alpha}dx = \dfrac{x^{\alpha+1}}{\alpha+1} + C(\alpha \neq -1, x > 0)$,特别地

$$\int x^{n}dx = \dfrac{x^{n+1}}{n+1} + C, x \in (-\infty, +\infty)$$

(3) $\int \dfrac{dx}{x} = \ln|x| + C(x > 0 \text{ 或 } x < 0)$,即

$$\int \dfrac{dx}{x} = \begin{cases} \ln x + C_1, x > 0 \\ \ln(-x) + C_2, x < 0 \end{cases}$$

(4) $\int a^{x}dx = \dfrac{a^{x}}{\ln a} + C(a > 0, a \neq 1)$, $\int e^{x}dx = e^{x} + C$.

(5) $\int \sin xdx = -\cos x + C$, $\int \cos xdx = \sin x + C$.

(6)
$$\int \sec^{2}xdx = \int \dfrac{dx}{\cos^{2}x} = \tan x + C$$

$$\int \csc^{2}xdx = \int \dfrac{dx}{\sin^{2}x} = -\cot x + C$$

$$\int \sec x\tan xdx = \sec x + C, \int \csc x\cot xdx = -\csc x + C$$

(7) $\int \dfrac{dx}{1+x^{2}} = \arctan x + C_1 = -\text{arccot } x + C_2$.

(8) $\int \dfrac{dx}{\sqrt{1-x^{2}}} = \arcsin x + C_1 = -\arccos x + C_2$.

(9) $\int \sinh xdx = \cosh x + C$, $\int \cosh xdx = \sinh x + C$.

其中

$$\sinh x = \dfrac{e^{x}-e^{-x}}{2}, \cosh x = \dfrac{e^{x}+e^{-x}}{2}$$

另外由

$$(\ln(x + \sqrt{a^{2}+x^{2}}))' = \dfrac{1 + \dfrac{2x}{2\sqrt{a^{2}+x^{2}}}}{x + \sqrt{a^{2}+x^{2}}} = \dfrac{1}{\sqrt{a^{2}+x^{2}}}$$

可得:

(10) $\int \dfrac{dx}{\sqrt{a^{2}+x^{2}}} = \ln(x + \sqrt{a^{2}+x^{2}}) + C$.

从定理 5.1.3 及上面不定积分的一些简单性质可得到许多简单函数的原函数.

**例 5.1.4** (1) $\int(a_0 x^n + a_1 x^{n-1} + \cdots + a_{n-1} x + a_n)\mathrm{d}x$

$$= \frac{a_0 x^{n+1}}{n+1} + \frac{a_1 x^n}{n} + \cdots + \frac{a_{n-1} x^2}{2} + a_n x + C$$

(2) $\int \dfrac{x^2}{1+x^2}\mathrm{d}x = \int\left(1 - \dfrac{1}{1+x^2}\right)\mathrm{d}x = x - \arctan x + C.$

(3) $\int\left(3x^2 + \dfrac{4}{x}\right)\mathrm{d}x = x^3 + 4\ln|x| + C(x > 0 \text{ 或 } x < 0).$

(4) $\quad\int \dfrac{x^2+1}{\sqrt{x}}\mathrm{d}x = \int(x^{\frac{3}{2}} + x^{-\frac{1}{2}})\mathrm{d}x = \dfrac{x^{\frac{5}{2}}}{\frac{5}{2}} + \dfrac{x^{\frac{1}{2}}}{\frac{1}{2}} + C$

$$= \frac{2x^{\frac{5}{2}}}{5} + 2x^{\frac{1}{2}} + C$$

(5) $\quad\int \dfrac{x^4+1}{x^2+1}\mathrm{d}x = \int\left(x^2 - 1 + \dfrac{2}{x^2+1}\right)\mathrm{d}x$

$$= \frac{x^3}{3} - x + 2\arctan x + C$$

(6) $\int \dfrac{3^{x+3}}{2^x}\mathrm{d}x = 27\int\left(\dfrac{3}{2}\right)^x \mathrm{d}x = 27\dfrac{\left(\dfrac{3}{2}\right)^x}{\ln\dfrac{3}{2}} + C.$

(7) $\quad\int(10^x - 10^{-x})^2\mathrm{d}x = \int(10^{2x} + 10^{-2x} - 2)\mathrm{d}x$

$$= \frac{(10^2)^x}{\ln 10^2} + \frac{(10^{-2})^x}{\ln 10^{-2}} - 2x + C$$

$$= \frac{1}{2\ln 10}(10^{2x} - 10^{-2x}) - 2x + C$$

(8) $\int \tan^2 x\,\mathrm{d}x = \int(\sec^2 x - 1)\mathrm{d}x = \tan x - x + C.$

(9) $\quad\int \dfrac{\cos 2x}{\cos x + \sin x}\mathrm{d}x = \int \dfrac{\cos^2 x - \sin^2 x}{\cos x + \sin x}\mathrm{d}x$

$$= \int(\cos x - \sin x)\mathrm{d}x$$

$$= \sin x + \cos x + C$$

（10）
$$\int \frac{\mathrm{d}x}{\cos^2 x \sin^2 x} = \int \frac{\cos^2 x + \sin^2 x}{\cos^2 x \sin^2 x} \mathrm{d}x$$

$$= \int (\csc^2 x + \sec^2 x)\,\mathrm{d}x$$

$$= -\cot x + \tan x + C$$

（11）
$$\int \cos 3x \sin x\,\mathrm{d}x = \frac{1}{2}\int (\sin 4x - \sin 2x)\,\mathrm{d}x$$

$$= \frac{1}{2}\Big( -\frac{\cos 4x}{4} + \frac{1}{2}\cos 2x \Big) + C$$

$$= -\frac{1}{8}\cos 4x + \frac{1}{4}\cos 2x + C$$

**例 5. 1. 5**　已知曲线 $y = F(x)$ 的切线斜率为 $2x$，求此曲线族. 如果曲线又经过点 $(0,1)$，此曲线如何？

**解**　因为 $F'(x) = 2x$，所以

$$F(x) = \int 2x\mathrm{d}x = x^2 + C$$

又因为曲线经过点 $(0,1)$，故

$$1 = F(0) = 0^2 + C = C$$

从而

$$F(x) = x^2 + 1$$

（图 5.1.2），或者应用下章定积分得

$$F(x) = \int_0^x 2x\mathrm{d}x + F(0) = x^2 + 1$$

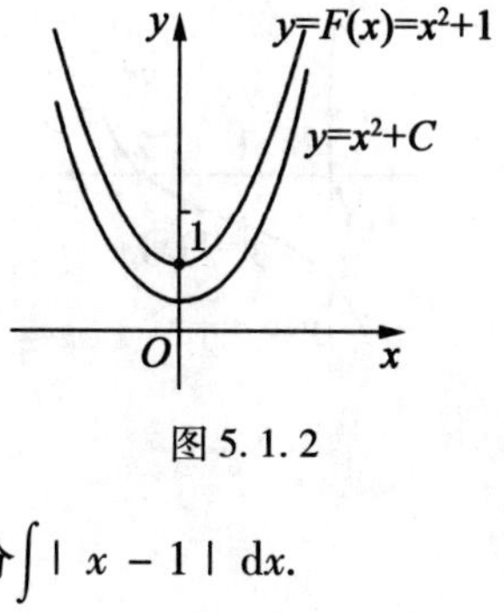

图 5. 1. 2

**例 5. 1. 6**　求不定积分 $\int |x - 1|\,\mathrm{d}x$.

**解**　设

$$f(x) = \mid x - 1 \mid = \begin{cases} x - 1, x \geqslant 1 \\ 1 - x, x < 1 \end{cases}$$

显然它为连续函数. 根据第 6 章微积分基本定理 6.3.2 可知, $f(x) = \mid x - 1 \mid$ 有原函数 $F(x)$ , 即 $F'(x) = f(x)$ , 由此可以看出 $F(x)$ 连续. 因为

$$\int \mid x - 1 \mid \mathrm{d}x = \begin{cases} \int (x - 1)\mathrm{d}x = \dfrac{x^2}{2} - x + C_1, x > 0 \\ \int (1 - x)\mathrm{d}x = x - \dfrac{x^2}{2} + C_2, x < 0 \end{cases}$$

令 $C_1 = 0$ , 则得 $f(x) = \mid x - 1 \mid$ 的一个原函数为

$$F(x) = \begin{cases} \dfrac{x^2}{2} - x, x > 1 \\ x - \dfrac{x^2}{2} + C_2, x < 0 \end{cases}$$

由于 $F(x)$ 连续, 当然在 $x = 1$ 处连续, 即

$$-\frac{1}{2} = \lim_{x \to 1^+}\left(\frac{x^2}{2} - x\right) = \lim_{x \to 1^-}\left(x - \frac{x^2}{2} + C_2\right) = \frac{1}{2} + C_2$$

解得 $C_2 = -1$ , 代入上式, 有

$$F(x) = \begin{cases} \dfrac{x^2}{2} - x, x \geqslant 1 \\ x - \dfrac{x^2}{2} - 1, x < 1 \end{cases}$$

(图 5.1.3) , 从而

$$\int \mid x - 1 \mid \mathrm{d}x = F(x) + C$$

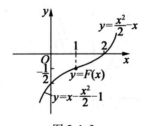

图 5.1.3

**例 5.1.7** 求不定积分

$$\int \mid \sin x \mid \mathrm{d}x$$

**解**　因为 $|\sin x|$ 在 $\mathbb{R}$ 上连续,所以根据第 6 章微积分基本定理 6.3.2 知,
$|\sin x|$ 有原函数 $F(x)$,即 $F'(x) = |\sin x|$. 显然 $F'(x) \geqslant 0$ 且
$$\{x \mid F'(x) = |\sin x| = 0\} = \{k\pi \mid k \in \mathbb{Z}\}$$
不构成区间,故 $F(x)$ 为严格增的连续函数. 令
$$F(x) = \begin{cases} -\cos x + c_k, & 2k\pi \leqslant x < (2k+1)\pi \\ \cos x + d_k, & (2k+1)\pi \leqslant x < (2k+2)\pi \end{cases}$$
取 $c_0 = 0$,由 $F(x)$ 连续推得
$$1 + c_k = -\cos(2k+1)\pi + c_k = \cos(2k+1)\pi + d_k = -1 + d_k$$
所以
$$d_k = c_k + 2$$
再由
$$1 + d_k = \cos(2k+2)\pi + d_k = -\cos(2k+2)\pi + c_{k+1} = -1 + c_{k+1}$$
得到
$$c_{k+1} = d_k + 2$$
综合上述有 $c_k = 4k, d_k = 4k + 2$,从而
$$F(x) = \begin{cases} -\cos x + 4k, & 2k\pi \leqslant x < (2k+1)\pi \\ \cos x + 4k + 2, & (2k+1)\pi \leqslant x < (2k+2)\pi, k \in \mathbb{Z} \end{cases}$$
如图 5.1.4 所示,而所要求的不定积分为
$$\int |\sin x| \, dx = F(x) + C$$

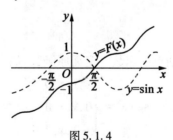

图 5.1.4

**例 5.1.8**　设
$$F(x) = \begin{cases} x^2 \sin \dfrac{1}{x}, & x \neq 0 \\ 0, & x = 0 \end{cases}$$
求 $F'(x)$.

**解**

$$f(x) = F'(x) = \begin{cases} 2x\sin\dfrac{1}{x} - \cos\dfrac{1}{x}, x \neq 0 \\ 0, x = 0 \end{cases}$$

显然,它只有一个不连续点 0,但 $f(x)$ 有原函数 $F(x)$.

**5.1.9** 设

$$F(x) = \begin{cases} x^{\frac{3}{2}}\sin\dfrac{1}{x}, x \neq 0 \\ 0, x = 0 \end{cases}$$

求 $F'(x)$.

**解**

$$f(x) = F'(x) = \begin{cases} \dfrac{3}{2}x^{\frac{1}{2}}\sin\dfrac{1}{x} - \dfrac{1}{x^{\frac{1}{2}}}\cos\dfrac{1}{x}, x \neq 0 \\ 0, x = 0 \end{cases}$$

**注 5.1.1** 显然,$f(x)$ 在 $x = 0$ 附近无界,根据定理 6.1.2 知,它在含 0 的任何闭区间上都非 Riemann 可积. 因此,不能应用推论 6.3.1 由变上限积分得到 $f(x)$ 的原函数. 但 $f(x)$ 确有原函数 $F(x)$.

**解** 不一定. 反例 1:Dirichlet 函数

$$D(x) = \begin{cases} 1, x \in \mathbb{Q} \\ 0, x \in \mathbb{R} \backslash \mathbb{Q} \end{cases}$$

无原函数.

证明参看例 3.3.11.

反例 2:含第一类间断点的函数一定无原函数,如

$$\text{sgn } x = \begin{cases} 1, x > 0 \\ 0, x = 0 \\ -1, x < 0 \end{cases}$$

以 0 为第一类间断点.

可用反证法证明. 假设 $f(x)$ 有原函数 $F(x)$,即 $F'(x) = f(x)$. 由例 3.3.12 知,$f(x) = F'(x)$ 无第一类间断点,这与 $f(x)$ 含第一类间断点相矛盾.

如果一个关于 $x$ 与 $y$ 的微分等式通过分离变量后可化为

$$f(y)\mathrm{d}y = g(x)\mathrm{d}x$$

则两边积分得到

$$\int f(y)\,\mathrm{d}y = \int g(x)\,\mathrm{d}x$$

称上述方法为**分离变量法**.

**例 5.1.11**　从物理实验知,放射性元素的衰变速度与当时的质量成正比,求衰变规律及半生期 $T$(质量衰变到一半时的时间称为该放射性元素的半生期).

**解**　设放射性元素在时刻 $t$ 的质量为 $m = m(t)$,则

$$\frac{\mathrm{d}m}{\mathrm{d}t} = m'(t) = -km$$

其中负号表示质量减少. 经分离变量后得到

$$\frac{\mathrm{d}m}{m} = -k\mathrm{d}t$$

$$\int \frac{\mathrm{d}m}{m} = -k\int \mathrm{d}t$$

$$\ln|m| = -kt + C_1$$

$$|m| = \mathrm{e}^{-kt+C_1} = \mathrm{e}^{C_1}\mathrm{e}^{-kt} = C_2\mathrm{e}^{-kt}$$

$$m = m(t) = C\mathrm{e}^{-kt}$$

当 $t = 0$,质量为 $m(0)$,则

$$m(0) = C\mathrm{e}^{-k\cdot 0} = C$$

$$m = m(t) = m(0)\mathrm{e}^{-kt}$$

考虑该放射性元素的半生期 $T$,它满足

$$m(0)\mathrm{e}^{-kT} = \frac{1}{2}m(0)$$

$$\mathrm{e}^{-kT} = \frac{1}{2}$$

$$-kT = \ln\frac{1}{2} = -\ln 2$$

$$T = \frac{\ln 2}{k}$$

例如,镭的半生期 $T = 1\,600$ 年,就是说 1 g 镭经过 1 600 年后剩下 0.5 g. 此外,我们在第 6 章注 6.3.1 中还可应用定积分的方法来表达上述 $m(t)$.

**例 5.1.12**　设 $f'(\arctan x) = x^2$,求 $f(x)$.

**解** 设 $\arctan x = t$,则

$$x = \tan t, f'(t) = \tan^2 t$$

$$f(t) = \int \tan^2 t\, dt = \int (\sec^2 t - 1)\, dt = \tan t - t + C$$

$$f(x) = \tan x - x + C$$

# 练习题 5.1

**1.** 求不定积分：

(1) $\int (2 + x^5)^2 dx$;

(2) $\int \left(\dfrac{1 - x}{x}\right)^2 dx$;

(3) $\int \left(1 - \dfrac{1}{x^2}\right)\sqrt{x}\, dx$;

(4) $\int \dfrac{x^5}{1 + x}dx$;

(5) $\int \dfrac{x^4}{1 + x^2}dx$;

(6) $\int \left(1 - x + x^3 - \dfrac{1}{\sqrt[3]{x^2}}\right)dx$;

(7) $\int \left(x - \dfrac{1}{\sqrt{x}}\right)^2 dx$;

(8) $\int \dfrac{x^2}{3(1 + x^2)}dx$;

(9) $\int \sqrt{x\sqrt{x\sqrt{x}}}\, dx$;

(10) $\int \left(\sqrt{\dfrac{1 + x}{1 - x}} + \sqrt{\dfrac{1 - x}{1 + x}}\right)dx$;

(11) $\int (2^x + 3^x)^2 dx$;

(12) $\int 10^t \cdot 3^{2t} dt$;

(13) $\int (e^x - e^{-x})^3 dx$;

(14) $\int \dfrac{e^{3x} + 1}{e^x + 1}dx$;

(15) $\int \dfrac{dx}{(x + a)(x + b)}$;

(16) $\int \dfrac{3}{\sqrt{4 - 4x^2}}dx$;

(17) $\int \cosh x\, dx$;

(18) $\int \sinh x\, dx$;

(19) $\int \cos^2 x\, dx$;

(20) $\int \sin^2 x\, dx$;

(21) $\int \sqrt{1 - \sin 2x}\, dx$;

(22) $\int \dfrac{\cos 2x}{\cos x - \sin x}dx$;

(23) $\int \dfrac{\cos 2x}{\cos^2 x \sin^2 x}dx$;

(24) $\int (\cos x + \sin x)^2 dx$;

$(25)\displaystyle\int\tan^2 x\mathrm{d}x;$　　　　　　　$(26)\displaystyle\int\cos x\cos 2x\mathrm{d}x;$

$(27)\displaystyle\int\frac{2^{x+1}-5^{x-1}}{10^x}\mathrm{d}x;$　　　　$(28)\displaystyle\int\mid x\mid\mathrm{d}x;$

$(29)\displaystyle\int\mathrm{e}^{-\mid x\mid}\mathrm{d}x;$　　　　　　$(30)\displaystyle\int\frac{x^2}{(1-x)^{100}}\mathrm{d}x;$

$(31)\displaystyle\int\frac{\sqrt{x}-2\sqrt[3]{x}-1}{\sqrt[4]{x}}\mathrm{d}x.$

**2.** 求一曲线 $y=f(x)$ ,使得在曲线上点 $(x,y)$ 处的切线斜率为 $3x^2$ ,且通过点 $(2,9)$.

**3.** 验证: $y=\dfrac{x^2}{2}\mathrm{sgn}\ x$ 为 $\mid x\mid$ 在 $(-\infty,+\infty)$ 上的一个原函数.

**4.** 周期函数的原函数是否还是周期函数?考察 $f(x)=\mid\sin x\mid$. 设 $f(x)$ 是一个周期为 $T$ 的函数, $F(x)$ 为它的一个原函数. 证明: $F(x)$ 有周期 $T\Leftrightarrow F(T)=F(0)$ (提示:考虑函数 $F(x+T)-F(x)$).

**5.** 设 $f(x)$ 为奇函数, $F(x)$ 为它的一个原函数. 证明: $F(x)$ 为偶函数(提示:考虑函数 $F(-x)-F(x)$).

**6.** 设 $f(x)$ 为偶函数, $F(x)$ 为它的一个原函数. 证明: $F(x)$ 为奇函数 $\Leftrightarrow F(0)=0$ (提示:考虑函数 $F(-x)+F(x)$).

# 5.2　换元积分法、分部积分法

　　利用积分公式与积分的简单性质,虽然能求出许多简单函数的原函数,但是,仅这一点点知识是很不够的,还必须学会更多的计算原函数的方法和技巧,换元(变量代换)积分法与分部积分法是两种重要的方法.

　　**定理 5.2.1**(换元(变量代换)积分法)　设 $g(u)$ 在 $[\alpha,\beta]$ 上有定义, $u=\varphi(x)$ 在 $[a,b]$ 上可导,且 $\alpha\leqslant\varphi(x)\leqslant\beta,x\in[a,b]$ ,并记
$$f(x)=g(\varphi(x))\varphi'(x),x\in[a,b]$$
　　(1) 如果 $g(u)$ 在 $[\alpha,\beta]$ 上存在原函数 $G(u)$ ,则 $f(x)$ 在 $[a,b]$ 上也存在原函数 $F(x)=G(\varphi(x))$. 于是

$$\int f(x)\mathrm{d}x \xrightarrow{\quad 凑 \quad} \int g(\varphi(x))\varphi'(x)\mathrm{d}x \xrightarrow{\quad u = \varphi(x) \quad} \int g(u)\mathrm{d}u$$

$$= G(u) + C = G(\varphi(x)) + C$$

(2) 如果 $\varphi'(x) \neq 0, x \in [a,b]$,则上述可逆,即当 $f(x)$ 在 $[a,b]$ 上存在原函数 $F(x)$ 时,$g(u)$ 在 $[\alpha,\beta]$ 上也存在原函数 $G(u)$,且

$$G(u) = F(\varphi^{-1}(u)) + C$$

即

$$\int g(u)\mathrm{d}u \xrightarrow{\quad u = \varphi(x) \quad} \int g(\varphi(x))\varphi'(x)\mathrm{d}x$$

$$= \int f(x)\mathrm{d}x = F(x) + C$$

$$\xrightarrow{\quad x = \varphi^{-1}(u) \quad} F(\varphi^{-1}(u)) + C$$

**证明** (1) 由复合函数求导法知

$$[G(\varphi(x))]' = G'(\varphi(x))\varphi'(x) = g(\varphi(x))\varphi'(x)$$

$$= f(x)$$

所以,$G(\varphi(x))$ 为 $f(x)$ 的一个原函数.

(2) 在 $\varphi'(x) \neq 0$ 的条件下,$u = \varphi(x)$ 有反函数 $x = \varphi^{-1}(u)$,且

$$x'(u) = \frac{1}{\varphi'(x)}$$

于是,有

$$[F(\varphi^{-1}(u))]' \xrightarrow{\quad x = \varphi^{-1}(u) \quad} F'(x)x'(u) = f(x)\frac{1}{\varphi'(x)}$$

$$= g(\varphi(x))\varphi'(x)\frac{1}{\varphi'(x)}$$

$$= g(\varphi(x)) = g(u)$$

即 $F(\varphi^{-1}(u))$ 为 $g(u)$ 的一个原函数.

换元(变量代换)积分法对应着复合函数的导数公式.

定理 5.2.1(1) 阐述了通过凑的方法可将一个不易积的不定积分 $\int f(x)\mathrm{d}x$ 化为一个较易积的不定积分 $\int g(\varphi(x))\varphi'(x)\mathrm{d}x = \int g(u)\mathrm{d}u$.

定理 5.2.1(2) 则通过主动作一个变量代换 $u = \varphi(x)$,将不易积的不定积分 $\int g(u)\mathrm{d}u$ 化为一个较易积的不定积分 $\int g(\varphi(x))\varphi'(x)\mathrm{d}x = \int f(x)\mathrm{d}x$. 换元

（变量代换）关键在于变量代换 $u = \varphi(x)$.

**定理 5.2.2**（分部积分法）　设 $u(x)$ 与 $v(x)$ 可导,不定积分 $\int u'(x)v(x)\mathrm{d}x$

存在,则 $\int u(x)v'(x)\mathrm{d}x$ 也存在,且有

$$\int u(x)v'(x)\mathrm{d}x = u(x)v(x) - \int u'(x)v(x)\mathrm{d}x$$

也可写作

$$\int u(x)\mathrm{d}v(x) = u(x)v(x) - \int v(x)\mathrm{d}u(x)$$

**证明**　由乘积的求导公式得到

$$[u(x)v(x)]' = u'(x)v(x) + u(x)v'(x)$$
$$u(x)v'(x) = [u(x)v(x)]' - u'(x)v(x)$$

由此可知,不定积分 $\int u'(x)v(x)\mathrm{d}x$ 存在,则 $\int u(x)v'(x)\mathrm{d}x$ 也存在,且有

$$\int u(x)v'(x)\mathrm{d}x = \int \{[u(x)v(x)]' - u'(x)v(x)\}\mathrm{d}x$$

$$= u(x)v(x) - \int u'(x)v(x)\mathrm{d}x$$

分部积分法对应着 $u$ 与 $v$ 之积 $uv$ 的导数公式 $(uv)' = u'v + uv'$（导性）.

从定理 5.2.2 可以看到,一个不易积的不定积分 $\int uv'(x)\mathrm{d}x$ 通过分部积分

法,分出一部分 $uv$,化为一个较易积的不定积分 $\int u'(x)v(x)\mathrm{d}x$.

**例 5.2.1**　应用换元（变量代换）积分法求下列不定积分:

(1) $\int \tan x\mathrm{d}x$;　　　　(2) $\int xe^{x^2}\mathrm{d}x$;　　　　(3) $\int \dfrac{\mathrm{d}x}{ax+b}(a \neq 0)$;

(4) $\int \dfrac{\mathrm{d}x}{a^2+x^2}(a>0)$;　(5) $\int \dfrac{\mathrm{d}x}{x^2-a^2}(a>0)$;　(6) $\int \dfrac{x}{x^2-a^2}\mathrm{d}x$;

(7) $\int \dfrac{x}{x^2+a^2}\mathrm{d}x$;　　(8) $\int \dfrac{\mathrm{d}x}{\sqrt{a^2-x^2}}(a>0)$;　(9) $\int \dfrac{\ln x}{x}\mathrm{d}x$;

(10) $\int \dfrac{\arcsin x}{\sqrt{1-x^2}}\mathrm{d}x$;　　(11) $\int \cos^2 x\mathrm{d}x$.

**解**　(1)　$\int \tan x\mathrm{d}x = \int \dfrac{\sin x}{\cos x}\mathrm{d}x$

$$= - \int \frac{\mathrm{dcos}\, x}{\cos x} \xrightarrow{u\, =\, \cos x} - \int \frac{\mathrm{d}u}{u}$$

$$= - \ln |\, u\, | + C \xrightarrow{u\, =\, \cos x} - \ln |\, \cos x\, | + C$$

(2)
$$\int x \mathrm{e}^{x^2} \mathrm{d}x = \frac{1}{2} \int \mathrm{e}^{x^2} \mathrm{d}x^2 \xrightarrow{t\, =\, x^2} \frac{1}{2} \int \mathrm{e}^t \mathrm{d}t$$

$$= \frac{1}{2} \mathrm{e}^t + C = \frac{1}{2} \mathrm{e}^{x^2} + C$$

(3)
$$\int \frac{\mathrm{d}x}{ax + b} = \frac{1}{a} \int \frac{\mathrm{d}(ax + b)}{ax + b} \xrightarrow{t\, =\, ax + b} \frac{1}{a} \int \frac{\mathrm{d}t}{t}$$

$$= \frac{1}{a} \ln |\, t\, | + C = \frac{1}{a} \ln |\, ax + b\, | + C$$

(4)
$$\int \frac{\mathrm{d}x}{a^2 + x^2} = \frac{1}{a} \int \frac{\mathrm{d}\left(\dfrac{x}{a}\right)}{1 + \left(\dfrac{x}{a}\right)^2} = \frac{1}{a} \arctan \frac{x}{a} + C$$

(5)
$$\int \frac{\mathrm{d}x}{x^2 - a^2} = \frac{1}{2a} \int \left(\frac{1}{x - a} - \frac{1}{x + a}\right) \mathrm{d}x$$

$$= \frac{1}{2a} \left[\int \frac{\mathrm{d}(x - a)}{x - a} - \int \frac{\mathrm{d}(x + a)}{x + a}\right]$$

$$= \frac{1}{2a} \left[\ln |\, x - a\, | - \ln |\, x + a\, |\right] + C$$

$$= \frac{1}{2a} \ln \left|\frac{x - a}{x + a}\right| + C$$

(6) $\displaystyle\int \frac{x}{x^2 - a^2} \mathrm{d}x = \frac{1}{2} \int \frac{\mathrm{d}(x^2 - a^2)}{x^2 - a^2} = \frac{1}{2} \ln |\, x^2 - a^2\, | + C.$

(7) $\displaystyle\int \frac{x}{x^2 + a^2} \mathrm{d}x = \frac{1}{2} \int \frac{\mathrm{d}(x^2 + a^2)}{x^2 + a^2} = \frac{1}{2} \ln(x^2 + a^2) + C.$

(8) $\displaystyle\int \frac{\mathrm{d}x}{\sqrt{a^2 - x^2}} = \int \frac{\mathrm{d}\left(\dfrac{x}{a}\right)}{\sqrt{1 - \left(\dfrac{x}{a}\right)^2}} = \arcsin \frac{x}{a} + C(a > 0).$

(9) $\displaystyle\int \frac{\ln x}{x} \mathrm{d}x = \int \ln x \mathrm{d}\ln x = \frac{\ln^2 x}{2} + C.$

(10) $\displaystyle\int \frac{\arcsin x}{\sqrt{1 - x^2}} \mathrm{d}x = \int \arcsin x \mathrm{d}\arcsin x = \frac{(\arcsin x)^2}{2} + C.$

$$(11) \qquad \int \cos^2 x \, \mathrm{d}x = \frac{1}{2} \int (\cos 2x + 1) \, \mathrm{d}x$$

$$= \frac{1}{4} \int \cos 2x \, \mathrm{d}2x + \frac{1}{2} \int \mathrm{d}x$$

$$= \frac{1}{4} \sin 2x + \frac{x}{2} + C$$

**例 5.2.2**　求 $\int \sec x \, \mathrm{d}x$.

**解法 1**　$\int \sec x \, \mathrm{d}x = \int \dfrac{\mathrm{d}x}{\cos x} = \int \dfrac{\cos x}{\cos^2 x} \mathrm{d}x = \int \dfrac{\mathrm{d}\sin x}{1 - \sin^2 x}$

$$\xlongequal{\text{例 5.2.1(5)}} \frac{1}{2} \ln \frac{1 + \sin x}{1 - \sin x} + C$$

或进一步地,有

$$\frac{1}{2} \ln \frac{1 + \sin x}{1 - \sin x} + C = \frac{1}{2} \ln \frac{(1 + \sin x)^2}{1 - \sin^2 x} + C$$

$$= \frac{1}{2} \ln \left( \frac{1 + \sin x}{\cos x} \right)^2 + C$$

$$= \ln \left| \frac{1 + \sin x}{\cos x} \right| + C$$

$$= \ln | \sec x + \tan x | + C$$

**解法 2**　$\int \sec x \, \mathrm{d}x = \int \dfrac{\sec x (\sec x + \tan x)}{\sec x + \tan x} \mathrm{d}x$

$$= \int \frac{\mathrm{d}(\sec x + \tan x)}{\sec x + \tan x}$$

$$= \ln | \sec x + \tan x | + C$$

**解法 3**　$\int \sec x \, \mathrm{d}x = \int \dfrac{\mathrm{d}x}{\cos x} = \int \dfrac{\mathrm{d}x}{\cos^2 \frac{x}{2} - \sin^2 \frac{x}{2}}$

$$= \int \frac{\sec^2 \frac{x}{2}}{1 - \tan^2 \frac{x}{2}} \mathrm{d}x = 2 \int \frac{\mathrm{d}\tan \frac{x}{2}}{1 - \tan^2 \frac{x}{2}}$$

$$\xlongequal[\text{例 5.2.1(5)}]{t = \tan \frac{x}{2}} \ln \left| \frac{1 + \tan \frac{x}{2}}{1 - \tan \frac{x}{2}} \right| + C$$

或进一步地,有

$$\ln\left|\frac{1+\tan\dfrac{x}{2}}{1-\tan\dfrac{x}{2}}\right|+C = \ln\left|\frac{\cos\dfrac{x}{2}+\sin\dfrac{x}{2}}{\cos\dfrac{x}{2}-\sin\dfrac{x}{2}}\right|+C$$

$$= \ln\left|\frac{\left(\cos\dfrac{x}{2}+\sin\dfrac{x}{2}\right)^2}{\cos^2\dfrac{x}{2}-\sin^2\dfrac{x}{2}}\right|+C$$

$$= \ln\left|\frac{1+\sin x}{\cos x}\right|+C$$

$$= \ln|\sec x+\tan x|+C$$

同样方法可求

$$\int\csc x\,\mathrm{d}x = -\ln\left|\frac{1+\cos x}{\sin x}\right|+C$$

$$= -\ln|\csc x+\cot x|+C$$

$$= -\ln\left|\cot\frac{x}{2}\right|+C(留作习题)$$

**例 5.2.3**  求 $\displaystyle\int\frac{\mathrm{d}x}{\sqrt{x^2-a^2}}$.

**解法 1**  如图 5.2.1 所示

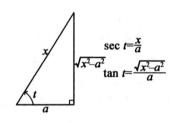

$$\sec t=\frac{x}{a}$$
$$\tan t=\frac{\sqrt{x^2-a^2}}{a}$$

图 5.2.1

$$\int\frac{\mathrm{d}x}{\sqrt{x^2-a^2}}\xlongequal{x=a\sec t}\int\frac{a\sec t\tan t}{a\tan t}\mathrm{d}t$$

$$= \int\sec t\,\mathrm{d}t\xlongequal{\text{例}5.2.2}\ln|\sec t+\tan t|+C_1$$

$$= \ln\left|\frac{x}{a}+\frac{\sqrt{x^2-a^2}}{a}\right|+C_1$$

$$= \ln \mid x + \sqrt{x^2 - a^2} \mid + C$$

**解法2** 当 $x > a$ 时,令 $x = a\cosh t, t > 0$,则

$$\int \frac{\mathrm{d}x}{\sqrt{x^2 - a^2}} \xrightarrow{x = a\cosh t} \int \frac{a\sinh t}{a\sinh t} \mathrm{d}t$$

$$= \int \mathrm{d}t = t + C_1$$

$$= \ln \left| \frac{x}{a} + \sqrt{\left(\frac{x}{a}\right)^2 - 1} \right| + C_1$$

$$= \ln \mid x + \sqrt{x^2 - a^2} \mid + C$$

其中

$$x = a\cosh t = a \frac{\mathrm{e}^t + \mathrm{e}^{-t}}{2}$$

$$(\mathrm{e}^t)^2 - 2\frac{x}{a}\mathrm{e}^t + 1 = 0$$

$$\mathrm{e}^t = \frac{2\frac{x}{a} + 2\sqrt{\left(\frac{x}{a}\right)^2 - 1}}{2} = \frac{x}{a} + \sqrt{\left(\frac{x}{a}\right)^2 - 1}$$

$$t = \ln \left| \frac{x}{a} + \sqrt{\left(\frac{x}{a}\right)^2 - 1} \right|$$

显然,对 $x < -a$,上述结果也是成立的.

作变量代换 $x = a\sec t$ 与 $x = a\cosh t$ 都是为了将 $\sqrt{x^2 - a^2}$ 中的根号去掉,然后化为一个易积的不定积分或已有结果的不定积分.

**例 5.2.4** 求 $\int \frac{\mathrm{d}x}{\sqrt{x^2 + a^2}}(a > 0)$.

**解法1** 读者一定还记得例 3.1.6(2) 中,有

$$(\ln(x + \sqrt{x^2 + a^2}))' = \frac{1}{\sqrt{x^2 + a^2}}$$

故

$$\int \frac{\mathrm{d}x}{\sqrt{x^2 + a^2}} = \ln(x + \sqrt{x^2 + a^2}) + C$$

**解法2** 如图 5.2.2 所示,如果事先不知道解法 1 中的导数公式,可以进行变量代换 $x = a\tan t$ 得到

$$\int \frac{\mathrm{d}x}{\sqrt{x^2 + a^2}} = \int \frac{a\sec^2 t}{a\sec t}\mathrm{d}t = \int \sec t\,\mathrm{d}t = \int \frac{\mathrm{d}t}{\cos t}$$

$$= \ln|\sec t + \tan t| + C_1$$

$$= \ln\left| \frac{x}{a} + \frac{\sqrt{x^2 + a^2}}{a} \right| + C_1$$

$$= \ln(x + \sqrt{x^2 + a^2}) + C$$

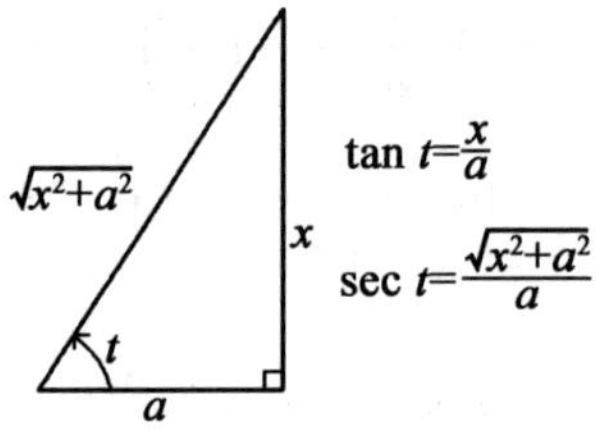

$$\tan t = \frac{x}{a}$$

$$\sec t = \frac{\sqrt{x^2 + a^2}}{a}$$

图 5.2.2

**解法 3** $$\int \frac{\mathrm{d}x}{\sqrt{x^2 + a^2}} \xlongequal{x = a\sinh t} \int \frac{a\cosh t}{a\cosh t}\mathrm{d}t = \int \mathrm{d}t$$

$$= t + C_1 = \operatorname{arcsinh} \frac{x}{a} + C_1$$

$$= \ln\left( \frac{x}{a} + \sqrt{\left(\frac{x}{a}\right)^2 + 1} \right) + C_1$$

$$= \ln(x + \sqrt{x^2 + a^2}) + C$$

其中

$$\frac{x}{a} = \sinh t = \frac{\mathrm{e}^t - \mathrm{e}^{-t}}{2}, (\mathrm{e}^t)^2 - 2\frac{x}{a}t - 1 = 0$$

由于 $\mathrm{e}^t > 0$,因此

$$\mathrm{e}^t = \frac{x}{a} + \sqrt{\left(\frac{x}{a}\right)^2 + 1}$$

$$\operatorname{arcsinh} \frac{x}{a} = t = \ln\left( \frac{x}{a} + \sqrt{\left(\frac{x}{a}\right)^2 + 1} \right)$$

**解法 4** 作变量代换 $\sqrt{x^2 + a^2} = t - x$,即 $x = \frac{t^2 - a^2}{2t}$,则

$$\int \frac{\mathrm{d}x}{\sqrt{x^2 + a^2}} = \int \frac{1}{t - \frac{t^2 - a^2}{2t}} \cdot \frac{2t^2 - (t^2 - a^2)}{2t^2}\mathrm{d}t = \int \frac{\mathrm{d}t}{t}$$

$$= \ln |\,t\,| + C = \ln(x + \sqrt{x^2 + a^2}) + C$$

**例 5.2.5** 求 $\displaystyle\int \sqrt{a^2 - x^2}\,\mathrm{d}x$.

**解** 如图 5.2.3 所示,有

$$\int \sqrt{a^2 - x^2}\,\mathrm{d}x \xlongequal{x = a\sin t} \int a\cos t\,\mathrm{d}(a\sin t) = a^2 \int \cos^2 t\,\mathrm{d}t$$

$$= \frac{a^2}{2}\int(1 + \cos 2t)\,\mathrm{d}t = \frac{a^2}{2}\Big(t + \frac{1}{2}\sin 2t\Big) + C$$

$$= \frac{a^2}{2}(t + \sin t\cos t) + C$$

$$= \frac{a^2}{2}\Big(\arcsin \frac{x}{a} + \frac{x}{a}\,\frac{\sqrt{a^2 - x^2}}{a}\Big) + C$$

$$= \frac{1}{2}\Big(a^2 \arcsin \frac{x}{a} + x\sqrt{a^2 - x^2}\Big) + C$$

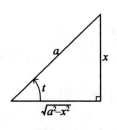

图 5.2.3

**例 5.2.6** 求 $\displaystyle\int \frac{\mathrm{d}x}{(x^2 + a^2)^{\frac{3}{2}}}\ (a > 0)$.

**解法 1** 如图 5.2.4 所示,有

$$\int \frac{\mathrm{d}x}{(x^2 + a^2)^{\frac{3}{2}}} \xlongequal{x = a\tan t} \int \frac{a\sec^2 t}{a^3 \sec^3 t}\,\mathrm{d}t$$

$$= \frac{1}{a^2}\int \cos t\,\mathrm{d}t = \frac{1}{a^2}\sin t + C$$

$$= \frac{x}{a^2 \sqrt{x^2 + a^2}} + C$$

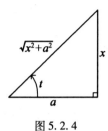

图 5. 2. 4

**解法 2**　由分部积分法得到

$$\int \frac{\mathrm{d}x}{\sqrt{x^2 + a^2}} = \frac{x}{\sqrt{x^2 + a^2}} - \int x \left( -\frac{1}{2} \right) (x^2 + a^2)^{-\frac{3}{2}} \cdot 2x \mathrm{d}x$$

$$= \frac{x}{\sqrt{x^2 + a^2}} + \int \frac{(x^2 + a^2) - a^2}{(x^2 + a^2)^{\frac{3}{2}}} \mathrm{d}x$$

$$= \frac{x}{\sqrt{x^2 + a^2}} + \int \frac{\mathrm{d}x}{\sqrt{x^2 + a^2}} - a^2 \int \frac{\mathrm{d}x}{(x^2 + a^2)^{\frac{3}{2}}}$$

移项化简得

$$\int \frac{\mathrm{d}x}{(x^2 + a^2)^{\frac{3}{2}}} = \frac{x}{a^2 \sqrt{x^2 + a^2}} + C$$

**例 5. 2. 7**　求 $\int \dfrac{\mathrm{d}x}{(x^2 + a^2)^2} (a > 0)$.

**解法 1**　如图 5. 2. 5 所示,有

$$\int \frac{\mathrm{d}x}{(x^2 + a^2)^2} \xrightarrow{x = a\tan t} \int \frac{a\sec^2 t}{a^4 \sec^4 t} \mathrm{d}t = \frac{1}{a^3} \int \cos^2 t \mathrm{d}t$$

$$= \frac{1}{2a^3} \int (1 + \cos 2t) \mathrm{d}t$$

$$= \frac{1}{2a^3} (t + \sin t \cos t) + C$$

$$= \frac{1}{2a^3} \left( \arctan \frac{x}{a} + \frac{x}{\sqrt{x^2 + a^2}} \frac{a}{\sqrt{x^2 + a^2}} \right) + C$$

$$= \frac{1}{2a^3} \left( \arctan \frac{x}{a} + \frac{ax}{x^2 + a^2} \right) + C$$

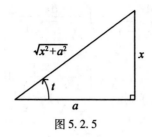

图 5.2.5

**解法 2**　由

$$\int \frac{\mathrm{d}x}{x^2 + a^2} \xlongequal{\text{分部积分}} \frac{x}{x^2 + a^2} - \int x \frac{-2x}{(x^2 + a^2)^2}\mathrm{d}x$$

$$= \frac{x}{x^2 + a^2} + 2\int \frac{(x^2 + a^2) - a^2}{(x^2 + a^2)^2}\mathrm{d}x$$

$$= \frac{x}{x^2 + a^2} + 2\int \frac{\mathrm{d}x}{x^2 + a^2} - 2a^2\int \frac{\mathrm{d}x}{(x^2 + a^2)^2}$$

得到

$$\int \frac{\mathrm{d}x}{(x^2 + a^2)^2} = \frac{1}{2a^2}\frac{x}{x^2 + a^2} + \frac{1}{2a^2}\int \frac{\mathrm{d}x}{x^2 + a^2}$$

$$= \frac{x}{2a^2(x^2 + a^2)} + \frac{1}{2a^3}\arctan\frac{x}{a} + C$$

**例 5.2.8**　求 $\displaystyle\int \frac{\mathrm{d}x}{x^2\sqrt{x^2 - 1}}$.

**解法 1**　如图 5.2.6 所示,有

$$\int \frac{\mathrm{d}x}{x^2\sqrt{x^2 - 1}} \xlongequal{x = \sec t} \int \frac{\sec t\tan t}{\sec^2 t\tan t}\mathrm{d}t$$

$$= \int \cos t\mathrm{d}t = \sin t + C$$

$$= \frac{\sqrt{x^2 - 1}}{x} + C$$

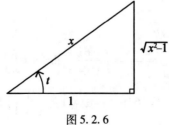

图 5.2.6

**解法 2**

$$\int \frac{dx}{x^2 \sqrt{x^2-1}} = \int \frac{dx}{x^3 \sqrt{1-\dfrac{1}{x^2}}}$$

$$= \int \frac{1}{x} \frac{-1}{\sqrt{1-\dfrac{1}{x^2}}} d\left(\frac{1}{x}\right)$$

$$\xlongequal{u=\frac{1}{x}} \int \frac{-u}{\sqrt{1-u^2}} du$$

$$= \sqrt{1-u^2} + C$$

$$= \sqrt{1-\left(\frac{1}{x}\right)^2} + C$$

$$= \frac{\sqrt{x^2-1}}{x} + C$$

或

$$\int \frac{dx}{x^2 \sqrt{x^2-1}} = \int \frac{1}{x^3} \frac{dx}{\sqrt{1-\dfrac{1}{x^2}}}$$

$$= \frac{1}{2} \int \frac{1}{\sqrt{1-\dfrac{1}{x^2}}} d\left(1-\frac{1}{x^2}\right)$$

$$\xlongequal{u=1-\frac{1}{x^2}} \frac{1}{2} \int \frac{dt}{\sqrt{t}} = \sqrt{t} + C$$

$$= \sqrt{1-\frac{1}{x^2}} + C = \frac{\sqrt{x^2-1}}{x} + C$$

**例 5.2.9** 求 $\displaystyle\int \frac{du}{\sqrt{u}+\sqrt[3]{u}}$.

**解**

$$\int \frac{du}{\sqrt{u}+\sqrt[3]{u}} \xlongequal{u=x^6} \int \frac{6x^5}{x^3+x^2} dx = 6\int \frac{x^3}{x+1} dx$$

$$= 6\int \left(x^2 - x + 1 - \frac{1}{x+1}\right) dx$$

$$= 6\left(\frac{x^3}{3} - \frac{x^2}{2} + x - \ln|x+1|\right) + C$$

$$= 2\sqrt{u} - 3\sqrt[3]{u} + 6\sqrt[6]{u} - 6\ln(\sqrt[6]{u} + 1) + C$$

除了换元(变量代换)积分法外,还有一种重要的分部积分法,它有四种不同的类型:升幂、降幂、循环、递推.

**例 5.2.10** 利用升幂的方法求下列不定积分:

(1) $\int x^2 \arctan x \mathrm{d}x$;      (2) $\int \arctan x \mathrm{d}x$;

(3) $\int \dfrac{\ln x}{x^2} \mathrm{d}x$;      (4) $\int \ln x \mathrm{d}x$;

(5) $\int x \ln^2 x \mathrm{d}x$;      (6) $\int x^3 \ln x \mathrm{d}x$.

**解** (1)
$$\int x^2 \arctan x \mathrm{d}x = \frac{1}{3} \int \arctan x \mathrm{d}x^3$$

$$= \frac{1}{3}\left( x^3 \arctan x - \int \frac{x^3}{1 + x^2} \mathrm{d}x \right)$$

$$= \frac{1}{3}\left[ x^3 \arctan x - \int \left( x - \frac{x}{1 + x^2} \right) \mathrm{d}x \right]$$

$$= \frac{1}{3}\left[ x^3 \arctan x - \int x \mathrm{d}x + \frac{1}{2} \int \frac{\mathrm{d}(1 + x^2)}{1 + x^2} \right]$$

$$= \frac{1}{3} x^3 \arctan x - \frac{x^2}{6} + \frac{1}{6}\ln(1 + x^2) + C$$

其中 $x^2 \arctan x$ 中的 $x^2$ 升幂为 $\mathrm{d}x^3$ 中的 $x^3$. 通过分部积分将一个不易积的积分 $\int x^2 \arctan x \mathrm{d}x$ 化为一个易积的积分 $\int \dfrac{x^3}{1 + x^2} \mathrm{d}x$.

(2)
$$\int \arctan x \mathrm{d}x = x \arctan x - \int \frac{x}{1 + x^2} \mathrm{d}x$$

$$= x \arctan x - \frac{1}{2} \int \frac{\mathrm{d}(1 + x^2)}{1 + x^2}$$

$$= x \arctan x - \frac{1}{2}\ln(1 + x^2) + C$$

其中 $\arctan x = x^0 \arctan x$ 中的 $x^0$ 已经升幂为 $\mathrm{d}x$ 中的 $x = x^1$.

(3)
$$\int \frac{\ln x}{x^2} \mathrm{d}x = - \int \ln x \mathrm{d}\left( \frac{1}{x} \right) = - \frac{\ln x}{x} + \int \frac{1}{x} \frac{1}{x} \mathrm{d}x$$

$$= - \frac{\ln x}{x} - \frac{1}{x} + C$$

(4) $\qquad \int \ln x \mathrm{d}x = x\ln x - \int x \frac{1}{x}\mathrm{d}x = x\ln x - \int \mathrm{d}x$

$$= x\ln x - x + C$$

(5) $\qquad \int x\ln^2 x \mathrm{d}x = \frac{1}{2}\int \ln^2 x \mathrm{d}x^2 = \frac{1}{2}\left(x^2\ln^2 x - \int x^2 \cdot 2\ln x \cdot \frac{1}{x}\mathrm{d}x\right)$

$$= \frac{x^2}{2}\ln^2 x - \int x\ln x \mathrm{d}x = \frac{x^2}{2}\ln^2 x - \frac{1}{2}\int \ln x \mathrm{d}x^2$$

$$= \frac{x^2}{2}\ln^2 x - \frac{1}{2}\left(x^2\ln x - \int x^2 \frac{1}{x}\mathrm{d}x\right)$$

$$= \frac{x^2}{2}\ln^2 x - \frac{x^2}{2}\ln x + \frac{x^2}{4} + C$$

(6) $\qquad \int x^3 \ln x \mathrm{d}x = \int \ln x \mathrm{d}\frac{x^4}{4} = \frac{x^4}{4}\ln x - \int \frac{x^4}{4} \cdot \frac{1}{x}\mathrm{d}x$

$$= \frac{x^4}{4}\ln x - \frac{1}{4}\int x^3 \mathrm{d}x$$

$$= \frac{x^4}{6}\ln x - \frac{x^4}{16} + C$$

**例 5. 2. 11**  利用降幂的方法求下列不定积分:

(1) $\int x\cos x \mathrm{d}x$;

(2) $\int x^2 \mathrm{e}^{-x}\mathrm{d}x$;

(3) $\int x^2 \sin x \mathrm{d}x$.

**解** (1) $\qquad \int x\cos x \mathrm{d}x = \int x\mathrm{d}\sin x = x\sin x - \int \sin x \mathrm{d}x$

$$= x\sin x + \cos x + C$$

其中 $x\cos x$ 中的 $x$ 降幂为 $\sin x = x^0 \sin x$ 中的 $x^0$. 通过分部积分将一个不易积的

积分 $\int x\cos x \mathrm{d}x$ 化为一个易积的积分 $\int \sin x \mathrm{d}x$.

(2) $\qquad \int x^2 \mathrm{e}^{-x}\mathrm{d}x = - \int x^2 \mathrm{d}\mathrm{e}^{-x} = - x^2 \mathrm{e}^{-x} + \int \mathrm{e}^{-x} \cdot 2x \mathrm{d}x$

$$= - x^2 \mathrm{e}^{-x} - 2\int x\mathrm{d}\mathrm{e}^{-x}$$

$$= - x^2 \mathrm{e}^{-x} - 2\left(x\mathrm{e}^{-x} - \int \mathrm{e}^{-x}\mathrm{d}x\right)$$

$$= -x^2 \mathrm{e}^{-x} - 2x\mathrm{e}^{-x} - 2\mathrm{e}^{-x} + C$$

$$= -\mathrm{e}^{-x}(x^2 + x + 2) + C$$

（3）
$$\int x^2 \sin x \mathrm{d}x = -\int x^2 \mathrm{d}\cos x = -x^2 \cos x + \int 2x\cos x \mathrm{d}x$$

$$= -x^2 \cos x + 2\int x \mathrm{d}\sin x$$

$$= -x^2 \cos x + 2(x\sin x - \int \sin x \mathrm{d}x)$$

$$= -x^2 \cos x + 2x\sin x + 2\cos x + C$$

**例 5.2.12**　利用循环的方法求

$$I = \int \mathrm{e}^{ax} \cos bx \mathrm{d}x, J = \int \mathrm{e}^{ax} \sin bx \mathrm{d}x$$

**解法 1**　当 $a \neq 0$ 时,有

$$I = \int \mathrm{e}^{ax} \cos bx \mathrm{d}x = \frac{1}{a}\int \cos bx \mathrm{d}\mathrm{e}^{ax}$$

$$= \frac{1}{a}(\mathrm{e}^{ax} \cos bx + b\int \mathrm{e}^{ax} \sin bx \mathrm{d}x)$$

$$= \frac{1}{a}\mathrm{e}^{ax} \cos bx + \frac{b}{a}J$$

$$J = \int \mathrm{e}^{ax} \sin bx \mathrm{d}x = \frac{1}{a}\int \sin bx \mathrm{d}\mathrm{e}^{ax}$$

$$= \frac{1}{a}(\mathrm{e}^{ax} \sin bx - b\int \mathrm{e}^{ax} \cos bx \mathrm{d}x)$$

$$= \frac{1}{a}\mathrm{e}^{ax} \sin bx - \frac{b}{a}I$$

由此得到

$$\begin{cases} aI - bJ = \mathrm{e}^{ax} \cos bx \\ bI + aJ = \mathrm{e}^{ax} \sin bx \end{cases}$$

解此方程得

$$I = \int \mathrm{e}^{ax} \cos bx \mathrm{d}x = \frac{b\sin bx + a\cos bx}{a^2 + b^2}\mathrm{e}^{ax} + C_1$$

$$J = \int \mathrm{e}^{ax} \sin bx \mathrm{d}x = \frac{a\sin bx - b\cos bx}{a^2 + b^2}\mathrm{e}^{ax} + C_2$$

注意 $a = 0, b \neq 0$ 时,上述公式仍成立. 当 $a = b = 0$ 时,有

$$I = \int \mathrm{d}x = x + C_1, J = \int 0\mathrm{d}x = C_2$$

**解法 2**　当 $a \neq 0$ 时,有

$$I = \int \mathrm{e}^{ax}\cos bx\mathrm{d}x = \frac{1}{a}\int \cos bx\mathrm{d}\mathrm{e}^{ax}$$

$$= \frac{1}{a}\Big(\mathrm{e}^{ax}\cos bx + b\int \mathrm{e}^{ax}\sin bx\mathrm{d}x\Big)$$

$$= \frac{1}{a}\Big(\mathrm{e}^{ax}\cos bx + \frac{b}{a}\int \sin bx\mathrm{d}\mathrm{e}^{ax}\Big)$$

$$= \frac{1}{a}\mathrm{e}^{ax}\cos bx + \frac{b}{a^2}\Big(\mathrm{e}^{ax}\sin bx - b\int \mathrm{e}^{ax}\cos bx\mathrm{d}x\Big)$$

$$= \frac{b\sin bx + a\cos bx}{a^2}\mathrm{e}^{ax} - \frac{b^2}{a^2}\int \mathrm{e}^{ax}\cos bx\mathrm{d}x$$

$$= \frac{b\sin bx + a\cos bx}{a^2}\mathrm{e}^{ax} - \frac{b^2}{a^2}I$$

由于右边出现 $I$(循环),移项化简得

$$I = \int \mathrm{e}^{ax}\cos bx\mathrm{d}x = \frac{a^2}{a^2 + b^2}\frac{b\sin bx + a\cos bx}{a^2}\mathrm{e}^{ax} + C_1$$

$$= \frac{b\sin bx + a\cos bx}{a^2 + b^2}\mathrm{e}^{ax} + C_1$$

同理可得

$$J = \frac{a\sin bx - b\cos bx}{a^2 + b^2}\mathrm{e}^{ax} + C_2$$

或者,当 $b \neq 0$ 时,有

$$J = \int \mathrm{e}^{ax}\sin bx\mathrm{d}x = \frac{1}{b}(aI - \mathrm{e}^{ax}\cos bx)$$

$$= \frac{1}{b}\frac{ab\sin bx + a^2\cos bx - a^2\cos bx - b^2\cos bx}{a^2 + b^2}\mathrm{e}^{ax} + \frac{a}{b}C_1$$

$$= \frac{a\sin bx - b\cos bx}{a^2 + b^2}\mathrm{e}^{ax} + C_2$$

**例 5.2.13**　求 $\int \sqrt{x^2 + a^2}\,\mathrm{d}x (a > 0)$.

**解法 1**　应用分部积分得到

$$\int \sqrt{x^2 + a^2}\,\mathrm{d}x = x\sqrt{x^2 + a^2} - \int x \cdot \frac{2x}{2\sqrt{x^2 + a^2}}\mathrm{d}x$$

$$= x\sqrt{x^2+a^2} - \int \frac{(x^2+a^2) - a^2}{\sqrt{x^2+a^2}}dx$$

$$= x\sqrt{x^2+a^2} - \int \sqrt{x^2+a^2}dx + a^2\int \frac{dx}{\sqrt{x^2+a^2}}$$

这就出现了循环,由此解得

$$\int \sqrt{x^2+a^2}dx = \frac{x}{2}\sqrt{x^2+a^2} + \frac{a^2}{2}\int \frac{dx}{\sqrt{x^2+a^2}}$$

$$= \frac{x}{2}\sqrt{x^2+a^2} + \frac{a^2}{2}\ln(x + \sqrt{x^2+a^2}) + C$$

**解法 2**

$$\int \sqrt{x^2+a^2}dx \xrightarrow{x = a\sinh u} \int \sqrt{a^2\sinh^2 u + a^2}\, a\cosh u\, du$$

$$= \int a^2\cosh^2 u\, du = a^2\int \frac{1+\cosh 2u}{2}du$$

$$= \frac{a^2}{2}\left(u + \frac{\sinh 2u}{2}\right) + C_1$$

$$= \frac{a^2}{2}(\sinh u\cosh u + u) + C_1$$

$$= \frac{x}{2}\sqrt{x^2+a^2} + \frac{a^2}{2}\ln(x + \sqrt{x^2+a^2}) + C$$

**解法 3**

$$\int \sqrt{x^2+a^2}dx \xrightarrow{x = a\tan t} \int \sqrt{a^2\tan^2 t + a^2}\, a\sec^2 t\, dt$$

$$= a^2\int \frac{dt}{\cos^3 t} = a^2\int \frac{\cos t}{(1-\sin^2 t)^2}dt = a^2\int \frac{d\sin t}{(1-\sin^2 t)^2}$$

$$\xrightarrow{u = \sin t} a^2\int \frac{du}{(1-u^2)^2} = \frac{a^2}{4}\int\left(\frac{1}{1-u} + \frac{1}{1+u}\right)^2 du$$

$$= \frac{a^2}{4}\int\left[\frac{1}{(1-u)^2} + \frac{2}{(1-u)(1+u)} + \frac{1}{(1+u)^2}\right]du$$

$$= \frac{a^2}{4}\int\left[\frac{1}{(1-u)^2} + \frac{1}{1-u} + \frac{1}{1+u} + \frac{1}{(1+u)^2}\right]du$$

$$= \frac{a^2}{4}\left(\frac{1}{1-u} + \ln\left|\frac{1+u}{1-u}\right| - \frac{1}{1+u}\right) + C_1$$

$$= \frac{a^2}{4} \left[ \frac{2u}{1 - u^2} + \ln \left| \frac{1 + u}{1 - u} \right| \right] + C_1$$

$$= \frac{a^2}{4} \left( \frac{2\sin t}{1 - \sin^2 t} + \ln \frac{1 + \sin t}{1 - \sin t} \right) + C_1$$

$$= \frac{1}{2} a\tan t \cdot \frac{a}{\cos t} + \frac{a^2}{4} \ln \frac{1 + \dfrac{x}{\sqrt{x^2 + a^2}}}{1 - \dfrac{x}{\sqrt{x^2 + a^2}}} + C_1$$

$$= \frac{x}{2} \sqrt{x^2 + a^2} + \frac{a^2}{4} \ln \frac{\sqrt{x^2 + a^2} + x}{\sqrt{x^2 + a^2} - x} + C_1$$

$$= \frac{x}{2} \sqrt{x^2 + a^2} + \frac{a^2}{4} \ln \frac{(x + \sqrt{x^2 + a^2})^2}{a^2} + C_1$$

$$= \frac{x}{2} \sqrt{x^2 + a^2} + \frac{a^2}{2} \ln (x + \sqrt{x^2 + a^2}) + C$$

**例 5.2.14**　利用递推的方法求下面积分

$$I_n = \int \sin^n x \mathrm{d}x, J_n = \int \cos^n x \mathrm{d}x, n \in \mathbb{N}$$

**解**

$$I_n = \int \sin^n x \mathrm{d}x = - \int \sin^{n-1} x \mathrm{d}\cos x$$

$$\xrightarrow{\text{分部积分}} - \sin^{n-1} x \cos x + \int (n - 1) \sin^{n-2} x \cos^2 x \mathrm{d}x$$

$$= - \sin^{n-1} x \cos x + (n - 1) \int \sin^{n-2} x (1 - \sin^2 x) \mathrm{d}x$$

$$= - \sin^{n-1} x \cos x + (n - 1) I_{n-2} - (n - 1) I_n$$

由此得到递推公式

$$I_n = \int \sin^n x \mathrm{d}x = - \frac{1}{n} \sin^{n-1} x \cos x + \frac{n - 1}{n} I_{n-2}$$

$$J_n = \int \cos^n x \mathrm{d}x = \int \cos^{n-1} x \mathrm{d}\sin x$$

$$\xrightarrow{\text{分部积分}} \cos^{n-1} x \sin x + (n - 1) \int \cos^{n-2} x (1 - \cos^2 x) \mathrm{d}x$$

$$= \cos^{n-1} x \sin x + (n - 1) J_{n-2} - (n - 1) J_n$$

同样,由此得到递推公式

$$J_n = \int \cos^n x \mathrm{d}x = \frac{1}{n}\cos^{n-1}x\sin x + \frac{n-1}{n}J_{n-2}$$

从第一个递推公式得

$$I_4 = \int \sin^4 x \mathrm{d}x = -\frac{1}{4}\sin^3 x \cos x + \frac{3}{4}I_2$$

$$= -\frac{1}{4}\sin^3 x \cos x + \frac{3}{4}\left(-\frac{1}{2}\sin x \cos x + \frac{1}{2}I_0\right)$$

$$= -\frac{1}{4}\sin^3 x \cos x - \frac{3}{8}\sin x \cos x + \frac{3}{8}x + C$$

## 练习题 5.2

**1.** 应用换元积分法求下列不定积分：

$(1) \displaystyle\int \frac{\mathrm{d}x}{(a + bx)^2}(a,b \text{ 为常数}, ab \neq 0)$；

$(2) \displaystyle\int \frac{x^2 + 2}{(x + 1)^3}\mathrm{d}x$；

$(3) \displaystyle\int \frac{\mathrm{d}x}{2x + 1}$；

$(4) \displaystyle\int (1 + x)^n \mathrm{d}x$；

$(5) \displaystyle\int \left(\frac{1}{\sqrt{3 - x^2}} + \frac{1}{\sqrt{1 - 3x^2}}\right)\mathrm{d}x$；

$(6) \displaystyle\int 2^{2x+3}\mathrm{d}x$；

$(7) \displaystyle\int \frac{\mathrm{d}x}{\sqrt{x}(1 + x)}$；

$(8) \displaystyle\int \frac{\mathrm{d}x}{\sqrt[3]{7 - 5x}}$；

$(9) \displaystyle\int \frac{x}{\sqrt{1 - x^2}}\mathrm{d}x$；

$(10) \displaystyle\int \frac{x}{4 + x^2}\mathrm{d}x$；

$(11) \displaystyle\int \frac{x^4}{(1 - x^5)^3}\mathrm{d}x$；

$(12) \displaystyle\int \frac{x^3}{x^8 - 2}\mathrm{d}x$；

$(13) \displaystyle\int \frac{\mathrm{d}x}{x(1 + x)}$；

$(14) \displaystyle\int \frac{2x - 3}{x^2 - 3x + 8}\mathrm{d}x$；

$(15) \displaystyle\int \cos(3x + 4)\mathrm{d}x$；

$(16) \displaystyle\int \frac{\mathrm{d}x}{\sin^2\left(2x + \frac{\pi}{4}\right)}$；

$(17) \displaystyle\int \frac{\mathrm{d}x}{1 + \cos x}$；

$(18) \displaystyle\int \frac{\mathrm{d}x}{1 + \sin x}$；

$(19) \int \csc x \mathrm{d}x ;$   $(20) \int \cot x \mathrm{d}x ;$

$(21) \int \cos^5 x \mathrm{d}x ;$   $(22) \int \dfrac{\mathrm{d}x}{\sin x} ;$

$(23) \int \dfrac{\mathrm{d}x}{\sin x \cos x} ;$   $(24) \int \dfrac{1}{x^2} \sin \dfrac{1}{x} \mathrm{d}x ;$

$(25) \int \dfrac{(\arctan x)^2}{1 + x^2} \mathrm{d}x ;$   $(26) \int \cos ax \sin bx \mathrm{d}x ;$

$(27) \int \cos ax \cos bx \mathrm{d}x ;$   $(28) \int \sin ax \sin bx \mathrm{d}x ;$

$(29) \int \sin^5 x \mathrm{d}x ;$   $(30) \int \sin^4 x \mathrm{d}x ;$

$(31) \int \dfrac{\mathrm{d}x}{\cos x + \sin x} ;$   $(32) \int \dfrac{\mathrm{d}x}{a \cos x + b \sin x} ;$

$(33) \int \dfrac{\cos x}{\sqrt{2 + \cos 2x}} \mathrm{d}x ;$   $(34) \int \dfrac{\cos x \sin x}{1 + \sin^4 x} \mathrm{d}x ;$

$(35) \int \dfrac{\mathrm{d}x}{1 + \varepsilon \cos x} (\varepsilon \in (0,1)) ;$   $(36) \int \dfrac{\mathrm{d}x}{2 - \sin^2 x} ;$

$(37) \int \dfrac{\cos x \sin x}{a^2 \cos^2 x + b^2 \sin^2 x} \mathrm{d}x ;$   $(38) \int \dfrac{\cos x + \sin x}{\sqrt[3]{\sin x - \cos x}} \mathrm{d}x ;$

$(39) \int \dfrac{\mathrm{d}x}{\cosh x} ;$   $(40) \int \dfrac{\mathrm{d}x}{x \ln x (\ln \ln x)} ;$

$(41) \int \dfrac{\ln^2 x}{x} \mathrm{d}x ;$   $(42) \int x \mathrm{e}^{-x^2} \mathrm{d}x ;$

$(43) \int \dfrac{\ln x}{x \sqrt{1 + \ln x}} \mathrm{d}x ;$   $(44) \int \dfrac{x^3}{1 - x^2} \mathrm{d}x ;$

$(45) \int \mathrm{e}^{\sqrt{x}} \mathrm{d}x ;$   $(46) \int x^3 \mathrm{e}^{-x^2} \mathrm{d}x ;$

$(47) \int \dfrac{x \mathrm{d}x}{\sqrt{1 + x^2} + (1 + x^2)^{\frac{3}{2}}} ;$   $(48) \int \dfrac{\mathrm{d}x}{x \sqrt{x^2 + 1}} ;$

$(49) \int \dfrac{x^2}{\sqrt{x^2 + a^2}} \mathrm{d}x ;$   $(50) \int \arctan \sqrt{x} \mathrm{d}x ;$

$(51) \int \dfrac{\mathrm{d}x}{\mathrm{e}^x + \mathrm{e}^{-x}} ;$   $(52) \int \dfrac{x^{\frac{n}{2}}}{\sqrt{1 + x^{n+2}}} \mathrm{d}x ;$

$(53) \int \dfrac{\sqrt{x}}{1 - \sqrt[3]{x}} \mathrm{d}x$;

$(54) \int \dfrac{\mathrm{d}x}{(x^2 + a^2)^{\frac{3}{2}}}$;

$(55) \int \dfrac{\sqrt{x+1} - 1}{\sqrt{x+1} + 1} \mathrm{d}x$;

$(56) \int \dfrac{\mathrm{d}x}{\cos^4 x}$;

$(57) \int \sin^4 x \mathrm{d}x.$

**2.** 应用分部积分法求下列不定积分：

$(1) \int \arcsin x \mathrm{d}x$;

$(2) \int \ln x \mathrm{d}x$;

$(3) \int x^2 \cos x \mathrm{d}x$;

$(4) \int \dfrac{\ln x}{x^3} \mathrm{d}x$;

$(5) \int \ln^2 x \mathrm{d}x$;

$(6) \int x \arctan x \mathrm{d}x$;

$(7) \int (\arcsin x)^2 \mathrm{d}x$;

$(8) \int \sec^3 x \mathrm{d}x$;

$(9) \int x \arcsin x \mathrm{d}x$;

$(10) \int \left( \ln \ln x + \dfrac{1}{\ln x} \right) \mathrm{d}x$;

$(11) \int \arctan x \mathrm{d}x$;

$(12) \int x^2 \arccos x \mathrm{d}x$;

$(13) \int x^2 \cos x \mathrm{d}x$;

$(14) \int \dfrac{x}{\cos^2 x} \mathrm{d}x$;

$(15) \int \dfrac{\arctan x}{x^2} \mathrm{d}x$;

$(16) \int x^2 \cosh x \mathrm{d}x$;

$(17) \int \cos(\ln x) \mathrm{d}x$;

$(18) \int \sin(\ln x) \mathrm{d}x$;

$(19) \int \sqrt{x} \ln^2 x \mathrm{d}x$;

$(20) \int \ln(x + \sqrt{1 + x^2}) \mathrm{d}x.$

**3.** 根据公式 $\cosh^2 t - \sinh^2 t = 1$,用变量代换 $x = a\sinh t$ 或 $x = a\cosh t$ 求下列不定积分：

$(1) \int \dfrac{\mathrm{d}x}{\sqrt{x^2 + a^2}}$;

$(2) \int \sqrt{x^2 + a^2} \mathrm{d}x$;

$(3) \int (x^2 + a^2)^{-\frac{3}{2}} \mathrm{d}x$;

$(4) \int \dfrac{x^2}{\sqrt{x^2 - a^2}} \mathrm{d}x$;

$(5) \int \sqrt{x^2 - a^2} \mathrm{d}x$;

$(6) \int \dfrac{x\ln(x + \sqrt{1 + x^2})}{\sqrt{1 + x^2}} \mathrm{d}x.$

**4.** 求函数 $f(x)$ ,设

$(1)f'(x^2) = \dfrac{1}{x}(x > 0)$ ;  $\qquad$  $(2)f'(\sin^2 x) = \cos^2 x.$

**5.** 求不定积分：

$(1)\displaystyle\int\left(1 - \dfrac{2}{x}\right)^2 \mathrm{e}^x \mathrm{d}x$ ;  $\qquad$  $(2)\displaystyle\int\dfrac{x\mathrm{e}^x}{(1 + x)^2}\mathrm{d}x$ ;

$(3)\displaystyle\int\arctan(1 + \sqrt{x})\,\mathrm{d}x.$

**6.** 求下列不定积分：

$(1)\displaystyle\int[f(x)]^\alpha f'(x)\,\mathrm{d}x(\alpha \neq -1)$ ;  $\qquad$  $(2)\displaystyle\int\dfrac{f'(x)}{1 + [f(x)]^2}\mathrm{d}x$ ;

$(3)\displaystyle\int\dfrac{f'(x)}{f(x)}\mathrm{d}x$ ;  $\qquad$  $(4)\displaystyle\int\mathrm{e}^{f(x)}f'(x)\,\mathrm{d}x.$

**7.** 计算：

$(1)\displaystyle\int xf''(x)\,\mathrm{d}x$ ;  $\qquad$  $(2)\displaystyle\int\mathrm{e}^{\sin x}\sin 2x\mathrm{d}x.$

**8.** 设 $P$ 为 $n$ 次多项式,试通过 $P$ 的各阶导数来表示不定积分 $\displaystyle\int P(x)\mathrm{e}^{ax}\mathrm{d}x.$

**9.** 推导出不定积分 $\displaystyle\int\ln^n x\mathrm{d}x$ 的递推公式, $n \in \mathbb{N}.$

**10.** 设 $I_n = \displaystyle\int\tan^n x\mathrm{d}x, n = 2,3,\cdots.$ 证明:递推公式 $I_n = \dfrac{1}{n - 1}\tan^{n-1}x - I_{n-2}.$

**11.** 设 $I(m,n) = \displaystyle\int\cos^m x\sin^n x\mathrm{d}x$ ,则当 $m + n \neq 0$ 时,证明:递推公式

$$I(m,n) = \dfrac{\cos^{m-1}x\sin^{n+1}x}{m + n} + \dfrac{m - 1}{m + n}I(m - 2,m)$$

$$= -\dfrac{\cos^{m+1}x\sin^{n-1}x}{m + n} + \dfrac{n - 1}{m + n}I(m,n - 2),n,m = 2,3,\cdots$$

**12.** 应用题 10 中的递推公式计算：

$(1)\displaystyle\int\tan^3 x\mathrm{d}x$ ;  $\qquad$  $(2)\displaystyle\int\tan^4 x\mathrm{d}x.$

**13.** 应用题 11 中的递推公式计算：

$(1)\displaystyle\int\cos^2 x\sin^4 x\mathrm{d}x$ ;  $\qquad$  $(2)\displaystyle\int\cos^4 x\sin^2 x\mathrm{d}x.$

**14.** 导出下列不定积分对于正整数 $n$ 的递推公式：

$(1) I_n = \int x^n e^{kx} dx;$ 　　　　　　$(2) I_n = \int \ln^n x dx;$

$(3) I_n = \int (\arcsin x)^n dx;$ 　　　　$(4) I_n = \int e^x \sin^n x dx.$

**15.** 应用题 14 中的递推公式计算:

$(1) \int x^3 e^{2x} dx;$ 　　　　　　　　$(2) \int \ln^3 x dx;$

$(3) \int (\arcsin x)^3 dx;$ 　　　　　　$(4) \int e^x \sin^3 x dx.$

# 5.3　有理函数的不定积分、可化为<br>有理函数的不定积分

　　由两个实多项式函数的商所表示的函数称为(**实**)**有理函数**,它的一般形式为

$$R(x) = \frac{P(x)}{Q(x)} = \frac{\alpha_0 x^n + \alpha_1 x^{n-1} + \cdots + \alpha_{n-1} x + \alpha_n}{\beta_0 x^m + \beta_1 x^{m-1} + \cdots + \beta_{m-1} x + \beta_m}$$

其中 $n, m$ 为非负整数,$\alpha_0, \alpha_1, \cdots, \alpha_n$ 与 $\beta_0, \beta_1, \cdots, \beta_m$ 都为实常数,且 $\alpha_0 \neq 0, \beta_0 \neq 0.$

　　如果 $m > n$,则称它为**真分式**;如果 $m \leqslant n$,则称它为**假分式**. 由多项式除法可知

$$R(x) = \frac{P(x)}{Q(x)} = 多项式 + 真分式$$

　　根据不定积分的简单性质及 $\dfrac{x^{k+1}}{k+1}$ 为 $x^k$ 的原函数可知,多项式函数的不定积分是容易得到的. 因此,要计算有理函数的不定积分只需研究真分式的不定积分.

　　在代数学中,有部分分式分解定理:

　　设

$$R(x) = \frac{P(x)}{Q(x)} = \frac{\alpha_0 x^n + \alpha_1 x^{n-1} + \cdots + \alpha_{n-1} x + \alpha_n}{\beta_0 x^m + \beta_1 x^{m-1} + \cdots + \beta_{m-1} x + \beta_m}$$

为真分式,$\alpha_0 \neq 0, \beta_0 \neq 0, n < m$,其中

$$Q(x) = \beta_0 (x - a_1)^{\lambda_1} \cdots (x - a_s)^{\lambda_s} (x^2 + p_1 x + q_1)^{\mu_1} \cdots (x^2 + p_t x + q_t)^{\mu_t}$$

这里 $\lambda_i,\mu_j(i = 1,2,\cdots,s;j = 1,2,\cdots,t)$ 均为自然数,且

$$\sum_{i=1}^{s} \lambda_i + 2\sum_{j=1}^{t} \mu_j = m$$

$$p_j^2 - 4q_j < 0, j = 1,2,\cdots,t$$

则 $R(x)$ 可唯一分解为若干**部分分式**(称为**最简分式**) 的和( 即**部分分式分解**)

$$R(x) = \frac{P(x)}{Q(x)} = \frac{A_1}{x - a_1} + \cdots + \frac{A_{\lambda_1}}{(x - a_1)^{\lambda_1}} + \cdots + \frac{B_1}{x - a_s} + \cdots +$$

$$\frac{B_{\lambda_s}}{(x - a_s)^{\lambda_s}} + \frac{K_1 x + L_1}{x^2 + p_1 x + q_1} + \cdots + \frac{K_{\mu_1} x + L_{\mu_1}}{(x^2 + p_1 x + q_1)^{\mu_1}} + \cdots +$$

$$\frac{M_1 x + N_1}{x^2 + p_t x + q_t} + \cdots + \frac{M_t x + N_t}{(x^2 + p_t x + q_t)^{\mu_t}}$$

其中 $A_i,B_i,K_i,L_i,M_i,N_i$ 均为实数.

应用这个定理,对任何真分式 $R(x)$ 的不定积分,一旦完成了 $R(x)$ 的部分分式的分解,最后转化为求各个部分分式(最简分式) 的不定积分. 由上述讨论知,任何有理真分式的不定积分都将归为求以下两种形式的不定积分:

(1) $$\int \frac{\mathrm{d}x}{(x - a)^k} = \begin{cases} \ln \mid x - a \mid + C, k = 1 \\ \dfrac{1}{(1 - k)(x - a)^{k-1}} + C, k > 1 \end{cases}$$

(2) $$\int \frac{Kx + L}{(x^2 + px + q)^k} \mathrm{d}x \quad (p^2 - 4q < 0)$$

$$= \int \frac{K\left(x + \dfrac{p}{2}\right) + \left(L - \dfrac{Kp}{2}\right)}{\left[\left(x + \dfrac{p}{2}\right)^2 + \left(q - \dfrac{p^2}{4}\right)\right]^k} \mathrm{d}\left(x + \frac{p}{2}\right)$$

$$\xage{t = x + \frac{p}{2}} \int \frac{Kt + \left(L - \dfrac{Kp}{2}\right)}{(t^2 + r^2)^k} \mathrm{d}t$$

$$= K\int \frac{t}{(t^2 + r^2)^k} \mathrm{d}t + \left(L - \frac{Kp}{2}\right)\int \frac{\mathrm{d}t}{(t^2 + r^2)^k}$$

当 $k = 1$ 时,上式右边两个不定积分分别为

$$\int \frac{t}{t^2 + r^2} \mathrm{d}t = \frac{1}{2}\int \frac{\mathrm{d}(t^2 + r^2)}{t^2 + r^2} = \frac{1}{2}\ln(t^2 + r^2) + C$$

$$\int \frac{\mathrm{d}t}{t^2 + r^2} = \frac{1}{r}\arctan \frac{t}{r} + C$$

当 $k \geqslant 2$ 时,右边第一个积分为

$$\int \frac{t}{(t^2 + r^2)^k} \mathrm{d}t = \frac{1}{2} \int \frac{\mathrm{d}(t^2 + r^2)}{(t^2 + r^2)^k}$$

$$= \frac{1}{2(1 - k)(t^2 + r^2)^{k-1}} + C$$

对于第二个不定积分,记

$$I_k = \int \frac{\mathrm{d}t}{(t^2 + r^2)^k}$$

则

$$I_k = \int \frac{\mathrm{d}t}{(t^2 + r^2)^k} = \frac{1}{r^2} \int \frac{(t^2 + r^2) - t^2}{(t^2 + r^2)^k} \mathrm{d}t$$

$$= \frac{1}{r^2} I_{k-1} - \frac{1}{r^2} \int \frac{t^2}{(t^2 + r^2)^k} \mathrm{d}t$$

$$= \frac{1}{r^2} I_{k-1} + \frac{1}{2r^2(k - 1)} \int t \mathrm{d} \frac{1}{(t^2 + r^2)^{k-1}}$$

$$\xrightarrow{\text{分部积分}} \frac{1}{r^2} I_{k-1} + \frac{1}{2r^2(k - 1)} \left[ \frac{t}{(t^2 + r^2)^{k-1}} - I_{k-1} \right]$$

$$I_k = \frac{t}{2r^2(k - 1)(t^2 + r^2)^{k-1}} + \frac{2k - 3}{2r^2(k - 1)} I_{k-1} \text{(递推公式)}$$

或者

$$I_{k-1} = \int \frac{\mathrm{d}t}{(t^2 + r^2)^{k-1}}$$

$$\xrightarrow{\text{分部积分}} \frac{t}{(t^2 + r^2)^{k-1}} - \int t [-(k - 1)] \frac{2t}{(t^2 + r^2)^k} \mathrm{d}t$$

$$= \frac{t}{(t^2 + r^2)^{k-1}} + 2(k - 1) \int \frac{(t^2 + r^2) - r^2}{(t^2 + r^2)^k} \mathrm{d}t$$

$$= \frac{t}{(t^2 + r^2)^{k-1}} + 2(k - 1) I_{k-1} - 2r^2(k - 1) I_k$$

$$I_k = \frac{t}{2r^2(k - 1)(t^2 + r^2)^{k-1}} + \frac{2k - 3}{2r^2(k - 1)} I_{k-1}$$

根据递推公式,从 $I_1 = \int \dfrac{\mathrm{d}t}{t^2 + r^2} = \dfrac{1}{r} \arctan \dfrac{t}{r} + C$ 得到 $I_2$,再从 $I_2$ 得到 $I_3$,……,

从 $I_{k-1}$ 得到 $I_k$.

注意,最后需将 $t = x + \dfrac{p}{2}$ 代回去.

**例 5.3.1** 求 $\displaystyle\int \dfrac{x^2+1}{(x^2-2x+2)^2}\,\mathrm{d}x$.

**解**
$$\int \dfrac{x^2+1}{(x^2-2x+2)^2}\,\mathrm{d}x$$

$$= \int \dfrac{(x^2-2x+2)+(2x-1)}{(x^2-2x+2)^2}\,\mathrm{d}x$$

$$= \int \dfrac{\mathrm{d}x}{x^2-2x+2} + \int \dfrac{2x-2}{(x^2-2x+2)^2}\,\mathrm{d}x + \int \dfrac{\mathrm{d}x}{(x^2-2x+2)^2}$$

$$= \int \dfrac{\mathrm{d}(x-1)}{(x-1)^2+1} + \int \dfrac{\mathrm{d}(x^2-2x+2)}{(x^2-2x+2)^2} + \int \dfrac{\mathrm{d}(x-1)}{[(x-1)^2+1]^2}$$

$$= \arctan(x-1) - \dfrac{1}{x^2-2x+2} + \dfrac{x-1}{2(x^2-2x+2)} +$$

$$\dfrac{1}{2}\arctan(x-1) + C$$

$$= \dfrac{3}{2}\arctan(x-1) + \dfrac{x-3}{2(x^2-2x+2)} + C$$

其中

$$I_2 = \int \dfrac{\mathrm{d}t}{(t^2+1)^2} \xlongequal[k=2,r=1]{\text{递推公式}} \dfrac{t}{2(t^2+1)} + \dfrac{1}{2}\int \dfrac{\mathrm{d}t}{t^2+1}$$

$$= \dfrac{x-1}{2[(x-1)^2+1]} + \dfrac{1}{2}\arctan(x-1) + C_1$$

$$= \dfrac{x-1}{2(x^2-2x+2)} + \dfrac{1}{2}\arctan(x-1) + C_1$$

**例 5.3.2** 求 $\displaystyle\int \dfrac{5x+6}{x^2+x+1}\,\mathrm{d}x$.

**解**
$$\int \dfrac{5x+6}{x^2+x+1}\,\mathrm{d}x$$

$$= \dfrac{5}{2}\int \dfrac{2x+\dfrac{12}{5}}{x^2+x+1}\,\mathrm{d}x$$

$$= \dfrac{5}{2}\int \dfrac{(2x+1)+\dfrac{7}{5}}{x^2+x+1}\,\mathrm{d}x$$

$$= \frac{5}{2}\int \frac{\mathrm{d}(x^2 + x + 1)}{x^2 + x + 1} + \frac{7}{2}\int \frac{\mathrm{d}\left(x + \frac{1}{2}\right)}{\left(x + \frac{1}{2}\right)^2 + \left(\frac{\sqrt{3}}{2}\right)^2}$$

$$= \frac{5}{2}\ln(x^2 + x + 1) + \frac{7}{2} \cdot \frac{1}{\frac{\sqrt{3}}{2}}\arctan \frac{x + \frac{1}{2}}{\frac{\sqrt{3}}{2}} + C$$

$$= \frac{5}{2}\ln(x^2 + x + 1) + \frac{7}{\sqrt{3}}\arctan \frac{2x + 1}{\sqrt{3}} + C$$

**例 5.3.3**　求 $\int \dfrac{x + 1}{x^2 - 4x + 3}\mathrm{d}x$.

**解法 1**　$\int \dfrac{x + 1}{x^2 - 4x + 3}\mathrm{d}x = \int \dfrac{x + 1}{(x - 3)(x - 1)}\mathrm{d}x$

$$\xlongequal{\text{凑}} \int \left(\frac{2}{x - 3} + \frac{-1}{x - 1}\right)\mathrm{d}x$$

$$= 2\ln|x - 3| - \ln|x - 1| + C$$

$$= \ln\left|\frac{(x - 3)^2}{x - 1}\right| + C$$

**解法 2**　（待定系数法）设

$$\frac{x + 1}{x^2 - 4x + 3} = \frac{A}{x - 3} + \frac{B}{x - 1}$$

则

$$x + 1 = A(x - 1) + B(x - 3)$$
$$= (A + B)x - (A + 3B) \qquad (*)$$

比较上面等式两边关于 $x$ 的同幂次的系数知

$$\begin{cases} A + B = 1 \\ A + 3B = -1 \end{cases}$$

下式减上式得 $2B = -2, B = -1$，所以 $A = 1 - B = 2$.

或者，令 $x = 1$ 代入式 $(*)$ 得 $2 = -2B, B = -1$. 令 $x = 3$ 代入式 $(*)$ 得 $4 = 2A, A = 2$. 代入即可得到与解法 1 相同的结果.

**例 5.3.4**　求 $\int \dfrac{5x + 3}{(x^2 - 2x + 5)^2}\mathrm{d}x$.

**解法 1** $\displaystyle\int\frac{5x+3}{(x^2-2x+5)^2}\mathrm{d}x$

$$=\int\frac{\frac{5}{2}(2x-2)}{(x^2-2x+5)^2}\mathrm{d}x+8\int\frac{\mathrm{d}x}{(x^2-2x+5)^2}$$

$$=\frac{5}{2}\int\frac{\mathrm{d}(x^2-2x+5)}{(x^2-2x+5)^2}+8\int\frac{\mathrm{d}(x-1)}{[(x-1)^2+2^2]^2}$$

$$=-\frac{5}{2}\frac{1}{x^2-2x+5}+8\Big[\frac{1}{8}\frac{x-1}{(x-1)^2+4}+\frac{1}{16}\arctan\frac{x-1}{2}\Big]+C$$

$$=-\frac{2x-7}{2(x^2-2x+5)}+\frac{1}{2}\arctan\frac{x-1}{2}+C$$

**解法 2** $\displaystyle\int\frac{5x+3}{(x^2-2x+5)^2}\mathrm{d}x\xlongequal{u=x-1}\int\frac{5u+8}{(u^2+4)^2}\mathrm{d}u$

$$=\frac{5}{2}\int\frac{\mathrm{d}(u^2+4)}{(u^2+4)^2}+2\int\frac{(u^2+4)-u^2}{(u^2+4)^2}\mathrm{d}u$$

$$=-\frac{5}{2}\frac{1}{u^2+4}+2\int\frac{\mathrm{d}u}{u^2+4}+\int u\mathrm{d}\frac{1}{u^2+4}$$

$$=-\frac{5}{2(u^2+4)}+2\int\frac{\mathrm{d}u}{u^2+4}+\frac{u}{u^2+4}-\int\frac{\mathrm{d}u}{u^2+4}$$

$$=\frac{2u-5}{2(u^2+4)}+\frac{1}{2}\arctan\frac{u}{2}+C$$

$$=\frac{2x-7}{2(x^2-2x+5)}+\frac{1}{2}\arctan\frac{x-1}{2}+C$$

**例 5.3.5** 求 $\displaystyle\int\frac{x^5+x^3}{x^3+1}\mathrm{d}x.$

**解**

$$\int\frac{x^5+x^3}{x^3+1}\mathrm{d}x=\int\Big[(x^2+1)-\frac{x^2+1}{x^3+1}\Big]\mathrm{d}x$$

$$=\int\Big[(x^2+1)-\frac{2}{3}\frac{1}{x+1}-\frac{1}{3}\frac{x+1}{x^2-x+1}\Big]\mathrm{d}x$$

$$=\int\Big(x^2+1-\frac{2}{3}\frac{1}{x+1}-\frac{1}{6}\frac{2x-1}{x^2-x+1}-\frac{1}{2}\frac{1}{x^2-x+1}\Big)\mathrm{d}x$$

$$=\frac{x^3}{3}+x-\frac{1}{6}\ln(x^3+1)(x+1)^3-\frac{1}{\sqrt{3}}\arctan\frac{2(x-1)}{\sqrt{3}}+C$$

其中$\dfrac{x^5+x^3}{x^3+1}=(x^2+1)-\dfrac{x^2+1}{x^3+1}$可用凑的方法,也可用多项式的辗转相除得到.

而应用待定系数法可令

$$\frac{x^2+1}{x^3+1}=\frac{A}{x+1}+\frac{Bx+C}{x^2-x+1}$$

则有

$$\begin{aligned}x^2+1&=A(x^2-x+1)+(Bx+C)(x+1)\\&=(A+B)x^2+(-A+B+C)x+(A+C)\end{aligned}$$

从而有

$$\begin{cases}A+B=1&(1)\\-A+B+C=0&(2)\\A+C=1&(3)\end{cases}$$

于是,由(1) + (2) 及(2) + (3) 得到

$$\begin{cases}2B+C=1&(4)\\B+2C=1&(5)\end{cases}$$

再由$2\times(5)-(4)$得

$$3C=1,C=\frac{1}{3}$$

$$B=1-2C=1-\frac{2}{3}=\frac{1}{3}$$

$$A=1-B=1-\frac{1}{3}=\frac{2}{3}$$

**例 5.3.6**　求$\displaystyle\int\frac{x^3+1}{x^4-3x^3+3x^2-x}\mathrm{d}x$.

**解法1**　$x^4-3x^3+3x^2-x=x(x-1)^3$.用待定系数法,令

$$\begin{aligned}\frac{x^3+1}{x(x-1)^3}&=\frac{x^3+1}{x^4-3x^3+3x^2-x}\\&=\frac{A}{x}+\frac{B}{(x-1)^3}+\frac{C}{(x-1)^2}+\frac{D}{x-1}\end{aligned}$$

则

$$\begin{aligned}x^3+1&=A(x-1)^3+Bx+Cx(x-1)+Dx(x-1)^2\\&=(A+D)x^3+(-3A+C-2D)x^2+(3A+B-C+D)x-A\end{aligned}$$

于是

$$\begin{cases} A + D = 1 \\ -3A + C - 2D = 0 \\ 3A + B - C + D = 0 \\ -A = 1 \end{cases}$$

即

$$\begin{cases} A = -1 \\ D = 1 - A = 1 - (-1) = 2 \\ C = 3A + 2D = -3 + 4 = 1 \\ B = -3A + C - D = 3 + 1 - 2 = 2 \end{cases}$$

所以

$$\int \frac{x^3 + 1}{x^4 - 3x^3 + 3x^2 - x} dx$$

$$= \int \left[ \frac{-1}{x} + \frac{2}{(x-1)^3} + \frac{1}{(x-1)^2} + \frac{2}{x-1} \right] dx$$

$$= -\ln|x| - \frac{1}{(x-1)^2} - \frac{1}{x-1} + 2\ln|x-1| + C$$

$$= \ln \frac{(x-1)^2}{|x|} - \frac{x}{(x-1)^2} + C$$

**解法 2** 设

$$x^3 + 1 = A(x-1)^3 + Bx + Cx(x-1) + Dx(x-1)^2$$

令 $x = 1$ 代入上式得 $B = 2$; $x = 0$ 代入上式得 $A = -1$,从而

$$x^3 + 1 = -(x-1)^3 + 2x + Cx(x-1) + Dx(x-1)^2$$

$$Cx(x-1) + Dx(x-1)^2 = x^3 + 1 + x^3 - 3x^2 + 3x - 1 - 2x$$

$$= 2x^3 - 3x^2 + x = x(2x^2 - 3x + 1)$$

$$= x(x-1)(2x-1)$$

于是,当 $x \neq 0, x \neq 1$ 时,有

$$C + D(x-1) = 2x - 1$$

令 $x \to 1$ 得到 $C = 1$;令 $x \to 0$ 得到 $1 - D = C - D = -1, D = 2$.

综上所述有 $A = -1, B = 2, C = 1, D = 2$. 积分过程同解法 1.

**例 5.3.7** 求 $\int \frac{dx}{x^4 + 1}$.

**解法 1**
$$\int \frac{dx}{x^4+1} = \int \frac{dx}{(x^2+1)^2 - (\sqrt{2}x)^2}$$

$$= \int \frac{dx}{(x^2+\sqrt{2}x+1)(x^2-\sqrt{2}x+1)}$$

$$= \int \left[ \frac{\frac{\sqrt{2}}{4}x+\frac{1}{2}}{x^2+\sqrt{2}x+1} + \frac{-\frac{\sqrt{2}}{4}x+\frac{1}{2}}{x^2-\sqrt{2}x+1} \right] dx$$

$$= \frac{1}{4\sqrt{2}} \int \left[ \frac{2x+\sqrt{2}}{x^2+\sqrt{2}x+1} - \frac{2x-\sqrt{2}}{x^2-\sqrt{2}x+1} \right] dx +$$

$$\frac{1}{4} \int \left[ \frac{1}{\left(x+\frac{\sqrt{2}}{2}\right)^2 + \left(\frac{1}{\sqrt{2}}\right)^2} + \frac{1}{\left(x-\frac{\sqrt{2}}{2}\right)^2 + \left(\frac{1}{\sqrt{2}}\right)^2} \right] dx$$

$$= \frac{1}{4\sqrt{2}} \ln \frac{x^2+\sqrt{2}x+1}{x^2-\sqrt{2}x+1} + \frac{1}{2\sqrt{2}} \left[ \arctan(\sqrt{2}x+1) + \right.$$

$$\left. \arctan(\sqrt{2}x-1) \right] + C$$

**解法 2**　因为

$$\int \frac{x^2+1}{x^4+1} dx = \int \frac{1+\frac{1}{x^2}}{x^2+\frac{1}{x^2}} dx = \int \frac{d\left(x-\frac{1}{x}\right)}{\left(x-\frac{1}{x}\right)^2 + 2}$$

$$= \frac{1}{\sqrt{2}} \arctan \frac{x-\frac{1}{x}}{\sqrt{2}} + C_1$$

$$\int \frac{1-x^2}{x^4+1} dx = \int \frac{\frac{1}{x^2}-1}{x^2+\frac{1}{x^2}} dx = -\int \frac{d\left(x+\frac{1}{x}\right)}{\left(x+\frac{1}{x}\right)^2 - 2}$$

$$= -\frac{1}{2\sqrt{2}} \int \left[ \frac{1}{\left(x+\frac{1}{x}\right)-\sqrt{2}} - \frac{1}{\left(x+\frac{1}{x}\right)+\sqrt{2}} \right] d\left(x+\frac{1}{x}\right)$$

$$= \frac{1}{2\sqrt{2}} \ln \frac{x+\frac{1}{x}+\sqrt{2}}{x+\frac{1}{x}-\sqrt{2}} + C_2$$

$$= \frac{1}{2\sqrt{2}}\ln\frac{x^2+\sqrt{2}x+1}{x^2-\sqrt{2}x+1}+C_2$$

所以

$$\int\frac{\mathrm{d}x}{x^4+1}=\frac{1}{2}\int\left(\frac{1-x^2}{x^4+1}+\frac{x^2+1}{x^4+1}\right)\mathrm{d}x$$

$$=\frac{1}{4\sqrt{2}}\ln\frac{x^2+\sqrt{2}x+1}{x^2-\sqrt{2}x+1}+\frac{1}{2\sqrt{2}}\arctan\frac{x-\frac{1}{x}}{\sqrt{2}}+C_3$$

$$=\frac{1}{4\sqrt{2}}\ln\frac{x^2+\sqrt{2}x+1}{x^2-\sqrt{2}x+1}+\frac{1}{2\sqrt{2}}\big[\arctan(\sqrt{2}x+1)+$$

$$\arctan(\sqrt{2}x-1)\big]+C$$

其中,因为

$$\tan\big[\arctan(\sqrt{2}x+1)+\arctan(\sqrt{2}x-1)\big]$$

$$=\frac{(\sqrt{2}x+1)+(\sqrt{2}x-1)}{1-(2x^2-1)}=\frac{\sqrt{2}x}{1-x^2}$$

$$\tan\left(\arctan\frac{x-\frac{1}{x}}{\sqrt{2}}\right)=\frac{x-\frac{1}{x}}{\sqrt{2}}=\frac{x^2-1}{\sqrt{2}x}$$

$$=-\cot\big[\arctan(\sqrt{2}x+1)+\arctan(\sqrt{2}x-1)\big]$$

所以

$$\arctan\frac{x-\frac{1}{x}}{\sqrt{2}}=\frac{\pi}{2}+\big[\arctan(\sqrt{2}x+1)+\arctan(\sqrt{2}x-1)\big]$$

代数学关于有理函数的部分分式分解定理从理论上证明了任何有理函数的不定积分都为初等函数. 但该有理函数的分母 $Q(x)$,当它的次数很高时,具体分解因子是十分困难的. 即使 $Q(x)$ 能因式分解,用待定系数法将此有理函数化为最简分式之和的计算也会十分烦琐.

现在来介绍几类函数的不定积分,它们可化为有理函数的不定积分. 因此,理论上这些函数的不定积分是可以积出来的.

由 $u(x),v(x)$ 及常数经过有限次四则运算所得到的函数称为关于 $u(x)$,$v(x)$ 的有理式,并表示为

$$R(u(x),v(x)) = \frac{P(u(x),v(x))}{Q(u(x),v(x))}$$

其中

$$P(x,y) = \sum_{i=1}^{n}\sum_{j=1}^{m} a_{ij}x^i y^j \quad (a_{ij} \text{ 为实系数}, x,y \in \mathbb{R})$$

为实二元多项式, $Q(x,y)$ 也为实二元多项式.

**1. 三角函数有理式的不定积分**

$$\int R(\sin x, \cos x)\,\mathrm{d}x \xlongequal{t = \tan\frac{x}{2}} \int R\left(\frac{2t}{1+t^2}, \frac{1-t^2}{1+t^2}\right)\frac{2}{1+t^2}\mathrm{d}t$$

等式右端是 $t$ 的有理函数的不定积分, 因此, 理论上它可以被积出来, 成为一个初等函数. 正因为如此, 我们称 $t = \tan\dfrac{x}{2}$ 为**万能变换**, 其中

$$x = 2\arctan t, \mathrm{d}x = \frac{2}{1+t^2}\mathrm{d}t$$

$$\sin x = \frac{2\sin\dfrac{x}{2}\cos\dfrac{x}{2}}{\sin^2\dfrac{x}{2} + \cos^2\dfrac{x}{2}} = \frac{2\tan\dfrac{x}{2}}{\tan^2\dfrac{x}{2} + 1} = \frac{2t}{1+t^2}$$

$$\cos x = \frac{\cos^2\dfrac{x}{2} - \sin^2\dfrac{x}{2}}{\sin^2\dfrac{x}{2} + \cos^2\dfrac{x}{2}} = \frac{1 - \tan^2\dfrac{x}{2}}{1 + \tan^2\dfrac{x}{2}} = \frac{1-t^2}{1+t^2}$$

上面所用的万能变换 $t = \tan\dfrac{x}{2}$ 对三角函数有理式的不定积分理论上总是有效的. 但如果右边积分中被积函数的分母的次数太高, 往往难以积出来. 此时"万能"就成为一个虚名了.

另外, 还有几个可以化为有理函数的不定积分的变换, 有时这些有理函数分母的幂次较低, 积分比较容易.

(1) 若 $R(-\sin x, \cos x) = -R(\sin x, \cos x)$, 令 $t = \cos x$;

(2) 若 $R(\sin x, -\cos x) = -R(\sin x, \cos x)$, 令 $t = \sin x$;

(3) 若 $R(-\sin x, -\cos x) = R(\sin x, \cos x)$, 令 $t = \tan x$.

**例 5.3.8**　求 $\displaystyle\int \frac{1 + \sin x}{\sin x(1 + \cos x)}\mathrm{d}x$.

解 $$\int \frac{1 + \sin x}{\sin x(1 + \cos x)}dx$$

$$\xlongequal{t = \tan \frac{x}{2}} \int \frac{1 + \dfrac{2t}{1 + t^2}}{\dfrac{2t}{1 + t^2}\left(1 + \dfrac{1 - t^2}{1 + t^2}\right)} \cdot \frac{2}{1 + t^2}dt$$

$$= \int \frac{1 + t^2 + 2t}{t(1 + t^2 + 1 - t^2)}dt$$

$$= \frac{1}{2}\int\left(t + 2 + \frac{1}{t}\right)dt$$

$$= \frac{1}{2}\left(\frac{t^2}{2} + 2t + \ln|t|\right) + C$$

$$= \frac{1}{4}\tan^2 \frac{x}{2} + \tan \frac{x}{2} + \frac{1}{2}\ln\left|\tan \frac{x}{2}\right| + C$$

**例 5.3.9** 求 $\int \dfrac{dx}{a^2\sin^2 x + b^2\cos^2 x}(a > 0, b > 0)$.

解 $$\int \frac{dx}{a^2\sin^2 x + b^2\cos^2 x} = \int \frac{\dfrac{1}{\cos^2 x}}{a^2 \dfrac{\sin^2 x}{\cos^2 x} + b^2}dx$$

$$= \int \frac{d\tan x}{a^2\tan^2 x + b^2} = \frac{1}{ab}\arctan\left(\frac{a}{b}\tan x\right) + C$$

**例 5.3.10** 求 $\int \dfrac{dx}{\sin^2 x\cos x}$.

解 $$\int \frac{dx}{\sin^2 x\cos x} = \int \frac{d\sin x}{\sin^2 x(1 - \sin^2 x)} \xlongequal{t = \sin x} \int \frac{dt}{t^2(1 - t^2)}$$

$$= \int\left(\frac{1}{t^2} + \frac{1}{1 - t^2}\right)dt = -\frac{1}{t} + \frac{1}{2}\ln\frac{1 + t}{1 - t} + C$$

$$= -\frac{1}{\sin x} + \frac{1}{2}\ln\frac{1 + \sin x}{1 - \sin x} + C$$

**例 5.3.11** 求 $\int \dfrac{\sin^4 x}{\cos^2 x}dx$.

**解法 1** $$\int \frac{\sin^4 x}{\cos^2 x}dx = \int \frac{\sin^4 x}{(\sin^2 x + \cos^2 x)^2}d\tan x$$

$$= \int \frac{\tan^4 x}{(\tan^2 x + 1)^2} \mathrm{d}\tan x$$

$$\xlongequal{t\,=\,\tan x} \int \frac{t^4}{(t^2 + 1)^2} \mathrm{d}t$$

$$= \int \frac{(t^4 + 2t^2 + 1) - 2(t^2 + 1) + 1}{(t^2 + 1)^2} \mathrm{d}t$$

$$= \int \Big[ 1 - \frac{2}{1 + t^2} + \frac{1}{(1 + t^2)^2} \Big] \mathrm{d}t$$

$$\xlongequal{\text{递推公式}} t - 2\arctan t + \Big( \frac{1}{2} \frac{t}{1 + t^2} + \frac{1}{2} \arctan t \Big) + C$$

$$= t - \frac{3}{2}\arctan t + \frac{t}{2(1 + t^2)} + C$$

$$= \tan x - \frac{3}{2}x + \frac{1}{2} \frac{\tan x}{\sec^2 x} + C$$

$$= \tan x - \frac{3}{2}x + \frac{1}{4}\sin 2x + C$$

**解法 2**
$$\int \frac{\sin^4 x}{\cos^2 x} \mathrm{d}x \xlongequal{t\,=\,\tan x} \int \frac{t^4}{(t^2 + 1)^2} \mathrm{d}t$$

$$= \int \Big[ 1 - \frac{1}{t^2 + 1} - \frac{t^2}{(t^2 + 1)^2} \Big] \mathrm{d}t$$

$$= t - \arctan t + \frac{1}{2}\int t\mathrm{d} \frac{1}{t^2 + 1}$$

$$= t - \arctan t + \frac{t}{2(t^2 + 1)} - \frac{1}{2}\int \frac{\mathrm{d}t}{t^2 + 1}$$

$$= t - \frac{3}{2}\arctan t + \frac{t}{2(t^2 + 1)} + C$$

$$= \tan x - \frac{3}{2}x + \frac{1}{2} \frac{\tan x}{\sec^2 x} + C$$

$$= \tan x - \frac{3}{2}x + \frac{1}{4}\sin 2x + C$$

**例 5.3.12**　求 Poisson 积分 $\int \dfrac{1 - r^2}{1 - 2r\cos x + r^2} \mathrm{d}x, 0 < r < 1, |x| < \pi.$

**解**　作万能变换 $t = \tan \dfrac{x}{2}$,得

$$\int \frac{1 - r^2}{1 - 2r\cos x + r^2} dx$$

$$= \int \frac{1 - r^2}{1 - 2r\dfrac{1 - t^2}{1 + t^2} + r^2} \cdot \frac{2}{1 + t^2} dt$$

$$= 2(1 - r^2) \int \frac{dt}{1 + t^2 - 2r + 2rt^2 + r^2 + r^2 t^2}$$

$$= 2(1 - r^2) \int \frac{dt}{(1 - r)^2 + (1 + r)^2 t^2}$$

$$= \frac{2(1 - r^2)}{(1 + r)^2} \int \frac{dt}{\left(\dfrac{1 - r}{1 + r}\right)^2 + t^2}$$

$$= \frac{2(1 - r^2)}{(1 + r)^2} \cdot \frac{1}{\dfrac{1 - r}{1 + r}} \arctan \frac{t}{\dfrac{1 - r}{1 + r}} + C$$

$$= 2\arctan\left(\frac{1 + r}{1 - r}\tan \frac{x}{2}\right) + C$$

**2. 某些带无理根式的不定积分**

设 $R(x, y_1, \cdots, y_k)$ 为 $k + 1$ 元实有理函数.

$(1) \int R\left(x, \sqrt[n]{\dfrac{ax + b}{cx + d}}, \cdots, \sqrt[m]{\dfrac{ax + b}{cx + d}}\right) dx$ 型不定积分,其中 $a, b, c, d \in \mathbb{R}, ad -$

$bc \neq 0, n, \cdots, m \in \mathbb{N}$. 令

$$t = \left(\frac{ax + b}{cx + d}\right)^{\frac{1}{s}}$$

这里 $s$ 为 $n, \cdots, m$ 的最小公倍数,则

$$\frac{ax + b}{cx + d} = t^s$$

$$ax + b = ct^s x + t^s d$$

$$x = \frac{dt^s - b}{a - ct^s}$$

$$dx = \frac{st^{s-1}(ad - bc)}{(a - ct^s)^2} dt$$

$(2) \int R(x, \sqrt{ax^2 + bx + c}) dx$ 型不定积分,其中当 $a > 0$ 时, $b^2 - 4ac \neq 0$;当

$a < 0$ 时，$b^2 - 4ac > 0$. 由于

$$ax^2 + bx + c = a\left[ \left( x + \frac{b}{2a} \right)^2 + \frac{4ac - b^2}{4a^2} \right]$$

若记 $u = x + \dfrac{b}{2a}$，$k^2 = \left| \dfrac{4ac - b^2}{4a^2} \right|$，则上述二次三项式必属于以下三种情形之一

$$|a|(u^2 + k^2),\ |a|(u^2 - k^2),\ |a|(k^2 - u^2)$$

因此，上面的不定积分转化为下面三种类型不定积分之一

$$\int R(u, \sqrt{u^2 \pm k^2})\,\mathrm{d}u,\ \int R(u, \sqrt{k^2 - u^2})\,\mathrm{d}u$$

当分别令 $u = k\tan t, u = k\sec t, u = k\sin t$ 后，它们都可化为三角有理式的不定积分，特别地，还有下面几种情况.

①$a > 0$，作变换 $\sqrt{ax^2 + bx + c} = t - \sqrt{a}x$（或$\sqrt{a}x \pm t$），于是

$$t = \sqrt{ax^2 + bx + c} + \sqrt{a}x$$

$$ax^2 + bx + c = t^2 - 2\sqrt{a}tx + ax^2$$

两边消去 $ax^2$，移项得

$$(b + 2\sqrt{a}t)x = t^2 - c$$

$$x = \frac{t^2 - c}{b + 2\sqrt{a}t}$$

$$\mathrm{d}x = \frac{2t(b + 2\sqrt{a}t) - 2\sqrt{a}(t^2 - c)}{(b + 2\sqrt{a}t)^2}\mathrm{d}t$$

$$= \frac{2bt + 2\sqrt{a}t^2 + 2\sqrt{a}c}{(b + 2\sqrt{a}t)^2}\mathrm{d}t$$

②$c > 0$，作变换 $\sqrt{ax^2 + bx + c} = tx + \sqrt{c}$（或$tx - \sqrt{c}$），则

$$t = \frac{\sqrt{ax^2 + bx + c} - \sqrt{c}}{x}$$

$$ax^2 + bx + c = t^2x^2 + 2\sqrt{c}tx + c$$

两边消去 $c$，约去 $x$ 得

$$ax + b = t^2x + 2\sqrt{c}t$$

$$x = \frac{2\sqrt{c}t - b}{a - t^2}$$

$$dx = \frac{2a\sqrt{c} - 2bt + 2\sqrt{c}t^2}{(a - t^2)^2}dt$$

③$b^2 - 4ac > 0$,则 $ax^2 + bx + c = 0$ 有两个相异的实根 $\lambda, \mu$,于是

$$ax^2 + bx + c = a(x - \lambda)(x - \mu)$$

作变换

$$\sqrt{ax^2 + bx + c} = t(x - \lambda)$$

两边平方得

$$a(x - \lambda)(x - \mu) = ax^2 + bx + c = t^2(x - \lambda)^2$$

$$a(x - \mu) = t^2(x - \lambda)$$

$$x = \frac{a\mu - \lambda t^2}{a - t^2}$$

$$dx = \frac{2a(\mu - \lambda)t}{(a - t^2)^2}dt$$

④$b^2 - 4ac = 0$,当 $a > 0$ 时,$\sqrt{ax^2 + bx + c} = \sqrt{a(x - \lambda)^2} = \sqrt{a}(x - \lambda)$

或 $\sqrt{a}(\lambda - x)$,此时,$R(x, \sqrt{ax^2 + bx + c})$ 为 $x$ 的有理式.

当 $a < 0$ 时,$\sqrt{ax^2 + bx + c} = \sqrt{a(x - \lambda)^2}$ 对 $x \neq \lambda$ 无意义.

⑤$b^2 - 4ac < 0$,则 $ax^2 + bx + c = a\left[\left(x + \frac{b}{2a}\right)^2 + \frac{4ac - b^2}{4a^2}\right]$ 与 $a$ 同号.

当 $a > 0$ 时,由 ① 作变换 $x = \frac{t^2 - c}{b + 2\sqrt{a}t}$;

当 $a < 0$ 时,$\sqrt{ax^2 + bx + c}$ 无意义.

**例 5.3.13** 求 $\displaystyle\int \frac{dx}{x\sqrt{x^2 - 2x - 3}}$.

**解法 1**

$$\int \frac{dx}{x\sqrt{x^2 - 2x - 3}} = \int \frac{d(x - 1)}{x\sqrt{(x - 1)^2 - 4}}$$

$$\xlongequal{u = x - 1} \int \frac{du}{(u + 1)\sqrt{u^2 - 4}}$$

$$\xlongequal{u = 2\sec\theta} \int \frac{2\sec\theta \cdot \tan\theta}{(2\sec\theta + 1) \cdot 2\tan\theta}d\theta$$

$$= \int \frac{d\theta}{2 + \cos\theta} \xlongequal{t = \tan\frac{\theta}{2}} \int \frac{\frac{2}{1 + t^2}}{2 + \frac{1 - t^2}{1 + t^2}}dt$$

$$= \int \frac{2}{t^2 + 3} dt = \frac{2}{\sqrt{3}} \arctan \frac{t}{\sqrt{3}} + C$$

$$= \frac{2}{\sqrt{3}} \arctan \left( \frac{1}{\sqrt{3}} \tan \frac{\theta}{2} \right) + C$$

$$= \frac{2}{\sqrt{3}} \arctan \frac{\sqrt{x^2 - 2x - 3}}{\sqrt{3} (x + 1)} + C$$

其中

$$t = \tan \frac{\theta}{2} = \frac{2\sin \dfrac{\theta}{2} \cos \dfrac{\theta}{2}}{2\cos^2 \dfrac{\theta}{2}} = \frac{\sin \theta}{1 + \cos \theta} = \frac{\tan \theta}{\sec \theta + 1}$$

$$= \frac{\sqrt{\left( \dfrac{u}{2} \right)^2 - 1}}{\dfrac{u}{2} + 1} = \frac{\sqrt{\left( \dfrac{x - 1}{2} \right)^2 - 1}}{\dfrac{x - 1}{2} + 1}$$

$$= \frac{\sqrt{x^2 - 2x - 3}}{x + 1}$$

**解法 2**　$a = 1 > 0$,令 $\sqrt{x^2 - 2x - 3} = x - t$,两边平方得到

$$x^2 - 2x - 3 = x^2 - 2tx + t^2$$

$$- 2x - 3 = - 2tx + t^2$$

$$x = \frac{t^2 + 3}{2(t - 1)}$$

$$dx = \frac{2t(t - 1) - (t^2 + 3)}{2(t - 1)^2} dt = \frac{t^2 - 2t - 3}{2(t - 1)^2} dt$$

$$\sqrt{x^2 - 2x - 3} = x - t = \frac{t^2 + 3}{2(t - 1)} - t = \frac{-(t^2 - 2t - 3)}{2(t - 1)}$$

于是

$$\int \frac{dx}{x \sqrt{x^2 - 2x - 3}} = \int \frac{\dfrac{t^2 - 2t - 3}{2(t - 1)^2}}{\dfrac{t^2 + 3}{2(t - 1)} \cdot \dfrac{-(t^2 - 2t - 3)}{2(t - 1)}} dt$$

$$= - 2 \int \frac{dt}{t^2 + 3} = - \frac{2}{\sqrt{3}} \arctan \frac{t}{\sqrt{3}} + C_1$$

$$= \frac{2}{\sqrt{3}} \arctan \frac{\sqrt{x^2 - 2x - 3} - x}{\sqrt{3}} + C_1$$

$$= \frac{2}{\sqrt{3}} \left( \arctan \frac{\sqrt{x^2 - 2x - 3}}{\sqrt{3}(x + 1)} - \frac{\pi}{3} \right) + C_1$$

$$= \frac{2}{\sqrt{3}} \arctan \frac{\sqrt{x^2 - 2x - 3}}{\sqrt{3}(x + 1)} + C$$

读者必须知道,存在初等函数,它的不定积分"积不出来",即原函数不能用初等函数表达. 例如

$$\int e^{\pm x^2} dx, \int \sin x^2 dx, \int \cos x^2 dx$$

$$\text{si } x = \int \frac{\sin x}{x} dx (积分正弦)$$

$$\text{ci } x = \int \frac{\cos x}{x} dx (积分余弦)$$

$$\text{Li } x = \int \frac{dx}{\ln x} (积分对数)$$

Legendre 形式下的第一、二、三类椭圆积分$(0 < k < 1)$

$$\int \frac{dx}{\sqrt{1 - k^2 \sin^2 x}}, \int \sqrt{1 - k^2 \sin^2 x}\, dx, \int \frac{dx}{(1 + h\sin^2 x)\sqrt{1 - k^2 \sin^2 x}}$$

虽然它们都存在(参阅第 6 章微积分基本定理 6.3.2),但不能用初等函数表达(证明非常困难,Liouville 于 1835 年做出证明) 因此,初等函数的原函数不一定是初等函数.

## 练习题 5.3

1. 求下列有理函数的不定积分:

(1) $\int \frac{x^3}{x - 1} dx$;

(2) $\int \frac{x - 2}{x^2 - 7x + 12} dx$;

(3) $\int \frac{dx}{1 + x^3}$;

(4) $\int \frac{dx}{1 + x^4}$;

(5) $\int \frac{dx}{(x - 1)(x^2 + 1)^2}$;

(6) $\int \frac{x - 2}{(2x^2 + 2x + 1)^2} dx$;

$(7) \int \dfrac{5x+6}{x^2+x+1}dx;$

$(8) \int \dfrac{x}{2x^2-3x-2}dx;$

$(9) \int \dfrac{2x^2+1}{(x+3)(x-1)(x-4)}dx;$

$(10) \int \dfrac{dx}{2x^3+3x^2+x};$

$(11) \int \dfrac{x^2}{x^3+5x^2+8x+4}dx;$

$(12) \int \dfrac{4x+3}{(x-2)^3}dx;$

$(13) \int \dfrac{x^2}{(x+2)^2(x+4)^2}dx;$

$(14) \int \dfrac{8x^3+7}{(x+1)(2x+1)^3}dx;$

$(15) \int \dfrac{dx}{(x+1)(x+2)^2(x+3)^3};$

$(16) \int \dfrac{dx}{(x^2+9)^3};$

$(17) \int \dfrac{1+x^2}{1+x^4}dx;$

$(18) \int \dfrac{dx}{x^4(1+x^2)};$

$(19) \int \dfrac{x-5}{x^3-3x^2+4}dx;$

$(20) \int \dfrac{x^7}{x^4+2}dx.$

**2.** 求下列不定积分：

$(1) \int \dfrac{dx}{\sqrt{x^2+x}};$

$(2) \int \dfrac{1}{x^2}\sqrt{\dfrac{1-x}{1+x}}dx;$

$(3) \int \dfrac{dx}{\sqrt{x}(1+\sqrt[3]{x})};$

$(4) \int \sqrt{\dfrac{x-a}{b-x}}dx, a<x<b;$

$(5) \int \dfrac{dx}{1+\sqrt{x}};$

$(6) \int \dfrac{dx}{x\sqrt{x^2-1}};$

$(7) \int \dfrac{dx}{1+\sqrt[3]{1+x}};$

$(8) \int \dfrac{\sqrt[3]{x}}{x(\sqrt{x}+\sqrt[3]{x})}dx;$

$(9) \int \dfrac{x}{\sqrt{x+1}+\sqrt[3]{x+1}}dx;$

$(10) \int \dfrac{\sqrt{1+x^2}}{2+x^2}dx;$

$(11) \int \dfrac{dx}{x\sqrt{1+x^2}};$

$(12) \int \dfrac{x^2}{\sqrt{1+2x^2}}dx;$

$(13) \int \sqrt{\dfrac{1-\sqrt{x}}{1+\sqrt{x}}}dx;$

$(14) \int \dfrac{dx}{x\sqrt{a^2-x^2}}, |x|<a, x\neq 0;$

$(15) \int \dfrac{x^2}{\sqrt{1+x-x^2}}dx;$

$(16) \int \dfrac{dx}{(x+a)^2(x+b)^3}.$

**3.** 求下列不定积分：

$(1) \displaystyle\int \frac{dx}{5 - 3\cos x};$  $(2) \displaystyle\int \frac{dx}{2 + \sin^2 x};$

$(3) \displaystyle\int \frac{dx}{1 + \tan x};$  $(4) \displaystyle\int \frac{\tan x}{1 + \tan x + \tan^2 x}dx;$

$(5) \displaystyle\int \frac{\sin^3 x}{\cos^4 x}dx;$  $(6) \displaystyle\int \frac{dx}{\cos^4 x\sin x};$

$(7) \displaystyle\int \frac{1 - \tan x}{1 + \tan x}dx\left(提示:\frac{1 - \tan x}{1 + \tan x} = \frac{\cos x - \sin x}{\cos x + \sin x} 或 u = \tan x\right).$

# 复习题 5

**1.** 计算不定积分:

$(1) \displaystyle\int \frac{\arcsin x}{x^2}dx;$  $(2) \displaystyle\int \frac{dx}{\sqrt{\sin x\cos^7 x}};$

$(3) \displaystyle\int x\ln\frac{1 + x}{1 - x}dx;$  $(4) \displaystyle\int e^x\left(\frac{1 - x}{1 + x^2}\right)^2 dx.$

**2.** 设 $I_n = \displaystyle\int \frac{v^n}{\sqrt{u}}dx$,其中 $u = a_1 + b_1 x, v = a_2 + b_2 x$,求递推公式.

**3.** 求不定积分:

$(1) \displaystyle\int \frac{dx}{(x + a)^m(x + b)^n}, m, n \in \mathbb{N};$

$(2) \displaystyle\int \frac{dx}{(1 + x^n)\sqrt[n]{1 + x^n}}.$

**4.** 计算不定积分:

$(1) \displaystyle\int \frac{dx}{2\sin x - \cos x + 5};$  $(2) \displaystyle\int \frac{\cos x\sin x}{\cos x + \sin x}dx;$

$(3) \displaystyle\int \frac{\sin x}{1 + \cos x + \sin x}dx;$  $(4) \displaystyle\int \frac{\sin^2 x}{1 + \sin^2 x}dx;$

$(5) \displaystyle\int \frac{dx}{\cos^4 x + \sin^4 x};$  $(6) \displaystyle\int \frac{\sin x}{\cos^3 x + \sin^3 x}dx;$

$(7) \displaystyle\int \sqrt{\tan x}dx;$  $(8) \displaystyle\int \sqrt{\tan^2 x + 2}dx;$

$(9) \displaystyle\int \frac{\sin^2 x \cos x}{\sin x + \cos x}\mathrm{d}x;$

$(10) \displaystyle\int \frac{\mathrm{d}x}{(1 + 2^x)^4};$

$(11) \displaystyle\int \sqrt{1 + \sin x}\,\mathrm{d}x;$

$(12) \displaystyle\int \frac{x + \sin x}{1 - \cos x}\mathrm{d}x;$

$(13) \displaystyle\int \arctan(1 + \sqrt{x})\,\mathrm{d}x.$

# 第 6 章　Riemann 积分

在第 1 章中,我们曾利用以直代曲的方法将由曲线 $y = x^2, y = 0, x = 1$ 围成的曲边三角形的面积,化成一个极限来求. 这一章,我们将进一步通过计算曲边梯形的面积、由速度求位移及由直线的线密度求质量引进 Riemann 积分的概念,进而给出 Riemann 可积的各种充分必要条件与 Riemann 积分的简单性质,着重论述微积分学基本定理与基本公式(Newton-Leibniz 公式),再应用变量代换、分部积分等方法计算各种典型的 Riemann 积分实例.

## 6.1　Riemann 积分的概念、Riemann 可积的充要条件

考虑由直线 $x = a, x = b, y = 0, y = f(x)$ 所围曲边梯形 $ABCD$ 的面积. 先将梯形用直线 $x = x_i, i = 0, 1, \cdots, n$,其中 $a = x_0 < x_1 < \cdots < x_n = b$,分成 $n$ 个小曲边梯形,第 $i$ 个小梯形的面积用 $\Delta s_i$ 表示,$\Delta s_i \approx f(\xi_i) \Delta x_i$,其中 $\Delta x_i = x_i - x_{i-1}$,$\xi_i$ 取自区间 $[x_{i-1}, x_i]$. 于是用 $\sum\limits_{i=1}^{n} f(\xi_i) \Delta x_i$(图 6.1.1 中 $n$ 个小矩形面积之和) 表示曲边梯形面积的近似值. 当分点越来越多时,视曲边梯形 $ABCD$ 的面积的精确值为

$$S_{ABCD} = \lim_{\|T\| \to 0} \sum_{i=1}^{n} f(\xi_i) \Delta x_i \xlongequal{\text{def}} \int_a^b f(x) \, dx$$

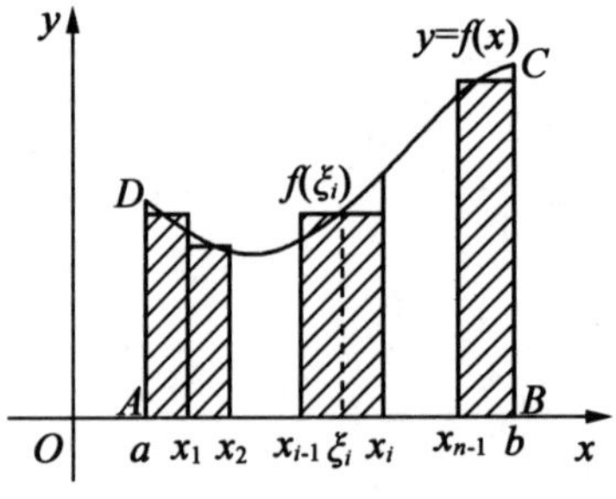

图 6.1.1

其中 $f(x) \geqslant 0, T : a = x_0 < x_1 < \cdots < x_n = b, \xi_i \in [x_{i-1}, x_i], \|T\| = \max\limits_{1 \leqslant i \leqslant n} \{\Delta x_i\}, \Delta x_i = x_i - x_{i-1}$.

对于一般的函数 $f(x)$，$\displaystyle\int_a^b | f(x) | \, \mathrm{d}x$ 为所围图形(图 6.1.2)的总面积,而 $\displaystyle\int_a^b f(x) \, \mathrm{d}x$ 为所围图形(图 6.1.3) 面积的代数和($x$ 轴上方的面积为正,下方的面积为负).

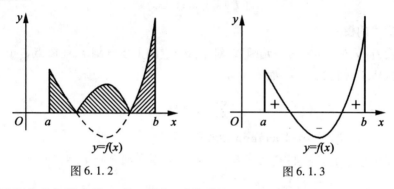

图 6.1.2　　　　　　　　图 6.1.3

再考虑质点做直线运动,时刻 $t$ 时位移为 $x(t)$,瞬时速度为

$$v(t) = x'(t) = \lim_{\Delta t \to 0} \frac{x(t + \Delta t) - x(t)}{\Delta t}$$

相反,如果知道瞬时速度,要求从时刻 $\alpha$ 到 $\beta$ 这段时间内的位移,可以将 $[\alpha, \beta]$ 分成 $n$ 小段,$\alpha = t_0 < t_1 < \cdots < t_n = \beta$,从时刻 $t_{i-1}$ 到 $t_i$ 有位移 $\Delta x_i$,它用时刻 $\xi_i \in [t_{i-1}, t_i]$ 的速度与时间间隔 $\Delta t_i = t_i - t_{i-1}$ 的乘积来近似表达,即 $\Delta x_i \approx v(\xi_i) \Delta t_i$,故

$$x(\beta) - x(\alpha) = \sum_{i=1}^n \Delta x_i \approx \sum_{i=1}^n v(\xi_i) \Delta t_i$$

当分点越来越密时,视它的极限值是所要求的位移

$$x(\beta) - x(\alpha) = \lim_{\|T\| \to 0} \sum_{i=1}^n v(\xi_i) \Delta t_i \overset{\text{def}}{=\!=\!=} \int_\alpha^\beta v(t) \, \mathrm{d}t = \int_\alpha^\beta x'(t) \, \mathrm{d}t$$

此外,设一根直细棒,其质量为 $m = m(x)$,线密度为

$$\rho(x) = m'(x) = \lim_{\Delta x \to 0} \frac{m(x + \Delta x) - m(x)}{\Delta x}$$

同样,如果知道细棒的线密度为 $\rho(x)$,那么从 $a$ 到 $b$ 的质量为

$$m(b) - m(a) = \lim_{\|T\| \to 0} \sum_{i=1}^n \rho(\xi_i) \Delta x_i = \int_a^b \rho(x) \, \mathrm{d}x = \int_a^b m'(x) \, \mathrm{d}x$$

上面一个几何问题与两个物理问题启发我们要引进 Riemann 积分的概念.

**定义 6.1.1** 设闭区间 $[a,b]$ 内有 $n+1$ 个点,依次为 $a=x_0<x_1<\cdots<x_n=b$,它们将 $[a,b]$ 分成 $n$ 个小区间 $\Delta_i=[x_{i-1},x_i]$,$i=1,2,\cdots,n$. 这些分点或闭子区间构成了 $[a,b]$ 的一个分割,记为

$$T:a=x_0<x_1<\cdots<x_n=b$$

或 $T=\{\Delta_1,\Delta_2,\cdots,\Delta_n\}$. 小区间 $\Delta_i=[x_{i-1},x_i]$ 的长度为 $\Delta x_i=x_i-x_{i-1}$,并称

$$\|T\|=\max_{1\leqslant i\leqslant n}\{\Delta x_i\}$$

为分割 $T$ 的**模**.

设 $f:[a,b]\to\mathbb{R}$ 为一元函数. 对于 $[a,b]$ 的上述分割 $T$,任取点 $\xi_i\in\Delta_i=[x_{i-1},x_i]$,$i=1,2,\cdots,n$,称

$$\sum_{i=1}^n f(\xi_i)\Delta x_i$$

为 $f$ 在 $[a,b]$ 上的一个 **Riemann 和**或**积分和**.

如果存在 $J\in\mathbb{R}$,使得 $\forall\varepsilon>0$,$\exists\delta>0$,对任何分割 $T$,$\|T\|<\delta$,$\forall\xi_i\in\Delta_i=[x_{i-1},x_i]$,$i=1,2,\cdots,n$,有

$$\left|\sum_{i=1}^n f(\xi_i)\Delta x_i-J\right|<\varepsilon$$

则称 $J$ 为 $\sum_{i=1}^n f(\xi_i)\Delta x_i$ 当 $\|T\|\to 0$ 时的极限,称它为 $f$ 在 $[a,b]$ 上的 **Riemann 积分**或**定积分**,并称 $f$ 在区间 $[a,b]$ 上是 **Riemann 可积**或是**可积**的. 记上述 Riemann 积分或定积分为

$$J=\int_a^b f(x)\,\mathrm{d}x=\lim_{\|T\|\to 0}\sum_{i=1}^n f(\xi_i)\Delta x_i$$

其中 $f(x)$ 称为**被积函数**,$x$ 为**积分变量**,$[a,b]$ 称为**积分区间**,$a$,$b$ 分别称为**积分下限**与**积分上限**.

显然,$\int_a^b f(x)\,\mathrm{d}x$ 完全由 $f$ 与区间 $[a,b]$ 所确定,它与积分变量 $x$ 无关. 因此

$$\int_a^b f(x)\,\mathrm{d}x=\int_a^b f(u)\,\mathrm{d}u=\int_a^b f(t)\,\mathrm{d}t$$

**定理 6.1.1**(唯一性) 设 $f$ 在 $[a,b]$ 上 Riemann 可积,则积分值

$$J=\int_a^b f(x)\,\mathrm{d}x$$

是唯一的.

**证明**　假设 $J_1,J_2 \in \mathbb{R}$ 都为 $\sum\limits_{i=1}^{n} f(\xi_i)\Delta x_i$ 当 $\|T\| \to 0$ 时的极限,则 $\forall \varepsilon > 0, \exists \delta > 0,$ 对$[a,b]$的任何分割$T, \|T\| < \delta, \forall \xi_i \in \Delta_i = [x_{i-1},x_i], i = 1,2,\cdots,n,$有

$$\left| \sum_{i=1}^{n} f(\xi_i)\Delta x_i - J_j \right| < \frac{\varepsilon}{2}, j = 1,2$$

于是

$$0 \leq |J_1 - J_2| = \left| J_1 - \sum_{i=1}^{n} f(\xi_i)\Delta x_i + \sum_{i=1}^{n} f(\xi_i)\Delta x_i - J_2 \right|$$

$$\leq \left| \sum_{i=1}^{n} f(\xi_i)\Delta x_i - J_1 \right| + \left| \sum_{i=1}^{n} f(\xi_i)\Delta x_i - J_2 \right|$$

$$< \frac{\varepsilon}{2} + \frac{\varepsilon}{2} = \varepsilon$$

令 $\varepsilon \to 0^+$ 得到

$$0 \leq |J_1 - J_2| \leq 0$$
$$|J_1 - J_2| = 0, J_1 = J_2$$

**定理 6.1.2**(可积的必要条件)　设$f$在$[a,b]$上 Riemann 可积,则$f$在$[a,b]$上有界(因而无界函数不是 Riemann 可积的),但反之不真.

**证明**　因为$f$在$[a,b]$上 Riemann 可积,故有 $J \in \mathbb{R}$,取 $\varepsilon = 1, \exists \delta > 0,$ 对$[a,b]$的任意分割$T: a = x_0 < x_1 < \cdots < x_n = b, \|T\| < \delta, \forall \xi_i \in \Delta_i = [x_{i-1},x_i], i = 1,2,\cdots,n,$有

$$\left| \sum_{i=1}^{n} f(\xi_i)\Delta x_i - J \right| < 1 \qquad (*)$$

(反证)假设$f$在$[a,b]$上无界,则至少有一个区间$[x_{i_0-1},x_{i_0}]$,$f$在其上无界,于是 $\exists \xi_{i_0} \in [x_{i_0-1},x_{i_0}],$ s.t.

$$|f(\xi_{i_0})\Delta x_{i_0}| > 1 + \left| \sum_{i \neq i_0} f(\xi_i)\Delta x_i \right| + |J| \qquad (**)$$

但由式$(*)$知

$$|f(\xi_{i_0})\Delta x_{i_0}| = \left| \left( \sum_{i=1}^{n} f(\xi_i)\Delta x_i - J \right) - \sum_{i \neq i_0} f(\xi_i)\Delta x_i + J \right|$$

$$\leq \left| \sum_{i=1}^{n} f(\xi_i)\Delta x_i - J \right| + \left| \sum_{i \neq i_0} f(\xi_i)\Delta x_i \right| + |J|$$

$$< 1 + \left| \sum_{i \neq i_0} f(\xi_i)\Delta x_i \right| + |J|$$

这与式( ＊＊ ) 相矛盾.

反例:Dirichlet 函数 $D(x)$ 在 $[0,1]$ 上有界但非 Riemann 可积.

显然, $|D(x)| \leqslant 1$ ,故 $D(x)$ 有界. 现证 $D(x)$ 在 $[0,1]$ 上非 Riemann 可积.

(反证) 假设 $D(x)$ 在 $[0,1]$ 上 Riemann 可积,则 $\exists J \in \mathbb{R}$ ,对 $\varepsilon_0 = \dfrac{1}{2}$ ,

$\exists \delta > 0$ ,当 $[a,b]$ 的分割 $T:a = x_0 < x_1 < \cdots < x_n = b$ , $\|T\| < \delta$ 时,有

$$\left| \sum_{i=1}^{n} D(\xi_i) \Delta x_i - J \right| < \varepsilon_0 = \frac{1}{2}, \forall \xi_i \in \Delta_i = [x_{i-1}, x_i], i = 1, 2, \cdots, n$$

特别取 $\eta_i \in [x_{i-1}, x_i] \cap \mathbb{Q}, \zeta_i \in [x_{i-1}, x_i] \cap (\mathbb{R} - \mathbb{Q})$ ,有

$$1 = |0 - 1| = \left| \sum_{i=1}^{n} D(\eta_i) \Delta x_i - \sum_{i=1}^{n} D(\zeta_i) \Delta x_i \right|$$

$$= \left| \left( \sum_{i=1}^{n} D(\eta_i) \Delta x_i - J \right) - \left( \sum_{i=1}^{n} D(\zeta_i) \Delta x_i - J \right) \right|$$

$$\leqslant \left| \sum_{i=1}^{n} D(\eta_i) \Delta x_i - J \right| + \left| \sum_{i=1}^{n} D(\zeta_i) \Delta x_i - J \right|$$

$$< \varepsilon_0 + \varepsilon_0 = \frac{1}{2} + \frac{1}{2} = 1$$

矛盾.

定理 6.1.2 只是 Riemann 可积的必要条件, 它只能否定无界函数是 Riemann 可积的,但对有界函数是否为 Riemann 可积函数就束手无策了. 要判断一个函数是否 Riemann 可积,原则上可以根据定义直接考察 Riemann 和是否无限接近某个常数 $J$ ,但由于那个常数不易预知及 Riemann 和的复杂性,这种判断是非常困难的. 下面给出一些 Riemann 可积的充要条件,它只与被积函数 $f$ 本身有关,而不涉及 Riemann 积分的值.

以下总假定 $f(x)$ 在 $[a,b]$ 上有界,记 $M = \sup\limits_{x \in [a,b]} f(x), m = \inf\limits_{x \in [a,b]} f(x)$ . $T:a = x_0 < x_1 < \cdots < x_n = b$ 为 $[a,b]$ 的任一分割, $\Delta_i = [x_{i-1}, x_i], i = 1, 2, \cdots, n$ ,则有

$$M_i^f = \sup_{x \in \Delta_i} f(x), m_i^f = \inf_{x \in \Delta_i} f(x)$$

在不致混淆时,记 $M_i^f$ 为 $M_i, m_i^f$ 为 $m_i$ .

作和

$$S(T,f) = \sum_{i=1}^{n} M_i \Delta x m_i, s(T,f) = \sum_{i=1}^{n} m_i \Delta x_i$$

分别称它们为 $f$ 关于 $T$ 的 **Darboux 上和**与 **Darboux 下和**,统称为 **Darboux 和**.
$\forall \xi_i \in \Delta_i, i = 1, 2, \cdots, n$,显然,有

$$m(b-a) \leqslant \sum_{i=1}^{n} m_i \Delta x_i \leqslant \sum_{i=1}^{n} f(\xi_i) \Delta x_i \leqslant \sum_{i=1}^{n} M_i \Delta x_i \leqslant M(b-a)$$

即

$$m(b-a) \leqslant \underset{\text{Darboux 下和}}{s(T,f)} \leqslant \underset{\text{Riemann 和}}{S(T,f,\boldsymbol{\xi})} \leqslant \underset{\text{Darboux 上和}}{S(T,f)} \leqslant M(b-a)$$

其中 $\boldsymbol{\xi} = (\xi_1, \xi_2, \cdots, \xi_n)$.

设 $\omega_i^f = M_i^f - m_i^f$,称它为 $f$ 在 $\Delta_i$ 上的**振幅**,简记为 $\omega_i = M_i - m_i$. 而

$$S(T) - s(T) = \sum_{i=1}^{n} (M_i - m_i) \Delta x_i$$

$$= \sum_{i=1}^{n} \omega_i \Delta x_i \quad (\text{或记为} \sum_{T} \omega_i \Delta x_i)$$

称为 $f$ 在 $[a,b]$ 上关于分割 $T$ 的**振幅和**.

**引理6.1.1**　对 $[a,b]$ 的同一分割 $T$,相对于任何 $\boldsymbol{\xi} = (\xi_1, \xi_2, \cdots, \xi_n), \xi_i \in \Delta_i$,有

$$S(T,f) = \sup_{\boldsymbol{\xi}} \sum_{i=1}^{n} f(\xi_i) \Delta x_i, s(T,f) = \inf_{\boldsymbol{\xi}} \sum_{i=1}^{n} f(\xi_i) \Delta x_i$$

**证明**　一方面,有

$$s(T,f) \leqslant \inf_{\boldsymbol{\xi}} \sum_{i=1}^{n} f(\xi_i) \Delta x_i \leqslant \sup_{\boldsymbol{\xi}} \sum_{i=1}^{n} f(\xi_i) \Delta x_i \leqslant S(T,f)$$

另一方面,$\forall \varepsilon > 0$,由上确界定义,可选 $\xi_i \in \Delta_i$, s.t.

$$f(\xi_i) > M_i - \frac{\varepsilon}{b-a}$$

于是,有

$$\sum_{i=1}^{n} f(\xi_i) \Delta x_i > \sum_{i=1}^{n} \left( M_i - \frac{\varepsilon}{b-a} \right) \Delta x_i$$

$$= \sum_{i=1}^{n} M_i \Delta x_i - \frac{\varepsilon}{b-a} \sum_{i=1}^{n} \Delta x_i$$

$$= S(T,f) - \varepsilon$$

$$\sup_{\boldsymbol{\xi}} \sum_{i=1}^{n} f(\xi_i) \Delta x_i \geqslant S(T,f) - \varepsilon$$

令 $\varepsilon \to 0^+$ 得到

$$\sup_{\xi} \sum_{i=1}^{n} f(\xi_i) \Delta x_i \geqslant S(T,f)$$

所以

$$S(T,f) = \sup_{\xi} \sum_{i=1}^{n} f(\xi_i) \Delta x_i$$

同理,或用 $-f$ 代替 $f$ 得到

$$s(T,f) = \inf_{\xi} \sum_{i=1}^{n} f(\xi_i) \Delta x_i$$

**引理 6.1.2**  设 $T'$ 为分割 $T$ 添加 $p$ 个新分点所得的分割,则有

$$S(T) \geqslant S(T') \geqslant S(T) - (M - m)p \parallel T \parallel$$
$$s(T) \leqslant s(T') < s(T) + (M - m)p \parallel T \parallel$$

其中

$$s(T) = s(T,f), S(T) = S(T,f)$$

这表明增加新分点后,上和不增,下和不减.

**证明**  当 $p = 1$ 时,在 $T$ 上添加一个新分点,它必落在 $T$ 的某个小区间 $\Delta_k$ 内,而且将 $\Delta_k$ 分为两个小区间,记为 $\Delta_k'$ 与 $\Delta_k''$. 但 $T$ 的其他小区间 $\Delta_i (i \neq k)$ 仍旧是新分割 $T_1$ 所属的小区间. 因此,比较 $S(T)$ 与 $S(T_1)$ 的各个被加项,它们之间的差别仅仅是 $S(T)$ 中的 $M_k \Delta x_k$ 一项换成 $S(T_1)$ 中的 $M_k' \Delta x_k' + M_k'' \Delta x_k''$ 两项(这里 $M_k'$ 与 $M_k''$ 分别是 $f$ 在 $\Delta_k'$ 与 $\Delta_k''$ 上的上确界. 显然, $m \leqslant M_k'$ (或 $M_k''$) $\leqslant M_k \leqslant M$),

所以

$$0 \leqslant S(T) - S(T_1) = (M_k - M_k') \Delta x_k' + (M_k - M_k'') \Delta x_k''$$
$$\leqslant (M - m) \Delta x_k' + (M - m) \Delta x_k'' = (M - m) \Delta x_k$$
$$\leqslant (M - m) \parallel T \parallel$$

即

$$S(T) \geqslant S(T_1) \geqslant S(T) - (M - m) \parallel T \parallel$$

一般地,对 $T_i$ 增加一个新分点得到 $T_{i+1}$,就有

$$0 \leqslant S(T_i) - S(T_{i+1}) \leqslant (M - m) \parallel T_i \parallel, i = 0, 1, \cdots, p - 1$$

其中 $T_0 = T, T_p = T'$. 将这些不等式对 $i$ 依次相加得到

$$0 \leqslant S(T) - S(T') \leqslant (M - m) \sum_{i=0}^{p-1} \parallel T_i \parallel$$
$$\leqslant (M - m)p \parallel T \parallel$$

即

$$S(T) \geqslant S(T') \geqslant S(T) - (M - m)p \parallel T \parallel$$

同理有

$$s(T) \leqslant s(T') \leqslant s(T) + (M - m)p \parallel T \parallel$$

**引理 6.1.3**　设 $T'$ 与 $T''$ 为 $[a,b]$ 的任意两个分割，$T' + T''$ 表示将 $T'$ 与 $T''$ 的所有分点合并得到的分割(重复的分点只取一次)，则

$$S(T' + T'') \leqslant S(T'), s(T' + T'') \geqslant s(T')$$
$$S(T' + T'') \leqslant S(T''), s(T' + T'') \geqslant s(T'')$$

**证明**　因为 $T' + T''$ 既可看作 $T'$ 添加新分点后得到的分割，也可看作 $T''$ 添加部分点后得到的分割，所以根据引理 6.1.2 立即推得上述不等式成立.

**引理 6.1.4**　对任意两个分割 $T'$ 与 $T''$，有

$$s(T') \leqslant S(T'')$$

**证明**　由引理 6.11 与引理 6.1.3 便有

$$s(T') \leqslant s(T' + T'') \leqslant S(T' + T'') \leqslant S(T'')$$

由此立即有下面的引理.

**引理 6.1.5**　$m(b - a) \leqslant \sup\limits_{T'} s(T') \leqslant \inf\limits_{T''} S(T'') \leqslant M(b - a)$.

**证明**　由

$$m(b - a) \leqslant s(T') \leqslant S(T'') \leqslant M(b - a)$$

知

$$m(b - a) \leqslant \sup\limits_{T'} s(T') \leqslant \inf\limits_{T''} S(T'') \leqslant M(b - a)$$

故

$$m(b - a) \leqslant s \leqslant S \leqslant M(b - a)$$

其中 $S = \inf\limits_{T} S(T)$ 与 $s = \sup\limits_{T} s(T)$ 分别称为 $f(x)$ 在 $[a,b]$ 上的**上积分**与**下积分**.

**定理 6.1.3**(Darboux 定理)　$\lim\limits_{\parallel T \parallel \to 0} S(T) = S, \lim\limits_{\parallel T \parallel \to 0} s(T) = s.$

**证明**　$\forall \varepsilon > 0$，由 $S$ 的定义知，必有某个分割 $T'$, s.t.

$$S(T') < S + \frac{\varepsilon}{2}$$

设 $T'$ 由 $p$ 个分点构成，对于任意另一个分割 $T$，$T + T'$ 至多比 $T$ 多 $p$ 个分点，由引理 6.1.2 与引理 6.1.3 得到

$$S(T) - (M - m)p \parallel T \parallel \leqslant S(T + T') \leqslant S(T')$$

于是,当 $\parallel T \parallel < \delta = \dfrac{\varepsilon}{2(M-m+1)p}$ 时,有

$$S \leqslant S(T) \leqslant S(T') + (M-m)p \parallel T \parallel$$

$$< S(T') + (M-m)p \cdot \frac{\varepsilon}{2(M-m+1)p}$$

$$< S(T') + \frac{\varepsilon}{2} < \left(S + \frac{\varepsilon}{2}\right) + \frac{\varepsilon}{2} = S + \varepsilon$$

这就证明了

$$\lim_{\parallel T \parallel \to 0} S(T) = S$$

同理,或用 $-f$ 代替 $f$ 得到

$$\lim_{\parallel T \parallel \to 0} s(T) = s$$

**定义 6.1.2** 设 $A \subset \mathbb{R}$,如果 $\forall \varepsilon > 0$,存在至多可数个(有限个或可数个)开区间 $\{I_i \mid i = 1,2,\cdots\}$,s.t.

$$A \subset \bigcup_i I_i, 且 \sum_i \mid I_i \mid < \varepsilon \quad (\mid I_i \mid 为区间 I_i 的长度)$$

则称 $A$ 为 $\mathbb{R}$ 中的 **Lebesgue 零测集**,简称为**零测集**,也称 $A$ 的(**Lebesgue**)测度为零.

**引理 6.1.6** (1) 有限集为零测集;

(2) 至多可数集为零测集;

(3) 零测集 $A$ 的任何子集 $B$ 为零测集;

(4) 至多可数个零测集 $A_i(i = 1,2,\cdots)$ 的并集仍为零测集.

**证明** (1) 设有限集 $A = \{a_1, a_2, \cdots, a_k\}$. $\forall \varepsilon > 0$,令

$$I_i = \left(a_i - \frac{\varepsilon}{4k}, a_i + \frac{\varepsilon}{4k}\right), i = 1,2,\cdots,k$$

则

$$A = \bigcup_{i=1}^{k} \{a_i\} \subset \bigcup_{i=1}^{k} \left(a_i - \frac{\varepsilon}{4k}, a_i + \frac{\varepsilon}{4k}\right)$$

且

$$\sum_{i=1}^{k} \mid I_i \mid = \sum_{i=1}^{k} \left[\left(a_i + \frac{\varepsilon}{4k}\right) - \left(a_i - \frac{\varepsilon}{4k}\right)\right]$$

$$= \sum_{i=1}^{k} \frac{\varepsilon}{2k} = \frac{\varepsilon}{2} < \varepsilon$$

因此,$A$ 为零测集.

（2）设可数集 $A = \{a_1, a_2, \cdots, a_k, \cdots\}$. $\forall \varepsilon > 0$, 令

$$I_i = \left( a_i - \frac{\varepsilon}{2^{i+2}}, a_i + \frac{\varepsilon}{2^{i+2}} \right), i = 1, 2, \cdots, k, \cdots$$

则

$$A = \bigcup_{i=1}^{\infty} \{a_i\} \subset \bigcup_{i=1}^{\infty} \left( a_i - \frac{\varepsilon}{2^{i+2}}, a_i + \frac{\varepsilon}{2^{i+2}} \right)$$

且

$$\sum_{i=1}^{\infty} |I_i| = \sum_{i=1}^{\infty} \left[ \left( a_i + \frac{\varepsilon}{2^{i+2}} \right) - \left( a_i - \frac{\varepsilon}{2^{i+2}} \right) \right]$$

$$= \sum_{i=1}^{\infty} \frac{\varepsilon}{2^{i+1}} = \frac{\varepsilon}{2} < \varepsilon$$

因此, $A$ 为零测集.

（3）因为 $A$ 为零测集, 所以 $\forall \varepsilon > 0$, 存在开区间 $I_i (i = 1, 2, \cdots)$, 使得

$$A \subset \bigcup_i I_i, \sum_i |I_i| < \varepsilon$$

因此

$$B \subset A \subset \bigcup_i I_i, \sum_i |I_i| < \varepsilon$$

由此可知, $B$ 为零测集.

（4）因为每个 $A_i$ 为零测集, 所以存在开区间 $I_j^i (j = 1, 2, \cdots)$, 使得

$$A_i \subset \bigcup_j I_j^i, 且 \sum_j |I_j^i| < \frac{\varepsilon}{2^i}, i = 1, 2, \cdots$$

于是, $\{I_j^i \mid i = 1, 2, \cdots; j = 1, 2, \cdots\}$ 为可数个开区间（依 $i + j$ 从小到大排列为 $I_1^1$, $I_2^1, I_1^2, I_3^1, I_1^3, I_2^2, \cdots$）, 使得

$$\bigcup_i A_i \subset \bigcup_i \left( \bigcup_j I_j^i \right) = \bigcup_{i,j} I_j^i$$

且

$$\sum_{i,j} |I_j^i| = \sum_i \left( \sum_j |I_j^i| \right) < \sum_i \frac{\varepsilon}{2^i} \leqslant \varepsilon$$

所以, $\bigcup_i A_i$ 为零测集.

**定理 6.1.4**（Riemann 可积的充要条件）  设函数 $f$ 在 $[a, b]$ 上有界, 即

$$|f(x)| \leqslant M, \forall x \in [a, b]$$

则下面结论等价：

（1）$f$ 在 $[a, b]$ 上 Riemann 可积；

(2)$f$在$[a,b]$上的上积分与下积分相等,即 $S = s$;

(3) 对任何$\varepsilon > 0$,存在$[a,b]$的某个分割$T$,使得

$$S(T) - s(T) = \sum_{i=1}^{n} \omega_i \Delta x_i < \varepsilon$$

(4) 存在$[a,b]$的分割串$T_m, m = 1,2,\cdots$,使得

$$\lim_{m \to +\infty} [S(T_m) - s(T_m)] = 0$$

(5) $\lim_{\|T\| \to 0} [S(T) - s(T)] = 0$;

(6) 对任何$\varepsilon > 0$,存在$[a,b]$的某个分割$T$,使对任何$\boldsymbol{\xi} = (\xi_1, \xi_2, \cdots, \xi_n)$, $\xi_i \in [x_{i-1}, x_i] = \Delta_i, i = 1, 2, \cdots, n$,有

$$| S(T, f, \boldsymbol{\xi}) - J | < \varepsilon$$

(7) 对任何$\varepsilon > 0, \eta > 0$,存在$[a,b]$的某个分割$T$,使得

$$\sum_{\omega_i \geqslant \varepsilon} \Delta x_i < \eta$$

(8)(Lebesgue)$f$在$[a,b]$上几乎处处(a. e. 即 almost everywhere)连续,即 $f$的不连续点集$D_{\text{不}}^f$(简记为 $D_{\text{不}}$)为零测集,记作

$$\text{meas } D_{\text{不}} = 0$$

**证明** (1)$\Rightarrow$(2) 由$f$在$[a,b]$上 Riemann 可积,其积分值为$J$,故 $\forall \varepsilon > 0$, $\exists \delta > 0$,当 $\|T\| < \delta$时,有

$$J - \frac{\varepsilon}{4} < \sum_{i=1}^{n} f(\xi_i) \Delta x_i < J + \frac{\varepsilon}{4}$$

于是

$$J - \frac{\varepsilon}{4} \leqslant s(T) = \sum_{i=1}^{n} \inf_{x \in [x_{i-1}, x_i]} f(x) \Delta x_i$$

$$\leqslant \sum_{i=1}^{n} \sup_{x \in [x_{i-1}, x_i]} f(x) \Delta x_i$$

$$= S(T) \leqslant J + \frac{\varepsilon}{4}$$

$$J - \frac{\varepsilon}{4} \leqslant s = \sup_{T} s(T) \leqslant \inf_{T} S(T) = S \leqslant J + \frac{\varepsilon}{4}$$

令 $\varepsilon \to 0^+$ 得到

$$J \leqslant s \leqslant S \leqslant J$$

$$S = s = J$$

(1)⟸(2) 设 $J = S = s$. 由 Darboux 定理得

$$\lim_{\|T\| \to 0} S(T) = \lim_{\|T\| \to 0} s(T) = J$$

则 $\forall \varepsilon > 0, \exists \delta > 0$,当 $\|T\| < \delta$ 时,满足

$$J - \varepsilon < s(T) \leqslant \sum_{i=1}^{n} f(\xi_i) \Delta x_i \leqslant S(T) < J + \varepsilon$$

从而

$$\lim_{\|T\| \to 0} \sum_{i=1}^{n} f(\xi_i) \Delta x_i = J$$

即 $f$ 在 $[a,b]$ 上 Riemann 可积,且 $\int_a^b f(x) \, \mathrm{d}x = J$.

(2)⟹(3) 设 $J = S = s$. $\forall \varepsilon > 0$,由 Darboux 定理知,$\exists \delta > 0$,当 $\|T\| < \delta$ 时,有

$$J - \frac{\varepsilon}{4} \leqslant s(T) \leqslant S(T) \leqslant J + \frac{\varepsilon}{4}$$

则

$$\sum_{i=1}^{n} \omega_i \Delta x_i = S(T) - s(T) \leqslant \left(J + \frac{\varepsilon}{4}\right) - \left(J - \frac{\varepsilon}{4}\right) = \frac{\varepsilon}{2} < \varepsilon$$

(2)⟸(3) $\forall \varepsilon > 0$,由(3)知,存在 $[a,b]$ 的某个分割 $T$,使得

$$S(T) - s(T) < \varepsilon$$

由

$$s(T) \leqslant s \leqslant S \leqslant S(T)$$

得到

$$0 \leqslant S - s \leqslant S(T) - s(T) < \varepsilon$$

令 $\varepsilon \to 0^+$ 有

$$0 \leqslant S - s \leqslant 0$$

即

$$S = s$$

(3)⟹(4) 对任何 $m \in \mathbb{N}$,由(3)知,必存在 $[a,b]$ 的某个分割 $T_m$,使得

$$0 \leqslant S(T_m) - s(T_m) < \frac{1}{m}$$

由数列极限的定义或夹逼定理知

$$\lim_{m \to +\infty} [S(T_m) - s(T_m)] = 0$$

$(3) \Leftarrow (4)$ 设 $[a,b]$ 的分割 $T_m, m = 1,2,\cdots$, 使得
$$\lim_{m \to +\infty} [S(T_m) - s(T_m)] = 0$$
则 $\forall \varepsilon > 0, \exists N \in \mathbb{N}$, 使得当 $m > N$ 时, 有
$$S(T_m) - s(T_m) < \varepsilon$$
令 $T = T_{N+1}$, 则 $T$ 即为所求.

$(1) \Rightarrow (5)$ 由 $(1)$ 知 $f$ 在 $[a,b]$ 上 Riemann 可积, 故 $\forall \varepsilon > 0, \exists \delta > 0$, 当 $\|T\| < \delta$ 时, 有
$$J - \frac{\varepsilon}{4} < \sum_{i=1}^{n} f(\xi_i) \Delta x_i = S(T,f,\boldsymbol{\xi}) < J + \frac{\varepsilon}{4}$$
由此得到
$$J - \frac{\varepsilon}{4} \leqslant s(T,f) \leqslant S(T,f) \leqslant J + \frac{\varepsilon}{4}$$
$$S(T,f) - s(T,f) \leqslant \left(J + \frac{\varepsilon}{4}\right) - \left(J - \frac{\varepsilon}{4}\right) = \frac{\varepsilon}{2} < \varepsilon$$
从而
$$\lim_{\|T\| \to 0} [S(T,f) - s(T,f)] = 0$$

$(3) \Leftarrow (5)$ 由 $(5)$ 知
$$\lim_{\|T\| \to 0} [S(T,f) - s(T,f)] = 0$$
故 $\forall \varepsilon > 0, \exists \delta > 0$, 当 $\|T\| < \delta$ 时
$$S(T) - s(T) < \varepsilon$$

$(1) \Rightarrow (6)$ 显然.

$(3) \Leftarrow (6)$ 由 $(6)$ 知, 对任何 $\varepsilon > 0$, 存在 $[a,b]$ 的某个分割 $T$, 对任何 $\xi_i \in [x_{i-1}, x_i] = \Delta_i, i = 1,2,\cdots,n$, 有
$$|S(T,f,\boldsymbol{\xi}) - J| < \frac{\varepsilon}{4}$$
故
$$|S(T,f) - J| < \frac{\varepsilon}{4}, \ |s(T,f) - J| < \frac{\varepsilon}{4}$$
$$|S(T,f) - s(T,f)| \leqslant |S(T,f) - J| + |s(T,f) - J|$$
$$\leqslant \frac{\varepsilon}{4} + \frac{\varepsilon}{4} = \frac{\varepsilon}{2} < \varepsilon$$

$(3) \Rightarrow (7)$ $\forall \varepsilon > 0, \forall \eta > 0$, 由 $(3)$ 知, 存在 $[a,b]$ 的某个分割 $T$, 使得

$$\sum_{i=1}^{n} \omega_i \Delta x_i < \sigma = \varepsilon \eta$$

于是,便有

$$\varepsilon \sum_{\omega_i \geqslant \varepsilon} \Delta x_i \leqslant \sum_{\omega_i \geqslant \varepsilon} \omega_i \Delta x_i \leqslant \sum_i \omega_i \Delta x_i < \varepsilon \eta$$

两边约去 $\varepsilon$ 得到

$$\sum_{\omega_i \geqslant \varepsilon} \Delta x_i < \eta$$

(3)⇐(7) $\forall \varepsilon > 0$,取

$$\varepsilon' = \frac{\varepsilon}{2(b-a)} > 0, \eta' = \frac{\varepsilon}{2(M-m+1)} > 0$$

由(7)知,存在 $[a,b]$ 的某个分割 $T$,使得

$$\sum_{\omega_i \geqslant \varepsilon'} \Delta x_i < \eta'$$

于是

$$S(T) - s(T) = \sum_i \omega_i \Delta x_i = \sum_{\omega_i \geqslant \varepsilon'} \omega_i \Delta x_i + \sum_{\omega_i < \varepsilon'} \omega_i \Delta x_i$$

$$\leqslant (M-m) \sum_{\omega_i \geqslant \varepsilon'} \Delta x_i + \varepsilon' \sum_{\omega_i < \varepsilon'} \omega_i \Delta x_i$$

$$\leqslant (M-m)\eta' + \varepsilon'(b-a)$$

$$\leqslant (M-m) \frac{\varepsilon}{2(M-m+1)} + \frac{\varepsilon}{2(b-a)}(b-a)$$

$$< \frac{\varepsilon}{2} + \frac{\varepsilon}{2} = \varepsilon$$

(3)⇒(8) 由(3)知,对任何 $\varepsilon > 0$,存在 $[a,b]$ 的某个分割 $T_\varepsilon : a = x_0 < x_1 < \cdots < x_n = b$,使得

$$S(T_\varepsilon, f) - s(T_\varepsilon, f) < \frac{\delta}{2}\varepsilon$$

其中 $\delta > 0$ 为任何正数. 令

$$D_\delta = \{ x \in [a,b] \mid 振幅 \ \omega_f(x) = \lim_{r \to 0^+} [\sup f(x-r, x+r) - \inf f(x-r, x+r)] \geqslant \delta \}$$

则

$$\sum_{D_\delta \cap (x_{i-1}, x_i) \neq \varnothing} \Delta x_i < \frac{\varepsilon}{2}$$

若不然,有

$$\frac{\delta}{2}\varepsilon > S(T_\varepsilon,f) - s(T_\varepsilon,f)$$

$$\geqslant \sum_{D_\delta \cap (x_{i-1},x_i) \neq \varnothing} [\sup f(x_{i-1},x_i) - \inf f(x_{i-1},x_i)] \Delta x_i$$

$$\geqslant \sum_{D_\delta \cap (x_{i-1},x_i) \neq \varnothing} \delta \Delta x_i \geqslant \delta \cdot \frac{\varepsilon}{2} = \frac{\delta}{2}\varepsilon$$

矛盾.

显然,有

$$D_\delta \subset \bigcup_{D_\delta \cap (x_{i-1},x_i) \neq \varnothing} (x_{i-1},x_i) \cup \bigcup_{i=0}^{n} \left( x_i - \frac{\varepsilon}{4(n+1)}, x_i + \frac{\varepsilon}{4(n+1)} \right)$$

且

$$\sum_{D_\delta \cap (x_{i-1},x_i) \neq \varnothing} \Delta x_i + \frac{\varepsilon}{4(n+1)} \cdot 2(n+1) < \frac{\varepsilon}{2} + \frac{\varepsilon}{2} = \varepsilon$$

所以,$D_\delta$ 为零测集. 由此推得 $D_{\pi} = \bigcup_{n=1}^{\infty} D_{\frac{1}{n}}$ 也为零测集,即 $f$ 在 $[a,b]$ 上几乎处处连续.

(3) $\Leftarrow$ (8) 由(8) 知,$D_{\pi}$ 为零测集,故对任何 $\varepsilon > 0$,存在开区间集

$$\{(\alpha_i,\beta_i) \mid i = 1,2,\cdots\}$$

使得

$$D_{\pi} \subset \bigcup_i (\alpha_i,\beta_i), 且 \sum_i (\beta_i - \alpha_i) < \frac{\varepsilon}{4M+1}$$

由此,$\forall x \in [a,b] - \bigcup_i (\alpha_i,\beta_i)$,$f$ 在 $x$ 处连续. 于是,存在含 $x$ 的开区间 $I_x$,当 $u \in I_x \cap [a,b]$ 时,有

$$\mid f(u) - f(x) \mid < \frac{\varepsilon}{2(b-a)}$$

显然

$$\mathscr{F} = \{(\alpha_i,\beta_i),I_x \mid i = 1,2,\cdots; x \in [a,b] - \bigcup_i (\alpha_i,\beta_i)\}$$

为紧致集 $[a,b]$ 的一个开覆盖,根据 Heine-Borel 有限覆盖定理,存在 $\mathscr{F}$ 的有限子集

$$\mathscr{F}' = \{(\alpha_{i_k},\beta_{i_k}),I_{x_l} \mid k = 1,2,\cdots,m; l = 1,2,\cdots,n\}$$

覆盖了 $[a,b]$. 再根据 Lebesgue 数定理,存在 Lebesgue 数 $\lambda = \lambda(\mathscr{F}') > 0$. 当 $[a,b]$ 的分割 $T: a = y_0 < y_1 < \cdots < y_l = b$,满足 $\parallel T \parallel < \lambda$ 时,必有

$$[y_{i-1}, y_i] \subset (\alpha_{i_k}, \beta_{i_k}) \ \text{或} \ I_{x_l}$$

于是

$$0 \leqslant S(T, f) - s(T, f)$$

$$= \sum_{i=1}^{l} \left[ \sup f([y_{i-1}, y_i]) - \inf f([y_{i-1}, y_i]) \right] \Delta y_i$$

$$\leqslant \sum_{[y_{i-1}, y_i] \subset (\alpha_{i_k}, \beta_{i_k})}{}_1 \left[ \sup f([y_{i-1}, y_i]) - \inf f([y_{i-1}, y_i]) \right] \Delta y_i +$$

$$\sum_{[y_{i-1}, y_i] \subset I_{i_k}}{}_2 \left[ \sup f([y_{i-1}, y_i]) - \inf f([y_{i-1}, y_i]) \right] \Delta y_i$$

$$\leqslant 2M \sum{}_1 \Delta y_i + \frac{\varepsilon}{2(b-a)} \sum{}_2 \Delta y_i$$

$$\leqslant 2M \sum_i (\beta_i - \alpha_i) + \frac{\varepsilon}{2(b-a)} (b-a)$$

$$< 2M \cdot \frac{\varepsilon}{4M+1} + \frac{\varepsilon}{2} < \varepsilon$$

**注 6.1.1**　定理 6.1.4 中的(1)⇔(8) 可参阅参考文献[2] 第 286 页定理3.5.5.

**例 6.1.1**　Dirichlet 函数

$$D(x) = \begin{cases} 1, x \in \mathbb{Q} \\ 0, x \in \mathbb{R} - \mathbb{Q} \end{cases}$$

在[0,1] 上非 Riemann 可积.

**证法 1**　参阅定理 6.1.2.

**证法 2**　因为

$$S(T, f) = \sum_i \sup D([x_{i-1}, x_i]) \Delta x_i = \sum_i 1 \cdot \Delta x_i = 1$$

$$s(T, f) = \sum_i \inf D([x_{i-1}, x_i]) \Delta x_i = \sum_i 0 \cdot \Delta x_i = 0$$

$$S = 1 \neq 0 = s$$

所以,根据定理 6.1.4(2) 知,$D(x)$ 在[0,1] 上不是 Riemann 可积的.

**证法 3**　由 $S(T, f) - s(T, f) = 1 - 0 = 1 < \dfrac{1}{2} = \varepsilon_0$ 及定理 6.1.4(3) 知,$D(x)$ 在[0,1] 上不是 Riemann 可积的.

**证法 4**　因为 $D_{\text{不}} = [0,1]$ 不为零测集,根据定理 6.1.4(8) 知,$D(x)$ 在

[0,1] 上不是 Riemann 可积的.

**例 6.1.2**  Riemann 函数

$$R(x) = \begin{cases} \dfrac{1}{q}, x = \dfrac{p}{q}, p \text{ 与 } q \text{ 互质(互素)} \\ 1, x = 0,1 \\ 0, x \text{ 为}(0,1) \text{ 中的无理数} \end{cases}$$

在 [0,1] 上 Riemann 可积,且

$$\int_0^1 R(x)\,dx = 0$$

**证法 1**  由例 2.4.6 知,$R(x)$ 的不连续点全体为 $D_{\pi} = \mathbb{Q} \cap [0,1]$,它为可数集,因而为零测集. 根据定理 6.1.4(8) 知,$R(x)$ 在 [0,1] 上 Riemann 可积,且

$$\int_0^1 R(x)\,dx = s = \sup_T s(T,f)$$

$$= \sup_T \sum_{i=1}^n \inf_{\xi} R(\xi_i)\Delta x_i$$

$$= \sup_T \sum_{i=1}^n 0\Delta x_i = 0$$

**证法 2**  对任何 $\varepsilon > 0$,在 [0,1] 内使 $\dfrac{1}{q} \geqslant \dfrac{\varepsilon}{2}$ 的有理点 $\dfrac{p}{q}$ 只有有限个,设它们为 $r_1, r_2, \cdots, r_k$. 现对 [0,1] 作分割 $T = \{\Delta_1, \Delta_2, \cdots, \Delta_n\}$,使得 $\|T\| < \dfrac{\varepsilon}{4k+1}$,并将 $T$ 中所有小区间分为 $\{\Delta_i' \mid i = 1,2,\cdots,m\}$ 与 $\{\Delta_i'' \mid i = 1,2,\cdots, n-m\}$ 两类,其中 $\{\Delta_i'\}$ 为含 $\{r_i \mid i = 1,2,\cdots,k\}$ 中点的所有小区间,这类小区间的个数 $m \leqslant 2k$(当所有 $r_i$ 恰好都是 $T$ 的分点时才有 $m = 2k$),而 $\{\Delta_i''\}$ 为 $T$ 中所有其余不含 $\{r_i\}$ 中点的小区间. 于是

$$0 \leqslant \sum_{i=1}^n R(\xi_i)\Delta x_i \leqslant \sum_{i=1}^n M_i\Delta x_i \leqslant \sum_{i=1}^m 1 \cdot \Delta x_i' + \sum_{i=1}^{n-m} \frac{\varepsilon}{2}\Delta x_i''$$

$$\leqslant 2k\|T\| + \frac{\varepsilon}{2} \cdot 1 < 2k\frac{\varepsilon}{4k+1} + \frac{\varepsilon}{2} < \varepsilon$$

所以,$R(x)$ 在 [0,1] 上 Riemann 可积,且

$$\int_0^1 R(x)\,dx = 0$$

**证法 3**  由证法 2,有

$$\sum_{i=1}^{n} \omega_i \Delta x_i = \sum_{i=1}^{m} \omega_i' \Delta x_i' + \sum_{i=1}^{n-m} \omega_i'' \Delta x_i''$$

$$\leqslant \sum_{i=1}^{m} 1 \cdot \Delta x_i' + \sum_{i=1}^{n-m} \frac{\varepsilon}{2} \Delta x_i''$$

$$\leqslant 2k \cdot \|T\| + \frac{\varepsilon}{2} \cdot 1$$

$$\leqslant 2k \cdot \frac{\varepsilon}{4k+1} + \frac{\varepsilon}{2} < \varepsilon$$

根据定理 6.1.4(3) 知,$R(x)$ 在 $[0,1]$ 上 Riemann 可积. 再由证法 1,有

$$\int_0^1 R(x)\,\mathrm{d}x = 0$$

**证法 4**　$\forall \varepsilon > 0, \forall \eta > 0$,由于在 $[0,1]$ 中满足 $\dfrac{1}{q} \geqslant \varepsilon \left(\text{即 } q \leqslant \dfrac{1}{\varepsilon}\right)$ 的有理

点 $\dfrac{p}{q}$ 只有有限个,设为 $k$ 个,因此,含这类点的小区间至多 $2k$ 个,在其中 $\omega_i \geqslant \varepsilon$.

当 $\|T\| < \dfrac{\eta}{2k+1}$ 时,就能保证这些小区间的总长度为

$$\sum_{\omega_i \geqslant \varepsilon} \Delta x_i \leqslant 2k \cdot \|T\| \leqslant 2k \cdot \frac{\eta}{2k+1} < \eta$$

根据定理 6.1.4(7) 知,$R(x)$ 在 $[0,1]$ 上 Riemann 可积. 再由证法 1,有

$$\int_0^1 R(x)\,\mathrm{d}x = 0$$

我们用四种方法证明 Riemann 函数 $R(x)$ 在 $[0,1]$ 上 Riemann 可积,这可使读者思路开阔,此外,还可看出证法 2 的方法最好.

**例 6.1.3**　设 $f$ 为 $[a,b]$ 上的连续函数,则 $f$ 在 $[a,b]$ 上 Riemann 可积.

**证法 1**　显然 $D_{\pi} = \varnothing$ 为零测集,根据定理 6.1.4(8) 知,$f$ 在 $[a,b]$ 上 Riemann 可积.

**证法 2**　由于 $f$ 在闭区间 $[a,b]$ 上连续,则 $f$ 在 $[a,b]$ 上一致连续,即 $\forall \varepsilon > 0, \exists \delta > 0$,当 $x', x'' \in [a,b]$ 且 $|x' - x''| < \delta$ 时,有

$$|f(x') - f(x'')| < \frac{\varepsilon}{2(b-a)}$$

所以,当 $[a,b]$ 的分割 $T: a = x_0 < x_1 < \cdots < x_n = b$ 满足 $\|T\| < \delta$ 时,有

$$\omega_i = M_i - m_i = \sup f([x_{i-1}, x_i]) - \inf f([x_{i-1}, x_i])$$

$$= \sup_{x', x'' \in [x_{i-1}, x_i]} |f(x') - f(x'')| \leqslant \frac{\varepsilon}{2(b-a)}$$

从而导出(图 6.1.4)

$$\sum_{i=1}^{n} \omega_i \Delta x_i \leqslant \frac{\varepsilon}{2(b-a)} \sum_{i=1}^{n} \Delta x_i = \frac{\varepsilon}{2(b-a)}(b-a) = \frac{\varepsilon}{2} < \varepsilon$$

根据定理 6.1.4(3) 知,$f$ 在 $[a,b]$ 上 Riemann 可积.

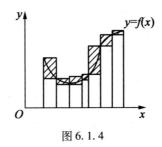

图 6.1.4

**例 6.1.4** 设有界函数 $f$ 在 $[a,b]$ 上只有至多可数个不连续点,则 $f$ 在 $[a,b]$ 上 Riemann 可积.

**证明** 因为 $D_{\pi}$ 为至多可数集,所以它为零测集. 根据定理 6.1.4(8) 知,$f$ 在 $[a,b]$ 上 Riemann 可积.

**例 6.1.5** 设 $f$ 为 $[a,b]$ 上只有有限个不连续点的有界函数,则 $f$ 在 $[a,b]$ 上 Riemann 可积.

**证法 1** 因 $D_{\pi}$ 为有限集,故它为零测集. 根据定理 6.1.4(8) 知,$f$ 在 $[a,b]$ 上 Riemann 可积.

**证法 2** 设 $|f(x)| < M, \forall x \in [a,b]$,$f$ 在 $[a,b]$ 上的不连续点全体含在下面的分点内:$a = c_0 < c_1 < \cdots < c_n = b$. $\forall \varepsilon > 0$,取 $[a,b]$ 的一个分割(图 6.1.5)

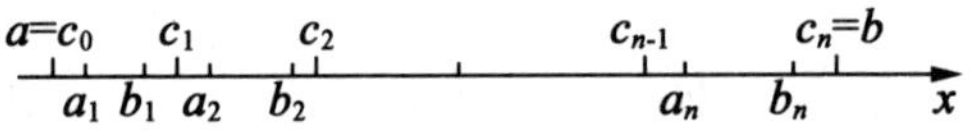

图 6.1.5

$$T_0:a = c_0 < a_1 < b_1 < c_1 < a_2 < b_2 < c_2 < \cdots < c_{n-1} < a_n < b_n < c_n = b$$
使得

$$a_j - c_{j-1} < \frac{\varepsilon}{6nM}, c_j - b_j < \frac{\varepsilon}{6nM}, j = 1, 2, \cdots, n$$

又 $f$ 在 $[a_j,b_j]$ 内连续,$j = 1,2,\cdots,n$,故由例 6.1.3 及定理 6.1.4(3) 知,存在

$[a_j,b_j]$ 的分割

$$T_j: a_j = x_{j_0} < x_{j_1} < \cdots < x_{j_l} = b_j$$

使得

$$\sum_{i=1}^{l} \omega_{j_i} \Delta x_{j_i} < \frac{\varepsilon}{3n}$$

于是,对 $[a,b]$ 的分割 $T = T_0 + T_1 + \cdots + T_n$,有

$$S(T,f) - s(T,f) = \sum_{j=1}^{n} \left[ \sup f([c_{j-1},a_j]) - \inf f([c_{j-1},a_j]) \right] (a_j - c_{j-1}) +$$

$$\sum_{j=1}^{n} \left[ \sup f([b_j,c_j]) - \inf f([b_j,c_j]) \right] (c_j - b_j) +$$

$$\sum_{j=1}^{n} \left[ S(T_j,f) - s(T_j,f) \right]$$

$$< 2M \cdot \frac{\varepsilon}{6nM} \cdot n + 2M \cdot \frac{\varepsilon}{6nM} \cdot n + \frac{\varepsilon}{3n} \cdot n = \varepsilon$$

再由定理 6.1.4(3) 知,$f$ 在 $[a,b]$ 上 Riemann 可积.

**例 6.1.6**　设 $\{c_i \mid i = 1,2,\cdots\}$ 为 $f$ 在 $[a,b]$ 上的全体不连续点,且 $f$ 在 $[a,b]$ 上有界. 如果 $\lim_{n \to +\infty} c_n = c_0 \in [a,b]$,则 $f$ 在 $[a,b]$ 上 Riemann 可积.

**证法 1**　参阅例 6.1.4 的证明.

**证法 2**　因 $\lim_{n \to +\infty} c_n = c_0$,故 $\forall \varepsilon > 0, \exists N \in \mathbb{N}$,当 $n > N$ 时,$c_n \in \left( c_0 - \right.$

$\frac{\varepsilon}{4M+1}, c_0 + \frac{\varepsilon}{4M+1} \Big)$,其中 $|f(x)| \leqslant M, \forall x \in [a,b]$. 由于在 $[a,b] - \left( c_0 - \right.$

$\frac{\varepsilon}{8M+1}, c_0 + \frac{\varepsilon}{8M+1} \Big)$ 上,$f$ 只有有限个不连续点,根据例 6.1.5 的证法 2 知,$f$ 在

$[a,b] - \left( c_0 - \frac{\varepsilon}{8M+1}, c_0 + \frac{\varepsilon}{8M+1} \right)$ 上 Riemann 可积. 根据定理 6.1.4(3) 知,

必有 $[a,b] - \left( c_0 - \frac{\varepsilon}{8M+1}, c_0 + \frac{\varepsilon}{8M+1} \right)$ 的分割 $T_0$,使得 $\sum_{T_0} \omega_i \Delta x_i < \frac{\varepsilon}{2}$. 由 $T_0$

的分点构成 $[a,b]$ 的分割 $T$,则有

$$\sum_{T} \omega_i \Delta x_i = \sum_{T_0} \omega_i \Delta x_i + \left[ \sup f\left( \left[ c_0 - \frac{\varepsilon}{8M+1}, c_0 + \frac{\varepsilon}{8M+1} \right] \right) \right] -$$

$$\inf f\Big(\Big[ c_0 - \frac{\varepsilon}{8M+1}, c_0 + \frac{\varepsilon}{8M+1}\Big]\Big)\Big] \cdot \frac{2\varepsilon}{8M+1}$$

$$< \frac{\varepsilon}{2} + 2M \cdot \frac{2\varepsilon}{8M+1} < \frac{\varepsilon}{2} + \frac{\varepsilon}{2} = \varepsilon$$

再根据定理6.1.4(3)可得, $f$ 在 $[a,b]$ 上 Riemann 可积(图6.1.6).

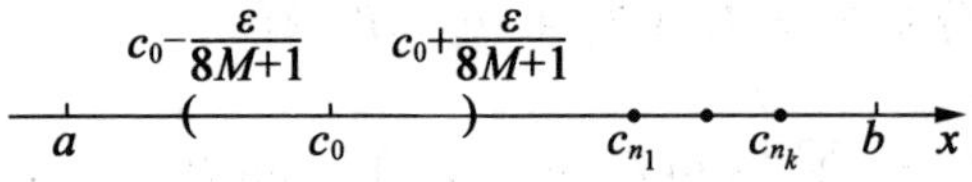

图6.1.6

从表面上看,例6.1.5与例6.1.6中证法1比较简单,而证法2比较复杂,但实际上,如果证法1加进定理6.1.4(8)的证明就不比证法2简单了.此外,证法2是为了培养读者有更强的分析能力.

**例6.1.7** 设 $f$ 为 $[a,b]$ 上的单调函数,则 $f$ 在 $[a,b]$ 上 Riemann 可积.

**证法1** 因 $f$ 为 $[a,b]$ 上的单调函数,故由定理2.4.7知, $D_{\pi}$ 为至多可数集,从而 $D_{\pi}$ 为零测集.由定理6.1.4(8)可知, $f$ 在 $[a,b]$ 上 Riemann 可积.

**证法2** 不妨设 $f$ 为增函数. $\forall \varepsilon > 0$ ,取 $\delta = \dfrac{\varepsilon}{f(b) - f(a) + 1}$ ,对 $[a,b]$ 的分割 $T: a = x_0 < x_1 < \cdots < x_n = b$ , $\| T \| < \delta$ ,有

$$\sum_T \omega_i \Delta x_i \leqslant \sum_{i=1}^{n} \big[ f(x_i) - f(x_{i-1}) \big] \| T \|$$

$$= \big[ f(b) - f(a) \big] \cdot \frac{\varepsilon}{f(b) - f(a) + 1} < \varepsilon$$

根据定理6.1.4(3)推得, $f$ 在 $[a,b]$ 上 Riemann 可积.

**例6.1.8** 设 $[\alpha,\beta] \subset [a,b]$ ,如果 $f$ 在 $[a,b]$ 上 Riemann 可积,则 $f$ 在子区间 $[\alpha,\beta]$ 上也 Riemann 可积.

**证法1** 根据定理6.1.4(8)知, $f$ 在 $[a,b]$ 上 Riemann 可积等价于 $f$ 在 $[a,b]$ 上有界且几乎处处连续.因此, $f$ 在 $[\alpha,\beta] \subset [a,b]$ 上有界且几乎处处连续,再根据定理6.1.4(8)知, $f$ 在 $[\alpha,\beta]$ 上也 Riemann 可积.

**证法2** 因 $f$ 在 $[a,b]$ 上 Riemann 可积,故 $\forall \varepsilon > 0$ , $\exists \delta > 0$ ,当 $\| T \| < \delta$ 时,有 $\sum_T \omega_i \Delta x_i < \varepsilon$ .因此,对 $[\alpha,\beta]$ 上任一分割 $T_0'$ ,只要 $\| T_0' \| < \delta$ ,必可构造 $[a,b]$ 上的分割 $T_0$ ,它由 $T_0'$ 增加属于 $[a,b] - [\alpha,\beta]$ 的分点得到,且

$\| T_0 \| < \delta$(图 6.1.7). 于是

$$\sum_{T_0'} \omega_i \Delta x_i \leqslant \sum_{T_0} \omega_i \Delta x_i < \varepsilon$$

由此及定理 6.1.4(3) 推得,$f$ 在$[a,b]$上 Riemann 可积.

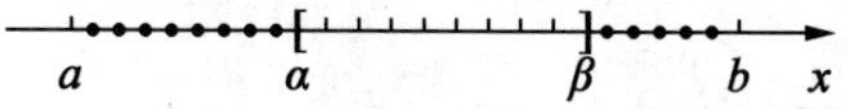


图 6.1.7

**例 6.1.9**　设 $f,g$ 在$[a,b]$上 Riemann 可积,则 $|f|$,$fg$ 在$[a,b]$上也 Riemann 可积.

**证法1**　因 $f,g$ 在$[a,b]$上 Riemann 可积,故由定理 6.1.4(8) 知,$D_{不}^{f}$ 与 $D_{不}^{g}$ 均为零测集. 再由引理 6.1.6(4) 知,$D_{不}^{f} \cup D_{不}^{g}$ 为零测集. 显然

$$D_{不}^{|f|} \subset D_{不}^{f}, D_{不}^{fg} \subset D_{不}^{f} \cup D_{不}^{g}$$

根据引理 6.1.6(3) 推得 $D_{不}^{|f|}$ 与 $D_{不}^{fg}$ 都为零测集. 再由定理 6.1.4(8) 知,$|f|$ 与 $fg$ 在$[a,b]$上都是 Riemann 可积的.

**证法2**　由于 $f,g$ 都在$[a,b]$上 Riemann 可积,从而都有界. 设

$$A = \sup_{x \in [a,b]} |f(x)|, B = \sup_{x \in [a,b]} |g(x)|$$

$\forall \varepsilon > 0$,由于 $f,g$ 在$[a,b]$上均 Riemann 可积,故必分别存在$[a,b]$的分割 $T_1$, $T_2$,使得

$$\sum_{T_1} \omega_i^f \Delta x_i < \frac{\varepsilon}{2B+1}, \sum_{T_2} \omega_i^g \Delta x_i < \frac{\varepsilon}{2A+1}$$

令 $T = T_1 + T_2 = \{\Delta_i\}$,它是$[a,b]$的一个新分割. 于是,对每个 $\Delta_i \in T$,有

$$\begin{aligned}
\omega_i^{fg} &= \sup_{x',x'' \in \Delta_i} |f(x')g(x') - f(x'')g(x'')| \\
&\leqslant \sup_{x',x'' \in \Delta_i} [|g(x')| \cdot |f(x') - f(x'')| + \\
&\quad |f(x'')| \cdot |g(x') - g(x'')|] \\
&\leqslant B\omega_i^f + A\omega_i^g
\end{aligned}$$

$$\begin{aligned}
\sum_T \omega_i^{fg} \Delta x_i &\leqslant \sum_T (B\omega_i^f + A\omega_i^g) \Delta x_i \\
&= B \sum_T \omega_i^f \Delta x_i + A \sum_T \omega_i^g \Delta x_i \\
&\leqslant B \sum_{T_1} \omega_i^f \Delta x_i + A \sum_{T_2} \omega_i^f \Delta x_i \\
&\leqslant B \cdot \frac{\varepsilon}{2B+1} + A \cdot \frac{\varepsilon}{2A+1} < \varepsilon
\end{aligned}$$

此外,由于

$$\omega_i^{|f|} = \sup_{x',x''\in\Delta_i} ||f(x')|-|f(x'')||$$

$$\leqslant \sup_{x',x''\in\Delta_i} |f(x')-f(x'')| = \omega_i^f$$

因此

$$\sum_{T_1}\omega_i^{|f|}\Delta x_i \leqslant \sum_{T_1}\omega_i^f\Delta x_i < \frac{\varepsilon}{2B+1} < \varepsilon$$

根据定理6.1.4(3)知,$|f|$与$fg$在$[a,b]$上Riemann可积.

**例6.1.10**　设$f$在$[a,b]$上连续,$\varphi$在$[\alpha,\beta]$上Riemann可积,$a\leqslant\varphi(t)\leqslant b, t\in[\alpha,\beta]$.则$f\circ\varphi$在$[\alpha,\beta]$上仍Riemann可积.

如果$f,\varphi$都为Riemann可积函数,则$f\circ\varphi$不一定Riemann可积.

如果$f$Riemann可积,$\varphi$连续,则$f\circ\varphi$也不一定Riemann可积.

**证法1**　因为$\varphi$在$[\alpha,\beta]$上Riemann可积,故$D_{\pi}^{\varphi}$为零测集.又因为$f$在$[a,b]$上连续,且

$$D_{\pi}^{f\circ\varphi} \subset D_{\pi}^{\varphi}$$

根据引理6.1.6(3)知,$D_{\pi}^{f\circ\varphi}$也为零测集.再由定理6.1.4(8)推得$f\circ\varphi$在$[\alpha,\beta]$上Riemann可积.

**证法2**　因为$f$在$[a,b]$上连续,所以它在$[a,b]$上一致连续.于是,$\forall\varepsilon>0,\exists\delta>0$,当$x',x''\in[a,b],|x'-x''|<\delta$时,有

$$|f(x')-f(x'')| < \frac{\varepsilon}{2(\beta-\alpha)}$$

对$[\alpha,\beta]$上Riemann可积的函数$\varphi$应用定理6.1.4(7)知,存在$[\alpha,\beta]$的某个分割$T:\alpha=t_0<t_1<\cdots<t_m=\beta$,有

$$\sum_{\omega_i^{\varphi}\geqslant\delta}\Delta t_i < \frac{\varepsilon}{4M+1}$$

其中$M=\max_{x\in[a,b]}|f(x)|$.于是

$$\sum_{i=1}^m\omega_i^{f\circ\varphi}\Delta t_i = \sum_{\omega_i^{\varphi}\geqslant\delta}\omega_i^{f\circ\varphi}\Delta t_i + \sum_{\omega_i^{\varphi}<\delta}\omega_i^{f\circ\varphi}\Delta t_i$$

$$\leqslant 2M\sum_{\omega_i^{\varphi}\geqslant\delta}\Delta t_i + \frac{\varepsilon}{2(\beta-\alpha)}\sum_{\omega_i^{\varphi}<\delta}\Delta t_i$$

$$\leqslant 2M\cdot\frac{\varepsilon}{4M+1} + \frac{\varepsilon}{2(\beta-\alpha)}(\beta-\alpha) < \varepsilon$$

根据定理 6.1.4(3) 知, $f \circ \varphi$ 在 $[\alpha, \beta]$ 上 Riemann 可积.

**证法 3** $\forall \varepsilon > 0, \forall \eta > 0$, 由于 $f$ 在 $[a, b]$ 上一致连续, 因此对上述的 $\eta$, $\exists \delta > 0$, 当 $x', x'' \in [a, b]$ 且 $|x' - x''| < \delta$ 时

$$|f(x') - f(x'')| < \eta$$

再由 $\varphi$ 在 $[\alpha, \beta]$ 上 Riemann 可积, 根据定理 6.1.4(7) 知, 存在某个分割 $T$, 使得

$$\sum_{\omega_i^\varphi \geqslant \delta} \Delta t_i < \varepsilon$$

而在其余 $\omega_i^\varphi < \delta$ 的小区间上必有 $\omega_i^{f \circ \varphi} < \eta$. 因此

$$\sum_{\omega_i^{f \circ \varphi} \geqslant \eta} \Delta t_i \leqslant \sum_{\omega_i^\varphi \geqslant \delta} \Delta t_i < \varepsilon$$

再根据定理 6.1.4(7) 得到 $f \circ \varphi$ 在 $[\alpha, \beta]$ 上 Riemann 可积.

**反例 1** 设 $f(x) = \operatorname{sgn} x = \begin{cases} 1, & x > 0, \\ 0, & x = 0, \\ -1, & x < 0, \end{cases}$ $\varphi(t) = R(t)$(Riemann 函数), 则 $f, \varphi$ 都在 $[0, 1]$ 上 Riemann 可积, 但

$$f \circ \varphi(t) = \operatorname{sgn}(R(t)) = \begin{cases} 1, & t \text{ 为有理数} \\ 0, & t \text{ 为无理数} \end{cases}$$

$$= D(t)(\text{Dirichlet 函数})$$

在 $[0, 1]$ 上不是 Riemann 可积的.

**反例 2** 设 $f(x) = \begin{cases} 0, & x = 0, \\ 1, & 0 < x \leqslant 1, \end{cases}$ 它是一个有界函数, 且只有一个不连续点 0, 根据例 6.1.5 知, $f$ 为 $[0, 1]$ 上的 Riemann 可积函数.

为构造 $\varphi$, 先定义类 Cantor 集 $C$, 在 $[0, 1]$ 的中点 $\frac{1}{2}$ 处挖去一个以 $\frac{1}{2}$ 为中心, 长度为 $\frac{1}{4}$ 的小区间; 然后, 在余下的 2 个区间的中点各挖去一个以该中点为中心, 长度为 $\frac{1}{2 \times 8}$ 的小区间; 再在余下的 8 个区间的中点各挖去一个以该中点为中心, 长度为 $\frac{1}{2^2 \times 16}$ 的小区间; 依此类推. 易见, 挖去小区间的总长度为

$$\frac{1}{4} + 2 \times \frac{1}{2 \times 8} + 2^2 \times \frac{1}{2^2 \times 16} + \cdots = \frac{1}{4} + \frac{1}{8} + \frac{1}{16} + \cdots = \frac{\frac{1}{4}}{1 - \frac{1}{2}} = \frac{1}{2}$$

记$[0,1]$在挖去上述可数个小区间后余下的集合为$C$,称为类Cantor集. 应用反证法可知,$C$不为零测集(在实变函数论中知道,$C$的Lebesgue测度为$1 - \frac{1}{2} = \frac{1}{2} \neq 0$). 设$[0,1]\backslash C = \bigcup_{n=1}^{\infty} (a_n, b_n)$,其中$(a_n, b_n)$彼此不相交,它们为$[0,1]\backslash C$的构成区间. 令

$$\varphi(t) = \begin{cases} 0, t \in C \\ \frac{1}{2}(b_n - a_n) - \left| t - \frac{1}{2}(a_n + b_n) \right|, t \in (a_n, b_n), n \in \mathbb{N} \end{cases}$$

易见,$\varphi$为$[0,1]$上的连续函数,且

$$f \circ \varphi(t) = \begin{cases} 0, t \in C \\ 1, t \in [0,1]\backslash C \end{cases}$$

它的不连续点恰为类Cantor集$C$,即$D_{\pi}^{f \circ \varphi}$,它不为零测集. 根据定理6.1.4(8)推得,$f \circ \varphi$在$[0,1]$上不是Riemann可积的.

**例6.1.11** 证明:$\int_a^b c\mathrm{d}x = c(b - a)$,其中$c$为常数.

**证明** 对$[a,b]$的任何分割$T : a = x_0 < x_1 < \cdots < x_n = b$,$\forall \xi_i \in [x_{i-1}, x_i]$,$\forall \varepsilon > 0$,有

$$\sum_{i=1}^{n} f(\xi_i) \Delta x_i = \sum_{i=1}^{n} c\Delta x_i = c(b - a)$$

$$\left| \sum_{i=1}^{n} f(\xi_i) \Delta x_i - c(b - a) \right| = | c(b - a) - c(b - a) | = 0 < \varepsilon$$

根据定义6.1.1可知

$$\int_a^b c\mathrm{d}x = c(b - a)$$

**例6.1.12** 证明:$\int_a^b x\mathrm{d}x = \frac{b^2 - a^2}{2} = \frac{b + a}{2}(b - a)$.

这恰为梯形$AabB$的面积(图6.1.8).

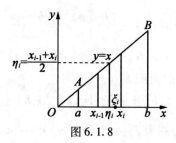

图 6.1.8

**证法 1** 易见

$$\sum_{i=1}^{n} \eta_i \Delta x_i = \sum_{i=1}^{n} \frac{x_{i-1} + x_i}{2}(x_i - x_{i-1})$$

$$= \frac{1}{2} \sum_{i=1}^{n}(x_i^2 - x_{i-1}^2)$$

$$= \frac{1}{2}(b^2 - a^2)$$

$\forall \varepsilon > 0$, 取 $\delta = \dfrac{\varepsilon}{b-a}$, 当 $[a,b]$ 的分割 $T: a = x_0 < x_1 < \cdots < x_n = b$,

$\|T\| < \delta, \forall \xi_i \in [x_{i-1}, x_i], i = 1,2,\cdots,n,$ 有

$$\left| \sum_{i=1}^{n} \xi_i \Delta x_i - \frac{1}{2}(b^2 - a^2) \right|$$

$$= \left| \sum_{i=1}^{n}(\xi_i - \eta_i)\Delta x_i \right|$$

$$\leqslant \sum_{i=1}^{n} |\xi_i - \eta_i| \Delta x_i \leqslant \|T\| \sum_{i=1}^{n} \Delta x_i$$

$$< \frac{\varepsilon}{b-a}(b-a) = \varepsilon$$

根据定义 6.1.1 可知

$$\int_a^b x \mathrm{d}x = \frac{b^2 - a^2}{2}$$

**证法 2** 因为 $f(x) = x$ 连续, 所以它在 $[a,b]$ 上 Riemann 可积, 且

$$\int_a^b x \mathrm{d}x = \lim_{n \to +\infty} \sum_{i=1}^{n} \left[ a + \frac{i}{n}(b-a) \right] \frac{b-a}{n}$$

$$= \lim_{n \to +\infty} \left[ a(b-a) + \frac{(b-a)^2}{n^2} \frac{n(n+1)}{2} \right]$$

$$= a(b - a) + \frac{(b - a)^2}{2} = \frac{b^2 - a^2}{2}$$

**例 6.1.13**　求在区间 $[a,b]$ 上,以抛物线 $y = x^2$ 为曲边, $y = 0$, $x = a$ 与 $x = b$ 为直边的曲边梯形的面积 $S$.

**解**　因为 $y = x^2$ 在 $[a,b]$ 上连续,所以在 $[a,b]$ 上 Riemann 可积. 于是,将 $[a,b]$ 进行 $n$ 等分,所得分割为 $T_n : a = x_0 < x_1 < \cdots < x_n = b$, $x_i = a + \frac{i}{n}(b - a)$, $\|T_n\| = \frac{b - a}{n}$, $\xi_i = x_i$, $i = 0, 1, \cdots, n - 1$. 根据定理 6.1.4(5)(图 6.1.9),有

$$S = \int_a^b x^2 \mathrm{d}x = \lim_{n \to +\infty} \sum_{i=0}^{n-1} \left[ a + \frac{i}{n}(b - a) \right]^2 \frac{b - a}{n}$$

$$= \lim_{n \to +\infty} \left[ a^2(b - a) + 2a(b - a)^2 \frac{n(n - 1)}{2n^2} + \right.$$

$$\left. (b - a)^3 \frac{(n - 1)n(2n - 1)}{6n^3} \right]$$

$$= a^2(b - a) + a(b - a)^2 + \frac{1}{3}(b - a)^3$$

$$= \frac{b^3 - a^3}{3}$$

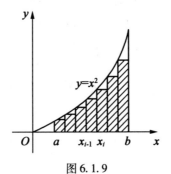

图 6.1.9

**例 6.1.14**　求 $\int_a^b \sin x \mathrm{d}x$.

**解**　因为 $\sin x$ 连续,所以 $\sin x$ 在 $[a,b]$ 上 Riemann 可积. 于是,将 $[a,b]$ 进行 $n$ 等分,所得分割为 $T_n : a = x_0 < x_1 < \cdots < x_n = b$, $x_i = a + \frac{i}{n}(b - a)$, $\|T_n\| = \frac{b - a}{n}$, $\xi_i = x_i$, $i = 1, 2, \cdots, n$. 根据定理 6.1.4(5) 就有

$$\int_a^b \sin x \,\mathrm{d}x = \lim_{n \to +\infty} \sum_{i=1}^n \sin\left(a + i\frac{b-a}{n}\right) \cdot \frac{b-a}{n}$$

$$= \lim_{n \to +\infty} \frac{b-a}{2n\sin\frac{b-a}{2n}} \sum_{i=1}^n 2\sin\left(a + i\frac{b-a}{n}\right)\sin\frac{b-a}{2n}$$

$$= \lim_{n \to +\infty} \frac{\frac{b-a}{2n}}{\sin\frac{b-a}{2n}} \sum_{i=1}^n \left[\cos\left(a + (2i-1)\frac{b-a}{2n}\right) - \right.$$

$$\left. \cos\left(a + (2i+1)\frac{b-a}{2n}\right)\right]$$

$$= \lim_{n \to +\infty} \frac{\frac{b-a}{2n}}{\sin\frac{b-a}{2n}}\left[\cos\left(a + \frac{b-a}{2n}\right) - \cos\left(a + \frac{2n+1}{2n}(b-a)\right)\right]$$

$$= 1 \cdot \left[\cos a - \cos(a + (b-a))\right]$$

$$= \cos a - \cos b$$

**注 6.1.2**　对于 $[a,b]$ 上 Riemann 可积的函数 $f$,可选取特殊的分割和点,例如: $n$ 等分; $\xi_i$ 可取 $x_{i-1}$,或 $x_i$,或 $\frac{x_{i-1}+x_i}{2}$,或 $\sqrt{x_{i-1}x_i}$.

从上述例 6.1.12、例 6.1.13 与例 6.1.14 可以看出,用定义求 Riemann 积分的值很复杂,甚至有时无法求出. 6.3 节将给出求 Riemann 积分值非常简单且十分有效的 Newton-Leibniz 公式

$$\int_a^b f(x)\,\mathrm{d}x = F(b) - F(a)$$

其中 $F'(x) = f(x)$.

## 练习题 6.1

**1.** 通过对积分区间作等分分割,并取适当的点集 $\{\xi_i\}$,将 Riemann 积分视作 Riemann 和的极限. 由此计算下列 Riemann 积分:

(1) $\int_0^1 x^3 \mathrm{d}x \left(提示: \sum_{i=1}^n i^3 = \left[\frac{n(n+1)}{2}\right]^2\right)$;

(2) $\int_a^b \dfrac{\mathrm{d}x}{x^2}, 0 < a < b$(提示:$\xi_i = \sqrt{x_{i-1}x_i}$);

(3) $\int_a^b \mathrm{e}^x \mathrm{d}x, a < b$(提示:$\mathrm{e}^{x_i} - \mathrm{e}^{x_{i-1}} = \mathrm{e}^{\eta_i}(x_i - x_{i-1})$).

**2.** 利用 Riemann 积分的几何意义,求下列积分:

(1) $\int_a^b \left| x - \dfrac{a+b}{2} \right| \mathrm{d}x$;

(2) $\int_a^b \sqrt{(x-a)(b-x)}\, \mathrm{d}x$.

**3.** 设 $p:[a,b] \to \mathbb{R}$. 如果有分割

$$a = x_0 < x_1 < \cdots < x_n = b$$

使得在每一个子区间 $(x_{i-1}, x_i)$,$i = 1,2,\cdots,n$ 上,$p$ 为常值函数,则称 $p$ 为 $[a,b]$ 上的**阶梯函数**. 又设 $f$ 在 $[a,b]$ 上 Riemann 可积,证明:对任何 $\varepsilon > 0$,必存在 $[a,b]$ 上的阶梯函数 $p$ 与 $q$,使得在 $[a,b]$ 上有 $p \leqslant f \leqslant q$,并且

$$\int_a^b [q(x) - p(x)] \mathrm{d}x < \varepsilon$$

**4.** 设 $f$ 在 $[a,b]$ 上 Riemann 可积. 证明:对任何 $\varepsilon > 0$,必存在 $[a,b]$ 上的连续函数 $p$ 与 $q$,使得在 $[a,b]$ 上有 $p \leqslant f \leqslant q$,并且

$$\int_a^b [q(x) - p(x)] \mathrm{d}x < \varepsilon$$

**5.** 设函数 $f$ 在 $[a,b]$ 上 Riemann 可积,且对 $[a,b]$ 内的任何子区间 $\Delta$ 上有 $\sup\limits_{\Delta} f \geqslant \sigma$,这里 $\sigma$ 为一常数. 证明

$$\int_a^b f(x) \mathrm{d}x \geqslant \sigma(b-a)$$

**6.** 设 $f$ 与 $g$ 在 $[a,b]$ 上都 Riemann 可积. 证明:$\max\{f(x), g(x)\}$ 与 $\min\{f(x), g(x)\}$ 在 $[a,b]$ 上也都 Riemann 可积.

**7.** 设 $f$ 在 $[a,b]$ 上 Riemann 可积,且在 $[a,b]$ 上满足 $|f(x)| \geqslant m > 0$. 证明:$\dfrac{1}{f}$ 在 $[a,b]$ 上也 Riemann 可积.

**8.** 设

$$f(x) = \begin{cases} x, & x \text{ 为有理数} \\ 0, & x \text{ 为无理数} \end{cases}$$

试求:$f$ 在 $[0,1]$ 上的上积分与下积分,并由此及其他方法判断 $f$ 在 $[0,1]$ 上是否

Riemann 可积.

**9.** 设 $f$ 在 $[a,b]$ 上 Riemann 可积,且 $f(x) \geqslant 0, x \in [a,b]$. 试问:$\sqrt{f}$ 在 $[a,b]$ 上是否 Riemann 可积?并说明理由.

**10.** (1) 证明引理 6.1.2 中第二式

$$s(T) \leqslant s(T') \leqslant s(T) + (M-m)p\|T\|$$

(2) 证明引理 6.1.3 中第二式

$$\lim_{\|T\| \to 0} s(T) = s$$

# 思考题 6.1

**1.** 设 $m \in \mathbb{N}$,用积分的定义证明

$$\int_a^b x^m \mathrm{d}x = \frac{1}{m+1}(b^{m+1} - a^{m+1})$$

$\Bigg($ 提示: (1) 令 $\eta_i = \left(\dfrac{x_{i-1}^{m-1} + x_{i-1}^{m-1}x_i + \cdots + x_i^m}{m+1}\right)^{\frac{1}{m}}$, $\displaystyle\sum_{i=1}^m \eta_i^m(x_i - x_{i-1}) =$

$\dfrac{1}{m+1}\displaystyle\sum_{i=1}^m (x_i^{m+1} - x_{i-1}^{m+1})$; (2) 选择 $[a,b]$ 各分点为 $a, aq, aq^2, \cdots, aq^n = b$,

$q = \left(\dfrac{b}{a}\right)^{\frac{1}{n}}.\Bigg)$

**2.** 应用题 1 提示(2) 的方法证明:$\displaystyle\int_a^b \frac{\mathrm{d}x}{x} = \ln\frac{b}{a}, 0 < a < b.$

**3.** 设正数列 $\{a_n\}$ 满足 $\displaystyle\lim_{n \to +\infty}\int_0^{a_n} x^n \mathrm{d}x = 2$. 证明:$\displaystyle\lim_{n \to +\infty} a_n = 1.$

**4.** (1) 设 $f$ 在 $[a,b]$ 上 Riemann 可积. 证明:开区间 $(a,b)$ 内至少有 $f$ 的一个连续点.

(2) 设 $f \geqslant 0$ 且在 $[a,b]$ 上 Riemann 可积. 证明

$$\int_a^b f(x)\mathrm{d}x = 0 \Longleftrightarrow f \text{ 在连续点处都必取零值}$$

$$\Longleftrightarrow f \text{ 在 } [a,b] \text{ 上几乎处处为零}$$

(3) 设 $f \geqslant 0$,且有界,如果 $f$ 在 $[a,b]$ 上几乎处处为零,则是否有 $\displaystyle\int_a^b f(x)\mathrm{d}x = 0$?

**5.** 设 $f,g$ 均为 $[a,b]$ 上的 Riemann 可积函数 $,f \overset{\text{a.e.}}{\geqslant} g,x \in [a,b]$. 证明

$$\int_a^b f(x)\,\mathrm{d}x = \int_a^b g(x)\,\mathrm{d}x \Leftrightarrow f \text{ 与 } g \text{ 在} [a,b] \text{ 上几乎处处相等,}$$

$$\text{即 } f \overset{\text{a.e.}}{=\!=\!=} g,x \in [a,b]$$

**6.** 设 $f,g$ 均为 $[a,b]$ 上的 Riemann 可积函数. 证明

$$\int_a^b [f(x) - g(x)]^2\,\mathrm{d}x = 0 \Leftrightarrow f \overset{\text{a.e.}}{=\!=\!=} g,x \in [a,b]$$

**7.** 设 $f,g$ 均为 $[a,b]$ 上的有界函数,且仅在 $[a,b]$ 中有限个点处 $f(x) \neq g(x)$. 证明:当 $f$ 在 $[a,b]$ 上 Riemann 可积时 $,g$ 在 $[a,b]$ 上也 Riemann 可积,且

$$\int_a^b f(x)\,\mathrm{d}x = \int_a^b g(x)\,\mathrm{d}x$$

**8.** 设 $f$ 与 $g$ 在 $[a,b]$ 上均 Riemann 可积. 证明

$$\lim_{\|T\| \to 0} \sum_{i=1}^n f(\xi_i)g(\eta_i)\Delta x_i = \int_a^b f(x)g(x)\,\mathrm{d}x$$

其中 $T:a = x_0 < x_1 < \cdots < x_n = b$ 为 $[a,b]$ 的分割 $,\xi_i,\eta_i \in [x_{i-1},x_i]$.

**9.** 设 $f$ 在 $[a,b]$ 上 Riemann 可积,直接用闭区间套原理按下面顺序逐一证明 $:f$ 在 $[a,b]$ 内必定有无限多个处处稠密的连续点.

(1) 若 $T$ 为 $[a,b]$ 的一个分割,使得 $S(T) - s(T) < b - a$ ,则在 $T$ 中存在某个小区间 $\Delta_i = [x_{i-1},x_i]$ ,使得

$$\omega_i^f < 1$$

(2) 存在闭区间 $[a_1,b_1] \subset (a,b)$ ,使得

$$\omega^f([a_1,b_1]) = \sup_{x \in [a_1,b_1]} f(x) - \inf_{x \in [a_1,b_1]} f(x) < 1,b_1 - a_1 < \frac{b-a}{2}$$

(3) 存在闭区间 $[a_2,b_2] \subset (a_1,b_1)$ ,使得

$$\omega^f([a_2,b_2]) = \sup_{x \in [a_2,b_2]} f(x) - \inf_{x \in [a_2,b_2]} f(x) < \frac{1}{2},b_2 - a_2 < \frac{b-a}{2^2}$$

(4) 继续以上方法,求出一闭区间序列 $[a_n,b_n] \subset (a_{n-1},b_{n-1})$ ,使得

$$\omega^f([a_n,b_n]) = \sup_{x \in [a_n,b_n]} f(x) - \inf_{x \in [a_n,b_n]} f(x) < \frac{1}{n},b_n - a_n < \frac{b-a}{2^n}$$

根据闭区间套原理知 $,\exists_1 x_0 \in \bigcap_{n=1}^{\infty} [a_n,b_n]$ ,则 $x_0$ 为 $f$ 的连续点.

(5) 上面求得的 $f$ 的连续点在 $[a,b]$ 内处处稠密.

**10.** 设 $f$ 在 $[a,b]$ 上 Riemann 可积,且处处有 $f(x) > 0$. 证明: $\int_a^b f(x)\,\mathrm{d}x > 0$.

# 6.2　Riemann 积分的性质、积分第一与第二中值定理

要深入研究 Riemann 积分,仅仅停留在定义上是不行的,必须进一步讨论其各种性质,才能加以展开. 由 Riemann 积分定义知, $\forall\, a,b \in \mathbb{R}, a < b$, 有

$$\int_b^a c\,\mathrm{d}x = \lim_{\|T\|\to 0} \sum_{i=1}^n f(\xi_i)\Delta x_i = \lim_{\|T\|\to 0}\sum_{i=1}^n c\Delta x_i$$
$$= \lim_{\|T\|\to 0} c(b-a) = c(b-a)$$

为了方便,我们约定

$$\int_b^a f(x)\,\mathrm{d}x = -\int_a^b f(x)\,\mathrm{d}x, a < b$$

$$\int_a^a f(x)\,\mathrm{d}x = 0$$

由此可知,上边等式对任何 $a, b \in \mathbb{R}$ 成立.

**定理 6.2.1**　设 $f, g$ 在 $[a,b]$ 上 Riemann 可积, $\lambda, \mu \in \mathbb{R}$, 则 $\lambda f, f \pm g$ 在 $[a,b]$ 上也 Riemann 可积,且:

(1) $\displaystyle\int_a^b \lambda f(x)\,\mathrm{d}x = \lambda \int_a^b f(x)\,\mathrm{d}x$;

(2) $\displaystyle\int_a^b [f(x) \pm g(x)]\,\mathrm{d}x = \int_a^b f(x)\,\mathrm{d}x \pm \int_a^b g(x)\,\mathrm{d}x$.

两式综合表达为

$$\int_a^b [\lambda f(x) + \mu g(x)]\,\mathrm{d}x = \lambda \int_a^b f(x)\,\mathrm{d}x + \mu \int_a^b g(x)\,\mathrm{d}x$$

**证明**　$\forall\, \varepsilon > 0$, 由 $f, g$ 在 $[a,b]$ 上 Riemann 可积, $\exists\, \delta > 0$, 当 $[a,b]$ 的分割 $T, \|T\| < \delta$ 时,有

$$\left| \sum_{i=1}^n f(\xi_i)\Delta x_i - \int_a^b f(x)\,\mathrm{d}x \right| < \frac{\varepsilon}{|\lambda| + |\mu| + 1}$$

$$\left| \sum_{i=1}^n g(\xi_i)\Delta x_i - \int_a^b g(x)\,\mathrm{d}x \right| < \frac{\varepsilon}{|\lambda| + |\mu| + 1}$$

于是,有

$$\left| \sum_{i=1}^{n} \left[ \lambda f(\xi_i) + \mu g(\xi_i) \right] \Delta x_i - \left( \lambda \int_a^b f(x) \, dx + \mu \int_a^b g(x) \, dx \right) \right|$$

$$\leq | \lambda | \left| \sum_{i=1}^{n} f(\xi_i) \Delta x_i - \int_a^b f(x) \, dx \right| + | \mu | \left| \sum_{i=1}^{n} g(\xi_i) \Delta x_i - \int_a^b g(x) \, dx \right|$$

$$\leq \frac{| \lambda | \varepsilon}{| \lambda | + | \mu | + 1} + \frac{| \mu | \varepsilon}{| \lambda | + | \mu | + 1} < \varepsilon$$

即

$$\int_a^b \left[ \lambda f(x) + \mu g(x) \right] dx = \lim_{\|T\| \to 0} \sum_{i=1}^{n} \left[ \lambda f(\xi_i) + \mu g(\xi_i) \right] \Delta x_i$$

$$= \lambda \int_a^b f(x) \, dx + \mu \int_a^b g(x) \, dx$$

**定理 6.2.2** （1）设 $f$ 为 $[a,b]$ 上的 Riemann 可积函数，且 $f(x) \geq 0$，$\forall x \in [a, b]$，则

$$\int_a^b f(x) \, dx \geq 0$$

（2）设 $f,g$ 均为 $[a,b]$ 上的 Riemann 可积函数，且 $g(x) \leq f(x)$，$\forall x \in [a,b]$，则有

$$\int_a^b g(x) \, dx \leq \int_a^b f(x) \, dx$$

（3）在（2）中，如果 $\exists x_0 \in [a,b]$，s.t. $g(x_0) < f(x_0)$，且 $f,g$ 均在 $x_0$ 连续，则

$$\int_a^b g(x) \, dx < \int_a^b f(x) \, dx$$

特别当 $g = 0$ 时，$\int_a^b f(x) \, dx > 0$.

**证明** （1）因为 $f(x) \geq 0$，所以 $\sum_{i=1}^{n} f(\xi_i) \Delta x_i \geq 0$，从而

$$\int_a^b f(x) \, dx = \lim_{\|T\| \to 0} \sum_{i=1}^{n} f(\xi_i) \Delta x_i \geq 0$$

（2）由定理 6.2.1 及 $f,g$ 在 $[a,b]$ 上 Riemann 可积知，$g(x) - f(x)$ 在 $[a,b]$ 上也 Riemann 可积. 再由 $g(x) \leq f(x)$ 推得

$$f(x) - g(x) \geq 0$$

从（1）立即得到

$$\int_a^b f(x)\,\mathrm{d}x - \int_a^b g(x)\,\mathrm{d}x = \int_a^b [f(x) - g(x)]\,\mathrm{d}x \geqslant 0$$

$$\int_a^b g(x)\,\mathrm{d}x \leqslant \int_a^b f(x)\,\mathrm{d}x$$

(3) 因为 $f - g$ 在 $x_0$ 连续,且 $f(x_0) - g(x_0) > 0$,所以存在区间 $[\alpha, \beta]$ 含 $x_0$,
s. t. $\forall x \in [\alpha, \beta] \cap [a, b] = [\bar{\alpha}, \bar{\beta}]$,有

$$f(x) - g(x) > \frac{1}{2}[f(x_0) - g(x_0)] > 0$$

因此

$$\int_a^b [f(x) - g(x)]\,\mathrm{d}x \xrightarrow{\text{定理6.2.4}} \int_a^{\bar{\alpha}} [f(x) - g(x)]\,\mathrm{d}x +$$

$$\int_{\bar{\alpha}}^{\bar{\beta}} [f(x) - g(x)]\,\mathrm{d}x + \int_{\bar{\beta}}^b [f(x) - g(x)]\,\mathrm{d}x$$

$$> 0 + \int_{\bar{\alpha}}^{\bar{\beta}} \frac{1}{2}[f(x_0) - g(x_0)]\,\mathrm{d}x + 0$$

$$= \frac{1}{2}[f(x_0) - g(x_0)](\bar{\beta} - \bar{\alpha}) > 0$$

于是

$$\int_a^b g(x)\,\mathrm{d}x < \int_a^b f(x)\,\mathrm{d}x$$

**定理 6.2.3**　设 $f$ 在 $[a,b]$ 上 Riemann 可积,则 $|f|$ 在 $[a,b]$ 上也 Riemann 可积,且

$$\left| \int_a^b f(x)\,\mathrm{d}x \right| \leqslant \int_a^b |f(x)|\,\mathrm{d}x$$

**证明**　因为 $f$ 在 $[a,b]$ 上 Riemann 可积,所以根据例 6.1.9 知,$|f|$ 在 $[a, b]$ 上也 Riemann 可积,再由不等式

$$-|f(x)| \leqslant f(x) \leqslant |f(x)|$$

及定理 6.2.2(2) 得到

$$-\int_a^b |f(x)|\,\mathrm{d}x \leqslant \int_a^b f(x)\,\mathrm{d}x \leqslant \int_a^b |f(x)|\,\mathrm{d}x$$

$$\left| \int_a^b f(x)\,\mathrm{d}x \right| = \int_a^b |f(x)|\,\mathrm{d}x$$

**例 6.2.1**　设

$$f(x) = \begin{cases} 1, x \in \mathbb{Q} \\ -1, x \in \mathbb{R} \backslash \mathbb{Q} \end{cases}$$

则类似 Dirichlet 函数可证 $f(x)$ 在 $[0,1]$ 上不是 Riemann 可积的,但 $|f(x)| = 1$ 在 $[0,1]$ 上 Riemann 可积.

**定理 6.2.4** 设 $c \in [a,b]$, $f$ 为 $[a,b]$ 上的函数,则:$f$ 在 $[a,b]$ 上 Riemann 可积 $\Leftrightarrow f$ 在 $[a,c]$ 上与 $[c,b]$ 上均 Riemann 可积,并且

$$\int_a^b f(x)\,\mathrm{d}x = \int_a^c f(x)\,\mathrm{d}x + \int_c^b f(x)\,\mathrm{d}x$$

**证法 1** $\qquad f$ 在 $[a,b]$ 上 Riemann 可积

$\xLeftrightarrow{\text{定理6.1.4(8)}} f$ 在 $[a,b]$ 上几乎处处连续且有界

$\Leftrightarrow f$ 在 $[a,c]$ 及 $[c,b]$ 上均几乎处处连续且有界

$\xLeftrightarrow{\text{定理6.1.4(8)}} f$ 在 $[a,c]$ 与 $[c,b]$ 上均 Riemann 可积

现在考察 $[a,c]$ 的分割 $T'$, $[c,b]$ 的分割 $T''$, 则 $T = T' + T''$ 为 $[a,b]$ 的分割, $c$ 为 $T'$, $T''$, $T$ 的分点. 于是

$$\begin{aligned}
\int_a^b f(x)\,\mathrm{d}x &= \lim_{\|T\| \to 0} \sum_T f(\xi_i)\Delta x_i \\
&= \lim_{\|T'\| \to 0} \sum_{T'} f(\xi_i)\Delta x_i + \lim_{\|T''\| \to 0} \sum_{T''} f(\xi_i)\Delta x_i \\
&= \int_a^c f(x)\,\mathrm{d}x + \int_c^b f(x)\,\mathrm{d}x
\end{aligned}$$

**证法 2** ($\Rightarrow$) 因为 $f$ 在 $[a,b]$ 上 Riemann 可积,根据例 6.1.8 知, $f$ 在 $[a,c]$ 与 $[c,b]$ 上均 Riemann 可积.

($\Leftarrow$) 设 $f$ 在 $[a,c]$ 与 $[c,b]$ 上均 Riemann 可积,则 $\forall \varepsilon > 0$, $\exists \delta_1, \delta_2 > 0$, s.t. $\|T'\| < \delta_1$, $\|T''\| < \delta_2$, 有

$$\left| \sum_{T'} f(\xi_i)\Delta x_i - \int_a^c f(x)\,\mathrm{d}x \right| < \frac{\varepsilon}{3}$$

$$\left| \sum_{T''} f(\xi_i)\Delta x_i - \int_c^b f(x)\,\mathrm{d}x \right| < \frac{\varepsilon}{3}$$

其中 $T'$ 与 $T''$ 分别为 $[a,c]$ 与 $[c,b]$ 的分割. 令 $T$ 为 $[a,b]$ 的分割, $\|T\| < \delta = \min\left\{ \delta_1, \delta_2, \dfrac{\varepsilon}{9M+1} \right\}$, $M = \sup\limits_{x \in [a,b]} |f(x)|$, 则

$$\left| \sum_T f(\xi_i)\Delta x_i - \left[ \int_a^c f(x)\,\mathrm{d}x + \int_c^b f(x)\,\mathrm{d}x \right] \right|$$

$$\leqslant \left| \sum_{T'} f(\xi_i)\Delta x_i - \int_a^c f(x)\,\mathrm{d}x \right| + \left| \sum_{T''} f(\xi_i)\Delta x_i - \int_c^b f(x)\,\mathrm{d}x \right| + 3M\parallel T\parallel$$

$$< \frac{\varepsilon}{3} + \frac{\varepsilon}{3} + 3M\cdot\frac{\varepsilon}{9M+1} < \varepsilon$$

因而，$f$ 在 $[a,b]$ 上 Riemann 可积，且

$$\int_a^b f(x)\,\mathrm{d}x = \lim_{\parallel T\parallel\to 0}\sum_T f(\xi_i)\Delta x_i = \int_a^c f(x)\,\mathrm{d}x + \int_c^b f(x)\,\mathrm{d}x$$

**注 6.2.1**　对任何 $a,b,c\in\mathbb{R}$，都有

$$\int_a^b f(x)\,\mathrm{d}x = \int_a^c f(x)\,\mathrm{d}x + \int_c^b f(x)\,\mathrm{d}x$$

例如：当 $a<b<c$ 时，$f$ 在 $[a,c]$ 上 Riemann 可积 $\Leftrightarrow f$ 在 $[a,b]$ 与 $[b,c]$ 上均 Riemann 可积，并由定理 6.2.4，有

$$\int_a^c f(x)\,\mathrm{d}x = \int_a^b f(x)\,\mathrm{d}x + \int_b^c f(x)\,\mathrm{d}x$$

$$\int_a^b f(x)\,\mathrm{d}x = \int_a^c f(x)\,\mathrm{d}x - \int_b^c f(x)\,\mathrm{d}x$$

$$= \int_a^c f(x)\,\mathrm{d}x + \int_c^b f(x)\,\mathrm{d}x$$

**定理 6.2.5**（积分第一中值定理）　设 $f$ 在 $[a,b]$ 上连续，则必存在 $\xi\in[a,b]$，使得（图 6.2.1）

$$\int_a^b f(x)\,\mathrm{d}x = f(\xi)(b-a)$$

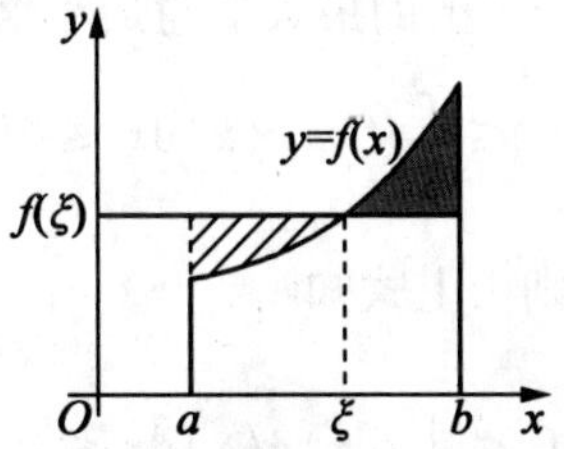

图 6.2.1

**证明**　由于 $f$ 在 $[a,b]$ 上连续，根据最值定理，$f$ 达到最大值 $M$ 与最小值 $m$，则有

$$m \leqslant f(x) \leqslant M, x\in[a,b]$$

由定理 6.2.2(2) 得到

$$m(b-a) = \int_a^b m\mathrm{d}x \leqslant \int_a^b f(x)\mathrm{d}x$$

$$\leqslant \int_a^b M\mathrm{d}x = M(b-a)$$

即

$$m \leqslant \frac{1}{b-a}\int_a^b f(x)\mathrm{d}x \leqslant M$$

由连续函数的介值定理可知, $\exists \xi \in [a,b]$, s.t.

$$f(\xi) = \frac{1}{b-a}\int_a^b f(x)\mathrm{d}x$$

也就是

$$\int_a^b f(x)\mathrm{d}x = f(\xi)(b-a), \xi \in [a,b]$$

$f(\xi) = \dfrac{1}{b-a}\displaystyle\int_a^b f(x)\mathrm{d}x$ 称为 $f$ **在区间**$[a,b]$**上的平均值**,记作 $M(f)$.

**定理 6.2.6**(推广的积分第一中值定理)　设 $f$ 与 $g$ 都在 $[a,b]$ 上连续,且 $g(x)$ 在 $[a,b]$ 上不变号,则 $\exists \xi \in [a,b]$, s.t.

$$\int_a^b f(x)g(x)\mathrm{d}x = f(\xi)\int_a^b g(x)\mathrm{d}x$$

特别地,当 $g(x) \equiv 1$ 时,它就是定理 6.2.5.

**证明**　不妨设 $g(x) \geqslant 0, x \in [a,b]$,此时有

$$mg(x) \leqslant f(x)g(x) \leqslant Mg(x), x \in [a,b]$$

其中 $M$ 与 $m$ 分别为 $f$ 在 $[a,b]$ 上的最大值与最小值. 根据定理 6.2.2(2) 得

$$m\int_a^b g(x)\mathrm{d}x \leqslant \int_a^b f(x)g(x)\mathrm{d}x \leqslant M\int_a^b g(x)\mathrm{d}x$$

(1) 若 $\displaystyle\int_a^b g(x)\mathrm{d}x = 0$,则由上式知

$$0 \leqslant \int_a^b f(x)g(x)\mathrm{d}x \leqslant 0$$

$$\int_a^b f(x)g(x)\mathrm{d}x = 0 = f(\xi) \cdot 0 = f(\xi)\int_a^b g(x)\mathrm{d}x, \forall \xi \in (a,b)$$

(2) 若 $\displaystyle\int_a^b g(x)\mathrm{d}x > 0$,则

$$m \leqslant \frac{\int_a^b f(x)g(x)\,\mathrm{d}x}{\int_a^b g(x)\,\mathrm{d}x} \leqslant M$$

由连续函数的介值定理知,$\exists \xi \in [a,b]$,s.t.

$$f(\xi) = \frac{\int_a^b f(x)g(x)\,\mathrm{d}x}{\int_a^b g(x)\,\mathrm{d}x}$$

即

$$\int_a^b f(x)g(x)\,\mathrm{d}x = f(\xi)\int_a^b g(x)\,\mathrm{d}x$$

**定理 6.2.7**(积分第二中值定理)　设 $f$ 在 $[a,b]$ 上 Riemann 可积.

(1) 如果 $g$ 在 $[a,b]$ 上单调减,且 $g(x) \geqslant 0, x \in [a,b]$,则 $\exists \xi \in [a,b]$,s.t.

$$\int_a^b f(x)g(x)\,\mathrm{d}x = g(a)\int_a^\xi f(x)\,\mathrm{d}x$$

(2) 如果 $g$ 在 $[a,b]$ 上单调增,且 $g(x) \geqslant 0, x \in [a,b]$,则 $\exists \eta \in [a,b]$,s.t.

$$\int_a^b f(x)g(x)\,\mathrm{d}x = g(b)\int_\eta^b f(x)\,\mathrm{d}x$$

**证明**　(1) 设

$$F(x) = \int_a^x f(t)\,\mathrm{d}t, x \in [a,b]$$

由于 $f$ 在 $[a,b]$ 上 Riemann 可积,故从定理 6.3.1 知,$F$ 在 $[a,b]$ 上连续,因此,它达到最大值 $M$ 和最小值 $m$.

设 $g(a) = 0$. 因 $g(x) \geqslant 0$ 且 $g$ 单调减,必有 $g(x) \equiv 0, x \in [a,b]$,则

$$\int_a^b f(x)g(x)\,\mathrm{d}x = \int_a^b f(x) \cdot 0\,\mathrm{d}x = 0 = 0 \cdot \int_a^\xi f(x)\,\mathrm{d}x$$

$$= g(a)\int_a^\xi f(x)\,\mathrm{d}x$$

设 $g(a) > 0$. 因 $f$ 在 $[a,b]$ 上 Riemann 可积,故根据定理 6.1.2 知,$f$ 在 $[a,b]$ 上有界. 设 $|f(x)| < L, x \in [a,b]$. 又因 $g$ 单调减,故 $g$ 在 $[a,b]$ 上 Riemann 可积,从而 $\forall \varepsilon > 0$,必有 $[a,b]$ 的分割 $T: a = x_0 < x_1 < \cdots < x_n = b$,s.t.

$$\sum_T \omega_i^g \Delta x_i < \frac{\varepsilon}{L}$$

于是

$$\int_a^b f(x)g(x)\mathrm{d}x = \sum_{i=1}^n \int_{x_{i-1}}^{x_i} f(x)g(x)\mathrm{d}x$$

$$= \sum_{i=1}^n \int_{x_{i-1}}^{x_i} [g(x) - g(x_{i-1})]f(x)\mathrm{d}x + \sum_{i=1}^n g(x_{i-1}) \int_{x_{i-1}}^{x_i} f(x)\mathrm{d}x$$

$$\leqslant \sum_{i=1}^n \int_{x_{i-1}}^{x_i} | g(x) - g(x_{i-1}) | \cdot | f(x) | \, \mathrm{d}x +$$

$$\sum_{i=1}^n g(x_{i-1}) [ F(x_i) - F(x_{i-1}) ]$$

$$\leqslant L \sum_{i=1}^n \omega_i^g \Delta x_i + \sum_{i=1}^{n-1} F(x_i)[ g(x_{i-1}) - g(x_i) ] + F(b)g(x_{n-1})$$

$$< L \cdot \frac{\varepsilon}{L} + M \sum_{i=1}^{n-1} [ g(x_{i-1}) - g(x_i) ] + Mg(x_{n-1})$$

$$= \varepsilon + Mg(a)$$

类似地,有

$$\int_a^b f(x)g(x)\mathrm{d}x \geqslant - \sum_{i=1}^n \int_{x_{i-1}}^{x_i} | g(x) - g(x_{i-1}) | \cdot | f(x) | \, \mathrm{d}x +$$

$$\sum_{i=1}^n g(x_{i-1}) [ F(x_i) - F(x_{i-1}) ]$$

$$\geqslant - L \cdot \sum_{i=1}^n \omega_i^g \Delta x_i + \sum_{i=1}^{n-1} F(x_i)[ g(x_{i-1}) - g(x_i) ] + F(b)g(x_{n-1})$$

$$> - L \cdot \frac{\varepsilon}{L} + m \sum_{i=1}^{n-1} [ g(x_{i-1}) - g(x_i) ] + mg(x_{n-1})$$

$$= - \varepsilon + mg(a)$$

综合上述得到

$$mg(a) - \varepsilon < \int_a^b f(x)g(x)\mathrm{d}x < Mg(a) + \varepsilon$$

令 $\varepsilon \to 0^+$,则有

$$mg(a) \leqslant \int_a^b f(x)g(x)\mathrm{d}x \leqslant Mg(a)$$

$$m \leqslant \frac{\int_a^b f(x)g(x)\mathrm{d}x}{g(a)} \leqslant M$$

根据连续函数的介值定理知,$\exists \xi \in [a,b]$,s.t.

$$\int_a^\xi f(x)\mathrm{d}x = F(\xi) = \frac{1}{g(a)} \int_a^b f(x)g(x)\mathrm{d}x$$

即

$$\int_a^b f(x)g(x)\,\mathrm{d}x = g(a)\int_a^\xi f(x)\,\mathrm{d}x$$

（2）设

$$\widetilde{F}(x) = \int_x^b f(t)\,\mathrm{d}t, x \in [a,b]$$

由于 $f$ 在 $[a,b]$ 上 Riemann 可积,故从定理 6.3.1 知,$\widetilde{F}$ 在 $[a,b]$ 上连续,因此, 它达到最大值 $M$ 与最小值 $m$.

设 $g(b) = 0$. 因 $g(x) \geqslant 0$ 且 $g$ 单调增,必有 $g(x) \equiv 0, x \in [a,b]$,则

$$\int_a^b f(x)g(x)\,\mathrm{d}x = \int_a^b f(x) \cdot 0\,\mathrm{d}x = 0 = 0 \cdot \int_\eta^b f(x)\,\mathrm{d}x$$

$$= g(b)\int_\eta^b f(x)\,\mathrm{d}x$$

设 $g(b) > 0$. 因 $f$ 在 $[a,b]$ 上 Riemann 可积,故根据定理 6.1.2 知,$f$ 在 $[a, b]$ 上有界. 设 $|f(x)| < L, x \in [a,b]$. 又因 $g$ 单调增,故 $g$ 在 $[a,b]$ 上 Riemann 可积,从而 $\forall \varepsilon > 0$,必有 $[a,b]$ 的分割 $T: a = x_0 < x_1 < \cdots < x_n = b$, s.t.

$$\sum_T \omega_i^g \Delta x_i < \frac{\varepsilon}{L}$$

于是

$$\int_a^b f(x)g(x)\,\mathrm{d}x = \sum_{i=1}^n \int_{x_{i-1}}^{x_i} f(x)g(x)\,\mathrm{d}x$$

$$= \sum_{i=1}^n \int_{x_{i-1}}^{x_i} [g(x) - g(x_i)]f(x)\,\mathrm{d}x + \sum_{i=1}^n g(x_i)\int_{x_{i-1}}^{x_i} f(x)\,\mathrm{d}x$$

$$\leqslant \sum_{i=1}^n \int_{x_{i-1}}^{x_i} |g(x) - g(x_i)| \cdot |f(x)|\,\mathrm{d}x +$$

$$\sum_{i=1}^n g(x_i)[\widetilde{F}(x_{i-1}) - \widetilde{F}(x_i)]$$

$$\leqslant L\sum_{i=1}^n \omega_i^g \Delta x_i + g(x_1)\widetilde{F}(x_0) + \sum_{i=1}^{n-1} \widetilde{F}(x_i)[g(x_{i+1}) - g(x_i)]$$

$$< L \cdot \frac{\varepsilon}{L} + Mg(x_1) + M\sum_{i=1}^{n-1} [g(x_{i+1}) - g(x_i)]$$

$$< \varepsilon + Mg(x_n) = \varepsilon + Mg(b)$$

类似地,有

$$\int_a^b f(x)g(x)\mathrm{d}x \geq -\sum_{i=1}^n \int_{x_{i-1}}^{x_i} \mid g(x) - g(x_{i-1}) \mid \cdot \mid f(x) \mid \mathrm{d}x +$$

$$\sum_{i=1}^n g(x_i)[\widetilde{F}(x_{i-1}) - \widetilde{F}(x_i)]$$

$$\geq -L\sum_{i=1}^n \omega_i^g \Delta x_i + g(x_1)\widetilde{F}(x_0) +$$

$$\sum_{i=1}^n \widetilde{F}(x_i)[g(x_{i+1}) - g(x_i)]$$

$$> -L \cdot \frac{\varepsilon}{L} + mg(x_1) + m\sum_{i=1}^{n-1}[g(x_{i+1}) - g(x_i)]$$

$$> -\varepsilon + mg(b)$$

综合上述得到

$$mg(b) - \varepsilon < \int_a^b f(x)g(x)\mathrm{d}x < Mg(b) + \varepsilon$$

令 $\varepsilon \to 0^+$,则有

$$mg(b) \leq \int_a^b f(x)g(x)\mathrm{d}x \leq Mg(b)$$

$$m \leq \frac{\int_a^b f(x)g(x)\mathrm{d}x}{g(b)} \leq M$$

根据连续函数的介值定理可知, $\exists \eta \in [a,b]$, s. t.

$$\int_\eta^b f(x)\mathrm{d}x = \widetilde{F}(\eta) = \frac{1}{g(b)}\int_a^b f(x)g(x)\mathrm{d}x$$

即

$$\int_a^b f(x)g(x)\mathrm{d}x = g(b)\int_\eta^b f(x)\mathrm{d}x$$

**定理 6.2.8**(一般的积分第二中值定理)  设 $f$ 在 $[a,b]$ 上 Riemann 可积, $g$ 为单调函数,则 $\exists \xi \in [a,b]$, s. t.

$$\int_a^b f(x)g(x)\mathrm{d}x = g(a)\int_a^\xi f(x)\mathrm{d}x + g(b)\int_\xi^b f(x)\mathrm{d}x$$

**证明** (1)如果 $g$ 单调减,令 $\widetilde{g}(x) = g(x) - g(b)$,则 $\widetilde{g} \geq 0$,且 $\widetilde{g}$ 仍单调减. 根据积分第二中值定理(1)知, $\exists \xi \in [a,b]$, s. t.

$$\int_a^b f(x)g(x)\mathrm{d}x - g(b)\int_a^b f(x)\mathrm{d}x$$

$$= \int_a^b f(x) [g(x) - g(b)] \mathrm{d}x$$

$$= \int_a^b f(x) \tilde{g}(x) \mathrm{d}x = \tilde{g}(a) \int_a^\xi f(x) \mathrm{d}x$$

$$= [g(a) - g(b)] \int_a^\xi f(x) \mathrm{d}x$$

因此

$$\int_a^b f(x) g(x) \mathrm{d}x = g(a) \int_a^\xi f(x) \mathrm{d}x + g(b) \int_\xi^b f(x) \mathrm{d}x$$

（2）如果 $g$ 单调增，令 $\tilde{g}(x) = g(x) - g(a)$，则 $\tilde{g} \geqslant 0$，且 $\tilde{g}$ 仍单调增. 根据积分第二中值定理（2）知，$\exists \xi \in [a, b]$，s. t.

$$\int_a^b f(x) g(x) \mathrm{d}x - g(a) \int_a^b f(x) \mathrm{d}x$$

$$= \int_a^b f(x) [g(x) - g(a)] \mathrm{d}x$$

$$= \int_a^b f(x) \tilde{g}(x) \mathrm{d}x = \tilde{g}(b) \int_\xi^b f(x) \mathrm{d}x$$

$$= [g(b) - g(a)] \int_\xi^b f(x) \mathrm{d}x$$

因此

$$\int_a^b f(x) g(x) \mathrm{d}x = g(a) \int_a^\xi f(x) \mathrm{d}x + g(b) \int_\xi^b f(x) \mathrm{d}x$$

或者，令 $\tilde{g}(x) = g(b) - g(x)$，由 $g$ 单调增，可知 $\tilde{g}$ 单调减，$\tilde{g} \geqslant 0$. 根据积分第二中值定理（1）知，$\exists \xi \in [a, b]$，s. t.

$$\int_a^b f(x) [g(b) - g(x)] \mathrm{d}x = [g(b) - g(a)] \int_a^\xi f(x) \mathrm{d}x$$

$$\int_a^b f(x) g(x) \mathrm{d}x = g(a) \int_a^\xi f(x) \mathrm{d}x + g(b) \int_\xi^b f(x) \mathrm{d}x$$

或者，因为 $g$ 单调增，所以 $-g$ 单调减，由（1）知，$\exists \xi \in [a, b]$，s. t.

$$\int_a^b f(x) [-g(x)] \mathrm{d}x = -g(a) \int_a^\xi f(x) \mathrm{d}x + [-g(b)] \int_\xi^b f(x) \mathrm{d}x$$

$$\int_a^b f(x) g(x) \mathrm{d}x = g(a) \int_a^\xi f(x) \mathrm{d}x + g(b) \int_\xi^b f(x) \mathrm{d}x$$

**例 6.2.2** 设

$$f(x) = \begin{cases} \sin x - 1, & -1 \leqslant x < 0 \\ x^2, & 0 \leqslant x \leqslant 1 \end{cases}$$

求 $\int_{-1}^{1} f(x)\, \mathrm{d}x$.

**解** 如图 6.2.2 所示

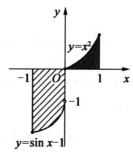

图 6.2.2

$$\int_{-1}^{1} f(x)\,\mathrm{d}x \xlongequal{\text{定理6.2.4}} \int_{-1}^{0} f(x)\,\mathrm{d}x + \int_{0}^{1} f(x)\,\mathrm{d}x$$

$$= \int_{-1}^{0} (\sin x - 1)\,\mathrm{d}x + \int_{0}^{1} x^2\,\mathrm{d}x$$

$$= \cos(-1) - \cos 0 - [0 - (-1)] + \frac{1^3 - 0^3}{3}$$

$$= \cos 1 - 1 - 1 + \frac{1}{3} = \cos 1 - \frac{5}{3}$$

**例 6.2.3** (1) 设 $f$ 在 $[a,b]$ 上连续,且 $f(x) \geqslant 0$,$\int_{a}^{b} f(x)\,\mathrm{d}x = 0$,则 $f(x) \equiv 0$,$x \in [a,b]$.

(2) 设 $f$ 在 $[a,b]$ 上 Riemann 可积,且 $f(x) \geqslant 0$,$\int_{a}^{b} f(x)\,\mathrm{d}x = 0$,则 $f(x)$ 在 $[a,b]$ 上几乎处处为 0,即 $\{x \mid x \in [a,b], f(x) \neq 0\}$ 为零测集,记为 $f(x) \xlongequal{\text{a. e.}} 0$,$x \in [a,b]$.

**证明** (1)(反证)假设 $f(x) \not\equiv 0$,$x \in [a,b]$,则 $\exists x_0 \in [a,b]$,s.t. $f(x_0) \neq 0$,则 $f(x_0) > 0$. 根据定理 6.2.2(3) 知,$\int_{a}^{b} f(x)\,\mathrm{d}x > 0$,这与题设 $\int_{a}^{b} f(x)\,\mathrm{d}x = 0$ 相矛盾.

(2) 因 $f$ 在 $[a,b]$ 上 Riemann 可积,故根据定理 6.1.4(8) 知,$f$ 在 $[a,b]$ 上几乎处处连续,由定理 6.2.2(3) 知,$f$ 在每个连续点 $x_0$ 处,有 $f(x_0) = 0$. 所以,$f(x)$ 在 $[a,b]$ 上几乎处处为 0.

**例 6.2.4**　求 $f(x) = \sin x$ 在 $[0,\pi]$ 上的平均值 $M(f)$.

**解**　由例 6.1.14,有

$$M(f) = \frac{1}{\pi} \int_0^\pi \sin x \mathrm{d}x = \frac{1}{\pi}(\cos 0 - \cos \pi)$$

$$= \frac{1}{\pi}[1 - (-1)] = \frac{2}{\pi}$$

**例 6.2.5**　不计算积分值比较下列积分的大小:

(1) $\displaystyle\int_0^1 x^3 \mathrm{d}x$ 与 $\displaystyle\int_0^1 x^2 \mathrm{d}x$;

(2) $\displaystyle\int_1^2 x^3 \mathrm{d}x$ 与 $\displaystyle\int_1^2 x^2 \mathrm{d}x$;

(3) $\displaystyle\int_0^1 \mathrm{e}^{x^2}(1-x) \mathrm{d}x$ 与 $\displaystyle\int_0^1 0 \mathrm{d}x$.

**解**　(1) 因为 $x^3 \leqslant x^2, x \in [0,1]$,且 $\left(\dfrac{1}{2}\right)^3 < \left(\dfrac{1}{2}\right)^2, x^3$ 与 $x^2$ 均连续,根据定理 6.2.2(3),有

$$\int_0^1 x^3 \mathrm{d}x < \int_0^1 x^2 \mathrm{d}x$$

(2) 因 $x^3 \geqslant x^2, x \in [1,2]$,且 $2^3 > 2^2, x^3$ 与 $x^2$ 均连续,根据定理 6.2.2(3),有

$$\int_1^2 x^3 \mathrm{d}x > \int_1^2 x^2 \mathrm{d}x$$

(3) 因 $\mathrm{e}^{x^2}(1-x) \geqslant 0, x \in [0,1]$,且 $\mathrm{e}^{\left(\frac{1}{2}\right)^2}\left(1 - \dfrac{1}{2}\right) > 0, \mathrm{e}^{x^2}(1-x)$ 与 0 均连续,根据定理 6.2.2(3),有

$$\int_0^1 \mathrm{e}^{x^2}(1-x) \mathrm{d}x > \int_0^1 0 \mathrm{d}x$$

**例 6.2.6**　证明:$\dfrac{2}{\sqrt[4]{\mathrm{e}}} < \displaystyle\int_0^2 \mathrm{e}^{x^2-x} \mathrm{d}x < 2\mathrm{e}^2$.

**证明**　令 $f(x) = \mathrm{e}^{x^2-x}$,则由 $-\dfrac{1}{4} \leqslant x^2 - x \leqslant 2, \forall x \in [0,2]$ 得到

$$\frac{1}{\sqrt[4]{\mathrm{e}}} = \mathrm{e}^{-\frac{1}{4}} \leqslant \mathrm{e}^{x^2-x} \leqslant \mathrm{e}^2, \forall x \in [0,2]$$

又因为

$$\frac{1}{\sqrt[4]{e}} < f(1) = 1 < e^2$$

所以根据定理 6.2.2(3),有

$$\frac{2}{\sqrt[4]{e}} = \int_0^2 \frac{dx}{\sqrt[4]{e}} < \int_0^2 e^{x^2-x}dx < \int_0^2 e^2 dx = 2e^2$$

**例 6.2.7** 设 $f,g$ 在 $[a,b]$ 上连续. 证明 Cauchy-Schwarz 不等式

$$\left[\int_a^b f(x)g(x)dx\right]^2 \le \int_a^b f^2(x)dx \int_a^b g^2(x)dx$$

其中等号当且仅当 $f = \lambda g$ 或 $g = \lambda f$ 时成立($\lambda \in \mathbb{R}$).

**证法 1** $\forall t \in \mathbb{R}$,有

$$0 \le \int_a^b [f(x) - tg(x)]^2 dx$$

$$= \int_a^b f^2(x)dx - 2t \int_a^b f(x)g(x)dx + t^2 \int_a^b g^2(x)dx$$

(1) 如果 $\int_a^b g^2(x)dx = 0$,则由例 6.2.3 知,$g(x) = 0,x \in [a,b]$,故

$$\left[\int_a^b f(x)g(x)dx\right]^2 = \left[\int_a^b f(x) \cdot 0 dx\right]^2 = 0$$

$$= \int_a^b f^2(x)dx \cdot 0$$

$$= \int_a^b f^2(x)dx \cdot \int_a^b g^2(x)dx$$

(2) 如果 $\int_a^b g^2(x)dx > 0$,则由上述关于 $t$ 的二次三项式非负,故其判别式

$$\Delta = 4\left[\int_a^b f(x)g(x)dx\right]^2 - 4\int_a^b f^2(x)dx \int_a^b g^2(x)dx \le 0$$

即

$$\left[\int_a^b f(x)g(x)dx\right]^2 \le \int_a^b f^2(x)dx \cdot \int_a^b g^2(x)dx$$

当 $f = \lambda g$ 时,显然有

$$\left[\int_a^b f(x)g(x)dx\right]^2 = \left[\int_a^b \lambda g(x)g(x)dx\right]^2$$

$$= \lambda^2 \left[\int_a^b g^2(x)dx\right]^2$$

$$= \int_a^b [\lambda g(x)]^2 dx \cdot \int_a^b g^2(x) dx$$

同理,当 $g = \lambda f$ 时,等式也成立.

反之,如果 $\left[\int_a^b f(x)g(x)dx\right]^2 = \int_a^b f^2(x)dx \cdot \int_a^b g^2(x)dx$,则:

① $\int_a^b g^2(x)dx = 0$,由例 6.2.2 可知,$g = 0 = 0 \cdot f$;

② $\int_a^b g^2(x)dx > 0$,由

$$\Delta = 4\left[\int_a^b f(x)g(x)dx\right]^2 - 4\int_a^b f^2(x)dx \int_a^b g^2(x)dx = 0$$

立刻知道,二次三项式

$$t^2 \int_a^b g^2(x)dx - 2t \int_a^b f(x)g(x)dx + \int_a^b f^2(x)dx$$

必有实根 $\lambda$,即

$$0 = \lambda^2 \int_a^b g^2(x)dx - 2\lambda \int_a^b f(x)g(x)dx + \int_a^b f^2(x)dx$$

$$= \int_a^b [f(x) - \lambda g(x)]^2 dx$$

再由例 6.2.2 知,$f(x) - \lambda g(x) = 0$,即 $f = \lambda g$.

**证法 2**　因 $f,g$ 在 $[a,b]$ 上连续,故 $fg, f^2, g^2$ 在 $[a,b]$ 上也连续. 从而它们在 $[a,b]$ 上都 Riemann 可积. 对 $[a,b]$ 的任何分割 $T: a = x_0 < x_1 < \cdots < x_n = b$,有 Cauchy-Schwarz 不等式

$$\left(\sum_{i=1}^n f(\xi_i)g(\xi_i)\Delta x_i\right)^2 = \left(\sum_{i=1}^n f(\xi_i)\sqrt{\Delta x_i} \cdot g(\xi_i)\sqrt{\Delta x_i}\right)^2$$

$$\leqslant \sum_{i=1}^n f^2(\xi_i)\Delta x_i \cdot \sum_{i=1}^n g^2(\xi_i)\Delta x_i$$

令 $\|T\| \to 0$ 得到

$$\left[\int_a^b f(x)g(x)dx\right]^2 \leqslant \int_a^b f^2(x)dx \cdot \int_a^b g^2(x)dx$$

**注 6.2.2**　根据例 6.2.3(2),请读者证明:

设 $f,g$ 在 $[a,b]$ 上 Riemann 可积,则有 Cauchy-Schwarz 不等式

$$\left[\int_a^b f(x)g(x)dx\right]^2 \leqslant \int_a^b f^2(x)dx \cdot \int_a^b g^2(x)dx$$

其中等号当且仅当 $f \overset{\text{a. e.}}{=\!=\!=} \lambda g$ 或 $g \overset{\text{a. e.}}{=\!=\!=} \lambda f, x \in [a,b]$ 时成立$(\lambda \in \mathbb{R})$.

**例 6.2.8** 设 $f$ 在 $[a,b]$ 上连续,且

$$\int_a^b f(x)\,\mathrm{d}x = \int_a^b xf(x)\,\mathrm{d}x = 0$$

则在 $(a,b)$ 内至少存在两点 $x_1, x_2$,使得

$$f(x_1) = f(x_2) = 0$$

**证法1** 如果 $f$ 在 $(a,b)$ 内无零点,由 $f$ 连续与零值定理知,$f$ 在 $(a,b)$ 内恒大于0或恒小于0. 不妨设 $f$ 在 $(a,b)$ 内恒大于0. 再由 $f$ 在 $[a,b]$ 上连续知,$f(x) \geqslant 0, \forall x \in [a,b]$. 因此

$$\int_a^b f(x)\,\mathrm{d}x > 0$$

这与题设 $\int_a^b f(x)\,\mathrm{d}x = 0$ 相矛盾.

如果 $f$ 在 $(a,b)$ 内恰有一个零点 $x_0$,则 $f(x)$ 在 $(a,x_0)$ 与 $(x_0,b)$ 内严格异号,从而 $(x - x_0)f(x)$ 在 $(a,x_0)$ 与 $(x_0,b)$ 内必严格同号,因此

$$\int_a^b (x - x_0)f(x)\,\mathrm{d}x > 0(\text{或} < 0)$$

这与题设

$$\int_a^b (x - x_0)f(x)\,\mathrm{d}x = \int_a^b xf(x)\,\mathrm{d}x - x_0 \int_a^b f(x)\,\mathrm{d}x = 0 - x_0 \cdot 0 = 0$$

相矛盾.

综合上述得到 $f$ 在 $(a,b)$ 内至少有两个零点 $x_1, x_2$, 即 $x_1 \neq x_2$, 且 $f(x_1) = 0 = f(x_2)$.

**证法2** 由 $\int_a^b f(x)\,\mathrm{d}x = 0$ 推得 $f$ 在 $(a,b)$ 内必存在零点. (反证) 假设 $f$ 在 $(a,b)$ 内只有一个零点 $x_0$,即 $f(x_0) = 0$. 则由

$$0 = \int_a^b f(x)\,\mathrm{d}x = \int_a^{x_0} f(x)\,\mathrm{d}x + \int_{x_0}^b f(x)\,\mathrm{d}x$$

可得

$$\int_a^{x_0} f(x)\,\mathrm{d}x = -\int_{x_0}^b f(x)\,\mathrm{d}x \neq 0$$

(最后一个不等号是因为 $f$ 在 $(x_0,b)$ 上严格同号). 又因为 $f$ 在 $[a,x_0]$ 与 $[x_0,b]$ 内都不变号,故由推广的积分第一中值定理可知,$\exists \xi_1, \xi_2, \text{s.t.}\ a < \xi_1 < x_0 <$

$\xi_2 < b$,且

$$0 = \int_a^b xf(x)\,\mathrm{d}x = \int_a^{x_0} xf(x)\,\mathrm{d}x + \int_{x_0}^b xf(x)\,\mathrm{d}x$$

$$= \xi_1 \int_a^{x_0} f(x)\,\mathrm{d}x + \xi_2 \int_{x_0}^b f(x)\,\mathrm{d}x$$

$$= (\xi_2 - \xi_1) \int_{x_0}^b f(x)\,\mathrm{d}x \neq 0$$

矛盾.

## 练习题 6.2

**1.** 证明下列不等式:

（1）$\displaystyle\int_0^{2\pi} |\,a\cos x + b\sin x\,|\,\mathrm{d}x \leqslant 2\pi\,\sqrt{a^2 + b^2}$;

（2）$\displaystyle\int_0^1 x^m(1 - x^n)\,\mathrm{d}x \leqslant \frac{m^m n^n}{(m + n)^{m+n}}, m, n \in \mathbb{N}$;

（3）$\displaystyle\int_0^{10} \frac{x}{x^3 + 16}\mathrm{d}x \leqslant \frac{5}{6}$;　　　　（4）$1 < \displaystyle\int_0^{\frac{\pi}{2}} \frac{\sin x}{x}\mathrm{d}x < \frac{\pi}{2}$;

（5）$1 < \displaystyle\int_0^1 \mathrm{e}^{x^2}\mathrm{d}x < \mathrm{e}$;　　　　（6）$3\sqrt{\mathrm{e}} < \displaystyle\int_e^{4e} \frac{\ln x}{\sqrt{x}}\mathrm{d}x < 6$;

（7）$\dfrac{\pi}{2} < \displaystyle\int_0^{\frac{\pi}{2}} \dfrac{\mathrm{d}x}{\sqrt{1 - \dfrac{1}{2}\sin^2 x}} < \dfrac{\pi}{\sqrt{2}}$.

**2.** 求下列极限:

（1）$\displaystyle\lim_{n \to +\infty} \int_a^b \mathrm{e}^{-nx^2}\mathrm{d}x, 0 < a < b$;　　　（2）$\displaystyle\lim_{n \to +\infty} \int_0^1 \frac{x^n}{1 + x}\mathrm{d}x$.

**3.** 确定下列积分的正负:

（1）$\displaystyle\int_{\frac{1}{2}}^1 \mathrm{e}^x \ln^3 x\,\mathrm{d}x$;

（2）$\displaystyle\int_0^\pi f(x)\,\mathrm{d}x, f(x) = \begin{cases} \dfrac{\sin x}{x}, & x \neq 0, \\ 1, & x = 0. \end{cases}$

**4.** 比较下列积分的大小:

(1) $\int_0^1 e^{-x}dx$ 与 $\int_0^1 e^{-x^2}dx$ ;

(2) $\int_0^1 \frac{\sin x}{1+x}dx$ 与 $\int_0^1 \frac{\sin x}{1+x^2}dx$ ;

(3) $\int_0^{\frac{\pi}{2}} \frac{\sin x}{x}dx$ 与 $\int_0^{\frac{\pi}{2}} \frac{\sin^2 x}{x^2}dx$ ;

(4) $\int_{-1}^0 e^{-x^2}dx$ 与 $\int_0^1 e^{-x^2}dx$ ;

(5) $\int_0^1 xdx$ 与 $\int_0^1 x^2 dx$ ;

(6) $\int_0^{\frac{\pi}{2}} xdx$ 与 $\int_0^{\frac{\pi}{2}} \sin xdx$ .

5. 设函数 $f$ 与 $g$ 在 $[a,b]$ 上连续,且 $f(x) \leqslant g(x)$ , $\forall x \in [a,b]$ ,又

$$\int_a^b f(x)dx = \int_a^b g(x)dx$$

证明: $f = g$.

6. 设函数 $f$ 在 $[a,b]$ 上连续,且 $\int_a^b f(x)g(x)dx = 0$ 对一切连续函数 $g$ 成立. 证明:

$f = 0.$

7. 证明 Dirichlet 积分

$$\int_0^{\pi} \frac{\sin\left(n + \frac{1}{2}\right)x}{\sin \frac{x}{2}}dx = \pi, n = 0,1,2,\cdots$$

(提示:将被积函数表示为余弦函数之和,或用数学归纳法.)

8. 证明:Fejer 积分

$$\int_0^{\pi} \left(\frac{\sin \frac{nx}{2}}{\sin \frac{x}{2}}\right)^2 dx = n\pi, n = 0,1,2,\cdots$$

(提示:将被积函数表示为题 7 中被积函数的和.)

9. 设 $f$ 为 $[0,1]$ 上的连续函数,且 $f > 0$. 证明

$$\int_0^1 f(x)dx \cdot \int_0^1 \frac{1}{f(x)}dx \geqslant 1$$

10. 应用 Riemann 积分 $\int_1^{n+1} \frac{dx}{x} < \sum_{i=1}^{n} \frac{1}{i}$ 与 $\sum_{i=1}^{n-1} \frac{1}{i+1} < \int_1^n \frac{dx}{x}$. 证明

$$\ln(1+n) < 1 + \frac{1}{2} + \cdots + \frac{1}{n} < 1 + \ln n$$

# 思考题 6.2

**1.** 证明

$$\int_0^{\frac{\pi}{2}} e^{-R\sin x}\,dx \begin{cases} < \dfrac{\pi}{2R}(1-e^{-R}),\ R > 0 \\[2mm] > \dfrac{\pi}{2R}(1-e^{-R}),\ R < 0 \\[2mm] = \dfrac{\pi}{2},\ R = 0 \end{cases}$$

**2.** 设 $f$ 为 $[0,\pi]$ 上的连续函数,它满足

$$\int_0^\pi f(\theta)\cos\theta\,d\theta = \int_0^\pi f(\theta)\sin\theta\,d\theta = 0$$

证明:$f$ 在 $(0,\pi)$ 内至少有两个零点.

**3.** (1) 设 $f(x)$ 在 $[a,b]$ 上连续,且 $\int_a^b f(x)\,dx = 0$,$\int_a^b xf(x)\,dx = 0$. 证明:至少存在两点 $x_1, x_2 \in (a,b)$,使得 $f(x_1) = f(x_2) = 0$.

(2) 设 $f(x)$ 为定义在 $[a,b]$ 上的连续函数. 如果它的前 $n$ 个矩全为 0,即

$$\int_a^b f(x)\,dx = \int_a^b xf(x)\,dx = \cdots = \int_a^b x^{n-1}f(x)\,dx = 0$$

证明:函数 $f(x)$ 或者恒为 0,或者在 $(a,b)$ 上至少改变 $n$ 次符号,即 $f$ 至少有 $n$ 个零点.

**4.** 设 $f(x)$ 在 $[a,b]$ 上 Riemann 可积,且它的一切矩全为 0,即

$$\int_a^b f(x)x^n\,dx = 0,\ n = 0,1,2,\cdots$$

证明:$f$ 在每一连续点处为 0. 特别当 $f$ 连续时,$f = 0$.

**5.** 设函数 $f$ 在 $[0, +\infty)$ 上连续,且 $\lim\limits_{x\to+\infty} f(x) = a$. 证明

$$\lim_{x\to+\infty} \frac{1}{x}\int_0^x f(t)\,dt = a$$

**6.** 设函数 $f$ 在 $[0,\pi]$ 上连续,$n \in \mathbb{N}$. 证明

$$\lim_{n\to+\infty}\int_0^\pi f(x)\,|\sin nx|\,dx = \frac{2}{\pi}\int_0^\pi f(x)\,dx$$

**7.** 设 $f$ 是 $(-\infty, +\infty)$ 上的周期为 $T$ 的连续函数. 证明

$$\lim_{x\to+\infty} \frac{1}{x}\int_0^x f(t)\,dt = \frac{1}{T}\int_0^T f(t)\,dt$$

**8.** (1) 设 $f$ 与 $g$ 分别为区间 $[a,b]$ 上的非负与正值连续函数. 证明

$$\lim_{n\to+\infty} \sqrt[n]{\int_a^b g(x)[f(x)]^n\,dx} = \max_{a\leq x\leq b} f(x)$$

(2) 设 $f$ 与 $g$ 皆为 $[a,b]$ 上的正值连续函数. 证明

$$\lim_{n\to+\infty} \frac{\int_a^b g(x)f^{n+1}(x)\,dx}{\int_a^b g(x)f^n(x)\,dx} = \max_{a\leq x\leq b} f(x)$$

其中 $f^n(x) = [f(x)]^n$.

**9.** 进一步证明:积分第一中值定理 6.2.5 与推广积分第一中值定理 6.2.6 中,可选 $\xi$ 使得 $\xi \in (a,b)$.

**10.** 设 $f,g$ 均在 $[a,b]$ 上 Riemann 可积, $g(x)$ 在 $[a,b]$ 上不变号, $M = \sup\limits_{a\leq x\leq b} f(x)$, $m = \inf\limits_{a\leq x\leq b} f(x)$. 证明: $\exists \mu \in [m,M]$, s.t.

$$\int_a^b f(x)g(x)\,dx = \mu\int_a^b g(x)\,dx$$

**11.** 设 $f$ 与 $g$ 在 $[a,b]$ 上 Riemann 可积,证明 Cauchy-Schwarz 不等式

$$\left[\int_a^b f(x)g(x)\,dx\right]^2 \leq \int_a^b f^2(x)\,dx \cdot \int_a^b g^2(x)\,dx$$

其中等号当且仅当 $f \stackrel{a.e.}{=\!=\!=} \lambda g$ 或 $g \stackrel{a.e.}{=\!=\!=} \lambda f, x \in [a,b]$ 时成立.

**12.** 应用 Cauchy-Schwarz 不等式证明:

(1) 设 $f$ 在 $[a,b]$ 上 Riemann 可积,则

$$\left[\int_a^b f(x)\,dx\right]^2 \leq (b-a)\int_a^b f^2(x)\,dx$$

(2) 设 $f$ 在 $[a,b]$ 上 Riemann 可积,且 $f(x) \geq m > 0$,则

$$\int_a^b f(x)\,dx \cdot \int_a^b \frac{1}{f(x)}\,dx \geq (b-a)^2$$

(3) 设 $f$ 与 $g$ 都在 $[a,b]$ 上 Riemann 可积,则有 Minkowski 不等式

$$\left[\int_a^b (f(x)+g(x))^2\,dx\right]^{\frac{1}{2}} \leq \left[\int_a^b f^2(x)\,dx\right]^{\frac{1}{2}} + \left[\int_a^b g^2(x)\,dx\right]^{\frac{1}{2}}$$

**13.** 设 $f$ 为 $(0, +\infty)$ 上的连续减函数, $f(x) > 0$;又设

$$a_n = \sum_{k=1}^{n} f(k) - \int_{1}^{n} f(x)\,\mathrm{d}x$$

证明:数列 $\{a_n\}$ 收敛.

**14.** 设 $f$ 在 $[a,b]$ 上 Riemann 可积,$\varphi$ 在 $[\alpha,\beta]$ 上单调且连续可导,$\varphi(\alpha) = a,\varphi(\beta) = b$. 证明

$$\int_{a}^{b} f(x)\,\mathrm{d}x = \int_{\alpha}^{\beta} f(\varphi(t))\varphi'(t)\,\mathrm{d}t$$

**15.** 设 $f$ 为 $[a,b]$ 上的连续函数,$g$ 为连续可导的单调函数,试用一个比较简单的论述,证明积分第二中值定理

$$\int_{a}^{b} f(x)g(x)\,\mathrm{d}x = g(a)\int_{a}^{\xi} f(x)\,\mathrm{d}x + g(b)\int_{\xi}^{b} f(x)\,\mathrm{d}x$$

$\Big($提示:应用分部积分法 $\int_{a}^{b} f(x)g(x)\,\mathrm{d}x = \int_{a}^{b} g(x)\,\mathrm{d}\int_{a}^{x} f(t)\,\mathrm{d}t$,以及积分第一中值定理.$\Big)$

**16.** 设 $f(x)$ 在 $[a,b]$ 上连续可导,而

$$\Delta_n = \int_{a}^{b} f(x)\,\mathrm{d}x - \frac{b-a}{n}\sum_{k=1}^{n} f\Big(a + k\cdot\frac{b-a}{n}\Big)$$

证明:(1) $-\frac{1}{2}\Big(\frac{b-a}{n}\Big)^2 \sum_{k=1}^{n} M_k \leqslant \Delta_n \leqslant -\frac{1}{2}\Big(\frac{b-a}{n}\Big)^2 \sum_{k=1}^{n} m_k$,其中

$$m_k = \min\Big\{f'(x) \mid a + (k-1)\frac{b-a}{n} \leqslant x \leqslant a + k\frac{b-a}{n}\Big\}$$

$$M_k = \max\Big\{f'(x) \mid a + (k-1)\frac{b-a}{n} \leqslant x \leqslant a + k\frac{b-a}{n}\Big\}$$

(2) $\displaystyle\lim_{n\to+\infty} n\Delta x_n = -\frac{b-a}{2}[f(b) - f(a)]$.

**17.** 设 $f$ 为 $[a,b]$ 上的连续函数,且对任一满足 $\int_{a}^{b} g(x)\,\mathrm{d}x = 0$ 的连续函数 $g$ 有

$$\int_{a}^{b} f(x)g(x)\,\mathrm{d}x = 0$$

证明:$f$ 为常值函数.

**18.** 求出满足下列条件的所有函数 $f(x)$:

(1) $f$ 在 $[0,1]$ 上连续且非负;

(2) $\int_{0}^{1} f(x)\,\mathrm{d}x = 1$;

(3) $\exists\, \alpha \in \mathbb{R}, \text{s.\,t.}$

$$\int_0^1 xf(x)\,\mathrm{d}x = \alpha, \int_0^1 x^2 f(x)\,\mathrm{d}x = \alpha^2$$

# 6.3 微积分基本定理、微积分基本公式

设 $f$ 在 $[a,b]$ 上 Riemann 可积,因此 $f$ 在 $[a,b]$ 的任一闭子区间上也 Riemann 可积. 于是,由

$$\Phi(x) = \int_a^x f(t)\,\mathrm{d}t, x \in [a,b]$$

定义了一个以积分上限 $x$ 为自变量的函数,称为**变上限积分**,几何上看是变动曲边梯形 $AaxB$ 的面积(图 6.3.1). 在不致混淆时,记 $\int_a^x f(t)\,\mathrm{d}t$ 为 $\int_a^x f(x)\,\mathrm{d}x$,但应注意的是积分上限的 $x$ 是真正的变量,而 $f(x)\,\mathrm{d}x$ 中的 $x$ 是积分变量,它用 $t, \theta, u, \cdots$ 表示都可以.

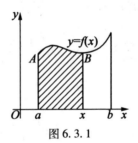

图 6.3.1

类似地,也可定义**变下限积分**

$$\Psi(x) = \int_x^b f(t)\,\mathrm{d}t, x \in [a,b]$$

$\Phi$ 与 $\Psi$ 统称为**变限积分**.

变限积分所定义的函数有着重要的性质. 由于

$$\int_x^b f(t)\,\mathrm{d}t = -\int_b^x f(t)\,\mathrm{d}t$$

下面只讨论变上限积分.

**定理 6.3.1** 设 $f$ 在 $[a,b]$ 上 Riemann 可积,则变上限积分

$$\Phi(x) = \int_a^x f(t)\,\mathrm{d}t$$

为满足 Lipschitz 条件的函数. 特别地, $\Phi(x)$ 在 $[a,b]$ 上一致连续.

**证明**　因为 $f$ 在 $[a,b]$ 上 Riemann 可积, 所以根据定理 6.1.2 知, $f$ 在 $[a,b]$ 上必有界, 即

$$|f(x)| \leqslant M$$

$\forall x_1, x_2 \in [a,b]$, 由定理 6.2.4 及定理 6.2.3 得到

$$|\Phi(x_1) - \Phi(x_2)| = \left| \int_a^{x_1} f(t)\,dt - \int_a^{x_2} f(t)\,dt \right| = \left| \int_{x_2}^{x_1} f(t)\,dt \right|$$

$$\leqslant \left| \int_{x_2}^{x_1} |f(t)|\,dt \right| \leqslant M\,|x_1 - x_2|$$

这就证明了 $\Phi$ 在 $[a,b]$ 上满足 Lipschitz 条件.

另一方面, $\forall \varepsilon > 0$, 取 $\delta \in \left(0, \dfrac{\varepsilon}{M+1}\right)$, 则当 $x_1, x_2 \in [a,b]$, $|x_1 - x_2| < \delta$ 时, 有

$$|\Phi(x_1) - \Phi(x_2)| \leqslant M\,|x_1 - x_2| \leqslant M\delta < M \cdot \frac{\varepsilon}{M+1} < \varepsilon$$

因此, $\Phi$ 在 $[a,b]$ 上是一致连续的.

现在我们来研究积分学的最重要的微积分基本定理与微积分基本公式.

**定理 6.3.2**(微积分基本定理)　设 $f$ 在 $[a,b]$ 上 Riemann 可积, 且在 $x_0 \in [a,b]$ 连续, 则

$$\Phi(x) = \int_a^x f(t)\,dt$$

在 $x_0$ 处可导, 且

$$\Phi'(x_0) = f(x_0)$$

**证明**　$\forall \varepsilon > 0$, 因 $f$ 在 $x_0$ 连续, 故 $\exists \delta > 0$, 当 $|x - x_0| < \delta$, $x \in [a,b]$ 时, 有

$$|f(x) - f(x_0)| < \varepsilon$$

于是

$$\left| \frac{\Phi(x) - \Phi(x_0)}{x - x_0} - f(x_0) \right|$$

$$= \left| \frac{\int_a^x f(t)\,dt - \int_a^{x_0} f(t)\,dt}{x - x_0} - f(x_0) \right|$$

$$= \left| \frac{\int_{x_0}^{x} f(t) \, \mathrm{d}t - \int_{x_0}^{x} f(x_0) \, \mathrm{d}t}{x - x_0} \right|$$

$$= \left| \frac{\int_{x_0}^{x} [f(t) - f(x_0)] \, \mathrm{d}t}{x - x_0} \right|$$

$$\leqslant \frac{\left| \int_{x_0}^{x} | f(t) - f(x_0) | \, \mathrm{d}t \right|}{| x - x_0 |}$$

$$< \frac{\varepsilon \left| \int_{x_0}^{x} \mathrm{d}t \right|}{| x - x_0 |} = \varepsilon$$

即 $\Phi(x)$ 在 $x_0$ 处可导,且

$$\Phi'(x_0) = \lim_{x \to x_0} \frac{\Phi(x) - \Phi(x_0)}{x - x_0} = f(x_0)$$

**推论 6.3.1**　设 $f$ 在 $[a,b]$ 上连续

$$\Phi(x) = \int_{a}^{x} f(t) \, \mathrm{d}t, x \in [a,b]$$

则 $\Phi'(x) = f(x)$,即 $\Phi(x)$ 为 $f(x)$ 在 $[a,b]$ 上的一个原函数,从而

$$\int f(x) \, \mathrm{d}x = \Phi(x) + C = \int_{a}^{x} f(t) \, \mathrm{d}t + C$$

**证法 1**　由定理 6.3.2 推得.

**证法 2**　$\forall x \in [a,b]$,当 $\Delta x \neq 0$ 且 $x + \Delta x \in [a,b]$ 时,有

$$\frac{\Delta \Phi}{\Delta x} = \frac{\Phi(x + \Delta x) - \Phi(x)}{\Delta x} = \frac{1}{\Delta x} \int_{x}^{x + \Delta x} f(t) \, \mathrm{d}t$$

$$\underline{\underline{\text{积分第一中值定理}}} f(x + \theta \Delta x), 0 \leqslant \theta \leqslant 1$$

由于 $f$ 在点 $x$ 连续,因此有

$$\Phi'(x) = \lim_{\Delta x \to 0} \frac{\Delta \Phi}{\Delta x} = \lim_{\Delta x \to 0} f(x + \theta \Delta x) = f(x)$$

**推论 6.3.2**　设 $f$ 在 $[a,b]$ 上连续,$u(x) : (c,d) \to \mathbb{R}$ 与 $v(x) : (c,d) \to \mathbb{R}$ 可导,$a \leqslant u(x) \leqslant b, a \leqslant v(x) \leqslant b$,则

$$\left( \int_{v(x)}^{u(x)} f(t) \, \mathrm{d}t \right)' = f(u(x)) u'(x) - f(v(x)) v'(x)$$

**证明**　应用复合函数求导的链规则,有

$$\left(\int_{v(x)}^{u(x)}f(t)\,\mathrm{d}t\right)' = \left(\int_{v(x)}^{a}f(t)\,\mathrm{d}t + \int_{a}^{u(x)}f(t)\,\mathrm{d}t\right)'$$

$$= \left(\int_{a}^{u(x)}f(t)\,\mathrm{d}t\right)' - \left(\int_{a}^{v(x)}f(t)\,\mathrm{d}t\right)'$$

$$= \left(\int_{a}^{u}f(t)\,\mathrm{d}t\right)'\bigg|_{u=u(x)} \cdot u'(x) -$$

$$\left(\int_{a}^{v(x)}f(t)\,\mathrm{d}t\right)'\bigg|_{v=v(x)} \cdot v'(x)$$

$$= f(u(x))u'(x) - f(v(x))v'(x)$$

**定理 6.3.3**(微积分基本公式或 Newton-Leibniz 公式)　设 $f$ 在 $[a,b]$ 上连续,$F$ 为 $f$ 在 $[a,b]$ 上的任一原函数,即

$$F'(x) = f(x), \forall x \in [a,b]$$

则

$$\int_{a}^{b}f(x)\,\mathrm{d}x = \int_{a}^{b}F'(x)\,\mathrm{d}x = F(b) - F(a) = F(x)\bigg|_{a}^{b}$$

微积分基本公式是体现导数(微分)与积分有着密切联系的重要公式.

**证法 1**　设 $\Phi(x) = \int_{a}^{x}f(t)\,\mathrm{d}t$,则由推论 6.1.1 知

$$\Phi'(x) = f(x) = F'(x), \forall x \in [a,b]$$

再根据推论 3.2.2 得到

$$F(x) = \Phi(x) + C$$

所以

$$\int_{a}^{b}f(x)\,\mathrm{d}x = \int_{a}^{b}f(x)\,\mathrm{d}x - \int_{a}^{a}f(x)\,\mathrm{d}x = \Phi(b) - \Phi(a)$$

$$= (\Phi(b) + C) - (\Phi(a) + C)$$

$$= F(b) - F(a)$$

**证法 2**　因为 $f$ 在 $[a,b]$ 上连续,所以一致连续,即 $\forall \varepsilon > 0, \exists \delta > 0$,当 $x'$,$x'' \in [a,b]$ 且 $|x' - x''| < \delta$ 时,有

$$|f(x') - f(x'')| < \frac{\varepsilon}{b-a}$$

对上述 $\varepsilon > 0$,及 $[a,b]$ 的任一分割 $T: a = x_0 < x_1 < \cdots < x_n = b$,当 $\|T\| < \delta$ 与 $\forall \xi_i \in [x_{i-1}, x_i]$ 时,有

$$\left| \sum_{i=1}^{n} f(\xi_i) \Delta x_i - [F(b) - F(a)] \right|$$

$$= \left| \sum_{i=1}^{n} f(\xi_i) \Delta x_i - \sum_{i=1}^{n} [F(x_i) - F(x_{i-1})] \right|$$

$$= \left| \sum_{i=1}^{n} f(\xi_i) \Delta x_i - \sum_{i=1}^{n} f(\eta_i) \Delta x_i \right|$$

$$= \left| \sum_{i=1}^{n} [f(\xi_i) - f(\eta_i)] \Delta x_i \right|$$

$$\leqslant \sum_{i=1}^{n} |f(\xi_i) - f(\eta_i)| \Delta x_i$$

$$< \frac{\varepsilon}{b-a} \sum_{i=1}^{n} \Delta x_i = \frac{\varepsilon}{b-a}(b-a) = \varepsilon$$

其中第二个等式是应用了 Lagrange 中值定理, $\exists \eta_i \in (x_{i-1}, x_i)$, s. t.

$$F(x_i) - F(x_{i-1}) = F'(\eta_i)(x_i - x_{i-1}) = f(\eta_i) \Delta x_i$$

由上推得 $f$ 在 $[a,b]$ 上 Riemann 可积, 且有

$$\int_a^b f(x) \mathrm{d}x = F(b) - F(a)$$

**定理 6.3.4**(推广的微积分基本公式或推广的 Newton-Leibniz 公式) 设 $f$
在 $[a,b]$ 上 Riemann 可积, $F$ 在 $[a,b]$ 上连续, 且在 $[a,b]$ 上除有限个点外, 有

$$F'(x) = f(x)$$

成立, 则

$$\int_a^b f(x) \mathrm{d}x = F(b) - F(a) = F(x) \Big|_a^b$$

**证明** 作 $[a,b]$ 的分割 $T: a = x_0 < x_1 < \cdots < x_n = b$, 使 $F'(x) = f(x)$ 不
成立的点全在上述分点中. 所以

$$F'(x) = f(x), \forall x \in (x_{i-1}, x_i)$$

且 $F$ 在 $[x_{i-1}, x_i]$ 上连续. 由 Lagrange 中值定理知, $\exists \xi_i \in (x_{i-1}, x_i)$, s. t.

$$f(\xi_i) = F'(\xi_i) = \frac{F(x_i) - F(x_{i-1})}{x_i - x_{i-1}}$$

由此推得

$$F(x_i) - F(x_{i-1}) = f(\xi_i)(x_i - x_{i-1}) = f(\xi_i) \Delta x_i$$

于是

$$\int_a^b f(x)\,\mathrm{d}x = \lim_{\|T\|\to 0}\sum_{i=1}^n f(\xi_i)\Delta x_i$$

$$= \lim_{\|T\|\to 0}\sum_{i=1}^n \big[\,F(x_i)-F(x_{i-1})\,\big]$$

$$= \lim_{\|T\|\to 0}\big[\,F(b)-F(a)\,\big]$$

$$= F(b)-F(a)$$

**注 6.3.1**　现在我们用定积分与 Newton-Leibniz 公式来描述匀加速运动与例 5.2.11 中的半生期问题. 关于匀加速运动有

$$v(t) = \int_{t_0}^t a\,\mathrm{d}t + v(t_0) = a(t-t_0) + v(t_0)$$

$$x(t) = \int_{t_0}^t \big[\,a(t-t_0)+v(t_0)\,\big]\,\mathrm{d}t + x(t_0)$$

$$= \frac{a}{2}(t-t_0)^2 + v(t_0)(t-t_0) + x(t_0)$$

关于半生期有

$$\frac{\mathrm{d}m}{m} = -k\mathrm{d}t$$

$$\int_{m(0)}^{m(t)} \frac{\mathrm{d}m}{m} = \int_0^t (-k)\,\mathrm{d}t$$

$$\ln\frac{m(t)}{m(0)} = -kt$$

$$m(t) = m(0)\mathrm{e}^{-kt}$$

**例 6.3.1**　已经知道, 如果 $f(x)$ 连续, 则变上限积分 $\int_a^x f(t)\,\mathrm{d}t$ 为 $f(x)$ 的一个原函数, 且

$$\int f(x)\,\mathrm{d}x = \int_a^x f(t)\,\mathrm{d}t + C$$

还有 Newton-Leibniz 公式

$$\int_a^b f(x)\,\mathrm{d}x = F(x)\,\Big|_a^b = F(b)-F(a)$$

成立, 其中

$$F(x) = \int_a^x f(t)\,\mathrm{d}t + C$$

值得注意的是

$$f(x) = \begin{cases} \dfrac{3}{2}x^{\frac{1}{2}}\sin\dfrac{1}{x} - x^{-\frac{1}{2}}\cos\dfrac{1}{x}, & x \neq 0 \\ 0, & x = 0 \end{cases}$$

有原函数

$$F(x) = \begin{cases} x^{\frac{3}{2}}\sin\dfrac{1}{x}, & x \neq 0 \\ 0, & x = 0 \end{cases}$$

但 $f(x)$ 在 $[0,1]$ 上无界,根据定理 6.1.2 推得它在 $[0,1]$ 上不是 Riemann 可积的,从而 Newton-Leibniz 公式不成立,即

$$\int_0^1 f(x)\mathrm{d}x \neq F(x) \Big|_0^1$$

即使加上 $f(x)$ 在 $[a,b]$ 上 Riemann 可积,推广的 Newton-Leibniz 公式也未必成立,如

$$f(x) = 0$$

$$F(x) = \begin{cases} 1, & x \geqslant 0 \\ 0, & x < 0 \end{cases}$$

则 $F'(x) = 0 = f(x)$, $\forall x \neq 0$,且 $f(x)$ 在 $[-1,1]$ 上 Riemann 可积,但

$$\int_{-1}^1 f(x)\mathrm{d}x = \int_{-1}^1 0\mathrm{d}x = 0 \neq 1 = 1 - 0 = F(1) - F(-1)$$

$F(x)$ 在 0 不连续是造成推广的 Newton-Leibniz 公式不成立的主要原因.

**例 6.3.2** 应用 Newton-Leibniz 公式计算下列 Riemann 积分:

(1) $\displaystyle\int_a^b x\mathrm{d}x$;      (2) $\displaystyle\int_a^b x^2\mathrm{d}x$;      (3) $\displaystyle\int_a^b \sin x\mathrm{d}x$;

(4) $\displaystyle\int_a^b \mathrm{e}^x\mathrm{d}x$;      (5) $\displaystyle\int_0^2 x\sqrt{4 - x^2}\mathrm{d}x$.

**解** (1) $\displaystyle\int_a^b x\mathrm{d}x = \dfrac{x^2}{2}\Big|_a^b = \dfrac{b^2 - a^2}{2}$.

(2) $\displaystyle\int_a^b x^2\mathrm{d}x = \dfrac{x^3}{3}\Big|_a^b = \dfrac{b^3 - a^3}{3}$.

(3) $\displaystyle\int_a^b \sin x\mathrm{d}x = -\cos x\Big|_a^b = \cos a - \cos b$.

(4) $\displaystyle\int_a^b \mathrm{e}^x\mathrm{d}x = \mathrm{e}^x\Big|_a^b = \mathrm{e}^b - \mathrm{e}^a$.

(5) 由

$$\int x \sqrt{4 - x^2}\, \mathrm{d}x = -\frac{1}{2}\int \sqrt{4 - x^2}\, \mathrm{d}(4 - x^2)$$

$$= -\frac{1}{3}(4 - x^2)^{\frac{3}{2}} + C$$

得到

$$\int_0^2 x \sqrt{4 - x^2}\, \mathrm{d}x = -\frac{1}{3}(4 - x^2)^{\frac{3}{2}}\Big|_0^2 = \frac{8}{3}$$

比较例 6.3.2(2) 与例 6.1.13,再比较例 6.3.2(3) 与例 6.1.14 就可知道,用 Newton-Leibniz 公式计算 Riemann 积分比用定义及定理 6.1.4 更简洁得多,这充分显示了 Newton-Leibniz 公式的强大威力,也显示了求原函数或求不定积分的重要性.

**例 6.3.3**　设 $m, n = 0, 1, 2, \cdots.$ 证明:

(1) $\displaystyle\int_{-\pi}^{\pi} \cos mx\cos nx\, \mathrm{d}x = \int_{-\pi}^{\pi} \sin mx\sin nx\, \mathrm{d}x = \begin{cases} 0, m \neq n, \\ \pi, m = n; \end{cases}$

(2) $\displaystyle\int_{-\pi}^{\pi} \sin mx\cos nx\, \mathrm{d}x = 0.$

**证明**　应用 Newton-Leibniz 公式,有

(1) $\displaystyle\int_{-\pi}^{\pi} \cos mx\cos nx\, \mathrm{d}x$

$$= \frac{1}{2}\int_{-\pi}^{\pi} \left[\cos(m + n)x + \cos(m - n)x\right] \mathrm{d}x$$

$$= \begin{cases} \dfrac{1}{2}\left[\dfrac{\sin(m + n)x}{m + n} + \dfrac{\sin(m - n)x}{m - n}\right]\Big|_{-\pi}^{\pi} = 0, m \neq n, \\[3mm] \dfrac{1}{2}\left[\dfrac{\sin(m + n)x}{m + n} + x\right]\Big|_{-\pi}^{\pi} = \dfrac{1}{2}(0 + 2\pi) = \pi, m = n \end{cases}$$

$$\int_{-\pi}^{\pi} \sin mx\sin nx\, \mathrm{d}x$$

$$= \frac{1}{2}\int_{-\pi}^{\pi} \left[\cos(m - n)x - \cos(m + n)x\right] \mathrm{d}x$$

$$= \begin{cases} \dfrac{1}{2}\left[\dfrac{\sin(m - n)x}{m - n} - \dfrac{\sin(m + n)x}{m + n}\right]\Big|_{-\pi}^{\pi} = 0, m \neq n \\[3mm] \dfrac{1}{2}\left[x - \dfrac{\sin(m + n)x}{m + n}\right]\Big|_{-\pi}^{\pi} = \dfrac{1}{2}(2\pi - 0) = \pi, m = n \end{cases}$$

(2) $\displaystyle\int_{-\pi}^{\pi} \sin mx\cos nx\, \mathrm{d}x$

$$= \frac{1}{2} \int_{-\pi}^{\pi} \left[ \sin(m + n)x + \sin(m - n)x \right] dx$$

$$= \begin{cases} \frac{1}{2} \left[ -\frac{\cos(m + n)x}{m + n} - \frac{\cos(m - n)x}{m - n} \right] \Big|_{-\pi}^{\pi} = 0, m \neq n \\ \frac{1}{2} \left[ -\frac{\cos(m + n)x}{m + n} \Big|_{-\pi}^{\pi} + 0 \right] = \frac{1}{2}(0 + 0) = 0, m = n, m + n \neq 0 \\ 0, m = n = 0 \end{cases}$$

**例 6.3.4** 应用 Riemann 积分定义及 Newton-Leibniz 公式计算下面的数列极限:

(1) $\lim\limits_{n \to +\infty} \dfrac{1^p + 2^p + \cdots + n^p}{n^{p+1}} (p > -1)$;

(2) $\lim\limits_{n \to +\infty} \dfrac{1}{n} \left( 1 + \sec^2 \dfrac{\pi}{4n} + \sec^2 \dfrac{2\pi}{4n} + \cdots + \sec^2 \dfrac{n\pi}{4n} \right)$;

(3) $\lim\limits_{n \to +\infty} \left( \dfrac{1}{n + 1} + \dfrac{1}{n + 2} + \cdots + \dfrac{1}{2n} \right)$.

**解** (1) $\qquad\qquad \lim\limits_{n \to +\infty} \dfrac{1^p + 2^p + \cdots + n^p}{n^{p+1}}$

$$= \lim\limits_{n \to +\infty} \frac{1}{n} \left[ \left( \frac{1}{n} \right)^p + \left( \frac{2}{n} \right)^p + \cdots + \left( \frac{n}{n} \right)^p \right]$$

$$= \int_0^1 x^p dx = \frac{x^{p+1}}{p + 1} \Big|_0^1 = \frac{1}{p + 1}, p > -1$$

参阅例 1.6.3(1),它应用 Stolz 公式对 $p$ 为自然数时求得极限值 $\dfrac{1}{p + 1}$.

(2) $\qquad\qquad \lim\limits_{n \to +\infty} \dfrac{1}{n} \left( 1 + \sec^2 \dfrac{\pi}{4n} + \sec^2 \dfrac{2\pi}{4n} + \cdots + \sec^2 \dfrac{n\pi}{4n} \right)$

$$= \frac{4}{\pi} \lim\limits_{n \to +\infty} \frac{\pi}{4n} \left( 1 + \sec^2 \frac{\pi}{4n} + \sec^2 \frac{2\pi}{4n} + \cdots + \sec^2 \frac{n\pi}{4n} \right)$$

$$= \frac{4}{\pi} \int_0^{\frac{\pi}{4}} \sec^2 x dx = \frac{4}{\pi} \tan x \Big|_0^{\frac{\pi}{4}}$$

$$= \frac{4}{\pi}(1 - 0) = \frac{4}{\pi}$$

(3) $\qquad\qquad \lim\limits_{n \to +\infty} \left( \dfrac{1}{n + 1} + \dfrac{1}{n + 2} + \cdots + \dfrac{1}{2n} \right)$

$$= \lim_{n \to +\infty} \frac{1}{n} \left( \frac{1}{1 + \frac{1}{n}} + \frac{1}{1 + \frac{2}{n}} + \cdots + \frac{1}{1 + \frac{n}{n}} \right)$$

$$= \int_0^1 \frac{\mathrm{d}x}{1 + x} = \ln(1 + x) \Big|_0^1 = \ln 2$$

另一方法参阅例 1.4.9(1).

**例 6.3.5**　设 $f$ 在 $[a,b]$ 上连续可导，$f(a) = 0$. 证明:

(1) $\displaystyle \max_{x \in [a,b]} f^2(x) \le (b - a) \int_a^b [f'(x)]^2 \mathrm{d}x$;

(2) $\displaystyle \int_a^b f^2(x) \mathrm{d}x \le \frac{(b - a)^2}{2} \int_a^b [f'(x)]^2 \mathrm{d}x$.

**证明**　(1) 由 Cauchy-Schwarz 不等式、$f(a) = 0$ 及 Newton-Leibniz 公式得到

$$f^2(x) = [f(x) - f(a)]^2 = \left[ \int_a^x f'(t) \mathrm{d}t \right]^2 = \left[ \int_a^x f'(t) \cdot 1 \mathrm{d}t \right]^2$$

$$\le \int_a^x [f'(x)]^2 \mathrm{d}x \cdot \int_a^x 1^2 \mathrm{d}x = (x - a) \int_a^x [f'(x)]^2 \mathrm{d}x$$

$$\le (b - a) \int_a^b [f'(x)]^2 \mathrm{d}x, \forall x \in [a,b]$$

所以

$$\max_{x \in [a,b]} f^2(x) \le (b - a) \int_a^b [f'(x)]^2 \mathrm{d}x$$

(2) 由(1) 推得

$$f^2(x) \le (x - a) \int_a^b [f'(x)]^2 \mathrm{d}x$$

两边积分得

$$\int_a^b f^2(x) \mathrm{d}x \le \int_a^b \left\{ \int_a^b [f'(x)]^2 \mathrm{d}x \cdot (x - a) \right\} \mathrm{d}x$$

$$= \int_a^b [f'(x)]^2 \mathrm{d}x \cdot \int_a^b (x - a) \mathrm{d}x$$

$$= \int_a^b [f'(x)]^2 \mathrm{d}x \cdot \frac{(x - a)^2}{2} \Big|_a^b$$

$$= \frac{(b - a)^2}{2} \int_a^b [f'(x)]^2 \mathrm{d}x$$

**例 6.3.6**　设 $f$ 在 $[0, +\infty]$ 上连续并恒取正值. 证明

$$\varphi(x) = \frac{\int_0^x tf(t)\,dt}{\int_0^x f(t)\,dt}$$

是$(0, +\infty)$上的严格增函数.

**证明**　由微积分基本定理得到

$$\varphi'(x) = \frac{xf(x)\int_0^x f(t)\,dt - f(x)\int_0^x tf(t)\,dt}{\left(\int_0^x f(t)\,dt\right)^2}$$

$$= \frac{f(x)\int_0^x (x-t)f(t)\,dt}{\left(\int_0^x f(t)\,dt\right)^2} > 0$$

$(f(x) > 0, x - t > 0, \forall t \in (0,x))$,根据定理 3.5.1 知,$\varphi(x)$ 为 $(0, +\infty)$ 上的严格增函数.

**例 6.3.7**　应用微积分基本定理求下列极限:

(1) $\lim\limits_{x \to +\infty} \dfrac{\int_0^x \sqrt{1 + t^4}\,dt}{x^3}$;

(2) $\lim\limits_{x \to +\infty} \dfrac{\int_0^x t^2 e^{t^2}\,dt}{\left(\int_0^x e^{t^2}\,dt\right)^2}$;

(3) $\lim\limits_{x \to 0} \dfrac{\int_0^x t^2 e^{t^2}\,dt}{\left(\int_0^x e^{t^2}\,dt\right)^2}$.

**解**　(1)　$\lim\limits_{x \to +\infty} \dfrac{\int_0^x \sqrt{1 + t^4}\,dt}{x^3} \xlongequal[\text{L' Hospital 法则}]{\frac{\infty}{\infty}} \lim\limits_{x \to +\infty} \dfrac{\sqrt{1 + x^4}}{3x^2}$

$$= \lim_{x \to +\infty} \frac{1}{3}\sqrt{\frac{1}{x^4} + 1}$$

$$= \frac{1}{3}\sqrt{0 + 1} = \frac{1}{3}$$

(2)　$\displaystyle\lim_{x\to+\infty}\frac{\displaystyle\int_0^x t^2\mathrm{e}^{t^2}\mathrm{d}t}{\left(\displaystyle\int_0^x\mathrm{e}^{t^2}\mathrm{d}t\right)^2}\xlongequal[\text{L'Hospital 法则}]{\frac{\infty}{\infty}}\lim_{x\to+\infty}\frac{x^2\mathrm{e}^{x^2}}{2\left(\displaystyle\int_0^x\mathrm{e}^{t^2}\mathrm{d}t\right)\cdot\mathrm{e}^{x^2}}$

$$=\lim_{x\to+\infty}\frac{x^2}{2\displaystyle\int_0^x\mathrm{e}^{t^2}\mathrm{d}t}=\lim_{x\to+\infty}\frac{2x}{2\mathrm{e}^{x^2}}$$

$$=\lim_{x\to+\infty}\frac{x}{\mathrm{e}^{x^2}}=\lim_{x\to+\infty}\frac{1}{2x\mathrm{e}^{x^2}}=0$$

(3)　$\displaystyle\lim_{x\to0}\frac{\displaystyle\int_0^x t^2\mathrm{e}^{t^2}\mathrm{d}t}{\left(\displaystyle\int_0^x\mathrm{e}^{t^2}\mathrm{d}t\right)^2}\xlongequal[\text{L'Hospital 法则}]{\frac{0}{0}}\lim_{x\to0}\frac{x^2\mathrm{e}^{x^2}}{2\left(\displaystyle\int_0^x\mathrm{e}^{t^2}\mathrm{d}t\right)\cdot\mathrm{e}^{x^2}}$

$$=\lim_{x\to0}\frac{x^2}{2\displaystyle\int_0^x\mathrm{e}^{t^2}\mathrm{d}t}=\lim_{x\to0}\frac{x}{\mathrm{e}^{x^2}}=\frac{0}{\mathrm{e}^0}=0$$

**例 6.3.8**　设函数 $f$ 连续可导，$f(1)=1$，且当 $x\geqslant1$ 时，有

$$f'(x)=\frac{1}{x^2+f^2(x)}$$

证明：$\displaystyle\lim_{x\to+\infty}f(x)$ 存在，且 $\displaystyle\lim_{x\to+\infty}f(x)\leqslant1+\frac{\pi}{4}$.

**证明**　由于 $f'(x)=\dfrac{1}{x^2+f^2(x)}>0$，因此 $f$ 在 $[1,+\infty)$ 上严格增，且当 $x\geqslant1$ 时，有 $f(x)>f(1)=1$，于是，由 Newton-Leibniz 公式得到

$$f(x)=f(1)+\int_1^x f'(t)\mathrm{d}t=1+\int_1^x\frac{\mathrm{d}t}{t^2+f^2(t)}$$

$$<1+\int_1^x\frac{\mathrm{d}t}{1+t^2}=1+\arctan x-\arctan 1$$

$$<1+\frac{\pi}{2}-\frac{\pi}{4}=1+\frac{\pi}{4}$$

当 $x\to+\infty$ 时，$f$ 递增且有上界 $1+\dfrac{\pi}{4}$. 因此，$\displaystyle\lim_{x\to+\infty}f(x)$ 存在且有限，并且

$$\lim_{x\to+\infty}f(x)\leqslant1+\frac{\pi}{4}$$

**例 6.3.9**　设 $f$ 连续可导，且 $f(0)=0$，$f(1)=1$. 求证

$$\int_0^1 \mid f(x) - f'(x) \mid \mathrm{d}x \geqslant \frac{1}{\mathrm{e}}$$

**证明**  从 $\mathrm{e}^{-x} \leqslant 1, \forall x \in [0,1]$ 得到

$$\int_0^1 \mid f(x) - f'(x) \mid \mathrm{d}x$$

$$\geqslant \int_0^1 \mathrm{e}^{-x} \mid f(x) - f'(x) \mid \mathrm{d}x$$

$$\geqslant \int_0^1 \mathrm{e}^{-x} [f'(x) - f(x)] \mathrm{d}x$$

$$= \int_0^1 [\mathrm{e}^{-x} f(x)]' \mathrm{d}x$$

$$\xequal{\text{Newton-Leibniz 公式}} \mathrm{e}^{-x} f(x) \Big|_0^1$$

$$= \mathrm{e}^{-1} \cdot 1 - \mathrm{e}^{-0} \cdot 0 = \frac{1}{\mathrm{e}}$$

**例 6.3.10**  设 $f$ 在 $[0,1]$ 上有连续的一阶导数，$f(0) = 0$，并且 $0 \leqslant f'(x) \leqslant 1$，求证

$$\int_0^1 f^3(x) \mathrm{d}x \leqslant \left( \int_0^1 f(x) \mathrm{d}x \right)^2$$

**证明**  令 $F(t) = \left( \int_0^t f(x) \mathrm{d}x \right)^2 - \int_0^t f^3(x) \mathrm{d}x$，则

$$F(0) = 0$$

$$F'(t) = 2f(t) \int_0^t f(x) \mathrm{d}x - f^3(t)$$

$$= f(t) \left[ 2 \int_0^t f(x) \mathrm{d}x - f^2(t) \right]$$

$$= f(t) G(t)$$

其中

$$G(t) = 2 \int_0^t f(x) \mathrm{d}x - f^2(t), G(0) = 0 - f^2(0) = 0$$

$$G'(t) = 2f(t) - 2f(t)f'(t) = 2f(t)[1 - f'(t)] \geqslant 0$$

（因为 $f'(t) \geqslant 0, f(t)$ 单调增，$f(t) \geqslant f(0) = 0$），因此，$G$ 单调增，$G(t) \geqslant G(0) = 0$. 由此可知

$$F'(t) = f(t) G(t) \geqslant 0$$

这又得出 $F$ 单调增. 特别有

$$\left(\int_0^1 f(x)\,\mathrm{d}x\right)^2 - \int_0^1 f^3(x)\,\mathrm{d}x = F(1) \geqslant F(0) = 0$$

$$\int_0^1 f^3(x)\,\mathrm{d}x \leqslant \left(\int_0^1 f(x)\,\mathrm{d}x\right)^2$$

**例 6. 3. 11**　证明: $\displaystyle\lim_{n\to+\infty}\int_0^1 \frac{x^n}{1+x}\,\mathrm{d}x = 0$.

**证法 1**　因

$$0 \leqslant \int_0^1 \frac{x^n}{1+x}\,\mathrm{d}x \leqslant \int_0^1 x^n\,\mathrm{d}x \xlongequal{\text{Newton-Leibniz 公式}} \frac{x^{n+1}}{n+1}\,\bigg|_0^1$$

$$= \frac{1}{n+1} \to 0 \quad (n \to +\infty)$$

故由夹逼定理知

$$\lim_{n\to+\infty}\int_0^1 \frac{x^n}{1+x}\,\mathrm{d}x = 0$$

**证法 2**　$\forall\,\varepsilon > 0$, 取 $\delta = \min\left\{\dfrac{\varepsilon}{2}, 1\right\}$. 固定 $\delta$, 因 $\displaystyle\lim_{n\to+\infty}(1-\delta)^n = 0$, 故 $\exists\, N \in$

$\mathbb{N}$, 当 $n > N$ 时, 有 $(1-\delta)^{n+1} < \dfrac{\varepsilon}{2}$. 于是

$$0 \leqslant \int_0^1 \frac{x^n}{1+x}\,\mathrm{d}x = \int_0^{1-\delta} \frac{x^n}{1+x}\,\mathrm{d}x + \int_{1-\delta}^1 \frac{x^n}{1+x}\,\mathrm{d}x$$

$$\leqslant \int_0^{1-\delta} x^n\,\mathrm{d}x + \int_{1-\delta}^1 \mathrm{d}x$$

$$< (1-\delta)^n(1-\delta) + [1 - (1-\delta)]$$

$$= (1-\delta)^{n+1} + \delta$$

$$< \frac{\varepsilon}{2} + \frac{\varepsilon}{2} = \varepsilon$$

所以

$$\lim_{n\to+\infty}\int_0^1 \frac{x^n}{1+x}\,\mathrm{d}x = 0$$

**证法 3**

$$\int_0^1 \frac{x^n}{1+x}\,\mathrm{d}x$$

$$= \begin{cases} \displaystyle\int_0^1 \left(x^{n-1} - x^{n-2} + x^{n-3} - \cdots + x^2 - x + 1 - \frac{1}{1+x}\right)\mathrm{d}x, & n\text{ 为奇数} \\[3mm] \displaystyle\int_0^1 \left(x^{n-1} - x^{n-2} + x^{n-3} - \cdots + x - 1 + \frac{1}{1+x}\right)\mathrm{d}x, & n\text{ 为偶数} \end{cases}$$

$$= \begin{cases} \dfrac{1}{n} - \dfrac{1}{n-1} + \dfrac{1}{n-2} - \cdots + \dfrac{1}{3} - \dfrac{1}{2} + 1 - \ln 2, n \text{ 为奇数} \\[2mm] \dfrac{1}{n} - \dfrac{1}{n-1} + \dfrac{1}{n-2} - \cdots + \dfrac{1}{2} - 1 + \ln 2, n \text{ 为偶数} \end{cases}$$

再根据例 4.1.5 立即推得

$$\lim_{n \to +\infty} \int_0^1 \frac{x^n}{1+x} dx = 0$$

**注 6.3.2**　读者仔细检查下面的证明是否正确

$$\lim_{n \to +\infty} \int_0^1 \frac{x^n}{1+x} dx = \int_0^1 \lim_{n \to +\infty} \frac{x^n}{1+x} dx = 0$$

其中

$$\lim_{n \to +\infty} \frac{x^n}{1+x} = \begin{cases} 0, 0 \le x < 1 \\[2mm] \dfrac{1}{2}, x = 1 \end{cases}$$

疑问之处是极限号与积分号为什么能交换. 似乎没有足够的理由. 但是, 这样做得到的答案也为 0, 也许是一种巧合. 为此, 我们举出极限号与积分号不可交换的例子.

**例 6.3.12**　设

$$f_n(x) = \begin{cases} 4n^2 x, 0 \le x \le \dfrac{1}{2n} \\[2mm] -4n^2 x + 4n, \dfrac{1}{2n} < x \le \dfrac{1}{n} \\[2mm] 0, x > \dfrac{1}{n} \end{cases}$$

则

$$f(x) = \lim_{n \to +\infty} f_n(x) = 0$$

于是

$$\lim_{n \to +\infty} \int_0^1 f_n(x) dx = \lim_{n \to +\infty} \frac{1}{2} \cdot 2n \cdot \frac{1}{n} = 1 \ne 0 = \int_0^1 0 dx$$

$$= \int_0^1 \lim_{n \to +\infty} f_n(x) dx \quad (\text{图 } 6.3.2)$$

为了确保极限号与积分号可交换, 我们必须引进函数列一致收敛的概念.

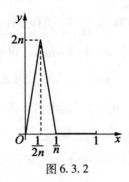

图 6.3.2

**定义 6.3.1**　设 $X \subset \mathbb{R}, f_n:X \to \mathbb{R}, n = 1,2,\cdots$ 为一个函数列，$f:X \to \mathbb{R}$，如果 $\forall \varepsilon > 0, \exists N = N(\varepsilon) \in \mathbb{N}(N(\varepsilon)$ 只与 $\varepsilon$ 有关，而与 $x \in X$ 无关)，当 $n > N = N(\varepsilon)$ 时，有

$$| f_n(x) - f(x) | < \varepsilon, \forall x \in X$$

则称 $f_n(x)$ **在 $X$ 上一致收敛于** $f(x)$，记作 $f_n(x) \rightrightarrows f(x)(n \to + \infty), x \in X.$

**定理 6.3.5**　设 $f_n(x) \rightrightarrows f(x)(n \to + \infty), x \in X$，如果 $f_n(x)$ 在 $x_0 \in X$ 连续，$n = 1,2,\cdots$，则 $f(x)$ 在 $x_0$ 也连续. 特别当 $f_n(x)$ 在 $X$ 上为连续函数时，$f(x)$ 在 $X$ 上也为连续函数.

**证明**　因 $f_n(x) \rightrightarrows f(x)(n \to + \infty), x \in X$，故 $\exists N = N(\varepsilon) \in \mathbb{N}$，当 $n > N$ 时，有

$$| f_n(x) - f(x) | < \frac{\varepsilon}{3}, \forall x \in X$$

于是，对 $N+1$，由 $f_{N+1}(x)$ 在 $x_0 \in X$ 连续知，$\exists \delta > 0$，当 $x \in X, | x - x_0 | < \delta$ 时，有

$$| f_{N+1}(x) - f_{N+1}(x_0) | < \frac{\varepsilon}{3}$$

因此

$$| f(x) - f(x_0) | \leqslant | f(x) - f_{N+1}(x) | + | f_{N+1}(x) - f_{N+1}(x_0) | +$$
$$| f_{N+1}(x_0) - f(x_0) |$$
$$< \frac{\varepsilon}{3} + \frac{\varepsilon}{3} + \frac{\varepsilon}{3} = \varepsilon$$

即 $\lim\limits_{x \to x_0} f(x) = f(x_0)$，$f$ 在 $x_0$ 连续.

**定理 6.3.6**　设 $f_n(x)$ 在 $[a,b]$ 上 Riemann 可积，$f_n(x) \rightrightarrows f(x)(n \to + \infty)$，$x \in [a,b]$，则 $f(x)$ 在 $[a,b]$ 上也 Riemann 可积，且

$$\lim_{n \to +\infty} \int_a^b f_n(x) \, dx = \int_a^b \lim_{n \to +\infty} f_n(x) \, dx = \int_a^b f(x) \, dx$$

**证明**   因为 $f_n(x)$ 在 $[a,b]$ 上 Riemann 可积,根据定理 6.1.2 与定理 6.1.4(8) 知,$f_n(x)$ 在 $[a,b]$ 上有界且几乎处处连续,即 $D_{\pi}^{f_n}$ 为零测集. 又因为 $f_n(x) \rightrightarrows f(x)(n \to +\infty), x \in [a,b]$,根据定理 6.3.5 知,$D_{\pi}^{f} \subset \bigcup_{n=1}^{\infty} D_{\pi}^{f_n}$,再由引理 6.1.6(4) 及(2) 立即推得 $D_{\pi}^{f}$ 为零测集.

$\forall \varepsilon > 0$,因 $f_n(x) \rightrightarrows f(x)(n \to +\infty), x \in [a,b]$,故 $\exists N = N(\varepsilon) \in \mathbb{N}$,当 $n > N = N(\varepsilon)$ 时,有

$$|f_n(x) - f(x)| < \frac{\varepsilon}{b-a}, \forall x \in [a,b]$$

于是

$$f_{N+1}(x) - \frac{\varepsilon}{b-a} < f(x) < f_{N+1}(x) + \frac{\varepsilon}{b-a}$$

$f(x)$ 在 $[a,b]$ 上有界. 从定理6.1.4(8)得到 $f$ 在 $[a,b]$ 上 Riemann 可积,进而,有

$$\left| \int_a^b f_n(x) \, dx - \int_a^b f(x) \, dx \right|$$

$$= \left| \int_a^b [f_n(x) - f(x)] \, dx \right|$$

$$\leqslant \int_a^b |f_n(x) - f(x)| \, dx$$

$$< \frac{\varepsilon}{b-a} \cdot (b-a) = \varepsilon$$

$$\lim_{n \to +\infty} \int_a^b f_n(x) \, dx = \int_a^b f(x) \, dx = \int_a^b \lim_{n \to +\infty} f_n(x) \, dx$$

回顾注 6.3.2,由于

$$f(x) = \lim_{n \to +\infty} \frac{x^n}{1+x} = \begin{cases} 0, 0 \leqslant x < 1 \\ \dfrac{1}{2}, x = 1 \end{cases}$$

在 $x = 1$ 不连续,因此,从定理6.3.5及反证法可以推断 $f_n(x) = \dfrac{x^n}{1+x}$ 在 $[0,1]$ 上不一致收敛于 $f(x)$. 由此可知,对上述的 $f_n, f$ 不能应用定理 6.3.6. 而 $\lim_{n \to +\infty} \int_0^1 \frac{x^n}{1+x} dx = \int_0^1 \lim_{n \to +\infty} \frac{x^n}{1+x} dx$ 只是一种巧合.

例 6.3.12 中，$f_n(x)$ 在 $[0,1]$ 上连续，而 $f(x) \equiv 0$ 在 $[0,1]$ 上也连续，这不能对 $f_n(x)$ 在 $[0,1]$ 上是否一致收敛于 $f(x) \equiv 0$ 给出任何信息. 但是，由

$$\lim_{n \to +\infty} \int_0^1 f_n(x)\mathrm{d}x \neq \int_0^1 \lim_{n \to +\infty} f_n(x)\mathrm{d}x$$ 与定理 6.3.6 表明，$f_n(x)$ 在 $[0,1]$ 上不一致收敛于 $f(x) = 0$.

## 练习题 6.3

**1.** 应用 Newton-Leibniz 公式计算下列 Riemann 积分：

（1）$\int_{-1}^1 \dfrac{x^2}{1+x^2}\mathrm{d}x$；　（2）$\int_0^1 \dfrac{x^n}{1+x}\mathrm{d}x$；

（3）$\int_1^4 \dfrac{x+1}{\sqrt{x}}\mathrm{d}x$；　（4）$\int_0^{\frac{\pi}{2}} \cos mx\sin nx\mathrm{d}x, m,n \in \mathbb{Z}$；

（5）$\int_e^{e^2} \dfrac{\mathrm{d}x}{x\ln x}$；　（6）$\int_0^1 \dfrac{e^x-e^{-x}}{2}\mathrm{d}x$；

（7）$\int_0^{\frac{\pi}{3}} \tan^2 x\mathrm{d}x$；　（8）$\int_4^9 \left(\sqrt{x}+\dfrac{1}{\sqrt{x}}\right)\mathrm{d}x$；

（9）$\int_{\frac{1}{e}}^e \dfrac{1}{x}(\ln x)^2\mathrm{d}x$.

**2.** 利用 Riemann 积分求下列极限：

（1）$\lim\limits_{n \to +\infty} \dfrac{1}{n}\sum\limits_{k=1}^n \sin\dfrac{k\pi}{n}$；

（2）$\lim\limits_{n \to +\infty} \dfrac{1}{n^4}(1+2^3+\cdots+n^3)$；

（3）$\lim\limits_{n \to +\infty} n\left[\dfrac{1}{(n+1)^2}+\dfrac{1}{(n+2)^2}+\cdots+\dfrac{1}{(n+n)^2}\right]$；

（4）$\lim\limits_{n \to +\infty} \left(\dfrac{n}{n^2+1^2}+\dfrac{n}{n^2+2^2}+\cdots+\dfrac{n}{n^2+n^2}\right)$；

（5）$\lim\limits_{n \to +\infty} \left(\dfrac{1}{\sqrt{n^2}}+\dfrac{1}{\sqrt{n(n+1)}}+\cdots+\dfrac{1}{\sqrt{n(2n-1)}}\right)$.

**3.** 证明：

（1）$\int_0^1 \dfrac{(1+x)^4}{1+x^2}\mathrm{d}x = \dfrac{22}{3} - \pi$；

（2）$\int_0^1 \dfrac{x^4(1-x)^4}{1+x^2}\mathrm{d}x = \dfrac{22}{7} - \pi$.

**4.** 设 $f$ 为 $[0, +\infty)$ 上的连续函数，且它满足 $\int_0^x f(t)\mathrm{d}t = \dfrac{1}{2}xf(x)$，$x > 0$. 证明：$f = cx$，其中 $c$ 为常数.

**5.** 设 $f$ 为 $(0, +\infty)$ 上的连续函数，且 $\forall a > 0$ 有

$$g(x) = \int_x^{ax} f(t)\mathrm{d}t \equiv 常数, x \in (0, +\infty)$$

证明：$f(x) = \dfrac{c}{x}$，$x \in (0, +\infty)$，$c$ 为常数.

**6.** 应用微积分基本定理求下列极限：

（1）$\lim\limits_{x\to 0} \dfrac{1}{x}\int_0^x \cos t^2 \mathrm{d}t$；

（2）$\lim\limits_{x\to +\infty} \dfrac{\left(\int_0^x \mathrm{e}^{t^2}\mathrm{d}t\right)^2}{\int_0^x \mathrm{e}^{2t^2}\mathrm{d}t}$.

**7.** 设 $f$ 为连续可导的函数，试求 $\dfrac{\mathrm{d}}{\mathrm{d}x}\int_a^x (x-t)f'(t)\mathrm{d}t$.

**8.** 设 $y = f(x)$ 为 $[a,b]$ 上严格增的连续曲线（图 6.3.3）. 试分别用（1）积分第二中值定理，（2）连续函数（$F(x) = f(a)(x-a) + (b-x)f(b)$）的介值定理，证明：存在 $\xi \in (a,b)$，使得图 6.3.3 中两阴影部分面积相等.

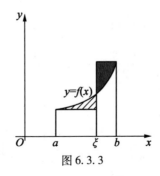

图 6.3.3

**9.** 设 $f$ 在 $[a,b]$ 上连续且单调增

$$F(x) = \begin{cases} \dfrac{1}{x-a}\displaystyle\int_a^x f(t)\,dt, & x \in (a,b] \\ f(a), & x = a \end{cases}$$

证明：$F$ 为 $[a,b]$ 上的增函数.

**10.** 应用微积分基本定理证明：连续的奇函数的一切原函数皆为偶函数；连续的偶函数的原函数中只有一个是奇函数（比较练习题 5.1 中题 5 与题 6）.

**11.** 设 $f$ 在 $[a,b]$ 上连续，且 $f(x) > 0$. 证明

$$F(x) = \int_a^x f(t)\,dt - \int_x^b \frac{dt}{f(t)}$$

在 $(a,b)$ 内有一根且仅有一根.

## 思考题 6.3

**1.** 设函数 $f$ 在 $(-\infty, +\infty)$ 上连续，并且 $g(x) = f(x)\displaystyle\int_0^x f(t)\,dt$ 为 $(-\infty, +\infty)$ 上的减函数. 证明：$f(x) \equiv 0$.

**2.** 求出所有 $[0, +\infty)$ 上的正值连续函数 $g(x)$，使得 $\forall x > 0$ 有

$$\frac{1}{2}\int_0^x [g(t)]^2\,dt = \frac{1}{x}\left(\int_0^x g(t)\,dt\right)^2$$

# 6.4　Riemann 积分的换元与分部积分

　　Newton-Leibniz 公式给了我们计算 Riemann 积分的简洁办法，它的关键在于求出原函数. 换元（变量代换）与分部积分是求原函数或不定积分的两个重要方法. 用它们先求原函数再应用 Newton-Leibniz 公式计算 Riemann 积分，但有时应用起来不免有些烦琐. 这里将要介绍的是不先求原函数，而是套用换元与分部积分的方法与步骤直接计算 Riemann 积分.

　　**定理 6.4.1**（Riemann 积分的换元（变量代换））　设 $f(x)$ 在 $[a,b]$ 上连续，$x = \varphi(t)$ 在 $[\alpha,\beta]$ 上连续可导，且 $\varphi([\alpha,\beta]) \subset [a,b]$，$\varphi(\alpha) = a, \varphi(\beta) = b$，

则
$$\int_a^b f(x)\,dx = \int_\alpha^\beta f(\varphi(t))\varphi'(t)\,dt = \int_\alpha^\beta f \circ \varphi(t)\varphi'(t)\,dt$$

**证明**  因为 $f$ 在 $[a,b]$ 上连续,根据微积分基本定理知,$f$ 在 $[a,b]$ 上有原函数 $F$,即 $F'(x) = f(x)$,所以
$$[F(\varphi(t))]' = F'(\varphi(t)) \cdot \varphi'(t) = f(\varphi(t)) \cdot \varphi'(t)$$

再根据 Newton-Leibniz 公式得到
$$\int_\alpha^\beta f(\varphi(t))\varphi'(t)\,dt = F(\varphi(t))\,\big|_\alpha^\beta = F(\varphi(\beta)) - F(\varphi(\alpha))$$
$$= F(b) - F(a) = \int_a^b f(x)\,dx$$

如果在定理 6.4.1 中,当 $t$ 从 $\alpha$ 变到 $\beta$ 时,$\varphi(t)$ 严格增地从 $a$ 变到 $b$,则我们有不同特色的另一证明.

**定理 6.4.1′**(Riemann 积分的换元(变量代换))  设 $f(x)$ 在 $[a,b]$ 上连续,$x = \varphi(t)$ 在 $[\alpha,\beta]$ 上连续可导,且当 $t$ 从 $\alpha$ 变到 $\beta$ 时,$\varphi(t)$ 严格增地从 $a$ 变到 $b$,则有
$$\int_a^b f(x)\,dx = \int_\alpha^\beta f(\varphi(t))\varphi'(t)\,dt = \int_\alpha^\beta f \circ \varphi(t)\varphi'(t)\,dt$$

**证明**  由于上式两边的被积函数都是连续的,因此,Riemann 积分都存在.

作 $[\alpha,\beta]$ 上的分割 $W:\alpha = t_0 < t_1 < \cdots < t_n = \beta$. 令 $x_i = \varphi(t_i)$,$i = 0$,$1,\cdots,n$. 这就产生了 $[a,b]$ 的一个分割 $T:a = x_0 < x_1 < \cdots < x_n = b$. 由 Lagrange 中值定理,我们有
$$\Delta x_i = x_i - x_{i-1} = \varphi(t_i) - \varphi(t_{i-1}) = \varphi'(\tau_i)(t_i - t_{i-1}) = \varphi'(\tau_i)\Delta t_i$$

其中 $\tau_i \in (t_{i-1},t_i)$,$i = 1,2,\cdots,n$. 设 $K$ 为 $|\varphi'|$ 在 $[\alpha,\beta]$ 上的一个上界,便有
$$\Delta x_i \leqslant K\Delta t_i,\ i = 1,2,\cdots,n$$

由此可知
$$\|T\| \leqslant K\|W\|$$

所以,$\|W\| \to 0$ 蕴涵着 $\|T\| \to 0$.

令 $\xi_i = \varphi(\tau_i)$,$i = 1,2,\cdots,n$,则易见
$$x_{i-1} = \varphi(t_{i-1}) < \xi_i = \varphi(\tau_i) < \varphi(t_i) = x_i$$

即 $\xi_i \in (x_{i-1},x_i)$,$i = 1,2,\cdots,n$. 于是

$$\int_a^b f(x)\,\mathrm{d}x = \lim_{\|T\|\to 0}\sum_{i=1}^b f(\xi_i)\Delta x_i$$

$$= \lim_{\|W\|\to 0}\sum_{i=1}^n f(\varphi(\tau_i))\varphi'(\tau_i)\Delta t_i$$

$$= \int_\alpha^\beta f \circ \varphi(t)\varphi'(t)\,\mathrm{d}t$$

**定理 6.4.1″**　在定理 6.4.1′ 中,如果将 $f(x)$ 在 $[a,b]$ 上"连续"改为
"Riemann 可积",则结论仍正确.

**证明**　$\forall \varepsilon > 0$,因为 $\varphi'(t)$ 连续,故 $\exists \delta_1 > 0$,当 $t',t'' \in [\alpha,\beta]$,$|t'-t''| <$
$\delta_1$ 时,有

$$|\varphi'(t') - \varphi'(t'')| < \frac{\varepsilon}{3M+1}$$

其中 $M = \sup\limits_{x \in [a,b]} |f(x)|$. 又因为 $f$ 在 $[a,b]$ 上 Riemann 可积,所以 $\exists \delta_2 > 0$,当
$[a,b]$ 的分割 $T$, $\|T\| < \delta_2$ 时,有

$$\sum_{i=1}^n \omega_i^f \Delta x_i < \frac{\varepsilon}{3}$$

且

$$\left| \sum_{i=1}^n f(\xi_i)\Delta x_i - \int_a^b f(x)\,\mathrm{d}x \right| < \frac{\varepsilon}{3}, \xi_i \in [x_{i-1}, x_i]$$

于是,对 $[\alpha,\beta]$ 的任一分割 $W: \alpha = t_0 < t_1 < \cdots < t_n = \beta$,$\forall \tilde{\tau}_i \in [t_{i-1}, t_i]$,令
$x_i = \varphi(t_i)$,则

$$x_i - x_{i-1} = \varphi(t_i) - \varphi(t_{i-1}) = \varphi'(\tau_i)(t_i - t_{i-1})$$

当 $\|W\| < \delta = \min\left\{\delta_1, \dfrac{\delta_2}{K+1}\right\}$ 时,有

$$\|T\| \leqslant K\|W\| < K \cdot \frac{\delta_2}{K+1} < \delta_2$$

其中 $K$ 为 $|\varphi'|$ 在 $[\alpha,\beta]$ 上的一个上界,故

$$\left| \sum_{i=1}^n f(\varphi(\tilde{\tau}_i))\varphi'(\tilde{\tau}_i)\Delta t_i - \int_a^b f(x)\,\mathrm{d}x \right|$$

$$\leqslant \sum_{i=1}^n |f(\varphi(\tilde{\tau}_i))| \cdot |\varphi'(\tilde{\tau}_i) - \varphi'(\tau_i)|\Delta t_i +$$

$$\sum_{i=1}^n |f(\varphi(\tilde{\tau}_i)) - f(\varphi(\tau_i))| |\varphi'(\tau_i)|\Delta t_i +$$

$$\left| \sum_{i=1}^{n} f(\varphi(\tau_i)) \varphi'(\tau_i) \Delta t_i - \int_a^b f(x) \, \mathrm{d}x \right|$$

$$\leqslant M \frac{\varepsilon}{3M+1} + \sum_{i=1}^{n} \omega_i^f \Delta x_i + \left| \sum_{i=1}^{n} f(\xi_i) \Delta x_i - \int_a^b f(x) \, \mathrm{d}x \right|$$

$$< \frac{\varepsilon}{3} + \frac{\varepsilon}{3} + \frac{\varepsilon}{3} = \varepsilon$$

$$\int_\alpha^\beta f(\varphi(t)) \varphi'(t) \, \mathrm{d}t = \lim_{\|W\| \to 0} \sum_{i=1}^{n} f(\varphi(\tilde{\tau}_i)) \varphi'(\tilde{\tau}_i) \Delta t_i = \int_a^b f(x) \, \mathrm{d}x$$

**定理 6.4.2**(Riemann 积分的分部积分) 设 $u(x), v(x)$ 为 $[a,b]$ 上的连续可导函数,则有 Riemann 积分的分部积分公式

$$\int_a^b u(x) v'(x) \, \mathrm{d}x = u(x) v(x) \Big|_a^b - \int_a^b u'(x) v(x) \, \mathrm{d}x$$

则

$$\int_a^b u(x) \, \mathrm{d}v(x) = u(x) v(x) \Big|_a^b - \int_a^b v(x) \, \mathrm{d}u(x)$$

**证法 1** $\int_a^b u(x) v'(x) \, \mathrm{d}x$

$$\xlongequal{\text{Newton-Leibniz 公式}} \left[ u(x) v(x) - \int u'(x) v(x) \, \mathrm{d}x \right] \Big|_a^b$$

$$= u(x) v(x) \Big|_a^b - \left[ \int u'(x) v(x) \, \mathrm{d}x \right] \Big|_a^b$$

$$= u(x) v(x) \Big|_a^b - \int_a^b u'(x) v(x) \, \mathrm{d}x$$

**证法 2** 因为 $uv$ 为 $uv' + u'v$ 在 $[a,b]$ 上的一个原函数,所以

$$\int_a^b u(x) v'(x) \, \mathrm{d}x + \int_a^b u'(x) v(x) \, \mathrm{d}x$$

$$= \int_a^b \left[ u(x) v'(x) + u'(x) v(x) \right] \mathrm{d}x$$

$$\xlongequal{\text{Newton-Leibniz 公式}} u(x) v(x) \Big|_a^b$$

从而

$$\int_a^b u(x) v'(x) \, \mathrm{d}x = u(x) v(x) \Big|_a^b - \int_a^b u'(x) v(x) \, \mathrm{d}x$$

进而,有下面的定理.

**定理 6.4.3** 设 $u(x), v(x)$ 在 $[a,b]$ 上具有 $n+1$ 阶连续导数,则有

$$\int_a^b u(x)v^{(n+1)}(x)\mathrm{d}x$$

$$= \left[u(x)v^{(n)}(x) - u'(x)v^{(n-1)}(x) + \cdots + (-1)^n u^{(n)}(x)v(x)\right]\Big|_a^b +$$

$$(-1)^{n+1}\int_a^b u^{(n+1)}(x)v(x)\mathrm{d}x, n = 0,1,2,\cdots$$

**证明**
$$\int_a^b u(x)v^{(n+1)}(x)\mathrm{d}x$$

$$= u(x)v^{(n)}(x)\Big|_a^b - \int_a^b u'(x)v^{(n)}(x)\mathrm{d}x$$

$$= u(x)v^{(n)}(x)\Big|_a^b - u'(x)v^{(n-1)}(x)\Big|_a^b +$$

$$\int_a^b u''(x)v^{(n-1)}(x)\mathrm{d}x$$

$$= \cdots$$

$$= \left[u(x)v^{(n)}(x) - u'(x)v^{(n-1)}(x) + \cdots + \right.$$

$$\left.(-1)^n u^{(n)}(x)v(x)\right]\Big|_a^b +$$

$$(-1)^{(n+1)}\int_a^b u^{(n+1)}(x)v(x)\mathrm{d}x$$

**例 6.4.1**　Taylor 公式的积分型余项.

设函数 $f$ 在点 $x_0$ 的某开邻域 $U(x_0)$ 内有 $n+1$ 阶连续导数. 令 $x \in U(x_0)$, $u(t) = (x-t)^n, v(t) = f(t), t \in [x_0,x]$（或 $t \in [x,x_0]$）. 根据定理 6.4.3, 有

$$\int_{x_0}^x (x-t)^n f^{(n+1)}(t)\mathrm{d}t$$

$$= \left[(x-t)^n f^{(n)}(t) + n(x-t)^{n-1}f^{(n-1)}(t) + \cdots + n!f(t)\right]\Big|_{x_0}^x + \int_{x_0}^x 0 \cdot f(t)\mathrm{d}t$$

$$= n!f(x) - n!\left[f(x_0) + f'(x_0)(x-x_0) + \cdots + \frac{f^{(n)}(x_0)}{n!}(x-x_0)^n\right]$$

$$= n!R_n(x)$$

由此求得

$$R_n(x) = \frac{1}{n!}\int_{x_0}^x f^{(n+1)}(t)(x-t)^n\mathrm{d}t$$

并称它为 Taylor 公式的**积分型余项**.

由于 $f^{(n+1)}(t)$ 连续, $(x-t)^n$ 在 $[x_0,x]$（或 $[x,x_0]$）上保持同号, 因此, 由推

广的积分第一中值定理,有

$$R_n(x) = \frac{1}{n!} \int_{x_0}^x f^{(n+1)}(t)(x-t)^n dt$$

$$= \frac{1}{n!} f^{(n+1)}(\xi) \int_{x_0}^x (x-t)^n dt$$

$$= \frac{1}{n!} f^{(n+1)}(\xi) \left. \frac{-(x-t)^{n+1}}{n+1} \right|_{x_0}^x$$

$$= \frac{f^{(n+1)}(\xi)}{(n+1)!}(x-x_0)^{n+1}, \xi \in (x_0,x)(\text{或}(x,x_0))$$

其中 $\xi = x_0 + \theta(x-x_0)$, $0 < \theta < 1$. 这就是熟悉的 Taylor 公式的 Lagrange 型余项.

如果直接应用积分第一中值定理,就得到 Taylor 公式的 Cauchy 余项

$$R_n(x) = \frac{1}{n!} \int_{x_0}^x f^{(n+1)}(t)(x-t)^n dt$$

$$= \frac{1}{n!} f^{(n+1)}(\xi)(x-\xi)^n \int_{x_0}^x dt$$

$$= \frac{1}{n!} f^{(n+1)}(\xi)(x-\xi)^n (x-x_0)$$

$$= \frac{1}{n!} f^{(n+1)}(x+\theta(x-x_0))(1-\theta)^n (x-x_0)^{n+1}$$

其中

$$\xi = x_0 + \theta(x-x_0)$$

$$x - \xi = (x-x_0) - \theta(x-x_0) = (1-\theta)(x-x_0)$$

**例 6.4.2** 求下列 Riemann 积分:

(1) $\int_0^1 \sqrt{1-x^2} dx$;

(2) $\int_0^{\frac{\pi}{2}} \sin t \cos^2 t dt$;

(3) $\int_1^e x^2 \ln x dx$.

**解** (1) $\int_0^1 \sqrt{1-x^2} dx \xrightarrow{x=\sin t} \int_0^{\frac{\pi}{2}} \sqrt{1-\sin^2 t} \cos t dt$

$$= \int_0^{\frac{\pi}{2}} \cos^2 t dt = \frac{1}{2} \int_0^{\frac{\pi}{2}} (1+\cos 2t) dt$$

$$= \frac{1}{2}\left(t + \frac{1}{2}\sin 2t\right)\Big|_0^{\frac{\pi}{2}} = \frac{\pi}{4}$$

或者由下面的例 6.4.5 的结论,得

$$\int_0^1 \sqrt{1 - x^2}\, dx = \int_0^{\frac{\pi}{2}} \cos^2 t\, dt = \frac{1}{2} \cdot \frac{\pi}{2} = \frac{\pi}{4}$$

(2)　$\displaystyle\int_0^{\frac{\pi}{2}} \sin t\cos^2 t\, dt \xlongequal{x = \cos t} \int_1^0 x^2(-dx) = -\frac{x^3}{3}\Big|_1^0 = \frac{1}{3}$

或者

$$\int_0^{\frac{\pi}{2}} \sin t\cos^2 t\, dt = \int_0^{\frac{\pi}{2}} \sin t(1 - \sin^2 t)\, dt$$

$$= \int_0^{\frac{\pi}{2}} \sin t\, dt - \int_0^{\frac{\pi}{2}} \sin^3 t\, dt$$

$$= -\cos t\Big|_0^{\frac{\pi}{2}} - \frac{2!!}{3!!} = 1 - \frac{2}{3} = \frac{1}{3}$$

(3)　$\displaystyle\int_1^e x^2 \ln x\, dx \xlongequal{升幂} \int_1^e \ln x\, d\left(\frac{x^3}{3}\right)$

$$\xlongequal{分部积分} \frac{1}{3}\left(x^3 \ln x\Big|_1^e - \int_1^e x^3 \cdot \frac{1}{x}\, dx\right)$$

$$= \frac{1}{3}\left(e^3 - \frac{x^3}{3}\Big|_1^e\right) = \frac{1}{3}\left(e^3 - \frac{e^3}{3} + \frac{1}{3}\right)$$

$$= \frac{1}{9}(2e^3 + 1)$$

**例 6.4.3**　求 $\displaystyle\int_0^1 \frac{\ln(1 + x)}{1 + x^2}\, dx$.

**解法 1**

$$\int_0^1 \frac{\ln(1 + x)}{1 + x^2}\, dx \xlongequal{x = \tan t} \int_0^{\frac{\pi}{4}} \frac{\ln(1 + \tan t)}{1 + \tan^2 t}\sec^2 t\, dt$$

$$= \int_0^{\frac{\pi}{4}} \ln\frac{\cos t + \sin t}{\cos t}\, dt = \int_0^{\frac{\pi}{4}} \ln\frac{\sqrt{2}\cos\left(\frac{\pi}{4} - t\right)}{\cos t}\, dt$$

$$= \int_0^{\frac{\pi}{4}} \ln\sqrt{2}\, dt + \int_0^{\frac{\pi}{4}} \ln\cos\left(\frac{\pi}{4} - t\right)\, dt - \int_0^{\frac{\pi}{4}} \ln\cos t\, dt$$

$$\xlongequal{u = \frac{\pi}{4} - t} \frac{\pi}{8}\ln 2 + \int_{\frac{\pi}{4}}^0 \ln\cos u(-du) - \int_0^{\frac{\pi}{4}} \ln\cos t\, dt$$

$$= \frac{\pi}{8}\ln 2 + \int_0^{\frac{\pi}{4}} \ln \cos t dt - \int_0^{\frac{\pi}{4}} \ln \cos t dt = \frac{\pi}{8}\ln 2$$

上述计算的妙处在于套用了换元的方法与步骤并利用定理 6.4.1 导致两个 Riemann 积分 $\int_0^{\frac{\pi}{4}} \ln \cos u du$ 与 $\int_0^{\frac{\pi}{4}} \ln \cos t dt$ 相消,从而得到 $\int_0^1 \frac{\ln(1+x)}{1+x^2}dx = \frac{\pi}{8}\ln 2$. 但是,无法用同样的换元来求出 $\int \frac{\ln(1+x)}{1+x^2}dx$,当然也无法用 Newton-Leibniz 公式.

**解法 2** 令

$$I(\alpha) = \int_0^1 \frac{\ln(1+\alpha x)}{1+x^2}dx$$

其中 $x$ 为积分变量,$\alpha$ 为参变量. 则

$$I'(\alpha) = \int_0^1 \left(\frac{\ln(1+\alpha x)}{1+x^2}\right)'_\alpha dx = \int_0^1 \frac{x}{(1+\alpha x)(1+x^2)}dx$$

$$= \frac{1}{1+\alpha^2} \int_0^1 \left(\frac{-\alpha}{1+\alpha x} + \frac{x+\alpha}{1+x^2}\right)dx$$

$$= \frac{1}{1+\alpha^2}\left[-\ln(1+\alpha x) + \frac{1}{2}\ln(1+x^2) + \alpha \arctan x\right]\Big|_0^1$$

$$= -\frac{\ln(1+\alpha)}{1+\alpha^2} + \frac{\ln 2}{2(1+\alpha^2)} + \frac{\pi\alpha}{4(1+\alpha^2)}$$

因此

$$\int_0^1 \frac{\ln(1+x)}{1+x^2}dx = I(1) = I(1) - I(0)$$

$$\xlongequal{\text{Newton-Leibniz 公式}} \int_0^1 I'(\alpha)d\alpha$$

$$= -\int_0^1 \frac{\ln(1+\alpha)}{1+\alpha^2}d\alpha + \frac{\ln 2}{2}\int_0^1 \frac{d\alpha}{1+\alpha^2} + \frac{\pi}{4}\int_0^1 \frac{\alpha}{1+\alpha^2}d\alpha$$

$$= -\int_0^1 \frac{\ln(1+x)}{1+x^2}dx + \frac{\ln 2}{2}\arctan \alpha\Big|_0^1 + \frac{\pi}{8}\ln(1+\alpha^2)\Big|_0^1$$

$$= -\int_0^1 \frac{\ln(1+x)}{1+x^2}dx + \frac{\pi}{8}\ln 2 + \frac{\pi}{8}\ln 2$$

移项化简后得到

$$\int_0^1 \frac{\ln(1+x)}{1+x^2}dx = \frac{1}{2}\cdot\frac{\pi}{4}\ln 2 = \frac{\pi}{8}\ln 2$$

这个方法的妙处在于等号右边出现了 $-\int_0^1 \dfrac{\ln(1+x)}{1+x^2}\mathrm{d}x$, 从而可解出

$\int_0^1 \dfrac{\ln(1+x)}{1+x^2}\mathrm{d}x.$ 但是, 遗憾的是

$$I'(\alpha) = \int_0^1 \left(\frac{\ln(1+\alpha x)}{1+x^2}\right)'_\alpha \mathrm{d}x$$

即求导与积分号可变换, 这里没有足够的理由, 读者学会了参变量积分求导的定理后再来检验它, 这个等式确实是成立的.

我们给出解法 2, 是为了告诉读者除了解法 1 外还有一个很巧妙的方法, 还想告诉读者要思路开阔、大胆设想、不要受到束缚, 当然也不要忘了严格论证.

**例 6.4.4** 求 $\int_0^\pi \dfrac{x\sin x}{1+\cos^2 x}\mathrm{d}x.$

**解** $$\int_0^\pi \frac{x\sin x}{1+\cos^2 x}\mathrm{d}x \xlongequal{x=\pi-t} \int_\pi^0 \frac{(\pi-t)\sin(\pi-t)}{1+\cos^2(\pi-t)}\mathrm{d}(\pi-t)$$

$$= \int_0^\pi \frac{\pi\sin t}{1+\cos^2 t}\mathrm{d}t + \int_0^\pi \frac{-t\sin t}{1+\cos^2 t}\mathrm{d}t$$

移项化简得到

$$\int_0^\pi \frac{x\sin x}{1+\cos^2 x}\mathrm{d}x = \frac{\pi}{2}\int_0^\pi \frac{\sin x}{1+\cos^2 x}\mathrm{d}x = -\frac{\pi}{2}\int_0^\pi \frac{\mathrm{d}\cos x}{1+\cos^2 x}$$

$$= -\frac{\pi}{2}\arctan(\cos x)\Big|_0^\pi$$

$$= -\frac{\pi}{2}(\arctan(\cos\pi) - \arctan(\cos 0))$$

$$= -\frac{\pi}{2}\left(-\frac{\pi}{4} - \frac{\pi}{4}\right) = \frac{\pi^2}{4}$$

**例 6.4.5** 证明:

(1) Wallis 公式

$$\int_0^{\frac{\pi}{2}} \sin^n x\mathrm{d}x = \int_0^{\frac{\pi}{2}} \cos^n x\mathrm{d}x = \begin{cases} \dfrac{(n-1)!!}{n!!}\dfrac{\pi}{2}, & n\text{ 为偶数} \\[3mm] \dfrac{(n-1)!!}{n!!}, & n\text{ 为奇数} \end{cases}$$

(2) $\dfrac{\pi}{2} = \lim\limits_{m\to+\infty}\left[\dfrac{(2m)!!}{(2m-1)!!}\right]^2 \cdot \dfrac{1}{2m+1}$, 其中

$$(2m)!! = (2m)(2m-2)\cdots 2$$

$$(2m - 1)!! = (2m - 1)(2m - 3)\cdots 3 \cdot 1$$

**证明**
$$I_n = \int_0^{\frac{\pi}{2}} \sin^n x \, dx = -\int_0^{\frac{\pi}{2}} \sin^{n-1} x \, d\cos x$$

$$\xrightarrow{\text{分部积分}} -\sin^{n-1} x \cos x \Big|_0^{\frac{\pi}{2}} + \int_0^{\frac{\pi}{2}} (n - 1)\sin^{n-2} x \cos^2 x \, dx$$

$$= (n - 1)\int_0^{\frac{\pi}{2}} \sin^{n-2} x (1 - \sin^2 x) \, dx$$

$$= (n - 1)I_{n-2} - (n - 1)I_n$$

移项整理后得到递推公式

$$I_n = \frac{n - 1}{n} I_{n-2} \quad (n \geqslant 2)$$

由于

$$I_0 = \int_0^{\frac{\pi}{2}} \sin^0 x \, dx = \int_0^{\frac{\pi}{2}} dx = \frac{\pi}{2}$$

$$I_1 = \int_0^{\frac{\pi}{2}} \sin x \, dx = -\cos x \Big|_0^{\frac{\pi}{2}} = \cos 0 - \cos \frac{\pi}{2} = 1 - 0 = 1$$

重复应用递推公式便得

$$I_{2m} = \frac{2m - 1}{2m} I_{2m-2} = \frac{2m - 1}{2m} \cdot \frac{2m - 3}{2m - 2} I_{2m-4}$$

$$= \cdots$$

$$= \frac{2m - 1}{2m} \cdot \frac{2m - 3}{2m - 2} \cdot \cdots \cdot \frac{1}{2} I_0$$

$$= \frac{(2m - 1)!!}{(2m)!!} \cdot \frac{\pi}{2}$$

$$I_{2m-1} = \frac{2m - 2}{2m - 1} I_{2m-3} = \frac{2m - 2}{2m - 1} \cdot \frac{2m - 4}{2m - 3} I_{2m-5}$$

$$= \cdots$$

$$= \frac{2m - 2}{2m - 1} \cdot \frac{2m - 4}{2m - 3} \cdot \cdots \cdot \frac{2}{3} I_1$$

$$= \frac{(2m - 2)!!}{(2m - 1)!!}$$

而

$$\int_0^{\frac{\pi}{2}} \cos^n x \, dx \xrightarrow{x = \frac{\pi}{2} - t} -\int_{\frac{\pi}{2}}^0 \cos^n \left(\frac{\pi}{2} - t\right) dt$$

$$= \int_0^{\frac{\pi}{2}} \sin^n t \mathrm{d}t = \int_0^{\frac{\pi}{2}} \sin^n x \mathrm{d}x$$

$$= \begin{cases} \dfrac{(n-1)!!}{n!!} \cdot \dfrac{\pi}{2}, & n \text{ 为偶数} \\[3mm] \dfrac{(n-1)!!}{n!!}, & n \text{ 为奇数} \end{cases}$$

或类似 $\int_0^{\frac{\pi}{2}} \sin^n x \mathrm{d}x$,应用分部积分法得到递推公式求得上述公式.

(2) 因为

$$\int_0^{\frac{\pi}{2}} \sin^{2m+1} x \mathrm{d}x < \int_0^{\frac{\pi}{2}} \sin^{2m} x \mathrm{d}x < \int_0^{\frac{\pi}{2}} \sin^{2m-1} x \mathrm{d}x$$

所以由(1)知,上式就是

$$\frac{(2m)!!}{(2m+1)!!} < \frac{(2m-1)!!}{(2m)!!} \cdot \frac{\pi}{2} < \frac{(2m-2)!!}{(2m-1)!!}$$

由此得到

$$A_m = \frac{1}{2m+1} \left[ \frac{(2m)!!}{(2m-1)!!} \right]^2 < \frac{\pi}{2}$$

$$< \left[ \frac{(2m)!!}{(2m-1)!!} \right]^2 \frac{1}{2m} = B_m$$

因为

$$0 < B_m - A_m = \left[ \frac{(2m)!!}{(2m-1)!!} \right]^2 \left( \frac{1}{2m} - \frac{1}{2m+1} \right)$$

$$= \left[ \frac{(2m)!!}{(2m-1)!!} \right]^2 \frac{1}{2m(2m+1)}$$

$$< \frac{1}{2m} \cdot \frac{\pi}{2} \to 0 \quad (m \to +\infty)$$

故由夹逼定理立即有

$$\lim_{m \to +\infty} (B_m - A_m) = 0$$

再由 $0 < \dfrac{\pi}{2} - A_m < B_m - A_m \to 0 (m \to +\infty)$ 得到

$$\lim_{m \to +\infty} \left( \frac{\pi}{2} - A_m \right) = 0$$

$$\lim_{m \to +\infty} \left[ \frac{(2m)!!}{(2m-1)!!} \right]^2 \frac{1}{2m+1}$$

$$= \lim_{m \to +\infty} A_m = \lim_{m \to +\infty} \left[ \frac{\pi}{2} - \left( \frac{\pi}{2} - A_m \right) \right]$$

$$= \frac{\pi}{2} - 0 = \frac{\pi}{2}$$

**例 6.4.6**   计算 $I(m,n) = \int_0^{\frac{\pi}{2}} \cos^m x \sin^n x \mathrm{d}x.$

**解**   $I(m,n) = \frac{1}{n+1} \int_0^{\frac{\pi}{2}} \cos^{m-1} x \mathrm{d}\sin^{n+1} x$

$$= \frac{1}{n+1} \left[ \cos^{m-1} x \sin^{n+1} x \Big|_0^{\frac{\pi}{2}} - \int_0^{\frac{\pi}{2}} (m-1) \cos^{m-2} x (-\sin^{n+2} x) \mathrm{d}x \right]$$

$$= \frac{m-1}{n+1} \int_0^{\frac{\pi}{2}} \cos^{m-2} x \sin^n x (1 - \cos^2 x) \mathrm{d}x$$

$$= \frac{m-1}{n+1} [ I(m-2,n) - I(m,n) ]$$

移项化简得

$$I(m,n) = \frac{m-1}{m+n} I(m-2,n)$$

$$= \begin{cases} \dfrac{(m-1)(m-3)\cdots 1}{(m+n)(m+n-2)\cdots(n+2)} I(0,n), & m \text{ 为偶数} \\[4mm] \dfrac{(m-1)(m-3)\cdots 2}{(m+n)(m+n-2)\cdots(n+3)} I(1,n), & m \text{ 为奇数} \end{cases}$$

$$= \begin{cases} \dfrac{(m-1)!!(n-1)!!}{(m+n)!!} \dfrac{\pi}{2}, & m \text{ 与 } n \text{ 均为偶数} \\[4mm] \dfrac{(m-1)!!(n-1)!!}{(m+n)!!}, & m \text{ 与 } n \text{ 中有一个奇数} \end{cases}$$

**例 6.4.7**   求 $\lim\limits_{n \to +\infty} \left[ \left( 1 + \frac{1}{n} \right) \left( 1 + \frac{2}{n} \right) \cdots \left( 1 + \frac{n}{n} \right) \right]^{\frac{1}{n}}.$

**解**   因为

$$\lim_{n \to +\infty} \frac{1}{n} \sum_{k=1}^n \left[ \ln \left( 1 + \frac{k}{n} \right) \right]$$

$$= \int_0^1 \ln(1+x) \mathrm{d}x = \int_0^1 \ln(1+x) \mathrm{d}(1+x)$$

$$\xlongequal{\text{分部积分}} (1+x) \ln(1+x) \Big|_0^1 - \int_0^1 (1+x) \cdot \frac{1}{1+x} \mathrm{d}x$$

$$= 2\ln 2 - \int_0^1 dx = 2\ln 2 - 1$$

所以

$$\lim_{n \to +\infty} \left[ \left( 1 + \frac{1}{n} \right) \left( 1 + \frac{2}{n} \right) + \cdots + \left( 1 + \frac{n}{n} \right) \right]^{\frac{1}{n}}$$

$$= \exp\left[ \lim_{n \to +\infty} \frac{1}{n} \sum_{k=1}^{n} \ln\left( 1 + \frac{k}{n} \right) \right] = e^{2\ln 2 - 1} = \frac{e^{\ln 4}}{e} = \frac{4}{e}$$

**例 6.4.8**　计算 $\int_0^{\frac{\pi}{4}} \dfrac{dx}{\cos x}$.

**解**
$$\int_0^{\frac{\pi}{4}} \frac{dx}{\cos x} = \int_0^{\frac{\pi}{4}} \frac{d\sin x}{1 - \sin^2 x} \xlongequal{t = \sin x} \int_0^{\frac{\sqrt{2}}{2}} \frac{dt}{1 - t^2}$$

$$= \frac{1}{2} \int_0^{\frac{\sqrt{2}}{2}} \left( \frac{1}{1 + t} + \frac{1}{1 - t} \right) dt$$

$$= \frac{1}{2} \ln \frac{1 + t}{1 - t} \bigg|_0^{\frac{\sqrt{2}}{2}} = \frac{1}{2} \ln \frac{1 + \frac{\sqrt{2}}{2}}{1 - \frac{\sqrt{2}}{2}}$$

$$= \ln(\sqrt{2} + 1)$$

**例 6.4.9**　(1) 设 $f$ 为连续的奇函数, 则 $\forall a \in \mathbb{R}$, 有

$$\int_{-a}^{a} f(x)\,dx = 0$$

(2) 设 $f$ 为连续的偶函数, 则 $\forall a \in \mathbb{R}$, 有

$$\int_{-a}^{a} f(x)\,dx = 2 \int_0^a f(x)\,dx$$

(3) 设 $f$ 是周期为 $T$ 的连续函数, 则 $\forall a \in \mathbb{R}$, 有

$$\int_a^{a+T} f(x)\,dx = \int_0^T f(x)\,dx$$

**证明**　(1) $\displaystyle\int_{-a}^{a} f(x)\,dx = \int_{-a}^{0} f(x)\,dx + \int_0^a f(x)\,dx$

$$\xlongequal{x = -t} \int_a^0 f(-t)\,d(-t) + \int_0^a f(x)\,dx$$

$$= \int_0^a -f(t)\,dt + \int_0^a f(x)\,dx = 0$$

(2)
$$\int_{-a}^{a} f(x)\,\mathrm{d}x = \int_{-a}^{0} f(x)\,\mathrm{d}x + \int_{0}^{a} f(x)\,\mathrm{d}x$$

$$\xlongequal{x=-t} \int_{a}^{0} f(-t)\,\mathrm{d}(-t) + \int_{0}^{a} f(x)\,\mathrm{d}x$$

$$= \int_{0}^{a} f(t)\,\mathrm{d}t + \int_{0}^{a} f(x)\,\mathrm{d}x = 2\int_{0}^{a} f(x)\,\mathrm{d}x$$

(3) 因为

$$\int_{T}^{a+T} f(x)\,\mathrm{d}x \xlongequal{x=t+T} \int_{0}^{a} f(t+T)\,\mathrm{d}(t+T)$$

$$= \int_{0}^{a} f(t)\,\mathrm{d}t = \int_{0}^{a} f(x)\,\mathrm{d}x$$

所以

$$\int_{a}^{a+T} f(x)\,\mathrm{d}x = \int_{a}^{0} f(x)\,\mathrm{d}x + \int_{0}^{T} f(x)\,\mathrm{d}x + \int_{T}^{a+T} f(x)\,\mathrm{d}x$$

$$= -\int_{0}^{a} f(x)\,\mathrm{d}x + \int_{0}^{T} f(x)\,\mathrm{d}x + \int_{0}^{a} f(x)\,\mathrm{d}x$$

$$= \int_{0}^{T} f(x)\,\mathrm{d}x$$

**注 6.4.1** 在例 6.4.9 中,如果将 $f$ "连续" 改为 "Riemann 可积",则其结论仍正确. 只需应用 Riemann 积分定义证明:

(1) $\int_{0}^{a} f(x)\,\mathrm{d}x = -\int_{-a}^{0} f(x)\,\mathrm{d}x$;

(2) $\int_{0}^{a} f(x)\,\mathrm{d}x = \int_{-a}^{0} f(x)\,\mathrm{d}x$;

(3) $\int_{T}^{a+T} f(x)\,\mathrm{d}x = \int_{0}^{a} f(x)\,\mathrm{d}x$.

或者应用定理 6.4.1″ 及例 6.4.9 中的方法.

# 练习题 6.4

**1.** 证明:$\displaystyle\lim_{n\to+\infty} \prod_{k=1}^{n} \left(1+\frac{k}{n}\right)^{\frac{k}{n^2}} = \mathrm{e}^{\frac{1}{4}}$.

(提示:$\displaystyle\lim_{n\to+\infty} \frac{1}{n}\sum_{k=1}^{n} \frac{k}{n}\ln\left(1+\frac{k}{n}\right) = \int_{0}^{1} x\ln(1+x)\,\mathrm{d}x$. )

**2.** 求下列极限：

(1) $\lim\limits_{n\to+\infty} \sin\dfrac{\pi}{n} \sum\limits_{k=1}^{n} \left(2 + \cos\dfrac{k\pi}{n}\right)^{-1}$；

(2) $\lim\limits_{n\to+\infty} \sum\limits_{i=1}^{n} \dfrac{i}{n^2} \sin\left(\dfrac{i\pi}{2n}\right)^2$.

**3.** 求下列 Riemann 积分：

(1) $\displaystyle\int_0^1 x(2 - x^2)^{\frac{1}{2}}\mathrm{d}x$；

(2) $\displaystyle\int_0^{\frac{\pi}{2}} \dfrac{\mathrm{d}x}{1 + \varepsilon\cos x}$.

**4.** 证明：$\displaystyle\int_{e^{-2n\pi}}^{1} \left| \left[\cos\left(\ln\dfrac{1}{x}\right)\right]' \right| \mathrm{d}x = 4n, n \in \mathbb{N}$.

**5.** 设 $I$ 为一个开区间，函数 $f$ 在 $I$ 内连续，$a < b$ 且 $a, b \in I$. 证明

$$\lim\limits_{h\to 0} \dfrac{1}{h} \int_a^b [f(x + h) - f(x)]\mathrm{d}x = f(b) - f(a)$$

（提示：先作换元 $t = x + h$，再应用积分中值定理.）

**6.** 计算下列 Riemann 积分：

(1) $\displaystyle\int_0^{\pi} \sin^3 x\mathrm{d}x$；

(2) $\displaystyle\int_{-\pi}^{\pi} x^2\cos x\mathrm{d}x$；

(3) $\displaystyle\int_0^{\sqrt{3}} x\arctan x\mathrm{d}x$；

(4) $\displaystyle\int_0^3 \dfrac{x}{1 + \sqrt{1 + x}}\mathrm{d}x$；

(5) $\displaystyle\int_{-1}^{0} (2x + 1)\sqrt{1 - x - x^2}\mathrm{d}x$；

(6) $\displaystyle\int_{e^{-1}}^{e} |\ln x|\, \mathrm{d}x$；

(7) $\displaystyle\int_0^5 [x]\sin\dfrac{\pi x}{5}\mathrm{d}x$；

(8) $\displaystyle\int_0^a x^2\sqrt{a^2 - x^2}\mathrm{d}x$；

(9) $\displaystyle\int_0^{\ln 2} \sqrt{e^x - 1}\mathrm{d}x$；

(10) $\displaystyle\int_0^1 x^n\ln x\mathrm{d}x, n \in \mathbb{N}$；

(11) $\displaystyle\int_0^{\frac{\pi}{2}} \dfrac{\cos x\sin x}{a^2\sin^2 x + b^2\cos^2 x}\mathrm{d}x, ab \neq 0$；

(12) $\displaystyle\int_0^a \ln(x + \sqrt{a^2 + x^2})\mathrm{d}x, a > 0$.

**7.** 证明：$\lim\limits_{n\to+\infty} \displaystyle\int_0^{\frac{\pi}{2}} \sin^n x\mathrm{d}x = 0$. 由此推证：

(1) $\lim\limits_{n\to+\infty} \dfrac{(2n)!!}{(2n+1)!!} = 0$;

(2) $\lim\limits_{n\to+\infty} \dfrac{(2n-1)!!}{(2n)!!} = 0$.

**8.** 设 $f$ 为连续函数,证明:

(1) $\displaystyle\int_0^{\frac{\pi}{2}} f(\cos x)\mathrm{d}x = \int_0^{\frac{\pi}{2}} f(\sin x)\mathrm{d}x$;

(2) $\displaystyle\int_0^{\pi} xf(\sin x)\mathrm{d}x = \dfrac{\pi}{2}\int_0^{\pi} f(\sin x)\mathrm{d}x$.

并由(2) 证明: $\displaystyle\int_0^{\pi} \dfrac{x\sin x}{1+\cos^2 x}\mathrm{d}x = \dfrac{\pi^2}{4}$.

**9.** 计算下列 Riemann 积分:

(1) $\displaystyle\int_0^{\frac{\pi}{2}} \dfrac{\cos^2 x}{\cos x + \sin x}\mathrm{d}x$;

(2) $\displaystyle\int_0^{\frac{\pi}{2}} \dfrac{\sin^2 x}{\cos x + \sin x}\mathrm{d}x$.

**10.** 设 $f$ 在 $[a,b]$ 上连续可导,应用分部积分证明:

(1) $\lim\limits_{\lambda\to+\infty} \displaystyle\int_a^b f(x)\cos \lambda x\mathrm{d}x = 0$;

(2) $\lim\limits_{\lambda\to+\infty} \displaystyle\int_a^b f(x)\sin \lambda x\mathrm{d}x = 0$.

若将 $f$ 放宽成"在 $[a,b]$ 上 Riemann 可积",则结论仍然正确. 那就是著名的 Riemann 引理. 本书第 3 册中将讨论它.

**11.** 设 $f$ 在 $[0,1]$ 上二阶连续可导,证明

$$\int_0^1 f(x)\mathrm{d}x = \dfrac{1}{2}\Big[f(0) + f(1) - \int_0^1 x(1-x)f''(x)\mathrm{d}x\Big]$$

**12.** 应用分部积分证明

$$\int_0^{2\pi} \Big(\int_x^{2\pi} \dfrac{\sin t}{t}\mathrm{d}t\Big)\mathrm{d}x = 0$$

**13.** 设 $f$ 在 $[a,+\infty)$ 中连续,$\forall a > 0$,证明

$$\int_0^a \Big(\int_0^x f(t)\mathrm{d}t\Big)\mathrm{d}x = \int_0^a f(x)(a-x)\mathrm{d}x$$

**14.** 计算下列 Riemann 积分:

$(1) \int_0^{\frac{\pi}{2}} \cos^5 x \sin 2x \, dx$;

$(2) \int_0^1 \sqrt{4 - x^2} \, dx$;

$(3) \int_0^a x^2 \sqrt{a^2 - x^2} \, dx \, (a > 0)$;

$(4) \int_0^1 \dfrac{dx}{(x^2 - x + 1)^{\frac{3}{2}}}$;

$(5) \int_0^1 \dfrac{dx}{e^x + e^{-x}}$;

$(6) \int_0^{\frac{\pi}{2}} \dfrac{\cos x}{1 + \sin^2 x} \, dx$;

$(7) \int_0^1 \arcsin x \, dx$;

$(8) \int_0^{\frac{\pi}{2}} e^x \sin x \, dx$;

$(9) \int_0^1 e^{\sqrt{x}} \, dx$;

$(10) \int_0^a x^2 \sqrt{\dfrac{a - x}{a + x}} \, dx$;

$(11) \int_0^{\frac{\pi}{2}} \dfrac{\cos \theta}{\sin \theta + \cos \theta} \, d\theta$.

## 思考题 6.4

1. 设 $m, n \in \mathbb{N}, B(m, n) = \sum_{k=0}^n C_n^k \dfrac{(-1)^k}{m + k + 1}$. 证明：

$(1) B(m, n) = \int_0^1 x^m (1 - x)^n \, dx$;

$(2) B(m, n) = B(n, m)$;

$(3) B(m, n) = \dfrac{m! n!}{(m + n + 1)!}$.

2. 对于 $\alpha \in (0, 1]$，定义 $f_\alpha(x) = \left[\dfrac{\alpha}{x}\right] - \alpha \left[\dfrac{1}{x}\right]$. 证明

$$\int_0^1 f_\alpha(x) \, dx = \alpha \ln \alpha$$

（提示：$f_\alpha(x) = -\left(\dfrac{\alpha}{x} - \left[\dfrac{\alpha}{x}\right]\right) + \alpha\left(\dfrac{1}{x} - \left[\dfrac{1}{x}\right]\right)$，对积分 $\int_0^\alpha \left(\dfrac{\alpha}{x} - \left[\dfrac{\alpha}{x}\right]\right) dx$ 作

换元 $x = \alpha t$.）

3. 设 $I(m, n) = \int_0^{\frac{\pi}{2}} \cos^m x \sin^n x \, dx \, (m, n \in \mathbb{N})$. 证明

$$I(m, n) = \dfrac{m - 1}{m + n} I(m - 2, n) = \dfrac{n - 1}{m + n} I(m, n - 2)$$

并求 $I(2m,2n)$.

**4.** 设 $x > 0$,证明不等式

$$\left| \int_x^{x+c} \sin t^2 dt \right| < \frac{1}{x}$$

其中 $c > 0$.

# 6.5 广 义 积 分

在 Riemann 积分中,积分区间是一个有限的闭区间,而且 Riemann 可积函数必为有界函数. 但是,对于许多来自数学本身以及其他学科的问题,这两条限制显得过于苛刻,因此,有必要推广已有的积分概念. 如果说将已经详细讨论过的 Riemann 积分称作**正常积分**,那么,下面要推广的积分统称为**广义积分**或**反常积分**.

广义积分大致可以分为两大类,一类是积分区间无界,简称为无穷积分,另一类是无界函数的积分,称为瑕积分.

**定义 6.5.1** 设函数 $f$ 在无穷区间 $[a, +\infty)$ 上有定义,且在任何有限区间 $[a,u]$ 上 Riemann 可积. 如果存在极限

$$\lim_{u \to +\infty} \int_a^u f(x) dx = J$$

则称此极限 $J$ 为函数 $f$ 在 $[a, +\infty)$ 上的**无穷积分**,记作

$$J = \lim_{u \to +\infty} \int_a^u f(x) dx = \int_a^{+\infty} f(x) dx$$

几何上,它为 $x$ 轴,直线 $x = a$ 与曲线 $y = f(x)$ 所围图形的开口面积(图6.5.1).

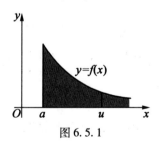

图 6.5.1

如果 $J$ 为实数,我们就称无穷积分 $\int_a^{+\infty} f(x) dx$ **收敛**;否则,称 $\int_a^{+\infty} f(x) dx$

**发散**.

类似地,可定义

$$\int_{-\infty}^{b} f(x)\,dx = \lim_{v \to -\infty} \int_{v}^{b} f(x)\,dx$$

$$\int_{-\infty}^{+\infty} f(x)\,dx = \int_{-\infty}^{a} f(x)\,dx + \int_{a}^{+\infty} f(x)\,dx$$

$$= \lim_{v \to -\infty} \int_{v}^{a} f(x)\,dx + \lim_{u \to +\infty} \int_{a}^{u} f(x)\,dx$$

其中 $a$ 为任一实数, $f$ 在任何有限区间 $[v,u] \subset (-\infty, +\infty)$ 上 Riemann 可积,则当且仅当右边两个无穷积分都收敛时它才是收敛的.

易见,无穷积分 $\int_{-\infty}^{+\infty} f(x)\,dx$ 的收敛性与收敛的值都与实数 $a$ 的选取无关.

**定义 6.5.2**　设函数 $f$ 在区间 $(a,b]$ 上有定义,在点 $a$ 的任一右开邻域内无界,但在任何内闭区间 $[v,b] \subset (a,b]$ 上 Riemann 可积. 如果存在极限

$$\lim_{v \to a^{+}} \int_{v}^{b} f(x)\,dx = J$$

则称此极限 $J$ 为无界函数 $f$ 在 $(a,b]$ 上的**瑕积分**,记作

$$J = \lim_{v \to a^{+}} \int_{v}^{b} f(x)\,dx = \int_{a}^{b} f(x)\,dx$$

几何上,它为 $x$ 轴,直线 $x = b, x = a$ 与曲线 $y = f(x)$ 所围成图形的开口面积(图 6.5.2).

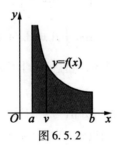

图 6.5.2

如果 $J$ 为实数,则称 $\int_{a}^{b} f(x)\,dx$ **收敛**;否则,称 $\int_{a}^{b} f(x)\,dx$ **发散**. 上述点 $a$ 称为 $f$ 的**瑕点**.

类似地,可定义瑕点为 $b$ 的瑕积分

$$\int_{a}^{b} f(x)\,dx = \lim_{u \to b^{-}} \int_{a}^{u} f(x)\,dx$$

其中 $f$ 在 $[a,b)$ 上有定义,在点 $b$ 的任何左开邻域内无界,但在任何内闭区间 $[a,u] \subset [a,b)$ 上 Riemann 可积(图 6.5.3).

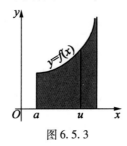

图 6.5.3

如果 $f$ 的瑕点 $c \in (a,b)$,则定义瑕积分为

$$\int_a^b f(x)\,\mathrm{d}x = \int_a^c f(x)\,\mathrm{d}x + \int_c^b f(x)\,\mathrm{d}x$$

$$= \lim_{u \to c^-} \int_a^u f(x)\,\mathrm{d}x + \lim_{v \to c^+} \int_v^b f(x)\,\mathrm{d}x$$

其中 $f$ 在 $[a,u) \cup (c,b]$ 上有定义,在点 $c$ 的任一开邻域内无界,但在任何 $[a,u] \subset [a,c)$ 与 $[v,b] \subset (c,b]$ 上都 Riemann 可积. 当且仅当上面右边两个瑕积分都收敛时,左边的瑕积分才是收敛的.

又若 $a,b$ 两点都是 $f$ 的瑕点,而 $f$ 在任何内闭区间 $[u,v] \subset (a,b)$ 上 Riemann 可积,则瑕积分定义为

$$\int_a^b f(x)\,\mathrm{d}x = \int_a^c f(x)\,\mathrm{d}x + \int_c^b f(x)\,\mathrm{d}x$$

$$= \lim_{v \to a^+} \int_v^c f(x)\,\mathrm{d}x + \lim_{u \to b^-} \int_c^u f(x)\,\mathrm{d}x$$

其中,$c$ 为 $(a,b)$ 内任一实数. 同样,当且仅当上面右边两个瑕积分都收敛时,左边的瑕积分才是收敛的.

显然,该瑕积分的收敛性和积分值与 $c$ 的选取无关.

如果 $a,b$ 中有 $-\infty$ 或 $+\infty$,且 $(a,b)$ 中还有有限个瑕点,则可将 $(a,b)$ 分成有限部分,使在每一部分中只含瑕点,$-\infty$,$+\infty$ 之一,则当且仅当每一部分的积分收敛时,$\int_a^b f(x)\,\mathrm{d}x$ 才是收敛的.

关于广义积分,同样有 Newton-Leibniz 公式,变量代换公式及分部积分公式.

**定理 6.5.1** 设函数 $f$ 在 $[a, +\infty)$ 上有定义,在任何内闭区间 $[a,u]$ 上

Riemann 可积,$f$ 有原函数 $F$,且 $F(+\infty) = \lim\limits_{u \to +\infty} F(u)$ 存在,则

$$\int_a^{+\infty} f(x)\,\mathrm{d}x = F(+\infty) - F(a)$$

**证明**  $\int_a^{+\infty} f(x)\,\mathrm{d}x = \lim\limits_{u \to +\infty} \int_a^u f(x)\,\mathrm{d}x = \lim\limits_{u \to +\infty} \left[ F(u) - F(a) \right]$

$$= F(+\infty) - F(a)$$

其他公式读者可自行给出.

**例 6.5.1**  讨论无穷积分

$$\int_1^{+\infty} \frac{\mathrm{d}x}{x^p}$$

的敛散性.

**解**  $\int_1^{+\infty} \dfrac{\mathrm{d}x}{x^p} = \lim\limits_{u \to +\infty} \int_1^u \dfrac{\mathrm{d}x}{x^p} \begin{cases} \lim\limits_{u \to +\infty} \dfrac{1}{1-p}(u^{1-p} - 1), p \neq 1 \\ \lim\limits_{u \to +\infty} \ln u, p = 1 \end{cases}$

$$= \begin{cases} \dfrac{1}{p-1}, p > 1, \text{收敛} \\ +\infty, p \leqslant 1, \text{发散} \end{cases}$$

上述极限过程也可简单表达为

$$\int_1^{+\infty} \frac{\mathrm{d}x}{x^p} = \begin{cases} \dfrac{1}{1-p}(u^{1-p} - 1) \Big|_1^{+\infty}, p \neq 1 \\ \ln u \Big|_1^{+\infty}, p = 1 \end{cases}$$

$$= \begin{cases} \dfrac{1}{p-1}, p > 1 \\ +\infty, p \leqslant 1 \end{cases}$$

**例 6.5.2**  讨论下列无穷积分的敛散性.

(1) $\displaystyle\int_2^{+\infty} \frac{\mathrm{d}x}{x(\ln x)^p}$;

(2) $\displaystyle\int_{-\infty}^{+\infty} \frac{\mathrm{d}x}{1 + x^2}$.

**解**  由于无穷积分是通过变限积分的极限来定义的,因此有关 Riemann 积分的换元与分部积分法一般都可用到广义(反常)积分(无穷积分与瑕积分)中来(请思考理由).

$$(1) \qquad \int_2^{+\infty} \frac{\mathrm{d}x}{x(\ln x)^p} = \int_2^{+\infty} \frac{\mathrm{d}(\ln x)}{(\ln x)^p} \xrightarrow{t=\ln x} \int_{\ln 2}^{+\infty} \frac{\mathrm{d}t}{t^p}$$

从例6.5.1知,当 $p > 1$ 时收敛;当 $p \le 1$ 时发散.

$$(2) \qquad \int_{-\infty}^{+\infty} \frac{\mathrm{d}x}{1+x^2} = \int_{-\infty}^0 \frac{\mathrm{d}x}{1+x^2} + \int_0^{+\infty} \frac{\mathrm{d}x}{1+x^2}$$

$$= \lim_{v\to-\infty} \int_v^0 \frac{\mathrm{d}x}{1+x^2} + \lim_{u\to+\infty} \int_0^u \frac{\mathrm{d}x}{1+x^2}$$

$$= \lim_{v\to-\infty} (\arctan 0 - \arctan v) +$$

$$\lim_{u\to+\infty} (\arctan u - \arctan 0)$$

$$= -\left(-\frac{\pi}{2}\right) + \frac{\pi}{2} = \pi$$

上述描述很烦琐,简化如下

$$\int_{-\infty}^{+\infty} \frac{\mathrm{d}x}{1+x^2} = \arctan x \Big|_{-\infty}^{+\infty} = \frac{\pi}{2} - \left(-\frac{\pi}{2}\right) = \pi$$

**例6.5.3** 求极限 $\lim\limits_{n\to+\infty} \sin\frac{\pi}{n} \sum\limits_{k=1}^n \frac{1}{3+\sin\frac{k\pi}{n}}$.

**解**
$$\lim_{n\to+\infty} \sin\frac{\pi}{n} \sum_{k=1}^n \frac{1}{3+\sin\frac{k\pi}{n}} = \lim_{n\to+\infty} \frac{\sin\frac{\pi}{n}}{\frac{\pi}{n}} \frac{\pi}{n} \sum_{k=1}^n \frac{1}{3+\sin\frac{k\pi}{n}}$$

$$= \int_0^\pi \frac{\mathrm{d}x}{3+\sin x} \xrightarrow{u=\tan\frac{x}{2}} \int_0^{+\infty} \frac{\frac{2\mathrm{d}u}{1+u^2}}{3+\frac{2u}{1+u^2}} = 2\int_0^{+\infty} \frac{\mathrm{d}u}{3+2u+3u^2}$$

$$= \frac{2}{3} \int_0^{+\infty} \frac{\mathrm{d}\left(u+\frac{1}{3}\right)}{\left(u+\frac{1}{3}\right)^2+\frac{8}{9}} = \frac{2}{3} \frac{3}{2\sqrt{2}} \arctan \frac{u+\frac{1}{3}}{\frac{2\sqrt{2}}{3}} \Big|_0^{+\infty}$$

$$= \frac{1}{\sqrt{2}}\left(\frac{\pi}{2} - \arctan\frac{1}{2\sqrt{2}}\right)$$

**例6.5.4** 证明: $\int_0^{+\infty} \frac{\mathrm{d}x}{1+x^4} = \frac{\pi}{2\sqrt{2}}$.

**证法1** 由例5.3.7,有

$$\int_0^{+\infty} \frac{\mathrm{d}x}{1+x^4} = \frac{1}{4\sqrt{2}}\ln\frac{x^2+\sqrt{2}x+1}{x^2-\sqrt{2}x+1}\bigg|_0^{+\infty} +$$

$$\frac{1}{2\sqrt{2}}\big[\arctan(\sqrt{2}x+1)+\arctan(\sqrt{2}x-1)\big]\bigg|_0^{+\infty}$$

$$= \frac{1}{2\sqrt{2}}\Big(\frac{\pi}{2}+\frac{\pi}{2}-\frac{\pi}{4}+\frac{\pi}{4}\Big) = \frac{\pi}{2\sqrt{2}}.$$

**证法 2**

$$\int_0^{+\infty} \frac{\mathrm{d}x}{1+x^4} \xlongequal[x=\left(\frac{1}{t}-1\right)^{\frac{1}{4}}]{t=\frac{1}{1+x^4}} \int_1^0 t\cdot\frac{1}{4}\Big(\frac{1}{t}-1\Big)^{-\frac{3}{4}}\cdot\frac{-1}{t^2}\mathrm{d}t$$

$$= \frac{1}{4}\int_0^1 t^{-\frac{1}{4}}(1-t)^{-\frac{3}{4}}\mathrm{d}t = \frac{1}{4}\int_0^1 t^{\frac{3}{4}-1}(1-t)^{\frac{1}{4}-1}\mathrm{d}t$$

$$= \frac{1}{4}\mathrm{B}\Big(\frac{3}{4},\frac{1}{4}\Big) = \frac{1}{4}\frac{\Gamma\big(\frac{3}{4}\big)\Gamma\big(\frac{1}{4}\big)}{\Gamma\big(\frac{3}{4}+\frac{1}{4}\big)}$$

$$= \frac{1}{4}\Gamma\Big(\frac{3}{4}\Big)\Gamma\Big(\frac{1}{4}\Big) \xlongequal{\text{余元公式}} \frac{\pi}{4\sin\frac{\pi}{4}} = \frac{\pi}{2\sqrt{2}}.$$

注:这里为了给出一种新的计算方法,我们不得不借用第 3 册中的 B 函数与 $\Gamma$ 函数的公式

$$\mathrm{B}(p,q) = \int_0^1 t^{p-1}(1-t)^{q-1}\mathrm{d}t$$

$$\Gamma(s) = \int_0^{+\infty} t^{s-1}\mathrm{e}^{-t}\mathrm{d}t, \Gamma(s+1) = s!, \Gamma(1) = 1$$

$$\mathrm{B}(p,q) = \frac{\Gamma(p)\Gamma(q)}{\Gamma(p+q)}, \text{余元公式} \Gamma(s)\Gamma(1-s) = \frac{\pi}{\sin s\pi}$$

**例 6.5.5**　计算 $I = \int_0^{+\infty}\sin ax\mathrm{e}^{-bx}\mathrm{d}x, J = \int_0^{+\infty}\cos ax\mathrm{e}^{-bx}\mathrm{d}x, a>0, b>0.$

**解**

$$I = \int_0^{+\infty}\sin ax\mathrm{e}^{-bx}\mathrm{d}x = \int_0^{+\infty}\sin ax\mathrm{d}\Big(-\frac{\mathrm{e}^{-bx}}{b}\Big)$$

$$= \frac{-1}{b}\sin ax\mathrm{e}^{-bx}\bigg|_0^{+\infty} + \frac{a}{b}\int_0^{+\infty}\cos ax\mathrm{e}^{-bx}\mathrm{d}x$$

$$= \frac{a}{b}\int_0^{+\infty}\cos ax\mathrm{d}\Big(-\frac{\mathrm{e}^{-bx}}{b}\Big)$$

$$= \frac{a}{b^2}\left( -\cos axe^{-bx}\bigg|_0^{+\infty} - a\int_0^{+\infty} \sin axe^{-bx}\mathrm{d}x\right)$$

$$= \frac{a}{b^2}\left( 1 - a\int_0^{+\infty} \sin axe^{-bx}\mathrm{d}x\right)$$

$$= \frac{a}{b^2} - \frac{a^2}{b^2}I$$

$$I = \frac{\dfrac{a}{b^2}}{1 + \dfrac{a^2}{b^2}} = \frac{a}{a^2 + b^2}$$

$$J = \frac{b}{a}I = \frac{b}{a^2 + b^2}$$

**例 6.5.6**  求 Poisson 积分$(0 < r < 1)$

$$\int_{-\pi}^{\pi} \frac{1 - r^2}{1 - 2r\cos x + r^2}\mathrm{d}x$$

**解**

$$\int_{-\pi}^{\pi} \frac{1 - r^2}{1 - 2r\cos x + r^2}\mathrm{d}x$$

$$\xlongequal{t = \tan \frac{x}{2}} \int_{-\infty}^{+\infty} \frac{1 - r^2}{1 - 2r\dfrac{1 - t^2}{1 + t^2} + r^2}\frac{2\mathrm{d}t}{1 + t^2}$$

$$= \int_{-\infty}^{+\infty} \frac{2(1 - r^2)}{(1 - r)^2 + (1 + r)^2 t^2}\mathrm{d}t$$

$$= 2\arctan\frac{1 + r}{1 - r}t\,\bigg|_{-\infty}^{+\infty}$$

$$= 2\left[\frac{\pi}{2} - \left(-\frac{\pi}{2}\right)\right] = 2\pi$$

**例 6.5.7**  证明:Euler-Poisson 积分

$$\int_0^{+\infty} e^{-x^2}\mathrm{d}x = \frac{\sqrt{\pi}}{2}$$

(此积分在概率统计中非常重要).

**证明**  令 $\varphi(x) = e^{-x^2} - (1 - x^2)$,则

$$\varphi'(x) = 2x(1 - e^{-x^2}) > 0 \quad (x > 0)$$

$\varphi$ 严格增,故

$$e^{-x^2} - (1 - x^2) = \varphi(x) > \varphi(0) = 0$$

$$e^{-x^2} > 1 - x^2 \quad (x > 0)$$

于是

$$e^{-nx^2} > (1 - x^2)^n, x \in (0,1)$$

此外,由

$$e^{x^2} > 1 + x^2, e^{-x^2} < \frac{1}{1 + x^2}, e^{-nx^2} < \frac{1}{(1 + x^2)^n}, x \in (0, +\infty)$$

得到

$$\frac{(2n)!!}{(2n + 1)!!} = \int_0^{\frac{\pi}{2}} \cos^{2n+1} t \mathrm{d}t \xlongequal{x = \sin t} \int_0^1 (1 - x^2)^n \mathrm{d}x$$

$$< \int_0^1 e^{-nx^2} \mathrm{d}x < \int_0^{+\infty} e^{-nx^2} \mathrm{d}x < \int_0^{+\infty} \frac{\mathrm{d}x}{(1 + x^2)^n}$$

$$\xlongequal{x = \tan t} \int_0^{\frac{\pi}{2}} \cos^{2n-2} t \mathrm{d}t = \frac{(2n - 3)!!}{(2n - 2)!!} \frac{\pi}{2}$$

再由 $\int_0^{+\infty} e^{-nx^2} \mathrm{d}x \xlongequal{x = \frac{t}{\sqrt{n}}} \int_0^{+\infty} e^{-t^2} \frac{\mathrm{d}t}{\sqrt{n}}$ 得到

$$n\left[\frac{(2n)!!}{(2n + 1)!!}\right]^2 < \left(\int_0^{+\infty} e^{-x^2} \mathrm{d}x\right)^2 < n\left[\frac{(2n - 3)!!}{(2n - 2)!!}\right]^2 \cdot \frac{\pi^2}{4}$$

根据 Wallis 公式及例 6.4.5(2) 推得

$$\lim_{n \to +\infty} n\left[\frac{(2n)!!}{(2n + 1)!!}\right]^2$$

$$= \lim_{n \to +\infty} \frac{n}{2n + 1}\left[\frac{(2n)!!}{(2n - 1)!!}\right]^2 \cdot \frac{1}{2n + 1}$$

$$= \frac{1}{2} \cdot \frac{\pi}{2} = \frac{\pi}{4}$$

$$\lim_{n \to +\infty} n\left[\frac{(2n - 3)!!}{(2n - 2)!!}\right]^2 \cdot \frac{\pi^2}{4}$$

$$= \lim_{n \to +\infty} \frac{n \cdot (2n)^2}{(2n+1)(2n-1)^2} \left[ \frac{(2n-1)!!}{(2n)!!} \right]^2 (2n+1) \cdot \frac{\pi^2}{4}$$

$$= \frac{1}{2} \cdot \frac{2}{\pi} \cdot \frac{\pi^2}{4} = \frac{\pi}{4}$$

由夹逼定理知

$$\left( \int_0^{+\infty} e^{-x^2} dx \right)^2 = \frac{\pi}{4}, \int_0^{+\infty} e^{-x^2} dx = \frac{\sqrt{\pi}}{2}$$

以后应用二重积分或 $\Gamma$ 函数的余元公式也可推得 $\int_0^{+\infty} e^{-x^2} dx = \frac{\sqrt{\pi}}{2}$.

**例 6.5.8** 计算瑕积分：

(1) $\int_0^1 \frac{dx}{\sqrt{1-x^2}}$;

(2) $\int_0^1 \frac{x^n dx}{\sqrt{1-x^2}}, n \in \mathbb{N}$.

**解** (1) 被积函数 $f(x) = \frac{1}{\sqrt{1-x^2}}$ 在 $[0,1)$ 上连续,从而在任何 $[0,u] \subset$

$[0,1)$ 上 Riemann 可积, $x = 1$ 为其瑕点. 因此

$$\int_0^1 \frac{dx}{\sqrt{1-x^2}} = \lim_{u \to 1^-} \int_0^u \frac{dx}{\sqrt{1-x^2}}$$

$$= \lim_{u \to 1^-} (\arcsin u - \arcsin 0)$$

$$= \arcsin 1 = \frac{\pi}{2}$$

简单表达为

$$\int_0^1 \frac{dx}{\sqrt{1-x^2}} = \arcsin x \Big|_0^1 = \frac{\pi}{2} - 0 = \frac{\pi}{2}$$

(2) $x = 1$ 为瑕点. 作变换 $x = \sin t$, 则有

$$\int_0^1 \frac{x^n dx}{\sqrt{1-x^2}} = \int_0^{\frac{\pi}{2}} \frac{\sin^n t \cos t}{\sqrt{1-\sin^2 t}} dt = \int_0^{\frac{\pi}{2}} \sin^n t \, dt$$

$$= \begin{cases} \dfrac{(n-1)!!}{n!!} \cdot \dfrac{\pi}{2}, & n \text{ 为偶数} \\[3mm] \dfrac{(n-1)!!}{n!!}, & n \text{ 为奇数} \end{cases}$$

**例 6.5.9** 讨论瑕积分 $\int_0^1 \dfrac{\mathrm{d}x}{x^p}$ 的敛散性.

**解** 当 $p \le 0$ 时,这是正常积分,视作收敛的.

当 $p > 0$ 时,被积函数 $\dfrac{1}{x^p}$ 在 $(0,1]$ 上连续,$x = 0$ 为其瑕点,于是

$$\int_0^1 \frac{\mathrm{d}x}{x^p} = \begin{cases} \dfrac{1}{1-p} x^{-p+1} \Big|_0^1 = \dfrac{1}{1-p}, & 0 < p < 1 \\[3mm] \dfrac{1}{1-p} x^{-p+1} \Big|_0^1 = +\infty, & p > 1 \\[3mm] \ln x \Big|_0^1 = +\infty, & p = 1 \end{cases}$$

$$= \begin{cases} \dfrac{1}{1-p}, & 0 < p < 1, \text{收敛} \\[3mm] +\infty, & p \ge 1, \text{发散} \end{cases}$$

类似地,$\int_a^b \dfrac{\mathrm{d}x}{(x-a)^p}$ 与 $\int_a^b \dfrac{\mathrm{d}x}{(b-x)^p}$ 当 $p < 1$ 时收敛;当 $p \ge 1$ 时发散.

考察广义积分

$$\int_0^{+\infty} \frac{\mathrm{d}x}{x^p} = \int_0^1 \frac{\mathrm{d}x}{x^p} + \int_1^{+\infty} \frac{\mathrm{d}x}{x^p}$$

当且仅当 $p < 1$ 时,$\int_0^1 \dfrac{\mathrm{d}x}{x^p}$ 收敛;当且仅当 $p > 1$ 时,$\int_1^{+\infty} \dfrac{\mathrm{d}x}{x^p}$ 收敛. 因此,右边两个积分对任何 $p$ 不能同时收敛,故 $\int_0^{+\infty} \dfrac{\mathrm{d}x}{x^p}$ 对任何实数 $p$ 都是发散的.

如果只停留在数学概念上,那么肯定学不深,钻不透,也走不远. 因此,我们有必要来讨论广义积分的一些性质与各种收敛判别法则.

**定理 6.5.2**(无穷积分收敛的 Cauchy 准则)　无穷积分 $\int_a^{+\infty} f(x)\mathrm{d}x$ 收敛 $\Leftrightarrow$

$\forall \varepsilon > 0, \exists \Delta > \max\{a,0\}$,当 $u_1, u_2 > \Delta$ 时,便有

$$\left| \int_a^{u_1} f(x)\,\mathrm{d}x - \int_a^{u_2} f(x)\,\mathrm{d}x \right| = \left| \int_{u_1}^{u_2} f(x)\,\mathrm{d}x \right| < \varepsilon$$

**证明** 令 $F(u) = \int_a^u f(x)\,\mathrm{d}x$,则

$$\int_a^{+\infty} f(x)\,\mathrm{d}x \text{ 收敛} \Leftrightarrow \lim_{u \to +\infty} \int_a^u f(x)\,\mathrm{d}x = \lim_{u \to +\infty} F(u) \text{ 存在且有限}$$

$$\xrightarrow[\text{定理2.1.4}]{\text{函数收敛的Cauchy准则}} \forall \varepsilon > 0, \exists \Delta > \max\{a,0\}, \text{当} u_1, u_2 > \Delta \text{时},$$

$$\text{便有} \left| \int_{u_1}^{u_2} f(x)\,\mathrm{d}x \right| = | F(u_1) - F(u_2) | < \varepsilon$$

**引理 6.5.1** 设 $\int_a^{+\infty} f(x)\,\mathrm{d}x$ 与 $\int_a^{+\infty} g(x)\,\mathrm{d}x$ 都收敛,$\lambda, \mu$ 为任意实常数,则

$\int_a^{+\infty} [\lambda f(x) + \mu g(x)]\,\mathrm{d}x$ 也收敛,且

$$\int_a^{+\infty} [\lambda f(x) + \mu g(x)]\,\mathrm{d}x = \lambda \int_a^{+\infty} f(x)\,\mathrm{d}x + \mu \int_a^{+\infty} g(x)\,\mathrm{d}x$$

**证明**
$$\int_a^{+\infty} [\lambda f(x) + \mu g(x)]\,\mathrm{d}x$$

$$= \lim_{u \to +\infty} \int_a^u [\lambda f(x) + \mu g(x)]\,\mathrm{d}x$$

$$= \lim_{u \to +\infty} \left[ \lambda \int_a^u f(x)\,\mathrm{d}x + \mu \int_a^u g(x)\,\mathrm{d}x \right]$$

$$= \lambda \int_a^{+\infty} f(x)\,\mathrm{d}x + \mu \int_a^{+\infty} g(x)\,\mathrm{d}x$$

**引理 6.5.2** 设 $f$ 在任何有限区间 $[v,u]$ 上 Riemann 可积,$a < b$,则

$\int_a^{+\infty} f(x)\,\mathrm{d}x$ 与 $\int_b^{+\infty} f(x)\,\mathrm{d}x$ 同敛散. 如果收敛,则

$$\int_a^{+\infty} f(x)\,\mathrm{d}x = \int_a^b f(x)\,\mathrm{d}x + \int_b^{+\infty} f(x)\,\mathrm{d}x$$

其中 $\int_a^b f(x)\,\mathrm{d}x$ 为 Riemann 积分.

**证明** 设 $a < b < u$,则由定理6.2.4,有

$$\int_a^u f(x)\,\mathrm{d}x = \int_a^b f(x)\,\mathrm{d}x + \int_b^u f(x)\,\mathrm{d}x$$

因此, $\lim\limits_{u\to+\infty}\int_a^u f(x)\mathrm{d}x$ 与 $\lim\limits_{u\to+\infty}\int_b^u f(x)\mathrm{d}x$ 同时存在或同时不存在, 故 $\int_a^{+\infty}f(x)\mathrm{d}x$ 与 $\int_b^{+\infty}f(x)\mathrm{d}x$ 同敛散. 当它们收敛时, 有

$$\int_a^{+\infty}f(x)\mathrm{d}x = \lim_{u\to+\infty}\int_a^u f(x)\mathrm{d}x = \lim_{u\to+\infty}\Big[\int_a^b f(x)\mathrm{d}x + \int_b^u f(x)\mathrm{d}x\Big]$$
$$= \int_a^b f(x)\mathrm{d}x + \int_b^{+\infty}f(x)\mathrm{d}x$$

**引理 6.5.3**　设 $f$ 在任何有限区间 $[a,u]$ 上 Riemann 可积, 且 $\int_a^{+\infty}|f(x)|\mathrm{d}x$ 收敛, 则 $\int_a^{+\infty}f(x)\mathrm{d}x$ 也收敛, 且有

$$\left|\int_a^{+\infty}f(x)\mathrm{d}x\right| \leqslant \int_a^{+\infty}|f(x)|\mathrm{d}x$$

**证明**　由 $\int_a^{+\infty}|f(x)|\mathrm{d}x$ 收敛, 根据无穷积分的收敛准则(定理 6.5.2)的必要性, $\forall\varepsilon>0$, $\exists\Delta>\max\{a,0\}$, 当 $u_2\geqslant u_1>\Delta$ 时, 总有

$$\left|\int_{u_1}^{u_2}|f(x)|\mathrm{d}x\right| = \int_{u_1}^{u_2}|f(x)|\mathrm{d}x < \varepsilon$$

于是

$$\left|\int_{u_1}^{u_2}f(x)\mathrm{d}x\right| \leqslant \int_{u_1}^{u_2}|f(x)|\mathrm{d}x < \varepsilon$$

再由无穷积分的收敛准则(定理 6.5.2)的充分性推得 $\int_a^{+\infty}f(x)\mathrm{d}x$ 收敛.

又因为

$$\left|\int_a^u f(x)\mathrm{d}x\right| \leqslant \int_a^u |f(x)|\mathrm{d}x \quad (u>a)$$

令 $u\to+\infty$, 则得

$$\left|\int_a^{+\infty}f(x)\mathrm{d}x\right| \leqslant \int_a^{+\infty}|f(x)|\mathrm{d}x$$

**定义 6.5.3**　设 $f$ 在任何有限区间 $[a,u]$ 上 Riemann 可积, 如果 $\int_a^{+\infty}|f(x)|\mathrm{d}x$ 收敛, 则称 $\int_a^{+\infty}f(x)\mathrm{d}x$ **绝对收敛**.

引理 6.5.3 指出, 若 $\int_a^{+\infty}f(x)\mathrm{d}x$ 绝对收敛, 则 $\int_a^{+\infty}f(x)\mathrm{d}x$ 也收敛, 但反之不

成立.

反例:设 $f(x)$ 如图 6.5.4 所示. 由图 6.5.4 立刻知道

$$\int_0^{+\infty} f(x)\,\mathrm{d}x = 0$$

$$\int_0^{+\infty} |f(x)|\,\mathrm{d}x = 2\sum_{n=1}^{\infty} \frac{1}{n} = +\infty$$

即 $\int_0^{+\infty} f(x)\,\mathrm{d}x$ 收敛,但 $\int_0^{+\infty} |f(x)|\,\mathrm{d}x$ 发散. 我们称这种收敛但非绝对收敛的无穷积分为**条件收敛**.

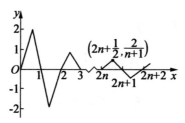

图 6.5.4

**定理 6.5.3**(无穷积分的比较判别法) 设定义在 $[a, +\infty)$ 上的两个函数 $f$ 与 $g$ 都在任何有限区间 $[a,u]$ 上 Riemann 可积,且满足

$$|f(x)| \leqslant g(x), x \in [a, +\infty)$$

则:

(1) 当 $\int_a^{+\infty} g(x)\,\mathrm{d}x$ 收敛时,$\int_a^{+\infty} |f(x)|\,\mathrm{d}x$ 必收敛,当然 $\int_a^{+\infty} f(x)\,\mathrm{d}x$ 也收敛;

(2) 当 $\int_a^{+\infty} |f(x)|\,\mathrm{d}x$ 发散时,$\int_a^{+\infty} g(x)\,\mathrm{d}x$ 必发散.

(简单说即是:大的收敛,小的也收敛;小的发散,大的也发散.)

**证明** 因为 $0 \leqslant |f(x)| \leqslant g(x)$,所以 $\int_a^u |f(x)|\,\mathrm{d}x$ 与 $\int_a^u g(x)\,\mathrm{d}x$ 都为 $u$ 的增函数.

(1) 如果 $\int_a^{+\infty} g(x)\,\mathrm{d}x$ 收敛,则 $\forall u \in [a, +\infty)$,有 $\int_a^u g(x)\,\mathrm{d}x \leqslant M(常数)$,从而

$$\int_a^u |f(x)|\,\mathrm{d}x \leqslant \int_a^u g(x)\,\mathrm{d}x \leqslant M, \forall n \in [a, +\infty)$$

因此

$$\int_a^{+\infty} \mid f(x) \mid \mathrm{d}x = \lim_{u \to +\infty} \int_a^u \mid f(x) \mid \mathrm{d}x$$

存在且有限,这就证明了 $\int_a^{+\infty} \mid f(x) \mid \mathrm{d}x$ 收敛. 根据引理 6.5.3 知, $\int_a^{+\infty} f(x)\mathrm{d}x$ 也收敛.

（2）如果 $\int_a^{+\infty} \mid f(x) \mid \mathrm{d}x$ 发散,则

$$\lim_{u \to +\infty} \int_a^u \mid f(x) \mid \mathrm{d}x = +\infty$$

再由

$$\int_a^u \mid f(x) \mid \mathrm{d}x \leqslant \int_a^u g(x)\mathrm{d}x$$

得到

$$+\infty = \lim_{u \to +\infty} \int_a^u \mid f(x) \mid \mathrm{d}x \leqslant \lim_{u \to +\infty} \int_a^u g(x)\mathrm{d}x = \int_a^{+\infty} g(x)\mathrm{d}x$$

即

$$\int_a^{+\infty} g(x)\mathrm{d}x = +\infty$$

是发散的.

由无穷积分的比较判别法可派生出用起来更方便的比较判别法的极限形式.

**定理 6.5.3′**（无穷积分的比较判别法的极限形式）　设 $f,g$ 在任何有穷区间 $[a,u]$ 上 Riemann 可积, $g(x) > 0$,且

$$\lim_{x \to +\infty} \frac{\mid f(x) \mid}{g(x)} = c$$

则有:

（1）当 $0 < c < +\infty$ 时, $\int_a^{+\infty} \mid f(x) \mid \mathrm{d}x$ 与 $\int_a^{+\infty} g(x)\mathrm{d}x$ 同敛散;

（2）当 $c = 0$ 时, $\int_a^{+\infty} g(x)\mathrm{d}x$ 收敛蕴涵着 $\int_a^{+\infty} \mid f(x) \mid \mathrm{d}x$ 也收敛;

（3）当 $c = +\infty$ 时, $\int_a^{+\infty} g(x)\mathrm{d}x$ 发散蕴涵着 $\int_a^{+\infty} \mid f(x) \mid \mathrm{d}x$ 也发散.

**证明**　（1）因为 $\lim_{x \to +\infty} \frac{\mid f(x) \mid}{g(x)} = c \in (0, +\infty)$,所以 $\exists \Delta > \max\{a,0\}$,当 $x > \Delta$ 时,有

$$\frac{3c}{2} = c + \frac{c}{2} > \frac{\mid f(x)\mid}{g(x)} > c - \frac{c}{2} = \frac{c}{2} > 0$$

$$\frac{3c}{2} g(x) > \mid f(x)\mid > \frac{c}{2} g(x)$$

再由定理 6.5.3 知, $\int_a^{+\infty} \mid f(x)\mid \mathrm{d}x$ 与 $\int_a^{+\infty} g(x)\mathrm{d}x$ 同敛散.

(2) 当 $c = 0$ 时, 由于 $\lim\limits_{x\to+\infty} \frac{\mid f(x)\mid}{g(x)} = c = 0$, 故对 $\varepsilon_0 = 1$, $\exists \Delta > \max\{a,0\}$, 当 $x > \Delta$ 时, 有

$$\frac{\mid f(x)\mid}{g(x)} < \varepsilon_0 = 1$$

故

$$\mid f(x)\mid < g(x)$$

根据定理 6.5.3(1) 知, $\int_a^{+\infty} g(x)\mathrm{d}x$ 收敛蕴涵着 $\int_a^{+\infty} \mid f(x)\mid \mathrm{d}x$ 收敛.

(3) 当 $c = +\infty$ 时, 由于 $\lim\limits_{x\to+\infty} \frac{\mid f(x)\mid}{g(x)} = c = +\infty$, 故对 $A_0 = 1$, $\exists \Delta > \max\{a,0\}$, 当 $x > \Delta$ 时, 有

$$\frac{\mid f(x)\mid}{g(x)} > A_0 = 1$$

故

$$\mid f(x)\mid > g(x)$$

根据定理 6.5.3(2) 知, $\int_a^{+\infty} g(x)\mathrm{d}x$ 发散蕴涵着 $\int_a^{+\infty} \mid f(x)\mid \mathrm{d}x$ 发散.

**推论 6.5.1** $\left(与 \int_a^{+\infty} \dfrac{\mathrm{d}x}{x^p} 比较\right)$ 设函数 $f$ 定义于 $[a, +\infty)(a > 0)$ 上, 且在任何有限区间 $[a, u]$ 上 Riemann 可积, 则有:

(1) 当 $\mid f(x)\mid \leqslant \dfrac{1}{x^p}$, $x \in [a, +\infty)$, 且 $p > 1$ 时, $\int_a^{+\infty} \mid f(x)\mid \mathrm{d}x$ 收敛;

(2) 当 $\mid f(x)\mid \geqslant \dfrac{1}{x^p}$, $x \in [a, +\infty)$, 且 $p \leqslant 1$ 时, $\int_a^{+\infty} \mid f(x)\mid \mathrm{d}x$ 发散.

**证明** 由定理 6.5.3 与例 6.5.1 可立即推得.

**推论 6.5.1'** $\left(与 \int_a^{+\infty} \dfrac{\mathrm{d}x}{x^p} 比较的极限形式\right)$ 设 $f$ 定义于 $[a, +\infty)(a > 0)$

上,且在任何有限区间$[a,u]$上 Riemann 可积,且

$$\lim_{x\to+\infty} x^p \mid f(x) \mid = \lim_{x\to+\infty} \frac{\mid f(x) \mid}{\dfrac{1}{x^p}} = \lambda$$

则有:

(1) 当 $p > 1, 0 \leqslant \lambda < +\infty$ 时, $\int_a^{+\infty} \mid f(x) \mid \mathrm{d}x$ 收敛;

(2) 当 $p \leqslant 1, 0 < \lambda \leqslant +\infty$ 时, $\int_a^{+\infty} \mid f(x) \mid \mathrm{d}x$ 发散.

**证明**　由定理 6.5.3′ 与例 6.5.1 可立即推得.

**例 6.5.10**　讨论 $\int_a^{+\infty} \dfrac{\sin x}{1 + x^2}\mathrm{d}x$ 的敛散性.

**解**　由 $\left| \dfrac{\sin x}{1 + x^2} \right| \leqslant \dfrac{1}{1 + x^2}, x \in [0, +\infty)$ 以及 $\int_0^{+\infty} \dfrac{\mathrm{d}x}{1 + x^2} = \dfrac{\pi}{2}$ 收敛,根据

比较判别法知, $\int_a^{+\infty} \dfrac{\sin x}{1 + x^2}$ 绝对收敛.

**例 6.5.11**　讨论下列无穷积分的敛散性:

(1) $\int_1^{+\infty} x^\alpha \mathrm{e}^{-x}\mathrm{d}x$;

(2) $\int_0^{+\infty} \dfrac{x^2}{\sqrt{x^5 + 1}}\mathrm{d}x.$

**解**　上面两个无穷积分中的被积函数都是非负的,故收敛就是绝对收敛.

(1) 因为

$$\lim_{x\to+\infty} \frac{x^\alpha \mathrm{e}^{-x}}{\dfrac{1}{x^2}} = \lim_{x\to+\infty} \frac{x^{\alpha+2}}{\mathrm{e}^x} \xlongequal{\text{L' Hospital 法则}} 0$$

所以,由推论 6.5.1′(1) 及 $\int_1^{+\infty} \dfrac{\mathrm{d}x}{x^2}$ 收敛推得对任何实数 $\alpha$, $\int_1^{+\infty} x^\alpha \mathrm{e}^{-x}\mathrm{d}x$ 收敛.

(2) 因为

$$\lim_{x\to+\infty} \frac{\dfrac{x^2}{\sqrt{x^5 + 1}}}{\dfrac{1}{x^{\frac{1}{2}}}} = \lim_{x\to+\infty} \frac{x^{\frac{5}{2}}}{\sqrt{x^5 + 1}} = \lim_{x\to+\infty} \frac{1}{\sqrt{1 + \dfrac{1}{x^5}}} = \frac{1}{\sqrt{1 + 0}} = 1$$

所以,由推论 6.5.1′(2) 及 $\int_1^{+\infty} \dfrac{\mathrm{d}x}{x^{\frac{1}{2}}}$ 发散推得 $\int_0^{+\infty} \dfrac{x^2}{\sqrt{x^5+1}}\mathrm{d}x$ 是发散的.

关于 $\int_{-\infty}^b |f(x)|\mathrm{d}x$ 的比较判别法也可类似讨论.

下面介绍关于 $\int_a^{+\infty} f(x)g(x)\mathrm{d}x$ 敛散性的 Dirichlet 判别法与 Abel 判别法.

**定理 6.5.4**(无穷积分的 Dirichlet 判别法)  如果函数 $f,g$ 满足:

(1)$g$ 在$[a,+\infty)$ 上单调,且 $\lim\limits_{x\to+\infty} g(x) = 0$;

(2)$F(u) = \int_a^u f(x)\mathrm{d}x$ 在$[a,+\infty)$ 上有界.

则 $\int_a^{+\infty} f(x)g(x)\mathrm{d}x$ 收敛.

**证明**  设 $\left| \int_a^u f(x)\mathrm{d}x \right| < M, \forall u > a.$

$\forall \varepsilon > 0,$ 由于 $\lim\limits_{x\to+\infty} g(x) = 0,$ 则 $\exists \Delta > \max\{a,0\},$ 当 $u_2 > u_1 > \Delta$ 时,有

$$|g(u_2)| < \frac{\varepsilon}{4M}, \ |g(u_1)| < \frac{\varepsilon}{4M}$$

因此,由一般积分第二中值定理可知,$\exists \xi \in [u_1,u_2],$ s. t.

$$\left| \int_{u_1}^{u_2} f(x)g(x)\mathrm{d}x \right| = \left| g(u_1) \int_{u_1}^{\xi} f(x)\mathrm{d}x + g(u_2) \int_{\xi}^{u_2} f(x)\mathrm{d}x \right|$$

$$\leqslant |g(u_1)| \cdot \left| \int_{u_1}^{\xi} f(x)\mathrm{d}x \right| + |g(u_2)| \cdot \left| \int_{\xi}^{u_2} f(x)\mathrm{d}x \right|$$

$$= |g(u_1)| \cdot \left| \int_a^{\xi} f(x)\mathrm{d}x - \int_a^{u_1} f(x)\mathrm{d}x \right| +$$

$$|g(u_2)| \cdot \left| \int_a^{u_2} f(x)\mathrm{d}x - \int_a^{\xi} f(x)\mathrm{d}x \right|$$

$$< 2M \cdot \frac{\varepsilon}{4M} + 2M \cdot \frac{\varepsilon}{4M} = \varepsilon$$

根据无穷积分的 Cauchy 收敛准则知,$\int_a^{+\infty} f(x)g(x)\mathrm{d}x$ 收敛.

**定理 6.5.5**(无穷积分的 Abel 判别法)  如果函数 $f,g$ 满足:

(1)$g$ 在$[a,+\infty)$ 上单调有界;

(2)$\int_a^{+\infty} f(x)\mathrm{d}x$ 收敛.

则 $\int_{a}^{+\infty} f(x)g(x)\mathrm{d}x$ 收敛.

**证法1** 设 $|g(x)| < M, \forall x \in [a, +\infty)$.

$\forall \varepsilon > 0$, 因为 $\int_{a}^{+\infty} f(x)\mathrm{d}x$ 收敛, 故 $\exists \Delta > \max\{a, 0\}$, 当 $u_2 > u_1 > \Delta$ 时, 有

$$\left| \int_{u_1}^{u_2} f(x)\mathrm{d}x \right| < \frac{\varepsilon}{2M}$$

因此, 由一般积分第二中值定理可知, $\exists \xi \in [u_1, u_2]$, s.t.

$$\left| \int_{u_1}^{u_2} f(x)g(x)\mathrm{d}x \right| = \left| g(u_1) \int_{u_1}^{\xi} f(x)\mathrm{d}x + g(u_2) \int_{\xi}^{u_2} f(x)\mathrm{d}x \right|$$

$$\leqslant |g(u_1)| \cdot \left| \int_{u_1}^{\xi} f(x)\mathrm{d}x \right| + |g(u_2)| \cdot \left| \int_{\xi}^{u_2} f(x)\mathrm{d}x \right|$$

$$< M \cdot \frac{\varepsilon}{2M} + M \cdot \frac{\varepsilon}{2M} = \varepsilon$$

根据无穷积分的 Cauchy 收敛准则知, $\int_{a}^{+\infty} f(x)g(x)\mathrm{d}x$ 收敛.

**证法2** 因 $\int_{a}^{+\infty} f(x)\mathrm{d}x$ 收敛, 故 $\int_{a}^{u} f(x)\mathrm{d}x$ 在 $[a, +\infty)$ 上有界. 又因为 $g(x) - g(+\infty)$ 在 $[a, +\infty)$ 上单调趋于 $0(x \rightarrow +\infty)$, 根据 Dirichlet 判别法知

$$\int_{a}^{+\infty} f(x)[g(x) - g(+\infty)]\mathrm{d}x$$

收敛. 因此

$$\int_{a}^{+\infty} f(x)g(x)\mathrm{d}x = \int_{a}^{+\infty} f(x)[g(x) - g(+\infty)]\mathrm{d}x +$$

$$g(+\infty) \int_{a}^{+\infty} f(x)\mathrm{d}x$$

也收敛.

**例 6.5.12** 讨论 $\int_{1}^{+\infty} \frac{\sin x}{x^p}\mathrm{d}x$ 与 $\int_{1}^{+\infty} \frac{\cos x}{x^p}\mathrm{d}x$ 的敛散性.

**解** (1) 当 $p > 1$ 时, 因为

$$\left| \frac{\sin x}{x^p} \right| \leqslant \frac{1}{x^p}, x \in [1, +\infty)$$

而 $\int_{1}^{+\infty} \frac{\mathrm{d}x}{x^p}$ 当 $p > 1$ 时收敛, 根据比较判别法知, $\int_{1}^{+\infty} \left| \frac{\sin x}{x^p} \right| \mathrm{d}x$ 收敛, 从而

$\int_1^{+\infty} \dfrac{\sin x}{x^p} \mathrm{d}x$ 绝对收敛.

(2) 当 $0 < p \leqslant 1$ 时,因为 $\forall u \geqslant 1$,有

$$\left| \int_1^u \sin x \mathrm{d}x \right| = | \cos 1 - \cos u | = 2$$

而 $\dfrac{1}{x^p}$ 当 $p > 0$ 时单调趋于 $0(x \to +\infty)$,所以由 Dirichlet 判别法推得无穷积分

$\int_1^{+\infty} \dfrac{\sin x}{x^p} \mathrm{d}x$ 当 $p > 0$ 时总是收敛的.

另一方面,由于

$$\left| \frac{\sin x}{x^p} \right| \geqslant \frac{\sin^2 x}{x} = \frac{1 - \cos 2x}{2x} = \frac{1}{2x} - \frac{\cos 2x}{2x}, x \in [1, +\infty)$$

其中

$$\int_1^{+\infty} \frac{\cos 2x}{2x} \mathrm{d}x \xrightarrow{t = 2x} \frac{1}{2} \int_2^{+\infty} \frac{\cos t}{t} \mathrm{d}t$$

满足 Dirichlet 判别法的条件,它是收敛的. 而 $\int_1^{+\infty} \dfrac{\mathrm{d}x}{2x} = \dfrac{1}{2} \ln x \Big|_1^{+\infty} = +\infty$ 发散.

因此,当 $0 < p \leqslant 1$ 时,由于 $\int_1^{+\infty} \left[ \dfrac{1}{2x} - \dfrac{\cos 2x}{2x} \right] \mathrm{d}x$ 发散,因而 $\int_1^{+\infty} \left| \dfrac{\sin x}{x^p} \right| \mathrm{d}x$ 发散.

故 $\int_1^{+\infty} \dfrac{\sin x}{x^p} \mathrm{d}x$ 当 $0 < p \leqslant 1$ 时是条件收敛的.

(3) 当 $p \leqslant 0$ 时,$\forall n \in \mathbb{N}$,有

$$\left| \int_{2n\pi}^{2n\pi+\pi} \frac{\sin x}{x^p} \mathrm{d}x \right| = \int_{2n\pi}^{2n\pi+\pi} \frac{\sin x}{x^p} \mathrm{d}x \geqslant \int_0^{\pi} \sin x \mathrm{d}x = 2 > 1 = \varepsilon_0$$

综合以上讨论可知,$\int_1^{+\infty} \dfrac{\sin x}{x^p} \mathrm{d}x$ 当 $p > 1$ 时绝对收敛;当 $0 < p \leqslant 1$ 时条件收敛;当 $p \leqslant 0$ 时发散.

类似地,可证 $\int_1^{+\infty} \dfrac{\cos x}{x^p} \mathrm{d}x$ 当 $p > 1$ 时绝对收敛;当 $0 < p \leqslant 1$ 时条件收敛;当 $p \leqslant 0$ 时发散.

**例 6.5.13** 证明下列无穷积分都是条件收敛的.

(1) $\int_1^{+\infty} \sin x^2 \mathrm{d}x$;

(2) $\displaystyle\int_1^{+\infty} \cos x^2 \mathrm{d}x$;

(3) $\displaystyle\int_1^{+\infty} x\sin x^4 \mathrm{d}x$.

**证明**　由

$$\int_1^{+\infty} \sin x^2 \mathrm{d}x \xlongequal{t=x^2} \int_1^{+\infty} \frac{\sin t}{2\sqrt{t}} \mathrm{d}t$$

$$\int_1^{+\infty} \cos x^2 \mathrm{d}x \xlongequal{t=x^2} \int_1^{+\infty} \frac{\cos t}{2\sqrt{t}} \mathrm{d}t$$

$$\int_1^{+\infty} x\sin x^4 \mathrm{d}x \xlongequal{t=x^4} \int_1^{+\infty} t^{\frac{1}{4}} \sin t \cdot \frac{\mathrm{d}t}{4t^{\frac{3}{4}}} = \int_1^{+\infty} \frac{\sin t}{4\sqrt{t}} \mathrm{d}t$$

及例 6.5.12 立即推得它们都是条件收敛的.

以上例 6.5.13 中三个无穷积分,当 $x \to +\infty$ 时,被积函数并不趋于 0,甚至是无界的(如 $x\sin x^4$),但无穷积分收敛. 因此,我们有必要研究 $\displaystyle\int_a^{+\infty} f(x)\mathrm{d}x$ 收敛与 $\displaystyle\lim_{x\to+\infty} f(x) = 0$ 的关系问题.

**例 6.5.14**　设 $\displaystyle\int_a^{+\infty} f(x)\mathrm{d}x$ 收敛,且 $\displaystyle\lim_{x\to+\infty} f(x) = A \in \mathbb{R}$,则 $A = 0$.

**证明**　(反证)假设 $A \neq 0$,不妨设 $\displaystyle\lim_{x\to+\infty} f(x) = A > 0$,则 $\exists \Delta > \max\{a,0\}$,当 $x > \Delta$ 时,$f(x) > A - \dfrac{A}{2} = \dfrac{A}{2}$,从而对 $u > \Delta$(图 6.5.5)有

$$\int_a^u f(x)\mathrm{d}x = \int_a^\Delta f(x)\mathrm{d}x + \int_\Delta^u f(x)\mathrm{d}x > \int_a^\Delta f(x)\mathrm{d}x + \int_\Delta^u \frac{A}{2}\mathrm{d}x$$

$$= \int_a^\Delta f(x)\mathrm{d}x + \frac{A}{2}(u - \Delta) \to +\infty \quad (u \to +\infty)$$

所以

$$\int_a^{+\infty} f(x)\mathrm{d}x = \lim_{u\to+\infty} \int_a^u f(x)\mathrm{d}x = +\infty$$

这与 $\displaystyle\int_a^{+\infty} f(x)\mathrm{d}x$ 收敛相矛盾.

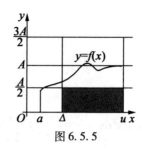

图 6.5.5

**例 6.5.15** 设 $\int_a^{+\infty} f(x)\mathrm{d}x$ 收敛,$f$ 在 $[a, +\infty)$ 中一致连续,则 $\lim\limits_{x\to+\infty} f(x) = 0$.

**证明** (反证) 假设 $\lim\limits_{x\to+\infty} f(x) \neq 0$,则 $\exists \varepsilon_0 > 0$,s.t. $\forall \Delta > 0$,$\exists x_1 > \Delta$,有 $|f(x_1)| \geqslant \varepsilon_0$. 又因为 $f(x)$ 在 $[a, +\infty)$ 上一致连续,故 $\exists \delta > 0$,当 $|x' - x''| < \delta$ 时,有

$$|f(x') - f(x'')| < \frac{\varepsilon_0}{2}$$

于是,当 $x \in [x_1, x_1 + \delta)$ 时,有

$$\begin{aligned}
|f(x)| &= |f(x_1) - [f(x_1) - f(x)]| \\
&\geqslant |f(x_1)| - |f(x_1) - f(x)| \\
&> \varepsilon_0 - \frac{\varepsilon_0}{2} = \frac{\varepsilon_0}{2}
\end{aligned}$$

并且 $f(x)$ 与 $f(x_1)$ 同号(否则,$|f(x) - f(x_1)| > |f(x_1)| \geqslant \varepsilon_0$ 与 $|f(x) - f(x_1)| < \frac{\varepsilon_0}{2}$ 矛盾). 如果 $f(x_1) > 0$,则 $f(x) > 0$,从而

$$f(x) > \frac{\varepsilon_0}{2}$$

故

$$\left| \int_{x_1}^{x_1+\delta} f(x)\mathrm{d}x \right| \geqslant \frac{\varepsilon_0}{2} \int_{x_1}^{x_1+\delta} \mathrm{d}x = \frac{\varepsilon_0}{2}\delta$$

同理,如果 $f(x_1) < 0$,则 $f(x) < 0$,也有

$$\left| \int_{x_1}^{x_1+\delta} f(x)\mathrm{d}x \right| = \int_{x_1}^{x_1+\delta} |f(x)|\,\mathrm{d}x \geqslant \frac{\varepsilon_0}{2} \int_{x_1}^{x_1+\delta} \mathrm{d}x = \frac{\varepsilon_0}{2}\delta$$

这就证明了,对于 $\frac{\varepsilon_0}{2}\delta > 0$,$\forall \Delta > 0$,$\exists x_1 + \delta > x_1 > \Delta$,s.t.

$$\left| \int_{x_1}^{x_1+\delta} f(x)\,\mathrm{d}x \right| \geqslant \frac{\varepsilon_0}{2}\delta$$

根据无穷积分的 Cauchy 准则, $\int_a^{+\infty} f(x)\,\mathrm{d}x$ 发散,这与题设 $\int_a^{+\infty} f(x)\,\mathrm{d}x$ 收敛矛盾.

**例 6.5.16** 设 $\int_a^{+\infty} f(x)\,\mathrm{d}x$ 收敛, $f$ 在 $[a,+\infty)$ 上连续,且 $f(x)\geqslant 0, x\in [a,+\infty)$. 问:是否有 $\lim\limits_{x\to+\infty} f(x)=0$?

**解** 不一定有 $\lim\limits_{x\to+\infty} f(x)=0$.

反例:令

$$f(x)=\begin{cases} n^2\cdot 2^n\Big[x-\Big(n-\dfrac{1}{2^n n}\Big)\Big], x\in\Big[n-\dfrac{1}{2^n n}, n\Big] \\[2mm] -n^2\cdot 2^n\Big[x-\Big(n+\dfrac{1}{2^n n}\Big)\Big], x\in\Big[n, n+\dfrac{1}{2^n n}\Big] \\[2mm] 0, x\text{ 为}[0,+\infty)\text{ 中的其他点} \end{cases}$$

则 $f(x)\geqslant 0$, 且 $\lim\limits_{n\to+\infty} f(n)=\lim\limits_{n\to+\infty} n=+\infty$, 故 $\lim\limits_{x\to+\infty} f(x)\neq 0$, 但

$$\int_a^{+\infty} f(x)\,\mathrm{d}x = \sum_{n=1}^{\infty}\frac{1}{2^n}=1$$

收敛(图 6.5.6).

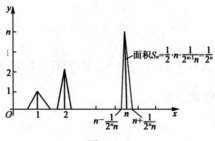

图 6.5.6

类似无穷积分,关于瑕积分有相应的性质与判别法.

**定理 6.5.6**(瑕积分收敛的 Cauchy 准则) 瑕积分 $\int_a^b f(x)\,\mathrm{d}x$($a$ 为瑕点)收敛 $\Leftrightarrow$ $\forall \varepsilon>0, \exists \delta>0$, 当 $v_1, v_2\in(a, a+\delta)$ 时,便有

$$\left| \int_{v_1}^b f(x)\,\mathrm{d}x - \int_{v_2}^b f(x)\,\mathrm{d}x \right| = \left| \int_{v_1}^{v_2} f(x)\,\mathrm{d}x \right| < \varepsilon$$

**证明** 设 $F(v)=\int_v^b f(x)\,\mathrm{d}x$, 则

$\int_a^b f(x)\,\mathrm{d}x$ 收敛 $\Leftrightarrow \lim\limits_{v\to a^+}\int_v^b f(x)\,\mathrm{d}x = \lim\limits_{v\to a^+}F(v)$ 存在且有限

$\xleftrightarrow{\text{函数收敛的Cauchy准则}} \forall\varepsilon>0,\exists\delta>0,$ 当 $v_1,v_2\in(a,a+\delta)$ 时,便有

$$\left|\int_{v_1}^{v_2}f(x)\,\mathrm{d}x\right| = \left|\int_a^{v_2}f(x)\,\mathrm{d}x - \int_a^{v_1}f(x)\,\mathrm{d}x\right|$$
$$= |F(v_2)-F(v_1)| < \varepsilon$$

**引理6.5.4** 设函数 $f,g$ 的瑕点同为 $a$,$\lambda$ 与 $\mu$ 为常数,如果瑕积分 $\int_a^b f(x)\,\mathrm{d}x$ 与 $\int_a^b g(x)\,\mathrm{d}x$ 都收敛,则瑕积分 $\int_a^b[\lambda f(x)+\mu g(x)]\,\mathrm{d}x$ 也收敛(此时它也许为正常积分,$a$ 未必为瑕点,如 $k_1=k_2=0$,而正常积分视作收敛),并有

$$\int_a^b[\lambda f(x)+\mu g(x)]\,\mathrm{d}x = \lambda\int_a^b f(x)\,\mathrm{d}x + \mu\int_a^b g(x)\,\mathrm{d}x$$

**证明**
$$\int_a^b[\lambda f(x)+\mu g(x)]\,\mathrm{d}x$$
$$= \lim_{v\to a^+}\int_v^b[\lambda f(x)+\mu g(x)]\,\mathrm{d}x$$
$$= \lim_{v\to a^+}\left[\lambda\int_v^b f(x)\,\mathrm{d}x + \mu\int_v^b g(x)\,\mathrm{d}x\right]$$
$$= \lambda\int_v^b f(x)\,\mathrm{d}x + \mu\int_v^b g(x)\,\mathrm{d}x$$

**引理6.5.5** 设函数 $f$ 的瑕点为 $a$,则瑕积分 $\int_a^b f(x)\,\mathrm{d}x$ 与 $\int_a^c f(x)\,\mathrm{d}x(c\in(a,b))$ 同敛散. 如果收敛,则

$$\int_a^b f(x)\,\mathrm{d}x = \int_a^c f(x)\,\mathrm{d}x + \int_c^b f(x)\,\mathrm{d}x$$

其中 $\int_c^b f(x)\,\mathrm{d}x$ 为 Riemann 积分.

**证明** 设 $a<v<c$,则

$$\int_v^b f(x)\,\mathrm{d}x = \int_v^c f(x)\,\mathrm{d}x + \int_c^b f(x)\,\mathrm{d}x$$

因此,$\lim\limits_{v\to a^+}\int_v^b f(x)\,\mathrm{d}x$ 与 $\lim\limits_{v\to a^+}\int_v^c f(x)\,\mathrm{d}x$ 同时存在或同时不存在. 故瑕积分 $\int_a^b f(x)\,\mathrm{d}x$ 与 $\int_a^c f(x)\,\mathrm{d}x$ 同敛散. 当它们收敛时,有

$$\int_a^b f(x)\,\mathrm{d}x = \lim_{v \to a^+} \int_v^b f(x)\,\mathrm{d}x = \lim_{v \to a^+} \left[ \int_v^c f(x)\,\mathrm{d}x + \int_c^b f(x)\,\mathrm{d}x \right]$$

$$= \int_a^c f(x)\,\mathrm{d}x + \int_c^b f(x)\,\mathrm{d}x$$

**引理 6.5.6**　设函数 $f$ 的瑕点为 $a$, $f$ 在 $[a,b]$ 的任一内闭区间 $[u,b]$ 上 Riemann 可积,则当 $\int_a^b |f(x)|\,\mathrm{d}x$ 收敛时, $\int_a^b f(x)\,\mathrm{d}x$ 也必收敛,并有

$$\left| \int_a^b f(x)\,\mathrm{d}x \right| \leqslant \int_a^b |f(x)|\,\mathrm{d}x$$

**证明**　由 $\int_a^b |f(x)|\,\mathrm{d}x$ 收敛,根据瑕积分收敛的 Cauchy 准则的必要性知, $\forall \varepsilon > 0$, $\exists \delta > 0$,当 $a < v_1 < v_2 < a + \delta$ 时,总有

$$\left| \int_{v_1}^{v_2} |f(x)|\,\mathrm{d}x \right| = \int_{v_1}^{v_2} |f(x)|\,\mathrm{d}x < \varepsilon$$

于是

$$\left| \int_{v_1}^{v_2} f(x)\,\mathrm{d}x \right| \leqslant \int_{v_1}^{v_2} |f(x)|\,\mathrm{d}x < \varepsilon$$

再由瑕积分收敛的 Cauchy 准则的充分性推得 $\int_a^{+\infty} f(x)\,\mathrm{d}x$ 收敛.

又因为

$$\left| \int_v^b f(x)\,\mathrm{d}x \right| \leqslant \int_v^b |f(x)|\,\mathrm{d}x \quad (a < v \leqslant b)$$

令 $v \to a^+$,则得

$$\left| \int_a^b f(x)\,\mathrm{d}x \right| \leqslant \int_a^b |f(x)|\,\mathrm{d}x$$

**定义 6.5.4**　设 $f$ 在任何内闭区间 $[v,b] \subset (a,b]$ 上 Riemann 可积, $a$ 为其瑕点,如果 $\int_a^b |f(x)|\,\mathrm{d}x$ 收敛,则称 $\int_a^b f(x)\,\mathrm{d}x$ **绝对收敛**. 引理 6.5.6 指出 $\int_a^{+\infty} f(x)\,\mathrm{d}x$ 也收敛,但反之不成立. 读者可以仿照定义 6.5.3 中的反例构造瑕积分的反例.

我们称收敛而非绝对收敛的瑕积分为**条件收敛**的.

**定理 6.5.7**(瑕积分的比较判别法)　设定义在 $(a,b]$ 上的两个函数 $f$ 与 $g$,其瑕点同为 $a$,在任何内闭区间 $[v,b] \subset (a,b]$ 上都 Riemann 可积,且满足

$$| f(x) | \leqslant g(x), x \in (a,b]$$

则有:

(1) 当 $\int_a^b g(x) \mathrm{d}x$ 收敛时, $\int_a^b | f(x) | \mathrm{d}x$ 必收敛,当然 $\int_a^b f(x) \mathrm{d}x$ 也收敛;

(2) 当 $\int_a^b | f(x) | \mathrm{d}x$ 发散时, $\int_a^b g(x) \mathrm{d}x$ 必发散.

(简单说即是:大的收敛,小的也收敛;小的发散,大的也发散.)

**证明**　因为 $0 \leqslant | f(x) | \leqslant g(x)$ ,所以 $\int_v^b | f(x) | \mathrm{d}x$ 与 $\int_v^b g(x) \mathrm{d}x$ 都为当 $v \to a^+$ 时的增函数.

(1) 如果 $\int_a^b g(x) \mathrm{d}x$ 收敛,则 $\forall v \in (a,b]$ ,有 $\int_v^b g(x) \mathrm{d}x \leqslant M$(常数),从而

$$\int_v^b | f(x) | \mathrm{d}x \leqslant \int_v^b g(x) \mathrm{d}x \leqslant M, \forall v \in (a,b]$$

$\int_a^b | f(x) | \mathrm{d}x = \lim\limits_{v \to a^+} \int_v^b | f(x) | \mathrm{d}x$ 存在且有限,即 $\int_a^b | f(x) | \mathrm{d}x$ 收敛.

(2) 如果 $\int_a^b | f(x) | \mathrm{d}x$ 发散,则

$$\lim_{v \to a^+} \int_v^b | f(x) | \mathrm{d}x = \int_a^b | f(x) | \mathrm{d}x = + \infty$$

则由

$$\int_v^b | f(x) | \mathrm{d}x \leqslant \int_v^b g(x) \mathrm{d}x$$

得到

$$+ \infty = \lim_{v \to a^+} \int_v^b | f(x) | \mathrm{d}x \leqslant \lim_{v \to a^+} \int_v^b g(x) \mathrm{d}x = \int_a^b g(x) \mathrm{d}x$$

即

$$\int_a^b g(x) \mathrm{d}x = + \infty$$

发散.

**定理 6.5.7′**(瑕积分的比较判别法的极限形式)　设 $f,g$ 在任何有限区间 $[v,b] \subset (a,b)$ 上都 Riemann 可积, $g(x) > 0$ ,且

$$\lim_{x \to a^+} \frac{| f(x) |}{g(x)} = c$$

则有:

(1) 当 $0 < c < +\infty$ 时, $\int_a^b |f(x)| \, dx$ 与 $\int_a^b g(x) dx$ 同敛散;

(2) 当 $c = 0$ 时, $\int_a^b g(x) dx$ 收敛蕴涵着 $\int_a^b |f(x)| \, dx$ 也收敛;

(3) 当 $c = +\infty$ 时, $\int_a^b g(x) dx$ 发散蕴涵着 $\int_a^b |f(x)| \, dx$ 也发散.

**证明** (1) 因为 $\lim\limits_{x \to a^+} \dfrac{|f(x)|}{g(x)} = c \in (0, +\infty)$, 所以 $\exists \delta > 0$, 当 $x \in (a, a + \delta)$ 时, 有

$$\frac{3c}{2} = c + \frac{c}{2} > \frac{|f(x)|}{g(x)} > c - \frac{c}{2} = \frac{c}{2} > 0$$

$$\frac{3c}{2} g(x) > |f(x)| > \frac{c}{2} g(x)$$

再由定理 6.5.7 知, $\int_a^b |f(x)| \, dx$ 与 $\int_a^b g(x) dx$ 同敛散.

(2) 当 $c = 0$ 时, 由 $\lim\limits_{x \to a} \dfrac{|f(x)|}{g(x)} = c = 0$, 故对 $\varepsilon_0 = 1$, $\exists \delta > 0$, 当 $x \in (a, a + \delta)$ 时, 有

$$\frac{|f(x)|}{g(x)} < 1$$

故

$$|f(x)| < g(x)$$

于是, 根据定理 6.5.7(1) 知, $\int_a^b g(x) dx$ 收敛蕴涵着 $\int_a^b |f(x)| \, dx$ 也收敛.

(3) 当 $c = +\infty$ 时, 由于 $\lim\limits_{x \to a^+} \dfrac{|f(x)|}{g(x)} = c = +\infty$, 因此对 $A_0 = 1$, $\exists \delta > 0$, 当 $x \in (a, a + \delta)$ 时, 有

$$\frac{|f(x)|}{g(x)} > A_0 = 1$$

故

$$|f(x)| > g(x)$$

于是, 根据定理 6.5.7(2) 知, $\int_a^b g(x) dx$ 发散蕴涵着 $\int_a^b |f(x)| \, dx$ 也发散.

**推论 6.5.2** $\left( 与 \int_a^b \dfrac{dx}{(x-a)^p} 比较 \right)$ 设 $f$ 定义于 $(a, b]$, $a$ 为其瑕点, 且在任

何内闭区间 $[u,b] \subset (a,b)$ 上 Riemann 可积. 则有:

(1) 当 $|f(x)| \leq \dfrac{1}{(x-a)^p}$ 且 $p < 1$ 时, $\displaystyle\int_a^b |f(x)| \, dx$ 收敛;

(2) 当 $|f(x)| \geq \dfrac{1}{(x-a)^p}$, 且 $p \geq 1$ 时, $\displaystyle\int_a^b |f(x)| \, dx$ 发散.

**证明**　由定理 6.5.7 与例 6.5.9 可立即推得.

**推论 6.5.2′** $\left(\text{与}\displaystyle\int_a^b \dfrac{dx}{(x-a)^p} \text{ 比较的极限形式}\right)$　设 $f$ 定义于 $(a,b]$, $a$ 为其

瑕点, 且在任何内闭区间 $[u,b] \subset (a,b]$ 上 Riemann 可积. 如果

$$\lim_{x \to a^+} (x-a)^p |f(x)| = \lim_{x \to a^+} \frac{|f(x)|}{\dfrac{1}{(x-a)^p}} = \lambda$$

则有:

(1) 当 $p < 1, 0 \leq \lambda < +\infty$ 时, $\displaystyle\int_a^b |f(x)| \, dx$ 收敛;

(2) 当 $p \geq 1, 0 < \lambda \leq +\infty$ 时, $\displaystyle\int_a^b |f(x)| \, dx$ 发散.

**证明**　由定理 6.5.7′ 与例 6.5.9 可立即推得.

类似于定理 6.5.4 与定理 6.5.5, 可讨论相应于瑕积分的 Dirichlet 判别法与 Abel 判别法.

**例 6.5.17**　讨论广义积分

$$\int_0^{+\infty} \frac{\ln(1+x)}{x^p} dx$$

的敛散性.

**解**　$\displaystyle\int_0^{+\infty} \frac{\ln(1+x)}{x^p} dx = \int_0^1 \frac{\ln(1+x)}{x^p} dx + \int_1^{+\infty} \frac{\ln(1+x)}{x^p} dx$

$$= I_1 + I_2$$

首先讨论 $I_1 = \displaystyle\int_0^1 \frac{\ln(1+x)}{x^p} dx$ 的敛散性, $x = 0$ 疑似瑕点.

因为

$$\frac{\ln(1+x)}{x^p} \sim \frac{x}{x^p} = \frac{1}{x^{p-1}} \quad (x \to 0^+)$$

所以, 根据推论 6.5.2′ 知, 当 $p - 1 < 1$, 即 $p < 2$ 时, $I_1$ 收敛; 当 $p - 1 \geq 1$, 即 $p \geq 2$

时发散.

再来讨论 $I_2 = \displaystyle\int_1^{+\infty} \dfrac{\ln(1+x)}{x^p}\mathrm{d}x$ 的敛散性.

当 $p \le 1$ 时,由

$$\lim_{x \to +\infty} \frac{\ln(1+x)}{x^p} \Big/ \frac{1}{x^p} = \lim_{x \to +\infty} \ln(1+x) = +\infty$$

及推论 6.5.1′(2) 知,$I_2$ 发散.

当 $p > 1$ 时,令 $p = 1 + \delta$,则 $\delta > 0$,于是

$$\lim_{x \to +\infty} \frac{\ln(1+x)}{x^p} \Big/ \frac{1}{x^{1+\delta}} = \lim_{x \to +\infty} \frac{\ln(1+x)}{x^\delta} = \lim_{x \to +\infty} \frac{1}{\delta x^{\delta-1}(1+x)} = 0$$

再由 $\displaystyle\int_1^{+\infty} \dfrac{\mathrm{d}x}{x^{1+\delta}}$ 收敛及推论 6.5.1′(1) 立刻知道,$I_2$ 收敛.

综合上述讨论,当且仅当 $1 < p < 2$ 时,$\displaystyle\int_0^{+\infty} \dfrac{\ln(1+x)}{x^p}\mathrm{d}x$ 收敛.

**例 6.5.18**　证明:瑕积分 $\displaystyle\int_0^{\frac{\pi}{2}} \ln\sin x\mathrm{d}x$ 与 $\displaystyle\int_0^{\frac{\pi}{2}} \ln\cos x\mathrm{d}x$ 均收敛,且

$$\int_0^{\frac{\pi}{2}} \ln\sin x\mathrm{d}x = \int_0^{\frac{\pi}{2}} \ln\cos x\mathrm{d}x = -\frac{\pi}{2}\ln 2.$$

**证法 1**

$$\int_0^{\frac{\pi}{2}} \ln\cos x\mathrm{d}x \xlongequal{t = \frac{\pi}{2} - x} \int_{\frac{\pi}{2}}^0 \ln\sin t(-\mathrm{d}t) = \int_0^{\frac{\pi}{2}} \ln\sin t\mathrm{d}t$$

$$= \int_0^{\frac{\pi}{2}} \ln\Big(2\sin\frac{t}{2}\cos\frac{t}{2}\Big)\mathrm{d}t$$

$$= \int_0^{\frac{\pi}{2}} \Big(\ln 2 + \ln\sin\frac{t}{2} + \ln\cos\frac{t}{2}\Big)\mathrm{d}t$$

$$\xlongequal{u = \frac{t}{2}} \frac{\pi}{2}\ln 2 + 2\Big(\int_0^{\frac{\pi}{4}} \ln\sin u\mathrm{d}u + \int_0^{\frac{\pi}{4}} \ln\cos u\mathrm{d}u\Big)$$

$$\xlongequal{v = \frac{\pi}{2} - u} \frac{\pi}{2}\ln 2 + 2\Big[\int_0^{\frac{\pi}{4}} \ln\sin u\mathrm{d}u + \int_{\frac{\pi}{2}}^{\frac{\pi}{4}} \ln\sin v(-\mathrm{d}v)\Big]$$

$$= \frac{\pi}{2}\ln 2 + 2\int_0^{\frac{\pi}{2}} \ln\sin t\mathrm{d}t$$

移项化简得

$$\int_0^{\frac{\pi}{2}} \ln \cos x \mathrm{d}x = \int_0^{\frac{\pi}{2}} \ln \sin x \mathrm{d}x = -\frac{\pi}{2}\ln 2$$

**证法 2** 由证法 1,有

$$\int_0^{\frac{\pi}{2}} \ln \sin x \mathrm{d}x = \frac{1}{2}\int_0^{\frac{\pi}{2}}(\ln \sin x + \ln \cos x)\mathrm{d}x$$

$$= \frac{1}{2}\int_0^{\frac{\pi}{2}}\ln\left(\frac{1}{2}\sin 2x\right)\mathrm{d}x$$

$$= -\frac{1}{2}\ln 2 \cdot \frac{\pi}{2} + \frac{1}{2}\int_0^{\frac{\pi}{2}}\ln \sin 2x \mathrm{d}x$$

$$\xlongequal{u=2x} -\frac{\pi}{4}\ln 2 + \frac{1}{2}\int_0^{\pi}\ln \sin u \frac{u}{2}$$

$$= -\frac{\pi}{4}\ln 2 + \frac{1}{4}\int_0^{\frac{\pi}{2}}\ln \sin u \mathrm{d}u + \frac{1}{4}\int_{\frac{\pi}{2}}^{\pi}\ln \sin u \mathrm{d}u$$

$$\xlongequal{u=\pi-x} -\frac{\pi}{4}\ln 2 + \frac{1}{4}\int_0^{\frac{\pi}{2}}\ln \sin x \mathrm{d}x + \frac{1}{4}\int_{\frac{\pi}{2}}^{0}\ln \sin x(-\mathrm{d}x)$$

$$= -\frac{\pi}{4}\ln 2 + \frac{1}{2}\int_0^{\frac{\pi}{2}}\ln \sin x \mathrm{d}x$$

移项化简得

$$\int_0^{\frac{\pi}{2}} \ln \sin x \mathrm{d}x = -\frac{\pi}{2}\ln 2$$

**例 6.5.19** 设 $f$ 在 $[0, +\infty)$ 上连续,$0 < a < b$. 证明:

(1) 如果 $\lim\limits_{x \to +\infty}f(x) = k$,则

$$\int_0^{+\infty} \frac{f(ax) - f(bx)}{x}\mathrm{d}x = [f(0) - k]\ln \frac{b}{a}$$

(2) 如果 $\int_0^{+\infty} \frac{f(x)}{x}\mathrm{d}x$ 收敛,则

$$\int_0^{+\infty} \frac{f(ax) - f(bx)}{x}\mathrm{d}x = f(0)\ln \frac{b}{a}$$

**证明** (1)
$$\int_\varepsilon^A \frac{f(ax) - f(bx)}{x}\mathrm{d}x$$

$$= \int_\varepsilon^A \frac{f(ax)}{x}\mathrm{d}x - \int_\varepsilon^A \frac{f(bx)}{x}\mathrm{d}x$$

$$\xrightarrow[t=bx]{t=ax} \int_{a\varepsilon}^{aA} \frac{f(t)}{\dfrac{t}{a}} \frac{\mathrm{d}t}{a} - \int_{b\varepsilon}^{bA} \frac{f(t)}{\dfrac{t}{b}} \frac{\mathrm{d}t}{b}$$

$$= \int_{a\varepsilon}^{aA} \frac{f(t)}{t}\mathrm{d}t - \int_{b\varepsilon}^{bA} \frac{f(t)}{t}\mathrm{d}t$$

$$= \int_{a\varepsilon}^{b\varepsilon} \frac{f(t)}{t}\mathrm{d}t - \int_{aA}^{bA} \frac{f(t)}{t}\mathrm{d}t$$

$$\xrightarrow[t=Au]{t=\varepsilon u} \int_{a}^{b} \frac{f(\varepsilon u)}{\varepsilon u}\varepsilon\mathrm{d}u - \int_{a}^{b} \frac{f(Au)}{Au}A\mathrm{d}u$$

$$= \int_{a}^{b} \frac{f(\varepsilon u) - f(Au)}{u}\mathrm{d}u$$

$$\xrightarrow[\exists\xi\in[a,b]]{\text{积分第一中值定理}} [f(\varepsilon\xi) - f(A\xi)] \int_{a}^{b} \frac{\mathrm{d}u}{u}$$

$$= [f(\varepsilon\xi) - f(A\xi)]\ln\frac{b}{a}$$

于是

$$\int_{0}^{+\infty} \frac{f(ax) - f(bx)}{x}\mathrm{d}x = \lim_{\substack{\varepsilon\to 0^+ \\ A\to+\infty}} \int_{\varepsilon}^{A} \frac{f(ax) - f(bx)}{x}\mathrm{d}x$$

$$= \lim_{\substack{\varepsilon\to 0^+ \\ A\to+\infty}} [f(\varepsilon\xi) - f(A\xi)]\ln\frac{b}{a}$$

$$= [f(0) - f(+\infty)]\ln\frac{b}{a}$$

$$= [f(0) - k]\ln\frac{b}{a}$$

(2) 由于 $\displaystyle\int_{0}^{+\infty} \frac{f(x)}{x}\mathrm{d}x$ 收敛,因此 $\forall\varepsilon > 0$,有

$$\int_{\varepsilon}^{+\infty} \frac{f(ax)}{x}\mathrm{d}x \xrightarrow{t=ax} \int_{\varepsilon a}^{+\infty} \frac{f(t)}{\dfrac{t}{a}} \frac{\mathrm{d}t}{a} = \int_{\varepsilon a}^{+\infty} \frac{f(t)}{t}\mathrm{d}t$$

于是

$$\int_{\varepsilon}^{+\infty} \frac{f(ax) - f(bx)}{x}\mathrm{d}x$$

$$= \int_{\varepsilon a}^{+\infty} \frac{f(t)}{t}\mathrm{d}t - \int_{\varepsilon b}^{+\infty} \frac{f(t)}{t}\mathrm{d}t$$

$$= \int_{\varepsilon a}^{\varepsilon b} \frac{f(t)}{t} \mathrm{d}t \xrightarrow{t = \varepsilon x} \int_a^b \frac{f(\varepsilon x)}{\varepsilon x} \varepsilon \mathrm{d}x$$

$$= \int_a^b \frac{f(\varepsilon x)}{x} \mathrm{d}x \xrightarrow[\exists \xi \in [a,b]]{\text{积分第一中值定理}} f(\varepsilon \xi) \int_a^b \frac{\mathrm{d}x}{x}$$

$$= f(\varepsilon \xi) \ln \frac{b}{a}$$

再令 $\varepsilon \to 0^+$, 得

$$\int_0^{+\infty} \frac{f(ax) - f(bx)}{x} \mathrm{d}x$$

$$= \lim_{\varepsilon \to 0^+} \int_\varepsilon^{+\infty} \frac{f(ax) - f(bx)}{x} \mathrm{d}x$$

$$= \lim_{\varepsilon \to 0^+} f(\varepsilon \xi) \ln \frac{b}{a} = f(0) \ln \frac{b}{a}$$

## 练习题 6.5

**1.** 证明: $\lim\limits_{n \to +\infty} \dfrac{\sqrt[n]{n!}}{n} = \dfrac{1}{e}$.

(提示:(1) 参阅例 1.4.11;(2) 对 $\dfrac{\sum\limits_{k=1}^n (\ln k - \ln n)}{n}$ 应用 Stolz 公式;

(3) $\lim\limits_{n \to +\infty} \dfrac{1}{n} \sum\limits_{k=1}^n \ln \dfrac{k}{n} = \int_0^1 \ln x \mathrm{d}x$.)

**2.** 在 $[-1, +\infty)$ 上定义函数

$$f(x) = \int_{-1}^x \frac{e^{\frac{1}{t}}}{t^2 (1 + e^{\frac{1}{t}})^2} \mathrm{d}t$$

试写出函数 $f$ 的简单表达式.

**3.** 计算下列无穷积分:

(1) $\displaystyle\int_2^{+\infty} \frac{\mathrm{d}x}{x(\ln x)^p}, p > 1$;  (2) $\displaystyle\int_0^{+\infty} e^{-\sqrt{x}} \mathrm{d}x$;

(3) $\displaystyle\int_{-\infty}^0 x e^x \mathrm{d}x$;  (4) $\displaystyle\int_0^{+\infty} x^5 e^{-x^2} \mathrm{d}x$;

(5) $\int_1^{+\infty} \dfrac{\mathrm{d}x}{x(1+x)}$ ;

(6) $\int_0^{+\infty} \dfrac{\mathrm{d}x}{1+x^3}$ ;

(7) $\int_{-\infty}^{+\infty} \dfrac{\mathrm{d}x}{x^2+2x+2}$ ;

(8) $\int_{-\infty}^{+\infty} \dfrac{\mathrm{d}x}{(x^2+x+1)^2}$ ;

(9) $\int_0^{+\infty} x^{n-1}\mathrm{e}^{-x}\mathrm{d}x, n \in \mathbb{N}$ ;

(10) $\int_0^{+\infty} \dfrac{\mathrm{d}x}{(x^2+a^2)^n}, n \in \mathbb{N}$ ;

(11) $\int_0^{+\infty} x^{2n-1}\mathrm{e}^{-x^2}\mathrm{d}x, n \in \mathbb{N}$ ;

(12) $\int_0^{+\infty} \mathrm{e}^{-ax}\cos bx\mathrm{d}x$ , 其中 $a, b$ 为常数, $a > 0$ ;

(13) $\int_0^{+\infty} \dfrac{1+x^2}{1+x^4}\mathrm{d}x$ ;

(14) $\int_2^{+\infty} \dfrac{x\ln x}{1-x^2}\mathrm{d}x$ ;

(15) $\int_0^{+\infty} x\mathrm{e}^{-x^2}\mathrm{d}x$ ;

(16) $\int_{-\infty}^{+\infty} x\mathrm{e}^{-x^2}\mathrm{d}x$ ;

(17) $\int_0^{+\infty} \dfrac{\mathrm{d}x}{\sqrt{\mathrm{e}^x}}$ ;

(18) $\int_0^{+\infty} \mathrm{e}^{-x}\sin x\mathrm{d}x$ ;

(19) $\int_1^{+\infty} \dfrac{\mathrm{d}x}{x^2(1+x)}$ ;

(20) $\int_{-\infty}^{+\infty} \dfrac{\mathrm{d}x}{4x^2+4x+5}$ .

**4.** 判断下列无穷积分的敛散性:

(1) $\int_1^{+\infty} \dfrac{\mathrm{d}x}{\sqrt[3]{x^4+1}}$ ;

(2) $\int_1^{+\infty} \dfrac{x}{1-\mathrm{e}^x}\mathrm{d}x$ ;

(3) $\int_0^{+\infty} \dfrac{\mathrm{d}x}{1+\sqrt{x}}$ ;

(4) $\int_1^{+\infty} \dfrac{x\arctan x}{1+x^3}\mathrm{d}x$ ;

(5) $\int_1^{+\infty} \dfrac{\ln(1+x)}{x^n}\mathrm{d}x$ ;

(6) $\int_0^{+\infty} \dfrac{x^m}{1+x^n}\mathrm{d}x$ ;

(7) $\int_1^{+\infty} \dfrac{\mathrm{d}x}{x(1+x)^{\frac{1}{3}}}$ ;

(8) $\int_0^{+\infty} \dfrac{\cos x}{1+x^2}\mathrm{d}x$ ;

(9) $\int_0^{+\infty} \dfrac{x^3}{\sqrt{1+x^7}}\mathrm{d}x$ ;

(10) $\int_1^{+\infty} \dfrac{x^2}{\sqrt{1+x^6}}\mathrm{d}x$ .

**5.** 讨论下列无穷积分是绝对收敛还是条件收敛:

(1) $\int_1^{+\infty} \dfrac{\sin\sqrt{x}}{x}\mathrm{d}x$ ;

(2) $\int_0^{+\infty} \dfrac{\mathrm{sgn}(\sin x)}{1+x^2}\mathrm{d}x$ ;

(3) $\int_0^{+\infty} \dfrac{\sqrt{x}\cos x}{100+x}\mathrm{d}x$ ;

(4) $\int_{\mathrm{e}}^{+\infty} \dfrac{\ln(\ln x)}{\ln x}\sin x\mathrm{d}x$ .

**6.** 计算下列瑕积分:

(1) $\int_{-1}^{1} \dfrac{dx}{\sqrt{1-x^2}}$;

(2) $\int_{-1}^{1} \dfrac{\arcsin x}{\sqrt{1-x^2}}dx$;

(3) $\int_{0}^{1} \dfrac{dx}{(2-x)\sqrt{1-x}}$;

(4) $\int_{-1}^{1} \dfrac{dx}{(2-x^2)\sqrt{1-x^2}}$;

(5) $\int_{0}^{1} \dfrac{\arcsin\sqrt{x}}{\sqrt{x(1-x)}}dx$;

(6) $\int_{0}^{1} (\ln x)^n dx, n\in\mathbb{N}$;

(7) $\int_{0}^{1} \dfrac{(1-x)^n}{\sqrt{x}}dx, n\in\mathbb{N}$;

(8) $\int_{0}^{1} \dfrac{x^n}{\sqrt{1-x}}dx, n\in\mathbb{N}$.

**7.** 讨论下列瑕积分的敛散性:

(1) $\int_{0}^{2} \dfrac{dx}{(x-1)^2}$;

(2) $\int_{0}^{\pi} \dfrac{\sin x}{x^{\frac{3}{2}}}dx$;

(3) $\int_{0}^{1} \dfrac{dx}{\sqrt{x}\ln x}$;

(4) $\int_{0}^{1} \dfrac{\ln x}{1-x}dx$;

(5) $\int_{0}^{1} \dfrac{\arctan x}{1-x^3}dx$;

(6) $\int_{0}^{\frac{\pi}{2}} \dfrac{1-\cos x}{x^m}dx$;

(7) $\int_{0}^{1} \dfrac{1}{x^\alpha}\sin\dfrac{1}{x}dx$;

(8) $\int_{0}^{\frac{\pi}{2}} e^{-x}\ln x dx$;

(9) $\int_{0}^{1} \dfrac{dx}{\sqrt{1-x^4}}$;

(10) $\int_{0}^{1} \dfrac{dx}{\ln x}$;

(11) $\int_{0}^{1} \ln x dx$;

(12) $\int_{0}^{1} \dfrac{dx}{x(\ln x)^p}$.

**8.** 判断下列广义积分的敛散性:

(1) $\int_{0}^{+\infty} \dfrac{|\sin x|}{x^{\frac{4}{3}}}dx$;

(2) $\int_{0}^{+\infty} \dfrac{dx}{e^x\sqrt{x}}$.

**9.** (1) 设函数 $f$ 在 $[0,+\infty)$ 上连续且 $f\geq 0$, $\int_{0}^{+\infty}f(x)dx=0$. 证明: $f=0$.

(2) 设函数 $f$ 在任何 $[0,A)\subset[0,+\infty)$ 上 Riemann 可积,且 $f\geq 0$, $\int_{0}^{+\infty}f(x)dx=0$. 证明: $f\xlongequal{a.e.}0, x\in[0,+\infty)$.

**10.** 设函数 $f$ 在 $[0,+\infty)$ 上一致连续,且 $f\geq 0$, $\int_{0}^{+\infty}f(x)dx$ 收敛. 证明: $\lim_{x\to+\infty}f(x)=0$

（此题比例6.5.15多了条件 $f\geq 0$,因此要求给出比例6.5.15更简单的论述).

**11.** 设 $\int_0^{+\infty} f(x)\mathrm{d}x$ 收敛,且 $|f'(x)| < M$(常数),$x > 0$. 证明:$\lim\limits_{x \to +\infty} f(x) = 0$.

**12.** 设 $f$ 与 $g$ 为定义在 $[a, +\infty)$ 上的函数,$\forall u > a$,它们在 $[a, u]$ 上都 Riemann 可积. 证明:如果 $\int_a^{+\infty} f^2(x)\mathrm{d}x$ 与 $\int_a^{+\infty} g^2(x)\mathrm{d}x$ 收敛,则 $\int_a^{+\infty} f(x)g(x)\mathrm{d}x$ 与 $\int_a^{+\infty} [f(x) + g(x)]^2\mathrm{d}x$ 也都收敛.

**13.** 设 $f, g, h$ 为定义在 $[a, +\infty)$ 上的三个连续函数,且 $h(x) \leqslant f(x) \leqslant g(x)$. 证明:

(1) 若 $\int_a^{+\infty} h(x)\mathrm{d}x$ 与 $\int_a^{+\infty} g(x)\mathrm{d}x$ 都收敛,则 $\int_a^{+\infty} f(x)\mathrm{d}x$ 也收敛;

(2) 若 $\int_a^{+\infty} h(x)\mathrm{d}x = \int_a^{+\infty} g(x)\mathrm{d}x = A$,则 $\int_a^{+\infty} f(x)\mathrm{d}x = A$.

**14.** 证明:(1) $\displaystyle\int_0^{+\infty} \frac{1 - \mathrm{e}^{-x^2}}{x^2}\mathrm{d}x = \sqrt{\pi}$;

(2) $\displaystyle\int_0^1 \left[\int_x^{\sqrt{x}} \frac{\sin t}{t}\mathrm{d}t\right]\mathrm{d}x = 1 - \sin 1$;

(3) $\displaystyle\int_{\frac{\pi}{4}}^{\frac{\pi}{2}} \frac{1 + \sin x}{1 + \cos x}\mathrm{e}^x\mathrm{d}x = \mathrm{e}^{\frac{\pi}{2}} - (\sqrt{2} - 1)\mathrm{e}^{\frac{\pi}{4}}$;

(4) $\displaystyle\int_0^1 \left(\ln \frac{1}{x}\right)^{\frac{1}{2}}\mathrm{d}x = \frac{\sqrt{\pi}}{2}$(提示:作变换 $u = \left(\ln \frac{1}{x}\right)^{\frac{1}{2}}$).

## 思考题 6.5

**1.** 计算下列两个积分的比值

$$\int_0^1 \frac{\mathrm{d}t}{\sqrt{1 - t^4}}, \int_0^1 \frac{\mathrm{d}t}{\sqrt{1 + t^4}}$$

**2.** 令 $\varphi(x) = -\displaystyle\int_0^x \ln \cos t\,\mathrm{d}t$,$|x| \leqslant \dfrac{\pi}{2}$. 证明

$$\varphi(x) = -x\ln 2 + 2\varphi\left(\frac{\pi}{4} + \frac{x}{2}\right) - 2\varphi\left(\frac{\pi}{4} - \frac{x}{2}\right)$$

并计算 $\varphi\left(\dfrac{\pi}{2}\right)$. 再计算下列积分:

(1) $\displaystyle\int_0^{\frac{\pi}{2}} \ln \sin x \mathrm{d}x$;

(2) $\displaystyle\int_0^{\pi} x\ln \sin x \mathrm{d}x$;

(3) $\displaystyle\int_0^{\frac{\pi}{2}} x\cot x \mathrm{d}x$;

(4) $\displaystyle\int_0^1 \dfrac{\ln x}{\sqrt{1-x^2}}\mathrm{d}x$;

(5) $\displaystyle\int_0^1 \dfrac{\arcsin x}{x}\mathrm{d}x$.

**3.** 分别作变换 $x = \tan t$ 与 $x = \dfrac{1}{u}$,计算无穷积分

$$\int_0^{+\infty} \frac{\mathrm{d}x}{(1+x^2)(1+x^\alpha)},\alpha \in \mathbb{R}$$

**4.** 应用 $\displaystyle\int_0^{\frac{\pi}{2}} \ln \sin x \mathrm{d}x = \int_0^{\frac{\pi}{2}} \ln \cos x \mathrm{d}x = -\dfrac{\pi}{2}\ln 2$,证明:

(1) $\displaystyle\int_0^{\pi} \theta\ln \sin \theta \mathrm{d}\theta = -\dfrac{\pi^2}{2}\ln 2$;

(2) $\displaystyle\int_0^{\pi} \dfrac{\theta\sin \theta}{1-\cos \theta}\mathrm{d}\theta = 2\pi\ln 2$.

**5.** 举例说明: $\displaystyle\int_a^{+\infty} f(x)\mathrm{d}x$ 收敛时, $\displaystyle\int_a^{+\infty} f^2(x)\mathrm{d}x$ 不一定收敛; $\displaystyle\int_a^{+\infty} f(x)\mathrm{d}x$ 绝对收敛时, $\displaystyle\int_a^{+\infty} f^2(x)\mathrm{d}x$ 也不一定收敛.

**6.** 证明:若 $\displaystyle\int_a^{+\infty} f(x)\mathrm{d}x$ 绝对收敛,且 $\lim\limits_{x\to+\infty} f(x) = 0$,则 $\displaystyle\int_a^{+\infty} f^2(x)\mathrm{d}x$ 必定收敛.

**7.** 证明: $f$ 为 $[a, +\infty)$ 上的单调函数,且 $\displaystyle\int_a^{+\infty} f(x)\mathrm{d}x$ 收敛,则 $\lim\limits_{x\to+\infty} f(x) = 0$,进而

$$f(x) = o\left(\frac{1}{x}\right), x\to+\infty$$

**8.** 举例说明:瑕积分 $\displaystyle\int_a^b f(x)\mathrm{d}x$ 收敛时, $\displaystyle\int_a^b f^2(x)\mathrm{d}x$ 不一定收敛; $\displaystyle\int_a^b f(x)\mathrm{d}x$ 绝对收敛时, $\displaystyle\int_a^b f^2(x)\mathrm{d}x$ 也不一定收敛.

**9.** 证明:若 $f$ 在 $[a, +\infty)$ 上可导,且 $\displaystyle\int_a^{+\infty} f(x)\mathrm{d}x$ 与 $\displaystyle\int_a^{+\infty} f'(x)\mathrm{d}x$ 都收敛,则

$$\lim_{x \to +\infty} f(x) = 0.$$

# 6.6　Riemann 积分与广义积分的应用

Riemann 积分与广义积分来源于几何问题与物理问题. 由此我们建立了一整套的积分理论与计算积分的方法. 这一节主要研究一些具体的实例.

### 1. 平面图形的面积

（1）由连续曲线 $y = f(x) \geqslant 0$，直线 $x = a, x = b(a < b)$ 与 $x$ 轴所围的曲边梯形面积为

$$S = \int_a^b f(x) \, \mathrm{d}x$$

如果 $y = f(x)$ 为 $[a, b]$ 上的一般连续曲线，则所围的面积为

$$S = \int_a^b |f(x)| \, \mathrm{d}x$$

而

$$\int_a^b f(x) \, \mathrm{d}x$$

为所围面积的代数和，其中 $x$ 轴上方图形的面积为正，下方图形的面积为负.

更一般地，由上、下两条连续曲线 $y = f_2(x)$ 与 $y = f_1(x)$ 以及两条直线 $x = a$ 与 $x = b(a < b)$ 所围图形的面积（图 6.6.1）计算公式为

$$S = \int_a^b |f_2(x) - f_1(x)| \, \mathrm{d}x$$

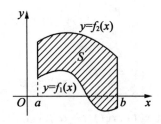

图 6.6.1

（2）如果曲线 $C$ 由极坐标方程

$$r = r(\theta), \theta \in [\alpha, \beta]$$

给出,其中 $r(\theta)$ 在 $[\alpha, \beta]$ 上连续, $\beta - \alpha \leq 2\pi$. 由曲线 $C$ 与两条射线 $\theta = \alpha, \theta = \beta$ 所围图形(扇形)的面积(图形 6.6.2)计算公式为

$$S = \lim_{\|T\| \to 0} \sum_{i=1}^{n} \frac{1}{2} r^2(\xi_i) \Delta \theta_i = \frac{1}{2} \int_{\alpha}^{\beta} r^2(\theta) d\theta$$

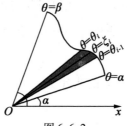

图 6.6.2

其中 $T: \alpha = \theta_0 < \theta_1 < \cdots < \theta_n = \beta$ 为 $[\alpha, \beta]$ 的一个分割,而射线 $\theta = \theta_i (i = 1, 2, \cdots, n-1)$ 将扇形分成 $n$ 个小扇形. 第 $i$ 个小扇形面积近似为 $\frac{1}{2} r^2(\xi_i) \Delta \theta_i$, $\xi_i \in [\theta_{i-1}, \theta_i]$.

（3）如果曲线 $C$ 由参数方程

$$\begin{cases} x = x(t) \\ y = y(t) \end{cases}, t \in [\alpha, \beta]$$

给出,其中 $x = x(t), y = y(t)$ 在 $[\alpha, \beta]$ 上连续可导. 记 $a = x(\alpha), b = x(\beta)$ $(a < b$ 或 $b < a)$,则由曲线 $C$ 与直线 $x = a, x = b$ 及 $x$ 轴所围图形的面积公式为(请证之)

$$S = \int_{\alpha}^{\beta} | y(t) x'(t) | dt$$

或

$$S = \int_{\alpha}^{\beta} | x(t) y'(t) | dt$$

如果由参数方程

$$\begin{cases} x = x(t) \\ y = y(t) \end{cases}, \alpha \leq t \leq \beta$$

所表示的曲线是封闭的,且 $x(t), y(t)$ 在 $[\alpha, \beta]$ 上连续可导,即有

$$(x(\alpha), y(\alpha)) = (x(\beta), y(\beta))$$

且在 $(\alpha,\beta)$ 内曲线自身不再相交, 则由曲线自身所围图形的面积计算公式为

$$S = \left| \int_{\alpha}^{\beta} y(t) x'(t) \mathrm{d}t \right|$$

或

$$S = \left| \int_{\alpha}^{\beta} x(t) y'(t) \mathrm{d}t \right|$$

**例 6.6.1**　求由抛物线 $y^2 = x$ 与直线 $x - 2y - 3 = 0$ 所围图形的面积.

**解法 1**　易见抛物线 $y^2 = x$ 与直线 $x - 2y - 3 = 0$ 的交点为 $(1, -1)$ 与 $(9,3)$. 于是, 所围图形的面积为 (图 6.6.3)

$$S = \int_{-1}^{3} \left[ (2y + 3) - y^2 \right] \mathrm{d}y = \left( y^2 + 3y - \frac{y^3}{3} \right) \Big|_{-1}^{3}$$

$$= (9 + 9 - 9) - \left( 1 - 3 + \frac{1}{3} \right) = \frac{32}{3}$$

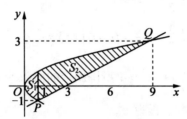

图 6.6.3

**解法 2**　
$$S = S_1 + S_2$$

$$= \int_{0}^{1} \left[ \sqrt{x} - (-\sqrt{x}) \right] \mathrm{d}x + \int_{0}^{9} \left( \sqrt{x} - \frac{x-3}{2} \right) \mathrm{d}x$$

$$= 2 \int_{0}^{1} \sqrt{x} \, \mathrm{d}x + \int_{0}^{9} \left( \sqrt{x} - \frac{x-3}{2} \right) \mathrm{d}x$$

$$= \frac{4}{3} x^{\frac{3}{2}} \Big|_{0}^{1} + \left( \frac{2}{3} x^{\frac{3}{2}} - \frac{x^2}{4} + \frac{3}{2} x \right) \Big|_{1}^{9} = \frac{32}{3}$$

**例 6.6.2**　求由摆线

$$\begin{cases} x = a(t - \sin t) \\ y = a(1 - \cos t) \end{cases} \quad (a > 0)$$

的一拱与 $x$ 轴所围图形的面积 $S$ (图 6.6.4).

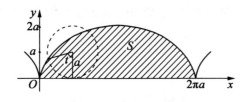

图 6. 6. 4

解 $$S = \int_0^{2\pi a} y(x)\,dx$$

$$\xrightarrow[\;y = a(1 - \cos t)\;]{x = a(t - \sin t)} \int_0^{2\pi} a(1 - \cos t) \cdot a(1 - \cos t)\,dt$$

$$= a^2 \int_0^{2\pi} \left( 1 - 2\cos t + \frac{1 + \cos 2t}{2} \right)dt$$

$$= a^2 \left( \frac{3}{2}t - 2\sin t + \frac{\sin 2t}{4} \right) \Big|_0^{2\pi}$$

$$= a^2 \left( \frac{3}{2} \cdot 2\pi - 0 - 0 \right) = 3\pi a^2$$

**例 6. 6. 3** 求椭圆 $\dfrac{x^2}{a^2} + \dfrac{y^2}{b^2} = 1$ 所围图形的面积 $S(a > 0, b > 0)$.

**解法 1** 椭圆的参数方程为

$$\begin{cases} x = a\cos t \\ y = b\sin t \end{cases}, t \in [0, 2\pi]$$

于是

$$S = \left| \int_0^{2\pi} b\sin t \cdot (a\cos t)'\,dt \right| = ab \int_0^{2\pi} \sin^2 t\,dt$$

$$= ab \int_0^{2\pi} \frac{1 - \cos 2t}{2}\,dt = \frac{ab}{2} \left( t - \frac{\sin 2t}{2} \right) \Big|_0^{2\pi}$$

$$= \frac{ab}{2}(2\pi - 0) = \pi ab$$

**解法 2** $$S \xmapsto{\text{对称性}} 4 \int_0^a b \sqrt{1 - \frac{x^2}{a^2}}\,dx$$

$$\xmapsto{x = a\sin t} 4b \int_0^{\frac{\pi}{2}} \sqrt{1 - \sin^2 t}\,(a\cos t)\,dt$$

$$= 4ab \int_0^{\frac{\pi}{2}} \cos^2 t\,dt = 4ab \cdot \frac{1}{2} \cdot \frac{\pi}{2} = \pi ab$$

**解法3**　椭圆$\dfrac{x^2}{a^2} + \dfrac{y^2}{b^2} = 1$ 的极坐标方程为$\dfrac{r^2\cos^2\theta}{a^2} + \dfrac{r^2\sin^2\theta}{b^2} = 1$,即

$$r^2 = r^2(\theta) = \dfrac{1}{\dfrac{\cos^2\theta}{a^2} + \dfrac{\sin^2\theta}{b^2}}$$

于是

$$S = \dfrac{1}{2}\int_0^{2\pi} r^2(\theta)\,\mathrm{d}\theta = \dfrac{1}{2}\int_0^{2\pi}\dfrac{\mathrm{d}\theta}{\dfrac{\cos^2\theta}{a^2} + \dfrac{\sin^2\theta}{b^2}}$$

$$= 2\int_0^{\frac{\pi}{2}}\dfrac{\mathrm{d}\tan\theta}{\dfrac{1}{a^2} + \dfrac{1}{b^2}\tan^2\theta} \xlongequal{u=\tan\theta} 2a^2b^2\int_0^{+\infty}\dfrac{\mathrm{d}u}{b^2 + a^2u^2}$$

$$= 2ab\arctan\dfrac{au}{b}\Big|_0^{+\infty} = 2ab\cdot\dfrac{\pi}{2} = \pi ab$$

**例 6.6.4**　求双纽线$(x^2 + y^2)^2 = a^2(x^2 - y^2)$ 所围图形的面积 $S$.

**解**　双纽线的极坐标方程为

$$r^4 = a^2r^2(\cos^2\theta - \sin^2\theta) = a^2r^2\cos 2\theta, r^2 = a^2\cos 2\theta$$

因为$r^2 \geqslant 0$,所以$\cos 2\theta \geqslant 0$,且$\theta$的取值范围为$\left[-\dfrac{\pi}{4}, \dfrac{\pi}{4}\right]$与$\left[\dfrac{3\pi}{4}, \dfrac{5\pi}{4}\right]$.再由图形的对称性(图6.6.5)立即有

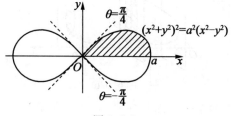

图 6.6.5

$$S = 4\cdot\dfrac{1}{2}\int_0^{\frac{\pi}{4}} r^2(\theta)\,\mathrm{d}\theta$$

$$= 2\int_0^{\frac{\pi}{4}} a^2\cos 2\theta\,\mathrm{d}\theta$$

$$= a^2\sin 2\theta\Big|_0^{\frac{\pi}{4}} = a^2$$

**2. 平行截面间立体的体积**

设$\Omega$为$\mathbb{R}^3$中一个立体,它夹在垂直于$x$轴的两平面$x = a$与$x = b$之间

$( a < b )$,并称 $\Omega$ 为位于 $[ a , b ]$ 上的立体. 记 $S( x )$ 为点 $x( x \in [ a , b ] )$ 处垂直于 $x$ 轴的平面截 $\Omega$ 的截面面积函数,如果它连续,则立体 $\Omega$ 的体积公式为

$$V = \int_a^b S( x ) \mathrm{d}x$$

事实上,设 $T: a = x_0 < x_1 < \cdots < x_n = b$ 为 $[ a , b ]$ 的一个分割,过各个分点作垂直于 $x$ 轴的平面 $x = x_i , i = 1 , 2 , \cdots , n$,它们将 $\Omega$ 切成 $n$ 个薄片(就如切萝卜片). 设 $S( x )$ 在每个小区间 $\Delta_i = [ x_{i-1} , x_i ]$ 上的最大值与最小值分别为 $M_i$ 与 $m_i$,则每一薄片的体积 $\Delta V_i$ 满足

$$m_i \Delta x_i \leqslant \Delta V_i \leqslant M_i \Delta x_i$$

因此

$$\sum_{i=1}^n m_i \Delta x_i \leqslant \sum_{i=1}^n \Delta V_i \leqslant \sum_{i=1}^n M_i \Delta x_i$$

从而

$$V = \lim_{\| T \| \to 0} \sum_{i=1}^n M_i \Delta x_i = \lim_{\| T \| \to 0} \sum_{i=1}^n m_i \Delta x_i = \int_a^b S( x ) \mathrm{d}x$$

或者

$$V = \lim_{\| T \| \to 0} \sum_{i=1}^n S( \xi_i ) \Delta x_i = \int_a^b S( x ) \mathrm{d}x$$

其中 $\xi_i \in [ x_{i-1} , x_i ] , i = 1 , 2 , \cdots , n$(图6.6.6).

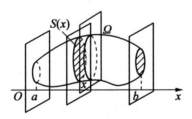

图 6.6.6

**例 6.6.5** 求由两个圆柱面 $x^2 + y^2 = a^2 , z^2 + x^2 = a^2$ 所围立体的体积 $V$.

**解** 由对称性(图6.6.7),有

$$V = 8 \int_0^a S( x ) \mathrm{d}x$$

$$= 8 \int_0^a \sqrt{a^2 - x^2} \cdot \sqrt{a^2 - x^2} \mathrm{d}x$$

$$= 8 \int_0^a ( a^2 - x^2 ) \mathrm{d}x$$

$$= 8 \left( a^2 x - \frac{x^3}{3} \right) \Bigg|_0^a = \frac{16}{3} a^3$$

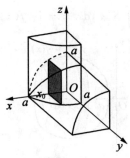

图 6.6.7

**例 6.6.6**　求由椭球面 $\dfrac{x^2}{a^2} + \dfrac{y^2}{b^2} + \dfrac{z^2}{c^2} = 1$ 所围椭球体的体积.

**解**　以平面 $x = x_0(\,|\,x_0\,|\leqslant a)$ 截椭球面得椭圆(它在 $yOz$ 平面上的正投影)为

$$\frac{y^2}{b^2\left(1 - \dfrac{x_0^2}{a^2}\right)} + \frac{z^2}{c^2\left(1 - \dfrac{x_0^2}{a^2}\right)} = 1$$

根据例 6.6.3 知,该截面(椭圆片)的面积为

$$S(x) = \pi\left(b\sqrt{1 - \frac{x^2}{a^2}}\right)\left(c\sqrt{1 - \frac{x^2}{a^2}}\right)$$

$$= \pi bc\left(1 - \frac{x^2}{a^2}\right), x \in [-a, a]$$

于是,椭球体体积为

$$V = \int_{-a}^{a} S(x)\,\mathrm{d}x = \int_{-a}^{a} \pi bc\left(1 - \frac{x^2}{a^2}\right)\mathrm{d}x$$

$$= \pi bc\left(x - \frac{x^3}{3a^2}\right)\Big|_{a}^{a} = \frac{4}{3}\pi abc$$

当 $a = b = c$ 时,椭球体就为球体,其体积为 $V = \dfrac{4}{3}\pi a^3$.

### 3. 旋转体的体积

设 $f$ 为 $[a, b]$ 上的连续函数,$\Omega$ 是由平面图形

$$\{(x, y)\mid a \leqslant x \leqslant b, 0 \leqslant |\,y\,| \leqslant |\,f(x)\,|\}$$

绕 $x$ 轴旋转一周所得的旋转体. 易知截面(半径为 $|\,f(x)\,|$ 的圆片)面积

$$S(x) = \pi[f(x)]^2, x \in [a, b]$$

于是,旋转体 $\Omega$ 的体积公式(图 6.6.8)为

$$V = \int_a^b S(x)\,dx = \pi \int_a^b [f(x)]^2\,dx$$

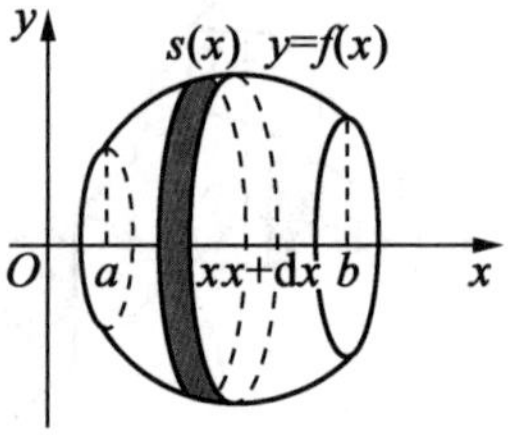

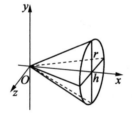

图 6.6.8

**例 6.6.7** 证明:高为 $h$,底圆半径为 $r$ 的圆锥体的体积 $V = \dfrac{1}{3}\pi r^2 h$.

**证明** 设正圆锥的高为 $h$,底圆半径为 $r$(图 6.6.9).该正圆锥体可由平面图形 $\{(x,y) \mid 0 \leqslant x \leqslant h, 0 \leqslant |y| \leqslant \dfrac{r}{h}x\}$ 绕 $x$ 轴旋转一周得到,所以其体积为

$$V = \pi \int_0^h \left(\frac{r}{h}x\right)^2 dx = \pi \frac{r^2}{h^2}\left.\frac{x^3}{3}\right|_0^h = \frac{1}{3}\pi r^2 h$$

图 6.6.9

进而,任一高为 $h$,底圆半径为 $r$ 的(正或斜)的圆锥,它们在相同高处的截面为半径相同的圆片,则其体积恒为 $\dfrac{1}{3}\pi r^2 h$.

上述只是一个特殊结果,更一般的结果是截面面积相等则体积也相等的原理(图 6.6.10):设 $\Omega_A$,$\Omega_B$ 为位于同一区间 $[a,b]$ 上的两个立体,其体积分别为 $V_A$,$V_B$,如果在 $[a,b]$ 上它们的截面函数 $S_A(x)$ 与 $S_B(x)$ 皆连续,且 $S_A(x) = S_B(x)$,则

$$V_A = \int_a^b S_A(x)\,dx = \int_a^b S_B(x)\,dx = V_B$$

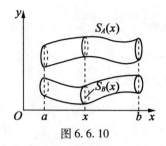

图 6.6.10

这个原理早已为我国齐梁时代的数学家祖暅(祖冲之(429—500)之子,生卒年代约在公元 5 世纪末至 6 世纪初)在计算球的体积时所发现.17 世纪意大利数学家 Cavalieri(1598—1647)也提出了类似的原理,但要比祖暅晚 1 100 多年.

**例 6.6.8**　求由圆 $x^2 + (y - R)^2 \leqslant r^2 (0 < r < R)$ 绕 $x$ 轴旋转一周所得环状立体(称为圆环体,其边界为圆环面(如救生圈))的体积(图 6.6.11).

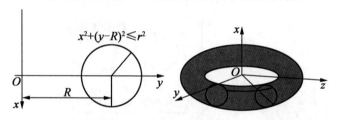

图 6.6.11

**解**　如图 6.6.11 所示,圆 $x^2 + (y - R)^2 = r^2$ 的上、下半圆分别为

$$y = f_2(x) = R + \sqrt{r^2 - x^2}$$

$$y = f_1(x) = R - \sqrt{r^2 - x^2},\ |x| \leqslant r$$

故圆环体的截面面积函数为

$$S(x) = \pi\{[f_2(x)]^2 - [f_1(x)]^2\} = 4\pi R \sqrt{r^2 - x^2}, x \in [-r, r]$$

于是,圆环体的体积为

$$V = V_1 - V_2 = \int_{-r}^{r} \pi [f_2(x)]^2 dx - \int_{-r}^{r} \pi [f_1(x)]^2 dx$$

$$\xrightarrow{\text{对称性}} 8\pi R \int_0^r \sqrt{r^2 - x^2} dx$$

$$\xrightarrow{x = r\sin\theta} 8\pi R \int_0^{\frac{\pi}{2}} \sqrt{r^2 - r^2\sin^2\theta} r\cos\theta d\theta$$

$$= 8\pi R r^2 \int_0^{\frac{\pi}{2}} \cos^2\theta d\theta$$

$$= 8\pi R r^2 \cdot \frac{1}{2} \cdot \frac{\pi}{2}$$

$$= 2\pi^2 r^2 R$$

**4. 平面曲线与空间曲线的弧长**

**定义 6.6.1**   设 $C = \overset{\frown}{AB}$ 为 $\mathbb{R}^3$ 中的空间曲线,在 $C$ 上依次从 $A$ 到 $B$ 取分点

$$A = P_0, P_1, \cdots, P_{n-1}, P_n = B$$

它们成为对曲线 $C$ 的一个分割,记为 $T$. 然后,用线段联结 $T$ 中每相邻两点得到 $C$ 的 $n$ 条弦 $\overline{P_{i-1}P_i}(i = 1, 2, \cdots, n)$,这 $n$ 条弦又组成 $C$ 的一条内接折线(图 6.6.12). 记

$$\|T\| = \max_{1 \le i \le n} |P_{i-1}P_i|$$

$$s_T = \sum_{i=1}^{n} |P_{i-1}P_i|$$

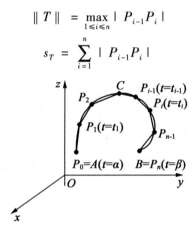

图 6.6.12

它们分别表示最长弦的长度与折线的总长度.

如果

$$\lim_{\|T\| \to 0} s_T = s$$

即 $\forall \varepsilon > 0, \exists \delta > 0$,当 $\|T\| < \delta$ 时,有

$$|s_T - s| < \varepsilon$$

则称 $C$ 是**可求长**的,并将极限 $s$ 称为曲线 $C$ 的**弧长**.

**定理 6.6.1**(可求长的充分条件)   设 $\mathbb{R}^3$ 中的空间曲线 $C$ 由参数方程

$$(x, y, z) = (x(t), y(t), z(t)), t \in [\alpha, \beta]$$

给出,并且它为一条 $C^1$ **光滑的正则曲线**(即 $x(t), y(t), z(t)$ 均连续可导,且 $x'^2(t) + y'^2(t) + z'^2(t) \ne 0$,满足此条件的曲线 $C$ 的点称为**正则点**),则 $C$ 是可求长的,且弧长为

$$s = \int_{\alpha}^{\beta} \sqrt{x'^2(t) + y'^2(t) + z'^2(t)}\, dt$$

**证明**　设

$$T': \alpha = t_0 < t_1 < \cdots < t_{n-1} < t_n = \beta$$

为区间 $[\alpha, \beta]$ 的一个分割, 相应于曲线 $C$ 的一个分割为

$$T = \{P_0, P_1, \cdots, P_n\}$$

其中 $P_i = (x(t_i), y(t_i), z(t_i))$, $i = 0, 1, \cdots, n$ (图 6.6.12). 在 $T'$ 所属的每个小区间 $[t_{i-1}, t_i]$ 上, 由 Lagrange 中值定理得

$$\Delta x_i = x(t_i) - x(t_{i-1}) = x'(\xi_i)\Delta t_i, \xi_i \in [t_{i-1}, t_i]$$

$$\Delta y_i = y(t_i) - y(t_{i-1}) = y'(\eta_i)\Delta t_i, \eta_i \in [t_{i-1}, t_i]$$

$$\Delta z_i = z(t_i) - z(t_{i-1}) = z'(\zeta_i)\Delta t_i, \zeta_i \in [t_{i-1}, t_i]$$

又因为 $C$ 为光滑曲线, 当 $x'(t) \neq 0$ 时, 在 $t$ 的某开邻域内 $x = x(t)$ 有连续的反函数, 故当 $\Delta x \to 0$ 时 $\Delta t \to 0$; 类似地, 当 $y'(t) \neq 0$ 或 $z'(t) \neq 0$ 时, 也能从 $\Delta y \to 0$ 或 $\Delta z \to 0$ 推知 $\Delta t \to 0$. 所以

$$|P_{i-1}P_i| = \sqrt{\Delta x_i^2 + \Delta y_i^2 + \Delta z_i^2} \to 0 \Leftrightarrow \Delta t \to 0$$

由此可知, 当曲线 $C$ 为光滑曲线时, 有

$$\|T\| \to 0 \Leftrightarrow \|T'\| \to 0$$

由于 $\sqrt{x'^2(t) + y'^2(t) + z'^2(t)}$ 在 $[\alpha, \beta]$ 上连续, 因此 Riemann 可积, 所以 $\forall \varepsilon > 0, \exists \delta_1 > 0$, 当 $\|T'\| < \delta_1$ 时, 有

$$\left| \sum_{i=1}^{n} \sqrt{x'^2(\xi_i) + y'^2(\xi_i) + z'^2(\xi_i)}\, \Delta t_i - \right.$$

$$\left. \int_{\alpha}^{\beta} \sqrt{x'^2(t) + y'^2(t) + z'^2(t)}\, dt \right| < \frac{\varepsilon}{2}$$

又因 $y(t), z(t)$ 在 $[\alpha, \beta]$ 上连续, 故一致连续. 从而 $\exists \delta \in (0, \delta_1)$, 当 $\|T'\| < \delta$ 时, 有

$$\left| \sqrt{x'^2(\xi_i) + y'^2(\eta_i) + z'^2(\zeta_i)} - \sqrt{x'^2(\xi_i) + y'^2(\xi_i) + z'^2(\xi_i)} \right|$$

$$\leq \frac{|y'(\eta_i) + y'(\xi_i)||y'(\eta_i) - y'(\xi_i)| + |z'(\zeta_i) + z'(\xi_i)||z'(\zeta_i) - z'(\xi_i)|}{\sqrt{x'^2(\xi_i) + y'^2(\eta_i) + z'^2(\zeta_i)} + \sqrt{x'^2(\xi_i) + y'^2(\xi_i) + z'^2(\xi_i)}}$$

$$\leq |y'(\eta_i) - y'(\xi_i)| + |z'(\zeta_i) - z'(\xi_i)| < \frac{\varepsilon}{2(\beta - \alpha)}$$

于是

$$\left| s_T - \int_{\alpha}^{\beta} \sqrt{x'^2(t) + y'^2(t) + z'^2(t)}\, dt \right|$$

$$= \left| \sum_{i=1}^{n} \sqrt{\Delta x_i^2 + \Delta y_i^2 + \Delta z_i^2} - \int_{\alpha}^{\beta} \sqrt{x'^2(t) + y'^2(t) + z'^2(t)}\, dt \right|$$

$$= \left| \sum_{i=1}^{n} \sqrt{x'^2(\xi_i) + y'^2(\eta_i) + z'^2(\zeta_i)}\, \Delta t_i - \int_{\alpha}^{\beta} \sqrt{x'^2(t) + y'^2(t) + z'^2(t)}\, dt \right|$$

$$\leq \sum_{i=1}^{n} \left| \sqrt{x'^2(\xi_i) + y'^2(\eta_i) + z'^2(\zeta_i)} - \sqrt{x'^2(\xi_i) + y'^2(\xi_i) + z'^2(\xi_i)} \right| \Delta t_i +$$

$$\left| \sum_{i=1}^{n} \sqrt{x'^2(\xi_i) + y'^2(\xi_i) + z'^2(\xi_i)} - \int_{\alpha}^{\beta} \sqrt{x'^2(t) + y'^2(t) + z'^2(t)}\, dt \right|$$

$$< \frac{\varepsilon}{2(\beta - \alpha)}(\beta - \alpha) + \frac{\varepsilon}{2} = \varepsilon$$

即

$$\lim_{\|T\| \to 0} s_T = \int_{\alpha}^{\beta} \sqrt{x'^2(t) + y'^2(t) + z'^2(t)}\, dt$$

如果空间曲线 $C$ 以直角坐标 $x$ 为参数,即

$$(x,y,z) = (x,y(x),z(x))$$

且 $y(x),z(x)$ 在 $[a,b]$ 上连续可导,则弧长公式为

$$s = \int_a^b \sqrt{1 + y'^2(x) + z'^2(x)}\, dx$$

类似上面讨论,或在上述公式中令 $z(t) = 0$,则有平面曲线的弧长公式为

$$s = \int_{\alpha}^{\beta} \sqrt{x'^2(t) + y'^2(t)}\, dt$$

如果直角坐标 $x$ 为参数,即 $(x,y) = (x,y(x))$,且 $y(x)$ 在 $[a,b]$ 上连续可导,则弧长公式为

$$s = \int_a^b \sqrt{1 + y'^2(x)}\, dx$$

如果平面曲线 $C$ 由极坐标方程

$$r = r(\theta), \theta \in [\alpha,\beta]$$

给出,$r(\theta)$ 连续可导

$$(x,y) = (r(\theta)\cos\theta, r(\theta)\sin\theta)$$

且

$$x'^2(\theta) + y'^2(\theta)$$
$$= [r'(\theta)\cos\theta - r(\theta)\sin\theta]^2 +$$
$$[r'(\theta)\sin\theta + r(\theta)\cos\theta]^2$$
$$= r^2(\theta) + r'^2(\theta) \neq 0$$

则弧长公式为

$$s = \int_\alpha^\beta \sqrt{x'^2(\theta) + y'^2(\theta)}\,\mathrm{d}\theta$$

$$= \int_\alpha^\beta \sqrt{r^2(\theta) + r'^2(\theta)}\,\mathrm{d}\theta$$

**注 6.6.1**　易见,从曲线 $C$ 上定点 $P_0 = (x(\alpha),y(\alpha),z(\alpha))$ 到动点 $P = (x(t),y(t),z(t))$ 的弧长为

$$s(t) = \int_\alpha^t \sqrt{x'^2(\tau) + y'^2(\tau) + z'^2(\tau)}\,\mathrm{d}\tau$$

由于被积函数是连续的,根据微积分基本定理,有

$$\frac{\mathrm{d}s}{\mathrm{d}t} = \sqrt{x'^2(t) + y'^2(t) + z'^2(t)}$$

$$\mathrm{d}s = \sqrt{x'^2(t) + y'^2(t) + z'^2(t)}\,\mathrm{d}t$$

$$= \sqrt{\mathrm{d}x^2 + \mathrm{d}y^2 + \mathrm{d}z^2}$$

并称 $s(t)$ 的微分 $\mathrm{d}s$ 为**弧长元**或**弧微分**(图 6.6.13).

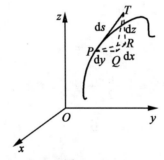

图 6.6.13

特别当参数 $t$ 为弧长 $s$ 时,有

$$s = \int_0^s \sqrt{x'^2(\tau) + y'^2(\tau) + z'^2(\tau)}\,\mathrm{d}\tau$$

则

$$1 = \frac{\mathrm{d}s}{\mathrm{d}s} = \sqrt{x'^2(s) + y'^2(s) + z'^2(s)}$$

$$= \|(x'(s),y'(s),z'(s))\|$$

即 $(x'(s),y'(s),z'(s))$ 为沿曲线 $C$ 的单位切向量场.

**5. 旋转曲面的面积**

平面 $C^1$ 光滑正则曲线 $C$(参数方程为 $x = x(t)$, $y = y(t)$, $t \in [\alpha,\beta]$, $y(t) \geq 0$)绕 $x$ 轴旋转所得旋转曲面的面积公式为

$$S = \lim_{\|T\| \to 0} \sum_{i=1}^{n} 2\pi y(\xi_i) \cdot \sqrt{x'^2(\xi_i) + y'^2(\xi_i)} \Delta t_i$$

$$= \int_{\alpha}^{\beta} 2\pi y(t) \sqrt{x'^2(t) + y'^2(t)} \, dt = \int_{\alpha}^{\beta} 2\pi y \, ds$$

如果直角坐标 $x$ 为参数, $y(x)$ 为连续可导的函数,则上述公式就成为

$$S = \int_{a}^{b} 2\pi y(x) \sqrt{1 + y'^2(x)} \, dx$$

**例 6.6.9** 求摆线 $(x,y) = (a(t - \sin t), a(1 - \cos t))$, $a > 0$ 的一拱的弧长 $s$.

**解**

$$s = \int_{0}^{2\pi} \sqrt{x'^2(t) + y'^2(t)} \, dt$$

$$= \int_{0}^{2\pi} \sqrt{a^2(1 - \cos t)^2 + a^2 \sin^2 t} \, dt$$

$$= \int_{0}^{2\pi} \sqrt{2a^2(1 - \cos t)} \, dt$$

$$= 2a \int_{0}^{2\pi} \sin \frac{t}{2} \, dt$$

$$= -4a \cos \frac{t}{2} \Big|_{0}^{2\pi} = 8a$$

**例 6.6.10** 求悬链线 $y = \dfrac{e^x + e^{-x}}{2}$ 从 $x = 0$ 到 $x = a > 0$ 那一段的弧长 $s$.

**解**

$$s = \int_{0}^{a} \sqrt{1 + y'^2(x)} \, dx = \int_{0}^{a} \sqrt{1 + \left(\frac{e^x - e^{-x}}{2}\right)^2} \, dx$$

$$= \int_{0}^{a} \sqrt{\left(\frac{e^x + e^{-x}}{2}\right)^2} \, dx = \int_{0}^{a} \frac{e^x + e^{-x}}{2} \, dx$$

$$= \frac{e^x - e^{-x}}{2} \Big|_{0}^{a} = \frac{e^a - e^{-a}}{2}$$

**例 6.6.11** 求心脏线(或心形线) $r = a(1 + \cos \theta)$, $a > 0, 0 \leqslant \theta \leqslant 2\pi$ 的周长 $s$(图 6.6.14).

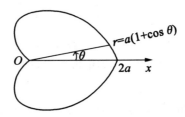

图 6.6.14

**解**
$$S = \int_0^{2\pi} \sqrt{r^2(\theta) + r'^2(\theta)}\, d\theta$$

$$= \int_0^{2\pi} \sqrt{a^2(1 + \cos\theta)^2 + a^2(-\sin\theta)^2}\, d\theta$$

$$\xrightarrow{\text{对称性}} 2a \int_0^{\pi} \sqrt{2(1 + \cos\theta)}\, d\theta$$

$$= 4a \int_0^{\pi} \cos\frac{\theta}{2}\, d\theta$$

$$= 8a\sin\frac{\theta}{2} \Big|_0^{\pi} = 8a$$

**例 6.6.12**　计算圆 $x^2 + y^2 = R^2$ 在 $[x_1, x_2] \subset [-R, R]$ 上的弧段绕 $x$ 轴旋转所得球带的面积 $S$(图 6.6.15).

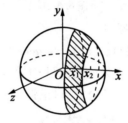

图 6.6.15

**解**　圆 $x^2 + y^2 + R^2$ 在 $[x_1, x_2] \subset [-R, R]$ 上弧段的显函数表达式为
$$y = f(x) = \sqrt{R^2 - x^2}$$
则
$$y' = f'(x) = \frac{-x}{\sqrt{R^2 - x^2}}$$
于是所求面积为
$$S = \int_{x_1}^{x_2} 2\pi f(x) \sqrt{1 + f'^2(x)}\, dx$$

$$= 2\pi \int_{x_1}^{x_2} \sqrt{R^2 - x^2} \sqrt{1 + \frac{x^2}{R^2 - x^2}}\, dx$$

$$= 2\pi R \int_{x_1}^{x_2} dx = 2\pi R(x_2 - x_1)$$

特别地,当 $x_1 = -R, x_2 = R$ 时,所得球带的表面积为 $4\pi R^2$.

**例 6.6.13**　计算由内摆线 $x^{\frac{2}{3}} + y^{\frac{2}{3}} = a^{\frac{2}{3}}$(其参数表示为 $(x, y) = (a\cos^3 t,$ $a\sin^3 t)$)绕 $x$ 轴旋转所得旋轴曲面的面积 $S$(图 6.6.16).

**解** $S \xrightarrow{\text{对称性}} 4\pi \int_0^{\frac{\pi}{2}} y(t) \sqrt{x'^2(t) + y'^2(t)} \, dt$

$$= 4\pi \int_0^{\frac{\pi}{2}} a\sin^3 t \sqrt{(-3a\cos^2 t\sin t)^2 + (3a\sin^2 t\cos t)^2} \, dt$$

$$= 12\pi a^2 \int_0^{\frac{\pi}{2}} \sin^4 t\cos t \, dt = 12\pi a^2 \left.\frac{\sin^5 t}{5}\right|_0^{\frac{\pi}{2}} = \frac{12}{5}\pi a^2$$

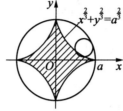

图 6.6.16

**例 6.6.14** 证明:圆柱螺线

$$r(t) = (x(t),y(t),z(t)) = (a\cos t,a\sin t,bt),t \in \mathbb{R}$$

$(x^2(t) + y^2(t) = a^2)$ 在每一点处的切向量 $r'(t) = (x'(t),y'(t),z'(t))$ 与 $z$ 轴交成定角 $\theta$. 求出圆柱螺线的弧长公式,讨论弧长 $s$ 与 $t$ 之间的关系(图6.6.17).

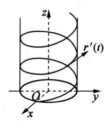

图 6.6.17

**解** $r'(t) = (x'(t),y'(t),z'(t)) = (-a\sin t,a\cos t,b)$,单位切向量为

$$\frac{r'(t)}{\| r'(t) \|} = \frac{(-a\sin t,a\cos t,b)}{\sqrt{(-a\sin t)^2 + (a\cos t)^2 + b^2}}$$

$$= \frac{1}{\sqrt{a^2 + b^2}}(-a\sin t,a\cos t,b)$$

于是

$$\cos \theta = \frac{r'(t)}{\| r(t) \|} \cdot (0,0,1) = \frac{b}{\sqrt{a^2 + b^2}}$$

$$\theta = \arccos \frac{b}{\sqrt{a^2 + b^2}}$$

为一个定角,它的弧长公式为

$$s = \int_0^t \| r'(t) \| \, dt = \int_0^t \sqrt{x'^2(t) + y'^2(t) + z'^2(t)} \, dt$$

$$= \frac{1}{\sqrt{a^2 + b^2}} \int_0^t dt = \frac{t}{\sqrt{a^2 + b^2}}$$

$$t = \sqrt{a^2 + b^2} \, s$$

### 6. 液体静压力

**例 6.6.15**　图 6.6.18 所示为一管道的圆形闸门(半径为 3 m).问水平面齐及直径时,闸门所受到的水的静压力为多大?

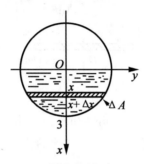

图 6.6.18

**解**　为方便起见,取 $x$ 轴和 $y$ 轴如图,此时圆的方程为

$$x^2 + y^2 = 9$$

由于在相同深度处水的静压强相同,其值等于水的密度 $\nu$ 与深度 $x$ 的乘积,因此当 $\Delta x$ 很小时,闸门上从深度 $x$ 到 $x + \Delta x$ 这一狭条 $\Delta A$ 上所受的静压力为

$$\Delta P \approx dP = 2\nu x \sqrt{9 - x^2} \, dx$$

从而闸门上所受的总压力为

$$P = \int_0^3 2\nu x \sqrt{9 - x^2} \, dx = 18\nu$$

### 7. 引力

**例 6.6.16**　一根长为 $l$ 的均匀细杆,质量为 $M$,在其中垂线上相距细杆 $a$ 处有一质量为 $m$ 的质点.试求细杆对质点的万有引力.

**解**　如图 6.6.19 所示,细杆位于 $x$ 轴上的 $\left[ -\frac{l}{2}, \frac{l}{2} \right]$,质点位于 $y$ 轴上的点 $a$.任取 $[x, x + dx] \subset \left[ -\frac{l}{2}, \frac{l}{2} \right]$,当 $dx$ 很小时可把这一小段细杆看作一个质

点,其质量为 $dM = \dfrac{M}{l}dx$. 于是它对质点 $m$ 的引力为

$$dF = \frac{kmdM}{r^2} = \frac{km}{a^2 + x^2} \cdot \frac{M}{l}dx$$

由于细杆上各点对质点 $m$ 的引力方向各不相同,因此不能直接对 $dF$ 进行积分(不符合代数可加的条件). 为此,将 $dF$ 分解到 $x$ 轴和 $y$ 轴两个方向上,得到

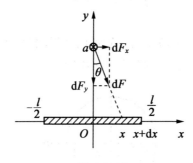

图 6.6.19

$$dF_x = dF \cdot \sin \theta, dF_y = -dF \cdot \cos \theta$$

由于质点 $m$ 位于细杆的中垂线上,必使水平合力为零,即

$$F_x = \int_{-\frac{l}{2}}^{\frac{l}{2}} dF_x = 0$$

又由 $\cos \theta = \dfrac{a}{\sqrt{a^2 + x^2}}$,得垂直方向合力为

$$F_y = \int_{-\frac{l}{2}}^{\frac{l}{2}} dF_y = -2 \int_{0}^{\frac{l}{2}} \frac{kmMa}{l}(a^2 + x^2)^{-\frac{3}{2}}dx$$

$$= -\frac{2kmMa}{l} \cdot \frac{1}{a^2} \cdot \frac{x}{\sqrt{a^2 + x^2}} \bigg|_{0}^{\frac{l}{2}}$$

$$= -\frac{2kmM}{a\sqrt{4a^2 + l^2}}$$

负号表示合力方向与 $y$ 轴方向相反.

**8. 功**

**例 6.6.17**　一圆锥形水池,池口直径 30 m,深 10 m,池中盛满了水. 试求将全部池水抽出池外需做的功.

**解**　为方便起见,取坐标轴如图 6.6.20 所示. 由于抽出相同深度处单位体积的水需做相同的功(等于水的密度 $\nu \times$ 深度),因此首先考虑将池中深度为 $x$

到 $x + \Delta x$ 的一薄层水 $\Delta \Omega$ 抽至池口需做的功 $\Delta W$. 当 $\Delta x$ 很小时,把这一薄层水的深度都看作 $x$,并作 $\Delta \Omega$ 的体积

$$\Delta V \approx \pi \Big[ 15 \Big( 1 - \frac{x}{10} \Big) \Big]^2 \Delta x$$

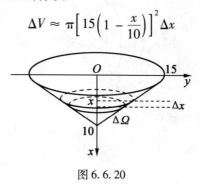

图 6.6.20

这时有

$$\Delta W \approx \mathrm{d} W = \pi \nu x \Big[ 15 \Big( 1 - \frac{x}{10} \Big) \Big]^2 \mathrm{d} x$$

从而将全部池水抽出池外需做的功为

$$W = 225 \pi \nu \int_0^{10} x \Big( 1 - \frac{x}{10} \Big)^2 \mathrm{d} x = 1\,875 \pi \nu$$

**例 6.6.18**(第二宇宙速度)   在地球表面垂直向上发射火箭,要使火箭克服地球引力无限远离地球. 试问:初速度 $v_0$ 至少要多大?

**解**   根据万有引力定律,在距地心 $x(x \geqslant R)$ 处火箭所受的引力为

$$F = \frac{GMm}{x^2} = \frac{mgR^2}{x^2}$$

其中 $G$ 为引力常数,$M$ 为地球的质量,$m$ 为火箭质量,$R$ 为地球半径,$g$ 为重力加速度. 因此,在地球表面有

$$\frac{GMm}{R^2} = mg, GM = gR^2$$

于是,火箭从地面上升到距离地心为 $r(r > R)$ 处需做的功为(图 6.6.21)

$$\int_R^r \frac{mgR^2}{x^2} \mathrm{d} x$$

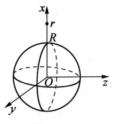

图 6.6.21

从而火箭无限无离地球需做的功为

$$W = \lim_{r \to +\infty} \int_R^r \frac{mgR^2}{x^2} \mathrm{d}x$$

$$= \int_R^{+\infty} \frac{mgR^2}{x^2} \mathrm{d}x$$

$$= -\frac{mgR^2}{x} \bigg|_R^{+\infty} = \frac{mgR^2}{R} = mgR$$

再根据机械能守恒定律可求得初速度 $v_0$ 至少应使

$$\frac{1}{2}mv_0^2 = mgR$$

$$v_0 = \sqrt{2gR} = \sqrt{2 \times 9.81(\mathrm{m/s^2}) \times 6.371 \times 10^6(\mathrm{m})}$$

$$\approx 11.2(\mathrm{km/s})$$

我们称上述 $v_0$ 为第二宇宙速度.

# 练习题 6.6

**1.** 求由抛物线 $y = x^2$ 与 $y = 2 - x^2$ 所围图形的面积.

**2.** 求由曲线 $y = |\ln x|$ 与直线 $x = \dfrac{1}{10}, x = 10, y = 0$ 所围图形的面积.

**3.** 抛物线 $y^2 = 2x$ 将圆片 $x^2 + y^2 \leqslant 8$ 分成两部分,求这两部分的面积之比.

**4.** 求两椭圆 $\dfrac{x^2}{a^2} + \dfrac{y^2}{b^2} = 1$ 与 $\dfrac{x^2}{b^2} + \dfrac{y^2}{a^2} = 1(a > 0, b > 0)$ 所围公共部分的面积.

**5.** 求内摆线 $x = a\cos^3 t, y = a\sin^3 t(a > 0,$ 即 $x^{\frac{2}{3}} + y^{\frac{2}{3}} = a^{\frac{2}{3}})$ 所围图形(图 6.6.16)的面积.

**6.** 求心形（脏）线 $r = a(1 + \cos \theta)(a > 0$，图 6.6.14）所围图形的面积.

**7.** 求三叶形曲线 $r = a\sin 3\theta(a > 0)$ 所围图形的面积.

**8.** 求由曲线 $\sqrt{\dfrac{x}{a}} + \sqrt{\dfrac{y}{b}} = 1(a, b > 0)$ 与坐标轴所围图形的面积.

**9.** 求两曲线 $r = \sin \theta$ 与 $r = \sqrt{3}\cos \theta$ 所围公共部分的面积.

**10.** 求由曲线 $x = t - t^3, y = 1 - t^4$ 所围图形的面积.

**11.** 如图 6.6.22 所示，直椭圆柱体被通过底面短轴的斜平面所截. 试求截得楔形体的体积.

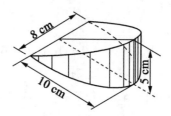

图 6.6.22

**12.** 求下列平面曲线绕所给坐标轴旋转所围成立体的体积：

(1) $y = \sin x, 0 \leqslant x \leqslant \pi$，绕 $x$ 轴；

(2) $x = a(t - \sin t), y = a(1 - \cos t)(a > 0), 0 \leqslant t \leqslant 2\pi$，绕 $x$ 轴；

(3) $r = a(1 + \cos \theta)(a > 0)$，绕极轴；

(4) $\dfrac{x^2}{a^2} + \dfrac{y^2}{b^2} = 1$，绕 $y$ 轴.

**13.** 求曲线 $x = a\cos^3 t, y = a\sin^3 t$ 所围平面图形（图 6.6.16）绕 $x$ 轴旋转所得立体的体积.

**14.** 求 $0 \leqslant y \leqslant \sin x, 0 \leqslant x \leqslant \pi$ 所示平面图形分别绕 $x$ 轴和 $y$ 轴旋转所得立体的体积.

**15.** 导出曲边梯形 $0 \leqslant y \leqslant f(x), a \leqslant x \leqslant b$ 绕 $y$ 轴旋转所得立体的体积公式

$$V = 2\pi \int_a^b xf(x)\,\mathrm{d}x$$

**16.** 设球的半径为 $r$，证明：高为 $h$ 的球缺（图 6.6.23）体积

$$V = \pi h^2\left(r - \frac{h}{3}\right), h \leqslant r$$

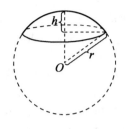

图 6.6.23

**17.** 求下列曲线的弧长：

(1) $y = x^{\frac{3}{2}}, 0 \leqslant x \leqslant 4$;

(2) $\sqrt{x} + \sqrt{y} = 1$;

(3) $x = a\cos^3 t, y = a\sin^3 t, 0 \leqslant t \leqslant 2\pi$, 其中 $a > 0$;

(4) $x = e^t \cos t, y = e^t \sin t, 0 \leqslant t \leqslant 2\pi$;

(5) $x = a(\cos t + t\sin t), y = a(\sin t - t\cos t), 0 \leqslant t \leqslant 2\pi$, 其中 $a > 0$;

(6) $x = \dfrac{c^2}{a^2}\cos^3 t, y = \dfrac{c^2}{b^2}\sin^3 t, 0 \leqslant t \leqslant 2\pi$, 其中常数 $a > b > 0$, 且 $c^2 = a^2 - b^2$;

(7) $y^2 = 2px, 0 \leqslant x \leqslant a$, 其中 $p > 0$;

(8) $y = \ln\cos x, x \in \left[0, \dfrac{\pi}{3}\right]$;

(9) $y = \sqrt{25 - x^2}, x \in \left[0, \dfrac{5\sqrt{2}}{2}\right]$;

(10) $r = a\sin^3\dfrac{\theta}{3}, 0 \leqslant \theta \leqslant 3\pi$, 其中 $a > 0$;

(11) $r = a\theta, 0 \leqslant \theta \leqslant 2\pi$, 其中 $a > 0$;

(12) $x = t, y = 3t^2, z = 6t^3, 0 \leqslant t \leqslant 2$;

(13) $x = \sin t, y = t, z = 1 - \cos t, 0 \leqslant t \leqslant 2\pi$.

**18.** 求 $a, b$ 的值, 使椭圆 $x = a\cos t, y = b\sin t$ 的周长等于正弦曲线 $y = \sin x$ 在 $0 \leqslant x \leqslant 2\pi$ 上一段的长.

**19.** 证明: 半径为 $a$ 的球的表面积为 $4\pi a^2$.

**20.** 求下列平面曲线绕指定轴旋转所得旋转曲面的面积:

(1) $y^2 = x, 0 \leqslant x \leqslant 1$, 绕 $x$ 轴;

(2) $y = \sin x, 0 \leqslant x \leqslant \pi$, 绕 $x$ 轴;

(3) $\dfrac{x^2}{a^2} + \dfrac{y^2}{b^2} = 1$,绕 $y$ 轴;

(4) $x^2 + (y - a)^2 = r^2 (r < a)$,绕 $x$ 轴;

(5) $x = a(t - \sin t), y = a(1 - \cos t), 0 \leqslant t \leqslant 2\pi$,绕 $x$ 轴,其中 $a > 0$.

21. 设平面 $C^1$(连续可导)光滑正则曲线由极坐标方程

$$r = r(\theta), \alpha \leqslant \theta \leqslant \beta \quad ([\alpha, \beta] \subset [0, \pi], r(\theta) \geqslant 0)$$

给出. 试求它绕极轴旋转所得旋转曲面的面积计算公式.

22. 求下列极坐标曲线绕极轴旋转所得旋转曲面的面积:

(1) 心形(脏)线 $r = a(1 + \cos \theta)$,其中 $a > 0$;

(2) 双纽线 $r^2 = 2a^2 \cos 2\theta$,其中 $a > 0$.

23. 有一等腰梯形闸门,它的上、下两条底边各长为 10 m 与 6 m,高为 20 m. 计算当水面与上底边相齐时闸门一侧所受的静压力.

24. 边长为 $a$ 与 $b$ 的矩形薄板,与液面成 $\alpha(0 < \alpha < 90°)$ 角斜沉于液体中. 设 $a > b$,长边平行于液面,上沿位于深 $h$ 处,液体的密度为 $v$. 试求薄板每侧所受的静压力.

25. 直径为 6 m 的一个球浸入水中,其球心在水平面下 10 m 处,求球面上所受的静压力.

26. 设在坐标系的原点有一质量为 $m$ 的质点,在区间 $[a, a + l]$ $(a > 0)$ 上有一质量为 $M$ 的均匀细杆. 试求质点与细杆之间的万有引力.

27. 设有两条各长为 $l$ 的均匀细杆在同一直线上,中间距离 $c$,每根细杆的质量为 $M$. 试求它们之间的万有引力.

28. 一个半球形(直径为 20 m)的容器内盛满了水. 试问:将水抽尽需做多少功?

29. 长 10 m 的铁索下垂于矿井中,已知铁索每米的质量为 8 kg. 问:将此铁索提出地面需做多少功?

30. 一物体在某介质中按 $x = ct^3$ 做直线运动,介质的阻力与速度 $\dfrac{dx}{dt}$ 的平方成正比. 计算物体由 $x = 0$ 移至 $x = a$ 时克服介质阻力所做的功.

31. 半径为 $r$ 的球体沉入水中,其比重与水相同. 试问:将球体从水中捞出需做多少功?

# 复习题 6

**1.** (1) 设 $f$ 在 $[a,b]$ 上二阶可导,且 $f''(x) > 0$. 证明

$$f\left(\frac{a+b}{2}\right) \leqslant \frac{1}{b-a}\int_a^b f(x)\,\mathrm{d}x \leqslant \frac{f(a)+f(b)}{2}$$

上述题设条件改为"$f$ 在 $[a,b]$ 上是 Riemann 可积的凸函数" 证明上述等式依然成立.

(2) 设 $f(x)$ 在 $[a,b]$ 上二阶可导,$f''(x) > 0$,且 $f(x) \leqslant 0$,$x \in [a,b]$,则有

$$f(x) \geqslant \frac{2}{b-a}\int_a^b f(x)\,\mathrm{d}x, x \in [a,b]$$

(3) 设 $\varphi$ 在 $[0,a]$ 上连续,$f(x)$ 二阶可导,且 $f''(x) \geqslant 0$,证明

$$\frac{1}{a}\int_0^a f(\varphi(t))\,\mathrm{d}t \geqslant f\left(\frac{1}{a}\int_0^a \varphi(t)\,\mathrm{d}t\right)$$

(4) 设 $f$ 在 $[a,b]$ 上连续,且 $f(x) > 0$,则

$$\ln\left(\frac{1}{b-a}\int_a^b f(x)\,\mathrm{d}x\right) \geqslant \frac{1}{b-a}\int_a^b \ln f(x)\,\mathrm{d}x$$

**2.** 设 $f(x)$ 在 $[a,b]$ 上具有一阶导函数,$f(a) = f(b) = 0$. 证明:

(1) $\exists \xi \in (a,b)$, s.t.

$$|f'(\xi)| \geqslant \frac{4}{(b-a)^2}\left|\int_a^b f(x)\,\mathrm{d}x\right|$$

(2) $\exists \xi \in (a,b)$, s.t.

$$|f'(\xi)| > \frac{4}{(b-a)^2}\int_a^b |f(x)|\,\mathrm{d}x \geqslant \frac{4}{(b-a)^2}\left|\int_a^b f(x)\,\mathrm{d}x\right|$$

(3) 设 $f(x)$ 在 $[a,b]$ 上具有一阶导函数,$f(a) = f(b) = 0$,且 $f(x) \not\equiv 0$,则 $\exists \xi \in (a,b)$, s.t.

$$|f'(\xi)| > \frac{4}{(b-a)^2}\left|\int_a^b f(x)\,\mathrm{d}x\right|$$

等价于设 $F(x)$ 在 $[a,b]$ 上二阶可导,$F'(a) = F'(b) = 0$,且 $F(x) \not\equiv$ 常数,则 $\exists \xi \in (a,b)$, s.t.

$$|F''(\xi)| > \frac{4}{(b-a)^2}|F(b) - F(a)|$$

**3.** (1) 设 $f$ 在 $[a,b]$ 上可导，$f\left(\dfrac{a+b}{2}\right) = 0$. 证明：$\exists \xi \in (a,b)$，s.t.

$$|f'(\xi)| \geqslant \frac{4}{(b-a)^2} \int_a^b |f(x)| \, dx \geqslant \frac{4}{(b-a)^2} \left| \int_a^b f(x) \, dx \right|$$

(2) 设 $f$ 在 $[a,b]$ 上可导，$f\left(\dfrac{a+b}{2}\right) = 0, f(x) \not\equiv 0$. 证明：$\exists \xi \in (a,b)$，s.t.

$$|f'(\xi)| > \frac{4}{(b-a)^2} \left| \int_a^b f(x) \, dx \right|$$

举例说明：$|f'(\xi)| > \dfrac{4}{(b-a)^2} \int_a^b |f(x)| \, dx$ 未必成立.

(3) 上述 (2) $\Leftrightarrow$ 设 $F(x)$ 在 $[a,b]$ 上二阶可导，$F'\left(\dfrac{a+b}{2}\right) = 0, F(x) \not\equiv$ 常数，

则 $\exists \xi \in (a,b)$，s.t.

$$|F''(\xi)| > \frac{4}{(b-a)^2} |F(b) - F(a)|$$

**4.** 设 $a,b > 0, f$ 在 $[-a,b]$ 上连续. 又设 $f > 0$ 且 $\displaystyle\int_{-a}^b xf(x) \, dx = 0$. 证明

$$\int_{-a}^b x^2 f(x) \, dx \leqslant ab \int_{-a}^b f(x) \, dx$$

**5.** 证明：不等式

$$\int_{-1}^1 (1 - x^2)^n \, dx \geqslant \frac{4}{3\sqrt{n}}, n \in \mathbb{N}$$

且当 $n \geqslant 2$ 时严格不等号成立.

**6.** 证明：$\displaystyle\int_0^\pi \cos nx \cos^n x \, dx = \frac{\pi}{2^n}, n = 0, 1, 2, \cdots$.

**7.** 设 $f$ 在 $[0,1]$ 上连续，并且 $\displaystyle\int_0^1 x^k f(x) \, dx = 0, k = 0, 1, \cdots, n-1, \displaystyle\int_0^1 x^n f(x) \, dx = 1$.

证明：$\exists \xi \in (0,1)$，s.t.

$$|f(\xi)| \geqslant 2^n (n+1)$$

**8.** 设函数 $f$ 在 $[a,b]$ 上连续、非负且严格单调增，由积分中值定理，$\forall n \in \mathbb{N}$，$\exists_1 x_n \in [a,b]$，s.t.

$$f^n(x_n) = \frac{1}{b-a} \int_a^b f^n(t) \, dt$$

证明：$\displaystyle\lim_{n \to +\infty} x_n = b$.

9. 设 $f$ 是一个 $n$ 次多项式, 且满足 $\int_0^1 x^k f(x)\,dx = 0, k = 1, 2, \cdots, n.$ 证明

$$\int_0^1 f^2(x)\,dx = (n+1)^2 \left( \int_0^1 f(x)\,dx \right)^2$$

10. 设函数 $f$ 在区间 $[0, +\infty)$ 上单调增, 证明: $\varphi(x) = \int_0^x f(t)\,dt$ 在 $[0, +\infty)$ 上为凸函数, 如果 $f$ 在区间 $[0, +\infty]$ 上单调增且连续, 试用简单方法证明之.

11. 设 $f(x)$ 二阶连续可导, $f \geqslant 0, f'' \leqslant 0.$ 证明: $\forall c \in [a, b],$ 有

$$f(c) \leqslant \frac{2}{b-a} \int_a^b f(x)\,dx$$

12. 对 $n \in \mathbb{N},$ 定义 $I_n = \int_0^{\frac{\pi}{2}} \frac{\sin^2 nt}{\sin t}\,dt,$ 求极限 $\lim\limits_{n \to +\infty} \dfrac{I_n}{\ln n}.$

13. 设 $f$ 在 $[a, b]$ 上连续, 若 $\int_a^b f(x) g(x)\,dx = 0$ 对 $[a, b]$ 上一切满足条件 $g(a) = g(b) = 0$ 的连续函数 $g$ 成立. 证明: 在 $[a, b]$ 上, $f(x) \equiv 0.$

14. 设函数 $f$ 在 $[-1, 1]$ 上可导, $M = \sup | f' |.$ 如果 $\exists a \in (0, 1),$ s. t.

$$\int_{-a}^a f(x)\,dx = 0$$

证明

$$\left| \int_{-1}^1 f(x)\,dx \right| \leqslant M(1 - a^2)$$

15. 设 $f$ 在 $[a, b]$ 上连续可导. 证明

$$\max_{a \leqslant x \leqslant b} | f(x) | \leqslant \frac{1}{b-a} \left| \int_a^b f(x)\,dx \right| + \int_a^b | f'(x) |\,dx$$

16. 设 $f$ 在 $(0, +\infty)$ 上连续, 且 $\forall x > 0$ 有

$$\int_x^{x^2} f(t)\,dt = \int_1^x f(t)\,dt$$

试求出满足上述条件的一切函数 $f.$

17. 设 $f$ 在 $[0, 1]$ 上二阶连续可导, $f(0) = f(1) = 0,$ 且当 $x \in (0, 1)$ 时, $f(x) \neq 0.$ 证明

$$\int_0^1 \left| \frac{f''(x)}{f(x)} \right|\,dx \geqslant 4$$

18. 设 $f$ 在 $[a, b]$ 上连续、单调增. 证明

$$\int_a^b x f(x)\,dx \geqslant \frac{a+b}{2} \int_a^b f(x)\,dx$$

(提示:令 $F(t) = \int_a^t xf(x)\mathrm{d}x - \dfrac{a+t}{2}\int_a^t f(x)\mathrm{d}x.$ )

**19.** 设 $b > a > 0$,证明不等式

$$\ln\frac{b}{a} > \frac{2(b-a)}{a+b}$$

(提示:对 $f(x) = -\dfrac{1}{x}$ 应用题 18 的结果. )

**20.** 设函数 $f$ 在 $[0,1]$ 上二阶连续可导,且 $f(0) = f(1) = f'(0) = 0, f'(1) = 1.$ 证明

$$\int_0^1 [f''(x)]^2\mathrm{d}x \geqslant 4$$

指出式中等号成立的条件.

**21.** 设函数 $f$ 在 $[0,1]$ 上 Riemann 可积,且有正数 $m$ 与 $M$,使得 $m \leqslant f(x) \leqslant M$, $\forall x \in [0,1]$. 证明

$$1 \leqslant \int_0^1 f(x)\mathrm{d}x \int_0^1 \frac{\mathrm{d}x}{f(x)} \leqslant \frac{(m+M)^2}{4mM}$$

**22.** 设 $x(t)$ 在 $[0,a]$ 上连续且满足

$$|x(t)| \leqslant M + k\int_0^t |x(t)|\,\mathrm{d}t$$

这里 $M$ 与 $k$ 为正常数. 证明

$$|x(t)| \leqslant Me^{kt}, t \in [0,a]$$

**23.** 设 $f$ 为 $[-1,1]$ 上的连续函数,且对 $[-1,1]$ 上的任何偶函数 $g$,积分 $\int_{-1}^1 f(x)g(x)\mathrm{d}x = 0.$ 证明:$f$ 在 $[-1,1]$ 上为奇函数.

**24.** 设 $n,k$ 为正整数,且 $1 \leqslant k \leqslant n.$ 证明

$$\frac{2}{\pi}\ln\Big(1 + \frac{k-1}{n}\pi\Big) \leqslant \int_{\frac{k-1}{n}\pi}^{\frac{k}{n}\pi} |\sin nx|\ln(1+x)\mathrm{d}x$$
$$\leqslant \frac{2}{\pi}\ln\Big(1 + \frac{k}{n}\pi\Big)$$

试求 $\lim\limits_{n\to+\infty}\int_0^\pi |\sin nx|\ln(1+x)\mathrm{d}x.$

**25.** 设函数 $f$ 在 $[0,2]$ 上连续可导,$f(0) = f(2) = 1,$ 且 $|f'| \leqslant 1.$ 证明

$$1 \leqslant \int_0^2 f(x)\mathrm{d}x \leqslant 3$$

**26.** 证明: $\int_0^x e^{xt-t^2} dt = e^{\frac{x^2}{4}} \int_0^x e^{-\frac{t^2}{4}} dt.$

**27.** 证明:(1) $\forall n \in \mathbb{N}$,积分 $I_n = \int_0^1 \frac{1}{x} \left[ \left( \ln x + \ln \frac{1+x}{1-x} \right)^n - \ln^n x \right] dx$ 是收敛的;

(2) 当 $n$ 为偶数时,$I_n = 0.$

**28.** 证明: $\int_0^{+\infty} \left( \frac{\sin x}{x} \right)^2 dx = \int_0^{+\infty} \frac{\sin x}{x} dx.$

**29.** 计算积分:

(1) $\int_0^{+\infty} \frac{\ln x}{(1+x)\sqrt{x}} dx$;      (2) $\int_0^{\frac{\pi}{2}} \frac{dx}{1 + \tan^{100} x}$;

(3) $\int_1^{+\infty} \left( \frac{1}{[x]} - \frac{1}{x} \right) dx$;      (4) $\int_0^{+\infty} \frac{e^{-x^2}}{\left( x^2 + \frac{1}{2} \right)^2} dx.$

**30.** 设 $f$ 为 $[-1,1]$ 上的连续函数. 证明

$$\lim_{h \to 0^+} \int_{-1}^1 \frac{h}{h^2 + x^2} f(x) dx = \pi f(0)$$

**31.** 设 $f$ 为 $[-1,1]$ 上的连续函数. 证明

$$\lim_{\lambda \to 0^+} \frac{1}{2\lambda} \int_{-1}^1 f(x) e^{-\frac{|x|}{\lambda}} dx = f(0)$$

**32.** 设 $f$ 在 $[0,\pi]$ 上 Riemann 可积. 证明:不能同时有

$$\int_0^\pi |f(x) - \sin x|^2 dx \leqslant \frac{3}{4}, \int_0^\pi |f(x) - \cos x|^2 dx \leqslant \frac{3}{4}$$

**33.** 设 $f$ 在 $[a,b]$ 上二阶连续可导. 证明:$\exists \xi \in (a,b)$, s.t.

$$\int_a^b f(x) dx = (b-a)f\left( \frac{a+b}{2} \right) + \frac{(b-a)^3}{24} f''(\xi)$$

**34.** 设 $F(x) = \begin{cases} \int_0^x \cos \frac{1}{t} dt, x \neq 0 \\ 0, x = 0, \end{cases}$ 求 $F'(0).$

**35.** 函数 $u$ 在 $[0, +\infty)$ 上满足积分 - 微分方程

$$\begin{cases} u'(t) = u(t) + \int_0^1 u(x) dx \\ u(0) = 1 \end{cases}$$

试确定函数 $u$.

# 参考文献

1. 菲赫金哥尔茨 Γ M. 微积分学教程[M]. 北京:高等教育出版社,1957.

2. 徐森林. 实变函数论[M]. 合肥:中国科学技术大学出版社,2002.

3. 裴礼文. 数学分析中的典型问题与方法[M]. 北京:高等教育出版社,1993.

4. 徐利治,冯克勤,方兆本,等. 大学数学解题法诠释[M]. 合肥:安徽教育出版社,1999.

5. 徐森林,薛春华. 流形[M]. 北京:高等教育出版社,1991.

6. 何琛,史济怀,徐森林. 数学分析[M]. 北京:高等教育出版社,1985.

7. 邹应. 数学分析[M]. 北京:高等教育出版社,1995.

8. 汪林. 数学分析中的问题和反例[M]. 昆明:云南科技出版社,1990.

9. 孙本旺,汪浩. 数学分析中的典型例题和解题方法[M]. 长沙:湖南科学技术出版社,1985.

# 刘培杰数学工作室
## 已出版(即将出版)图书目录——高等数学

| 书　名 | 出版时间 | 定　价 | 编号 |
|---|---|---|---|
| 距离几何分析导引 | 2015－02 | 68.00 | 446 |
| 大学几何学 | 2017－01 | 78.00 | 688 |
| 关于曲面的一般研究 | 2016－11 | 48.00 | 690 |
| 近世纯粹几何学初论 | 2017－01 | 58.00 | 711 |
| 拓扑学与几何学基础讲义 | 2017－04 | 58.00 | 756 |
| 物理学中的几何方法 | 2017－06 | 88.00 | 767 |
| 几何学简史 | 2017－08 | 28.00 | 833 |
| 微分几何学历史概要 | 2020－07 | 58.00 | 1194 |
| 解析几何学史 | 2022－03 | 58.00 | 1490 |
| | | | |
| 复变函数引论 | 2013－10 | 68.00 | 269 |
| 伸缩变换与抛物旋转 | 2015－01 | 38.00 | 449 |
| 无穷分析引论(上) | 2013－04 | 88.00 | 247 |
| 无穷分析引论(下) | 2013－04 | 98.00 | 245 |
| 数学分析 | 2014－04 | 28.00 | 338 |
| 数学分析中的一个新方法及其应用 | 2013－01 | 38.00 | 231 |
| 数学分析例选:通过范例学技巧 | 2013－01 | 88.00 | 243 |
| 高等代数例选:通过范例学技巧 | 2015－06 | 88.00 | 475 |
| 基础数论例选:通过范例学技巧 | 2018－09 | 58.00 | 978 |
| 三角级数论(上册)(陈建功) | 2013－01 | 38.00 | 232 |
| 三角级数论(下册)(陈建功) | 2013－01 | 48.00 | 233 |
| 三角级数论(哈代) | 2013－06 | 48.00 | 254 |
| 三角级数 | 2015－07 | 28.00 | 263 |
| 超越数 | 2011－03 | 18.00 | 109 |
| 三角和方法 | 2011－03 | 18.00 | 112 |
| 随机过程(Ⅰ) | 2014－01 | 78.00 | 224 |
| 随机过程(Ⅱ) | 2014－01 | 68.00 | 235 |
| 算术探索 | 2011－12 | 158.00 | 148 |
| 组合数学 | 2012－04 | 28.00 | 178 |
| 组合数学浅谈 | 2012－03 | 28.00 | 159 |
| 分析组合学 | 2021－09 | 88.00 | 1389 |
| 丢番图方程引论 | 2012－03 | 48.00 | 172 |
| 拉普拉斯变换及其应用 | 2015－02 | 38.00 | 447 |
| 高等代数.上 | 2016－01 | 38.00 | 548 |
| 高等代数.下 | 2016－01 | 38.00 | 549 |
| 高等代数教程 | 2016－01 | 58.00 | 579 |
| 高等代数引论 | 2020－07 | 48.00 | 1174 |
| 数学解析教程.上卷.1 | 2016－01 | 58.00 | 546 |
| 数学解析教程.上卷.2 | 2016－01 | 38.00 | 553 |
| 数学解析教程.下卷.1 | 2017－04 | 48.00 | 781 |
| 数学解析教程.下卷.2 | 2017－06 | 48.00 | 782 |
| 数学分析.第1册 | 2021－03 | 48.00 | 1281 |
| 数学分析.第2册 | 2021－03 | 48.00 | 1282 |
| 数学分析.第3册 | 2021－03 | 28.00 | 1283 |
| 数学分析精选习题全解.上册 | 2021－03 | 38.00 | 1284 |
| 数学分析精选习题全解.下册 | 2021－03 | 38.00 | 1285 |
| 函数构造论.上 | 2016－01 | 38.00 | 554 |
| 函数构造论.中 | 2017－06 | 48.00 | 555 |
| 函数构造论.下 | 2016－09 | 48.00 | 680 |
| 函数逼近论(上) | 2019－02 | 98.00 | 1014 |
| 概周期函数 | 2016－01 | 48.00 | 572 |
| 变叙的项的极限分布律 | 2016－01 | 18.00 | 573 |
| 整函数 | 2012－08 | 18.00 | 161 |
| 近代拓扑学研究 | 2013－04 | 38.00 | 239 |
| 多项式和无理数 | 2008－01 | 68.00 | 22 |
| 密码学与数论基础 | 2021－01 | 28.00 | 1254 |

# 刘培杰数学工作室
## 已出版(即将出版)图书目录——高等数学

| 书　名 | 出版时间 | 定　价 | 编号 |
|---|---|---|---|
| 模糊数据统计学 | 2008－03 | 48.00 | 31 |
| 模糊分析学与特殊泛函空间 | 2013－01 | 68.00 | 241 |
| 常微分方程 | 2016－01 | 58.00 | 586 |
| 平稳随机函数导论 | 2016－01 | 48.00 | 587 |
| 量子力学原理.上 | 2016－01 | 38.00 | 588 |
| 图与矩阵 | 2014－08 | 40.00 | 644 |
| 钢丝绳原理:第二版 | 2017－01 | 78.00 | 745 |
| 代数拓扑和微分拓扑简史 | 2017－01 | 68.00 | 791 |
| 半序空间泛函分析.上 | 2018－06 | 48.00 | 924 |
| 半序空间泛函分析.下 | 2018－06 | 68.00 | 925 |
| 概率分布的部分识别 | 2018－07 | 68.00 | 929 |
| Cartan型单模李超代数的上同调及极大子代数 | 2018－07 | 38.00 | 932 |
| 纯数学与应用数学若干问题研究 | 2019－03 | 98.00 | 1017 |
| 数理金融学与数理经济学若干问题研究 | 2020－07 | 98.00 | 1180 |
| 清华大学"工农兵学员"微积分课本 | 2020－09 | 48.00 | 1228 |
| 力学若干基本问题的发展概论 | 2020－11 | 48.00 | 1262 |
| 受控理论与解析不等式 | 2012－05 | 78.00 | 165 |
| 不等式的分拆降维降幂方法与可读证明(第2版) | 2020－07 | 78.00 | 1184 |
| 石焕南文集:受控理论与不等式研究 | 2020－09 | 198.00 | 1198 |
| 实变函数论 | 2012－06 | 78.00 | 181 |
| 复变函数论 | 2015－08 | 38.00 | 504 |
| 非光滑优化及其变分分析 | 2014－01 | 48.00 | 230 |
| 疏散的马尔科夫链 | 2014－01 | 58.00 | 266 |
| 马尔科夫过程论基础 | 2015－01 | 28.00 | 433 |
| 初等微分拓扑学 | 2012－07 | 18.00 | 182 |
| 方程式论 | 2011－03 | 38.00 | 105 |
| Galois 理论 | 2011－03 | 18.00 | 107 |
| 古典数学难题与伽罗瓦理论 | 2012－11 | 58.00 | 223 |
| 伽罗华与群论 | 2014－01 | 28.00 | 290 |
| 代数方程的根式解及伽罗瓦理论 | 2011－03 | 28.00 | 108 |
| 代数方程的根式解及伽罗瓦理论(第二版) | 2015－01 | 28.00 | 423 |
| 线性偏微分方程讲义 | 2011－03 | 18.00 | 110 |
| 几类微分方程数值方法的研究 | 2015－05 | 38.00 | 485 |
| 分数阶微分方程理论与应用 | 2020－05 | 95.00 | 1182 |
| N 体问题的周期解 | 2011－03 | 28.00 | 111 |
| 代数方程式论 | 2011－05 | 18.00 | 121 |
| 线性代数与几何:英文 | 2016－06 | 58.00 | 578 |
| 动力系统的不变量与函数方程 | 2011－07 | 48.00 | 137 |
| 基于短语评价的翻译知识获取 | 2012－02 | 48.00 | 168 |
| 应用随机过程 | 2012－04 | 48.00 | 187 |
| 概率论导引 | 2012－04 | 18.00 | 179 |
| 矩阵论(上) | 2013－06 | 58.00 | 250 |
| 矩阵论(下) | 2013－06 | 48.00 | 251 |
| 对称锥互补问题的内点法:理论分析与算法实现 | 2014－08 | 68.00 | 368 |
| 抽象代数:方法导引 | 2013－06 | 38.00 | 257 |
| 集论 | 2016－01 | 48.00 | 576 |
| 多项式理论研究综述 | 2016－01 | 38.00 | 577 |
| 函数论 | 2014－11 | 78.00 | 395 |
| 反问题的计算方法及应用 | 2011－11 | 28.00 | 147 |
| 数阵及其应用 | 2012－02 | 28.00 | 164 |
| 绝对值方程—折边与组合图形的解析研究 | 2012－07 | 48.00 | 186 |
| 代数函数论(上) | 2015－07 | 38.00 | 494 |
| 代数函数论(下) | 2015－07 | 38.00 | 495 |

# 刘培杰数学工作室
## 已出版(即将出版)图书目录——高等数学

| 书　　名 | 出版时间 | 定　价 | 编号 |
|---|---|---|---|
| 偏微分方程论:法文 | 2015—10 | 48.00 | 533 |
| 时标动力学方程的指数型二分性与周期解 | 2016—04 | 48.00 | 606 |
| 重刚体绕不动点运动方程的积分法 | 2016—05 | 68.00 | 608 |
| 水轮机水力稳定性 | 2016—05 | 48.00 | 620 |
| Lévy 噪音驱动的传染病模型的动力学行为 | 2016—05 | 48.00 | 667 |
| 铣加工动力学系统稳定性研究的数学方法 | 2016—11 | 28.00 | 710 |
| 时滞系统:Lyapunov 泛函和矩阵 | 2017—05 | 68.00 | 784 |
| 粒子图像测速仪实用指南:第二版 | 2017—08 | 78.00 | 790 |
| 数域的上同调 | 2017—08 | 98.00 | 799 |
| 图的正交因子分解(英文) | 2018—01 | 38.00 | 881 |
| 图的度因子和分支因子:英文 | 2019—09 | 88.00 | 1108 |
| 点云模型的优化配准方法研究 | 2018—07 | 58.00 | 927 |
| 锥形波入射粗糙表面反散射问题理论与算法 | 2018—03 | 68.00 | 936 |
| 广义逆的理论与计算 | 2018—07 | 58.00 | 973 |
| 不定方程及其应用 | 2018—12 | 58.00 | 998 |
| 几类椭圆型偏微分方程高效数值算法研究 | 2018—08 | 48.00 | 1025 |
| 现代密码算法概论 | 2019—05 | 98.00 | 1061 |
| 模形式的 $p$ 一进性质 | 2019—06 | 78.00 | 1088 |
| 混沌动力学:分形、平铺、代换 | 2019—09 | 48.00 | 1109 |
| 微分方程,动力系统与混沌引论:第 3 版 | 2020—05 | 65.00 | 1144 |
| 分数阶微分方程理论与应用 | 2020—05 | 95.00 | 1187 |
| 应用非线性动力系统与混沌导论:第 2 版 | 2021—05 | 58.00 | 1368 |
| 非线性振动,动力系统与向量场的分支 | 2021—06 | 55.00 | 1369 |
| 遍历理论引论 | 2021—11 | 46.00 | 1441 |
| 动力系统与混沌 | 2022—05 | 48.00 | 1485 |
| Galois 上同调 | 2020—04 | 138.00 | 1131 |
| 毕达哥拉斯定理:英文 | 2020—03 | 38.00 | 1133 |
| 模糊可拓多属性决策理论与方法 | 2021—06 | 98.00 | 1357 |
| 统计方法和科学推断 | 2021—10 | 48.00 | 1428 |
| 有关几类种群生态学模型的研究 | 2022—04 | 98.00 | 1486 |
| 加性数论:典型基 | 2022—05 | 48.00 | 1491 |
| 乘性数论:第三版 | 2022—07 | 38.00 | 1528 |
| | | | |
| 吴振奎高等数学解题真经(概率统计卷) | 2012—01 | 38.00 | 149 |
| 吴振奎高等数学解题真经(微积分卷) | 2012—01 | 68.00 | 150 |
| 吴振奎高等数学解题真经(线性代数卷) | 2012—01 | 58.00 | 151 |
| 高等数学解题全攻略(上卷) | 2013—06 | 58.00 | 252 |
| 高等数学解题全攻略(下卷) | 2013—06 | 58.00 | 253 |
| 高等数学复习纲要 | 2014—01 | 18.00 | 384 |
| 数学分析历年考研真题解析.第一卷 | 2021—04 | 28.00 | 1288 |
| 数学分析历年考研真题解析.第二卷 | 2021—04 | 28.00 | 1289 |
| 数学分析历年考研真题解析.第三卷 | 2021—04 | 28.00 | 1290 |
| | | | |
| 超越吉米多维奇.数列的极限 | 2009—11 | 48.00 | 58 |
| 超越普里瓦洛夫.留数卷 | 2015—01 | 28.00 | 437 |
| 超越普里瓦洛夫.无穷乘积与它对解析函数的应用卷 | 2015—05 | 28.00 | 477 |
| 超越普里瓦洛夫.积分卷 | 2015—06 | 18.00 | 481 |
| 超越普里瓦洛夫.基础知识卷 | 2015—06 | 28.00 | 482 |
| 超越普里瓦洛夫.数项级数卷 | 2015—07 | 38.00 | 489 |
| 超越普里瓦洛夫.微分、解析函数、导数卷 | 2018—01 | 48.00 | 852 |
| | | | |
| 统计学专业英语 | 2007—03 | 28.00 | 16 |
| 统计学专业英语(第二版) | 2012—07 | 48.00 | 176 |
| 统计学专业英语(第三版) | 2015—04 | 68.00 | 465 |
| 代换分析:英文 | 2015—07 | 38.00 | 499 |

# 刘培杰数学工作室
## 已出版(即将出版)图书目录——高等数学

| 书　名 | 出版时间 | 定　价 | 编号 |
|---|---|---|---|
| 历届美国大学生数学竞赛试题集.第一卷(1938—1949) | 2015—01 | 28.00 | 397 |
| 历届美国大学生数学竞赛试题集.第二卷(1950—1959) | 2015—01 | 28.00 | 398 |
| 历届美国大学生数学竞赛试题集.第三卷(1960—1969) | 2015—01 | 28.00 | 399 |
| 历届美国大学生数学竞赛试题集.第四卷(1970—1979) | 2015—01 | 18.00 | 400 |
| 历届美国大学生数学竞赛试题集.第五卷(1980—1989) | 2015—01 | 28.00 | 401 |
| 历届美国大学生数学竞赛试题集.第六卷(1990—1999) | 2015—01 | 28.00 | 402 |
| 历届美国大学生数学竞赛试题集.第七卷(2000—2009) | 2015—08 | 18.00 | 403 |
| 历届美国大学生数学竞赛试题集.第八卷(2010—2012) | 2015—01 | 18.00 | 404 |
| 超越普特南试题:大学数学竞赛中的方法与技巧 | 2017—04 | 98.00 | 758 |
| 历届国际大学生数学竞赛试题集(1994—2020) | 2021—01 | 58.00 | 1252 |
| 历届美国大学生数学竞赛试题集:1938—2017 | 2020—11 | 98.00 | 1256 |
| 全国大学生数学夏令营数学竞赛试题及解答 | 2007—03 | 28.00 | 15 |
| 全国大学生数学竞赛辅导教程 | 2012—07 | 28.00 | 189 |
| 全国大学生数学竞赛复习全书(第2版) | 2017—05 | 58.00 | 787 |
| 历届美国大学生数学竞赛试题集 | 2009—03 | 88.00 | 43 |
| 前苏联大学生数学奥林匹克竞赛题解(上编) | 2012—04 | 28.00 | 169 |
| 前苏联大学生数学奥林匹克竞赛题解(下编) | 2012—04 | 38.00 | 170 |
| 大学生数学竞赛讲义 | 2014—09 | 28.00 | 371 |
| 大学生数学竞赛教程——高等数学(基础篇、提高篇) | 2018—09 | 128.00 | 968 |
| 普林斯顿大学数学竞赛 | 2016—06 | 38.00 | 669 |
| 考研高等数学高分之路 | 2020—10 | 45.00 | 1203 |
| 考研高等数学基础必刷 | 2021—01 | 45.00 | 1251 |
| 考研概率论与数理统计 | 2022—06 | 58.00 | 1522 |
| 越过211,刷到985:考研数学二 | 2019—10 | 68.00 | 1115 |
| 初等数论难题集(第一卷) | 2009—05 | 68.00 | 44 |
| 初等数论难题集(第二卷)(上、下) | 2011—02 | 128.00 | 82,83 |
| 数论概貌 | 2011—03 | 18.00 | 93 |
| 代数数论(第二版) | 2013—08 | 58.00 | 94 |
| 代数多项式 | 2014—06 | 38.00 | 289 |
| 初等数论的知识与问题 | 2011—02 | 28.00 | 95 |
| 超越数论基础 | 2011—03 | 28.00 | 96 |
| 数论初等教程 | 2011—03 | 28.00 | 97 |
| 数论基础 | 2011—03 | 18.00 | 98 |
| 数论基础与维诺格拉多夫 | 2014—03 | 18.00 | 292 |
| 解析数论基础 | 2012—08 | 28.00 | 216 |
| 解析数论基础(第二版) | 2014—01 | 48.00 | 287 |
| 解析数论问题集(第二版)(原版引进) | 2014—05 | 88.00 | 343 |
| 解析数论问题集(第二版)(中译本) | 2016—04 | 88.00 | 607 |
| 解析数论基础(潘承洞,潘承彪著) | 2016—07 | 98.00 | 673 |
| 解析数论导引 | 2016—07 | 58.00 | 674 |
| 数论入门 | 2011—03 | 38.00 | 99 |
| 代数数论入门 | 2015—03 | 38.00 | 448 |
| 数论开篇 | 2012—07 | 28.00 | 194 |
| 解析数论引论 | 2011—03 | 48.00 | 100 |
| Barban Davenport Halberstam 均值和 | 2009—01 | 40.00 | 33 |
| 基础数论 | 2011—03 | 28.00 | 101 |
| 初等数论100例 | 2011—05 | 18.00 | 122 |
| 初等数论经典例题 | 2012—07 | 18.00 | 204 |
| 最新世界各国数学奥林匹克中的初等数论试题(上、下) | 2012—01 | 138.00 | 144,145 |
| 初等数论(Ⅰ) | 2012—01 | 18.00 | 156 |
| 初等数论(Ⅱ) | 2012—01 | 18.00 | 157 |
| 初等数论(Ⅲ) | 2012—01 | 28.00 | 158 |

# 刘培杰数学工作室
## 已出版(即将出版)图书目录——高等数学

| 书　名 | 出版时间 | 定价 | 编号 |
|---|---|---|---|
| Gauss,Euler,Lagrange 和 Legendre 的遗产:把整数表示成平方和 | 2022—06 | 78.00 | 1540 |
| 平面几何与数论中未解决的新老问题 | 2013—01 | 68.00 | 229 |
| 代数数论简史 | 2014—11 | 28.00 | 408 |
| 代数数论 | 2015—09 | 88.00 | 532 |
| 代数、数论及分析习题集 | 2016—11 | 98.00 | 695 |
| 数论导引提要及习题解答 | 2016—01 | 48.00 | 559 |
| 素数定理的初等证明. 第 2 版 | 2016—09 | 48.00 | 686 |
| 数论中的模函数与狄利克雷级数(第二版) | 2017—11 | 78.00 | 837 |
| 数论:数学导引 | 2018—01 | 68.00 | 849 |
| 域论 | 2018—04 | 68.00 | 884 |
| 代数数论(冯克勤　编著) | 2018—04 | 68.00 | 885 |
| 范氏大代数 | 2019—02 | 98.00 | 1016 |
| 新编 640 个世界著名数学智力趣题 | 2014—01 | 88.00 | 242 |
| 500 个最新世界著名数学智力趣题 | 2008—06 | 48.00 | 3 |
| 400 个最新世界著名数学最值问题 | 2008—09 | 48.00 | 36 |
| 500 个世界著名数学征解问题 | 2009—06 | 48.00 | 52 |
| 400 个中国最佳初等数学征解老问题 | 2010—01 | 48.00 | 60 |
| 500 个俄罗斯数学经典老题 | 2011—01 | 28.00 | 81 |
| 1000 个国外中学物理好题 | 2012—04 | 48.00 | 174 |
| 300 个日本高考数学题 | 2012—05 | 38.00 | 142 |
| 700 个早期日本高考数学试题 | 2017—02 | 88.00 | 752 |
| 500 个前苏联早期高考数学试题及解答 | 2012—05 | 28.00 | 185 |
| 546 个早期俄罗斯大学生数学竞赛题 | 2014—03 | 38.00 | 285 |
| 548 个来自美苏的数学好问题 | 2014—11 | 28.00 | 396 |
| 20 所苏联著名大学早期入学试题 | 2015—02 | 18.00 | 452 |
| 161 道德国工科大学生必做的微分方程习题 | 2015—05 | 28.00 | 469 |
| 500 个德国工科大学生必做的高数习题 | 2015—06 | 28.00 | 478 |
| 360 个数学竞赛问题 | 2016—08 | 58.00 | 677 |
| 德国讲义日本考题. 微积分卷 | 2015—04 | 48.00 | 456 |
| 德国讲义日本考题. 微分方程卷 | 2015—04 | 38.00 | 457 |
| 二十世纪中叶中、英、美、日、法、俄高考数学试题精选 | 2017—06 | 38.00 | 783 |

| 书　名 | 出版时间 | 定价 | 编号 |
|---|---|---|---|
| 博弈论精粹 | 2008—03 | 58.00 | 30 |
| 博弈论精粹. 第二版(精装) | 2015—01 | 88.00 | 461 |
| 数学 我爱你 | 2008—01 | 28.00 | 20 |
| 精神的圣徒　别样的人生——60 位中国数学家成长的历程 | 2008—09 | 48.00 | 39 |
| 数学史概论 | 2009—06 | 78.00 | 50 |
| 数学史概论(精装) | 2013—03 | 158.00 | 272 |
| 数学史选讲 | 2016—01 | 48.00 | 544 |
| 斐波那契数列 | 2010—02 | 28.00 | 65 |
| 数学拼盘和斐波那契魔方 | 2010—07 | 38.00 | 72 |
| 斐波那契数列欣赏 | 2011—01 | 28.00 | 160 |
| 数学的创造 | 2011—02 | 48.00 | 85 |
| 数学美与创造力 | 2016—01 | 48.00 | 595 |
| 数海拾贝 | 2016—01 | 48.00 | 590 |
| 数学中的美 | 2011—02 | 38.00 | 84 |
| 数论中的美学 | 2014—12 | 38.00 | 351 |
| 数学王者　科学巨人——高斯 | 2015—01 | 28.00 | 428 |
| 振兴祖国数学的圆梦之旅:中国初等数学研究史话 | 2015—06 | 98.00 | 490 |
| 二十世纪中国数学史料研究 | 2015—10 | 48.00 | 536 |
| 数字谜、数阵图与棋盘覆盖 | 2016—01 | 58.00 | 298 |
| 时间的形状 | 2016—01 | 38.00 | 556 |
| 数学发现的艺术:数学探索中的合情推理 | 2016—07 | 58.00 | 671 |
| 活跃在数学中的参数 | 2016—07 | 48.00 | 675 |

# 刘培杰数学工作室

## 已出版(即将出版)图书目录——高等数学

| 书　　名 | 出版时间 | 定　价 | 编号 |
|---|---|---|---|
| 格点和面积 | 2012—07 | 18.00 | 191 |
| 射影几何趣谈 | 2012—04 | 28.00 | 175 |
| 斯潘纳尔引理——从一道加拿大数学奥林匹克试题谈起 | 2014—01 | 28.00 | 228 |
| 李普希兹条件——从几道近年高考数学试题谈起 | 2012—10 | 18.00 | 221 |
| 拉格朗日中值定理——从一道北京高考试题的解法谈起 | 2015—10 | 18.00 | 197 |
| 闵科夫斯基定理——从一道清华大学自主招生试题谈起 | 2014—01 | 28.00 | 198 |
| 哈尔测度——从一道冬令营试题的背景谈起 | 2012—08 | 28.00 | 202 |
| 切比雪夫逼近问题——从一道中国台北数学奥林匹克试题谈起 | 2013—04 | 38.00 | 238 |
| 伯恩斯坦多项式与贝齐尔曲面——从一道全国高中数学联赛试题谈起 | 2013—03 | 38.00 | 236 |
| 卡塔兰猜想——从一道普特南竞赛试题谈起 | 2013—06 | 18.00 | 256 |
| 麦卡锡函数和阿克曼函数——从一道前南斯拉夫数学奥林匹克试题谈起 | 2012—08 | 18.00 | 201 |
| 贝蒂定理与拉姆贝克莫斯尔定理——从一个拣石子游戏谈起 | 2012—08 | 18.00 | 217 |
| 皮亚诺曲线和豪斯道夫分球定理——从无限集谈起 | 2012—08 | 18.00 | 211 |
| 平面凸图形与凸多面体 | 2012—10 | 28.00 | 218 |
| 斯坦因豪斯问题——从一道二十五省市自治区中学数学竞赛试题谈起 | 2012—07 | 18.00 | 196 |
| 纽结理论中的亚历山大多项式与琼斯多项式——从一道北京市高一数学竞赛试题谈起 | 2012—07 | 28.00 | 195 |
| 原则与策略——从波利亚"解题表"谈起 | 2013—04 | 38.00 | 244 |
| 转化与化归——从三大尺规作图不能问题谈起 | 2012—08 | 28.00 | 214 |
| 代数几何中的贝祖定理(第一版)——从一道IMO试题的解法谈起 | 2013—08 | 18.00 | 193 |
| 成功连贯理论与约当块理论——从一道比利时数学竞赛试题谈起 | 2012—04 | 18.00 | 180 |
| 素数判定与大数分解 | 2014—08 | 18.00 | 199 |
| 置换多项式及其应用 | 2012—10 | 18.00 | 220 |
| 椭圆函数与模函数——从一道美国加州大学洛杉矶分校(UCLA)博士资格考题谈起 | 2012—10 | 28.00 | 219 |
| 差分方程的拉格朗日方法——从一道2011年全国高考理科试题的解法谈起 | 2012—08 | 28.00 | 200 |
| 力学在几何中的一些应用 | 2013—01 | 38.00 | 240 |
| 高斯散度定理、斯托克斯定理和平面格林定理——从一道国际大学生数学竞赛试题谈起 | 即将出版 | | |
| 康托洛维奇不等式——从一道全国高中联赛试题谈起 | 2013—03 | 28.00 | 337 |
| 西格尔引理——从一道第18届IMO试题的解法谈起 | 即将出版 | | |
| 罗斯定理——从一道前苏联数学竞赛试题谈起 | 即将出版 | | |
| 拉克斯定理和阿廷定理——从一道IMO试题的解法谈起 | 2014—01 | 58.00 | 246 |
| 毕卡大定理——从一道美国大学数学竞赛试题谈起 | 2014—07 | 18.00 | 350 |
| 贝齐尔曲线——从一道全国高中联赛试题谈起 | 即将出版 | | |
| 拉格朗日乘子定理——从一道2005年全国高中联赛试题的高等数学解法谈起 | 2015—05 | 28.00 | 480 |
| 雅可比定理——从一道日本数学奥林匹克试题谈起 | 2013—04 | 48.00 | 249 |
| 李天岩—约克定理——从一道波兰数学竞赛试题谈起 | 2014—06 | 28.00 | 349 |
| 整系数多项式因式分解的一般方法——从克朗耐克算法谈起 | 即将出版 | | |

# 刘培杰数学工作室
## 已出版(即将出版)图书目录——高等数学

| 书　名 | 出版时间 | 定　价 | 编号 |
|---|---|---|---|
| 布劳维不动点定理——从一道前苏联数学奥林匹克试题谈起 | 2014—01 | 38.00 | 273 |
| 伯恩赛德定理——从一道英国数学奥林匹克试题谈起 | 即将出版 | | |
| 布查特—莫斯特定理——从一道上海市初中竞赛试题谈起 | 即将出版 | | |
| 数论中的同余数问题——从一道普特南竞赛试题谈起 | 即将出版 | | |
| 范·德蒙行列式——从一道美国数学奥林匹克试题谈起 | 即将出版 | | |
| 中国剩余定理:总数法构建中国历史年表 | 2015—01 | 28.00 | 430 |
| 牛顿程序与方程求根——从一道全国高考试题解法谈起 | 即将出版 | | |
| 库默尔定理——从一道IMO预选试题谈起 | 即将出版 | | |
| 卢丁定理——从一道冬令营试题的解法谈起 | 即将出版 | | |
| 沃斯滕霍姆定理——从一道IMO预选试题谈起 | 即将出版 | | |
| 卡尔松不等式——从一道莫斯科数学奥林匹克试题谈起 | 即将出版 | | |
| 信息论中的香农熵——从一道近年高考压轴题谈起 | 即将出版 | | |
| 约当不等式——从一道希望杯竞赛试题谈起 | 即将出版 | | |
| 拉比诺维奇定理 | 即将出版 | | |
| 刘维尔定理——从一道《美国数学月刊》征解问题的解法谈起 | 即将出版 | | |
| 卡塔兰恒等式与级数求和——从一道IMO试题的解法谈起 | 即将出版 | | |
| 勒让德猜想与素数分布——从一道爱尔兰竞赛试题谈起 | 即将出版 | | |
| 天平称重与信息论——从一道基辅市数学奥林匹克试题谈起 | 即将出版 | | |
| 哈密尔顿—凯莱定理:从一道高中数学联赛试题的解法谈起 | 2014—09 | 18.00 | 376 |
| 艾思特曼定理——从一道CMO试题的解法谈起 | 即将出版 | | |
| 一个爱尔特希问题——从一道西德数学奥林匹克试题谈起 | 即将出版 | | |
| 有限群中的爱丁格尔问题——从一道北京市初中二年级数学竞赛试题谈起 | 即将出版 | | |
| 糖水中的不等式——从初等数学到高等数学 | 2019—07 | 48.00 | 1093 |
| 帕斯卡三角形 | 2014—03 | 18.00 | 294 |
| 蒲丰投针问题——从2009年清华大学的一道自主招生试题谈起 | 2014—01 | 38.00 | 295 |
| 斯图姆定理——从一道"华约"自主招生试题的解法谈起 | 2014—01 | 18.00 | 296 |
| 许瓦兹引理——从一道加利福尼亚大学伯克利分校数学系博士生试题谈起 | 2014—08 | 18.00 | 297 |
| 拉姆塞定理——从王诗宬院士的一个问题谈起 | 2016—04 | 48.00 | 299 |
| 坐标法 | 2013—12 | 28.00 | 332 |
| 数论三角形 | 2014—04 | 38.00 | 341 |
| 毕克定理 | 2014—07 | 18.00 | 352 |
| 数林掠影 | 2014—09 | 48.00 | 389 |
| 我们周围的概率 | 2014—10 | 38.00 | 390 |
| 凸函数最值定理:从一道华约自主招生题的解法谈起 | 2014—10 | 28.00 | 391 |
| 易学与数学奥林匹克 | 2014—10 | 38.00 | 392 |
| 生物数学趣谈 | 2015—01 | 18.00 | 409 |
| 反演 | 2015—01 | 28.00 | 420 |
| 因式分解与圆锥曲线 | 2015—01 | 18.00 | 426 |
| 轨迹 | 2015—01 | 28.00 | 427 |
| 面积原理:从常庚哲命的一道CMO试题的积分解法谈起 | 2015—01 | 48.00 | 431 |
| 形形色色的不动点定理——从一道28届IMO试题谈起 | 2015—01 | 38.00 | 439 |
| 柯西函数方程:从一道上海交大自主招生的试题谈起 | 2015—02 | 28.00 | 440 |

# 刘培杰数学工作室
# 已出版(即将出版)图书目录——高等数学

| 书　　名 | 出 版 时 间 | 定　价 | 编号 |
|---|---|---|---|
| 三角恒等式 | 2015－02 | 28.00 | 442 |
| 无理性判定:从一道2014年"北约"自主招生试题谈起 | 2015－01 | 38.00 | 443 |
| 数学归纳法 | 2015－03 | 18.00 | 451 |
| 极端原理与解题 | 2015－04 | 28.00 | 464 |
| 法雷级数 | 2014－08 | 18.00 | 367 |
| 摆线族 | 2015－01 | 38.00 | 438 |
| 函数方程及其解法 | 2015－05 | 38.00 | 470 |
| 含参数的方程和不等式 | 2012－09 | 28.00 | 213 |
| 希尔伯特第十问题 | 2016－01 | 38.00 | 543 |
| 无穷小量的求和 | 2016－01 | 28.00 | 545 |
| 切比雪夫多项式:从一道清华大学金秋营试题谈起 | 2016－01 | 38.00 | 583 |
| 泽肯多夫定理 | 2016－03 | 38.00 | 599 |
| 代数等式证题法 | 2016－01 | 28.00 | 600 |
| 三角等式证题法 | 2016－01 | 28.00 | 601 |
| 吴大任教授藏书中的一个因式分解公式:从一道美国数学邀请赛试题的解法谈起 | 2016－06 | 28.00 | 656 |
| 易卦——类万物的数学模型 | 2017－08 | 68.00 | 838 |
| "不可思议"的数与数系可持续发展 | 2018－01 | 38.00 | 878 |
| 最短线 | 2018－01 | 38.00 | 879 |
| 从毕达哥拉斯到怀尔斯 | 2007－10 | 48.00 | 9 |
| 从迪利克雷到维斯卡尔迪 | 2008－01 | 48.00 | 21 |
| 从哥德巴赫到陈景润 | 2008－05 | 98.00 | 35 |
| 从庞加莱到佩雷尔曼 | 2011－08 | 138.00 | 136 |
| 从费马到怀尔斯——费马大定理的历史 | 2013－10 | 198.00 | I |
| 从庞加莱到佩雷尔曼——庞加莱猜想的历史 | 2013－10 | 298.00 | II |
| 从切比雪夫到爱尔特希(上)——素数定理的初等证明 | 2013－07 | 48.00 | III |
| 从切比雪夫到爱尔特希(下)——素数定理100年 | 2012－12 | 98.00 | III |
| 从高斯到盖尔方特——二次域的高斯猜想 | 2013－10 | 198.00 | IV |
| 从库默尔到朗兰兹——朗兰兹猜想的历史 | 2014－01 | 98.00 | V |
| 从比勃巴赫到德布朗斯——比勃巴赫猜想的历史 | 2014－02 | 298.00 | VI |
| 从麦比乌斯到陈省身——麦比乌斯变换与麦比乌斯带 | 2014－02 | 298.00 | VII |
| 从布尔到豪斯道夫——布尔方程与格论漫谈 | 2013－10 | 198.00 | VIII |
| 从开普勒到阿诺德——三体问题的历史 | 2014－05 | 298.00 | IX |
| 从华林到华罗庚——华林问题的历史 | 2013－10 | 298.00 | X |
| 数学物理大百科全书.第1卷 | 2016－01 | 418.00 | 508 |
| 数学物理大百科全书.第2卷 | 2016－01 | 408.00 | 509 |
| 数学物理大百科全书.第3卷 | 2016－01 | 396.00 | 510 |
| 数学物理大百科全书.第4卷 | 2016－01 | 408.00 | 511 |
| 数学物理大百科全书.第5卷 | 2016－01 | 368.00 | 512 |
| 朱德祥代数与几何讲义.第1卷 | 2017－01 | 38.00 | 697 |
| 朱德祥代数与几何讲义.第2卷 | 2017－01 | 28.00 | 698 |
| 朱德祥代数与几何讲义.第3卷 | 2017－01 | 28.00 | 699 |

# 刘培杰数学工作室
# 已出版(即将出版)图书目录——高等数学

| 书　名 | 出版时间 | 定价 | 编号 |
|---|---|---|---|
| 闵嗣鹤文集 | 2011—03 | 98.00 | 102 |
| 吴从炘数学活动三十年(1951～1980) | 2010—07 | 99.00 | 32 |
| 吴从炘数学活动又三十年(1981～2010) | 2015—07 | 98.00 | 491 |
| 斯米尔诺夫高等数学.第一卷 | 2018—03 | 88.00 | 770 |
| 斯米尔诺夫高等数学.第二卷.第一分册 | 2018—03 | 68.00 | 771 |
| 斯米尔诺夫高等数学.第二卷.第二分册 | 2018—03 | 68.00 | 772 |
| 斯米尔诺夫高等数学.第二卷.第三分册 | 2018—03 | 48.00 | 773 |
| 斯米尔诺夫高等数学.第三卷.第一分册 | 2018—03 | 58.00 | 774 |
| 斯米尔诺夫高等数学.第三卷.第二分册 | 2018—03 | 58.00 | 775 |
| 斯米尔诺夫高等数学.第三卷.第三分册 | 2018—03 | 68.00 | 776 |
| 斯米尔诺夫高等数学.第四卷.第一分册 | 2018—03 | 48.00 | 777 |
| 斯米尔诺夫高等数学.第四卷.第二分册 | 2018—03 | 88.00 | 778 |
| 斯米尔诺夫高等数学.第五卷.第一分册 | 2018—03 | 58.00 | 779 |
| 斯米尔诺夫高等数学.第五卷.第二分册 | 2018—03 | 68.00 | 780 |
| zeta 函数,q-zeta 函数,相伴级数与积分(英文) | 2015—08 | 88.00 | 513 |
| 微分形式:理论与练习(英文) | 2015—08 | 58.00 | 514 |
| 离散与微分包含的逼近和优化(英文) | 2015—08 | 58.00 | 515 |
| 艾伦·图灵:他的工作与影响(英文) | 2016—01 | 98.00 | 560 |
| 测度理论概率导论,第 2 版(英文) | 2016—01 | 88.00 | 561 |
| 带有潜在故障恢复系统的半马尔柯夫模型控制(英文) | 2016—01 | 98.00 | 562 |
| 数学分析原理(英文) | 2016—01 | 88.00 | 563 |
| 随机偏微分方程的有效动力学(英文) | 2016—01 | 88.00 | 564 |
| 图的谱半径(英文) | 2016—01 | 58.00 | 565 |
| 量子机器学习中数据挖掘的量子计算方法(英文) | 2016—01 | 98.00 | 566 |
| 量子物理的非常规方法(英文) | 2016—01 | 118.00 | 567 |
| 运输过程的统一非局部理论:广义波尔兹曼物理动力学,第 2 版(英文) | 2016—01 | 198.00 | 568 |
| 量子力学与经典力学之间的联系在原子、分子及电动力学系统建模中的应用(英文) | 2016—01 | 58.00 | 569 |
| 算术域(英文) | 2018—01 | 158.00 | 821 |
| 高等数学竞赛:1962—1991 年的米洛克斯·史怀哲竞赛(英文) | 2018—01 | 128.00 | 822 |
| 用数学奥林匹克精神解决数论问题(英文) | 2018—01 | 108.00 | 823 |
| 代数几何(德文) | 2018—04 | 68.00 | 824 |
| 丢番图逼近论(英文) | 2018—01 | 78.00 | 825 |
| 代数几何学基础教程(英文) | 2018—01 | 98.00 | 826 |
| 解析数论入门课程(英文) | 2018—01 | 78.00 | 827 |
| 数论中的丢番图问题(英文) | 2018—01 | 78.00 | 829 |
| 数论(梦幻之旅):第五届中日数论研讨会演讲集(英文) | 2018—01 | 68.00 | 830 |
| 数论新应用(英文) | 2018—01 | 68.00 | 831 |
| 数论(英文) | 2018—01 | 78.00 | 832 |
| 测度与积分(英文) | 2019—04 | 68.00 | 1059 |
| 卡塔兰数入门(英文) | 2019—05 | 68.00 | 1060 |
| 多变量数学入门(英文) | 2021—05 | 68.00 | 1317 |
| 偏微分方程入门(英文) | 2021—05 | 88.00 | 1318 |
| 若尔当典范性:理论与实践(英文) | 2021—07 | 68.00 | 1366 |

# 刘培杰数学工作室
## 已出版(即将出版)图书目录——高等数学

| 书　　　名 | 出版时间 | 定　价 | 编号 |
|---|---|---|---|
| 湍流十讲(英文) | 2018—04 | 108.00 | 886 |
| 无穷维李代数:第3版(英文) | 2018—04 | 98.00 | 887 |
| 等值、不变量和对称性(英文) | 2018—04 | 78.00 | 888 |
| 解析数论(英文) | 2018—09 | 78.00 | 889 |
| 《数学原理》的演化:伯特兰·罗素撰写第二版时的手稿与笔记(英文) | 2018—04 | 108.00 | 890 |
| 哈密尔顿数学论文集(第4卷):几何学、分析学、天文学、概率和有限差分等(英文) | 2019—05 | 108.00 | 891 |
| 数学王子——高斯 | 2018—01 | 48.00 | 858 |
| 坎坷奇星——阿贝尔 | 2018—01 | 48.00 | 859 |
| 闪烁奇星——伽罗瓦 | 2018—01 | 58.00 | 860 |
| 无穷统帅——康托尔 | 2018—01 | 48.00 | 861 |
| 科学公主——柯瓦列夫斯卡娅 | 2018—01 | 48.00 | 862 |
| 抽象代数之母——埃米·诺特 | 2018—01 | 48.00 | 863 |
| 电脑先驱——图灵 | 2018—01 | 58.00 | 864 |
| 昔日神童——维纳 | 2018—01 | 48.00 | 865 |
| 数坛怪侠——爱尔特希 | 2018—01 | 68.00 | 866 |
| 当代世界中的数学.数学思想与数学基础 | 2019.01 | 38.00 | 892 |
| 当代世界中的数学.数学问题 | 2019.01 | 38.00 | 893 |
| 当代世界中的数学.应用数学与数学应用 | 2019.01 | 38.00 | 894 |
| 当代世界中的数学.数学王国的新疆域(一) | 2019.01 | 38.00 | 895 |
| 当代世界中的数学.数学王国的新疆域(二) | 2019.01 | 38.00 | 896 |
| 当代世界中的数学.数林撷英(一) | 2019.01 | 38.00 | 897 |
| 当代世界中的数学.数林撷英(二) | 2019.01 | 48.00 | 898 |
| 当代世界中的数学.数学之路 | 2019.01 | 38.00 | 899 |
| 偏微分方程全局吸引子的特性(英文) | 2018—09 | 108.00 | 979 |
| 整函数与下调和函数(英文) | 2018—09 | 118.00 | 980 |
| 幂等分析(英文) | 2018—09 | 118.00 | 981 |
| 李群、离散子群与不变量理论(英文) | 2018—09 | 108.00 | 982 |
| 动力系统与统计力学(英文) | 2018—09 | 118.00 | 983 |
| 表示论与动力系统(英文) | 2018—09 | 118.00 | 984 |
| 分析学练习.第1部分(英文) | 2021—01 | 88.00 | 1247 |
| 分析学练习.第2部分.非线性分析(英文) | 2021—01 | 88.00 | 1248 |
| 初级统计学:循序渐进的方法:第10版(英文) | 2019—05 | 68.00 | 1067 |
| 工程师与科学家微分方程用书:第4版(英文) | 2019—07 | 58.00 | 1068 |
| 大学代数与三角学(英文) | 2019—06 | 78.00 | 1069 |
| 培养数学能力的途径(英文) | 2019—07 | 38.00 | 1070 |
| 工程师与科学家统计学:第4版(英文) | 2019—06 | 58.00 | 1071 |
| 贸易与经济中的应用统计学:第6版(英文) | 2019—06 | 58.00 | 1072 |
| 傅立叶级数和边值问题:第8版(英文) | 2019—05 | 48.00 | 1073 |
| 通往天文学的途径:第5版(英文) | 2019—05 | 58.00 | 1074 |

# 刘培杰数学工作室
# 已出版(即将出版)图书目录——高等数学

| 书 名 | 出版时间 | 定 价 | 编号 |
|---|---|---|---|
| 拉马努金笔记.第1卷(英文) | 2019—06 | 165.00 | 1078 |
| 拉马努金笔记.第2卷(英文) | 2019—06 | 165.00 | 1079 |
| 拉马努金笔记.第3卷(英文) | 2019—06 | 165.00 | 1080 |
| 拉马努金笔记.第4卷(英文) | 2019—06 | 165.00 | 1081 |
| 拉马努金笔记.第5卷(英文) | 2019—06 | 165.00 | 1082 |
| 拉马努金遗失笔记.第1卷(英文) | 2019—06 | 109.00 | 1083 |
| 拉马努金遗失笔记.第2卷(英文) | 2019—06 | 109.00 | 1084 |
| 拉马努金遗失笔记.第3卷(英文) | 2019—06 | 109.00 | 1085 |
| 拉马努金遗失笔记.第4卷(英文) | 2019—06 | 109.00 | 1086 |
| 数论:1976年纽约洛克菲勒大学数论会议记录(英文) | 2020—06 | 68.00 | 1145 |
| 数论:卡本代尔1979:1979年在南伊利诺伊卡本代尔大学举行的数论会议记录(英文) | 2020—06 | 78.00 | 1146 |
| 数论:诺德韦克豪特1983:1983年在诺德韦克豪特举行的Journees Arithmetiques数论大会会议记录(英文) | 2020—06 | 68.00 | 1147 |
| 数论:1985—1988年在纽约城市大学研究生院和大学中心举办的研讨会(英文) | 2020—06 | 68.00 | 1148 |
| 数论:1987年在乌尔姆举行的Journees Arithmetiques数论大会会议记录(英文) | 2020—06 | 68.00 | 1149 |
| 数论:马德拉斯1987:1987年在马德拉斯安娜大学举行的国际拉马努金百年纪念大会会议记录(英文) | 2020—06 | 68.00 | 1150 |
| 解析数论:1988年在东京举行的日法研讨会会议记录(英文) | 2020—06 | 68.00 | 1151 |
| 解析数论:2002年在意大利切特拉罗举行的C.I.M.E.暑期班演讲集(英文) | 2020—06 | 68.00 | 1152 |
| 量子世界中的蝴蝶:最迷人的量子分形故事(英文) | 2020—06 | 118.00 | 1157 |
| 走进量子力学(英文) | 2020—06 | 118.00 | 1158 |
| 计算物理学概论(英文) | 2020—06 | 48.00 | 1159 |
| 物质,空间和时间的理论:量子理论(英文) | 即将出版 | | 1160 |
| 物质,空间和时间的理论:经典理论(英文) | 即将出版 | | 1161 |
| 量子场理论:解释世界的神秘背景(英文) | 2020—07 | 38.00 | 1162 |
| 计算物理学概论(英文) | 即将出版 | | 1163 |
| 行星状星云(英文) | 即将出版 | | 1164 |
| 基本宇宙学:从亚里士多德的宇宙到大爆炸(英文) | 2020—08 | 58.00 | 1165 |
| 数学磁流体力学(英文) | 2020—07 | 58.00 | 1166 |
| 计算科学:第1卷,计算的科学(日文) | 2020—07 | 88.00 | 1167 |
| 计算科学:第2卷,计算与宇宙(日文) | 2020—07 | 88.00 | 1168 |
| 计算科学:第3卷,计算与物质(日文) | 2020—07 | 88.00 | 1169 |
| 计算科学:第4卷,计算与生命(日文) | 2020—07 | 88.00 | 1170 |
| 计算科学:第5卷,计算与地球环境(日文) | 2020—07 | 88.00 | 1171 |
| 计算科学:第6卷,计算与社会(日文) | 2020—07 | 88.00 | 1172 |
| 计算科学.别卷,超级计算机(日文) | 2020—07 | 88.00 | 1173 |
| 多复变函数论(日文) | 2022—06 | 78.00 | 1518 |
| 复变函数入门(日文) | 2022—06 | 78.00 | 1523 |

| 书　名 | 出版时间 | 定　价 | 编号 |
|---|---|---|---|
| 代数与数论:综合方法(英文) | 2020—10 | 78.00 | 1185 |
| 复分析:现代函数理论第一课(英文) | 2020—07 | 58.00 | 1186 |
| 斐波那契数列和卡特兰数:导论(英文) | 2020—10 | 68.00 | 1187 |
| 组合推理:计数艺术介绍(英文) | 2020—07 | 88.00 | 1188 |
| 二次互反律的傅里叶分析证明(英文) | 2020—07 | 48.00 | 1189 |
| 旋瓦兹分布的希尔伯特变换与应用(英文) | 2020—07 | 58.00 | 1190 |
| 泛函分析:巴拿赫空间理论入门(英文) | 2020—07 | 48.00 | 1191 |
| 典型群,错排与素数(英文) | 2020—11 | 58.00 | 1204 |
| 李代数的表示:通过 gln 进行介绍(英文) | 2020—10 | 38.00 | 1205 |
| 实分析演讲集(英文) | 2020—10 | 38.00 | 1206 |
| 现代分析及其应用的课程(英文) | 2020—10 | 58.00 | 1207 |
| 运动中的抛射物数学(英文) | 2020—10 | 38.00 | 1208 |
| 2—扭结与它们的群(英文) | 2020—10 | 38.00 | 1209 |
| 概率,策略和选择:博弈与选举中的数学(英文) | 2020—11 | 58.00 | 1210 |
| 分析学引论(英文) | 2020—11 | 58.00 | 1211 |
| 量子群:通往流代数的路径(英文) | 2020—11 | 38.00 | 1212 |
| 集合论入门(英文) | 2020—10 | 48.00 | 1213 |
| 酉反射群(英文) | 2020—11 | 58.00 | 1214 |
| 探索数学:吸引人的证明方式(英文) | 2020—11 | 58.00 | 1215 |
| 微分拓扑短期课程(英文) | 2020—10 | 48.00 | 1216 |
| 抽象凸分析(英文) | 2020—11 | 68.00 | 1222 |
| 费马大定理笔记(英文) | 2021—03 | 48.00 | 1223 |
| 高斯与雅可比和(英文) | 2021—03 | 78.00 | 1224 |
| π 与算术几何平均:关于解析数论和计算复杂性的研究(英文) | 2021—01 | 58.00 | 1225 |
| 复分析入门(英文) | 2021—03 | 48.00 | 1226 |
| 爱德华·卢卡斯与素性测定(英文) | 2021—03 | 78.00 | 1227 |
| 通往凸分析及其应用的简单路径(英文) | 2021—01 | 68.00 | 1229 |
| 微分几何的各个方面.第一卷(英文) | 2021—01 | 58.00 | 1230 |
| 微分几何的各个方面.第二卷(英文) | 2020—12 | 58.00 | 1231 |
| 微分几何的各个方面.第三卷(英文) | 2020—12 | 58.00 | 1232 |
| 沃克流形几何学(英文) | 2020—11 | 58.00 | 1233 |
| 仿射和韦尔几何应用(英文) | 2020—12 | 58.00 | 1234 |
| 双曲几何学的旋转向量空间方法(英文) | 2021—02 | 58.00 | 1235 |
| 积分:分析学的关键(英文) | 2020—12 | 48.00 | 1236 |
| 为有天分的新生准备的分析学基础教材(英文) | 2020—11 | 48.00 | 1237 |

# 刘培杰数学工作室
## 已出版(即将出版)图书目录——高等数学

| 书 名 | 出版时间 | 定 价 | 编号 |
|---|---|---|---|
| 数学不等式.第一卷.对称多项式不等式(英文) | 2021-03 | 108.00 | 1273 |
| 数学不等式.第二卷.对称有理不等式与对称无理不等式(英文) | 2021-03 | 108.00 | 1274 |
| 数学不等式.第三卷.循环不等式与非循环不等式(英文) | 2021-03 | 108.00 | 1275 |
| 数学不等式.第四卷.Jensen不等式的扩展与加细(英文) | 2021-03 | 108.00 | 1276 |
| 数学不等式.第五卷.创建不等式与解不等式的其他方法(英文) | 2021-04 | 108.00 | 1277 |
| 冯·诺依曼代数中的谱位移函数:半有限冯·诺依曼代数中的谱位移函数与谱流(英文) | 2021-06 | 98.00 | 1308 |
| 链接结构:关于嵌入完全图的直线中链接单形的组合结构(英文) | 2021-05 | 58.00 | 1309 |
| 代数几何方法.第1卷(英文) | 2021-06 | 68.00 | 1310 |
| 代数几何方法.第2卷(英文) | 2021-06 | 68.00 | 1311 |
| 代数几何方法.第3卷(英文) | 2021-06 | 58.00 | 1312 |
| 代数、生物信息和机器人技术的算法问题.第四卷,独立恒等式系统(俄文) | 2020-08 | 118.00 | 1119 |
| 代数、生物信息和机器人技术的算法问题.第五卷,相对覆盖性和独立可拆分恒等式系统(俄文) | 2020-08 | 118.00 | 1200 |
| 代数、生物信息和机器人技术的算法问题.第六卷,恒等式和准恒等式的相等问题、可推导性和可实现性(俄文) | 2020-08 | 128.00 | 1201 |
| 分数阶微积分的应用:非局部动态过程,分数阶导热系数(俄文) | 2021-01 | 68.00 | 1241 |
| 泛函分析问题与练习:第2版(俄文) | 2021-01 | 98.00 | 1242 |
| 集合论、数学逻辑和算法论问题:第5版(俄文) | 2021-01 | 98.00 | 1243 |
| 微分几何和拓扑短期课程(俄文) | 2021-01 | 98.00 | 1244 |
| 素数规律(俄文) | 2021-01 | 88.00 | 1245 |
| 无穷边值问题解的递减:无界域中的拟线性椭圆和抛物方程(俄文) | 2021-01 | 48.00 | 1246 |
| 微分几何讲义(俄文) | 2020-12 | 98.00 | 1253 |
| 二次型和矩阵(俄文) | 2021-01 | 98.00 | 1255 |
| 积分和级数.第2卷,特殊函数(俄文) | 2021-01 | 168.00 | 1258 |
| 积分和级数.第3卷,特殊函数补充:第2版(俄文) | 2021-01 | 178.00 | 1264 |
| 几何图上的微分方程(俄文) | 2021-01 | 138.00 | 1259 |
| 数论教程:第2版(俄文) | 2021-01 | 98.00 | 1260 |
| 非阿基米德分析及其应用(俄文) | 2021-03 | 98.00 | 1261 |

# 刘培杰数学工作室
# 已出版(即将出版)图书目录——高等数学

| 书　名 | 出版时间 | 定　价 | 编号 |
|---|---|---|---|
| 古典群和量子群的压缩(俄文) | 2021—03 | 98.00 | 1263 |
| 数学分析习题集.第3卷,多元函数:第3版(俄文) | 2021—03 | 98.00 | 1266 |
| 数学习题:乌拉尔国立大学数学力学系大学生奥林匹克(俄文) | 2021—03 | 98.00 | 1267 |
| 柯西定理和微分方程的特解(俄文) | 2021—03 | 98.00 | 1268 |
| 组合极值问题及其应用:第3版(俄文) | 2021—03 | 98.00 | 1269 |
| 数学词典(俄文) | 2021—01 | 98.00 | 1271 |
| 确定性混沌分析模型(俄文) | 2021—06 | 168.00 | 1307 |
| 精选初等数学习题和定理.立体几何.第3版(俄文) | 2021—03 | 68.00 | 1316 |
| 微分几何习题:第3版(俄文) | 2021—05 | 98.00 | 1336 |
| 精选初等数学习题和定理.平面几何.第4版(俄文) | 2021—05 | 68.00 | 1335 |
| 曲面理论在欧氏空间 $E_n$ 中的直接表示 | 2022—01 | 68.00 | 1444 |
| 维纳—霍普夫离散算子和托普利兹算子:某些可数赋范空间中的诺特性和可逆性(俄文) | 2022—03 | 108.00 | 1496 |
| Maple中的数论:数论中的计算机计算(俄文) | 2022—03 | 88.00 | 1497 |
| 贝尔曼和克努特问题及其概括:加法运算的复杂性(俄文) | 2022—03 | 138.00 | 1498 |
| 复分析:共形映射(俄文) | 2022—07 | 48.00 | 1542 |
| 微积分代数样条和多项式及其在数值方法中的应用(俄文) | 2022—08 | 128.00 | 1543 |
| 蒙特卡罗方法中的随机过程和场模型:算法和应用(俄文) | 2022—08 | 88.00 | 1544 |
| | | | |
| 狭义相对论与广义相对论:时空与引力导论(英文) | 2021—07 | 88.00 | 1319 |
| 束流物理学和粒子加速器的实践介绍:第2版(英文) | 2021—07 | 88.00 | 1320 |
| 凝聚态物理中的拓扑和微分几何简介(英文) | 2021—05 | 88.00 | 1321 |
| 混沌映射:动力学、分形学和快速涨落(英文) | 2021—05 | 128.00 | 1322 |
| 广义相对论:黑洞、引力波和宇宙学介绍(英文) | 2021—06 | 68.00 | 1323 |
| 现代分析电磁均质化(英文) | 2021—06 | 68.00 | 1324 |
| 为科学家提供的基本流体动力学(英文) | 2021—06 | 88.00 | 1325 |
| 视觉天文学:理解夜空的指南(英文) | 2021—06 | 68.00 | 1326 |
| 物理学中的计算方法(英文) | 2021—06 | 68.00 | 1327 |
| 单星的结构与演化:导论(英文) | 2021—06 | 108.00 | 1328 |
| 超越居里:1903年至1963年物理界四位女性及其著名发现(英文) | 2021—06 | 68.00 | 1329 |
| 范德瓦尔斯流体热力学的进展(英文) | 2021—06 | 68.00 | 1330 |
| 先进的托卡马克稳定性理论(英文) | 2021—06 | 88.00 | 1331 |
| 经典场论导论:基本相互作用的过程(英文) | 2021—07 | 88.00 | 1332 |
| 光致电离量子动力学方法原理(英文) | 2021—07 | 108.00 | 1333 |
| 经典域论和应力:能量张量(英文) | 2021—05 | 88.00 | 1334 |
| 非线性太赫兹光谱的概念与应用(英文) | 2021—06 | 68.00 | 1337 |
| 电磁学中的无穷空间并矢格林函数(英文) | 2021—06 | 88.00 | 1338 |
| 物理科学基础数学.第1卷,齐次边值问题、傅里叶方法和特殊函数(英文) | 2021—07 | 108.00 | 1339 |
| 离散量子力学(英文) | 2021—07 | 68.00 | 1340 |
| 核磁共振的物理学和数学(英文) | 2021—07 | 108.00 | 1341 |
| 分子水平的静电学(英文) | 2021—08 | 68.00 | 1342 |
| 非线性波:理论、计算机模拟、实验(英文) | 2021—06 | 108.00 | 1343 |
| 石墨烯光学:经典问题的电解决方案(英文) | 2021—06 | 68.00 | 1344 |
| 超材料多元宇宙(英文) | 2021—07 | 68.00 | 1345 |
| 银河系外的天体物理学(英文) | 2021—07 | 68.00 | 1346 |
| 原子物理学(英文) | 2021—07 | 68.00 | 1347 |

# 刘培杰数学工作室
# 已出版(即将出版)图书目录——高等数学

| 书　　名 | 出版时间 | 定　价 | 编号 |
|---|---|---|---|
| 将光打结:将拓扑学应用于光学(英文) | 2021—07 | 68.00 | 1348 |
| 电磁学:问题与解法(英文) | 2021—07 | 88.00 | 1364 |
| 海浪的原理:介绍量子力学的技巧与应用(英文) | 2021—07 | 108.00 | 1365 |
| 多孔介质中的流体:输运与相变(英文) | 2021—07 | 68.00 | 1372 |
| 洛伦兹群的物理学(英文) | 2021—08 | 68.00 | 1373 |
| 物理导论的数学方法和解决方法手册(英文) | 2021—08 | 68.00 | 1374 |
| 非线性波数学物理学入门(英文) | 2021—08 | 88.00 | 1376 |
| 波:基本原理和动力学(英文) | 2021—07 | 68.00 | 1377 |
| 光电子量子计量学.第1卷,基础(英文) | 2021—07 | 88.00 | 1383 |
| 光电子量子计量学.第2卷,应用与进展(英文) | 2021—07 | 68.00 | 1384 |
| 复杂流的格子玻尔兹曼建模的工程应用(英文) | 2021—08 | 68.00 | 1393 |
| 电偶极矩挑战(英文) | 2021—08 | 108.00 | 1394 |
| 电动力学:问题与解法(英文) | 2021—09 | 68.00 | 1395 |
| 自由电子激光的经典理论(英文) | 2021—08 | 68.00 | 1397 |
| 曼哈顿计划——核武器物理学简介(英文) | 2021—09 | 68.00 | 1401 |
| 粒子物理学(英文) | 2021—09 | 68.00 | 1402 |
| 引力场中的量子信息(英文) | 2021—09 | 128.00 | 1403 |
| 器件物理学的基本经典力学(英文) | 2021—09 | 68.00 | 1404 |
| 等离子体物理及其空间应用导论.第1卷,基本原理和初步过程(英文) | 2021—09 | 68.00 | 1405 |
| 伽利略理论力学:连续力学基础(英文) | 2021—10 | 48.00 | 1416 |
| 拓扑与超弦理论焦点问题(英文) | 2021—07 | 58.00 | 1349 |
| 应用数学:理论、方法与实践(英文) | 2021—07 | 78.00 | 1350 |
| 非线性特征值问题:牛顿型方法与非线性瑞利函数(英文) | 2021—07 | 58.00 | 1351 |
| 广义膨胀和齐性:利用齐性构造齐次系统的李雅普诺夫函数和控制律(英文) | 2021—06 | 48.00 | 1352 |
| 解析数论焦点问题(英文) | 2021—07 | 58.00 | 1353 |
| 随机微分方程:动态系统方法(英文) | 2021—07 | 58.00 | 1354 |
| 经典力学与微分几何(英文) | 2021—07 | 58.00 | 1355 |
| 负定相交形式流形上的瞬子模空间几何(英文) | 2021—07 | 68.00 | 1356 |
| 广义卡塔兰轨道分析:广义卡塔兰轨道计算数字的方法(英文) | 2021—07 | 48.00 | 1367 |
| 洛伦兹方法的变分:二维与三维洛伦兹方法(英文) | 2021—08 | 38.00 | 1378 |
| 几何、分析和数论精编(英文) | 2021—08 | 68.00 | 1380 |
| 从一个新角度看数论:通过遗传方法引入现实的概念(英文) | 2021—07 | 58.00 | 1387 |

# 刘培杰数学工作室
## 已出版(即将出版)图书目录——高等数学

| 书 名 | 出版时间 | 定 价 | 编号 |
|---|---|---|---|
| 动力系统:短期课程(英文) | 2021—08 | 68.00 | 1382 |
| 几何路径:理论与实践(英文) | 2021—08 | 48.00 | 1385 |
| 广义斐波那契数列及其性质(英文) | 2021—08 | 38.00 | 1386 |
| 论天体力学中某些问题的不可积性(英文) | 2021—07 | 88.00 | 1396 |
| 对称函数和麦克唐纳多项式:余代数结构与 Kawanaka 恒等式 | 2021—09 | 38.00 | 1400 |
| 杰弗里·英格拉姆·泰勒科学论文集:第 1 卷.固体力学(英文) | 2021—05 | 78.00 | 1360 |
| 杰弗里·英格拉姆·泰勒科学论文集:第 2 卷.气象学、海洋学和湍流(英文) | 2021—05 | 68.00 | 1361 |
| 杰弗里·英格拉姆·泰勒科学论文集:第 3 卷.空气动力学以及落弹数和爆炸的力学(英文) | 2021—05 | 68.00 | 1362 |
| 杰弗里·英格拉姆·泰勒科学论文集:第 4 卷.有关流体力学(英文) | 2021—05 | 58.00 | 1363 |
| 非局域泛函演化方程:积分与分数阶(英文) | 2021—08 | 48.00 | 1390 |
| 理论工作者的高等微分几何:纤维丛、射流流形和拉格朗日理论(英文) | 2021—08 | 68.00 | 1391 |
| 半线性退化椭圆微分方程:局部定理与整体定理(英文) | 2021—07 | 48.00 | 1392 |
| 非交换几何、规范理论和重整化:一般简介与非交换量子场论的重整化(英文) | 2021—09 | 78.00 | 1406 |
| 数论论文集:拉普拉斯变换和带有数论系数的幂级数(俄文) | 2021—09 | 48.00 | 1407 |
| 挠理论专题:相对极大值,单射与扩充模(英文) | 2021—09 | 88.00 | 1410 |
| 强正则图与欧几里得若尔当代数:非通常关系中的启示(英文) | 2021—10 | 48.00 | 1411 |
| 拉格朗日几何和哈密顿几何:力学的应用(英文) | 2021—10 | 48.00 | 1412 |
| 时滞微分方程与差分方程的振动理论:二阶与三阶(英文) | 2021—10 | 98.00 | 1417 |
| 卷积结构与几何函数理论:用以研究特定几何函数理论方向的分数阶微积分算子与卷积结构(英文) | 2021—10 | 48.00 | 1418 |
| 经典数学物理的历史发展(英文) | 2021—10 | 78.00 | 1419 |
| 扩展线性丢番图问题(英文) | 2021—10 | 38.00 | 1420 |
| 一类混沌动力系统的分歧分析与控制:分歧分析与控制(英文) | 2021—11 | 38.00 | 1421 |
| 伽利略空间和伪伽利略空间中一些特殊曲线的几何性质(英文) | 2022—01 | 48.00 | 1422 |

# 刘培杰数学工作室
# 已出版(即将出版)图书目录——高等数学

| 书　　名 | 出版时间 | 定　价 | 编号 |
|---|---|---|---|
| 一阶偏微分方程:哈密尔顿—雅可比理论(英文) | 2021—11 | 48.00 | 1424 |
| 各向异性黎曼多面体的反问题:分段光滑的各向异性黎曼多面体反边界谱问题:唯一性(英文) | 2021—11 | 38.00 | 1425 |
| 项目反应理论手册.第一卷,模型(英文) | 2021—11 | 138.00 | 1431 |
| 项目反应理论手册.第二卷,统计工具(英文) | 2021—11 | 118.00 | 1432 |
| 项目反应理论手册.第三卷,应用(英文) | 2021—11 | 138.00 | 1433 |
| 二次无理数:经典数论入门(英文) | 2022—05 | 138.00 | 1434 |
| 数,形与对称性:数论,几何和群论导论(英文) | 2022—05 | 128.00 | 1435 |
| 有限域手册(英文) | 2021—11 | 178.00 | 1436 |
| 计算数论(英文) | 2021—11 | 148.00 | 1437 |
| 拟群与其表示简介(英文) | 2021—11 | 88.00 | 1438 |
| 数论与密码学导论:第二版(英文) | 2022—01 | 148.00 | 1423 |
| 几何分析中的柯西变换与黎兹变换:解析调和容量和李普希兹调和容量、变化和振荡以及一致可求长性(英文) | 2021—12 | 38.00 | 1465 |
| 近似不动点定理及其应用(英文) | 2022—05 | 28.00 | 1466 |
| 局部域的相关内容解析:对局部域的扩展及其伽罗瓦群的研究(英文) | 2022—01 | 38.00 | 1467 |
| 反问题的二进制恢复方法(英文) | 2022—03 | 28.00 | 1468 |
| 对几何函数中某些类的各个方面的研究:复变量理论(英文) | 2022—01 | 38.00 | 1469 |
| 覆盖、对应和非交换几何(英文) | 2022—01 | 28.00 | 1470 |
| 最优控制理论中的随机线性调节器问题:随机最优线性调节器问题(英文) | 2022—01 | 38.00 | 1473 |
| 正交分解法:涡流流体动力学应用的正交分解法(英文) | 2022—01 | 38.00 | 1475 |
| 芬斯勒几何的某些问题(英文) | 2022—03 | 38.00 | 1476 |
| 受限三体问题(英文) | 2022—05 | 38.00 | 1477 |
| 利用马利亚万微积分进行 Greeks 的计算:连续过程、跳跃过程中的马利亚万微积分和金融领域中的 Greeks(英文) | 2022—05 | 48.00 | 1478 |
| 经典分析和泛函分析的应用:分析学的应用(英文) | 2022—05 | 38.00 | 1479 |
| 特殊芬斯勒空间的探究(英文) | 2022—03 | 48.00 | 1480 |
| 某些图形的施泰纳距离的细谷多项式:细谷多项式与图的维纳指数(英文) | 2022—05 | 38.00 | 1481 |
| 图论问题的遗传算法:在新鲜与模糊的环境中(英文) | 2022—05 | 48.00 | 1482 |
| 多项式映射的渐近簇(英文) | 2022—05 | 38.00 | 1483 |

# 刘培杰数学工作室
## 已出版(即将出版)图书目录——高等数学

| 书　名 | 出版时间 | 定　价 | 编号 |
|---|---|---|---|
| 一维系统中的混沌:符号动力学,映射序列,一致收敛和沙可夫斯基定理(英文) | 2022－05 | 38.00 | 1509 |
| 多维边界层流动与传热分析:粘性流体流动的数学建模与分析(英文) | 2022－05 | 38.00 | 1510 |
| 演绎理论物理学的原理:一种基于量子力学波函数的逐次置信估计的一般理论的提议(英文) | 2022－05 | 38.00 | 1511 |
| $R^2$ 和 $R^3$ 中的仿射弹性曲线:概念和方法(英文) | 即将出版 | | 1512 |
| 算术数列中除数函数的分布:基本内容、调查、方法、第二矩、新结果(英文) | 2022－05 | 28.00 | 1513 |
| 抛物型狄拉克算子和薛定谔方程:不定常薛定谔方程的抛物型狄拉克算子及其应用(英文) | 2022－07 | 28.00 | 1514 |
| 黎曼–希尔伯特问题与量子场论:可积重正化、戴森–施温格方程(英文) | 即将出版 | | 1515 |
| 代数结构和几何结构的形变理论(英文) | 2022－08 | 48.00 | 1516 |
| 概率结构和模糊结构上的不动点:概率结构和直觉模糊度量空间的不动点定理(英文) | 2022－08 | 38.00 | 1517 |
| 反若尔当对:简单反若尔当对的自同构 | 2022－07 | 28.00 | 1533 |
| 对某些黎曼－芬斯勒空间变换的研究:芬斯勒几何中的某些变换 | 2022－07 | 38.00 | 1534 |
| 内诣零流形映射的尼尔森数的阿诺索夫关系 | 即将出版 | | 1535 |
| 与广义积分变换有关的分数次演算:对分数次演算的研究 | 即将出版 | | 1536 |
| 强子的芬斯勒几何和吕拉几何(宇宙学方面):强子结构的芬斯勒几何和吕拉几何(拓扑缺陷) | 即将出版 | | 1537 |
| 一种基于混沌的非线性最优化问题:作业调度问题 | 即将出版 | | 1538 |
| 广义概率论发展前景:关于趣味数学与置信函数实际应用的一些原创观点 | 即将出版 | | 1539 |
| 纽结与物理学:第二版(英文) | 2022－09 | 118.00 | 1547 |
| 正交多项式和 q－级数的前沿(英文) | 即将出版 | | 1548 |
| 算子理论问题集(英文) | 即将出版 | | 1549 |
| 抽象代数:群、环与域的应用导论:第二版(英文) | 即将出版 | | 1550 |
| 菲尔兹奖得主演讲集:第三版(英文) | 即将出版 | | 1551 |
| 多元实函数教程(英文) | 即将出版 | | 1552 |

**联系地址**:哈尔滨市南岗区复华四道街 10 号　哈尔滨工业大学出版社刘培杰数学工作室
**网　　址**:http://lpj.hit.edu.cn/
**邮　　编**:150006
**联系电话**:0451－86281378　　13904613167
**E-mail**:lpj1378@163.com